普通高等教育“十二五”住建部规划教材
普通高等学校土木工程专业新编系列教材
中国土木工程学会教育工作委员会 审订

土力学与基础工程

（第 5 版）

主 编 赵明华
副主编 俞 晓 邹新军

武汉理工大学出版社
·武 汉·

内容提要

《土力学与基础工程》是一本供土木工程专业所开设的“土力学与基础工程”课程或“土力学”和“基础工程”课程用的教科书。本书系统阐述了土的性质及工程分类、地基的应力和沉降计算、土的抗剪强度、土压力以及挡土墙和土坡稳定分析；重点讨论了浅基础、桩基础的常规设计计算；简要介绍了我国目前常用的各种软土地基处理技术；并对区域性地基、地震区地基以及滑坡等进行了讨论。

本书由浅入深、概念清楚、层次分明、重点突出、理论联系实际，并适当吸取了国内外比较成熟的新理论、新技术，既可作为高等学校土木工程专业的教材，又可供土木工程（包括建筑工程、公路桥梁工程等）技术人员阅读参考。

主编简介

赵明华（1956— ），男，湖南洞口县人，1981 年毕业于湖南大学土木系路桥专业，现任湖南大学土木工程学院教授、博士生导师，岩土工程研究所所长，并兼任《中南公路工程》编委会副主任等职。

赵明华教授主要从事岩土工程、桥梁基础工程的教学、科研和工程应用软件的开发、土工试验、地基及桩基检测、路基路面测试等工作，主持或参加完成国家自然科学基金项目、交通运输部“九五”联合攻关项目及其他部、省基金等科研项目 20 余项；在《中国公路学报》《岩土工程学报》《工程力学》等国内外学术刊物上发表学术论文 90 余篇，出版专著、教材 8 本；成果鉴定 8 项，分别达到国际领先或先进等水平，获国家教学成果奖 1 项，部省和厅局级教学或科研成果奖 7 项。

图书在版编目（CIP）数据

土力学与基础工程／赵明华主编. --5 版. --武汉：武汉理工大学出版社，2025. 1（2025.8 重印）
ISBN 978-7-5629-7292-1
Ⅰ. TU4
中国国家版本馆 CIP 数据核字第 20256U7D77 号

项目负责人：高　英　汪浪涛
责 任 编 辑：高　英
责 任 校 对：张　晨
排 版 设 计：正风图文
出 版 发 行：武汉理工大学出版社
地　　　址：武汉市洪山区珞狮路 122 号
邮　　　编：430070
网　　　址：http://www.wutp.com.cn
经　　　销：各地新华书店
印　　　刷：荆州市精彩印刷有限公司
开　　　本：889×1194　1/16
印　　　张：24
字　　　数：745 千字
版　　　次：2025 年 1 月第 5 版
印　　　次：2025 年 8 月第 2 次印刷　总第 65 次印刷
印　　　数：472001—475000 册
定　　　价：58.00 元

第 5 版前言

首先，诚挚地感谢广大读者对《土力学与基础工程》的厚爱，现在第 5 版又与读者见面了。

本书的内容仍然包括土木工程专业（本科）的“土力学”与“基础工程”两门重要的专业基础课程。

本次再版是按照正式颁布的中华人民共和国国家标准《建筑地基基础工程施工质量验收标准》(GB 50202—2018)、中华人民共和国行业标准《公路桥涵地基与基础设计规范》(JTG 3363—2019)、《公路钢筋混凝土及预应力混凝土桥涵设计规范》(JTG 3362—2018)等相关规范、规程，并参照全国高等学校土木工程学科专业指导委员会于 2011 年 9 月编制的《高等学校土木工程本科指导性专业规范》进行修编的，对原书中的部分内容进行了相应的修改。尽量将建筑工程与交通土建的内容融合在一起，更加适应于“大土木”的培养目标；并对原书正文、插图、例题、表格中存在的错误和不妥之处一并做了订正。

本书仍分为 12 章，第 1、6、8 章由赵明华编写，第 2、9 章由邹新军编写，第 3、4 章由张玲编写，第 5 章由张季如编写，第 7 章由俞晓编写，第 10 章由陈昌富编写，第 11 章由王协群编写，第 12 章由俞晓、雷学文编写。由赵明华任主编，俞晓、邹新军任副主编。

一本适合于教学工作的教材，往往要通过反复教学使用，发现其中存在的问题，进行多次修订才能逐步完善。对于本书中的错误或不妥之处，热忱欢迎读者批评指正。

编　者

2024 年 8 月

目　　录

1 绪 论

1.1 土力学、地基及基础的概念

土是矿物或岩石碎屑构成的松软集合体。由于其形成年代、生成环境及物质成分不同，工程特性亦复杂多变。例如我国沿海及内陆地区的软土，西北、华北和东北等地区的黄土，高寒地区的永冻土以及分布广泛的红黏土、膨胀土和杂填土等，其性质各不相同。土的形成充分体现了自然界的神奇力量和无穷智慧。我们利用土体时必须尊重自然规律，顺应自然，寻求与环境和谐共存的解决方案。因此在建筑物设计前，必须充分了解、研究建筑场地相应土(岩)层的成因、构造、地下水情况、土的工程性质、是否存在不良地质现象等，对场地的工程地质条件做出正确的评价。

土力学是利用力学的一般原理，研究土的物理、化学和力学性质及土体在荷载、水、温度等外界因素作用下工程性状的应用科学。它是力学的一个分支，是本课程的理论基础。由于土力学的研究对象是以矿物颗粒组成骨架的松散颗粒集合体，其物理、化学和力学性质与一般刚性或弹性固体以及流体等都有所不同。因此，必须通过专门的土工试验技术进行探讨。

任何建筑物都建造在一定的地层(土层或岩层)上。通常把支承基础的土体或岩体称为地基。未经人工处理就可以满足设计要求的地基称为天然地基。若地基软弱、承载力不能满足设计要求，则需对地基进行加固处理(例如采用换土垫层、深层密实、排水固结、化学加固、加筋土技术等方法进行处理)，称为人工地基。

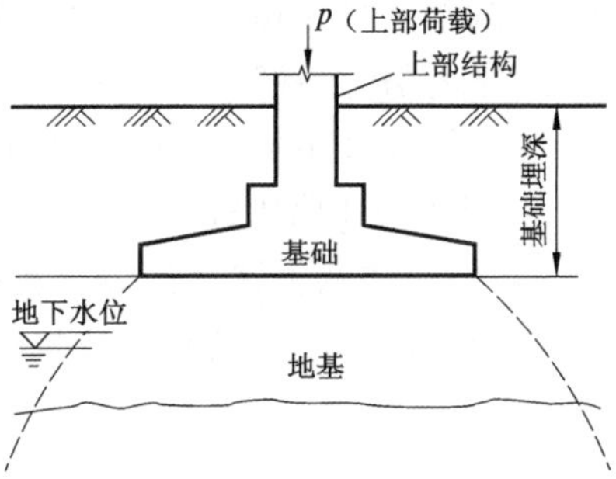

图 1.1 地基及基础示意图

基础是将结构承受的各种作用传递到地基上的结构组成部分(图 1.1)，一般应埋入地下一定的深度，进入较好的地层。根据基础的埋置深度与是否考虑基础侧边土体抗力作用可分为浅基础和深基础。通常把埋置深度不大(一般小于 5 m，或小于基础宽度)且设计时不考虑基础侧边土体各种抗力作用的基础称为浅基础，其只需经过挖槽、排水等普通施工程序就可以建造；反之称为深基础。若浅层土质不良，须把基础埋置于深处的好地层时，就得借助于特殊的施工方法，建造各种类型的深基础(如桩基、墩基、沉井和地下连续墙等)。

地基与基础设计必须满足三个基本条件：① 作用于地基上的荷载效应(基底压应力)不得超过地基容许承载力或地基承载力特征值，保证建筑物不因地基承载力不足造成整体破坏或影响正常使用，具有足够防止整体破坏的安全储备；② 基础沉降不得超过地基变形容许值，保证建筑物不因地基变形而损坏或影响其正常使用；③ 挡土墙、边坡以及地基基础保证具有足够防止失稳破坏的安全储备。荷载作用下，地基、基础和上部结构三部分彼此联系、相互制约。设计时应根据地质勘察资料，综合考虑地基、基础、上部结构的相互作用与施工条件，进行经济技术比较，选取安全可靠、经济合理、技术先进和施工简便的地基基础方案。

地基与基础是建筑物的根本，统称为基础工程，其勘察、设计和施工质量的好坏将直接影响到建筑物的安危、经济和正常使用。由于基础工程是在地下或水下进行，施工难度大，在一般高层建筑中，其造价约占总造价的 25%，工期占总工期的 25%～30%。当需采用深基础或人工地基时，其造价和工期所占比例更大。此外，基础工程为建筑物的隐蔽工程，一旦出事，不仅损失巨大，且补救十分困难，因此基础工程在土木工程中具有十分重要的作用。

随着我国基本建设的发展，大型、重型、高层建筑和有特殊要求的建筑物日益增多，在基础工程设计与施工方面积累了不少成功的经验。国外也有不少成功的典范，然而也有不少失败的教训。例如，1913 年建造的加拿大特朗斯康谷仓(图 1.2),由 65 个圆柱形筒仓组成,高 31 m,宽 23.5 m,其下为筏板基础,由于事前不了解基础下埋藏有厚达 16 m 的软黏土层,建成后初次贮存谷物时,基底压力(320 kPa)超过了地基极限承载力,致使谷仓西侧突然陷入土中 8.8 m,东侧则抬高 1.5 m,仓身整体倾斜 26°53′。这是地基发生整体滑动、建筑物丧失稳定性的典型范例。由于该谷仓整体性很强,筒仓完好无损。事后在筒仓下增设 70 多个支承于基岩上的混凝土墩,用 388 个 50 t 的千斤顶,才将筒仓纠正过来,但其标高比原来降低了 4 m。

图 1.2　加拿大特朗斯康谷仓的地基破坏情况

世界著名的意大利比萨斜塔,1173 年动工,高约 55 m,因地基压缩层不均、排水缓慢,北侧下沉 1 m 多,南侧下沉近 3 m。1932 年曾灌注 1000 t 水泥,也未奏效,每年仍下沉约 1 mm。2007 年经各国专家历时 17 年的努力,被扶正 45 cm,回复至 1838 年时的倾斜度。再如我国 1954 年兴建的上海工业展览馆中央大厅,因地基中约有 14 m 厚的淤泥质软黏土,尽管采用了 7.27 m 的箱形基础,建成后当年仍下沉了 0.6 m,大厅平均沉降达 1.6 m。

我们应该从上述案例吸取教训,以更加谨慎和敬畏的态度对待每一项工程。只有深入了解地基情况,掌握勘察资料,经过精心设计与施工,才能使基础工程做到既经济合理,又保证质量。

1.2　本课程的特点和学习要求

本课程包括土力学(专业基础)和基础工程(专业)两部分,是土木工程专业的一门主干课程。涉及工程地质学、结构设计和施工等几个学科领域,内容广泛,综合性、理论性和实践性很强。从土木工程专业的要求出发,学习时应重视工程地质学的基本知识,培养阅读和使用工程地质勘察资料的能力;牢固掌握土的应力、变形、强度和地基计算等土力学基本原理,并能应用这些基本概念和原理,结合有关结构理论和施工知识,分析和解决地基基础问题。

全书共分为 12 章。第 1 章为绪论;第 2 章介绍了土的物理性质及其工程分类,是本课程的基本知识;第 3 章至第 5 章是土力学的基本理论部分,也是本课程的重点内容,主要介绍了各种情况下土中的应力分布、土的压缩特性、地基沉降计算、土的抗剪强度及极限平衡概念等,并扼要地介绍了土工试验的有关知识;第 6 章主要介绍了土压力、挡土墙的设计计算方法及土坡的稳定性分析;第 7 章至第 12 章属于基础工程内容,是运用土力学理论解决工程设计中的地基与基础问题,主要包括浅基础、深基础、基坑支护、特殊土地基和地震区地基基础的设计计算,以及软弱土地基的处理方法等内容。

在本课程的学习中,必须自始至终抓住土的变形、强度和稳定性问题这一重要线索,并特别注意认识土的多样性和易变性等特点。此外,还必须掌握有关的土工试验技术及地基勘察知识,对建筑场地的工程地质条件做出正确的评价,才能运用土力学的基本知识去正确解决基础工程中的疑难问题。

本课程与材料力学、结构力学、弹性理论、建筑材料、建筑结构及工程地质等有着密切的关系,本书在涉及这些学科的有关内容时仅引述其结论,要求理解其意义及应用条件,而不把注意力放在公式的推导上。此外，基础工程几乎找不到完全相同的实例，在处理基础工程问题时，必须运用本课程的基本原理，深入调查研究，理论联系实际，针对不同情况进行具体分析。我们不仅要追求技术的先进性和经济的合理性，还要注重人文关怀，确保工程的安全性和舒适性，满足人们对美好生活环境的需求。

1.3　本学科发展概况

土力学与基础工程既是一门古老的工程技术，又是一门新型的应用科学。由于生产的发展和生活上的需要，人类很早就已创造了自己的地基基础工艺。例如我国都江堰水利工程、举世闻名的万里长城、隋朝南北大运河、黄河大堤、赵州石拱桥以及许许多多遍及全国各地的宏伟壮丽的宫殿寺院、巍然挺立的高塔等，都是由于奠基牢固，即使经历了无数次强震、强风依然安然无恙。又如秦朝在修筑驰道时采用"隐以金椎"(《汉书》)的路基压实方法，以及至今仍采用的灰土垫层、石灰桩、瓦渣垫层和水撼砂垫层等，都是我国自古已有的传统地基处理方法。再如北宋初著名木工喻皓(公元989年)在建造开封开宝寺木塔时，考虑到当地多西北风，将建于饱和土上的塔身稍向西北倾斜，以在风力长期作用下渐趋复正，解决了建筑物地基的沉降问题。我国木桩基础的使用更是源远流长。如河姆渡文化遗址中发现的7000年前钱塘江南岸沼泽地带木构建筑下的木桩为世所罕见；公元前532年在今山西汾水上建成的三十墩柱木柱梁桥(《水经注》)，以及秦朝所建渭桥等也都为木桩基础，再如郑州隋朝超化寺打入淤泥的塔基木桩(《法苑珠林》)、杭州湾五代大海塘工程木桩等都是我国古代桩基础技术应用的典范，这些传统技术凝聚了我国古代劳动人民的智慧，也雄辩地证明了我国古代劳动人民在工程实践中积累了丰富的土力学与基础工程的知识。只是由于当时生产力发展水平的限制，还未能提炼成为系统的科学理论。直到18世纪中叶，人们对土在工程建设方面的特性，尚停留在感性认识阶段。

18世纪工业革命以后，大规模的城市建设和水利、铁路的兴建使人们面临着许多与土有关的问题，从而促进了土力学理论的产生和发展。1773年，法国的库仑(Coulomb)根据试验创立了著名的砂土抗剪强度公式，提出了计算挡土墙土压力的滑楔理论。1857年，英国的朗金(Rankine)又从另一途径提出了挡土墙土压力理论，这对后来土体强度理论的发展起了很大的促进作用。此外，法国布辛奈斯克(Boussinesq，1885年)求得了在弹性半空间表面作用竖向集中力的应力和变形的理论解答；瑞典费兰纽斯(Fellenius，1922年)为解决铁路坍方提出了土坡稳定分析法。这些古典的理论和方法，至今仍不失其理论和实用价值。

通过许多研究者的不懈努力、经验积累，到1925年，美国太沙基(Terzaghi)在归纳发展以往成就的基础上，出版了《土力学》专著，1929年又与其他作者一起出版了《工程地质学》。从此土力学与基础工程就作为独立的学科而取得不断的进展。从1936年至2022年，共召开了二十届国际土力学及岩土工程学术会议。许多国家和地区也都开展了类似的活动，交流和总结本学科新的研究成果和实践经验，并定期出版土力学与基础工程的报纸杂志，这些对本学科的发展都起到了推动作用。

中华人民共和国的成立，为解放我国生产力和促进我国科学技术的发展开辟了一条广阔的道路，也使土力学与基础工程学科得到了迅速的发展。中华人民共和国成立后，我国在建筑工程中成功地处理了许多大型和复杂的基础工程。例如，利用电化学加固处理的中国历史博物馆地基，解决了施工工期短、质量要求高的困难；特别是在万里长江上建成的多座长江大桥(武汉长江大桥、南京长江大桥等)及其他巨大工程中，采用管柱基础、气筒浮运沉井基础等，成功解决了水深流急、地质复杂的基础工程问题；全国许许多多高层建筑的建成，都为土力学与基础工程的理论和实践积累了丰富的经验。我国自1962年以来，先后召开了十四届全国土力学及岩土工程会议，这些学术会议不仅是技术交流的平台，也是不同文化背景下思想碰撞和融合的舞台。我们应借此机会，推广中国传统文化，学习借鉴其他国家的优秀文化，以促进土力学与基础工程学科的多元化发展。同时，全国建立了许多地基基础研究机构、施工队伍和土工试验室，培养了大批地基基础专业人才。不少学者对土力学与基础工程的理论和实践作出了重大贡献，受到了国际岩土界的重视。

近年来，我国在工程地质勘察，室内及现场土工试验，地基处理，新设备、新材料、新工艺的研究和应用方面，取得了很大的进展。在地基处理方面，振动碾压、振动水冲、深层搅拌、高压旋喷、粉体喷射、真空预压、强夯以及各种土工聚合物和托换技术等在土建、水利、桥隧、道路、港口、海洋等有关工程中得到了广泛应用，并取得了较好的经济技术效果。随着电子技术及各种数值计算方法对各学科的逐步渗透，土力学与基础工程的各个领域都发生了深刻的变化，许多复杂的工程问题相应得到了解决，试验技术也日益提高。在大量理论研究与实践经验积累的基础上，有关基础工程的各种设计与施工规范或规程等也相应问世或日臻完善。这些为我国基础工程设计与施工做到技术先进、经济合理、安全适用、确保质量提供了充分的理论与实践依据。我们相信，随着我国社会主义建设的向前发展，对基础工程要求的日益提高，我国土力学与基础工程学科也必将得到新的更大的发展。

2　土的性质及工程分类

本章提要

土的性质包括它的物理性质、力学性质、水理性质以及工程性质等。

土是由颗粒(固相)、水(液相)和空气(气相)组成的三相分散体系。土中颗粒的大小、成分及三相之间的比例关系，反映出土的不同物理性质，如干湿、轻重、松密及软硬等。土的这些物理性质又与力学性质(强度、压缩性、渗透性等)有着密切的联系。如土湿软、松散则强度低，压缩性大；土颗粒大则渗透性好；土粒大小不均匀(级配好)，则在动荷载作用下，易于压实等。

在进行土力学计算及处理地基基础问题时，不仅要知道土的物理性质特征及其变化规律，了解各类土的特性，还必须熟练掌握反映土三相组成比例和状态的各指标的定义、试验或计算方法，以及按土的有关特征和指标确定地基土的分类方法。

因此，本章需从宏观和微观两方面了解土的三相组成，要牢固掌握土的物理性质指标的定义，有关指标的换算、试验和应用，掌握无黏性土和黏性土的工程特性，熟练使用地基土的分类方法，深入了解工程中常用到的渗透定律、压实原理及流砂现象。

2.1　概　　述

土是连续、坚固的岩石在风化作用下形成的大小悬殊的颗粒，经过不同的搬运方式，在各种自然环境中生成的沉积物。地壳表层母岩经过风化、搬运后的矿物颗粒(有时还有有机质)堆积在一起，中间贯穿着孔隙。孔隙当中存在水和空气。因此在天然状态下，土体一般由固相(固体颗粒)、液相(土中水)和气相(气体)三部分组成，如图 2.1 所示，简称为三相体系。土中固体颗粒的矿物成分各异，其土粒间的联结比较微弱，土粒还可能与周围的水发生一系列复杂的物理、化学作用。因此，在外力作用下，土体并不显示出一般固体的特性，土粒间的联结也并不像胶体那样易于产生相对位移，也不表现出一般液体的特性。因此，在研究土的工程性质时，既有别于固体力学，也有别于流体力学。

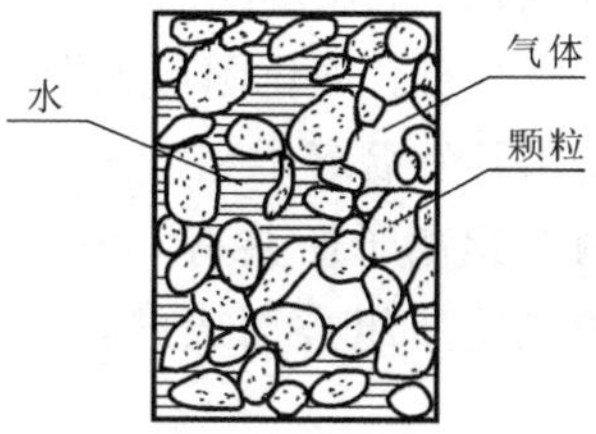

图 2.1　土的三相组成示意图

在古典土力学中，研究土的各种工程性质时，首先注意到土粒的物理特性(例如土粒的大小、形状等)、土的物理状态以及土的三相比例关系。而在近代土力学中，还注意到土的三相在空间的分布、排列以及土粒间的联结对土的性质的重要影响。

本章首先介绍土的三相组成及结构，然后介绍土的物理指标及其换算方法，无黏性土的密实度，黏性土的物理特性，土的渗透性、动力特性和分类方法。

2.2 土的三相组成及土的结构

2.2.1 土的固体颗粒(固相)

固体颗粒构成土的骨架，其大小和形状、矿物成分及其组成情况是决定土物理力学性质的重要因素。

2.2.1.1 土的矿物成分

土的矿物成分主要取决于母岩的成分及其所经受的风化作用。不同的矿物成分对土的性质有着不同的影响，通常，粗大土粒其矿物成分往往保持母岩未风化的原生矿物，而细小土粒主要是次生矿物等无机物质以及土生成过程中混入的有机质。因此，细粒土的矿物成分更为重要。

土的固体颗粒物质分为无机矿物颗粒和有机质。矿物颗粒的成分有两大类：

(1) 原生矿物。即岩浆在冷凝过程中形成的矿物，如石英、长石、云母等。由它们构成的粗粒土，例如漂石、卵石、圆砾等，都是岩石的碎屑，其矿物成分与母岩相同。由于其颗粒大，比表面积小(单位体积内颗粒的总表面积)，与水的作用能力弱，其抗水性和抗风化作用都强，故工程性质比较稳定。若级配好，则土的密度大，强度高，压缩性低。

(2) 次生矿物。系原生矿物经化学风化作用后形成的新的矿物(例如黏土矿物)。它们颗粒细小，呈片状，是黏性土固相的主要成分。由于其粒径非常小(小于 2 μm)，具有很大的比表面积，与水的作用能力很强，能发生一系列复杂的物理、化学变化。例如一个棱边为 1 cm 的立方体，其体积为 1 cm^3，总表面积只有 6 cm^2，比表面积为 6 cm^{-1}；若将 1 cm^3 立方体颗粒分割成棱边为 0.001 mm 的许多立方体颗粒，则其总表面积可达 6×10^4 cm^2，比表面积可达 6×10^4 cm^{-1}。由此可见，由于土粒大小不同而造成比表面积数值上的巨大变化，必然导致土的性质的突变，这种结果是可以想象到的。另外，对土的工程性质影响较大的，还有土粒粒间各种相互作用力的影响，而粒间的相互作用力又与矿物颗粒本身的结晶结构特征有关，也就是说，与组成矿物的原子和分子的排列有关，与原子分子间的键力有关。

下面以三种主要黏土矿物为例，介绍其结构特征和基本的工程特性。

黏土矿物是一种复合的铝-硅酸盐晶体(所谓晶体是指原子、离子在空间有规律地排列而成的产物，不同的几何排列形式称为晶体结构，组成晶体结构的最小单元称为晶胞)，颗粒呈片状，是由硅片和铝片构成的晶胞所组叠而成。硅片的基本单元是硅-氧四面体。它是由 1 个居中的硅离子和 4 个在角点的氧离子构成，如图 2.2(a)所示。由 6 个硅-氧四面体组成一个硅片，如图 2.2(b)所示。硅片底面的氧离子被相邻两个硅离子所共有。简化图形如图 2.2(c)所示，梯形的底边表示氧原子面。铝片的基本单元则是铝-氢氧八面体，它是由1 个铝离子和 6 个氢氧离子构成，如图 2.3(a)所示。4 个八面体组成一个铝片。每个氢氧离子被相邻两个铝离子所共有，如图 2.3(b)所示。简化图形如图 2.3(c)所示。大多数黏土矿物是由硅片和铝片构成的晶胞所组叠而成的，依硅片和铝片的组叠形式的不同，可以分为蒙脱石、伊利石和高岭石三种主要类型。

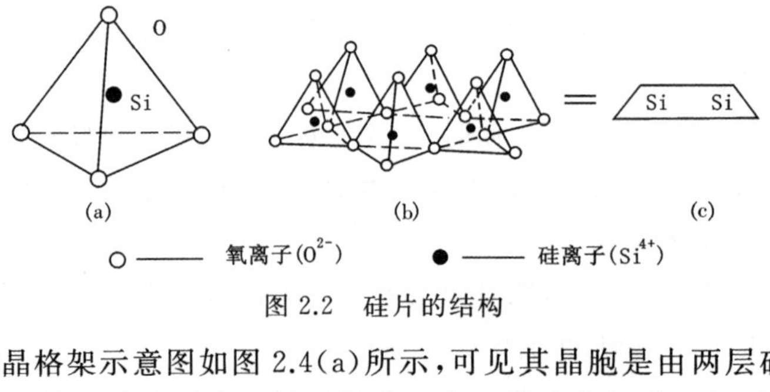

图 2.2 硅片的结构

(1) 蒙脱石。它的结晶格架示意图如图 2.4(a)所示，可见其晶胞是由两层硅氧晶片之间夹一层铝氢氧晶片所组成，称为 2∶1 型结构单位层或三层型晶胞。由于晶胞之间是 O^{2-} 对 O^{2-} 的联结，当非分子间的相互作用力(范德华力)相互连接，其键力很弱，很容易被具有氢键的水分子楔入而分开；另外，夹在硅片内的 Al^{3+} 常为低价的其他离子(如 Mg^{2+})所替换，在晶胞之间出现多余的负电荷，它可以吸附其他阳离子

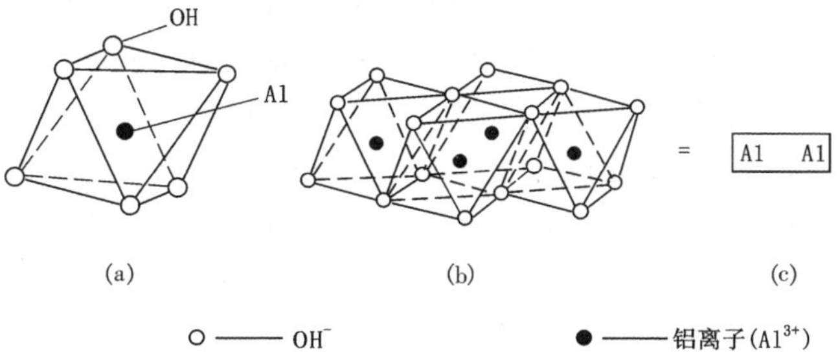

图 2.3 铝片的结构

(如 Na^+、Ca^{2+} 等)来补偿。这种阳离子吸引极性水分子成为水化离子,充填于结构单位层之间,从而改变晶胞的距离,甚至达到完全分散到单晶胞为止。因此,蒙脱石的晶格是活动的,吸水后体积发生膨胀,体积可增大数倍,脱水后则可收缩。膨胀土就是由于黏粒中含有一定数量这类矿物,一般含量在 5%以上,就会有明显的膨胀性。另外,它还具有高塑性、高压缩性、低强度、低渗透性,液限可达 150%~700%,塑性指数可达 100~650。

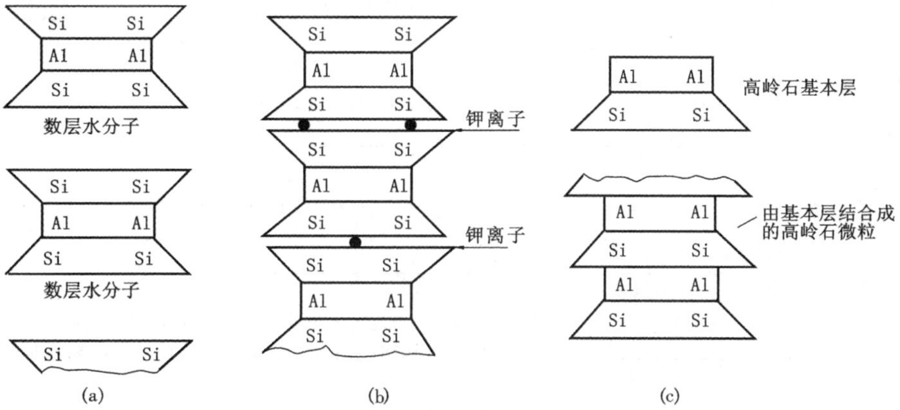

图 2.4 黏土矿物结晶格架示意图

(a) 蒙脱石;(b) 伊利石;(c) 高岭石

(2) 伊利石。它的结晶格架示意图如图 2.4(b)所示,与蒙脱石一样,同属 2∶1 型结构单位层,晶胞之间键力也较弱。但是,与蒙脱石不同之处是类质同象置换主要发生在硅四面体中,约有 20%的硅被铝、铁置换,由此而产生的不平衡电荷由进入晶胞之间的钾、钠离子(主要是 K^+)来平衡,钾键增强了晶胞与晶胞之间的连接作用,水分子难以进入。所以遇水膨胀、失水收缩能力低于蒙脱石,其力学性质介于高岭石与蒙脱石之间。

(3) 高岭石。结晶格架示意图如图 2.4(c)所示,它是由一层硅氧晶片和一层铝氢氧晶片组成的晶胞,属于1∶1型结构单位层或两层型。高岭石矿物就是由若干重叠的晶胞构成的。这种晶胞一面露出氢氧基,另一面则露出氧原子。晶胞之间的联结是氧原子与氢氧基之间的连接,氢氧根中的氢与相邻晶胞中的氧形成氢键,它具有较强的联结力,因此晶胞之间的距离不易改变,水分子不能进入,晶胞活动性较小,使得高岭石的亲水性、膨胀性和收缩性均小于伊利石,更小于蒙脱石。它的水稳性好,可塑性低,压缩性低,亲水性差。

可见,土的矿物结晶格架的差异,从本质上决定了它的工程性质不同。

2.2.1.2 土粒粒组

天然土体土粒大小变化悬殊,大的有几十厘米,小的只有千分之几毫米;形状也不一样,有块状、粒状、片状等。这与土的矿物成分有关,也与土粒所经历的风化、搬运过程有关。

土粒的大小称为粒度。在工程中,粒度不同、矿物成分不同,土的工程性质也就不同。例如颗粒粗大的卵石、砾石和砂,大多数为浑圆和棱角状的石英颗粒,具有较大的透水性而无黏性;颗粒细小的黏粒,则属于针状或片状的黏土矿物，具有黏滞性而透水性低。因此工程上常把大小、性质相近的土粒合并为一组，称为粒组。而划分粒组的分界尺寸称为界限粒径。对于粒组的划分方法，目前各个国家、各个部门并不统一。表2.1为一种常用的土粒粒组的划分方法。表中根据《土的工程分类标准》(GB/T 50145—2007)，按规定的界限粒径200 mm、60 mm、2 mm、0.075 mm和0.005 mm，将土粒粒组先粗分为巨粒、粗粒和细粒三个统称，再细分为六个粒组：漂石(块石)、卵石(碎石)、砾粒、砂粒、粉粒和黏粒。

2.2.1.3 土的颗粒级配

在自然界很难遇到单一粒组所组成的土，绝大多数都是由几种粒组混合组成。因此，为了说明天然土颗粒的组成情况，不仅要了解土颗粒的大小，而且要了解各种颗粒所占的比例。土中所含各粒组的相对含量，以土粒总重的百分数表示，称为土的颗粒级配。表2.2列举了三种土的土粒组成，表2.3给出了这三种土的颗粒级配。为了直观起见，通常以图2.5的颗粒级配曲线表示。曲线的纵坐标表示小于某土粒粒径的累计质量百分数，横坐标则是用对数值表示的土的粒径。这样就可以把粒径相差上千倍的大、小颗粒含量都表示出来，尤其能把占总质量的比例小，但对土的性质可能有重要影响的微小土粒部分清楚地表达出来。

表2.1 土粒粒组的划分

粒组统称	粒组名称		粒径范围/mm	一 般 特 征
巨 粒	漂石或块石颗粒		＞200	透水性很大，无黏性，无毛细水
	卵石或碎石颗粒		60～200	
粗 粒	圆砾或角砾颗粒	粗	20～60	透水性大，无黏性，毛细水上升高度不超过粒径大小
		中	5～20	
		细	2～5	
	砂 粒	粗	0.5～2	易透水，当混入云母等杂质时透水性减小，而压缩性增加；无黏性，遇水不膨胀，干燥时松散；毛细水上升高度不大，随粒径变小而增大
		中	0.25～0.5	
		细	0.075～0.25	
细 粒	粉 粒		0.005～0.075	透水性小，湿时稍有黏性，遇水膨胀小，干时稍有收缩；毛细水上升高度较大较快，极易出现冻胀现象
	黏 粒		＜0.005	透水性很小，湿时有黏性、可塑性，遇水膨胀大，干时收缩显著；毛细水上升高度大，但速度较慢

注：① 漂石、卵石和圆砾颗粒均呈一定的磨圆状(圆形或亚圆形)；块石、碎石和角砾颗粒均呈棱角状。
② 粉粒可称为粉土粒，粉粒的粒径上限0.075 mm相当于200号筛的孔径。
③ 黏粒可称为黏土粒，黏粒的粒径上限也有采用0.002 mm为标准的。

表2.2 土粒组成

土样编号	粒径/mm			
	2～10	0.05～2	0.005～0.05	＜0.005
A	0	99	1	0
B	0	66	30	4
C	44	56	0	0

表2.3 土的颗粒级配

土样编号	d_{60}	d_{10}	d_{30}	C_u	C_c
A	0.165	0.11	0.15	1.5	1.24
B	0.115	0.012	0.044	9.6	1.40
C	3.00	0.15	0.25	20	0.14

由曲线的形态可评定土颗粒大小的均匀程度。如曲线平缓则表示粒径大小相差很大，颗粒不均匀，级配良好(图2.5中的曲线*B*)；反之，则颗粒均匀，级配不良(图2.5中的曲线*A*、*C*)。为了定量说明问题，工程中常用不均匀系数C_u和曲率系数C_c来反映土颗粒级配的不均匀程度。

$$C_u = \frac{d_{60}}{d_{10}} \tag{2.1}$$

$$C_c = \frac{(d_{30})^2}{d_{10} \times d_{60}} \tag{2.2}$$

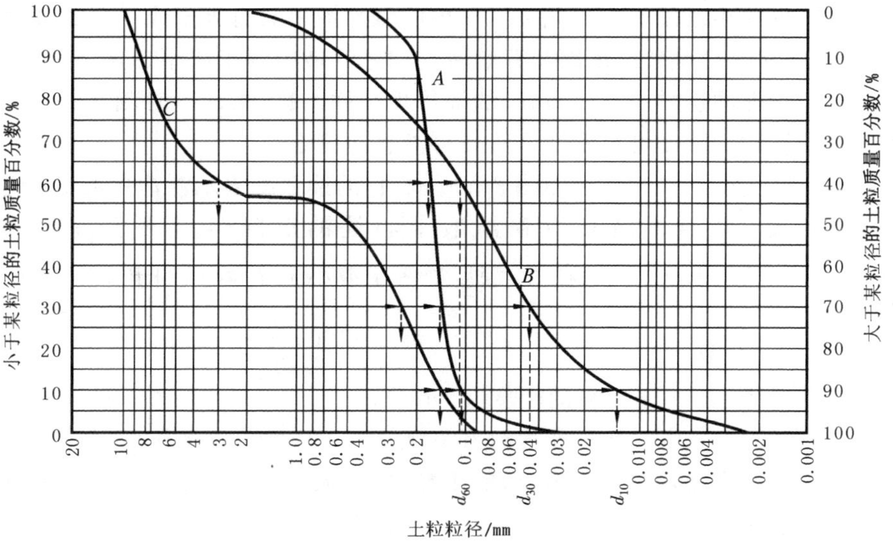

图 2.5　土的颗粒级配曲线

式中　d_{60}——小于某粒径的土粒质量占土总质量 60%的粒径，称限定粒径；

d_{10}——小于某粒径的土粒质量占土总质量 10%的粒径，称有效粒径；

d_{30}——小于某粒径的土粒质量占土总质量 30%的粒径，称中值粒径。

可见，不均匀系数 C_u 反映了大小不同粒组的分布情况，曲率系数 C_c 描述了级配曲线分布的整体形态，表示是否有某粒组缺失的情况。

工程上对土的级配是否良好可按如下规定判断：

① 对于级配连续的土：$C_u>5$，级配良好；$C_u<5$，级配不良。

② 对于级配不连续的土，级配曲线上呈台阶状(图 2.5 中的曲线 C)，采用单一指标 C_u 难以全面有效地判断土的级配好坏，需同时满足 $C_u>5$ 和 $C_c=1\sim3$ 两个条件时，才为级配良好，反之则级配不良。

工程中用级配良好的土作为路堤、堤坝的填土用料时，比较容易获得较大的密实度。

2.2.1.4　颗粒分析试验

确定土中各个粒组相对含量的方法称为土的颗粒分析试验。对于粒径大于 0.075 mm 的粗粒土，可用筛分法。对于粒径小于 0.075 mm 的细粒土，则可用沉降分析法(水分法)。通常需将上述两种方法联合使用。

(1) 筛分法。用一套标准筛子[如孔径(mm)分别为 60、40、20、10、5、2、1、0.5、0.25、0.1、0.075]，将风干且分散了的有代表性的试样倒入标准筛内摇振，然后分别称出留在各筛子上的土重，并计算出各粒组的相对含量，即得土的颗粒级配。

(2) 沉降分析法。具体有密度计法和移液管法(也称吸管法)。这两种方法的理论基础都是依据 Stokes(斯托克斯)定律，即球状的细颗粒在水中的下沉速度与颗粒直径的平方成正比，用公式表示为：

$$d=1.126\sqrt{v} \tag{2.3}$$

注：直径 d 以毫米计。实际上土粒并不是圆球形颗粒，因此用 Stokes 公式求得的颗粒并不是实际土粒的尺寸，而是与实际土粒有相同沉降速度的理想球体的直径，称为水力直径。

具体的试验过程是：将过筛了的风干试样 m_s(g)盛入 1000 mL 的量筒中，注入蒸馏水搅拌制成一定体积的均匀浓度的悬浮液，如图 2.6 所示。停止搅拌静置一段时间 t 后，根据式(2.3)，在液面以下深度 L_i 以上的溶液中就不会有大于 d_i 的颗粒(图 2.6)，如在 L_i 处考

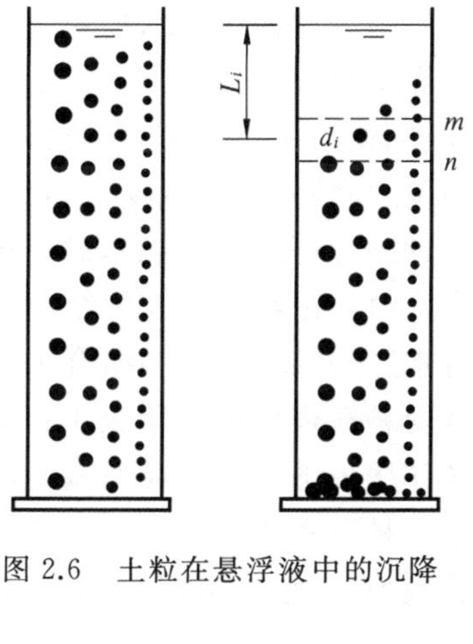

图 2.6　土粒在悬浮液中的沉降

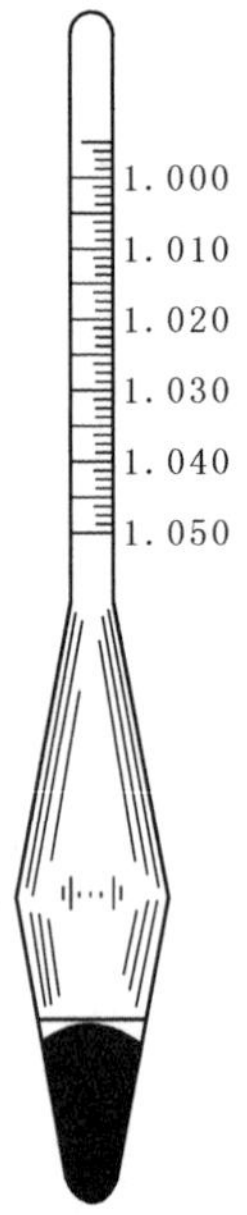

图 2.7　密度计

虑一小区段 $m \sim n$，则 $m \sim n$ 内的悬浮液中只有等于或小于 d_i 的颗粒，而且等于或小于 d_i 颗粒的浓度与开始时均匀悬浮液中等于或小于 d_i 颗粒的浓度相等。其效果如同土样在孔径为 d_i 的筛子里一样。这样，任一时刻在任一 L_i 处悬浮液中 d_i 颗粒的浓度可用密度计法或移液管法测定。

密度计的外形如图 2.7 所示，它的读数既表示浮泡中心处的悬浮液密度 ρ_i，又表示从悬浮液表面到浮泡中心处的沉降距离 L_i。速度 $v_i = L_i/t_i$；$d_i = 1.126\sqrt{L_i/t_i}$。则在 L_i 深度处等于或小于 d_i 粒径的土粒质量 m_{si} 为：

$$m_{si} = 1000\frac{\rho_i - \rho_w}{\rho_s - \rho_w}\rho_s \tag{2.4}$$

式中　ρ_s——土粒的密度（g/cm³）；

ρ_w——水的密度（g/cm³）。

那么，相应 d_i（mm）的土粒质量 m_{si} 占土粒总质量 m_s 的累计百分比 P_i（以%表示）为：

$$P_i = \frac{m_{si}}{m_s} \tag{2.5}$$

因此，具体试验时，只要将悬液搅拌均匀后，放入密度计，隔不同的时间 t_i[1、2、5、15、30、60、240、1440(mm)]，测读密度计读数 ρ_i 及 L_i，就能求出相应于不同时间 t_i 的一系列 d_i 和 P_i 值。关于具体的试验操作及计算，将在试验课中进行。

移液管法是按规定时间把土样吸出（通常在 100 mm 深度处吸出 10 mL 左右），然后烘干土样，记录留下来的土颗粒质量。

2.2.2　土中水和气

2.2.2.1　土中水的存在形态

土中水按存在形态分有液态水、固态水和气态水。固态水又称矿物内部结晶水或内部结合水，是指存在于土粒矿物的晶体格架内部或是参与矿物构造的水。根据其对土的工程性质的影响，可把矿物内部结合水当作土体矿物颗粒的一部分，这种水只有在比较高的温度下（80～680 ℃），才能化为气态水而与颗粒分离。气态水是土中气的一部分。液态水是人们日常生活中不可缺少的物质，通常分为自来水、井水、河水与海水等。土力学中水的分类与日常生活不同，它从工程角度对水进行微观研究。

土中液态水分为结合水和自由水两大类。黏土粒表面带有负电荷，结合水是指受电分子吸引力作用吸附于土粒表面成薄膜状的水。这种电分子吸引力高达几千到几万个大气压，使水分子和土粒表面牢固地黏结在一起。它又可细分为强结合水和弱结合水两种（图 2.8），强结合水紧靠土粒表面，其性质接近于固体，密度为 1.2～2.4 g/cm³，冰点为 −78 ℃，不能传递静水压力，具有极大的黏滞度、弹性和抗剪强度。黏土只含强结合水时，呈固体状态，磨碎后呈粉末状态；砂土的强结合水很少，仅含强结合水时呈散粒状。在强结合水外围的结合水膜称为弱结合水。弱结合水在强结合水以外，电场作用范围以内。它也受颗粒表面电荷所吸引而定向排列于颗粒四周，但电场作用力随远离颗粒而减弱。这层水不是接近于固态而是一种黏滞水膜。受力时能由水膜较厚处缓慢转移到水膜较薄处，也可以因电场引力从一个土粒的周围移到

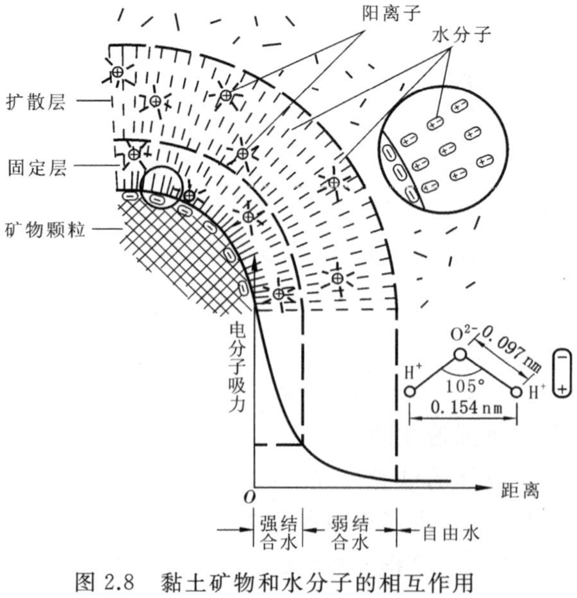

图 2.8　黏土矿物和水分子的相互作用

另一个土粒的周围。也就是说，弱结合水膜能发生变形，但不因重力作用而流动。弱结合水的存在是黏性土在某一含水率范围内表现出可塑性的原因，土的冻胀也与弱结合水的性质有关，此部分水对黏性土的影响最大。自由水是存在于土粒表面电场影响范围以外的土中水。它的性质与普通水一样，能够传递静水压力，冰点为 0 ℃，有溶解盐类的能力。自由水按所受作用力的不同，又可分为重力水和毛细水两种。重力水是存在于地下水位以下、土颗粒电分子引力范围以外的水，因为在本身重力作用下运动，故称为重力水。当存在水头差时，它将产生流动，对土颗粒及结构物都有浮力作用。在土力学计算中，应考虑这样的渗流及浮力的影响。毛细水是受到水与空气交界面处表面张力的作用、存在于地下水位以上的透水层中自由水(见 2.2.2.3 小节)。

土中水并非处于静止不变的状态，而是运动着的。土中水的运动原因很多，同时也给工程带来很多问题。工程实践中的流砂、管涌、冻胀、渗透固结、渗流时的边坡稳定等问题，都与土中水的运动有关，具体详见本书有关章节。

2.2.2.2　黏土颗粒与水的相互作用

黏土颗粒与水的相互作用对黏性土的性质有很大的影响。下面简单介绍一些基本概念。

(1) 黏土颗粒表面的带电现象

列依斯(Ruess)早于 1807 年通过实验证明黏土颗粒是带电的。他在实验时将两根带有电极的玻璃管插入一块潮湿的黏土块内。在玻璃管中撒一些洗净的砂，再加水至相同的高度，接通直流电后发现：在阳极管中，水自下而上地混浊起来，说明黏土颗粒在向阳极移动，与此同时，管中水位却逐渐下降；在阴极管中，水仍是清澈的，但水位在逐渐升高(图 2.9)。如在一块潮湿黏土块上直接插入两个直流电极，通电后会发现阳极周围的土逐渐变干，而阴极周围的土则逐渐变湿。也就是说黏土颗粒带有负电荷。我们把固体颗粒在直流电作用下向某一电极移动的现象称为电泳；而水分子向相反电极移动的现象称为电渗。工程中的电渗排水法，就利用了黏土颗粒表面的带电现象。

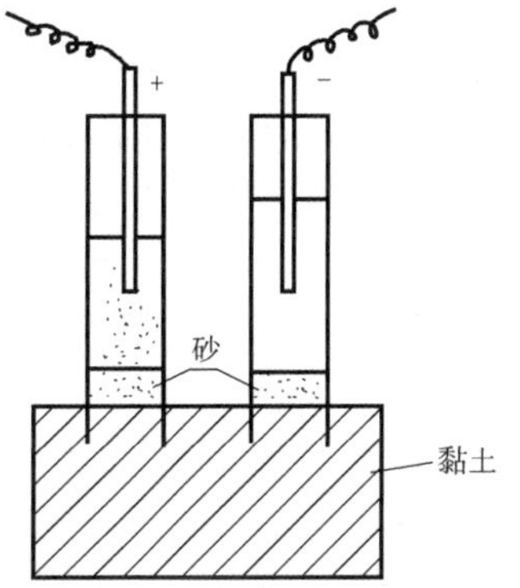

图 2.9　黏土颗粒表面的带电现象

(2) 双电层与扩散层概念

由于黏土颗粒的表面带(负)电性，围绕土粒形成电场。在土粒电场范围内的水分子和水溶液中的阳离子(如 Na^+、Ca^{2+}、Al^{3+} 等)一起被吸附在土粒表面。因为水分子是极性分子(氢原子端显正电荷，氧原子端显负电荷)，它被土粒表面电荷或水溶液中的离子电荷吸引而定向排列(图 2.8)。

土粒周围水溶液中的阳离子，一方面受到土粒所形成电场的静电引力作用，另一方面又受到布朗运动(热运动)的扩散力作用。这两种相反趋向作用的结果，使土粒周围的极性水分子和阳离子呈不均匀分布。在最靠近土粒表面处，静电引力最强，把水化离子和极性水分子牢固地吸附在颗粒表面上形成固定层。在固定层外围，静电引力比较小，因此水化离子和极性水分子的活动性比在固定层中大些，形成扩散层。由于固定层和扩散层中所含的阳离子与土粒表面的负电荷的电位相反，故称为反离子。该反离子层与土粒表面负电荷一起构成双电层(反离子层是外层，土粒表面负电荷是内层)。

固定层中的极性水分子形成的水膜是强结合水，而强结合水以外、扩散层内的水是弱结合水。由图 2.8可见，弱结合水也受颗粒表面电荷吸引而定向排列于颗粒四周，但电场作用力随远离颗粒而减弱。没有受颗粒电场引力作用的水是自由水。

(3) 影响双电层的因素

由于黏粒大多呈片状，带有负电荷，所以黏粒带电荷量的多少，可用如图 2.10 所示的电位变化来描述。内层所具有的电位为热力电位 ε。热力电位的大小与土粒的矿物成分、分散度等因素有关。当这部分电位被强结合水(包括水化阳离子)平衡一部分后，在固定层界面上的电位变成 ξ 电位，电动电位继续吸引水分子和水化阳离子，直到其对水的影响完全消失为止。图中 bcd 曲线表示双电层电位随电荷表面距离的增加大致呈指数曲线衰减，根据物理学中玻耳兹曼能量分布律(微观粒子按能量分布的基本定律)和

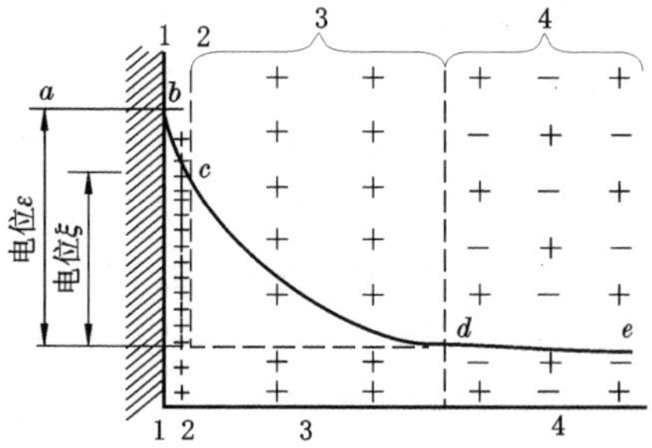

图 2.10 双电层的结构及其电位变化示意图

1—内层；2—固定层；3—扩散层；4—自由液体；a—b 表示固体表面的电位；d—e 表示液体表面的电位；bcd 曲线表示固体与液体界面上的电位差，界面上的电位称为热力电位，其值为 ε；cd 曲线表示固定层与扩散层之间的电位差，固定层面上的电位称为电动电位 ξ

高等数学中求重心的方法，可推得其结果为式(2.6)。在这种情况下，相当于双电层的电荷重心位于离土粒表面距离$\frac{1}{K}$处，因而常把$\frac{1}{K}$视作双电层的厚度，即

$$\frac{1}{K} \propto \frac{1}{\nu}\left(\frac{DT}{n_0}\right)^{\frac{1}{2}} \tag{2.6}$$

式中 ν——离子价数；

D——水溶液的介电常数；

T——温度(以 K 计)；

n_0——距土粒表面较远处，即电位为零处自由溶液中的离子浓度。

由此可见，双电层厚度首先取决于内层热力电位。当内层电位一定时，双电层的厚度可随外界条件的变化而变化，特别是水溶液中水化离子的性质、浓度、离子交换的能力等。

① 阳离子的原子价高，双电层的厚度变薄；

② 阳离子的浓度大，双电层的厚度变薄，具体数值参见表 2.4；

表 2.4 表面电荷一定时，离子浓度与双电层厚度、离子价的关系

离子浓度/(mol/L)	双电层厚度/Å	
	一价离子	二价离子
10^{-5}	1000	500
10^{-3}	100	50
10^{-1}	10	5

③ 阳离子的直径大，双电层的厚度变厚；

④ 阳离子的交换能力，一般高价离子的交换能力大于低价离子；同价离子则半径大的交换能力强。常见离子的交换能力顺序如下：

$Fe^{3+} > Al^{3+} > Ba^{2+} > Ca^{2+} > Mg^{2+} > NH_4^+ > K^+ > H^+ > Na^+ > Li^+$

离子交换的结果将导致黏粒表面双电层厚度(也就是结合水膜厚度)发生变化，并导致黏性土的一系列物理力学性质发生变化。水膜厚度大，土的塑性高，颗粒之间的距离相对也大，因此土体的膨胀性和收缩性大，土的压缩性也高，而强度相对降低。在工程实践中可利用这一机理来改良土质。如用三价及二价离子(Fe^{3+}、Al^{3+}、Ca^{2+}、Mg^{2+}等)处理黏土，使双电层中高价离子的浓度增加，双电层变薄，从而增加了土的强度与稳定性，减少了膨胀性。还有，在颗粒分析试验中，常在悬浮液中滴入一价的氨水或偏磷酸钠，使土粒的双电层变厚，以达到分散团粒的目的。

2.2.2.3 毛细水

(1) 毛细水上升高度

毛细水是受到水与空气交界面处表面张力的作用、存在于地下水位以上的透水层中自由水，如图 2.11 所示。土的毛细现象是指土中水在表面张力作用下，沿着细的孔隙向上及向其他方向移动的现象。分布在土粒内部间相互贯通的孔隙，可以看成是许多形状不一、直径互异、彼此连通的毛细管，如图 2.11 所示。按物理学概念，在毛细管周壁，水膜与空气的分界处存在着表面张力 T。水膜表面张力 T 的作用方向与毛细管壁成夹角 α。由于表面张力的作用，毛细管内水被提升到自由水面以上高度 h_c 处。分析高度为 h_c 的水柱的静力平衡条件，因为毛细管内水面处即为大气压，若以大气压力为基准，则该处压力 $p_a=0$，向下的水柱重力和管壁与水分子间的引力产生的上举力达到平衡：

$$\pi r^2 h_c \gamma_w = 2\pi r T\cos\alpha$$

$$h_c = \frac{2T\cos\alpha}{r\gamma_w} = \frac{4T\cos\alpha}{d\gamma_w} \tag{2.7}$$

若取表面张力 T 为 75.6×10^{-3} N/m(温度为 0 ℃时),水的重度 γ_w 为 10 kN/m³(温度为 4 ℃时),$\alpha=0°$(即认为是完全湿润的),则式(2.7)可改写为:

$$h_c \approx \frac{15}{r} \tag{2.8}$$

上式表明,毛细水上升高度 h_c 与毛细管半径 r 成反比,毛细管半径越小毛细水上升高度越大。当 $r=0.1$ mm时,$h_c=150$ mm,这与砂土(粒径为 0.5～1 mm)中的情况大致相当。黏土的孔隙直径约为 0.1 μm,按式(2.8)计算毛细水上升高度将达 150 m,而实际观察的上升高度仅为 3～4 m。造成这种不符实际的原因是,其一,土中毛细管截面千变万化,有的还几乎被结合水所占满,阻碍了毛细水的上升;其二,毛细管现象是管壁对水的吸力和水的表面张力共同作用的结果,还有颗粒与水之间积极的物理化学作用,使得天然土层中的毛细现象比毛细管的情况要复杂得多。所以工程实践中,毛细水上升高度不能简单地由式(2.7)或式(2.8)计算,而应通过实地调查、观测得到。对于无黏性土,也可根据当地经验、规范或文献中推荐的经验公式估算或经验表格查取。无黏性土毛细水上升高度的大致范围见表 2.5。

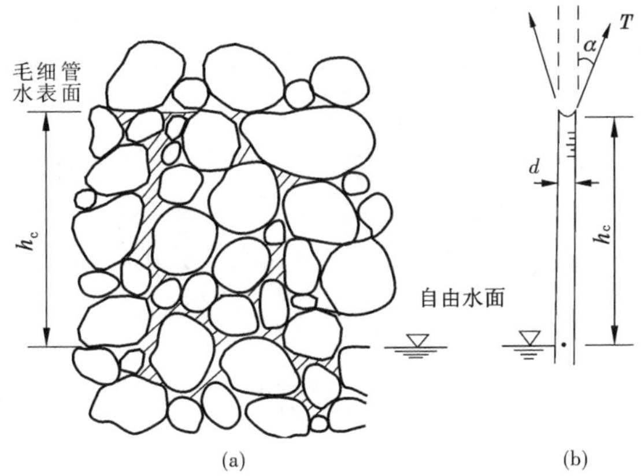

图 2.11　土中的毛细水升高

表 2.5　土中的毛细水上升高度

土名称	颗粒直径 d_{10}/mm	孔隙比	毛细水头/cm	
			毛细水上升高度	饱和毛细水头
粗　砾	0.82	0.27	5.4	6
砂　砾	0.20	0.45	28.4	20
细　砾	0.30	0.29	19.5	20
粉　砾	0.06	0.45	106.0	68
粗　砂	0.11	0.27	82.0	60
中　砂	0.03	0.36	165.5	112
细　砂	0.02	0.48～0.66	239.6	120
粉　土	0.006	0.93～0.95	359.2	180

由表 2.5 可见,砾类(除粉砾外)与粗砂,毛细水上升高度很小,而细砂和粉土(包括粉质黏土),则毛细水上升高度大,而且上升速度也快,即毛细现象严重。若毛细水上升至地表,会引起土质盐渍化、沼泽化,而且会使地基润湿、强度降低、变形增大。在寒冷地区还会造成土的冻胀,地下室会过分潮湿,故在工程中要注意防潮、防冻。

(2) 毛细压力

干燥的砂土是松散的,颗粒间没有黏结力,水下的饱和砂土也是这样。但当湿砂有一定含水率时,颗粒间却表现出有一些黏结力,如湿砂可捏成团。在湿砂中短期内挖成直立的坑壁不会坍塌。这些都说明湿砂的土粒间有一些黏结力,这个黏结力就是毛细压力。

毛细压力还可用图 2.12 来说明。图中两个土粒 A、B 的接触面上有一些毛细水,由于土粒表面的湿润作用,使毛细水形成弯液面。在水和空气分界面上产生的表面张力总是沿着弯液面切线方向作用的,它促使两个土颗粒互相靠拢,在土粒的接触面上产生一个压力,这个压力称为毛细压力 p_c,也称为毛细黏聚力。

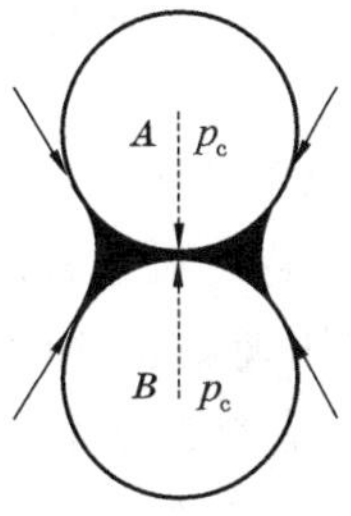

图 2.12　毛细压力示意图

在土中由毛细管作用上升的水柱重量，经过弯液面传递，最后悬挂在土粒骨架上达到平衡，如果以大气压力作为基准面，这种对骨架产生的毛细压力 p_c 就可按静水压力的规律计算：

$$p_c = -h_c\gamma_w \tag{2.9}$$

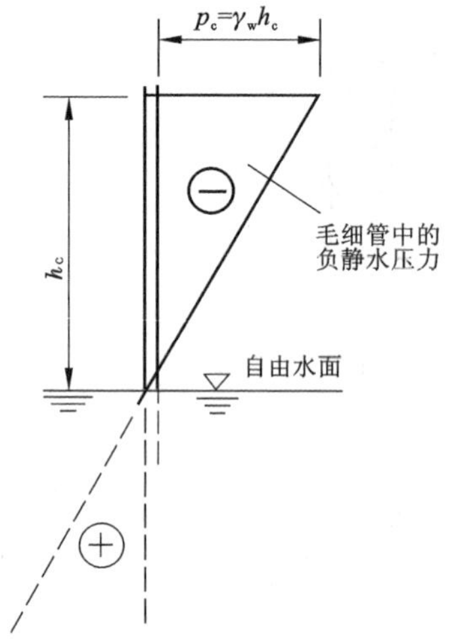

图 2.13　毛细水中的张力分布图

即从紧接弯液面下的最小值（$-h_c\gamma_w$）增大到自由水面高程处为 0（图 2.13），自由水面下为静水压力。故这种毛细压力也称负孔隙水压力（孔隙水吸力）。它可使土粒互相挤紧，可使无黏性土也像是有黏聚力似的。

2.2.2.4　土的冻胀

地基土为什么会冻胀？众所周知，地面下一定深度的水温，是随大气温度而变化的。当大气负温传入土中时，土中的自由水首先冻结成冰晶体，随着气温的继续下降，弱结合水的最外层也开始冻结，使冰晶体逐渐扩大。这样使冰晶体周围土粒的结合水膜减薄，土粒就产生剩余的分子引力，另外，由于结合水膜的减薄，使得水膜中的离子浓度增加，产生了渗透压力（即当两种水溶液的浓度不同时，会在它们之间产生一种压力差，使浓度较小溶液中的水向浓度较大的溶液渗流）。在这两种引力作用下，下卧未冻结区水膜较厚处的弱结合水，被吸引到水膜较薄的冻结区，并参与冻结，使冰晶体增大，而不平衡引力却继续存在。假使下卧未冻结区存在着水源（如地下水距冻结区很近）及适当的水源补给通道（即毛细通道），能够源源不断地补充到冻结区来，那么，未冻结区的水分（包括弱结合水和自由水）就会不断向冻结区迁移和积聚，使冰晶体不断扩大，在土层中形成冰夹层，土体随之发生隆起，即出现冻胀现象。这种冰晶体的不断增大，一直要到水源的补给断绝后才停止。

当气温升高、土层解冻时，土中积聚的冰晶体融化，土体随之下陷，即出现融陷现象。土的冻胀现象和融陷现象是季节性冻土的特性，亦即土的冻胀性。

可见，冻胀和融陷都将对工程产生不利影响。特别是高寒地区，发生冻胀时，使路基隆起，柔性路面鼓包、开裂，刚性路面错缝或折断；修建在冻土上的建筑物，冻胀引起建筑物的开裂、倾斜甚至使轻型构筑物倒塌。而发生融陷后，路基土在车辆反复碾压下，轻者路面变得较软，重者路面翻浆，也会使房屋、桥梁、涵管发生大量下沉或不均匀下沉，引起建筑物的开裂破坏。

从上述土冻胀的机理分析中可以看到，土的冻胀现象是在一定条件下形成的。即影响冻胀的因素有下列三方面：

（1）土的因素。冻胀现象通常发生在细粒土中，特别是粉砂、粉土、粉质黏土和粉质亚砂土等，冻结时水分迁移积聚最为强烈，冻胀现象严重。这是因为这类土具有较显著的毛细现象，毛细水上升高度大，上升速度快，具有较通畅的水源补给通道，同时，这类土的颗粒较细，表面能大，土的矿物成分亲水性强，能持有较多结合水，从而能使大量结合水迁移和积聚。相反，黏土虽有较厚的结合水膜，但毛细孔隙很小，对水分迁移的阻力很大，没有通畅的水源补给通道，所以其冻胀性较上述土类为小。

砂砾等粗颗粒土，没有或具有少量的结合水，孔隙中自由水冻结后，不会发生水分的迁移积聚，同时由于砂砾基本无毛细现象，因而不会发生冻胀。所以，在工程实践中常在地基或路基中换填砂土，以防治冻胀。

（2）水的因素。前面已经指出，土层发生冻胀是由水分的迁移和积聚所致。因此，当冻结区附近地下水位较高，毛细水上升高度能够达到或接近冻结线，使冻结区能得到外部水源的补给时，将发生比较强烈的冻胀破坏现象。这样，可以区分开敞型冻胀和封闭型冻胀两种冻胀类型。前者在冻结过程中有外来水源补给；后者冻结过程中没有外来水源补给。开敞型冻胀往往在土层中形成很厚的冰夹层，产生强烈冻胀，而封闭型冻胀，土中冰夹层薄，冻胀量也小。

（3）温度的因素。当气温骤降且冷却强度很大时，土的冻结面迅速向下推移，即冻结速度很快。这时，土中弱结合水及毛细水还来不及向冻结区迁移就在原地冻结成冰，毛细通道也被冰晶体所堵塞。这样，水分的迁移和积聚不会发生，在土层中看不到冰夹层，只有散布于土孔隙中的冰晶体，这时形成的冻土一般无明显的冻胀。如果气温缓慢下降，冷却强度小，但负温持续的时间较长，则能促使未冻结区水分不断地向冻结区迁移积聚，在土中形成冰夹层，出现明显的冻胀现象。

上述三方面的因素是土层发生冻胀的三个必要条件。其结论是：在持续负温作用下，地下水位较高处的粉砂、粉土、粉质黏土等土层常具有较大的冻胀危害。因此，我们可以根据影响冻胀的三个因素，采取相应的防治冻胀的工程措施。其主要措施是，将构筑物基础底面置于当地冻结深度以下，以防止冻害的影响。

2.2.2.5　土中气体

土中的气体存在于孔隙中未被水所占据的部位。在粗颗粒的沉积物中常见到与大气相连通的空气，它对土的工程性质影响不大。在细颗粒中则存在与大气隔绝的封闭气泡，在受到外力作用时，随着压力的增大，这种气泡可能压缩或溶解于水中；压力减少时，气泡会恢复原状或重新游离出来，使土在外力作用下的弹性变形增加，透水性降低，可见，封闭气体对土的工程性质影响较大。

土中气体的成分与大气成分相比，主要的区别在于 CO_2、O_2 及 N_2 的含量不同。一般土中气体中含有更多的 CO_2，较少的 O_2，较多的 N_2。土中气体与大气的交换愈困难，两者的差别就愈大。

含气体的土称为非饱和土，非饱和土的工程性质研究已形成土力学的一个新的分支。

2.2.3　土的结构和构造

土的结构是指土颗粒或集合体的大小和形状、表面特征、排列形式以及它们之间的连接特征，而构造是指土层的层理、裂隙和大孔隙等宏观特征，亦称宏观结构。土的结构对土的工程性质影响很大，特别是黏性土，如某些灵敏性黏土在原状结构时具有一定强度，当结构被扰动或重塑时，强度就会降低很多，也就是说，土的结构和构造对土的性质也有很大影响。一般分为单粒结构、蜂窝结构及絮凝结构三种基本类型。

单粒结构是由粗大土粒在水或空气中下沉而形成的。全部由砂粒及更粗土粒组成的土都具有单粒结构。因其颗粒较大，土粒间的分子吸引力相对很小，所以颗粒间几乎没有联结，湿砂也只可能使其具有微弱的毛细水联结。单粒结构可以是疏松的，也可以是紧密的[图 2.14(a)、图 2.14(b)]。呈紧密状单粒结构的土，由于其土粒排列紧密，在动荷载及静荷载作用下都不会产生较大的沉降，所以强度较大，压缩性较小，是较为良好的天然地基。而具有疏松单粒结构的土，其骨架不稳定，当受到振动或其他外力作用时，土粒易于发生移动，土中孔隙剧烈减少，引起土体较大的变形，因此，这种土层如未经处理一般不宜作为建筑物的地基。

蜂窝结构是主要由粉粒(0.005～0.075 mm)组成的土的结构形式。据研究，粒径在 0.005～0.075 mm 的土粒在水中沉积时，基本上是以单个土粒下沉，当碰上已沉积的土粒时，由于它们之间的相互引力大于其重力，土粒就停留在最初的接触点上不再下沉，逐渐形成土粒链。土粒链组成弓架结构，形成呈很大蜂窝状的结构[图 2.14(c)]。具有蜂窝结构的土有很大孔隙，但由于弓架作用和一定程度的粒间联结，使其可承担一般的水平静荷载。但当其承受较大水平荷载或动力荷载时，其结构将破坏，导致严重的地基沉降。

对于更为细小的黏粒($d<0.005$ mm)或胶粒($d<0.002$ mm)，其重力作用很小，能够在水中长期悬浮，不因自重而下沉。这时，黏土颗粒与水的作用产生的粒间作用力就突显出来。粒间作用力既有排斥力也有吸引力，且均随粒间的距离减小而增加，但增长的速率不尽相同。粒间排斥力主要是两土粒靠近时，土粒反离子层间孔隙水的渗透压力产生的渗透斥力，该斥力的大小与双电层的厚度有关，随着水溶液的性质改变而发生明显的变化。相距一定距离的两土粒，粒间排斥力随着离子浓度、离子价数及温度的增加而减小。

粒间吸引力主要是指范德华力，随着粒间距离增加很快衰减，这种变化取决于土粒的大小、形状、矿物

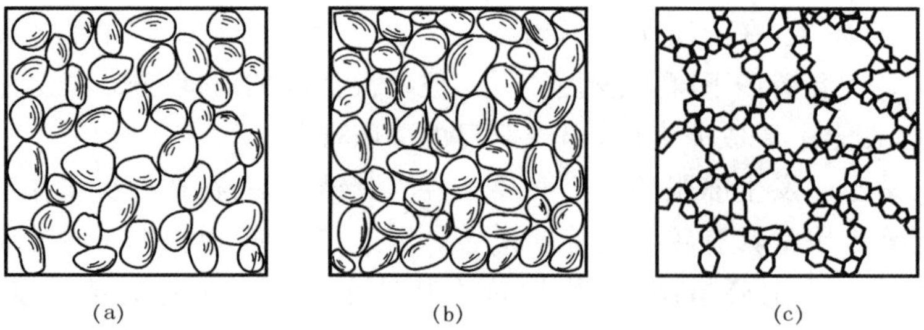

图 2.14　土的结构

(a)、(b) 单粒结构；(c) 蜂窝结构

成分、表面电荷等因素，但与土中水溶液的性质几乎无关。粒间作用力的作用范围从几埃到几百埃。

排斥力和吸引力是并存的，两者叠加情况示意图见图 2.15。当总的吸引力大于排斥力时表现为净吸力，反之为净斥力。若以斥力为主，则土粒间凝聚受阻，土悬浮液则处于分散状态，我们称为胶溶状态；反之，以引力为主，则产生凝聚，称为胶凝状态。

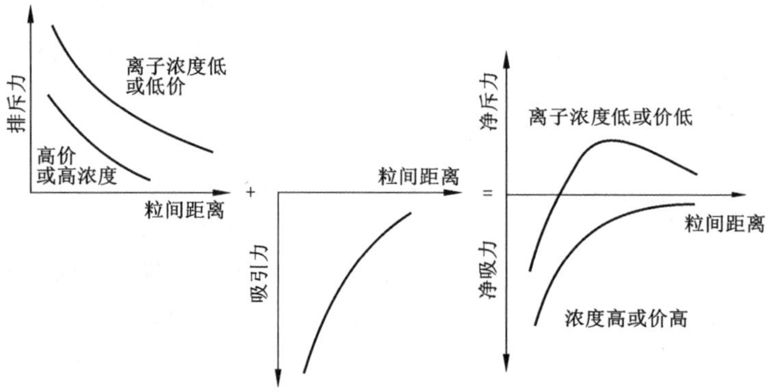

图 2.15　两土粒间的相互作用力

在高含盐量的水中沉积的黏性土，由于离子浓度的增加，反离子层减薄，渗透斥力降低。因此，在粒间较大的净吸力作用下，黏土颗粒容易絮凝成集合体下沉，形成盐液中的絮凝结构，如图 2.16(a)所示。例如混浊的河水流入海中，由于海水的高盐度，很容易絮凝沉积为淤泥。在无盐的溶液中，有时也可能产生絮凝，这一方面是由于某些片状黏土颗粒，由于破键(断裂的)作用，虽然晶片上带的是负电荷，但在边缘上局部存在正电荷(图 2.17)。这样，当一个黏粒的边(正电荷)与另一黏粒的面(负电荷)接触时，即产生静电吸引力，也形成絮凝结构；另一方面做布朗运动(随机运动)的悬浮颗粒在运动的过程中，可能形成边-面连接絮凝成集合体后，在重力的作用下而下沉，形成无盐溶液中的絮凝结构，如图 2.16(b)所示。当土粒间表现为净斥力时，土粒将在分散状态下缓慢沉积，这时土粒是定向(或半定向)排列的，片状颗粒在一定程度上平行排列，形成所谓分散型结构，亦称片堆结构，如图 2.16(c)所示。

絮凝沉积形成的土，在结构上是极不稳定的，随着溶液性质的改变或受到震荡后可重新分散。如果在很小的施工扰动下，土粒之间的连接脱落，造成结构破坏，强度迅速降低，但土粒之间的联结强度(结构强度)往往由于长期的压密和胶结作用而得到加强。可见，黏粒间的联结特征，是影响这一类土工程性质的主要因素之一。

土的构造最主要的特征就是成层性，即层理构造(图 2.18)。它是在土的形成过程中，由于不同阶段沉积的物质成分、颗粒大小或颜色的不同，而沿竖向呈现的成层特征。土的构造的另一特征是土的裂隙性，如黄土的柱状裂隙。裂隙的存在会大大降低土体的强度和稳定性，增大透水性，对工程不利。此外，也应注意到土中有无包裹物(如腐殖物、贝壳、结核体等)以及天然或人为的孔洞存在。这些构造特征都会造成土的不均匀性。

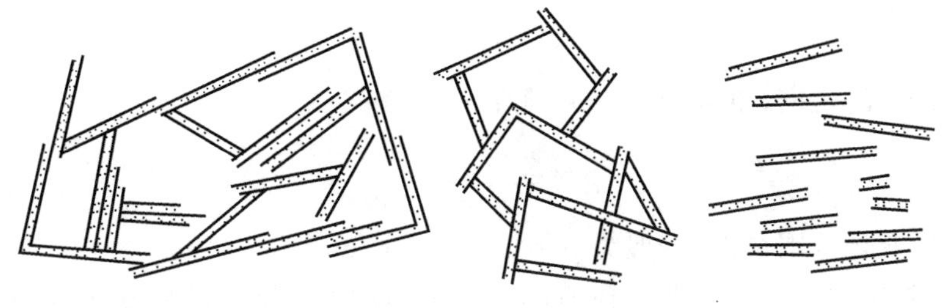

图 2.16　黏土颗粒沉积结构

(a) 盐液中絮凝；(b) 非盐液中絮凝；(c) 分散

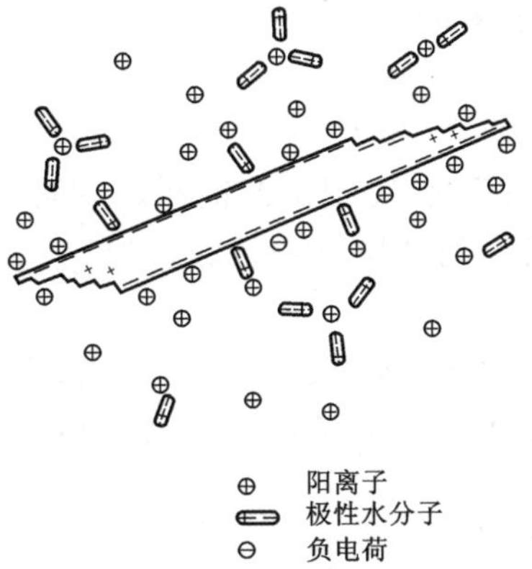

图 2.17　黏土颗粒的表面带电性

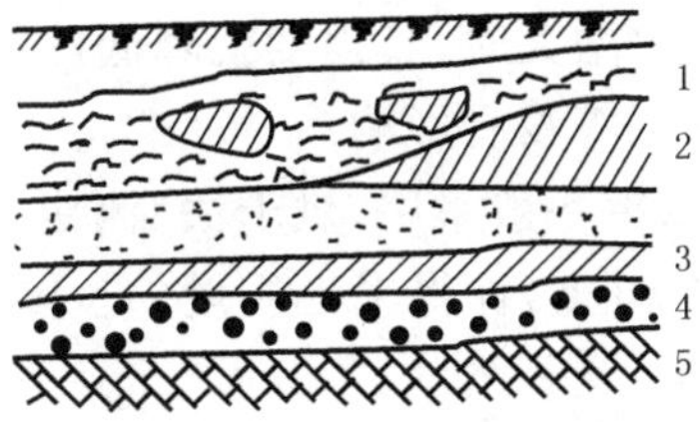

图 2.18　土的层理构造

1—淤泥夹黏土透镜体；2—黏土尖灭层；3—砂土夹黏土层；4—砾石层；5—基岩

2.3　土的物理性质指标

土的物理性质直接反映土的松密、软硬等物理状态，也间接反映土的工程性质。而土的松密和软硬程度主要取决于土的三相各自在数量上所占的比例。所以，要研究土的物理性质，就要分析土的三相比例关系，以其体积或质量上的相对比值，作为衡量土最基本的物理性质指标，并利用这些指标间接地评定土的工程性质。

2.3.1　指标的定义

为了导出三相比例指标和说明问题方便起见，可把土中本来交错分布的固体颗粒、水和气体三相分别集中起来，构成理想的三相关系图(图 2.19)。图中各符号意义如下：

V——土的体积；

V_a——土中气体所占的体积；

V_w——土中水所占的体积；

V_s——土中颗粒所占体积；

V_v——土中孔隙所占体积；

m——土的总质量；

m_w——土中水的质量；

m_s——土中颗粒的质量。

气体的质量相对甚小，可以忽略不计。

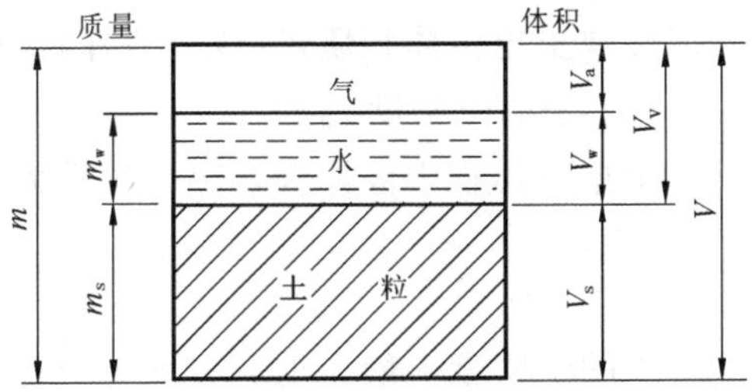

图 2.19　土的三相关系示意图

2.3.1.1 三个基本试验指标

(1) 土的天然密度 ρ

土单位体积的质量称为土的密度(单位为 g/cm^3 或 t/m^3),即:

$$\rho=\frac{m}{V} \tag{2.10}$$

天然状态下土的密度的变化范围很大,一般为 $\rho=1.6\sim2.2\ g/cm^3$。

土的密度一般采用“环刀法”测定,将一个圆环刀(刀刃向下)放置于削平的原状土样面上,垂直边压边削至土样伸出环刀口为止,削去两端余土,使与环刀口面齐平,称出环刀内土质量,求得它与环刀容积之比值即为土的密度。

(2) 土的含水率 w

土中水的质量与土粒质量之比(用百分数表示)称为土的含水率,即:

$$w=\frac{m_w}{m_s}\times100\% \tag{2.11}$$

含水率是标志土湿度的一个重要指标。含水率越小,土越干;反之,土很湿或饱和。一般来说,同一类土,当其含水率增大时,其强度就降低。土的含水率对黏性土、粉土的性质影响较大,对粉砂、细砂稍有影响,而对碎石土等没有影响。

土的含水率一般采用“烘干法”测定。即将天然土样的质量称出,然后置于电烘箱内,在温度 100～105 ℃下烘至恒重,称得干土质量 m_s,湿土与干土质量之差即为土中水的质量 m_w,故可按式(2.11)求得土的含水率。

(3) 土粒相对密实度 d_s

土的固体颗粒质量与同体积 4 ℃时纯水的质量之比,称为土粒相对密实度,即:

$$d_s=\frac{m_s}{V_s}\frac{1}{\rho_{w1}}=\frac{\rho_s}{\rho_{w1}} \tag{2.12}$$

式中 ρ_s——土粒密度(g/cm^3);

ρ_{w1}——纯水在 4 ℃时的密度(单位体积的质量),等于 1 g/cm^3 或 1 t/m^3。

土粒相对密实度可在实验室采用“比重瓶法”测定。将风干碾碎的土样注入比重瓶内,由排出同体积的水的质量原理测定土颗粒的体积 V_s。土粒相对密实度变化幅度不大,一般可参考表 2.6 取值。

表 2.6 土粒相对密实度参考值

土的名称	砂　土	粉　土	黏　性　土	
			粉质黏土	黏　土
土粒相对密实度	2.65～2.69	2.70～2.71	2.72～2.73	2.74～2.76

有机质土相对密实度一般为 2.4～2.5;泥炭土相对密实度为 1.5～1.8。

2.3.1.2 反映土单位体积质量(或重力)的指标

反映土单位体积质量(或重力)的指标除土的天然密度 ρ 外,还有:

(1) 土的干密度 ρ_d

土单位体积中固体颗粒部分的质量,称为土的干密度,并以 ρ_d 表示:

$$\rho_d=\frac{m_s}{V} \tag{2.13}$$

土的干密度一般为 1.3～1.8 g/cm^3。工程上常用土的干密度来评价土的密实程度,以控制填土、高等级公路路基和坝基的施工质量。

(2) 土的饱和密度 ρ_{sat}

土孔隙中充满水时的单位体积质量,称为土的饱和密度 ρ_{sat},即:

$$\rho_{sat}=\frac{m_s+V_v\rho_w}{V} \tag{2.14}$$

式中　ρ_w——水的密度，近似取 $\rho_w=1\ g/cm^3$。

(3) 土的有效密度(或浮密度)ρ'

在地下水位以下，单位体积中土粒的质量扣除同体积水的质量后，即为单位土体积中土粒的有效质量，称为土的有效密度 ρ'，即：

$$\rho'=\frac{m_s-V_s\rho_w}{V} \tag{2.15}$$

在计算自重应力时，须采用土的重力密度，简称重度。土的湿重度 γ、干重度 γ_d、饱和重度 γ_{sat}、有效重度 γ'，分别按下列公式计算：$\gamma=\rho\times g$、$\gamma_d=\rho_d\times g$、$\gamma_{sat}=\rho_{sat}\times g$、$\gamma'=\rho'\times g$，式中 g 为重力加速度，各重度指标的单位为 kN/m^3。

2.3.1.3　反映土的孔隙特征、含水程度的指标

(1) 土的孔隙比 e

土中孔隙体积与土粒体积之比称为土的孔隙比 e，即：

$$e=\frac{V_v}{V_s} \tag{2.16}$$

(2) 土的孔隙率 n

土中孔隙体积与总体积之比(用百分数表示)称为土的孔隙率。

$$n=\frac{V_v}{V}\times 100\% \tag{2.17}$$

土的孔隙比和孔隙率都是反映土体密实程度的重要物理性质指标。在一般情况下，e 和 n 愈大，土愈疏松；反之，土愈密实。一般来说，$e<0.6$ 的土是密实的，土的压缩性小；$e>1.0$ 的土是疏松的，压缩性高。

(3) 土的饱和度 S_r

土中水的体积与孔隙体积之比称为土的饱和度，以百分率计，即：

$$S_r=\frac{V_w}{V_v}\times 100\% \tag{2.18}$$

土的饱和度反映了土中孔隙被水充满的程度。如果 $S_r=100\%$，表明土孔隙中充满水，土是完全饱和的；$S_r=0$，则土是完全干燥的。通常可根据饱和度的大小将细砂、粉砂等土划分为稍湿、很湿和饱和三种状态，见表 2.7。

表 2.7　砂土湿度状态的划分

湿　度	稍　湿	很　湿	饱　和
饱和度 S_r/%	$S_r\leqslant 50$	$50<S_r\leqslant 80$	$S_r>80$

2.3.2　指标的换算

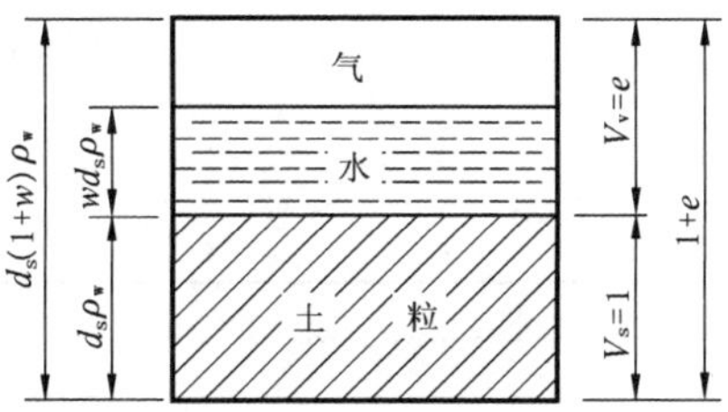

图 2.20　土的三相物理指标换算图

在推导换算指标时，常采用图 2.20 所示三相草图，即令 $V_s=1$，$\rho_{w1}=\rho_w$，则 $V_v=e$，$V=1+e$，再分别由式(2.12)和式(2.11)得 $m_s=d_s\rho_w$，$m_w=wd_s\rho_w$，$m=d_s(1+w)\rho_w$。则：

$$\rho=\frac{m}{V}=\frac{d_s(1+w)\rho_w}{1+e}$$

$$\rho_d=\frac{m_s}{V}=\frac{d_s\rho_w}{1+e}=\frac{\rho}{1+w}$$

由上式可得出：

$$e=\frac{d_s\rho_w}{\rho_d}-1=\frac{d_s(1+w)\rho_w}{\rho}-1$$

$$\rho_{sat}=\frac{m_s+V_v\rho_w}{V}=\frac{(d_s+e)\rho_w}{1+e}$$

$$\rho'=\frac{m_s-V_s\rho_w}{V}=\frac{m_s-(V-V_v)\rho_w}{V}$$

$$=\frac{m_s+V_v\rho_w-V\rho_w}{V}=\rho_{sat}-\rho_w$$

或

$$\rho'=\frac{m_s-V_s\rho_w}{V}=\frac{(d_s-1)\rho_w}{1+e}$$

$$n=\frac{V_v}{V}=\frac{e}{1+e}$$

$$S_r=\frac{V_w}{V_v}=\frac{m_w}{V_v\rho_w}=\frac{wd_s}{e}$$

土的三相比例指标换算公式一并列于表 2.8。

表 2.8　土的三相比例指标换算公式

名　称	符　号	三相比例表达式	常用换算式	单　位	常见的数值范围
含水率	w	$w=\frac{m_w}{m_s}\times100\%$	$w=\frac{S_re}{d_s}=\frac{\rho}{\rho_d}-1$	%	20～60
土粒相对密实度	d_s	$d_s=\frac{m_s}{V_s\rho_{w1}}$	$d_s=\frac{S_re}{w}$		黏性土:2.72～2.75 粉土:2.70～2.71 砂土:2.65～2.69
密度	ρ	$\rho=\frac{m}{V}$	$\rho=\rho_d(1+w)$ $\rho=\frac{d_s(1+w)}{1+e}\rho_w$	g/cm³	1.6～2.0
干密度	ρ_d	$\rho_d=\frac{m_s}{V}$	$\rho_d=\frac{\rho}{1+w}=\frac{d_s\rho_w}{1+e}$	g/cm³	1.3～1.8
饱和密度	ρ_{sat}	$\rho_{sat}=\frac{m_s+V_v\rho_w}{V}$	$\rho_{sat}=\frac{d_s+e}{1+e}\rho_w$	g/cm³	1.8～2.3
有效密度	ρ'	$\rho'=\frac{m_s-V_s\rho_w}{V}$	$\rho'=\rho_{sat}-\rho_w$ $\rho'=\frac{d_s-1}{1+e}\rho_w$	g/cm³	0.8～1.3
孔隙比	e	$e=\frac{V_v}{V_s}$	$e=\frac{d_s\rho_w}{\rho_d}-1$ $e=\frac{d_s(1+w)\rho_w}{\rho}-1$		黏性土和粉土:0.40～1.20 砂土:0.3～0.9
孔隙率	n	$n=\frac{V_v}{V}\times100\%$	$n=\frac{e}{1+e}=1-\frac{\rho_d}{d_s\rho_w}$	%	黏性土和粉土:30～60 砂土:25～45
饱和度	S_r	$S_r=\frac{V_w}{V_v}\times100\%$	$S_r=\frac{wd_s}{e}=\frac{w\rho_d}{n\rho_w}$	%	0～100

注:水的重度 $\gamma_w=\rho_wg=1\ \text{t/m}^3\times9.807\ \text{m/s}^2=9.807\times10^3(\text{kg}\cdot\text{m/s}^2)/\text{m}^3\approx10\ \text{kN/m}^3$。

这里要说明的是,以上计算是以 $V_s=1$ 作为计算的出发点,其实以土的总体积 $V=1$ 作为计算的出发点,或以其他量为 1 都可以得出相同的结果。因为事实上,上述各个物理指标都是三相间量的相互比例关系,不是量的绝对值。因此,在换算时,可以根据具体情况决定采用某种方法。

【例 2.1】　一块原状土样,经试验测得土的天然密度 $\rho=1.67\ \text{t/m}^3$,含水率 $w=12.9\%$,土粒相对密实

度 $d_s=2.67$。求孔隙比 e、孔隙率 n 和饱和度 S_r。

【解】

(1) $e=\frac{d_s(1+w)\rho_w}{\rho}-1=\frac{2.67\times(1+0.129)}{1.67}-1=0.805$

(2) $n=\frac{e}{1+e}=\frac{0.805}{1+0.805}=0.446=44.6\%$

(3) $S_r=\frac{wd_s}{e}=\frac{0.129\times2.67}{0.805}=0.428=42.8\%$

【例 2.2】 某饱和土体积为 97 cm^3，土的重力为 1.98 N，土烘干后重力为 1.64 N，求 w、e 及 γ_d。

【解】 饱和土体，指孔隙中全部被水充满，故三相图变成了两相图(图 2.21)，已知土烘干后的重力也即土粒重力为 1.64 N，则水的重力为 1.98－1.64＝0.34 N。水的体积 $V_w=0.34/(9.81\times10^{-3})=34.7\ cm^3$，土粒体积 $V_s=97-34.7=62.3\ cm^3$，则：

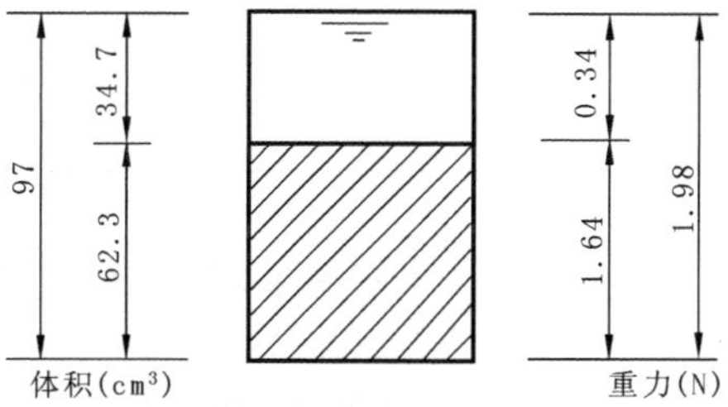

图 2.21 例 2.2 图

$w=\frac{0.34}{1.64}\times100\%=20.7\%$

$e=\frac{34.7}{62.3}=0.557$

$\gamma_d=\frac{1.64}{97}=16.9\times10^{-3}\ N/cm^3=16.9\ kN/m^3$

2.4 无黏性土的密实度

影响砂、卵石等无黏性土工程性质的主要因素是密实度。若土颗粒排列紧密，其结构就稳定，压缩变形小，强度大，是良好的天然地基。反之，密实度小，呈疏松状态时，如饱和的粉细砂，其结构常处于不稳定状态，对工程不利。因此在工程中，对于无黏性土，要求达到一定的密实度。

判断无黏性土密实度最简便的方法，是用孔隙比 e 来描述，e 大，表示土中孔隙大，则土疏松。但由于颗粒的形状和级配对孔隙比有着极大的影响，而孔隙比 e 未能考虑级配的因素，因此在工程中常引入相对密实度的概念。

若将砂土处于最松散状态的 e 称为最大孔隙比 e_{max}，砂土处于最紧密状态时的 e 称为最小孔隙比 e_{min}。而当土粒粒径较均匀时，其 $e_{max}-e_{min}$ 差值较小，当土粒粒径不均匀时，其差值较大，因此利用砂土的最大最小孔隙比与所处状态的天然孔隙比 e 进行比较，能综合反映土粒级配、土粒形状和结构等因素。该指标称为相对密实度 D_r，即：

$$D_r=\frac{e_{max}-e}{e_{max}-e_{min}} \tag{2.19}$$

D_r 一般以百分数表示。显然，当 $D_r=0$，即 $e=e_{max}$ 时，表示砂土处于最疏松状态；$D_r=1$，即 $e=e_{min}$ 时，表示砂土处于最紧密状态。因此，根据 D_r 值可把砂土的密实度状态分为下列三种：

$1\geqslant D_r>0.67$	密实
$0.67\geqslant D_r>0.33$	中密
$0.33\geqslant D_r>0$	松散

相对密实度试验适用于透水性良好的无黏性土，如纯砂、纯砾等。试验时，一般可采用"松散器法"测定最大孔隙比 e_{max}，采用"振击法"测定最小孔隙比 e_{min}。相对密实度对于土作为土工构筑物和地基的稳定性，特别是在抗震稳定性方面具有重要的意义。但由于天然状态砂土的孔隙比 e 值难以测定，尤其是位于地表下一定深度的砂层测定更为困难，此外按规程方法室内测定 e_{max} 和 e_{min} 时，人为误差也较大，因此，《建

筑地基基础设计规范》(GB 50007—2011)中采用标准贯入试验的锤击数 N 来评价砂类土的密实度，是一个行之有效的方法，根据 N 可将砂土分为松散、稍密、中密与密实四种密实度，其划分标准见表 2.9。

表 2.9　砂土密实度的划分

砂土密实度	松　散	稍　密	中　密	密　实
N	$\leqslant 10$	$10 < N \leqslant 15$	$15 < N \leqslant 30$	> 30

注：① N 为标准贯入试验锤击数。

② 当用静力触探探头阻力判定砂土的密实度时，可根据当地经验确定。

碎石可以根据野外鉴别方法划分为密实、中密、稍密、松散四种密实度状态。其划分标准见表 2.10。

表 2.10　碎石土密实度野外鉴别方法

密实度	骨架颗粒含量和排列	可　挖　性	可　钻　性
密实	骨架颗粒含量大于总重的 70%，呈交错排列，连续接触	锹镐挖掘困难，用撬棍方能松动，井壁一般较稳定	钻进极困难；冲击钻探时，钻杆、吊锤跳动剧烈；孔壁较稳定
中密	骨架颗粒含量等于总重的 60%～70%，呈交错排列，大部分接触	锹镐可挖掘，井壁有掉块现象，从井壁取出大颗粒处，能保持颗粒凹面形状	钻进较困难；冲击钻探时，钻杆、吊锤跳动不剧烈；孔壁有坍塌现象
稍密	骨架颗粒含量等于总重的 55%～60%，排列混乱，大部分不接触	锹可以挖掘，井壁易坍塌，从井壁取出大颗粒后，砂土立即坍落	钻进较容易；冲击钻探时，钻杆稍有跳动；孔壁易坍塌
松散	骨架颗粒含量小于总重的 55%，排列十分混乱，绝大部分不接触	锹易挖掘，井壁极易坍塌	钻进很容易；冲击钻探时，钻杆无跳动；孔壁易坍塌

注：① 骨架颗粒系指与本教材表 2.17 相对应粒径的颗粒；

② 碎石土的密实度应按表列各项要求综合确定。

2.5　黏性土的物理特性

所谓黏性土，就是指具有可塑状态性质的土，它们在外力的作用下，可塑成任何形状而不产生裂缝，当外力去掉后，仍可保持原形状不变。土的这种性质叫作可塑性。含水率对黏性土的工程性质有着极大的影响。随着黏性土含水率的增大，土成泥浆，呈黏滞流动的液体。当施加剪力时，泥浆将连续变形，土的抗剪强度极低。当含水率逐渐降低到某一值时，土会显示出一定的抗剪强度，并具有可塑性。这些特征与液体完全不同，它表现为塑性体的特征。当含水率继续降低时，土能承受较大的剪切应力，在外力作用下不再具有塑性体特征，而呈现具有脆性的固体特征。

2.5.1　黏性土的界限含水率

黏性土从一种状态转变为另一种状态的分界含水率称为界限含水率。如图 2.22 所示，土由可塑状态变化到流动状态的界限含水率称为液限(或流限)，用 w_L 表示；土由半固态变化到可塑状态的界限含水率称为塑限，用 w_p 表示；土由半固态不断蒸发水分，体积逐渐缩小，直到体积不再缩小时土的界限含水率称为缩限，用 w_s 表示。界限含水率首先由瑞典科学家阿特堡(Atterberg，1911 年)提出，故这些界限含水率又称为阿特堡界限。

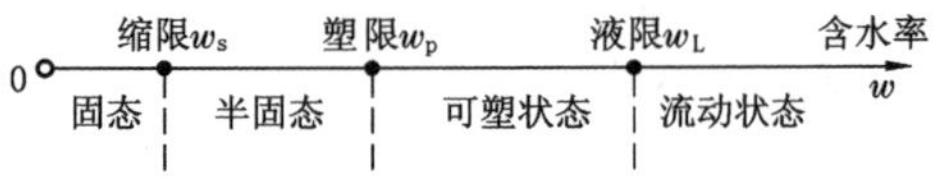

图 2.22　黏性土的界限含水率

我国目前采用锥式液限仪(图 2.23)来测定黏性土的液限。它是将调成浓糊状的试样装满盛土杯，刮平杯口面，使 76 g 重圆锥体(含有平衡球，锥角 30°)在自重作用下徐徐沉入试样，如经过 15 s 圆锥进入土样深度恰好为 17 mm 时，则该试样的含水率即为液限 w_L 值。

在欧美，大都采用碟式液限仪(图 2.24)测定液限。它是将浓糊状试样装入碟内，刮平表面，用切槽器在图中划一条槽，槽底宽 2 mm，然后将碟子抬高 10 mm，自由下落撞击在硬橡皮垫板上。连续下落 25 次后，如土槽合拢长度刚好为 13 mm，则该试样的含水率就是液限。

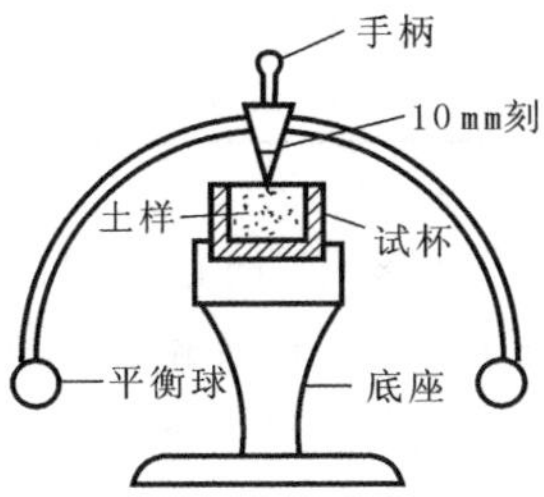

图 2.23　锥式液限仪

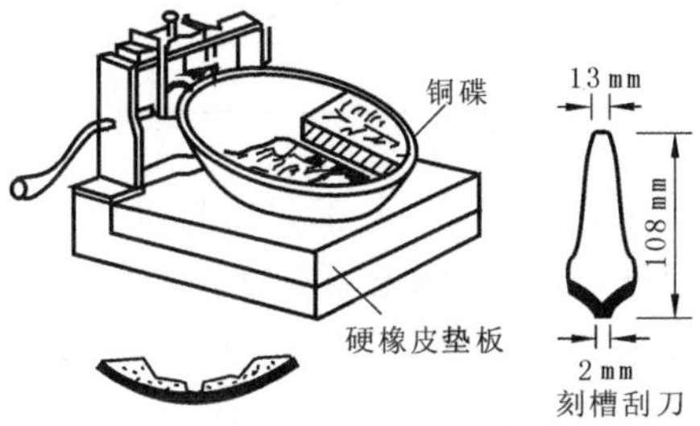

图 2.24　碟式液限仪

塑限早期多用“搓条法”测定。把塑性状态的土重塑均匀后，用手掌在毛玻璃板上把土团搓成小土条，搓滚过程中，水分渐渐蒸发，若土条刚好搓至直径为 3 mm 时产生裂缝并开始断裂，此时土条的含水率即为塑限 w_p 值。

由于上述方法采用人工操作，人为因素影响较大，因人而异，现在多用液塑限联合测定法。液塑限联合测定法是采用锥式液限仪以电磁放锥，利用光电方式测读锥入土深度。试验时，一般对三个不同含水率的试样进行测试，在双对数坐标纸上作出各次锥入土深度及相应含水率的关系曲线（大量试验表明其接近于一直线，图 2.25），则对应于圆锥体入土深度为 17 mm 及 2 mm 时土样的含水率就分别为该土的液限和塑限。但由于我国在圆锥入土深度为 10 mm 时的液限测定方面积累了较为丰富的经验和数据，且目前黏性土仍是基于 10 mm 深度时的资料来分类的，故《土工试验方法标准》（GB/T 50123—2019）中仍保留了入土深度为 10 mm 所对应含水率即 10 mm 液限这一做法。

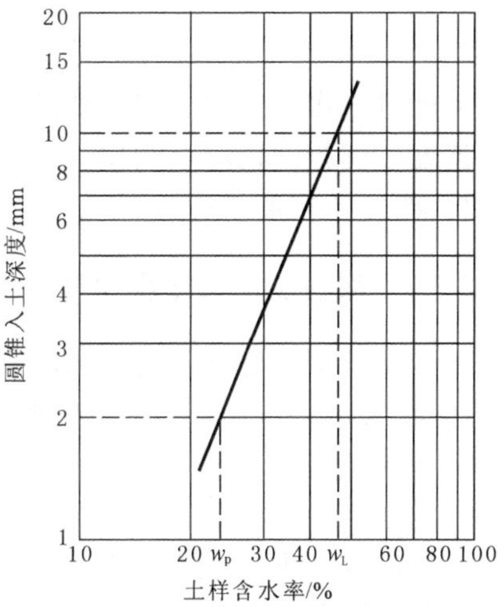

图 2.25　圆锥入土深度与含水率关系曲线

2.5.2　黏性土的塑性指数和液性指数

液限与塑限之差值定义为塑性指数 I_p，即：

$$I_p = w_L - w_p \tag{2.20}$$

塑性指数习惯上用不带“%”的百分数表示。从上式可见，I_p 正好是土处于可塑状态的上限和下限含水率之差。I_p 越大，表明土的颗粒愈细，比表面积愈大，土的黏粒或亲水矿物（如蒙脱石）含量愈高，土处在可塑状态的含水率变化范围就愈大。也就是说，塑性指数能综合反映土的矿物成分和颗粒大小的影响，因此，塑性指数常作为工程上对黏性土进行分类的依据。

虽然土的天然含水率对黏性土的状态有很大影响，但对于不同的土，即使具有相同的含水率，如果它们的塑限、液限不同，则它们所处的状态也就不同。因此，还需要一个表征土的天然含水率与分界含水率之间相对关系的指标，这就是液性指数。即：

$$I_L = \frac{w - w_p}{w_L - w_p} = \frac{w - w_p}{I_p} \tag{2.21}$$

液性指数一般用小数表示。由上式可见，当土的天然含水率 w 小于 w_p 时，I_L 小于 0，土体处于坚硬状态；当 w 大于 w_L 时，I_L 大于 1，土体处于流动状态；当 w 在 w_p 和 w_L 之间时，I_L=0～1，土体处于可塑状态。因此可以利用 I_L 来表示黏性土所处的软硬状态。

《建筑地基基础设计规范》（GB 50007—2011）规定：黏性土根据液性指数可划分为坚硬、硬塑、可塑、软塑及流塑五种软硬状态。其划分标准见表 2.11。

表 2.11　黏性土的状态

状　态	坚　硬	硬　塑	可　塑	软　塑	流　塑
液性指数	$I_L \leqslant 0$	$0 < I_L \leqslant 0.25$	$0.25 < I_L \leqslant 0.75$	$0.75 < I_L \leqslant 1.0$	$I_L > 1.0$

尚需注意，w_p 与 w_L 都是由扰动土样确定的指标，土的天然结构已被破坏，所以用 I_L 来判断黏性土的软硬程度，没有考虑土原有结构的影响。在含水率相同时，原状土要比扰动土坚硬。因此，用上述标准判断扰动土的软硬状态是合适的，但对原状土则偏于保守。通常当原状土的天然含水率等于液限时，原状土并不处于流塑状态，但天然结构一经扰动，土即呈现出流动状态。

在公路建设中，有时还用稠度来区分黏性土的状态。土的液限与天然含水率之差和塑性指数之比，称为土的天然稠度。即：

$$w_c = \frac{w_L - w}{I_p} \tag{2.22}$$

稠度可采用直接法和间接法测定。直接法按烘干法测定原状土的天然含水率，用稠度公式计算土的天然稠度。间接法用联合测定仪测定天然结构土体的锥入深度，并用联合测定结果确定土的天然稠度。详见《公路土工试验规程》(JTG 3430—2020)。

2.5.3　黏性土的灵敏度和触变性

天然状态下的黏性土，由于地质历史作用常具有一定的结构性。当土体受到外力扰动作用，其结构遭受破坏时，土的强度降低，压缩性增高。工程上常用灵敏度 S_t 来衡量黏性土结构性对强度的影响。即：

$$S_t = \frac{q_u}{q'_u} \tag{2.23}$$

式中　q_u，q_u'——原状土和重塑土试样的无侧限抗压强度。

根据灵敏度可将饱和黏性土分为低灵敏($1.0 < S_t \leqslant 2.0$)、中等灵敏($2.0 < S_t \leqslant 4.0$)和高灵敏($S_t > 4.0$)三类。土的灵敏度愈高，其结构性愈强，受扰动后土的强度降低就愈明显。因此，在基础工程施工中必须注意保护基槽，尽量减少对土结构的扰动。

与结构性相反的是土的触变性。饱和黏性土受到扰动后，结构产生破坏，土的强度降低。但当扰动停止后，土的强度随时间又会逐渐增长，这是土体中土颗粒、离子和水分子体系随时间而逐渐趋于新的平衡状态的原因。也可以说土的结构逐步恢复而导致强度的恢复。黏性土结构遭到破坏，强度降低，但随时间发展土体强度恢复的胶体化学性质称为土的触变性。例如，打桩时会使周围土体的结构扰动，使黏性土的强度降低，而打桩停止后，土的强度会部分恢复，所以打桩时要“一气呵成”，才能进展顺利，提高工效，这就是受土的触变性影响的结果。

2.6　土的渗透及渗流

土孔隙中的自由水在重力作用下，只要有水头差，就会发生流动。水透过土孔隙流动的现象，称为渗透或渗流，而土被水流透过的性质，称为土的渗透性。水在土体中渗流，一方面会引起水头损失或基坑积水，影响工程效益和进度；另一方面将引起土体变形，改变构筑物或地基的稳定条件，直接影响工程安全。还有，在高层建筑基础及桥梁墩台基础工程中、深挖基坑排水时，都需计算涌水量(渗流量)，以配置排水设备和进行支挡结构的设计计算；在河滩上修筑堤坝或渗水路堤时，需考虑路堤材料的渗透性；在计算饱和黏性土上建筑物的沉降和时间的关系时，也需掌握土的渗透性。因此，土的渗透及渗流与土体强度、变形问题一样，是土力学中主要的基本课题之一。渗流、强度、变形三者相互关联、相互影响。

2.6.1 土的渗透性

2.6.1.1 *层流渗透定理*

一般土(黏性土及砂土等)的孔隙较小,水在土体流动过程中流速十分缓慢,因此,大多数情况下其流动状态属于层流,即相邻两个水分子运动的轨迹相互平行而不混流。

法国工程师达西(H.Darcy,1855 年)利用图 2.26 所示的试验装置对均匀砂土进行了大量渗透试验,得出了层流条件下,土中水渗透速度与能量(水头)损失之间关系的渗流规律,即达西定律。

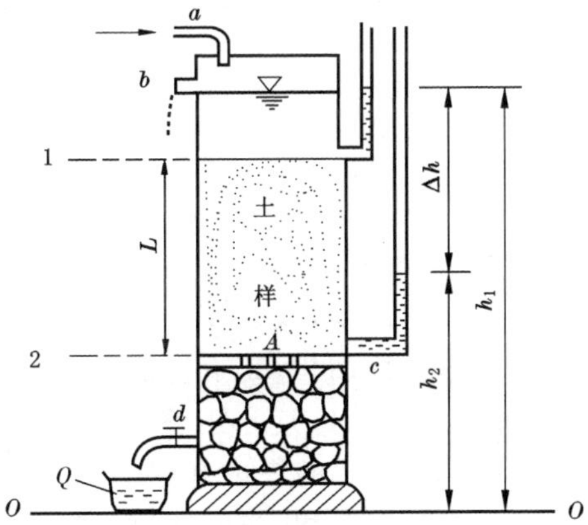

图 2.26 达西渗透试验装置

试验装置如图 2.26 所示。一个上端开口的直立圆筒,下部放碎石,碎石上放一块多孔滤板 c,滤板上面放置颗粒均匀的砂土样,其断面面积为 A,长度为 L。筒的侧壁装有两支测压管,分别设置在土样上下两端的过水断面 1、2 处。水由上端进水管 a 注入圆筒,并以溢水管 b 保持筒内为恒定水位。透过土样的水从装有控制阀门 d 的弯管流入盛水容器中。

当筒的上部水面保持恒定以后,通过砂土的渗流是恒定流,测压管中的水面将恒定不变。图 2.26 中 $O—O$ 面为基准面,h_1、h_2 分别为 1、2 断面处的测压管水头;$\Delta h = h_1 - h_2$,即为经过砂样渗流长度 L 后的水头损失,即常水头差。

试验开始:经历时间 t,水通过砂土试样的渗水量——即盛水容器经时间 t 所接水量为 Q,则每秒钟的渗流量为 q',达西发现下列规律:

$$\frac{Q}{t} = q = kA\,\frac{\Delta h}{L} = kAi \tag{2.24}$$

上式等号两端除以试样截面面积 A,得达西定律如下:

$$\frac{q}{A} = v = ki \tag{2.25}$$

式中 q——单位渗水量(cm^3/s);

i——水力梯度或水力坡降,$i = \dfrac{h_1 - h_2}{L}$,即水头差与其距离之比,也表示单位渗流长度上的水头损失($\Delta h/L$);

v——渗透速度(cm/s);

k——土的渗透系数,它是反映土的透水性大小的一个很有用的系数,其物理意义为:单位水力梯度 $i=1$ 时的渗透速度,其量纲与渗透速度相同(cm/s),k 值的大小与土的类别、土粒粗细、粒径级配、孔隙比及水的温度等因素有关。

式(2.24)或式(2.25)即为达西定律表达式,达西定律表明在层流状态的渗流中,渗透速度 v 与水力梯度 i 的一次方成正比[图 2.27(a)]。但是,在黏性很强的致密黏土中,不少学者的试验表明,这类土的渗透特征偏离达西定律,汗斯博(S.Hansbo,1960 年)对四种原状黏土所进行的试验,其 v-i 关系如图 2.27(b)所示。图 2.27(b)中的实线表示渗流速度与水头梯度呈非线性增长,且不通过原点。这是由于密实黏土的吸着水具有较大的黏滞阻力的缘故。因此,只有当水力梯度达到某一数值,克服了吸着水的黏滞阻力以后,才能发生渗透。将这一开始发生渗透时的水力梯度(截距 i_b)称为黏性土的起始水力梯度。这时达西定律修改为:

$$v = k(i - i_b) \tag{2.26}$$

式中 i_b——密实黏土的起始水力梯度。

其余符号意义同前。

另外,试验也表明,在砾类土和巨粒土中,只有在小的水力梯度下,渗透速度与水力梯度才呈线性关系,而在较大的水力梯度下,水在土中的流动即进入紊流状态,则呈非线性关系,此时达西定律不能适用,

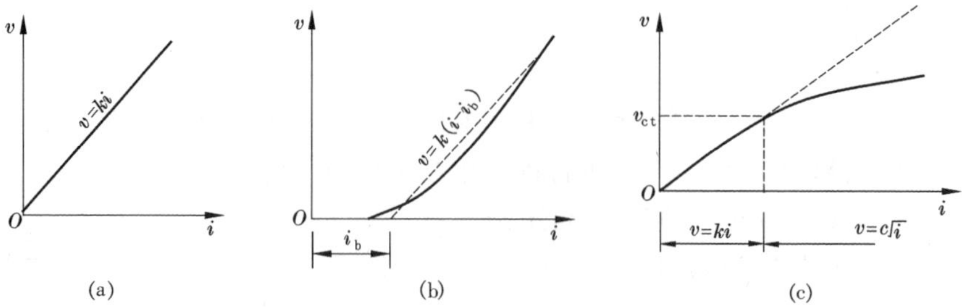

图 2.27 土的渗透速度与水力梯度的关系

(a) 砂土；(b) 密实黏土；(c) 砾土

如图 2.27(c)所示。

要注意的是，式(2.25)中的渗透速度 v 并不是土孔隙中水的实际平均流速。公式推导中采用的是土样的整个断面面积，其中包括了土粒骨架所占的部分面积在内。显然，土粒本身是不能透水的，故真实的过水断面面积 A_r 应小于整个断面面积 A，从而实际平均流速 v_r 应大于 v，一般称 v 为假想平均流速。

2.6.1.2 土的渗透系数

根据达西定律，我们知道土的渗透系数 k 反映了土的渗透性能，是土的重要力学性能指标之一，它的大小可通过试验确定，试验可在实验室或现场进行。

室内测定渗透系数有常水头法和变水头法。根据达西定律，可设计常水头渗透试验装置大致如图 2.26所示。将一已知的水头梯度加在一已知的土截面面积 A 上，在整个试验过程中土样上的压力水头维持不变。试验开始时，水自上而下流经土样，待渗流稳定后，测得在时间 t 内流过土样的流量 Q，由 $Q=qt=k\dfrac{\Delta h}{L}At$（$q$ 为单位时间内流过土截面面积 A 的流量），可得土样的渗透系数为：

$$k=\frac{QL}{\Delta hAt} \tag{2.27}$$

测定渗透系数很小的黏性土的渗透系数时，常采用变水头渗透试验，可详见有关试验规程。

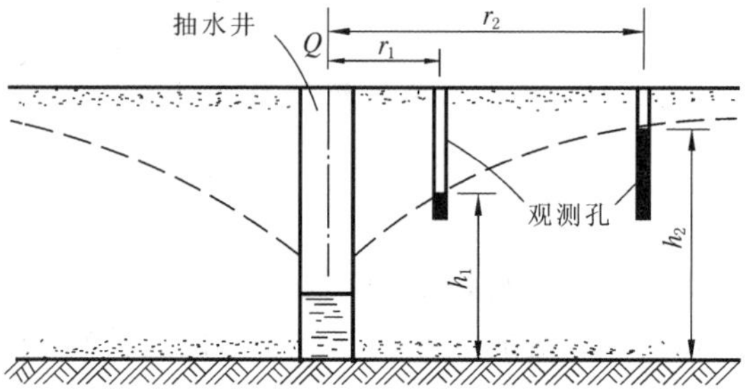

图 2.28 现场抽水试验

渗透系数也可以在现场进行抽水试验（或注水、压水试验）测定。对于粗粒土或成层土，室内试验时不易取到原状土样，或者土样不能反映天然土层的层次或土颗粒排列情况。这时，现场试验得到的渗透系数将比室内试验准确。

进行抽水试验时，先根据当地水文特征，如地质构造、含水层厚度及性质、地下水流向等，在典型的地点布置一抽水井（主井）及若干观测井，组成试验网，如图 2.28 所示。设井管下端进入了不透水层（完整井），然后自井中以不变的速率连续进行抽水。抽水造成井周围的地下水位逐渐下降，形成一个以井孔为轴心的降落漏斗状的地下水面。假定水流是水平向的，则流向水井的渗流过水断面应是一系列的同心圆柱面。如在时间 t 内从抽水井内抽出的水量为 Q，同时在距抽水井中心半径为 r_1 及 r_2 处布置观测孔，测得其水头分别为 h_1 及 h_2。假定土中任一半径处的水力梯度为常数，即 $i=\mathrm{d}h/\mathrm{d}r$，则渗流量 $q(\mathrm{m^3/s})$：

$$q=\frac{Q}{t}=kiA=k\frac{\mathrm{d}h}{\mathrm{d}r}(2\pi rh)$$

$$\frac{\mathrm{d}r}{r}=\frac{2\pi k}{q}h\,\mathrm{d}h$$

积分可得：

$$\ln\frac{r_2}{r_1}=\frac{\pi k}{q}(h_2^2-h_1^2)$$

求得渗透系数为：

$$k = \frac{q}{\pi} \frac{\ln(r_2/r_1)}{(h_2^2 - h_1^2)} \tag{2.28}$$

对于大量的中小工程，我们可参考有关规范、文献提供的经验表格或数据，见表 2.12。

表 2.12 各类土渗透系数变化范围

土的种类	渗透系数/(cm/s)
卵石、碎石、砾石	$>1\times10^{-1}$
砂	$1\times10^{-3}\sim1\times10^{-1}$
粉土	$1\times10^{-4}\sim1\times10^{-3}$
粉质黏土	$1\times10^{-6}\sim1\times10^{-5}$
黏土	$\leqslant1\times10^{-7}$

对于天然沉积的土层，一般呈层理构造，具有成层特性。显然其渗透性与均质土不同，则渗透系数 k 需通过"等效"概念换算得到，具体见有关书籍及资料。

2.6.1.3 影响土渗透性的主要因素

影响土体渗透性的因素很多，而且也比较复杂。由于土体的各向异性，水平向与竖直向渗透系数亦不同；而且土类不同，影响因素也不尽相同。

影响砂性土渗透性的主要因素是颗粒大小、级配、密度以及土中封闭气泡。土颗粒愈粗、愈浑圆、愈均匀，渗透性愈大。级配良好的土，细颗粒填充于粗颗粒孔隙中，土体孔隙减小，渗透性变小；渗透性随相对密实度 D_r 增加而减小。土中封闭气体不仅减小了土体断面上的过水通道面积，而且堵塞某些通道，使土体渗透性减小。

影响黏性土渗透性的因素比砂性土更为复杂。黏性土中含有亲水性矿物（如蒙脱石）或有机质时，由于它们具有很大的膨胀性，就大大降低了土的渗透性。含有大量有机质的淤泥几乎是不透水的。黏性土中若土粒的结合水膜厚度较厚时，会阻塞土的孔隙，降低土的渗透性。例如钠黏土，由于钠离子的存在，使黏土颗粒的双电层厚度增加，透水性降低。又如在黏土中加入高价离子的电解质（如 Al^{3+}、Fe^{3+} 等），会使土粒双电层厚度减薄，黏土颗粒会凝聚成团粒，土的孔隙因而增大，使土的渗透性也增大。

黏土颗粒的形状是扁平的，有定向排列作用，在沉积过程中，是在竖向应力和水平向应力不相等的条件下固结的，土体各向异性和应力各向异性造成了土体渗透性的各向异性。特别对于层状黏土，由于水平粉细砂层的存在，使水平向渗透系数远远大于竖直向渗透系数；西北地区的黄土，具有竖直方向的大孔隙，那么竖直方向的渗透性要比水平方向的大得多。

可见，土的矿物成分、结合水膜厚度、土的结构构造以及土中气体等都影响黏性土的渗透性。

2.6.2 二维渗流及流网

以上研究的是简单边界条件下的一维渗流，可用达西定律进行渗流计算。但实际工程中，如土坡、坝（路）基、闸基带挡墙（或板桩）的基坑等的渗流问题，很少是一维渗流，而多为二维或三维的渗流。这时达西定律需用微分形式表达，然后根据边界条件进行求解。然而上述构筑物有一个共同的特点，就是轴线长度远大于其横向尺寸，因而可以近似地认为渗流仅发生在横断面内，或者说在轴向方向上的任一个断面上，其渗流特性是相同的。这种渗流称为二维渗流（或平面渗流）。本节简要介绍二维渗流方程及流网。

2.6.2.1 二维渗流微分方程

当渗流场中水头及流速等渗流要素不随时间改变时，这种渗流称为稳定渗流。现从稳定渗流场中任意点 A 处取一微单元体，面积为 $dx \cdot dz$，厚度为 $dy=1$，在 x 和 z 方向各有流速 v_x、v_z，如图 2.29 所示。

单位时间内流入这个微单元体的水量为 dq_e，则

$$dq_e = v_x dz \cdot 1 + v_z dx \cdot 1 \tag{2.29}$$

单位时间内流出这个微单元体的水量为 dq_0，则

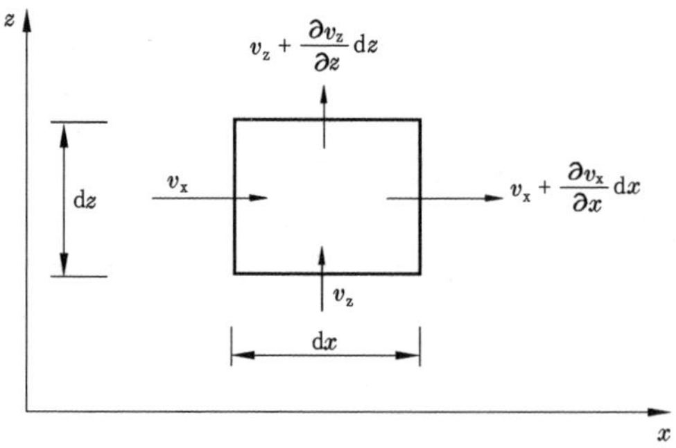

图 2.29　二维渗流的连续条件

$$dq_0=\left(v_x+\frac{\partial v_x}{\partial x}dx\right)dz\cdot 1+\left(v_z+\frac{\partial v_z}{\partial z}dz\right)dx\cdot 1 \quad (2.30)$$

假定水体不可压缩，则根据水流连续原理，单位时间内流入和流出微单元体的水量应相等，即

$$dq_e=dq_0$$

从而得出

$$\frac{\partial v_x}{\partial x}+\frac{\partial v_z}{\partial z}=0 \quad (2.31)$$

式(2.31)即为二维渗流连续微分方程。

再根据达西定律，对于各向异性土

$$\left.\begin{aligned}v_x&=k_x i_x=k_x\frac{\partial h}{\partial x}\\ v_z&=k_z i_z=k_z\frac{\partial h}{\partial z}\end{aligned}\right\} \quad (2.32)$$

式中　k_x,k_z——x 和 z 方向的渗透系数；

h——测管水头。

将式(2.32)代入式(2.31)可得出：

$$k_x\frac{\partial^2 h}{\partial x^2}+k_z\frac{\partial^2 h}{\partial z^2}=0 \quad (2.33)$$

为求解方便，可对式(2.33)作适当变换，令 $x'=x\sqrt{\frac{k_z}{k_x}}$，可得

$$\frac{\partial^2 h}{\partial x'^2}+\frac{\partial^2 h}{\partial z^2}=0 \quad (2.34)$$

对于各向同性的均质土，$k_x=k_z$，则式(2.33)可表达为：

$$\frac{\partial^2 h}{\partial x^2}+\frac{\partial^2 h}{\partial z^2}=0 \quad (2.35)$$

式(2.34)或式(2.35)即为著名的拉普拉斯(Laplace)方程(简称拉氏方程)，也是平面稳定渗流的基本方程式。当已知渗流问题的具体边界条件时，结合这些边界条件求解上述微分方程，便能得到渗流问题的唯一解答。

2.6.2.2　流网特征与绘制

上述拉普拉斯方程表明，渗流场内任一点水头是其坐标的函数，知道了水头分布，即可确定渗流场的其他特征。求解拉氏方程一般有四种方法，即数学解析法、数值解法、近似作图法和模型试验法等。实际工程中的渗流问题，其边界条件往往比较复杂，数学解析法虽然严密，但数学求解上存在较大困难；数值解法目前在工程中难以推广；模型试验法在操作上比较复杂。故常用的方法还是近似作图法，它简便、快速，在工程中应用广泛。因此，这里简要介绍作图法。该法应用绘制流网的方法求解拉氏方程的近似解。

(1) 流网的特征

流网是由流线和等势线组成的曲线正交网格。在稳定渗流场中，流线表示水质点的流动路线，流线上任一点的切线方向就是流速矢量的方向。等势线是渗流场中势能或水头的等值。图 2.30 为板桩墙围堰的流网图。图中实线为流线，虚线为等势线。

对于各向同性渗流介质，由水力学知，流网具有下列特征：

① 流线与等势线互相正交。

② 流网为曲边正方形。流线与等势线构成的各个网格的长宽比为常数。当长宽比为 1 时，网格为曲线正方形，这也是最常见的一种流网。

③ 任意两相邻等势线之间的水头损失相等。

④ 任意两相邻流线间的单位渗流量相等，相邻流线间的渗流区域称为流槽，每一流槽的单位流量与总水头 h、渗透系数 k 及等势线间隔数有关，与流槽位置无关。

(2) 流网的绘制

如图 2.30 所示，流网绘制步骤如下：

① 按一定比例绘出结构物和土层的剖面图。

② 判定边界条件：图 2.30 中 aa' 和 bb' 为等势线（透水面）；acb 和 ss' 为流线（不透水面）。

③ 先试绘若干条流线（应相互平行，不交叉且是缓和曲线）；流线应与进水面、出水面（等势线 aa' 和 bb'）正交，并与不透水面（流线 ss'）接近平行，不交叉。

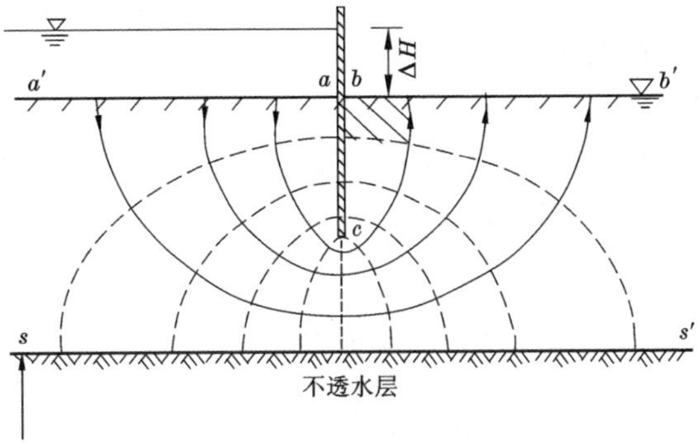

图 2.30　流网绘制

④ 加绘等势线。须与流线正交，且每个渗流区的形状接近“方块”。

上述过程不可能一次就合适，需经过反复修改等势线和流线，直到满足上述条件为止。

流网绘出后，既可直观地获得渗流特性的总体轮廓，还可求得渗流场中各点的测管水头、水力梯度、渗透速度和渗流量。

2.6.2.3　流网的工程应用

正确地绘制出流网后，可以用它来求解渗流量、渗流速度及渗流区的孔隙水压力等。下面以图 2.31 为例，来说明流网的应用。

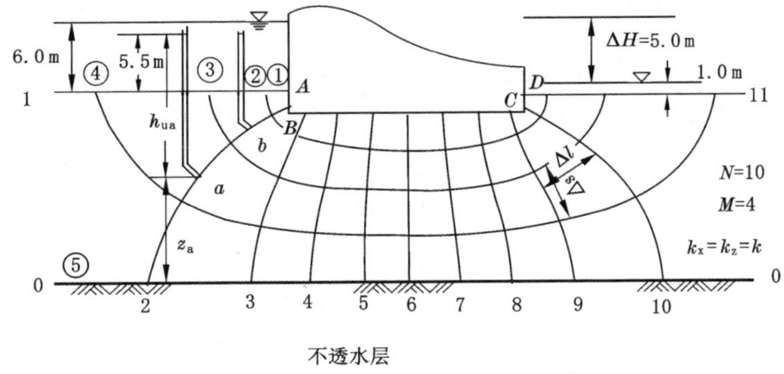

图 2.31　混凝土坝下流网

(1) 测管水头

根据流网特征可知，任意两相邻等势线间的势能差相等，即水头损失相等，从而算出相邻两条等势线之间的水头损失 Δh，即

$$\Delta h = \frac{\Delta H}{N} = \frac{\Delta H}{n-1} \quad (N = n-1) \tag{2.36}$$

式中　ΔH——上、下游水位差，也就是水从上游渗到下游的总水头损失；

N——等势线间隔数；

n——等势线数。

本例中，$n=11$，$N=10$，$\Delta H=5.0$ m，故每一个等势线间隔所消耗的水头 $\Delta h=5/10=0.5$ m。有了 Δh 就可求出任意点的测管水头。例如求 a 点的测管水头 h_a：以 0—0 为基准面，$h_a=h_{ua}+z_a$；z_a 为 a 点的位置高度，为已知值，关键是求 h_{ua} 值的大小。由于 a 点位于第 2 条等势线上，所以测管水位应在上游降低一个 Δh，故其测管水位应在上游地表面以上的 6.0－0.5＝5.5 m 处。压力水头 h_{ua} 的高度可自图中按比例直接量出。

(2) 孔隙水压力

如前所述，渗流场中各点的孔隙水压力，等于该点测压管水柱高度 h_u 与水的重度 γ_w 的乘积，故 a 点的孔隙水压力为

$$u_a = h_{ua} \times \gamma_w \tag{2.37}$$

应当注意，图 2.31 中所示 a、b 两点位于同一等势线上，其测管水头虽然相同，即 $h_a = h_b$，但其孔隙水压力却不同，$u_a \neq u_b$。

(3) 水力坡降

流网中任意网格的平均水力坡降 $i=\dfrac{\Delta h}{\Delta l}$，$\Delta l$ 为该网格处流线的平均长度，可从图中量出。由此可知，流网中网格越密处，其水力坡降越大。故图 2.31 中，下游坝趾水流渗出地面处（图 2.31 中的 CD 段）的水力坡降最大。该处的坡降称为逸出坡降。

(4) 渗流速度

各点的水力坡降已知后，渗流速度的大小可根据达西定律求出，即 $v=ki$，其方向为流线的切线方向。

(5) 透流量

流网中任意两相邻流线间的单宽流量 Δq 是相等的，因为

$$\Delta q = v\Delta A = ki \cdot \Delta s \cdot 1.0 = k\frac{\Delta h}{\Delta l}\Delta s$$

当取 $\Delta l = \Delta s$ 时

$$\Delta q = k\Delta h \tag{2.38}$$

由于 Δh 是常数，故 Δq 也是常数。

通过坝下渗流区的总单宽流量

$$q = \sum \Delta q = M \cdot \Delta q = Mk\Delta h \tag{2.39}$$

式中 M——流网中的流槽数，数值上等于流线数减 1。本例中 $M=4$。

通过坝底的总渗流量

$$Q = qL \tag{2.40}$$

式中 L——坝基长度。

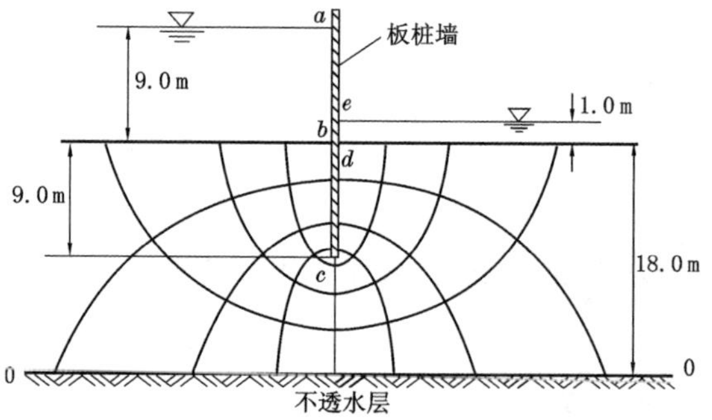

图 2.32 例 2.3 的渗流图

此外，还可通过流网上的等势线求解作用于坝底上的渗透压力，可参考水工建筑物教材，此处略。

【例 2.3】 图 2.32 为一板桩打入透水土层后形成的流网。已知透水土层深 18.0 m，渗透系数 $k = 5 \times 10^{-4}$ mm/s，板桩打入土层表面以下 9.0 m，板桩前后水深如图 2.32 所示。试求：(1) 图 2.32 中 a、b、c、d、e 各点的孔隙水压力；(2) 地基的单宽渗流量。

【解】

(1) 根据图 2.32 的流网可知，每一等势线间隔的水头降落 $\Delta h=(9-1)/8=1.0$ m。列表计算 a、b、c、d、e 点的孔隙水压力见表 2.13（$\gamma_w = 9.8$ kN/m³）。

(2) 地基的单宽渗流量：

$$q = \sum \Delta q = M\Delta q = Mk\Delta h$$

已知 $$M = 4,\quad \Delta h = 1.0\ \text{m}$$

$$k = 5 \times 10^{-4}\ \text{mm/s} = 5 \times 10^{-7}\ \text{m/s}$$

代入得 $$q = 4 \times 1 \times 5 \times 10^{-7} = 20 \times 10^{-7}\ \text{m}^2/\text{s}$$

表 2.13　计算表

位置	位置水头 z/m	测管水头 h/m	压力水头 h_u/m	孔隙水压力 u/(kN/m²)
a	27.0	27.0	0	0
b	18.0	27.0	9.0	88.2
c	9.0	23.0	14.0	137.2
d	18.0	19.0	1.0	9.8
e	19.0	19.0	0	0

2.6.3　动水力及渗流破坏

静水作用在水中物体上的力称为静水压力。流动的水对单位体积土骨架作用的力，称为动水力，该力是水流对土体施加的体积力（单位是 kN/m^3），也称为渗流力（J）。

研究有水渗流时的土体稳定性问题，常需计算动水力的大小，故动水力的计算具有一定的工程实践意义。

2.6.3.1　动水力 G_D 的计算公式

当饱和土体内有水头差时，水体就通过土体间的孔隙流动。我们在土中沿水流的渗透方向，切取一个土柱体 ab（图 2.33）。土柱体长度为 l，横截面面积为 A，已知 a、b 两点距基准面的高度分别为 z_1 和 z_2，两点的测压管水柱高分别为 h_1 和 h_2，则两点的水头分别为 $H_1=h_1+z_1$ 和 $H_2=h_2+z_2$。

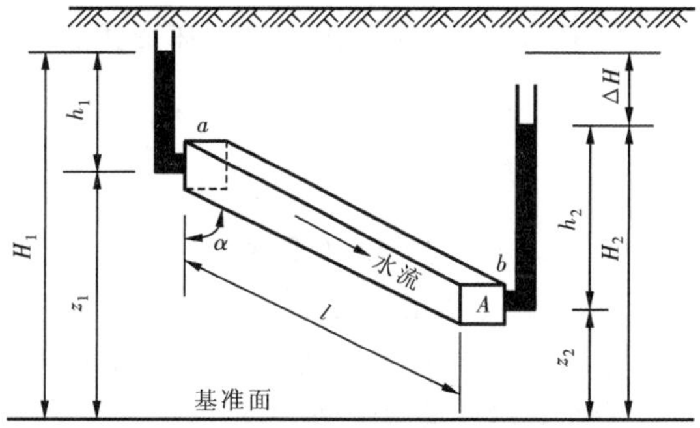

图 2.33　动水力的计算

将土柱体 ab 内的水作为脱离体，分析作用在水上的各种力（在 ab 轴线方向）有：

(1) 作用在土柱 a、b 两端的孔隙水压力 $\gamma_w h_1 A$（水流方向）和 $\gamma_w h_2 A$（水流相反方向）；

(2) 孔隙水重力和土粒浮力的反力之和，后者应等于土粒同体积的水柱重力，两者方向都与水流方向一致，即：

$$G_w=V_v\gamma_w+V_s\gamma_w=\gamma_w nlA\cos\alpha+\gamma_w(1-n)lA\cos\alpha$$
$$=\gamma_w lA\cos\alpha$$

式中　n——土的孔隙率。

(3) 土柱中土粒对渗流水的阻力 lAT（T 为单位土体内土粒给水流的阻力），其方向与水流方向相反。

略去渗流时的惯性力，根据作用在土柱体 ab 内水上的各力平衡条件可得：

$$\gamma_w h_1 A-\gamma_w h_2 A+\gamma_w lA\cos\alpha-lAT=0$$

化简，并以 $\cos\alpha=\dfrac{z_1-z_2}{l}$ 代入上式，可得：

$$\gamma_w(h_1-h_2)+\gamma_w(z_1-z_2)-lT=0$$

$$T=\frac{\gamma_w[(h_1+z_1)-(h_2+z_2)]}{l}=\frac{\gamma_w(H_1-H_2)}{l}=\gamma_w i$$

阻力 T 大小应与动水力 G_D 相等，而方向相反。故得动水力计算公式为：

$$G_D=T=\gamma_w i \tag{2.41}$$

从式(2.41)可知，渗流力是一种体积力，量纲与 γ_w 相同，大小与水头梯度成正比，方向与水流方向一致。

对于二元渗流，当流网绘出后，即可方便地求出流网中任意网格上的渗流力及其作用方向。例如图 2.34所示自流网中取出的一个网格，已知任意两条等势线之间的水头降落为 Δh，则网格平均水力坡降

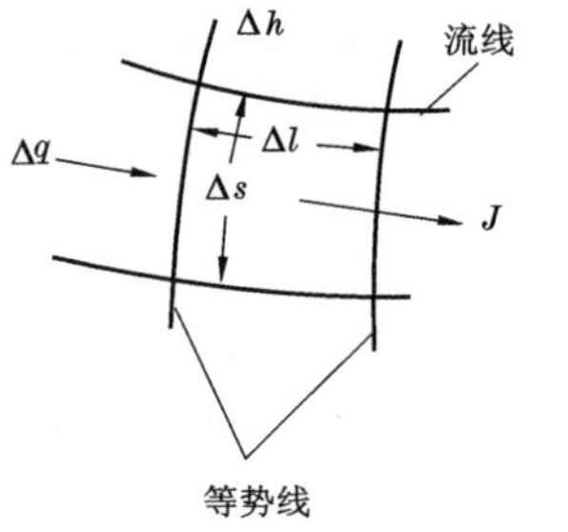

图 2.34 流网中的渗流力计算

$i=\dfrac{\Delta h}{\Delta l}$，单位厚度上网格土体的体积 $V=\Delta s\cdot\Delta l\cdot 1$，则作用于该网格土体上的总渗流力为：

$$J=jV=\gamma_w i\Delta s\Delta l\cdot 1=\gamma_w\Delta h\Delta s$$

假定 J 作用于该网格的形心上，方向与流线平行。显然，流网中各处的渗流力在大小和方向上均不相同，在等势线越密的那些区域，由于水力坡降 i 大，因而渗流力 j 也大。例如，在图 2.34 的流网中，上游的 A-B 入渗处和下游 C-D 的逸出处，渗流力均较大，但两处渗流力对土体稳定性的影响却截然相反。在 A-B 处，由于渗流力方向与重力方向一致，故渗流力对土骨架起渗流压密作用，对土体稳定有利；而在 C-D 处，渗流力方向与重力方向相反，渗流力对土体起浮托作用，对土体稳定十分不利，甚至当渗流力大到某一数值时，会使该处土体发生浮起和破坏，因此研究渗流逸出区域的渗流力或逸出坡降，对建工和水工建筑物的安全有很大的意义。

2.6.3.2 临界水头梯度及渗透破坏

上面提到，渗流力作用方向有时对构筑物的安全不利。也就是说，地下水流动时，若水流方向为由上向下，此时动水力（渗流力）方向与土粒重力方向一致，使土粒压得更紧，对工程无害；反之，由于某种原因，使水流由下向上流动时，动水方向与重力方向相反，将使土颗粒悬浮。特别当动水力 G_D 的数值等于或大于土的浮重度 γ' 时（即向上的动水力克服了土粒向下的重力时），土体发生浮起而随水流动，这种现象称为流砂或流土，是常见的渗透破坏形式之一。这时的水头梯度称为临界水头梯度，用符号 i_{cr} 表示。即：

$$G_D=\gamma_w i_{cr}=\gamma'$$

$$i_{cr}=\frac{\gamma'}{\gamma_w}=\frac{\gamma_{sat}}{\gamma_w}-1 \tag{2.42}$$

式中 γ_{sat}——土的饱和重度；

γ_w——水的重度。

土的有效重度 γ' 一般在 8～12 kN/m^3 之间，而水的重度 γ_w 一般取 10 kN/m^3，因此 i_{cr} 可近似取 1。

【例 2.4】 某基坑在细砂层中开挖，经施工抽水，待水位稳定后，实测水位情况如图 2.35 所示。据场地勘察报告提供：细砂层饱和重度 $\gamma_{sat}=18.7\ kN/m^3$，$k=4.5\times10^{-2}$ mm/s，试求渗透水流的平均速度 v 和动水力 G_D，并判别是否会产生流砂现象。

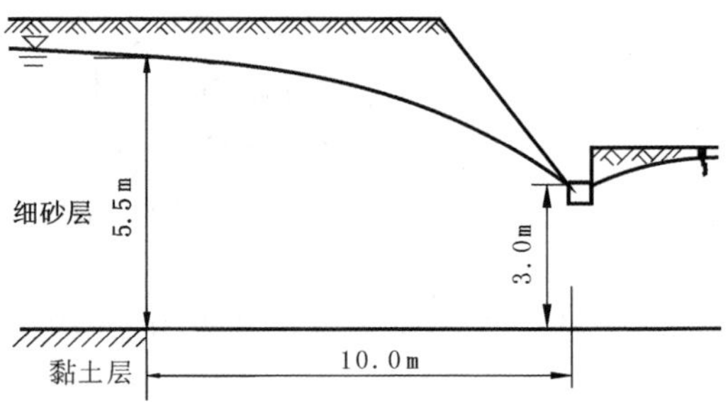

图 2.35 基坑开挖示意图

【解】

$$i=\frac{5.5-3.0}{10.0}=0.25$$

$$v=ki=4.5\times10^{-2}\times0.25=1.125\times10^{-2}\ mm/s$$

$$G_D=\gamma_w i=10\times0.25=2.5\ kN/m^3$$

细砂层的有效重度

$$\gamma'=\gamma_{sat}-\gamma_w=18.7-10=8.7\ kN/m^3$$

因为

$$G_D<\gamma'$$

所以不会因基坑抽水而产生流砂现象。

在建筑工程中开挖基槽时，若采用明排地下水的方法，而地基土是易产生流砂现象的粉砂、细砂及粉土时，在抽水机的连续工作下，地下水流方向由下往上朝着基槽底渗流，而基槽中土体已挖除，形成了临空面，在渗流力的作用下，当 $i>i_{cr}$ 时，就会发生流砂（土）现象，致使坑底土结构破坏。图 2.36(a) 为一桥墩基础因流砂破坏，土粒随水流走，支撑滑落，支护结构移位。图 2.36(b) 为一房屋附近集水井抽水，在渗流

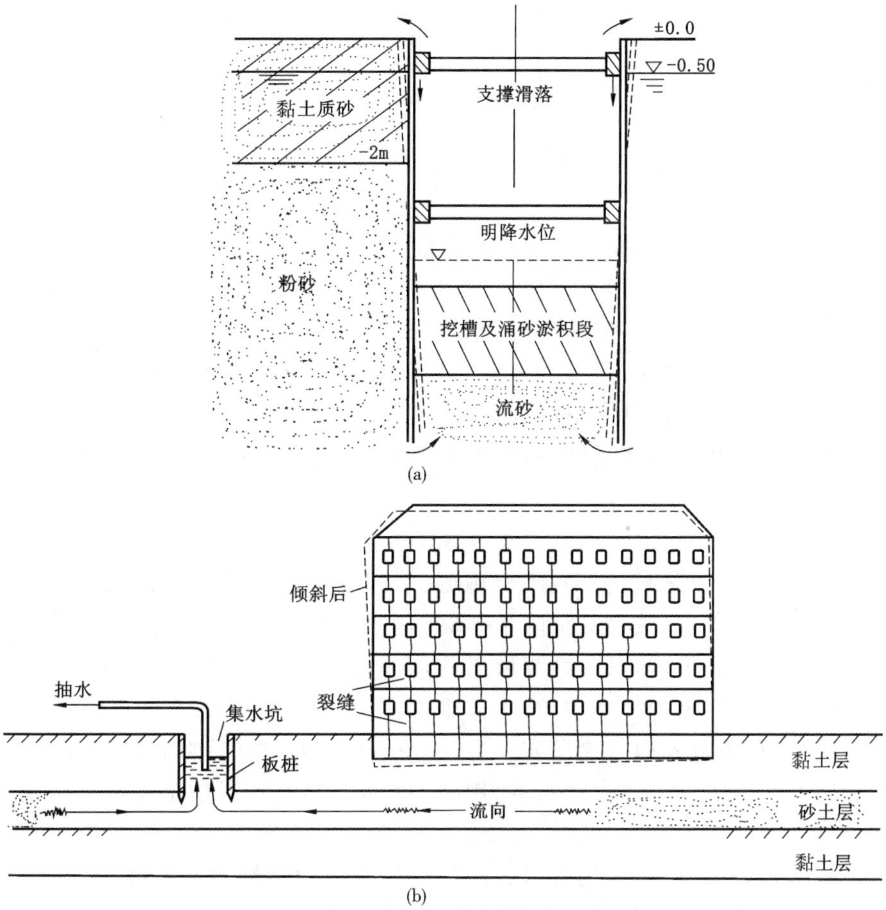

图 2.36　流砂(土)现象引起破坏示例

(a) 桥墩基础因流砂破坏;(b) 流砂涌向基坑引起房屋不均匀下沉

力作用下,房屋基础下砂土颗粒流失,地面不均匀下沉,使房屋产生裂缝以及地下管线遭破坏,严重时将导致工程事故。因此,要求施工前应做好周密详细的勘测工作,当基坑底土层是易引起流砂(土)现象的土质时,应避免采用直接排水,而可采用人工降低地下水位的方法进行施工。

渗透破坏形式,还有管涌与潜蚀。当地下水流动的水力坡降 i 很大时,水流由层流变为紊流,此时渗流力将土体粗粒孔隙中充填的细粒土带走,最终导致土体内形成贯通的渗流管道(图 2.37),造成土体塌陷,这种现象称为管涌。可见,管涌破坏一般有一定的发展过程,是一种渐进性质的破坏。管涌现象可以发生在土体表面逸出处,也可以发生于土体内部;而流砂现象一般发生在土体表面逸出处,不发生在土体内部,这是管涌与流砂的简单区别。为防止管涌现象发生,一般可在构筑物下游边坡逸出处设置反滤层,防止细小土颗粒被渗流水夹带而走。

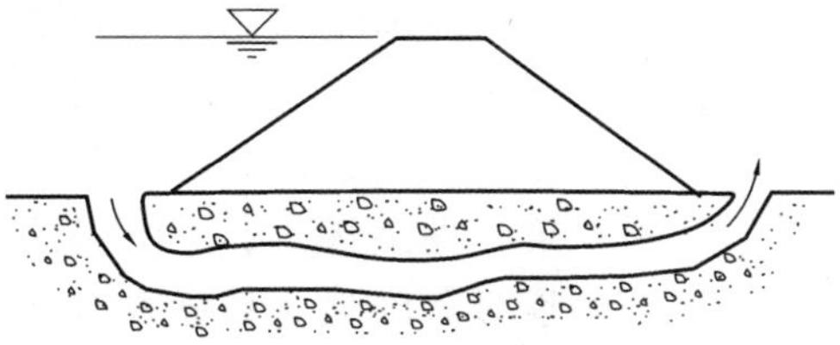

图 2.37　通过坝基的管涌图

建筑工程中还要注意潜蚀现象。在自然界中,在一定条件下同样会发生上述渗透破坏。为了与人类工程活动所引起的管涌相区别,通常称为潜蚀。它分为机械潜蚀和化学潜蚀两种。机械潜蚀是指渗流的机械力将细土粒冲走而形成洞穴;化学潜蚀是水流溶解了土中易溶盐或胶结物使土变松散,细土粒被水冲走而形成洞穴,这两种作用往往是同时存在的。这种长期潜蚀的结果,形成地下土洞,土洞由小逐渐扩大,甚至发育成洞群,最后导致地表塌陷,使建筑物遭受破坏。

2.7 土的压实性及动力特性

在土木工程中,不论是土体的变形问题还是稳定问题,一般都认为荷载是静止的,不随时间而变化,称为静力问题。其实,工程中土体也还经常会遇到天然振源和人工振源的动荷载的作用。前者如地震、波浪、风荷载等,后者如车辆荷载、爆破、打桩、强夯、机器基础振动等。土体在这些动荷载的作用下,强度和变形性质受到影响,可能造成土体破坏,但另一方面,工程中也可利用动荷载进行地基处理,如强夯法、换填垫层法、振实法等。还可用其进行某些工程建设。

本节主要介绍土的压实性和振动液化问题,简单介绍土的动力特征参数。

2.7.1 土的压实原理

实践中广泛应用填方工程,如路基、堤坝、飞机跑道、平整场地修建建筑物以及开挖基坑后回填土、吹填土等。这些填土都要经过压实,以减少其沉降量,降低其透水性,提高其强度。

实际工程中采用的压实方法很多,可归纳为碾压、夯实和振动三类。大量工程实践经验表明,对于过湿的黏性土进行碾压或夯实时会出现软弹现象,土体难以压实,对于很干的土进行碾压或夯实也不能把土充分压实;只有在适当的含水率范围内才能压实。在一定的压实功(能)下使土最容易压实,并能达到最大密实度时的含水率称为土的最优(或最佳)含水率,用 w_{op}表示。与其相对应的干密度则称为最大干密度,以 ρ_{dmax}表示。

土在外力作用下的压实原理,可以用结合水膜润滑理论及电化学性质来解释。一般认为,在黏性土中含水率较低、土较干时,由于土粒表面的结合水膜较薄,水处于强结合水状态,土粒间距较小,粒间电作用力以引力占优势,土粒之间的摩擦力、黏结力都很大,所以土粒相对位移时阻力大,尽管有击实功(能)作用,但也还较难以克服这种阻力,因而压实效果差。随着土中含水率的增加,结合水膜增厚,土粒间距也逐渐增加,这时斥力增加而使土块变软,引力相对减小,压实功(能)比较容易克服粒间引力而使土粒相互位移,趋于密实,压实效果较好。表现为干密度增大,至最优含水率时,干密度达最大值。但当土中含水率继续增大时,虽然也能使粒间引力减少,但土中出现了自由水,而且水占据的体积越大,颗粒能够占据的相对体积就越小,击实时孔隙中过多的水分不易排出,同时也排不出气体,以封闭气泡的形式存在于土内,阻止了土粒的移动,击实仅能导致土粒更高程度地定向排列,而土体几乎不发生体积变化,所以干密度逐渐变小,击实效果反而下降(可参见图 2.40)。

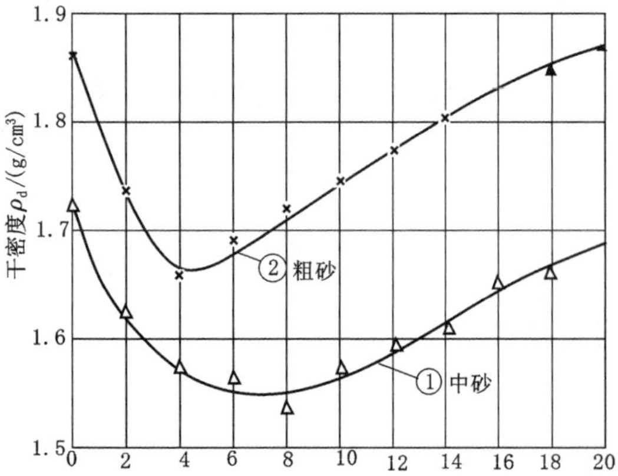

图 2.38 粗粒土的击实曲线

由此可见,含水率不同,改变了土中颗粒间的作用力,并改变了土的结构与状态,从而在一定击实功(能)下,改变着击实效果。

砂和砂砾等粗粒土的压实性也与含水率有关,不过一般不进行室内击实试验,也不存在最优含水率问题。一般在完全干燥或者充分洒水饱和的情况下容易压实到较大的干密度。潮湿状态下,由于毛细压力增加了粒间阻力,压实干密度显著降低。粗砂在含水率为 4%~5%,中砂在含水率为 7%左右时,压实干密度最小,如图 2.38 所示。所以,在压实砂砾时要充分洒水使土料饱和。

粗粒土的压实标准,一般用相对密实度 D_r 控制。以前要求相对密实度达到 0.70 以上,近年来根据地震震害资料的分析结果,认为高烈度相对密实度还应提高。

室内试验的结果也表明，对于饱和的粗粒土，在静力或动力的作用下，相对密实度大于 0.70 时，土的强度明显增加，变形显著减小，可以认为相对密实度 0.70～0.75 是力学性质的一个转折点。同时由于大功率的振动碾压机具的发展，提高碾压密实度成为可能。所以，我国现行的水工建筑物抗震规范规定，位于浸润线以上的粗粒土要求相对密实度达到 0.70 以上，而浸润线以下的饱和土，相对密实度则应达到 0.75～0.85。这些标准对于有抗震要求的其他类型的填土，也可参照采用。

2.7.2 击实试验及其影响因素

2.7.2.1 击实试验和击实曲线

在实验室进行土的击实试验，是研究土压实性的基本方法。所用的主要设备是击实仪，它分轻型和重型两种。轻型击实试验适用于粒径小于 5 mm 的黏性土，而重型击实试验适用于粒径不大于 20 mm 的土。击实仪包括击实筒、击实锤及导筒等，不同规格的击实筒如图 2.39 所示。击实筒用来盛装制备土样，击实锤用来对土样施以夯实功。试验时，将含水率 w 为一定值的扰动土样分层装入击实筒中，每铺一层(共 3～5 层)后均用击实锤按规定的落距和击数锤击土样，直至把被击实的土样充满击实筒。再由击实筒的体积和筒体被压实土的总重计算出湿密度 ρ_i，同时测出含水率 w_i，并可由换算公式 $\rho_{di}=\dfrac{\rho_i}{1+w_i}$ 算出干密度 ρ_{di}。通常由一组几个(通常为 5 个)不同含水率的同一种土样分别按上述方法进行试验，得出几组 w-ρ_d 的试验数据，从而绘制一条曲线，如图 2.40 所示，称为击实曲线。详细试验方法和试验仪器见《土工试验方法标准》(GB/T 50123—2019)。

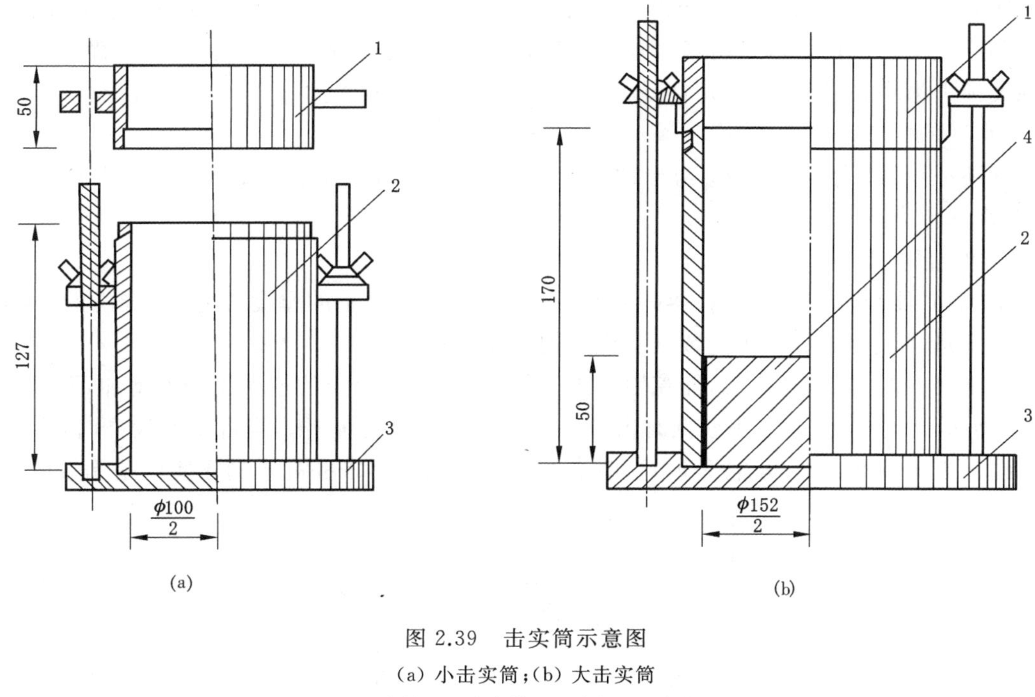

图 2.39 击实筒示意图

(a) 小击实筒；(b) 大击实筒

1—套筒；2—击实筒；3—底板；4—垫块

击实曲线具有如下特点：

① 峰值。土的干密度随含水率的变化而变化，并在击实曲线上出现一个干密度峰值(即最大干密度 ρ_{dmax})，只有当土的含水率达到最优含水率时，才能得到这个峰值 ρ_{dmax}。

② 击实曲线位于理论饱和曲线左边(图 2.40)。因为理论饱和曲线假定土中空气全部被排出，孔隙完全被水占据，而实际上不可能做到。因为当含水率大于最优含水率后，土孔隙中的气体越来越处于与大气不连通的状态，击实作用已不能将其排出土体之外。

③ 击实曲线的形态。击实曲线在最优含水率两侧左陡右缓，且大致与饱和曲线平行，这表明土在最

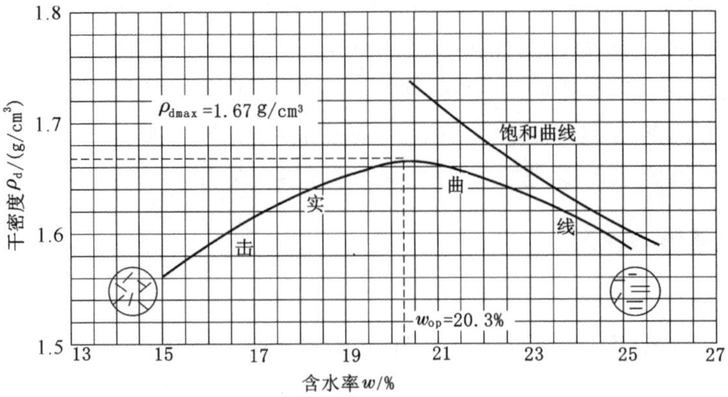

图 2.40　击实曲线

优含水率偏干状态时，含水率对土的密实度影响更为显著。

2.7.2.2　影响击实效果的因素

影响击实效果的因素很多，但最重要的是含水率、击实功(能)和土的性质。

(1) 含水率的影响

前面已经述及，对较干(含水率较小)的土进行夯实或碾压，不能使土充分压实；对较湿(含水率较大)的土进行夯实或碾压，同样也不能使土得到充分压实，此时土体还出现软弹现象，俗称“橡皮土”；只有当含水率控制为某一适宜值即最优含水率时，土才能得到充分压实，得到土的最大干密度。

实践表明，当压实土达到最大干密度时，其强度并非最大。研究发现：在含水率小于最优含水率时，土的抗剪强度和模量均比最优含水率时高；但将其浸水饱和后，则强度损失很大。只有在最优含水率时浸水饱和后的强度损失最小，压实土的稳定性最好。

可见，含水率的影响是非常大的。

试验统计还证明：最优含水率 w_{op}与土的塑限 w_p 有关，大致为 $w_{op}=w_p+2$。土中黏土矿物含量愈大，则最优含水率愈大。

(2) 击实功(能)的影响

夯击的击实功(能)与夯锤的质量、落高、夯击次数以及被夯击土的厚度等有关；碾压的压实功(能)则与碾压机具的质量、接触面积、碾压遍数以及土层的厚度等有关。

对于同一土料，加大击实功(能)，能克服较大的粒间阻力，会使土的最大干密度增加，而最优含水率减小，如图 2.41 所示。同时，当含水率较低时击数(能量)的影响较为显著。当含水率较高时，含水率与干密度的关系曲线趋近于饱和曲线，也就是说，这时靠加大击实功(能)来提高土的密实度是无效的。

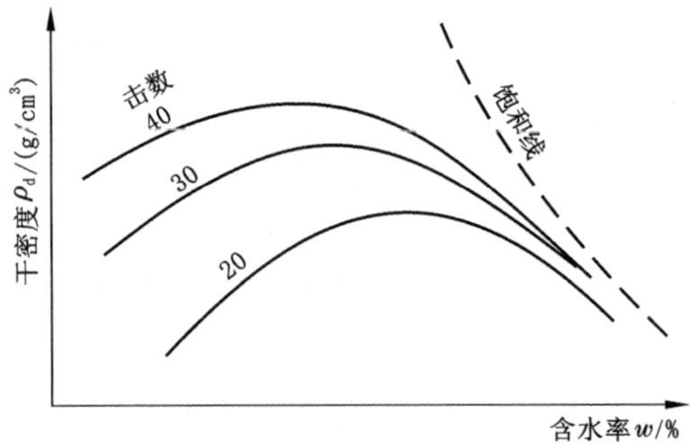

图 2.41　不同击数下的击实曲线

(3) 土类及级配的影响

试验表明，在相同的击实功(能)下，黏性土的黏粒含量越高或塑性指数越大，压实越困难，最大干密度越小，最优含水率越大，这是由于在相同含水率下，黏粒含量越高，吸附水层就越薄，击实过程中土粒错动就越困难。

土颗粒的粗细、级配、矿物成分和添加的材料等因素对压实效果有影响。颗粒越粗，就越能在低含水率时获得最大干密度。图2.42(a)所示为五种不同粒径、级配的土料，在同一标准的击实试验中所得到的五条击实曲线[2.42(b)]。可见，含粗粒越多的土样其最大干密度越大，而最优含水率越小，即随着粗粒土增多，曲线形态不变但朝左上方移动。

土的级配对其压实性的影响也很大。级配良好的土，压实时细颗粒能填充到粗颗粒形成的孔隙中去，因而可以获得较高的干密度。反之，级配差的土料，颗粒级配越均匀，压实效果越差。

砂性土也可用类似黏性土的方法进行试验。干砂在压力与振动作用下，容易密实；稍湿的砂土，因有毛细压力作用使砂土互相靠紧，阻止颗粒移动，击实效果不好；饱和砂土，毛细压力消失，击实效果良好。

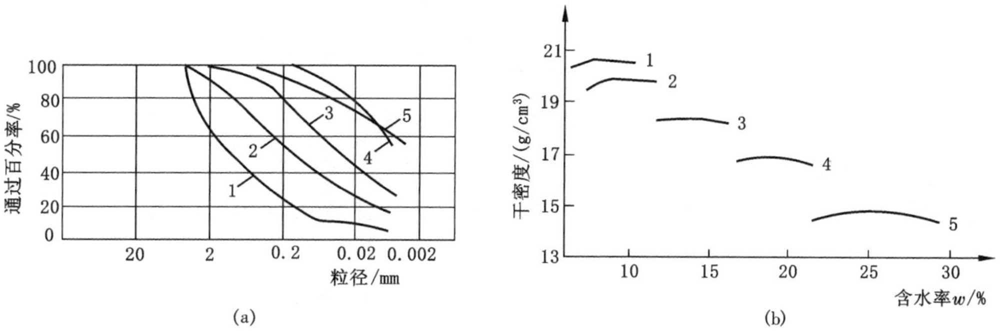

图2.42　五种土的不同击实曲线

(a) 级配累计曲线；(b) 击实曲线

2.7.2.3　压实特性在现场填土中的应用

上述所揭示的土的压实特性是从室内击实试验中得到的，而现场碾压或夯实的情况与室内击实试验有差别。例如，现场填筑时的碾压机械和击实试验的自由落锤的工作情况就不一样，前者大都是碾压而后者则是冲击。现场填筑中土在填方中的变形条件与击实试验时土在刚性击实筒中的也不一样，前者可产生一定的侧向变形，后者则完全受侧限。目前还未能从理论上找出两者的普遍规律。但为了把室内击实试验的结果用于设计与施工，曾经有人研究过室内击实试验和现场碾压的关系。图2.43所示，是以羊足碾不同碾压遍数的工地试验结果与室内击实试验结果的比较。从该图的大致比较说明，用室内击实试验来模拟工地压实是可靠的。

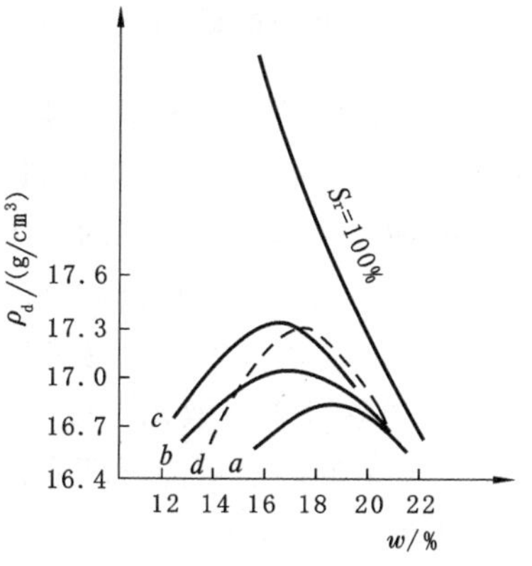

图2.43　工地试验与室内击实试验的比较

a—羊足碾，碾压6遍；b—羊足碾，碾压12遍；c—羊足碾，碾压24遍；d—普氏击实仪

在工程实践中，用土的压实度或压实系数来直接控制填方工程质量。压实系数用λ表示，它定义为工地压实时要求达到的最大干密度ρ'_{dmax}与室内击实试验所得到的最大干密度ρ_{dmax}之比值，即

$$\lambda=\frac{\rho'_{dmax}}{\rho_{dmax}} \tag{2.43}$$

可见，λ值越接近1，表示对压实质量的要求越高，这应用于主要受力层或者重要工程中。在高速公路的路基工程中，要求$\lambda>0.95$，但是对于路基的下层或次要工程，λ值可取得小一些。

在工地对压实度的检验，一般采用灌砂(水)法、湿度密度仪法或核子密度仪法来测定土的干密度和含水率。

【例2.5】 某土料场土料为中液限黏质土，天然含水率$w=21\%$，土粒相对密实度$d_s=2.70$。室内标准击实试验得到最大干密度$\rho_{dmax}=1.85\ g/cm^3$。设计取压实系数$\lambda=0.95$，并要求压实后土的饱和度$S_r\leqslant0.9$，问土料的天然含水率是否适于填筑？碾压时土料的含水率应为多大？

【解】 (1) 求压实后土的孔隙比

填土干密度

$$\rho_d = \rho_{dmax} \times \lambda = 1.85 \times 0.95 = 1.76 \text{ g/cm}^3$$

绘三相示意图如图 2.44 所示，并设 $V_s = 1$，根据干密度 ρ_d 的定义，由三相图求得孔隙比 e 为：

$$\frac{d_s}{1+e} = 1.76, e = 0.534$$

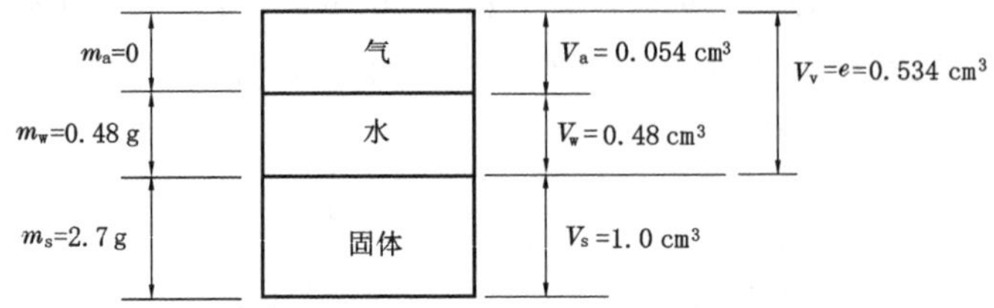

图 2.44　例 2.5 三相示意图

(2) 求碾压时的含水率

根据题意，按饱和度 $S_r = 0.9$ 控制含水率，则 $V_w = S_r V_v = 0.9 \times 0.534 \approx 0.48 \text{ cm}^3$。因此，水的质量

$$m_w = \rho_w \times V_w = 1 \times 0.48 = 0.48 \text{ g}$$

则含水率

$$w = \frac{m_w}{m_s} \times 100\% = \frac{0.48}{2.70} \times 100\% = 17.8\% < 21\%$$

即碾压时的含水率应控制在 18%左右。料场含水率高 3%以上，不适于直接填筑，应进行翻晒处理。

2.7.3　土的振动液化

土体液化是指饱和状态砂土或粉土在一定强度的动荷载作用下表现出类似液体性质而完全丧失承载力的现象。地震、波浪、车辆、机械振动、打桩以及爆破等都可能引起饱和砂土或粉土的液化。其中又以地震引起的大面积甚至深层的土体液化的危害性最大，它具有面广、危害重等特点，常能造成场地的整体性失稳。因此，近年来引起国内外工程界的普遍重视，成为工程抗震设计的重要内容之一。

2.7.3.1　砂土液化造成灾害的宏观表现

① 喷砂冒水。液化土层中出现相当高的孔隙水压力，会导致低洼的地方或土层缝隙处喷出砂、水混合物。喷出的砂粒可能破坏农田，淤塞渠道。喷砂冒水的范围往往很大，持续时间可达几小时甚至几天，水头可高达 2～3 m。

② 震陷。液化时喷砂冒水带走了大量土粒，地基产生不均匀沉陷，使建筑物倾斜、开裂，甚至倒塌。例如 1964 年日本新潟地震时，有的建筑物结构本身并未损坏，却因地基液化而发生整体倾斜。又如 1976 年唐山地震时，天津某农场高 10 m 左右的砖砌水塔，因其西北角处地基土喷砂冒水，水塔整体向西北倾斜了 6°。

③ 滑坡。在岸坡或坝坡中的饱和砂粉土层，由于液化而丧失抗剪强度，使土坡失去稳定，沿着液化层滑动，形成大面积滑坡。1964 年美国阿拉斯加地震中，海岸的水下沼泽滑坡带走了许多港口设施，并引起海岸涌浪，造成沿海地带的次生灾害。2008 年四川汶川大地震中，许多土坡产生滑坡。

④ 上浮。贮罐、管道等空腔埋置结构可能在周围土体液化时上浮，对于生命线工程来讲，这种上浮常常引起严重的后果。

2.7.3.2　砂土液化的机理

地震时，在烈度比较高的地区常常发生喷砂冒水现象，这种现象就是地下砂层发生液化的宏观表现。砂土的液化机理可以用图 2.45 说明。假定砂土是一些均匀的圆球，排列如图 2.45(a)所示。若震前处于松散状态，当受水平方向的振动荷载作用，颗粒要挤密，最终形成紧密的排列。在由松变紧的过程中，如果土是饱和的，孔隙内充满水，且孔隙水在振动的短促时间内排不出去，就将出现从松到紧的过渡阶段。这时颗粒离开原来位置，而又未落到新的稳定位置上，与四周颗粒脱离接触，处于悬浮状态。这种情况下颗粒的自重，连同作用在颗粒上的荷载将全部由水承担。图 2.45(b)表示容器内装填饱和砂，并在砂中装一测压管。摇动容器，即可见测压管水位迅速上升。这种现象表明饱和砂中因振动出现超静孔隙水压力。根据有效应力原理，土的抗剪强度 τ_f 为：

$$\tau_f=(\sigma-\mu)\tan\varphi' \tag{2.44}$$

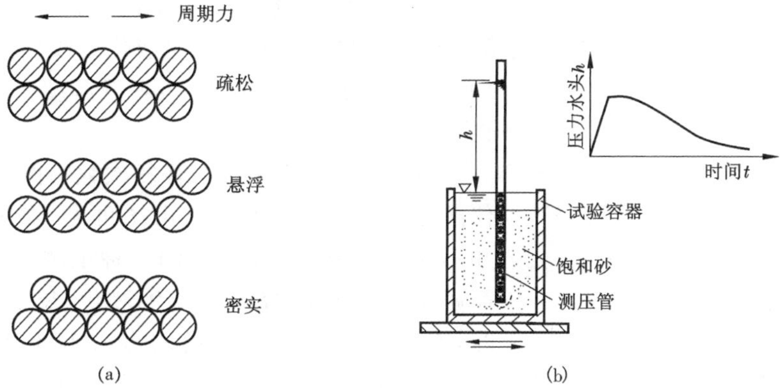

图 2.45　土的液化机理

显然，孔隙水压力 μ 增加，抗剪强度随之减小。如果振动强烈，孔隙水压力增长很快而又消散不了，则可能发展到 $\mu=\sigma$(总应力)，导致 $\tau_f=0$。这时，土颗粒完全悬浮于水中，成为黏滞流体，抗剪强度 τ_f 和抗剪刚度 G 几乎都等于零，土体处于流动状态，称砂土液化了。

若地基由几层土组成，且较易液化的砂层被覆盖在不易液化的土层下面，地震时，往往是地基内部的砂层首先发生液化，在砂层内产生很高的超静孔隙水压力，引起自下而上的渗流。当上覆土层中的渗流坡降大于临界坡降时，原来在振动中没有液化的土层，在渗透水流的作用下也处于悬浮状态，砂层以及上覆土层中的颗粒随水流喷出地面，这种现象称为"渗流液化"。这种情况下，表征地基液化的喷水冒砂现象在地震过程中并未表现出来，而在地震结束后才出现，并且要持续相当长的时间，因为液化砂层中的孔隙水压力通过渗流消散，需要一段相当长的时间。

2.7.3.3　*影响土液化的主要因素*

(1) 土类。土类是一个重要的条件。黏性土具有黏聚力，即使孔隙水压力等于全部有效应力，抗剪强度也不会全部丧失，难以发生液化。砾石等粗粒土，由于透水性好，孔隙水压力易于消散，在周期荷载作用下，孔隙水压力亦不易积累增长，因而一般也不会产生液化。没有黏聚力或黏聚力相当小，处于地下水位以下的粉砂、细砂和粉土，渗透系数比较小，不足以在第二次荷载(例如地震时的剪切波)施加之前把孔隙水压力全部消散掉，才具有积累孔隙水压力并使强度完全丧失的内部条件。因此，土的粒径大小和级配是一个重要因素。试验及实测资料都表明：粉砂土、细砂土、松砂土和粉土比中砂土及粗砂土容易液化；级配均匀的砂土比级配良好的砂土容易发生液化。有文献提出，平均粒径 $d_{50}=0.05\sim0.09$ mm 的粉细砂最容易液化。而根据多处震害调查实例却发现，实际发生液化的土类范围更广一些。可以认为，在地震作用下发生液化的饱和土的平均粒径 d_{50} 一般小于 2 mm，黏粒含量一般低于 10%～15%，塑性指数 I_p 常在 8 以下。

(2) 土的密度。松砂在振动中体积易于缩小，孔隙水压力上升快，故松砂比较容易液化。1964 年日本新潟地震表明，相对密实度 D_r 为 0.5 的地方普遍液化，而相对密实度大于 0.7 的地方就没有液化。关于海城地震砂土液化的报告中亦提到，7 度的地震作用下，相对密实度大于 0.5 的砂土不会液化；砂土相对密实度大于 0.7 时，即使 8 度地震也不易发生液化。根据砂土液化的概念可知，往复剪切时，孔隙水压力增长的原因在于松砂的剪缩性(在剪切过程中，砂土体积缩小的性质)，而随着砂土密度的增大，其剪缩性会减弱，一旦砂土开始具有剪胀性的时候，剪切时内部便产生负的孔隙水压力（见 5.4 节），土体阻抗反而增大了，因而不可能发生液化。

(3) 土的初始应力状态。在地震作用下，土中孔隙水压力等于固结压力是初始液化的必要条件。因此，固结压力越大，则在其他条件相同时越不易发生液化。试验表明，对于同样条件的土样，发生液化所需的动剪应力将随着固结压力的增加而成正比例增加。显然，土单元体的固结压力是随着它的埋藏深度和地下水位深度而直线增加的，然而，地震在土单元体中引起的动剪应力随深度的增加却不如固结压力的增加来得快。于是，土的埋藏深度和地下水位深度，即土的有效覆盖压力大小就成了直接影响土体液化可能性的因素。前述关于海城地震砂土液化的考察报告指出，有效覆盖压力小于 50 kPa 的地区，液化普遍且严重；有效覆盖压力介于 50～100 kPa 的地方，液化现象较轻；而未发生液化地段，有效覆盖压力大多大于 100 kPa。调查资料还表明，埋藏深度大于 20 m 时，甚至松砂也很少发生液化。

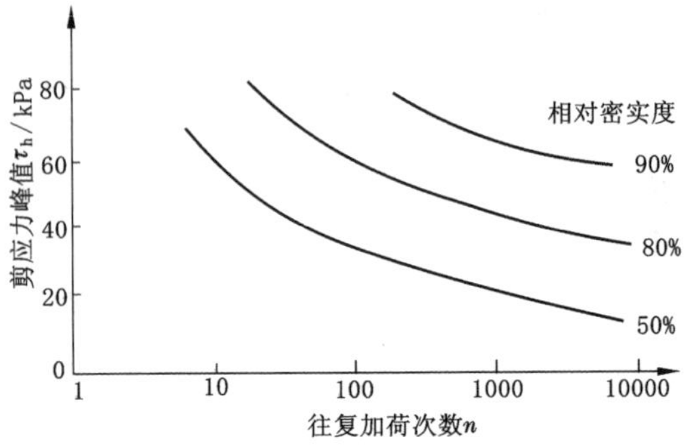

图 2.46 某砂样周期单剪试验的初始液化曲线（σ_v=784.8 kPa）

(4) 往复应力强度与往复次数。图 2.46 是周期加荷单剪仪液化试验的典型结果。由图可见，对于给定的固结压力 σ_v 和不同相对密实度 D_r，就同一种土类而言，往复应力越小，则需越多的振动次数才可产生液化，反之，则在很少振动次数时，就可产生液化。现场的震害调查也证明了这一点。如 1964 年日本新潟地震时，记录到地面最大加速度为 0.16×10^{-2} m/s^2，其余 22 次地震的地面加速度变化为$(0.005\sim0.12)\times10^{-2}$ m/s^2，但都没有发生液化。同年，美国阿拉斯加地震时，安科雷奇滑坡是在地震开始后 90 s 才发生，这表明要持续足够的应力周期后，才发生液化，进而使土体失去稳定性。

2.7.3.4 土体液化判别及防治措施简介

自然界的土体，即使是饱和松散的砂土，在动荷载作用下，都不一定发生土体液化，因为它与许多因素有关。所以还存在一个土体液化可能性的判断问题。

已有的方法主要是现场调查。如我国 1976 年唐山大地震后，中国科学院及有关单位开展了大量的、卓有成效的现场调查工作。调查内容涉及场地地震震级、震中距或烈度、持续时间；场地土层剖面，主要是各埋藏土层的类别、埋深、厚度、重度和地下水位；影响土体抗液化能力的主要物理力学参数，特别是应用较多、简单方便的标准贯入试验锤击数等。归纳总结了经验判别公式如下：

$$N_{cr}=N_0[1+0.1(d_s-3)-0.1(d_w-2)]\sqrt{\frac{3}{\rho_c}} \tag{2.45}$$

抗震规范公式：

$$N_{cr}=N_0\beta[\ln(0.6d_s+1.5)-0.1d_w]\sqrt{\frac{3}{\rho_c}}\quad(d_s\leqslant15)$$

式中 N_{cr}——液化判别标准贯入锤击数临界值；

N_0——液化判别标准贯入锤击数基准值，对应于烈度为 7 度、8 度、9 度时，考虑近震则采用 6、10、16，考虑远震则采用 8、13（远震无 9 度）；

d_s——标准贯入锤击数 N 所对应的土层埋深（m）；

d_w——场地地下水位深度（m）；

ρ_c——土中黏粒含量百分数，小于 3 时采用 3；

β——调整系数，设计地震第一组取 0.8，第二组取 0.95，第三组取 1.05。

当实测标准贯入锤击数 N 小于 N_{cr}时，相应的土层即应判定为可能液化。多次地震调查资料都证明用式(2.45)进行判别的结果与宏观现象基本一致。

防止土体液化的措施，主要从加强基础和清除或减轻液化可能性两方面入手。前者可采取桩基等深基础，使桩穿过液化土层，桩端进入到稳定土层中去；后者有换土、加密、胶结及设置排水系统等地基处理方法。

2.7.4 土的动力特征参数简介

进行土体动力反应分析时，需要有土的动力特征参数。土的动力特征参数包括：动弹性模量和动剪切模量、阻尼比或衰减系数、动强度和液化周期剪应力以及振动孔隙水压力增长规律等。其中动剪切模量和阻尼比是表征土的动力特征的两个主要参数，本节简介这两个动力特征参数。

土的动剪切模量 G_d 是指产生单位动剪应变时所需的动剪应力，即动剪应力(τ_d)与动剪应变(ε_d)之比值，按下式计算：

$$G_d = \tau_d / \varepsilon_d \tag{2.46}$$

土体作为一个振动体系，其质点在运动过程中由于黏滞摩擦作用而有一定的能量损失，这种现象称为阻尼，也称黏滞阻尼。在自由振动中，阻尼表现为质点的振幅随振次而逐渐衰减。在强迫振动中，则表现为应变滞后于应力而形成滞回圈。土的阻尼比是指阻尼系数与临界阻尼系数的比值。由物理学可知，非弹性体对振动波的传播有阻尼作用，这种阻尼力作用与振动的速度成正比关系，比例系数即为阻尼系数。使非弹性体产生振动过渡到不产生振动时的阻尼系数，称为临界阻尼系数。阻尼比是衡量吸收振动能量的尺度。地基或土工建筑物振动时，阻尼有两类，一类是逸散阻尼，另一类是材料阻尼。前者是土体中积蓄的振动能以表面波或体波(包含剪切波和压缩波)向四周和向下方扩散而产生的，后者是由土粒间摩擦和孔隙中水与气体的黏滞性产生的。

土动力问题研究应变的范围很广，从精密设备基础振幅很小的振动到强烈地震或核爆炸的震害，剪应变从 $10^{-6} \sim 10^{-2}$。在这样广阔的应变范围内，土动力计算中所用的特征参数，需用不同的测试方法来确定。对于动剪切模量和阻尼比，可用表 2.14 所列各种室内外试验方法测定。

表 2.14 动剪切模量和阻尼比的试验方法表

室内试验方法			原位测试方法		
试验方法	动剪切模量	阻尼比	试验方法	动剪切模量	阻尼比
超声波脉冲	√		折射法	√	
共振柱	√	√	反射法	√	
周期三轴剪		√	表面波速法	√	
周期单剪	√	√	钻孔波速法	√	
周期扭剪	√	√	动力旁压试验		√
			标准贯入试验	√	

土动力测试和其他土工试验一样，尽管原位测试可以得到代表实际土层性质的测试资料，但限于原位试验的条件和较高的试验费用，通常在原位只做小应变试验，而在实验室内则不仅可以做小应变试验，还可以做大应变的试验。

室内常用的测试方法有超声波脉冲试验、共振柱试验、单剪试验、扭剪试验和周期加荷的三轴试验。室内振动三轴仪的种类很多，可按动荷载施加的方式分为气动式、液压式、电磁式等，也可按动荷载作用方向不同分为单向式和双向式。

我国应用较多的是电磁式单向激振振动三轴仪，其主机部分如图 2.47 所示，它主要由土样压力室、激振器和气垫三部分组成。土样压力室和静力三轴仪相似(见 5.2.2 节)，是一个有机玻璃的圆筒，里面充入压缩空气和压力水以后，可对土样施加侧向静荷载。激振器包括激振线圈(动圈)、励磁线圈(定圈)及磁路，其作用是输入一定频率的电信号以后，能产生一个施加于土样的轴向动荷载。气垫由金属波纹管构成，通入压缩空气以后，可对土样施加轴向静荷载。下活塞、应力传感器、激振线圈和气垫顶部由传力轴联成一个刚性的活动整体，并由导向轮保证它做轴向运动。振动三轴仪除主机外，通常还有轴向动力控制装置、轴向和侧向静力控制系统以及参数测读仪表系统等三部分(图 2.47 中未表示)。

试验时,对圆柱形土样施加轴向周期压力,直接测量土样的应力和应变值,从而绘出应力-应变曲线,如图 2.48 所示,称为滞回曲线。试验所得滞回曲线是在周期荷载作用下的结果,滞回圈两顶点的连线的斜率就是该应力水平下土的动弹性模量 E_d,而动剪切模量 G_d 则可由下式求出:

$$G_d = E_d / [2(1+\mu)] \tag{2.47}$$

式中 μ——土的泊松比。

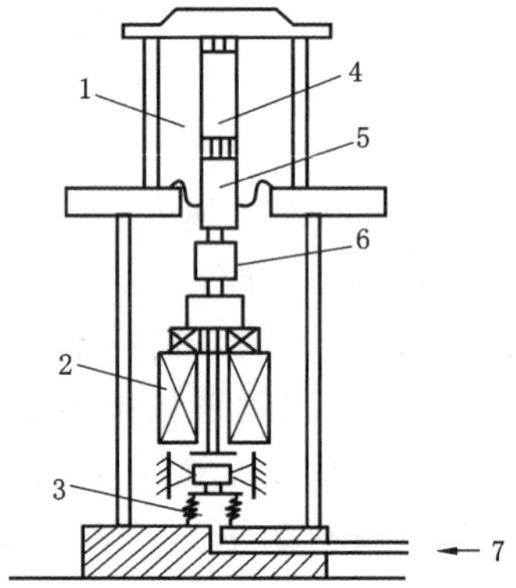

图 2.47 振动三轴仪主机示意图

1—压力室;2—激振器;3—气垫;
4—土样;5—土样活塞;
6—压力传感器;7—压缩空气

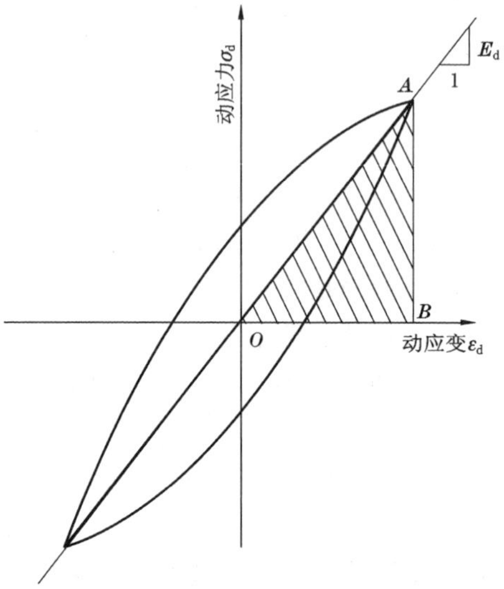

图 2.48 动应力与动应变关系曲线

土的阻尼比可由图 2.48 所示的滞回圈按下式求得:

$$\xi = \Delta F / (4\pi F) \tag{2.48}$$

式中 ΔF——滞回圈包围的面积,表示加荷与卸荷的能量损失;

F——滞回圈顶点至原点的连线与横坐标所形成的直角三角形的面积,表示加荷与卸荷的应变能。

动力试验表明土的动应力、动应变具有强烈的非线性性质,滞回圈位置和形状随动应变幅值的大小而变化。一般而言,当动应变幅值小于 10^{-5} 量级时,参数 $E_d(G_d)$ 和 ξ 可视作常量,即作为线性变形体看待。随着动应变幅值的增大,土的模量逐步减少,阻尼比逐步加大。因此,为土体动力分析选用变形参数时,应考虑土的这种非线性特点,对应于动应变幅值的不同量级,选用不同的模量和阻尼比。

2.8 地基土(岩)的工程分类

自然界的土类很多,工程性质各异。例如无黏性土和黏性土,它们的工程性质很不相同。自然界的土,往往是各种不同大小粒组的混合物。在建筑工程的勘察、设计与施工中,需要对组成地基土的混合物进行分析、计算与评价。因此,对地基土进行科学分类与定名,是十分必要和有意义的。当前国内使用的土名和土的分类法并不统一。各个部门使用各自制定的规范,国际上的情况同样如此,各个国家都有自己的一套或几套规定。存在这种情况有主观和客观的原因。一方面,各种土的性质复杂多变,差别很大,但这些差别又是渐变的,要用比较简单的特征指标进行区分,则采用什么特征指标,分界值应该定在何处等问题,很难有绝对的答案。另一方面,有些部门侧重于利用土作为建筑场地地基;有的部门侧重于利用土作为修筑土工建筑物的材料;另一些部门又侧重于利用土作为周围介质在土中修建地下构筑物。由于各个部门对土的某些工程性质的重视程度和要求不完全相同,制定分类标准时的着眼点也就不同。再加上长期的经验和习惯,很难使大家取得一致的看法和主张。

本书作为教科书,只能从学科的角度来阐述土的工程分类法的基本原则,同时也考虑到知识的实用性，因此只介绍一种国内常用的分类方法。

下面讨论土的工程分类的依据。自然界中的各种土，从直观上显然可以分成两大类：一类是凭肉眼可见的松散颗粒所堆成，颗粒通过接触点直接接触。粒间除重力或者毛细压力外，其他的联结十分微弱，可以忽略不计，这就是前面多次提到的粗粒土，也称为无黏性土。另一类是由肉眼难以辨别的微细颗粒所组成。由于颗粒细小，特别是黏土颗粒之间存在着重力以外的分子引力和静电力的作用，使颗粒之间相互联结，这就是土的黏性的由来。静电力引起结合水膜，颗粒之间常常不再是直接接触而是通过结合水膜相联结，使这类土具有可塑性。另外，黏土矿物具有吸水膨胀、失水收缩的能力，结合水膜也因土中水分的变化而增厚或变薄，使这类土具有胀缩性。这种具有黏性、可塑性、胀缩性的土就是前面多次提到的细粒土或黏性土（有的规范细分为粉土与黏性土）。

但是在实际的工程应用中，仅有这种感性的粗糙的分类是很不够的，还必须更进一步用某种最能反映土的工程特性的指标来进行系统的分类。按前面的分析，影响土的工程性质的三个主要因素是土的三相组成、土的物理状态和土的结构。在这三者中，起主要作用的无疑是三相组成。在三相组成中，首先是土的固体颗粒，特别是其中的细小颗粒。按实践经验，工程上以土中颗粒直径大于 0.075 mm 的质量占全部土粒质量的 50%作为第一个分类的界限。大于 50%的称为粗粒土，小于 50%的称为细粒土。

粗粒土的工程性质，如透水性、压缩性和强度等，很大程度上取决于土的粒径级配。因此，粗粒土按其粒径级配累积曲线再分成细类。

细粒土的工程性质不仅取决于粒径级配，还与土粒的矿物成分和形状均有密切关系。可以认为，比表面积和矿物成分在很大程度上决定了这种土的性质。直接测量和鉴定土的比表面积和矿物成分均较困难，但是它们直接综合表现为土吸附结合水的能力。因此，在目前国内外的各种规范中，多用吸附结合水的能力作为细粒土的分类标准。如前所述，反映土吸附结合水能力的特性指标有液限 w_L、塑限 w_p 或塑性指数 I_p。经过长期以来很多试验结果的统计分析所得的结论，在这三个指标中，液限 w_L 和塑性指数 I_p 与土的工程性质的关系更密切、规律性更强，因此国内外对细粒土的分类，多用塑性指数或者液限加塑性指数作为分类指标。

国内最基本的三种土的工程分类法：一种是水利部的 SL 237—1999 分类法，另一种是《建筑地基基础设计规范》(GB 50007—2011)的分类法，还有公路路基土的分类[在《公路土工试验规程》(JTG E40—2007)中提出]。下面介绍《建筑地基基础设计规范》的分类方法，它是把土（岩）作为建筑物地基的工程分类，即把土分为岩石、碎石土、砂土、粉土、黏性土、人工填土六大类。

2.8.1 岩石

岩石是指颗粒间牢固联结，呈整体或具有节理裂隙的岩体。作为建筑物地基，除应确定岩石的地质名称外，还应按表 2.15 和表 2.16 划分其坚硬程度和完整程度。

表 2.15 岩石坚硬程度的划分

坚硬程度类别	坚硬岩	较硬岩	较软岩	软岩	极软岩
饱和单轴抗压强度标准值 f_{rk}/MPa	$f_{rk}>60$	$60\geqslant f_{rk}>30$	$30\geqslant f_{rk}>15$	$15\geqslant f_{rk}>5$	$f_{rk}\leqslant 5$

注：当缺乏饱和单轴抗压强度资料或不能进行该项试验时，可在现场通过观察定性划分。

岩石的风化程度可分为未风化、微风化、中风化、强风化和全风化。强风化的软质岩石工程性质差，其地基承载力不如一般卵石地基。

表 2.16 岩石完整程度划分

完整程度等级	完　整	较完整	较破碎	破　碎	极破碎
完整性指数	>0.75	0.75～0.55	0.55～0.35	0.35～0.15	<0.15

注：完整性指数为岩体纵波波速与岩块纵波波速之比的平方。选定岩体、岩块测定波速时应有代表性。

2.8.2 碎石土

碎石土是指粒径大于 2 mm 的颗粒含量超过全重 50%的土，根据粒组含量及颗粒形状可分为漂石、块石、卵石、碎石、圆砾和角砾(表 2.17)。

表 2.17 碎石土的分类

土的名称	颗粒形状	粒组含量
漂 石 块 石	圆形及亚圆形为主 棱角形为主	粒径大于 200 mm 的颗粒含量超过全重 50%
卵 石 碎 石	圆形及亚圆形为主 棱角形为主	粒径大于 20 mm 的颗粒含量超过全重 50%
圆 砾 角 砾	圆形及亚圆形为主 棱角形为主	粒径大于 2 mm 的颗粒含量超过全重 50%

注：分类时应根据粒组含量栏由上到下以最先符合者确定。

碎石土的密实度，可按表 2.18 分为松散、稍密、中密、密实。密实和中密的碎石土，强度大，压缩性小，渗透性大，为优良的地基。

表 2.18 碎石土的密实度

重型圆锥动力触探锤击数 $N_{63.5}$	$N_{63.5} \leqslant 5$	$5 < N_{63.5} \leqslant 10$	$10 < N_{63.5} \leqslant 20$	$N_{63.5} > 20$
密实度	松散	稍密	中密	密实

注：① 本表适用于平均粒径小于或等于 50 mm 且最大粒径不超过 100 mm 的卵石、碎石、圆砾、角砾。对于平均粒径大于 50 mm 或最大粒径大于 100 mm 的碎石土，可按表 2.10 鉴别其密实度。

② 表内 $N_{63.5}$ 为经综合修正后的平均值。

2.8.3 砂土

砂土是指粒径大于 2 mm 的颗粒含量不超过全重 50%，而粒径大于 0.075 mm 的颗粒含量超过全重 50%的土。根据粒组含量砂土分为砾砂、粗砂、中砂、细砂和粉砂(表 2.19)。

表 2.19 砂土的分类

土的名称	颗粒含量
砾 砂	粒径大于 2 mm 的颗粒含量占全重 25%～50%
粗 砂	粒径大于 0.5 mm 的颗粒含量超过全重 50%
中 砂	粒径大于 0.25 mm 的颗粒含量超过全重 50%
细 砂	粒径大于 0.075 mm 的颗粒含量超过全重 85%
粉 砂	粒径大于 0.075 mm 的颗粒含量超过全重 50%

注：定名时应根据颗粒含量栏由上到下以最先符合者确定。

砂土的密实度，可按表 2.9 分为松散、稍密、中密、密实。

密实与中密状态的砾砂、粗砂、中砂为优良地基，稍密状态时为良好地基；密实状态时的粉砂与细砂，为良好地基，但饱和疏松的粉砂、细砂为不良地基。

2.8.4 粉土

粉土是指粒径大于 0.075 mm 的颗粒含量不超过全重 50%，且塑性指数小于或等于 10 的土。它的性质介于黏性土与砂土之间。

现有资料分析表明，粉土的密实度与天然孔隙比 e 有关。一般 $e \geqslant 0.9$ 时，为稍密，强度较低，属软弱地基；$0.75 \leqslant e < 0.9$，为中密；$e < 0.75$，为密实，其强度高，属良好的天然地基。粉土的湿度状态可按天然含水率 $w(\%)$ 划分：$w < 20\%$，为稍湿；$20\% \leqslant w < 30\%$，为湿；$w \geqslant 30\%$，为很湿。粉土在饱水状态下易于散化与结构软化，地震时易产生液化，为不良地基。野外鉴别粉土可将其浸水饱和，团成小球，置于手掌上左右反复摇晃，并以另一手振击，则土中水迅速渗出土面，并呈现光泽。

2.8.5 黏性土

黏性土是指塑性指数 I_p 大于 10 的土。黏性土可按塑性指数分类：$I_p > 17$ 为黏土；$10 < I_p \leqslant 17$ 为粉质黏土。

黏性土的状态可分为坚硬、硬塑、可塑、软塑、流塑（表 2.10）。其工程性质与含水率大小密切相关，密实硬塑状态的黏性土为优良地基，疏松流塑状态的黏性土为软弱地基。

工程实践表明，土的沉积年代对土的工程性质影响很大，不同沉积年代的黏性土，尽管其物理性质指标可能很接近，但其工程性质可能相差很大。如湖南的网纹状黏土，具有较高的结构强度和较低的压缩性。因此，《岩土工程勘察规范》(GB 50021—2001)中按土的沉积年代将黏土又分为：老黏性土、一般黏性土和新近沉积的黏性土。

(1) 老黏性土：第四纪晚更新世(Q_3)及其以前沉积的黏性土。广泛分布于长江中下游、湖南、内蒙古等地。其沉积年代久，工程性能好。通常在物理性质指标相近的条件下，比一般黏性土强度高而压缩性低。但也须注意：一些地区的老黏性土强度并不高，甚至低于一般黏性土，因此使用时尚需根据当地的实践经验取值。

(2) 一般黏性土：第四纪全新世(Q_4，文化期以前)沉积的黏性土，在工程中常遇到，透水性较小，其力学性质在各类土中属于中等。

(3) 新近沉积的黏性土：文化期以来新近沉积的黏性土。其沉积年代较短，结构性差，一般压缩尚未稳定，而且强度很低，主要分布于山前洪冲积扇的表层以及掩埋的湖、塘、沟、谷和河水泛滥区。

2.8.6 人工填土

人工填土是指由于人类活动而堆填形成的各类土，其物质成分杂乱，均匀性较差。根据其物质组成和成因可分为素填土、杂填土和冲填土三类。

(1) 素填土：由碎石、砂土、粉土、黏性土等组成的填土。它不含杂质或含杂质很少，按主要组成物质分为碎石素填土、砂性素填土、粉性素填土及黏性素填土，经分层压实或夯实的素填土称为压实填土，如路基、河堤等。

(2) 杂填土：含有大量建筑垃圾、工业废料或生活垃圾等杂物的填土。按组成物质分为建筑垃圾土、工业垃圾土及生活垃圾土。通常大中城市地表都有一层杂填土。

(3) 冲填土：由水力冲填泥砂形成的填土。

人工填土可按堆填时间分为老填土和新填土，通常把堆填时间超过 10 年的黏性填土或超过 5 年的粉性填土称为老填土，否则称为新填土。

通常人工填土的工程性质不良，强度低，压缩性高且不均匀。其中压实填土相对较好。杂填土因成分复杂，平面与立面分布很不均匀，无规律，工程性质最差。

2.8.7 特殊土

特殊土是指具有一定分布区域或工程意义上具有特殊成分、状态和结构特征的土，在工程中需要特别注意。从目前工程实践来看，特殊土大体可分为软土、红黏土、黄土、膨胀土、多年冻土、盐渍土等。

(1) 软土：沿海的滨海相、三角洲相、溺谷相，内陆的河流相、湖泊相、沼泽相等主要由细粒土组成的孔隙比大($e \geqslant 1$)、天然含水率高($w \geqslant w_L$)、压缩性高、强度低和具有灵敏性、结构性的土层，为不良地基。包括淤泥、淤泥质黏性土、淤泥质粉土等。

淤泥和淤泥质土是工程建设中经常遇到的软土。在静水或缓慢的流水环境中沉积，并经生物化学作用形成。当黏性土的 $w>w_L$，$e\geqslant1.5$ 时称为淤泥；而当 $w>w_L$，$1.5>e\geqslant1.0$ 时称为淤泥质土。当土的有机质含量大于5%时称为有机质土，大于60%时称为泥炭。

(2) 红黏土：碳酸盐系的岩石经第四纪以来的红土化作用，形成并覆盖于基岩上，呈棕红、褐黄等色的高塑性黏土。其特征是：$I_p=30\sim50$，$w_L>50\%$，$e=1.1\sim1.7$，$S_r>0.85$。红黏土通常强度高，压缩性低。因受基岩起伏影响，厚度不均匀，土质上硬下软，具有明显胀缩性；裂隙发育。已形成的红黏土经坡积、洪积再搬运后仍保留着黏土的基本特征，且 $w_L>45$ 的称为次生红黏土。我国红黏土主要分布于云贵高原，南岭山脉南北两侧及湘西、鄂西丘陵山地等。

(3) 黄土：含大量碳酸盐类且常能以肉眼观察到大孔隙的黄色粉状土。天然黄土在未受水浸湿时，一般强度较高，压缩性较低。但当其受水浸湿后，因黄土自身大孔隙结构的特征，压缩性剧增从而使结构受到破坏，土层突然显著下沉(其湿陷系数大于或等于0.015)，同时强度也随之迅速下降，这类黄土统称为湿陷性黄土。湿陷性黄土根据上覆土自重压力下是否发生湿陷变形，又可分为自重湿陷性黄土和非自重湿陷性黄土。

(4) 膨胀土：土中黏粒成分主要由亲水性矿物组成，同时具有显著的吸水膨胀和失水收缩特性，其自由膨胀率大于或等于40%的黏性土。由于膨胀土通常强度较高，压缩性较低，易被误认为是良好的地基，而一旦遇水，就呈现出较大的吸水膨胀和失水收缩的能力，往往导致建筑物和地坪开裂、变形而破坏。膨胀土大多分布于当地排水基准面以上的二级阶地及其以上的台地、丘陵、山前缓坡、垅岗地段。其分布不具绵延性和区域性，多呈零星分布且厚度不均。

(5) 多年冻土：土的温度等于或低于摄氏零度，含有固态水，且这种状态在自然界连续保持3年或3年以上的土。当自然条件改变时，它将产生冻胀、融陷、热融滑塌等特殊不良地质现象，并发生物理力学性质的改变。多年冻土根据土的类别和总含水率可划分其融陷性等级为少冰冻土、多冰冻土、富冰冻土、饱冰冻土及含土冰层等。

(6) 盐渍土：易溶盐含量大于0.5%，且具有吸湿、松胀等特性的土。由于可溶盐遇水溶解，可能导致土体产生湿陷、膨胀以及有害的毛细水上升，使建筑物遭受破坏。盐渍土按含盐性质可分为氯盐渍土、亚氯盐渍土、硫酸盐渍土、亚硫酸盐渍土、碱性盐渍土等。按含盐量可分为弱盐渍土、中盐渍土、强盐渍土和超盐渍土。

2.8.8 细粒土按塑性图分类

细粒土是指粒组小于0.075mm者超过50%的土，还可参照塑性图进一步细分。塑性图首先由美国卡萨格兰德(Casagrande)于1942年提出，现为全世界通用的一种细粒土的分类方法。前面以塑性指数 I_p 划分细粒土，虽然 I_p 也具有能综合反映土的颗粒组成、矿物成分以及土粒表面吸附阳离子成分等方面特性的优点，但是不能不承认，不同的液限、塑限可能给出相同的塑性指数，而土性却可能根本不同。由此可见，细粒土的合理分类，还应兼顾塑性指数 I_p 和液限 w_L 两个方面。

在卡萨格兰德的塑性图中，以塑性指数 I_p 为纵轴、液限 w_L 为横轴，他将大量的试验数据点画在塑性图中，形成了具有良好分布规律的散点条带，其直线方程即为图2.49中的 A 线。为了区分高、低液限，又给出了 B 线方程。因此，根据细粒土在坐标图上的位置，就可方便地进行细粒土的分类。当然，卡萨格兰德塑性图难以匹配世界各地测定液限的常用习惯，还需要不断地完善和补充。因此各个国家在他的基础上，经过补充和修改，形成了适合自己国情的塑性图。图2.49为我国国家标准《土的工程分类标准》(GB/T 50145—2007)对细粒土采用的塑性图。

图中 A 线方程为 $I_p=0.73(w_L-20)$，B 线方程为 $w_L=50\%$。其中 w_L 是以76 g锥式液限仪锥尖15 s入土17 mm为标准测定的。当点位于 B 线以右时，在 A 线以上者为高液限黏土(CH)，A 线以下者为高液限粉土(MH)；当点位于 B 线以左时，在 A 线与 $I_p=7$ 线以上者为低液限黏土(CL)；在 A 线与

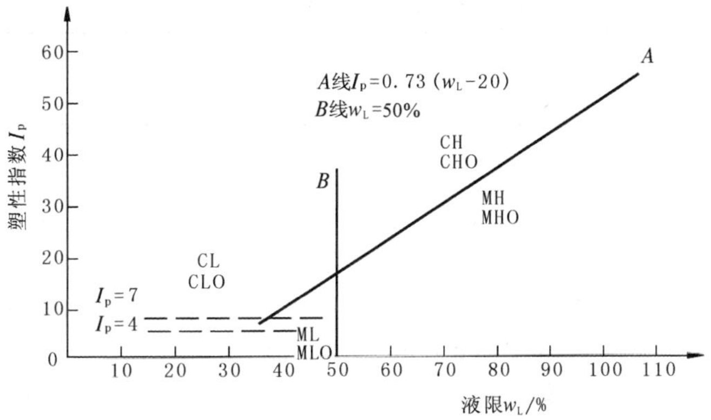

图 2.49　细粒土分类的塑性图

$I_p=7$线以下者为低液限粉土(ML)。对这一范围的土，还可按 $I_p=4$ 再划分。土中有机质(O)应根据未完全分解的动植物残骸和无定形物质判定。有机质呈黑色、青黑色或暗色，有臭味、弹性和海绵感，可采用目测、手摸或嗅觉判别。当不能判别时，可将试样放入 100～110 ℃的烘箱中烘烤。当烘烤后试样的液限小于烘烤前试样液限的3/4时，试样为有机质土。

用塑性图划分细粒土，是以扰动土的两个指标(I_p 及 w_L)为依据，它能较好地反映土粒与水相互作用的一些性质，却不能反映天然土工程性质的另一重要因素——土的结构性。因此，当以土料为工程对象时，它是一种较好的分类方法，而当以天然土样作为地基时，它却还存在着不足。

思　考　题

2.1　土由哪几部分组成？土中水分为哪几类？其特征如何？对土的工程性质影响如何？

2.2　土的不均匀系数 C_u 及曲率系数 C_c 的定义是什么？如何从土的颗粒级配曲线形态上、C_u 及 C_c 数值上评价土的工程性质？

2.3　说明土的天然重度 γ、饱和重度 γ_{sat}、浮重度 γ'和干重度 γ_d 的物理概念和相互关系，比较同一种土各重度数值的大小。

2.4　土的三相比例指标有哪些？哪些可以直接测定？哪些通过换算求得？为换算方便，什么情况下令 $V=1$，什么情况下令 $V_s=1$？

2.5　反映无黏性土密实度状态的指标有哪些？采用相对密实度判断砂土的密实度有何优点？而工程上为何应用得并不广泛？

2.6　下列物理指标中，哪几项对黏性土有意义？哪几项对无黏性土有意义？

① 粒径级配；② 相对密实度；③ 塑性指数；④ 液性指数。

2.7　简述渗透定理的意义。渗透系数 k 如何测定？动水力如何计算？何谓流砂现象？这种现象对工程有何影响？

2.8　土发生冻胀的原因是什么？发生冻胀的条件是什么？

2.9　毛细水上升的原因是什么？在哪些土中毛细现象最显著？

2.10　何谓最优含水率？影响填土压实效果的主要因素有哪些？

2.11　无黏性土和黏性土在矿物组成、土的结构、物理状态及分类方法诸方面有何重要区别？

2.12　地基土分为几大类？各类土的划分依据是什么？为什么粒度成分和塑性指数可作为土分类的依据？比较这两种分类方法的优缺点和适用条件。

2.13　淤泥和淤泥质土的生成条件、物理性质和工程特性是什么？能否作为建筑物的地基？

习　　题

2.1　某土样颗粒分析结果见表 2.20，试绘出颗粒级配曲线，并确定该土的 C_u 和 C_c，以及评价该土的级配情况。

表 2.20　某土样颗粒分析结果

粒径/mm	>2	2～0.5	0.5～0.25	0.25～0.1	0.1～0.05	<0.05
粒组含量/%	9	27	28	19	8	9

（答案：$C_u=8.04$，$C_c=1.59$，属良好级配）

2.2　试证明下列换算公式：

(1) $\rho_d=\dfrac{d_s\rho_w}{1+e}$；　(2) $\gamma=\dfrac{S_r e\gamma_w+d_s\gamma_w}{1+e}$；　(3) $S_r=\dfrac{wd_s(1-n)}{n}$

2.3　在土的三相组成示意图中，取土粒体积 $V_s=1$。已知某土样的土粒相对密实度 $d_s=2.70$，含水率 $w=32.2\%$，土的天然密度 $\rho=1.91\ \mathrm{g/cm^3}$，水的密度 $\rho_w=1.0\ \mathrm{g/cm^3}$。按各三相比例指标的定义，计算图 2.50 中 6 个括号内的数值及 S_r 和 γ'。

（答案：$m_s=2.7$ g；$m_w=0.87$ g；$m=3.57$ g；$V=1.87\ \mathrm{cm^3}$；$e=V_v=0.87\ \mathrm{cm^3}$；$V_w=0.87\ \mathrm{cm^3}$；$S_r=100\%$；$\gamma'=9.1\ \mathrm{kN/m^3}$）

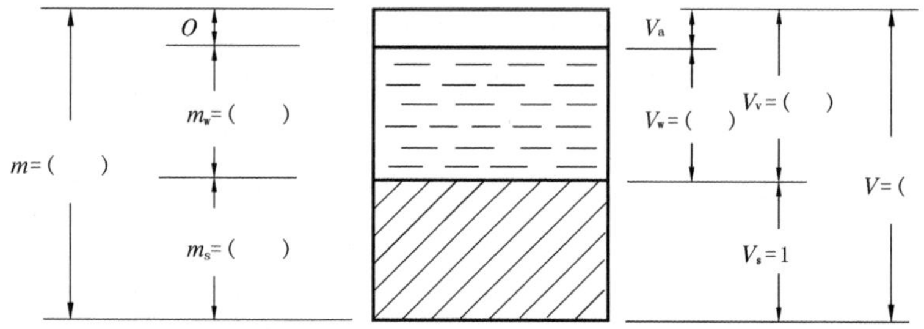

图 2.50　习题 2.3 图

2.4　某宾馆地基土的试验中，用体积为 72 $\mathrm{cm^3}$ 的环刀测得原状土样重 129.5 g，烘干后土重 121.5 g，土粒相对密实度为 2.7，试计算该土样的含水率 w、孔隙比 e、饱和度 S_r、重度 γ、饱和重度 γ_{sat}、浮重度 γ' 以及干重度 γ_d，并比较各重度的数值大小（先导得公式然后求解）。

（答案：$w=6.6\%$，$e=0.60$，$S_r=29.7\%$，$\gamma=18.0\ \mathrm{kN/m^3}$，$\gamma_{sat}=20.6\ \mathrm{kN/m^3}$，$\gamma'=10.6\ \mathrm{kN/m^3}$，$\gamma_d=16.9\ \mathrm{kN/m^3}$，$\gamma_{sat}>\gamma>\gamma_d>\gamma'$）

2.5　一工厂车间地基表层为杂填土厚 1.2 m，第 2 层为黏性土厚 5 m，地下水位深 1.8 m。在黏性土中部取土做试验，测得天然密度 $\rho=1.84\ \mathrm{g/cm^3}$，土粒相对密实度 $d_s=2.75$。计算该地基土的天然含水率 w，浮密度 ρ'、干密度 ρ_d、孔隙比 e 和孔隙率 n。

（答案：$w=39.4\%$，$\rho'=0.84\ \mathrm{g/cm^3}$，$\rho_d=1.32\ \mathrm{g/cm^3}$，$e=1.08$，$n=52\%$）

2.6　某土样处于完全饱和状态，土粒相对密实度为 2.68，含水率为 32.0%，试求该土样的孔隙比 e 和重度 γ。

（答案：$e=0.86$；$\gamma=19\ \mathrm{kN/m^3}$）

2.7　某砂土土样的密度为 1.77 $\mathrm{g/cm^3}$，含水率为 9.8%，土粒相对密实度为 2.67，烘干后测定最小孔隙比为 0.461，最大孔隙比为 0.943，试求孔隙比 e 和相对密实度 D_r，并评定该土的密实度。（答案：$D_r=0.595$）

2.8　某干砂试样密度 $\rho=1.66\ \mathrm{g/cm^3}$，土粒相对密实度 $d_s=2.69$，置于雨中，若砂样体积不变，饱和度增至 40% 时，此砂在雨中的含水率 w 为多少？（答案：$w=9.2\%$）

2.9　某砂土的含水率 $w=28.5\%$，土的天然重度 $\gamma=19\ \mathrm{kN/m^3}$，土粒相对密实度 $d_s=2.68$，颗粒分析结果见表 2.21。

表 2.21　习题 2.9 土样颗粒分析结果

土粒组的粒径范围/mm	>2	2～0.5	0.5～0.25	0.25～0.075	<0.075
粒组占干土总质量的百分数/%	9.4	18.6	21.0	37.5	13.5

试求：

(1) 确定该土样的名称；

(2) 计算该土的孔隙比和饱和度；

(3) 确定该土的湿度状态；

(4) 如该土埋深在离地面 3 m 以内，其标准贯入试验锤击数 $N=14$，试确定该土的密实度。

［答案：(1)细砂；(2)$e=0.81$；$S_r=94\%$；(3)饱和；(4)稍密］

2.10　某黏性土的含水率 $w=36.4\%$，液限 $w_L=48\%$，塑限 $w_p=35.4\%$。

(1) 计算该土的塑性指数 I_p 及液性指数 I_L；

(2) 确定该土的名称及状态。

(答案：$I_p=12.6$，$I_L=0.08$；粉质黏土，硬塑状态)

2.11　观测孔 a、b 的水位标高分别为23.50 m和 23.20 m，两孔的水平距离为 20 m(图 2.51)，试求：

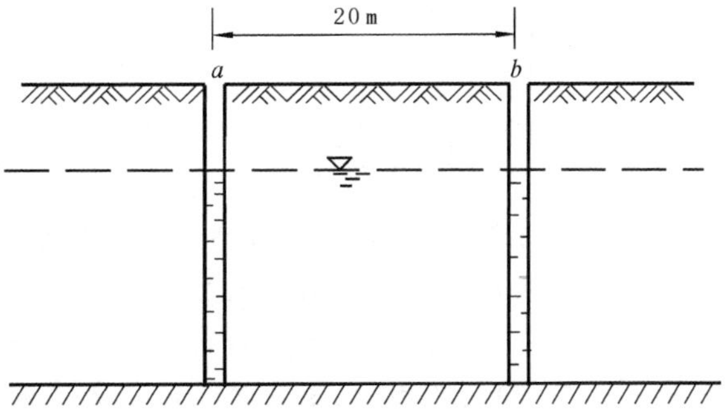

图 2.51　习题 2.11 图

(1) 确定 ab 段的平均水头梯度 i；

(2) 如该土层为细砂，渗透系数 $k=5\times10^{-2}$ mm/s，试确定 ab 段的地下水流速度 v 和每小时通过 1 m^2 截面面积(垂直于纸面)的流量 Q(提示：流量 Q=流速×过水面积×时间)；

(3) 同(2)，但该土层为粉质黏土，渗透系数 $k=5\times10^{-5}$ mm/s，起始水头梯度 $i_0=0.005$。

[答案：(1) $i=0.015$；(2) $v=7.5\times10^{-4}$ mm/s$=2.7\times10^{-3}$ m/h；$Q=2.7\times10^{-3}$ $m^3/(h\cdot m^2)$；(3) $v=5\times10^{-7}$ mm/s$=1.8\times10^{-6}$ m/h；$Q=1.8\times10^{-6}$ $m^3/(h\cdot m^2)$]

2.12　某湿土样重 180 g，已知其含水率为 18%，现需制备含水率为 25%的土样，需加水多少？

(答案：10.7 g)

2.13　将土以不同含水率配制成试样，用标准的夯击能使土样击实，测定其容积密度，所得数据见表 2.22。

表 2.22　不同含水率时土的容积密度

w/%	17.2	15.2	12.2	10.0	8.8	7.4
ρ/(g/cm³)	2.06	2.10	2.16	2.13	2.03	1.89

已知土粒相对密实度 $d_s=2.65$，试求最佳含水率 w_{op}。

(答案：$w_{op}=10\%$)

3 土中应力计算

本章提要

为了对建筑物地基基础进行沉降(变形)、承载力与稳定性分析,必须掌握建筑前后土中应力的分布和变化情况。由土体重力引起的应力称为自重应力。自重应力一般是自土形成之日起就在土中产生。附加应力是指由于外荷载(如建筑荷载、车辆荷载、土中水的渗流力、地震作用等)的作用,在土中产生的应力增量。两种应力由于产生的原因不同,因而分布规律和计算方法也不同。

目前计算土中应力的方法,主要是采用弹性理论公式,也就是把地基土视为均匀的、各向同性的半无限空间弹性体。这种假定虽与土体的实际情况有出入(因土是三相组成的分散体,具有明显的层理构造和各向异性,变形也具有明显的非线性特征等),但因弹性理论方法计算简单,且实践证明:当基底压力在一定范围内时(即一般建筑物荷载作用下地基中应力的变化范围还不是很大时),用弹性理论的计算结果能满足实际工程的要求。所以,可认为地基土符合半无限体的假定而引用弹性理论公式。

在计算地基中的附加应力前,首先要确定作用在地基表面(即基础底面)的压力。因此,学习本章应重点掌握以下几个问题:

(1) 土的自重应力与附加应力的概念、计算方法及其分布规律;

(2) 基底压力的简化计算;

(3) 矩形和条形均布荷载作用下角点附加应力的计算、附加应力的分布规律。

土是一种三相的物质,作用在土中微小面积上的应力(总应力),部分通过土粒之间传递(粒间应力,又称有效应力),部分由孔隙中的液体、气体承受(孔隙压力)。对于饱和土来说,因为孔隙中没有气体存在,故总应力等于有效应力与孔隙水压力之和。

本章主要介绍了土中自重应力和附加应力,并在最后简单介绍了有效应力原理及应用。这将对全书的理解,乃至今后进一步深入学习土力学知识和参加工程实践有好处。

3.1 土的自重应力

若将地基视为均质的半无限体,土体在自重作用下只能产生竖向变形,而无侧向变形及剪切变形存在。因此,在深度 z 处平面上,土体因自身重力产生的竖向应力 σ_{cz}(以后简称自重应力)就等于单位面积上土柱体的重力,如图 3.1 所示。

3.1.1 均质土的自重应力

对于均匀土(土的重度为常数),在地表以下深度 z 处自重应力为:

$$\sigma_{cz}=\gamma z \tag{3.1}$$

可见,自重应力 σ_{cz}沿水平面均匀分布,且与 z 成正比,即随深度呈线性增加,如图 3.2 所示。

地基土在重力作用下,除承受作用于水平面上的竖向自重应力外,在竖直面上还作用有侧向自重应力。由于土柱体在重力作用下无侧向变形和剪切变形,根据广义胡克定律,侧向自重应力 σ_{cx}和 σ_{cy}与 σ_{cz}成正比，剪应力均为零，即：

$$\sigma_{cx}=\sigma_{cy}=k_0\sigma_{cz} \tag{3.2}$$

$$\tau_{xy}=\tau_{yz}=\tau_{zx}=0 \tag{3.3}$$

式中比例系数 k_0 称为土的侧压力系数或静止土压力系数，其实测资料见第 4 章表 4.1。

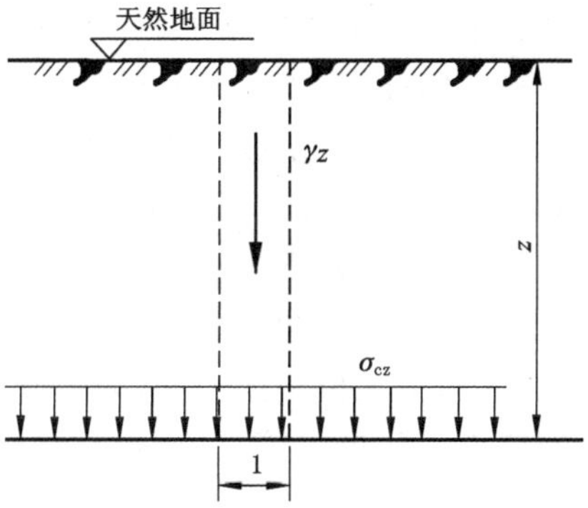

图 3.1 均质土中的竖向自重应力

3.1.2 成层土的自重应力

在一般情况下，天然地基往往由成层土所组成，设各土层的厚度为 h_i，重度为 γ_i，则深度 z 处土的自重应力可通过对各层土自重应力求和得到，即：

$$\sigma_{cz}=\gamma_1h_1+\gamma_2h_2+\gamma_3h_3+\cdots=\sum_{i=1}^{n}\gamma_ih_i \tag{3.4}$$

式中 n——自天然地面至深度 z 处土的层数；

h_i——第 i 层土的厚度(m)；

γ_i——第 i 层土的天然重度(kN/m³)，对地下水位以下的土层取有效重度 γ'，因为土受到水的浮力影响，其自重应力相应减小。

按式(3.4)计算出各土层分界处的自重应力，再以直线相连，即可得竖向自重应力分布图，见图 3.2。

但在地下水位以下，若埋藏有不透水层(例如岩层或只含结合水的坚硬黏土层)，由于不透水层中不存在水的浮力，故层面及层面以下的自重应力应按上覆土层的水土总重计算。这样，紧靠上覆层与不透水层界面上下的自重应力有突变，使层面处具有两个自重应力值(见图 3.2 点 3 处)。

【例 3.1】 试计算图 3.2 所示土层的自重应力及作用在基岩顶面的土自重应力和静水压力之和，并绘制自重应力分布图。

【解】

$\sigma_{cz1}=\gamma_1h_1=19\times2.0=38$ kPa

$\sigma_{cz2}=\gamma_1h_1+\gamma_1'h_2=38+(19.4-10)\times2.5=61.5$ kPa

$\sigma_{cz3}=\gamma_1h_1+\gamma_1'h_2+\gamma_2'h_3=61.5+(17.4-10)\times4.5=94.8$ kPa

$\sigma_w=\gamma_w(h_2+h_3)=10\times7.0=70$ kPa

作用在基岩顶面处土的自重应力为 94.8 kPa，静水压力为 70 kPa，总应力为 94.8+70=164.8 kPa。

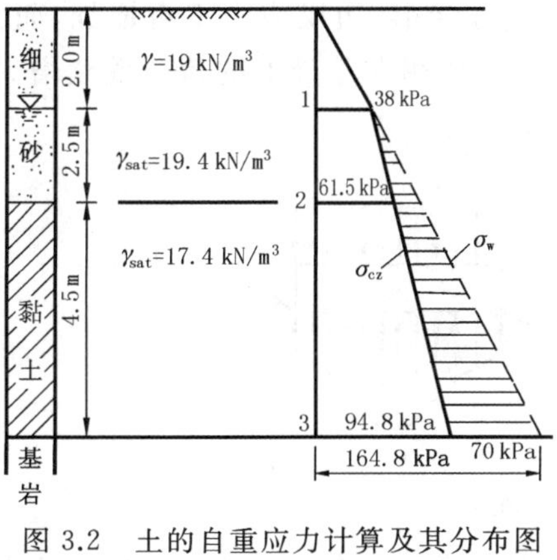

图 3.2 土的自重应力计算及其分布图

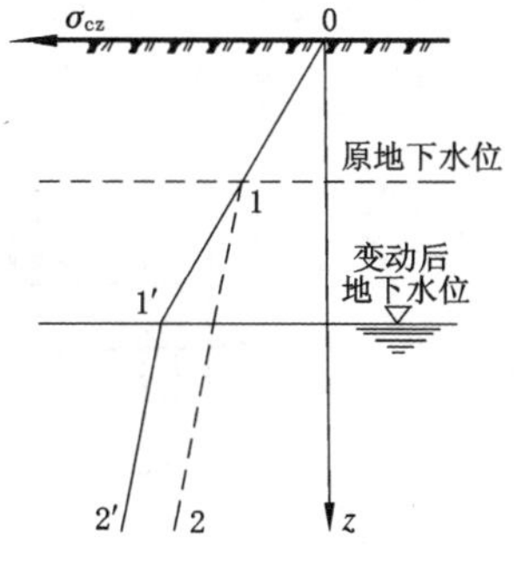

图 3.3 地下水位下降对土中自重应力的影响

0-1-2 线为原来自重应力的分布；

0-1′-2′为地下水位变动后自重应力的分布

由图 3.2 土自重应力 σ_{cz} 分布图可知竖向自重应力的分布规律为：①土的自重应力分布线是条折线，折点在土层交界处或地下水位处，在不透水层面处分布线有突变；②同一层土的自重应力按直线变化；

③自重应力随深度增加而变大;④在同一平面自重应力各点相等。

尚须注意:①在此所讨论的自重应力是指土颗粒之间接触点传递的粒间应力,故又称为有效自重应力;②一般土层形成地质年代较长,在自重作用下变形早已稳定,故自重应力不再引起建筑物基础沉降,但对于近期沉积或堆积的土层以及地下水位升降等情况,尚应考虑自重应力作用下的变形,这是因为地下水位的变动,引起土的重度改变的结果,如图 3.3 所示。在深基坑开挖中,需大量抽取地下水,以致地下水位大幅度下降,引起土的重度改变,因 $\gamma > \gamma'$,故自重应力增加,从而造成地表大面积下沉的严重后果。反之,若地下水位长期上升,如大量工业废水渗入地下或筑坝蓄水、农业灌溉等,会引起地基承载力的降低、湿陷性土的塌陷等现象,必须引起注意。

3.2 基底压力

前面已经指出土中的附加应力是建筑物荷载等作用所引起的应力增量,而建筑物荷载是通过基础传给地基的,在基础底面与地基之间产生接触压力(方向向下),通常称为基底压力。它既是基础作用于地基表面的力,也是地基对于基础的反作用力(方向向上)。为了计算上部荷载在地基土层中引起的附加应力,应首先研究基底压力的大小与分布情况。

3.2.1 基底压力分布

精确确定基底压力数值大小与分布形态,是个非常复杂的问题。因为基础与地基不是一种材料、一个整体,两者的刚度相差很大,变形不能协调。此外,它还与基础的刚度、平面形状、尺寸大小和埋置深度等有关,与作用在基础上的荷载性质、大小和分布情况以及地基土的性质等众多因素有关。目前,在弹性理论中主要是研究不同刚度的基础与弹性半空间表面的接触压力分布问题。

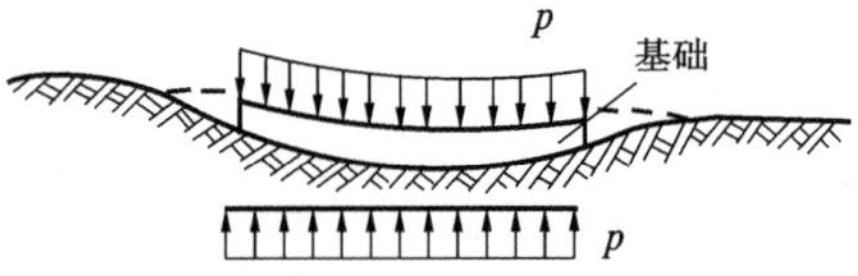

图 3.4 柔性基础基底压力分布

(1) 柔性基础(如土坝、路基及油罐薄板)的刚度很小,就像放在地上的柔软薄膜,在垂直荷载作用下没有抵抗弯曲变形的能力,基础随着地基一起变形。因此,柔性基础接触压力分布与其上部荷载分布情况相同。在中心受压时,为均匀分布(图 3.4)。

(2) 刚性基础(如块式整体基础、素混凝土基础)本身刚度较大,受荷后基础不出现挠曲变形。由于地基与基础的变形必须协调一致,因此,在调整基底沉降使之趋于均匀的同时,基底压力发生了转移。通常在中心荷载下,基底压力呈马鞍形分布,中间小而边缘大,如图 3.5(a)所示;当基础上的荷载较大时,基础边缘由于应力很大,使土产生塑性变形,边缘应力不再增加,而使中央部分应力继续增大,基底压力重新分布而呈抛物线形[图 3.5(b)];若作用在基础上的荷载继续增大,接近于地基的破坏荷载时,应力图形又变成中部突出的倒钟形[图 3.5(c)]。

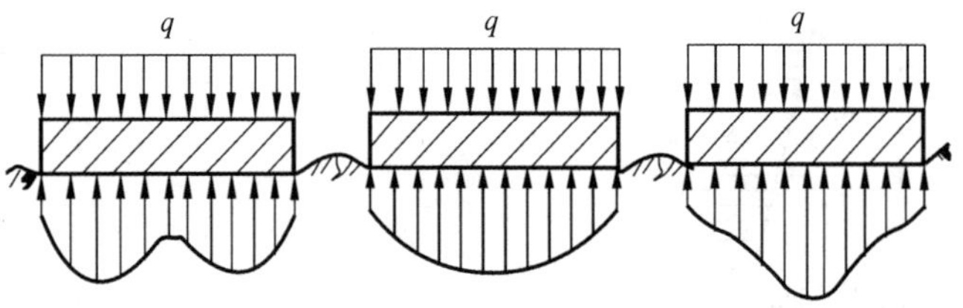

图 3.5 刚性基础基底压力分布图

有限刚度基础底面的压力分布,可按基础的实际刚度及土的性质,用弹性地基上梁和板的方法计算,在本课程中不作介绍。

另外,通过于基础底面不同部位处预埋土压力盒测试,还可看到基础埋置深度和土的性质对基底压力分布形态的影响。当基础埋置一定深度时,由于基础周围土体约束,基底边缘土粒难以挤出,塑性区减小,边缘反力增加,使基础压力趋于均匀分布。当基础置于砂土上时,基底边缘砂粒易于侧向挤出,塑性区随荷载增加迅速开展，反力趋于抛物线形分布；而硬黏土上的基础，由于硬黏土具有较大的黏结力，基底边缘可以承担一定的压力，故反力呈马鞍形分布。

3.2.2 基底压力的简化计算

对于桥梁墩台基础以及工业与民用建筑中的柱下独立基础、墙下条形基础等扩展基础，均可视为刚性基础。这些基础，因受地基承载力的限制，加上基础还有一定的埋置深度，其基底压力呈马鞍形分布，而且其发展趋向于均匀，故可近似简化为基底反力均匀分布；另外，根据弹性理论中圣维南原理可以证明，在基底一定深度处引起的地基附加应力与基底荷载分布形态无关，只与其合力的大小和作用点位置有关。由此，在工程应用中，对于具有一定刚度且尺寸较小的扩展基础，其基底压力近似当作直线分布，按材料力学公式进行简化计算。而对于较复杂的基础，如柱下条形基础、片筏基础和箱形基础，基底压力的细微变化，往往对基础内力和结构计算有明显的影响，因此一般需考虑上部结构、基础的刚度以及地基土力学性质的影响，用弹性地基梁板的方法计算（详见第 7.8 节）。

下面介绍简化计算方法：

3.2.2.1 中心荷载作用时

作用于基底的荷载合力通过基底形心，基底压力假定为均匀分布（图 3.6），平均压力 p(kPa)可按下式计算：

$$p=\frac{F+G}{A} \tag{3.5}$$

式中 F——基础顶面的竖向力(kN)；

A——基底面积(m^2)，矩形基础 $A=l\times b$，l 和 b 分别为矩形基底的长度和宽度(m)，对于条形基础，可沿长度方向取 1 m 计算，则上式中 F、G 代表每延米内的相应值(kN/m)；

G——基础自重及其上回填土重之和(kN)。

$$G=\gamma_G A d$$

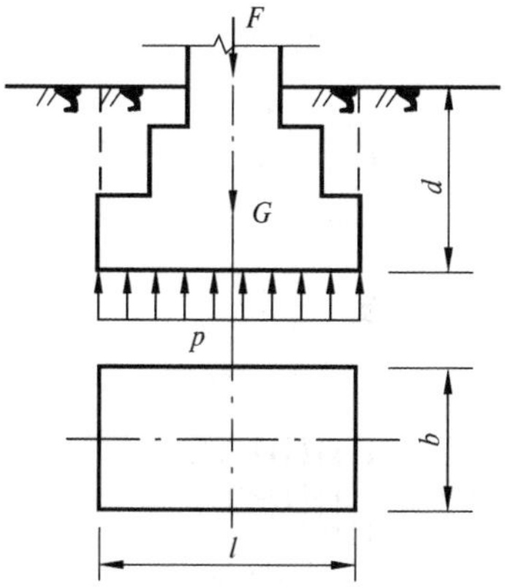

图 3.6 中心荷载下基底压力分布

式中 γ_G——基础及回填土的平均重度，一般取 20 kN/m^3，地下水位以下部分应扣除 10 kN/m^3 的浮力；

d——基础埋深(m)，一般从室外设计地面或室内外平均设计地面算起。

3.2.2.2 偏心荷载作用时

常见的偏心荷载作用于矩形基底的一个主轴上（称单向偏心），可将基底长边方向取与偏心方向一致，此时两短边边缘最大压力 p_{max} 与最小压力 p_{min}(kPa)可按材料力学短柱偏心受压公式计算：

$$p_{\substack{max\\min}}=\frac{F+G}{A}\pm\frac{M}{W}=\frac{F+G}{A}\left(1\pm\frac{6e}{l}\right) \tag{3.6}$$

式中 M——作用在基底形心上的力矩值(kN・m)，$M=(F+G)e$；

e——荷载偏心距；

W——基础底面的抵抗矩(m^3)，对矩形基础 $W=bl^2/6$。

由式(3.6)可知，按荷载偏心距 e 的大小，基底压力的分布可能出现下述三种情况（图 3.7）：

① 当 $e<l/6$ 时，由式(3.6)知 $p_{min}>0$，基底压力呈梯形分布[图 3.7(c)]；

② 当 $e=l/6$ 时，$p_{min}=0$，基底压力呈三角形分布[图 3.7(d)]；

③ 当 $e>l/6$ 时，$p_{min}<0$，也即产生拉应力[图 3.7(e)]，由于基底与地基之间不能承受拉应力，此时产生拉应力部分的基底将与地基土局部脱开，致使基底压力重新分布。根据偏心荷载与基底反力平衡的条件，荷载合力 $F+G$ 应通过三角形反力分布图的形心[图 3.7(e)]，由此可得：

$$p_{max}=\frac{2(F+G)}{3b(l/2-e)} \tag{3.7}$$

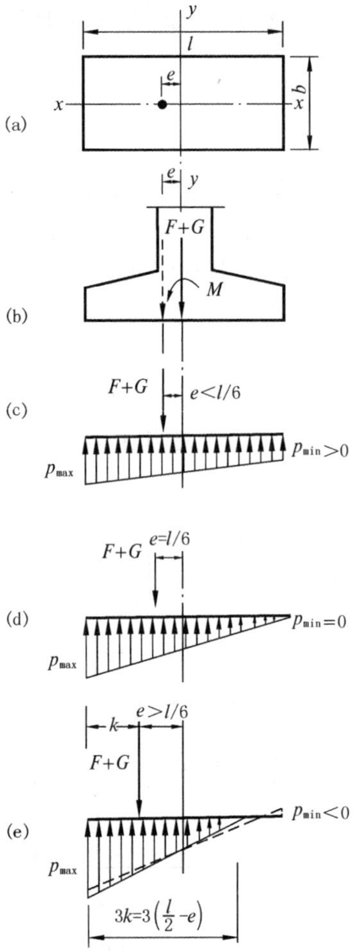

图 3.7　偏心荷载下基底压力分布

3.2.3　基底附加压力

如上所述，土的自重应力一般不引起地基变形，只有新增的建筑物荷载，即作用于地基表面的附加压力，才是使地基产生压缩变形的主要原因。实际上，一般基础都埋置于地面下一定深度，该处原有自重应力因基坑开挖而卸除。因此，在计算由建筑物造成的基底附加压力时，应扣除基底标高处土中原有的（建筑前的）自重应力 σ_{cd} 后，才是基底平面处新增加于地基的基底附加压力，基底平均附加压力 p_0 值按下式计算（图 3.8）：

$$p_0 = p - \sigma_{cd} = p - \gamma_0 d \tag{3.8}$$

式中　σ_{cd}——基底处土的自重应力（kPa），$\sigma_{cd}=\gamma_0 d$ ；

γ_0——基底标高以上天然土层的加权平均重度（kN/m^3），其中地下水位以下取有效重度；

d——基础埋置深度（m），必须从天然地面算起，$d=h_1+h_2+h_3+\cdots$。

有了基底附加压力，即可把它作为作用在弹性半空间表面上的局部荷载，由此根据弹性力学计算地基中的附加应力（见第 3.3 节）。必须指出，实际上，基底附加压力一般作用在地表下一定深度（指浅基础的埋深）处，因此，假设它作用在半空间表面上，而运用弹性力学解答所得的结果只是近似的，但对于一般浅基础来说，这种假设所造成的误差可以忽略不计。

另外，当基坑的平面尺寸和深度较大时，坑底回弹较明显，且基坑中点的回弹大于边缘点。在沉降计算中，为了适当考虑因这种坑底的回弹和再压缩而增加的沉降，改取 $p_0 = p - \alpha\sigma_{cd}$，其中 α 为 0～1 的系数。此外，式(3.8)尚应保证坑底土不发生浸水膨胀。

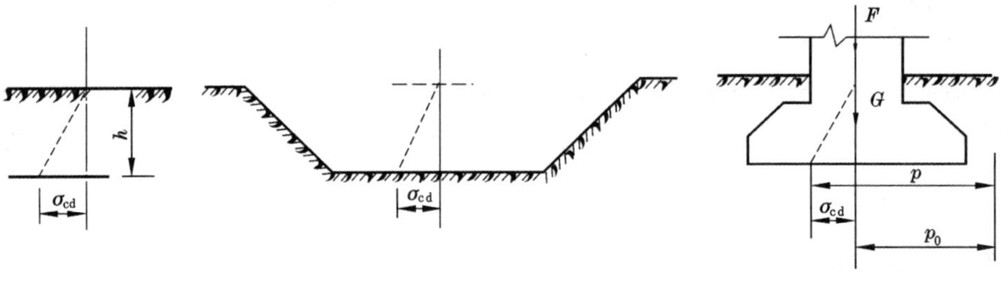

图 3.8　基底平均附加应力的计算

（a）施工前；（b）基坑开挖；（c）施工结束

3.3　地基附加应力

地基附加应力是由建（构）筑物荷载引起的应力增量，目前采用的附加应力计算方法是根据弹性理论推导出来的，即将地基视为半无限均质弹性体，利用弹性力学的计算公式求解。本节首先讨论在竖向集中力作用下地基附加应力的计算，然后应用竖向集中力的解答，通过叠加原理或者积分的方法得到各种分布荷载作用下土中应力的计算公式。

3.3.1 竖向集中力下的地基附加应力

3.3.1.1 单个竖向集中力作用

在半无限空间表面上作用一竖向集中力 F 时(图 3.9),半空间内任一点 $M(x,y,z)$的应力和位移的弹性力学解,是由法国的布辛奈斯克(J. Boussinesq,1885 年)首先提出的。他根据弹性理论导得的应力及位移表达式分别为:

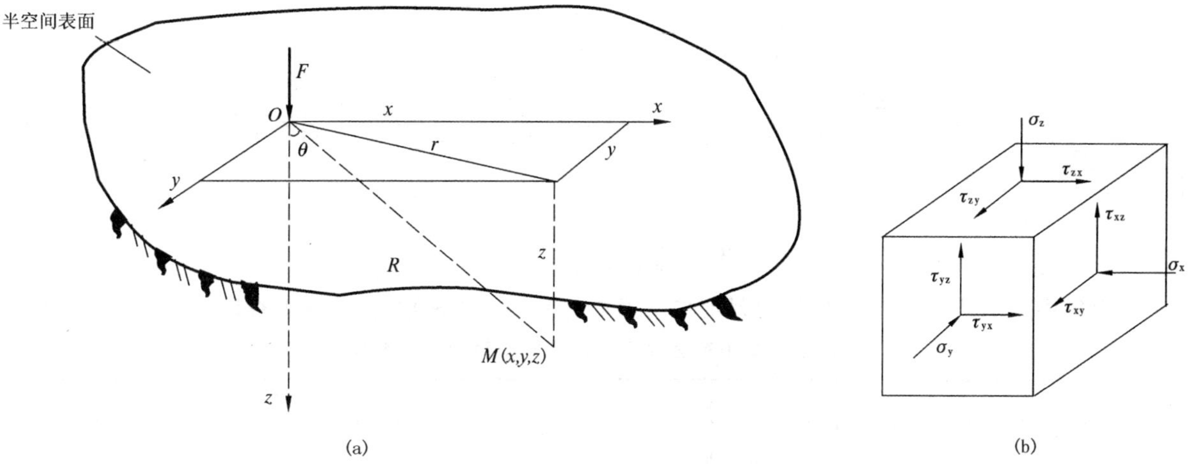

图 3.9 竖向集中力作用下的附加应力

$$\sigma_z = \frac{3F}{2\pi} \cdot \frac{z^3}{R^5} = \frac{3F}{2\pi R^2}\cos^3\theta \tag{3.9}$$

$$\sigma_x = \frac{3F}{2\pi}\left\{\frac{x^2 z}{R^5} + \frac{1-2\mu}{3}\left[\frac{R^2 - Rz - z^2}{R^3(R+z)} - \frac{x^2(2R+z)}{R^3(R+z)^2}\right]\right\} \tag{3.10}$$

$$\sigma_y = \frac{3F}{2\pi}\left\{\frac{y^2 z}{R^5} + \frac{1-2\mu}{3}\left[\frac{R^2 - Rz - z^2}{R^3(R+z)} - \frac{y^2(2R+z)}{R^3(R+z)^2}\right]\right\} \tag{3.11}$$

$$\tau_{xy} = \tau_{yx} = -\frac{3F}{2\pi}\left[\frac{xyz}{R^5} - \frac{1-2\mu}{3} \cdot \frac{xy(2R+z)}{R^3(R+z)^2}\right] \tag{3.12}$$

$$\tau_{yz} = \tau_{zy} = -\frac{3F}{2\pi} \cdot \frac{yz^2}{R^5} = -\frac{3Fy}{2\pi R^3}\cos^2\theta \tag{3.13}$$

$$\tau_{zx} = \tau_{xz} = -\frac{3F}{2\pi} \cdot \frac{xz^2}{R^5} = -\frac{3Fx}{2\pi R^3}\cos^2\theta \tag{3.14}$$

$$u = \frac{F(1+\mu)}{2\pi E}\left[\frac{xz}{R^3} - (1-2\mu)\frac{x}{R(R+z)}\right] \tag{3.15}$$

$$v = \frac{F(1+\mu)}{2\pi E}\left[\frac{yz}{R^3} - (1-2\mu)\frac{y}{R(R+z)}\right] \tag{3.16}$$

$$w = \frac{F(1+\mu)}{2\pi E}\left[\frac{z^2}{R^3} + 2(1-\mu)\frac{1}{R}\right] \tag{3.17}$$

式中 $\sigma_x,\sigma_y,\sigma_z$——$M$ 点平行于 x、y、z 轴的正应力;

$\tau_{xy},\tau_{yx},\tau_{yz},\tau_{zy},\tau_{zx},\tau_{xz}$——剪应力;

u,v,w——M 点沿 x、y、z 轴方向的位移;

R——集中力作用点至 M 点的距离;

$$R = \sqrt{x^2+y^2+z^2} = \sqrt{r^2+z^2} = \frac{z}{\cos\theta}$$

θ——R 线与 z 轴的夹角;

r——集中力作用点与 M 点的水平距离；

E——土的弹性模量(或土力学中专用的地基变形模量 E_0)；

μ——土的泊松比(表 4.1)。

在上述应力及位移计算公式中，若 $R=0$(集中力作用点)，则其结果将趋于无穷大，即地基土已发生了塑性变形，按弹性理论解已不适用。因此，所选择的计算点不应过于接近集中力的作用点。

在工程实践中应用最多的是竖向法向应力 σ_z 及竖向位移 w，下面着重讨论 σ_z 的计算。为了应用方便，可对式(3.9)进行改造，即：

$$R=\sqrt{r^2+z^2}=\sqrt{x^2+y^2+z^2}$$

则

$$\sigma_z=\frac{3F}{2\pi}\cdot\frac{z^3}{R^5}=\frac{3F}{2\pi}\cdot\frac{z^3}{(r^2+z^2)^{5/2}}=\frac{3F}{2\pi z^2}\frac{1}{[(r/z)^2+1]^{5/2}}=\alpha\frac{F}{z^2} \tag{3.18}$$

其中

$$\alpha=\frac{3}{2\pi}\frac{1}{[(r/z)^2+1]^{5/2}}$$

α 称为集中荷载作用下的地基竖向附加应力系数，是 r/z 的函数，由表 3.1 查取。

表 3.1 集中荷载作用下地基竖向附加应力系数 α

r/z	α	r/z	α	r/z	α	r/z	α	r/z	α
0.00	0.4775	0.50	0.2733	1.00	0.0844	1.50	0.0251	2.00	0.0085
0.05	0.4745	0.55	0.2466	1.05	0.0744	1.55	0.0224	2.20	0.0058
0.10	0.4657	0.60	0.2214	1.10	0.0658	1.60	0.0200	2.40	0.0040
0.15	0.4516	0.65	0.1978	1.15	0.0581	1.65	0.0179	2.60	0.0029
0.20	0.4329	0.70	0.1762	1.20	0.0513	1.70	0.0160	2.80	0.0021
0.25	0.4103	0.75	0.1565	1.25	0.0454	1.75	0.0144	3.00	0.0015
0.30	0.3849	0.80	0.1386	1.30	0.0402	1.80	0.0129	3.50	0.0007
0.35	0.3577	0.85	0.1226	1.35	0.0357	1.85	0.0116	4.00	0.0004
0.40	0.3294	0.90	0.1083	1.40	0.0317	1.90	0.0105	4.50	0.0002
0.45	0.3011	0.95	0.0956	1.45	0.0282	1.95	0.0095	5.00	0.0001

【例 3.2】 在地表面作用集中力 $F=200$ kN，计算地面下深度 $z=3$ m 处水平面上的附加应力 σ_z 分布，以及距 F 的作用点 $r=1$ m 处竖直面上的附加应力 σ_z 分布。

【解】 各点的附加应力 σ_z 可按公式(3.18)计算，并列于表 3.2 及表 3.3 中，同时可绘出 σ_z 的分布图示于图 3.10。

表 3.2 $z=3$ m 处水平面上附加应力 σ_z 计算

r/m	0	1	2	3	4	5
r/z	0	0.33	0.67	1	1.33	1.67
α	0.4775	0.3686	0.1888	0.0844	0.0375	0.0171
σ_z/kPa	10.6	8.2	4.2	1.9	0.8	0.4

表 3.3 $r=1$m 处竖直面上附加应力 σ_z 计算

z/m	0	1	2	3	4	5	6
r/z	∞	1	0.5	0.33	0.25	0.20	0.17
α	0	0.0844	0.2733	0.3686	0.4103	0.4329	0.4441
σ_z/kPa	0	16.9	13.7	8.2	5.1	3.5	2.5

3.3.1.2 多个集中力及不规则分布荷载作用

如图 3.11 所示，若半无限体表面(地面)有几个集中力作用时，则地基中任意点 M 处的附加应力 σ_z，可利用式(3.18)分别求出各集中力对该点引起的附加应力，然后进行叠加得到。即：

$$\sigma_z = \alpha_1 \frac{F_1}{z^2} + \alpha_2 \frac{F_2}{z^2} + \cdots + \alpha_n \frac{F_n}{z^2} = \frac{1}{z^2} \sum_{i=1}^{n} \alpha_i F_i \tag{3.19}$$

上式也适于局部分布荷载，如图 3.12 所示，若局部分布荷载的平面形状或分布规律不规则时，可将荷载面（或基础底面）分成若干形状规则（如矩形）的面积单元，将每个单元上的分布荷载视为集中力，再按式（3.19）计算地基中某点 M 的附加应力。这种方法称为等代荷载法，该法的计算精度取决于划分的单元面积的大小。有经验指出，当矩形单元面积的长边小于面积形心到计算点距离的 1/2、1/3 或 1/4 时，所算得的附加应力的误差一般不大于 6%、3%或 2%。

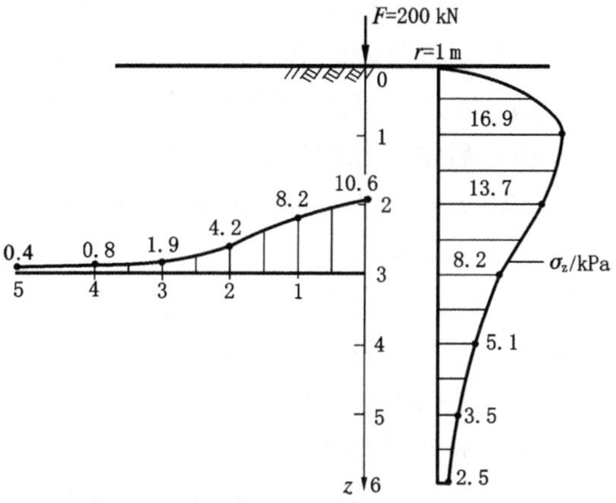

图 3.10 竖向集中力作用下土中 σ_z 分布

3.3.2 分布荷载作用下地基附加应力

在实践中荷载很少是以集中力的形式作用在地基土上，往往是通过基础分布在一定面积上。若基础底面的形状或基底下的荷载分布不规则时，可用等代荷载法求出地基土中附加应力；反之，若基础底面的形状及分布荷载都有规律时，则可应用积分的方法求得地基土中的附加应力。

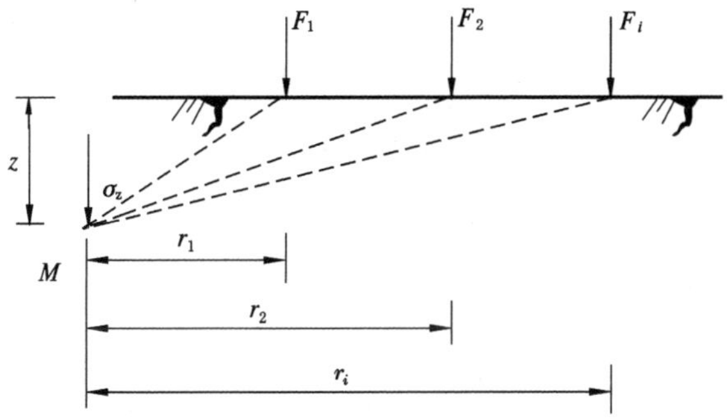

图 3.11 多个集中力作用下的附加应力

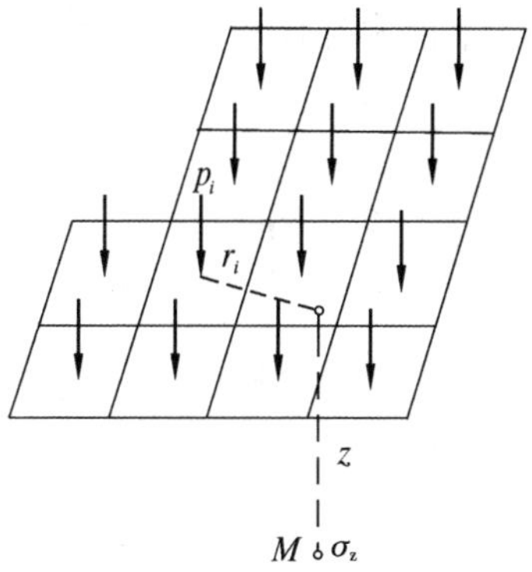

图 3.12 等代荷载法计算 σ_z

首先讨论一般情况：设半无限土体表面作用一分布荷载 $p(x,y)$（图 3.13），若求地基土中某点 $M(x,y,z)$ 的竖向应力 σ_z，可以先在荷载面积范围内取一微元面积 $dA = d\xi d\eta$，则作用在微元面积上的分布荷载可用集中力 $dF = p(x,y)d\xi d\eta$ 表示，用式（3.9）在荷载面积 A 范围内积分可得 σ_z。即：

$$\sigma_z = \iint_A d\sigma_z = \frac{3z^3}{2\pi} \iint_A \frac{p(x,y)d\xi d\eta}{[(x-\xi)^2 + (y-\eta)^2 + z^2]^{5/2}} \tag{3.20}$$

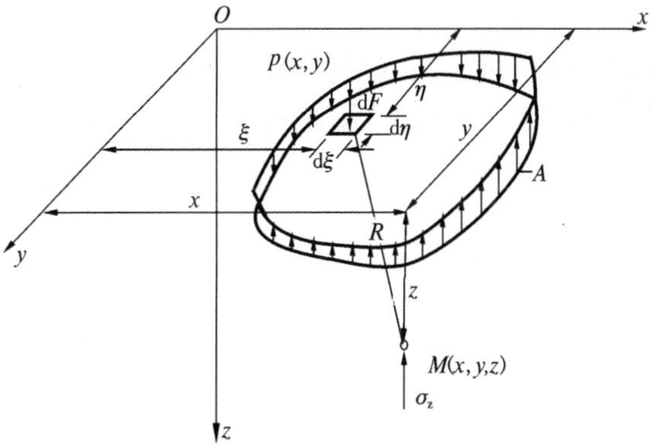

图 3.13 分布荷载作用下土中应力计算

上式积分的求解与下面三个条件有关：

(1) 分布荷载 $p(x,y)$的分布规律及其大小；

(2) 分布荷载的分布面积 A 的几何形状及其大小；

(3) 应力计算点 M 的坐标 x、y、z 的值。

积分后结果比较繁杂，但都是 l/b、$z/b(z/r_0)$等的函数。工程上为了应用方便，常采用"无量纲化"处理。即以 l/b、$z/b(z/r_0)$编制一些表格。应用时，可直接根据 l/b、$z/b(z/r_0)$查表得出 α，再以下式求得附加应力 σ_z，即：

$$\sigma_z = \alpha p_0 \tag{3.21}$$

式中 p_0——作用于地基上的竖向荷载；

α——附加应力系数。

下面介绍几种常见的基础底面形状及其在分布荷载(有规律)作用下，地基土中附加应力 σ_z 的计算。

3.3.2.1 空间问题的附加应力计算

常见的空间问题有：均布矩形荷载、三角形分布的矩形荷载及均布的圆形荷载等。

(1) 矩形面积均布荷载作用时土中竖向附加应力 σ_z 计算

如图 3.14 所示，设矩形荷载面的长度和宽度分别为 l 和 b，作用于地基上的竖向荷载为 p_0，若取所计算的角点为坐标原点，则 M 点的坐标为(0,0,z)，分布荷载 $p(x,y)=p_0$，以此代入式(3.20)积分可得矩形面积角点 O 下的附加应力 σ_z 为：

$$\sigma_z = \alpha_c p_0 \tag{3.22}$$

其中
$$\alpha_c = \frac{1}{2\pi}\left[\frac{lbz(l^2+b^2+2z^2)}{(l^2+z^2)(b^2+z^2)\sqrt{l^2+b^2+z^2}} + \arctan\frac{lb}{z\sqrt{l^2+b^2+z^2}}\right]$$

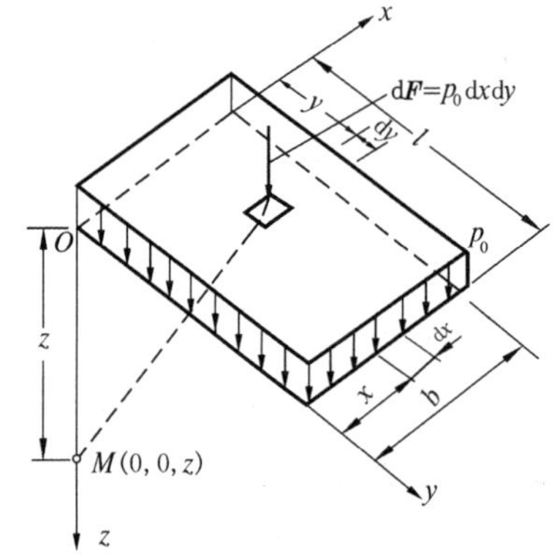

图 3.14 均布矩形荷载角点下的附加应力 σ_z

α_c 称为均布矩形荷载角点下的竖向附加应力系数，简称角点应力系数，应用时可按 l/b 和 z/b 查表 3.4 得到。

当应力计算点 M 不位于角点下时，可利用式(3.22)以角点法求得。图 3.15 中列出计算点不位于角点下的四种情况(M'点表示 M 点在荷载作用面上的水平投影，并表示任意深度 z 处)。计算时，通过 M'点

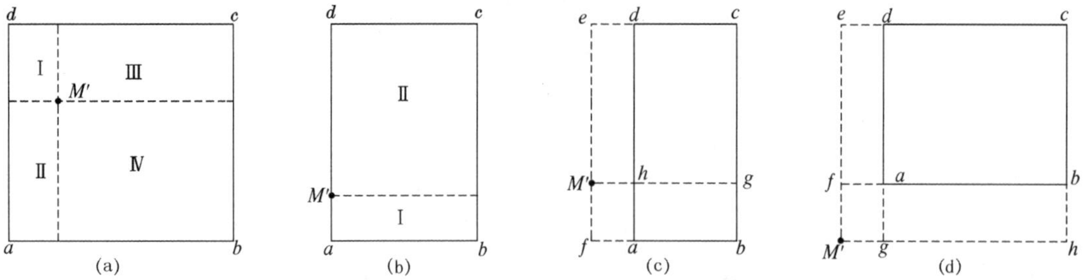

图 3.15 以角点法计算均布矩形荷载下的地基附加应力

计算点 M'在：(a) 荷载面内；(b) 荷载面边缘；(c) 荷载面边缘外侧；(d) 荷载面角点外侧

将荷载面积划分为若干个矩形面积，而 M' 必须是划分出来的各个矩形的公共角点，然后再按式(3.22)计算每个矩形角点下同一深度 z 处的附加应力 σ_z，并求其代数和。这种方法通常称为“角点法”。

表 3.4　均布的矩形荷载角点下的竖向附加应力系数 α_c

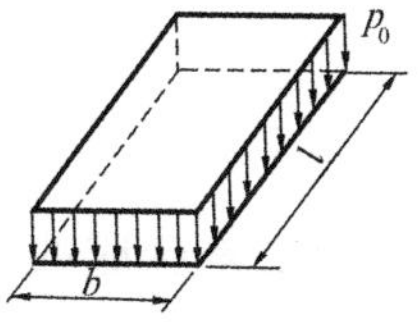

z/b	l/b											
	1.0	1.2	1.4	1.6	1.8	2.0	3.0	4.0	5.0	6.0	10.0	条形
0.0	0.250	0.250	0.250	0.250	0.250	0.250	0.250	0.250	0.250	0.250	0.250	0.250
0.2	0.249	0.249	0.249	0.249	0.249	0.249	0.249	0.249	0.249	0.249	0.249	0.249
0.4	0.240	0.242	0.243	0.243	0.244	0.244	0.244	0.244	0.244	0.244	0.244	0.244
0.6	0.223	0.228	0.230	0.232	0.232	0.233	0.234	0.234	0.234	0.234	0.234	0.234
0.8	0.200	0.207	0.212	0.215	0.216	0.218	0.220	0.220	0.220	0.220	0.220	0.220
1.0	0.175	0.185	0.191	0.195	0.198	0.200	0.203	0.204	0.204	0.204	0.205	0.205
1.2	0.152	0.163	0.171	0.176	0.179	0.182	0.187	0.188	0.189	0.189	0.189	0.189
1.4	0.131	0.142	0.151	0.157	0.161	0.164	0.171	0.173	0.174	0.174	0.174	0.174
1.6	0.112	0.124	0.133	0.140	0.145	0.148	0.157	0.159	0.160	0.160	0.160	0.160
1.8	0.097	0.108	0.117	0.124	0.129	0.133	0.143	0.146	0.147	0.148	0.148	0.148
2.0	0.084	0.095	0.103	0.110	0.116	0.120	0.131	0.135	0.136	0.137	0.137	0.137
2.2	0.073	0.083	0.092	0.098	0.104	0.108	0.121	0.125	0.126	0.127	0.128	0.128
2.4	0.064	0.073	0.081	0.088	0.093	0.098	0.111	0.116	0.118	0.118	0.119	0.119
2.6	0.057	0.065	0.072	0.079	0.084	0.089	0.102	0.107	0.110	0.111	0.112	0.112
2.8	0.050	0.058	0.065	0.071	0.076	0.080	0.094	0.100	0.102	0.104	0.105	0.105
3.0	0.045	0.052	0.058	0.064	0.069	0.073	0.087	0.093	0.096	0.097	0.099	0.099
3.2	0.040	0.047	0.053	0.058	0.063	0.067	0.081	0.087	0.090	0.092	0.093	0.094
3.4	0.036	0.042	0.048	0.053	0.057	0.061	0.075	0.081	0.085	0.086	0.088	0.089
3.6	0.033	0.038	0.043	0.048	0.052	0.056	0.069	0.076	0.080	0.082	0.084	0.084
3.8	0.030	0.035	0.040	0.044	0.048	0.052	0.065	0.072	0.075	0.077	0.080	0.080
4.0	0.027	0.032	0.036	0.040	0.044	0.048	0.060	0.067	0.071	0.073	0.076	0.076
4.2	0.025	0.029	0.033	0.037	0.041	0.044	0.056	0.063	0.067	0.070	0.072	0.073
4.4	0.023	0.027	0.031	0.034	0.038	0.041	0.053	0.060	0.064	0.066	0.069	0.070
4.6	0.021	0.025	0.028	0.032	0.035	0.038	0.049	0.056	0.061	0.063	0.066	0.067
4.8	0.019	0.023	0.026	0.029	0.032	0.035	0.046	0.053	0.058	0.060	0.064	0.064
5.0	0.018	0.021	0.024	0.027	0.030	0.033	0.043	0.050	0.055	0.057	0.061	0.062
6.0	0.013	0.015	0.017	0.020	0.022	0.024	0.033	0.039	0.043	0.046	0.051	0.052
7.0	0.009	0.011	0.013	0.015	0.016	0.018	0.025	0.031	0.035	0.038	0.043	0.045
8.0	0.007	0.009	0.010	0.011	0.013	0.014	0.020	0.025	0.028	0.031	0.037	0.039
9.0	0.006	0.007	0.008	0.009	0.010	0.011	0.016	0.020	0.024	0.026	0.032	0.035
10.0	0.005	0.006	0.007	0.007	0.008	0.009	0.013	0.017	0.020	0.022	0.028	0.032
12.0	0.003	0.004	0.005	0.005	0.006	0.006	0.009	0.012	0.014	0.017	0.022	0.026
14.0	0.002	0.003	0.004	0.004	0.004	0.005	0.007	0.009	0.011	0.013	0.018	0.023
16.0	0.002	0.002	0.003	0.003	0.003	0.004	0.005	0.007	0.009	0.010	0.014	0.020
18.0	0.001	0.002	0.002	0.002	0.003	0.003	0.004	0.006	0.007	0.008	0.012	0.018
20.0	0.001	0.001	0.002	0.002	0.002	0.002	0.004	0.005	0.006	0.007	0.010	0.016
25.0	0.001	0.001	0.001	0.001	0.001	0.002	0.002	0.003	0.004	0.004	0.007	0.013
30.0	0.001	0.001	0.001	0.001	0.001	0.001	0.002	0.002	0.003	0.003	0.005	0.011
35.0	0.000	0.000	0.001	0.001	0.001	0.001	0.001	0.002	0.002	0.002	0.004	0.009
40.0	0.000	0.000	0.000	0.000	0.001	0.001	0.001	0.001	0.001	0.002	0.003	0.008

实用中有如下几种情况：

① M' 点在荷载面内[图 3.15(a)]

$$\sigma_z = (\alpha_{c\text{I}} + \alpha_{c\text{II}} + \alpha_{c\text{III}} + \alpha_{c\text{IV}}) p_0$$

如果 M' 点位于受荷面中心，则 $\alpha_{c\mathrm{I}}=\alpha_{c\mathrm{II}}=\alpha_{c\mathrm{III}}=\alpha_{c\mathrm{IV}}$，得 $\sigma_z=4\alpha_{c\mathrm{I}}p_0$，此即为利用“角点法”求得的均布矩形荷载面中心点下 σ_z 的解。此概念在地基沉降计算一章中也会用到。当然，也可直接查中点应力系数表求解矩形荷载面中心点下的 σ_z（此处略）。

② M' 点在荷载面边缘[图 3.15(b)]

$$\sigma_z=(\alpha_{c\mathrm{I}}+\alpha_{c\mathrm{II}})p_0$$

③ M' 点在荷载面边缘外侧[图 3.15(c)]

此时荷载面 $abcd$ 可看成是由Ⅰ($M'fbg$)与Ⅱ($M'fah$)之差和Ⅲ($M'ecg$)与Ⅳ($M'edh$)之差合成的，则

$$\sigma_z=(\alpha_{c\mathrm{I}}-\alpha_{c\mathrm{II}}+\alpha_{c\mathrm{III}}-\alpha_{c\mathrm{IV}})p_0$$

④ M' 点在荷载面角点外侧[图 3.15(d)]

把荷载看成由Ⅰ($M'hce$)扣除Ⅱ($M'hbf$)和Ⅲ($M'gde$)而成，而Ⅳ($M'gaf$)被减去了两次，所以要“加上”。即：

$$\sigma_z=(\alpha_{c\mathrm{I}}-\alpha_{c\mathrm{II}}-\alpha_{c\mathrm{III}}+\alpha_{c\mathrm{IV}})p_0$$

应用“角点法”时尚须注意：① 要使角点 M' 位于所划分的每一个矩形的公共角点；② 划分矩形的总面积应等于原有的受荷面积；③ 查表时，所有分块矩形都是长边为 l，短边为 b。

【例 3.3】 有一矩形底面基础 $l=6$ m，$b=4$ m，其上作用均布荷载 $p_0=100$ kPa，用角点法计算矩形基础外 k 点下深度 $z=6$ m 处 N 点竖向应力 σ_z 值。

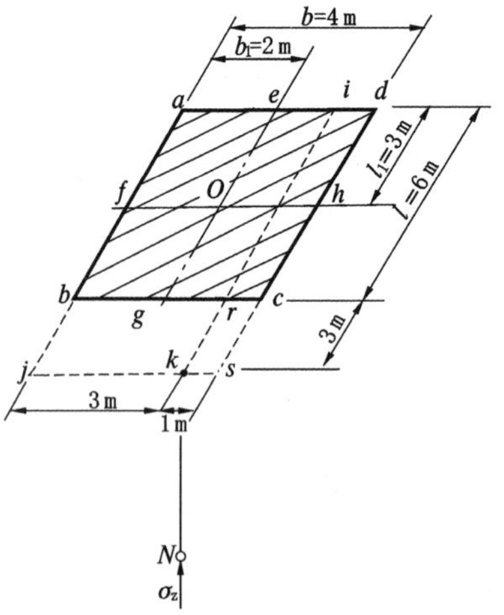

图 3.16　例 3.3 图

【解】 如图 3.16 所示，将 k 点置于假设的矩形受荷面积的角点处，按角点法计算 N 点的附加应力。N 点的附加应力是由受荷面积($ajki$)与($iksd$)引起的附加应力之和，减去矩形受荷面积($bjkr$)与($rksc$)引起的附加应力，即：

$$\sigma_z=\sigma_z(ajki)+\sigma_z(iksd)-\sigma_z(bjkr)-\sigma_z(rksc)$$

其计算结果如表 3.5 所示。

表 3.5　例 3.3 计算表

荷载作用面积	l/b	z/b	α_c
$ajki$	9/3=3	6/3=2	0.131
$iksd$	9/1=9	6/1=6	0.050
$bjkr$	3/3=1	6/3=2	0.084
$rksc$	3/1=3	6/1=6	0.033

$$\begin{aligned}\sigma_z&=100\times(0.131+0.050-0.084-0.033)\\&=100\times0.064\\&=6.4\ \text{kPa}\end{aligned}$$

【例 3.4】 某相邻基础如图 3.17 所示，试计算甲基础中点 O 及角点 m 下、深度 $z=2$ m 处的附加应力 σ_z。

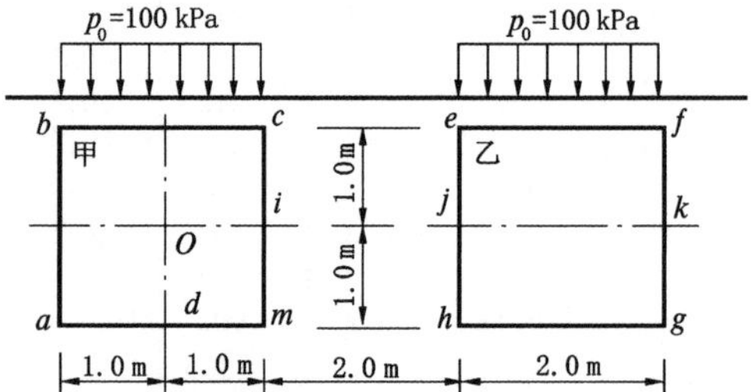

图 3.17　例 3.4 图

【解】 ①中点 O 下，$z=2$ m 处的附加应力有：

甲基础本身的影响：

矩形 $Oimd$ 共 4 块，$l/b=1$，$z/b=2$，$\alpha_c=0.084$。

乙基础的影响：

矩形 $Okgd$-$Ojhd$ 共 2 块，

$Okgd$：$l/b=5$，$z/b=2$，$\alpha_c=0.136$

$Ojhd$：$l/b=3$，$z/b=2$，$\alpha_c=0.131$

$$\sigma_z=[4\times0.084+2\times(0.136-0.131)]\times100=34.6\ \text{kPa}$$

②角点 m 下，$z=2$ m 处的附加应力：

甲基础的影响：矩形 $mabc$：$l/b=1$，$z/b=1$，$\alpha_c=0.175$；

乙基础的影响：矩形 $mgfc\text{-}mhec$，$mgfc$：$l/b=2$，$z/b=1$，$\alpha_c=0.2$；而矩形 $mhec$ 与矩形 $mabc$ 完全一致，故：

$$\sigma_z=(0.175+0.2-0.175)\times 100=20\ \text{kPa}$$

(2) 矩形面积上作用三角形分布荷载时，土中竖向附加应力 σ_z 计算

如图 3.18 所示，在矩形荷载面上承受三角形分布的竖向荷载，其最大值为 p_0，荷载为零的 1 角点下深度 z 处的 M 点坐标为(0,0,z)，且 $p(x,y)=\dfrac{x}{b}p_0$，由式(3.20)可求得相应的竖向应力 σ_z 为：

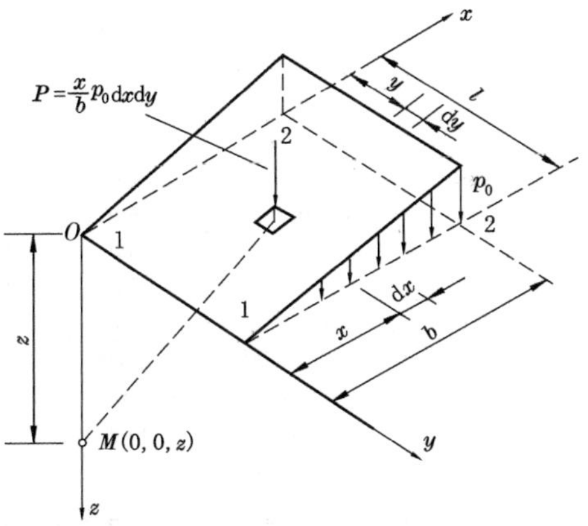

图 3.18　三角形分布的矩形荷载

$$\sigma_z=\frac{3z^3}{2\pi}p_0\int_0^l\int_0^b\frac{\frac{x}{b}\mathrm{d}x\mathrm{d}y}{(x^2+y^2+z^2)^{5/2}}=\alpha_{t1}p_0 \qquad (3.23)$$

$$\alpha_{t1}=\frac{l}{2\pi b}\left[\frac{z}{\sqrt{b^2+l^2}}-\frac{z^3}{(b^2+z^2)\sqrt{b^2+l^2+z^2}}\right]$$

式中：应力系数 α_{t1} 是 l/b 和 z/b 的函数，可从表 3.6 中查得。

同理，可求得荷载最大值边角点 2 下任意深度 z 处的竖向附加应力 σ_z 为：

$$\sigma_z=(\alpha_c-\alpha_{t1})p_0=\alpha_{t2}p_0 \qquad (3.24)$$

式中应力系数 α_{t2} 可由表 3.6 查得。

表 3.6　三角形分布的矩形荷载角点下的竖向附加应力系数 α_{t1} 和 α_{t2}

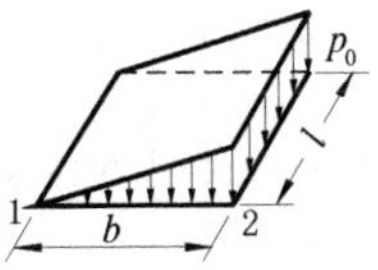

z/b	$l/b=0.2$		$l/b=0.4$		$l/b=0.6$		$l/b=0.8$		$l/b=1.0$	
	点 1	点 2	点 1	点 2	点 1	点 2	点 1	点 2	点 1	点 2
0.0	0.0000	0.2500	0.0000	0.2500	0.0000	0.2500	0.0000	0.2500	0.0000	0.2500
0.2	0.0223	0.1821	0.0280	0.2115	0.0296	0.2165	0.0301	0.2178	0.0304	0.2182
0.4	0.0269	0.1094	0.0420	0.1604	0.0487	0.1781	0.0517	0.1844	0.0531	0.1870
0.6	0.0259	0.0700	0.0448	0.1165	0.0560	0.1405	0.0621	0.1520	0.0654	0.1575
0.8	0.0232	0.0480	0.0421	0.0853	0.0553	0.1093	0.0637	0.1232	0.0688	0.1311
1.0	0.0201	0.0346	0.0375	0.0638	0.0508	0.0852	0.0602	0.0996	0.0666	0.1086
1.2	0.0171	0.0260	0.0324	0.0491	0.0450	0.0673	0.0546	0.0807	0.0615	0.0901
1.4	0.0145	0.0202	0.0278	0.0386	0.0392	0.0540	0.0483	0.0661	0.0554	0.0751
1.6	0.0123	0.0160	0.0238	0.0310	0.0339	0.0440	0.0424	0.0547	0.0492	0.0628
1.8	0.0105	0.0130	0.0204	0.0254	0.0294	0.0363	0.0371	0.0457	0.0435	0.0534
2.0	0.0090	0.0108	0.0176	0.0211	0.0255	0.0304	0.0324	0.0387	0.0384	0.0456
2.5	0.0063	0.0072	0.0125	0.0140	0.0183	0.0205	0.0236	0.0265	0.0284	0.0318
3.0	0.0046	0.0051	0.0092	0.0100	0.0135	0.0148	0.0176	0.0192	0.0214	0.0233
5.0	0.0018	0.0019	0.0036	0.0038	0.0054	0.0056	0.0071	0.0074	0.0088	0.0091
7.0	0.0009	0.0010	0.0019	0.0019	0.0028	0.0029	0.0038	0.0038	0.0047	0.0047
10.0	0.0005	0.0004	0.0009	0.0010	0.0014	0.0014	0.0019	0.0019	0.0023	0.0024

续表 3.6

z/b	l/b=1.2		l/b=1.4		l/b=1.6		l/b=1.8		l/b=2.0	
	点 1	点 2	点 1	点 2	点 1	点 2	点 1	点 2	点 1	点 2
0.0	0.0000	0.2500	0.0000	0.2500	0.0000	0.2500	0.0000	0.2500	0.0000	0.2500
0.2	0.0305	0.2184	0.0305	0.2185	0.0306	0.2185	0.0306	0.2185	0.0306	0.2185
0.4	0.0539	0.1881	0.0543	0.1886	0.0545	0.1889	0.0546	0.1891	0.0547	0.1892
0.6	0.0673	0.1602	0.0684	0.1616	0.0690	0.1625	0.0694	0.1630	0.0696	0.1633
0.8	0.0720	0.1355	0.0739	0.1381	0.0751	0.1396	0.0759	0.1405	0.0764	0.1414
1.0	0.0708	0.1143	0.0735	0.1176	0.0753	0.1202	0.0766	0.1215	0.0774	0.1225
1.2	0.0664	0.0962	0.0698	0.1007	0.0721	0.1037	0.0738	0.1055	0.0749	0.1069
1.4	0.0606	0.0817	0.0644	0.0864	0.0672	0.0897	0.0692	0.0921	0.0707	0.0937
1.6	0.0545	0.0696	0.0586	0.0743	0.0616	0.0780	0.0639	0.0806	0.0656	0.0826
1.8	0.0487	0.0596	0.0528	0.0644	0.0560	0.0681	0.0585	0.0709	0.0604	0.0730
2.0	0.0434	0.0513	0.0474	0.0560	0.0507	0.0596	0.0533	0.0625	0.0553	0.0649
2.5	0.0326	0.0365	0.0362	0.0405	0.0393	0.0440	0.0419	0.0469	0.0440	0.0491
3.0	0.0249	0.0270	0.0280	0.0303	0.0307	0.0333	0.0331	0.0359	0.0352	0.0380
5.0	0.0104	0.0108	0.0120	0.0123	0.0135	0.0139	0.0148	0.0154	0.0161	0.0167
7.0	0.0056	0.0056	0.0064	0.0066	0.0073	0.0074	0.0081	0.0083	0.0089	0.0091
10.0	0.0028	0.0028	0.0033	0.0032	0.0037	0.0037	0.0041	0.0042	0.0046	0.0046

z/b	l/b=3.0		l/b=4.0		l/b=6.0		l/b=8.0		l/b=10.0	
	点 1	点 2	点 1	点 2	点 1	点 2	点 1	点 2	点 1	点 2
0.0	0.0000	0.2500	0.0000	0.2500	0.0000	0.2500	0.0000	0.2500	0.0000	0.2500
0.2	0.0306	0.2186	0.0306	0.2186	0.0306	0.2186	0.0306	0.2186	0.0306	0.2186
0.4	0.0548	0.1894	0.0549	0.1894	0.0549	0.1894	0.0549	0.1896	0.0549	0.1894
0.6	0.0701	0.1638	0.0702	0.1639	0.0702	0.1640	0.0702	0.1640	0.0702	0.1640
0.8	0.0773	0.1423	0.0776	0.1424	0.0776	0.1426	0.0776	0.1426	0.0776	0.1426
1.0	0.0790	0.1244	0.0794	0.1248	0.0795	0.1250	0.0796	0.1250	0.0796	0.1250
1.2	0.0774	0.1096	0.0779	0.1103	0.0782	0.1105	0.0783	0.1105	0.0783	0.1105
1.4	0.0739	0.0973	0.0748	0.0982	0.0752	0.0986	0.0752	0.0987	0.0753	0.0987
1.6	0.0697	0.0870	0.0708	0.0882	0.0714	0.0887	0.0715	0.0888	0.0715	0.0889
1.8	0.0652	0.0782	0.0666	0.0797	0.0673	0.0805	0.0675	0.0806	0.0675	0.0808
2.0	0.0607	0.0707	0.0624	0.0726	0.0634	0.0734	0.0636	0.0736	0.0636	0.0738
2.5	0.0504	0.0559	0.0529	0.0585	0.0543	0.0601	0.0547	0.0604	0.0548	0.0605
3.0	0.0419	0.0451	0.0449	0.0482	0.0469	0.0504	0.0474	0.0509	0.0476	0.0511
5.0	0.0214	0.0221	0.0248	0.0256	0.0283	0.0290	0.0296	0.0303	0.0301	0.0309
7.0	0.0124	0.0126	0.0152	0.0154	0.0186	0.0190	0.0204	0.0207	0.0212	0.0216
10.0	0.0066	0.0066	0.0084	0.0083	0.0111	0.0111	0.0128	0.0130	0.0139	0.0141

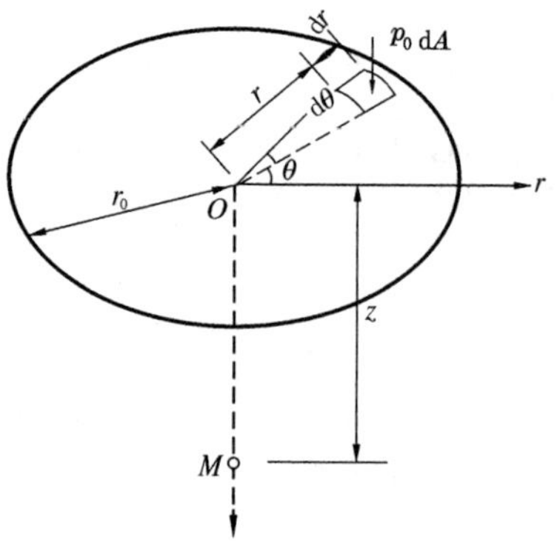

图 3.19　均布圆形荷载中心下的 σ_z

(3) 圆形面积上作用均布荷载时,土中竖向附加应力 σ_z 计算

在图 3.19 中,圆形面积上作用均布荷载 p_0 时,宜采用极坐标求解。这时,$dA = r\,dr\,d\theta$,$dF = p_0 r\,dr\,d\theta$,代入式(3.20),并通过坐标变换得:

$$\sigma_z = \int_0^{r_0}\int_0^{2\pi} \frac{3p_0 r z^3\,dr\,d\theta}{2\pi(r^2+z^2)^{5/2}}$$

$$= p_0\left[1-\left(\frac{z^2}{z^2+r_0^2}\right)^{3/2}\right] = p_0\left[1-\frac{1}{\left(\dfrac{1}{z^2/r_0^2}+1\right)^{3/2}}\right]$$

$$\sigma_z = \alpha_0 p_0 \tag{3.25}$$

式中　α_0——均布圆形荷载中心下的附加应力系数,按 z/r_0 查表 3.7。

同理可得均布圆形荷载周边下的附加应力为:

$$\sigma_z = \alpha_r p_0 \tag{3.26}$$

式中　α_r——均布圆形荷载周边下的附加应力系数，按 z/r_0 查表 3.7。

表 3.7　均布圆形荷载中心及周边下的附加应力系数 α_0、α_r

z/r_0	α_0	α_r	z/r_0	α_0	α_r	z/r_0	α_0	α_r
0.0	1.000	0.500	1.6	0.390	0.243	3.2	0.130	0.108
0.1	0.999	0.494	1.7	0.360	0.230	3.3	0.124	0.103
0.2	0.992	0.467	1.8	0.332	0.218	3.4	0.117	0.098
0.3	0.976	0.451	1.9	0.307	0.207	3.5	0.111	0.094
0.4	0.949	0.435	2.0	0.285	0.196	3.6	0.106	0.090
0.5	0.911	0.417	2.1	0.264	0.186	3.7	0.101	0.086
0.6	0.864	0.400	2.2	0.245	0.176	3.8	0.096	0.083
0.7	0.811	0.383	2.3	0.229	0.167	3.9	0.091	0.079
0.8	0.756	0.366	2.4	0.210	0.159	4.0	0.087	0.076
0.9	0.701	0.349	2.5	0.200	0.151	4.2	0.079	0.070
1.0	0.647	0.332	2.6	0.187	0.144	4.4	0.073	0.065
1.1	0.595	0.316	2.7	0.175	0.137	4.6	0.067	0.060
1.2	0.547	0.300	2.8	0.165	0.130	4.8	0.062	0.056
1.3	0.502	0.285	2.9	0.155	0.124	5.0	0.057	0.052
1.4	0.461	0.270	3.0	0.146	0.118	6.0	0.040	0.038
1.5	0.424	0.256	3.1	0.138	0.113	10.0	0.015	0.014

3.3.2.2　平面问题的附加应力

若在无限弹性体表面作用无限长条形的分布荷载，荷载在宽度方向的分布是任意的，但在长度方向的分布规律则是相同的，如图 3.20所示。在计算土中任一点 M 的应力时，只与该点的平面坐标 (x,z) 有关，而与荷载长度方向 y 轴坐标无关，这种情况属平面应变问题。在实际工程中，条形荷载不可能无限长，但当荷载面积的长宽比 $l/b \geqslant 10$ 时，计算的附加应力 σ_z 与按 $l/b=\infty$ 时的解已极为接近。因此，实践中常把墙基、路基、坝基、挡土墙基础等，视为平面问题计算。

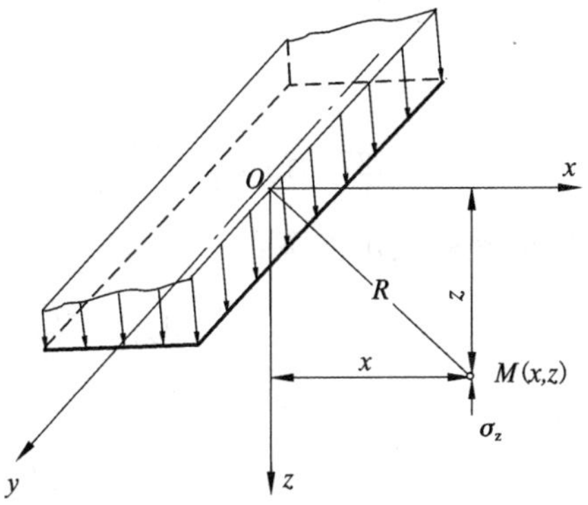

图 3.20　无限长条分布荷载

(1) 线荷载

在地基土表面作用无限分布、宽度极微小的均布线荷载，以 $\bar{p}$(kN/m)表示。如图 3.21 所示，竖向线荷载作用在 y 轴上，沿 y 轴取一微段 dy，将其上作用的荷载 $\bar{p}$dy 视为集中力，然后利用式(3.9)得：

$$\mathrm{d}\sigma_z = \frac{3z^3\bar{p}\,\mathrm{d}y}{2\pi R^5}$$

对上式进行积分得：

$$\sigma_z = \int_{-\infty}^{+\infty}\mathrm{d}\sigma_z = \frac{3\bar{p}z^3}{2\pi}\int_{-\infty}^{+\infty}\frac{\mathrm{d}y}{R^5} = \frac{2\bar{p}z^3}{\pi R_1^4} = \frac{2\bar{p}}{\pi z}\cos^4\beta \tag{3.27}$$

从图 3.21 可知，$\cos\beta = z/R_1$，$\sin\beta = x/R_1$，$R_1 = (x^2+z^2)^{1/2}$，则：

$$\sigma_z = \frac{2\bar{p}}{\pi z}\cos^4\beta = \frac{2\bar{p}}{\pi z}\,\frac{z^4}{(x^2+z^2)^2} = \frac{2\bar{p}z^3}{\pi(x^2+z^2)^2} \tag{3.28}$$

同理可得：

$$\sigma_x = \frac{2\bar{p}}{\pi z}\cos^2\beta\sin^2\beta = \frac{2\bar{p}}{\pi z}\,\frac{z^2x^2}{R_1^4} = \frac{2\bar{p}x^2z}{\pi(x^2+z^2)^2} \tag{3.29}$$

$$\tau_{xz} = \tau_{zx} = \frac{2\bar{p}}{\pi z}\cos^3\beta\sin\beta = \frac{2\bar{p}}{\pi z}\,\frac{z^3x}{R_1^4} = \frac{2\bar{p}z^2x}{\pi(x^2+z^2)^2} \tag{3.30}$$

由于线荷载沿 y 轴均匀分布且无限延伸，因此与 y 轴垂直的任何平面上的应力状态完全相同。根据弹性力学原理可得：

$$\tau_{xy}=\tau_{yx}=\tau_{yz}=\tau_{zy}=0 \tag{3.31}$$

$$\sigma_y=\mu(\sigma_z+\sigma_x) \tag{3.32}$$

上式在弹性理论中称为费拉曼(Flamant)解。

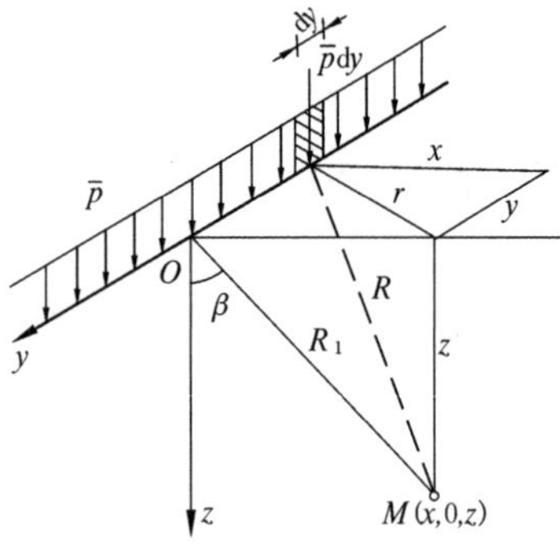

图 3.21　线荷载作用

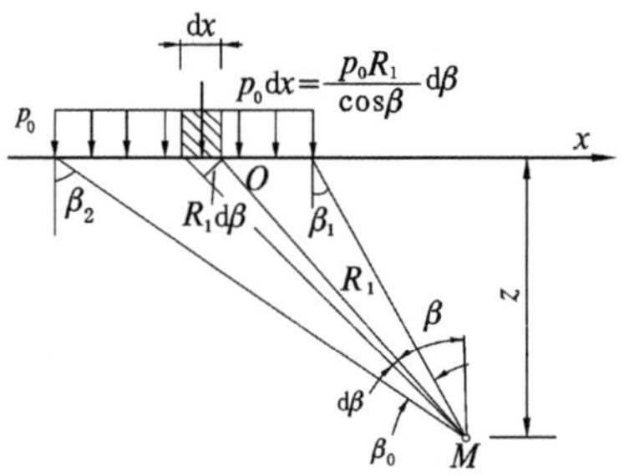

图 3.22　均布条形荷载

(2) 均布条形荷载

在实际工程中，经常遇到的是有限宽度的条形荷载，如图 3.22 所示，则均布的条形荷载 p_0 沿 x 轴上某微分段 dx 上的荷载可以用线荷载 $\bar{p}$ 代替，并引入 OM 线与 z 轴线的夹角 β，得：

$$\bar{p}=p_0\mathrm{d}x=\frac{p_0R_1}{\cos\beta}\mathrm{d}\beta$$

由式(3.27)有：$\mathrm{d}\sigma_z=\dfrac{2p_0z^3\mathrm{d}x}{\pi R_1^4}=\dfrac{2p_0R_1^3\cos^3\beta}{\pi R_1^4}\cdot\dfrac{R_1\mathrm{d}\beta}{\cos\beta}=\dfrac{2p_0}{\pi}\cos^2\beta\mathrm{d}\beta$，则地基中任意点 M 处的附加应力用极坐标表示如下：

$$\sigma_z=\int_{\beta1}^{\beta2}\mathrm{d}\sigma_z=\frac{2p_0}{\pi}\int_{\beta1}^{\beta2}\cos^2\beta\mathrm{d}\beta=\frac{p_0}{\pi}[\sin\beta_2\cos\beta_2-\sin\beta_1\cos\beta_1+(\beta_2-\beta_1)] \tag{3.33}$$

同理得：

$$\sigma_x=\frac{p_0}{\pi}[-\sin(\beta_2-\beta_1)\cos(\beta_2+\beta_1)+(\beta_2-\beta_1)] \tag{3.34}$$

$$\tau_{zx}=\tau_{xz}=\frac{p_0}{\pi}(\sin^2\beta_2-\sin^2\beta_1) \tag{3.35}$$

各式中当 M 点位于荷载分布宽度两端点竖直线之间时，β_1 取负值，反之取正值。

将式(3.33)、式(3.34)和式(3.35)代入材料力学主应力公式，可得 M 点的大主应力 σ_1 和小主应力 σ_3 的表达式为：

$$\left.\begin{matrix}\sigma_1\\ \sigma_3\end{matrix}\right\}=\frac{\sigma_z+\sigma_x}{2}\pm\sqrt{\left(\frac{\sigma_z-\sigma_x}{2}\right)^2+\tau_{xz}^2}=\frac{p_0}{\pi}[(\beta_2-\beta_1)\pm\sin(\beta_2-\beta_1)] \tag{3.36}$$

设 β_0 为 M 点与条形荷载两端连线的夹角，且 $\beta_0=\beta_2-\beta_1$（当 M 点在荷载宽度范围内时 $\beta_0=\beta_2+\beta_1$），于是上式变为

$$\left.\begin{matrix}\sigma_1\\ \sigma_3\end{matrix}\right\}=\frac{p_0}{\pi}(\beta_0\pm\sin\beta_0) \tag{3.37}$$

σ_1 的作用方向与 β_0 角的平分线一致。上式主要为第 6 章研究地基承载力的平面问题提供地基附加应力公式。

为了计算方便，还可以将上述 σ_z、σ_x 和 τ_{xz} 三个公式改用直角坐标表示。此时，取条形荷载的中点为坐标原点，则 $M(x,z)$ 点的三个附加应力分量如下：

$$\sigma_z=\frac{p_0}{\pi}\left[\arctan\frac{1-2n}{2m}+\arctan\frac{1+2n}{2m}-\frac{4m(4n^2-4m^2-1)}{(4n^2+4m^2-1)^2+16m^2}\right]=\alpha_{sz}p_0 \tag{3.38}$$

$$\sigma_x = \frac{p_0}{\pi}\left[\arctan\frac{1-2n}{2m} + \arctan\frac{1+2n}{2m} + \frac{4m(4n^2-4m^2-1)}{(4n^2+4m^2-1)^2+16m^2}\right] = \alpha_{sx} p_0 \tag{3.39}$$

$$\tau_{xz} = \tau_{zx} = \frac{p_0}{\pi}\frac{32m^2 n}{(4n^2+4m^2-1)^2+16m^2} = \alpha_{sxz} p_0 \tag{3.40}$$

以上式中 α_{sz}、α_{sx} 和 α_{sxz} 分别为均布条形荷载下相应的三个附加应力系数，都是 $m=z/b$ 和 $n=x/b$ 的函数，可由表 3.8 查得。

表 3.8　均布条形荷载下的附加应力系数

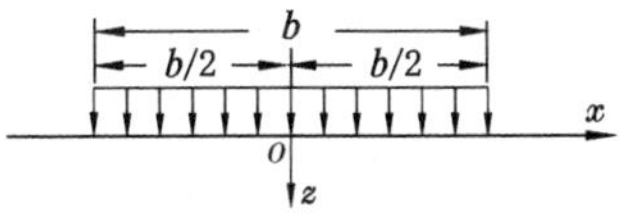

z/b	x/b																	
	0.00			0.25			0.50			1.00			1.50			2.00		
	α_{sz}	α_{sx}	α_{sxz}	α_{sz}	α_{sx}	α_{sxz}	α_{sz}	α_{sx}	α_{sxz}	α_{sz}	α_{sx}	α_{sxz}	α_{sz}	α_{sx}	α_{sxz}	α_{sz}	α_{sx}	α_{sxz}
0.00	1.00	1.00	0	1.00	1.00	0	0.50	0.50	0.32	0	0	0	0	0	0	0	0	0
0.25	0.96	0.45	0	0.90	0.39	0.13	0.50	0.35	0.30	0.02	0.17	0.05	0.00	0.07	0.01	0	0.04	0
0.50	0.82	0.18	0	0.74	0.19	0.16	0.48	0.23	0.26	0.08	0.21	0.13	0.02	0.12	0.04	0	0.07	0.02
0.75	0.67	0.08	0	0.61	0.10	0.13	0.45	0.14	0.20	0.15	0.22	0.16	0.04	0.14	0.07	0.02	0.10	0.04
1.00	0.55	0.04	0	0.51	0.05	0.10	0.41	0.09	0.16	0.19	0.15	0.16	0.07	0.14	0.10	0.03	0.13	0.05
1.25	0.46	0.02	0	0.44	0.03	0.07	0.37	0.06	0.12	0.20	0.11	0.14	0.10	0.12	0.10	0.04	0.11	0.07
1.50	0.40	0.01	0	0.38	0.02	0.06	0.33	0.04	0.10	0.21	0.08	0.13	0.11	0.10	0.10	0.06	0.10	0.07
1.75	0.35	—	0	0.34	0.01	0.04	0.30	0.03	0.08	0.21	0.06	0.11	0.13	0.09	0.10	0.07	0.09	0.08
2.00	0.31	—	0	0.31	—	0.03	0.28	0.02	0.06	0.20	0.05	0.10	0.14	0.07	0.10	0.08	0.08	0.08
3.00	0.21	—	0	0.21	—	0.02	0.20	0.01	0.03	0.17	0.02	0.06	0.13	0.03	0.07	0.10	0.04	0.07
4.00	0.16	—	0	0.16	—	0.01	0.15	—	0.02	0.14	0.01	0.03	0.12	0.02	0.05	0.10	0.03	0.05
5.00	0.13	—	0	0.13	—	—	0.12	—	—	0.12	—	—	0.11	—	—	0.09	—	—
6.00	0.11	—	0	0.10	—	—	0.10	—	—	0.10	—	—	0.10	—	—	—	—	—

利用以上有关各式可绘出 σ_z、σ_x 和 τ_{xz} 的等值线图如图 3.23 所示。

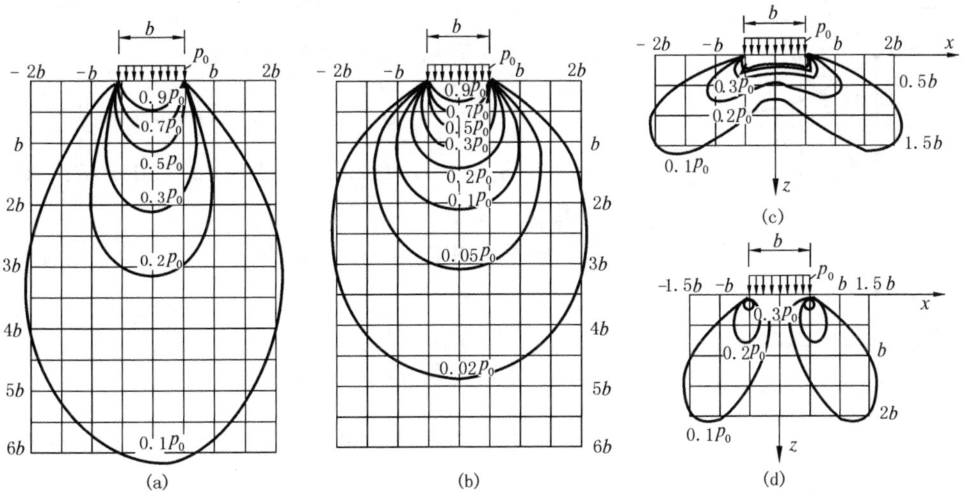

图 3.23　地基附加应力等值线

(a) 等 σ_z 线（条形荷载）；(b) 等 σ_z 线（方形荷载）；(c) 等 σ_x 线（条形荷载）；(d) 等 τ_{xz} 线（条形荷载）

等值线图是同一应力的相同数值点的连线（类似地形等高线），由图 3.23(a) 和图 3.23(b) 可见，方形荷载所引起的 σ_z，其作用影响深度要比条形荷载小得多，例如方形荷载中心下 $z=2b$ 处，$\sigma_z=0.1p_0$，而在条

形荷载下的 $\sigma_z=0.1p_0$ 等值线则约在中心下 $z=6b$ 处。这是由于在 p_0 及宽度相同的条件下，均布条形荷载面积比均布方形荷载的大、在相邻荷载作用下应力产生叠加的结果。由条形荷载的 σ_x 和 τ_{xz} 的等值线图可见，σ_x 的影响范围较浅，所以，在基础下地基土的侧向变形主要发生于浅层；而 τ_{xz} 的最大值出现于荷载面积的边缘，所以位于基础边缘下的土容易发生剪切破坏。

【例 3.5】 某条形基础如图 3.24 所示，作用于基底的平均附加应力为 250 kPa，试计算：① 基底 o 点下的地基附加应力分布；② 深度 $z=2$ m 的水平面上的附加应力分布。并分析其变化规律。

【解】 可用两种方法来解。

方法一：利用“角点法”，查前面空间问题的表 3.4 进行列表计算，见表 3.9。

表 3.9 利用角点法计算的各系数值

计算面	点 号	z/m	l/b	z/b	α_c	$\sigma_z=\alpha_c p_0$
竖直面	o	0	条形	0	4×0.250	250.0 kPa
	a	1		1	4×0.205	205.0 kPa
	b	2		2	4×0.137	137.0 kPa
	c	3		3	4×0.099	99.0 kPa
	d	4		4	4×0.076	76.0 kPa
	e	5		5	4×0.062	62.0 kPa
水平面	f	2	条形	见表后说明	0.41	102.5 kPa
	g	2			0.19	47.5 kPa
	h	2			0.068	17.0 kPa

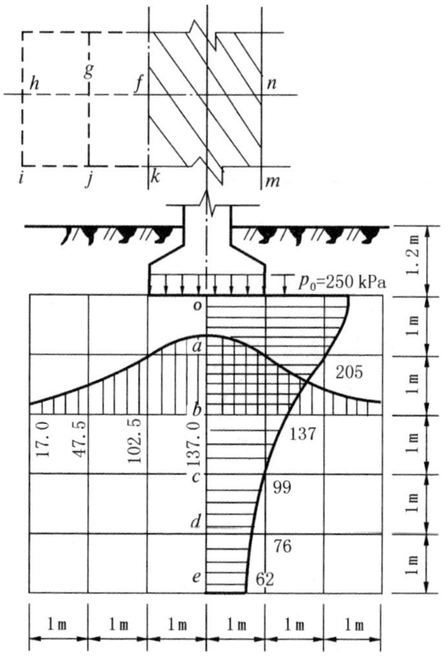

图 3.24 例 3.5 附图(单位：kPa)

说明：

f 点在荷载面边缘：

$$z/b=2/2=1,\quad \alpha_c=2\times0.205=0.41$$

g 点在荷载面外：

$$\sigma_z=(\alpha_{c\,\mathrm{I}}-\alpha_{c\,\mathrm{II}})p_0$$

$\alpha_{c\,\mathrm{I}}$ 为荷载面积 $gjmn$ 的应力系数：

$$\frac{z}{b}=\frac{2}{3}=0.67,\quad \alpha_{c\,\mathrm{I}}'=0.232,\quad \alpha_{c\,\mathrm{I}}=2\times0.232$$

$\alpha_{c\,\mathrm{II}}$ 为荷载面积 $fgjk$ 的应力系数：

$$\frac{z}{b}=\frac{2}{1}=2,\quad \alpha_{c\,\mathrm{II}}'=0.137,\quad \alpha_{c\,\mathrm{II}}=2\times0.137$$

$$\sigma_z=2\times(0.232-0.137)\times250=47.5\ \text{kPa}$$

h 点在荷载面外，其中：

$\alpha_{c\,\mathrm{I}}$ 为荷载面积 $nhim$ 的应力系数：

$$\frac{z}{b}=\frac{2}{4}=0.5,\quad \alpha_{c\,\mathrm{I}}'=0.239,\quad \alpha_{c\,\mathrm{I}}=2\times0.239$$

$\alpha_{c\,\mathrm{II}}$ 为荷载面积 $fhik$ 应力系数：

$$\frac{z}{b}=\frac{2}{2}=1,\quad \alpha_{c\,\mathrm{II}}'=0.205,\quad \alpha_{c\,\mathrm{II}}=2\times0.205$$

$$\sigma_z=2\times(0.239-0.205)\times250=17.0\ \text{kPa}$$

方法二：直接利用表 3.8 计算，结果见表 3.10。

表 3.10 例 3.5 计算表

点 号	z(m)	x(m)	x/b	z/b	α_{sz}	σ_z
o	0	0	0	0	1.00	250.0
a	1	0	0	0.5	0.82	205.0
b	2	0	0	1.0	0.55	137.0
c	3	0	0	1.5	0.40	100
d	4	0	0	2.0	0.31	77.5
e	5	0	0	2.5	0.26	65.0
f	2	1	0.5	1	0.41	102.5
g	2	2	1.0	1	0.19	47.5
h	2	3	1.5	1	0.07	17.0

由分布图可得均布矩形荷载下地基附加应力的分布规律如下：

① 附加应力 σ_z 自基底算起，随深度呈曲线衰减。

② σ_z 具有一定的扩散性。它不仅分布在基底范围内，而且分布在基底荷载面积以外相当大的范围之下。

③ 基底下任意深度水平面上的 σ_z，在基底中轴线上最大，随距中轴线距离越远而越小。

3.3.3 非均质和各向异性地基中的附加应力

在前面，我们把地基土看作均质和各向同性的线性变形体，然后按弹性力学解答计算附加应力，其实，地基土并非所假设的那样，有的是由不同压缩性土质组成的成层地基；有的是同一土层的压缩性随深度增加而减小（这种现象在砂土中尤其显著）；有的土层竖直方向和水平方向的性质不同，这些都影响附加应力的分布。此时应该考虑地基不均匀和各向异性对附加应力计算的影响。

3.3.3.1 双层地基

(1) 上软下硬土层

在山区，通常基岩埋藏较浅，其表层为可压缩的土层，呈现上软下硬情况[图 3.25(a)]。

此时，压缩土层中荷载中轴线附近的附加应力值比均质土时（图中虚线）有所增大，离开中轴线应力逐渐减小，至某一距离后，应力小于均质土时的应力，即对于上软下硬土层，存在所谓应力集中现象。应力集中与荷载面的宽度 b、压缩土层厚度 h 以及界面上的摩擦力有关，叶戈洛夫给出了竖向均布条形荷载下，上软下硬土层沿荷载面中轴线上各点的附加应力计算公式为：

$$\sigma_z = \alpha_D p_0 \tag{3.41}$$

式中 α_D——附加应力系数，查表 3.11。

可见，岩层埋藏愈浅，应力集中的影响愈显著，当可压缩土层的厚度小于或等于荷载面积宽度的一半时，荷载中心点下的附加应力 σ_z 接近均匀分布，即可认为中心点下的 σ_z 不随深度变化，这个概念较重要，在下章中将要应用。

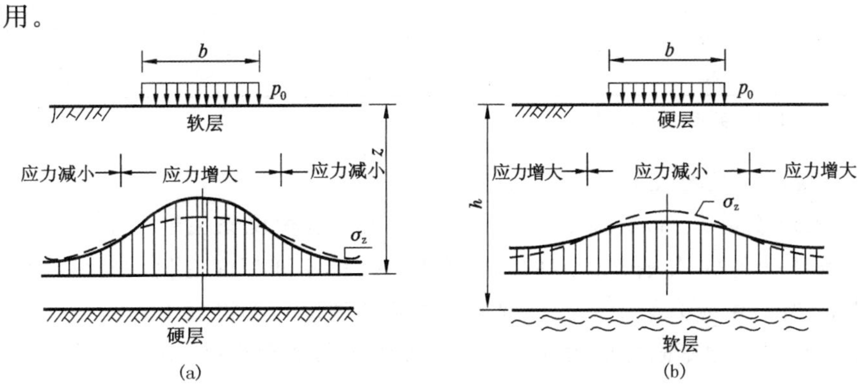

（虚线表示均质地基中水平面上的附加应力分布）

图 3.25 非均质地基对附加应力的影响

(a) 应力集中现象；(b) 应力扩散现象

(2) 上硬下软土层

当土层出现上硬下软土层时，如软土地区地表硬壳层下有较深软土层，道路工程中刚性路面下有压缩性相对较大的土层等，则在上层硬土中往往出现应力扩散现象[图 3.25(b)]。荷载中轴线附近的附加应力比均质土时小，荷载作用面积下应力分布趋于均匀。在荷载中心竖直线上也如此，见图 3.26。σ_z 随深度的增加而迅速减小，曲线 1 表示均质地基情况；曲线 2 为上软下硬，σ_z 产生应力集中现象；曲线 3 为上硬下软，σ_z 产生应力扩散现象。

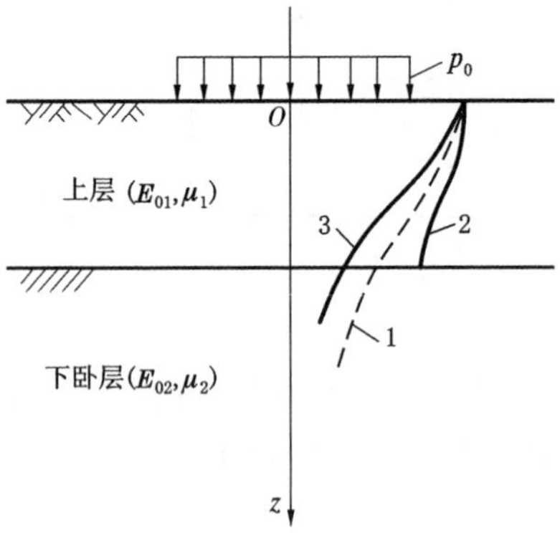

图 3.26　双层地基竖向应力分布的比较

表 3.11　附加应力系数 α_D

z/h	下卧硬层的埋藏深度		
	h=0.5b	h=b	h=2.5b
0	1.000	1.00	1.00
0.2	1.009	0.99	0.87
0.4	1.020	0.92	0.57
0.6	1.024	0.84	0.44
0.8	1.023	0.78	0.37
1.0	1.022	0.76	0.36

在坚硬的上层与软弱下卧层中引起的应力扩散现象，随上层土厚度的增大而更加显著，它还与双层地基的变形模量 E、泊松比 μ 有关，即随参数 f 的增加而更加显著。

$$f=\frac{E_{01}}{E_{02}}\frac{1-\mu_2^2}{1-\mu_1^2} \tag{3.42}$$

由于土的泊松比变化不大(一般 $\mu=0.3\sim0.4$)，故参数 f 值的大小主要取决于变形模量的比值 E_{01}/E_{02}。

为了计算简便，叶戈洛夫给出了不计上下界面摩擦力时，竖向均布条形荷载下，界面上 M 点的附加应力计算公式：

$$\sigma_z=\alpha_E p_0 \tag{3.43}$$

式中　α_E——附加应力系数，查表 3.12。

表 3.12　附加应力系数 α_E

b/(2h)	f=1	f=2	f=10	f=15
0	1.00	1.00	1.00	1.00
0.5	1.02	0.95	0.87	0.82
1.0	0.90	0.69	0.58	0.52
2.0	0.60	0.41	0.33	0.29
3.33	0.39	0.36	0.20	0.18
5.0	0.27	0.17	0.16	0.12

注：h 为上层土的厚度；f 的计算式见式(3.42)。

3.3.3.2　变形模量随深度增大的地基

在地基中，土的变形模量 E_0 常随地基深度增大而增大。这种现象在砂土中尤其显著，这是由土体在沉积过程中的受力条件决定的，与通常假定的均质地基(E_0 值不随深度变化)相比较，沿荷载中心线下，前者的地基附加应力 σ_z 将产生应力集中。这种现象从实验和理论上都得到了证实。

对于一个集中力作用下地基附加应力 σ_z 的计算，可采用弗罗利克(Frohlich)等建议的半经验公式[即对式(3.9)进行修正]：

$$\sigma_z=\frac{\upsilon F}{2\pi R^2}\cos^{\upsilon}\theta \tag{3.44}$$

式中　υ——应力集中因数，对于黏土或完全弹性体，$\upsilon=3$[符合式(3.9)]；对于硬土，$\upsilon=6$(较密实的)；对于砂土与黏土之间的土质，$\upsilon=3\sim6$。

3.3.3.3　各向异性地基

在工程实践中常见的薄交互层地基就是典型的各向异性地基，天然沉积形成的水平薄交互层地基，其水平向变形模量 E_{0h} 常大于竖向变形模量 E_{0v}，考虑到由于土的这种层状构造特性与通常假定的均质各向特性地基有差别，沃尔夫（Wolf，1935 年）假定地基竖直和水平方向的泊松比相同，但变形模量不同的条件下，导得均布线荷载下各向异性地基的附加应力 σ_z' 为：

$$\sigma_z' = \sigma_z / m \tag{3.45}$$

其中

$$m = \sqrt{E_{0h}/E_{0v}}$$

式中　E_{0h}，E_{0v}——土层水平方向和竖直方向的弹性模量；

σ_z——线荷载下，均质地基的附加应力由式(3.27)求得。

因此，当非均质地基的 $E_{0h} > E_{0v}$ 时，地基中将出现应力扩散现象；当 $E_{0h} < E_{0v}$ 时，则出现应力集中现象。

3.4　有效应力原理

在土中某点截取一水平截面，其面积为 A，截面上作用应力 σ（图 3.27），它是由上面的土体的重力、静水压力及外荷载 p 产生的应力，称为总应力。这一应力一部分是由土颗粒间的接触面承担，称为有效应力；另一部分是由土体孔隙内的水及气体承受，称为孔隙应力（也称孔隙压力）。

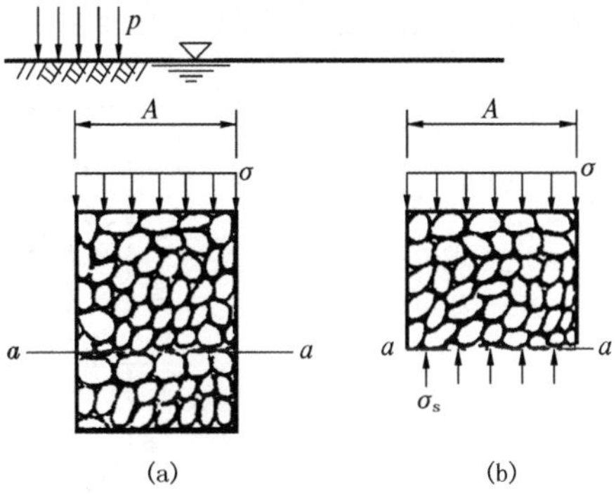

图 3.27　有效应力

考虑图 3.27 所示的土体平衡条件，沿 a—a 截面取脱离体，a—a 截面是沿着土颗粒间接触面截取的曲线状截面，在此截面上土颗粒接触面间作用的法向应力为 σ_s，各土颗粒间接触面积之和为 A_s，孔隙内的水压力为 u_w，气体压力为 u_a，其相应的面积为 A_w 及 A_a。由此可建立平衡条件：

$$\sigma A = \sigma_s A_s + u_w A_w + u_a A_a$$

对于饱和土，上式中的 u_a、A_a 均等于零，则此式可写成：

$$\sigma A = \sigma_s A_s + u_w A_w = \sigma_s A_s + u_w (A - A_s)$$

或

$$\sigma = \frac{\sigma_s A_s}{A} + u_w \left(1 - \frac{A_s}{A}\right)$$

由于颗粒间的接触面积 A_s 是很小的，毕肖普及伊尔定（Bishop and Eldin，1950 年）根据粒状土的试验研究认为 A_s/A 一般小于 0.03。因此，上式中第二项内的 A_s/A 可略去不计，但第一项中因为土颗粒间的接触应力 σ_s 很大，故不能略去。此时上式可写为：

$$\sigma = \frac{\sigma_s A_s}{A} + u_w$$

式中第一项实际上是土颗粒间的接触应力在截面面积上的平均应力，称为有效应力，通常用 σ' 表示，并把孔隙水压力 u_w 用 u 表示。于是上式变为：

$$\sigma = \sigma' + u \tag{3.46}$$

上式说明，饱和土中的应力（总应力）为有效应力和孔隙水压力之和，或者说有效应力 σ' 等于总应力 σ 减去孔隙水压力 u。在工程实践中，直接测定有效应力 σ' 很困难，通常是在已知总应力 σ 和测定了孔隙水压力 u 后，利用下式反求 σ'：

$$\sigma' = \sigma - u \tag{3.47}$$

式(3.47)也称饱和土的有效应力原理。

该式首先是由太沙基提出来的。他从试验中观察到土的变形及强度性状与有效应力密切相关，只有通过颗粒接触点传递的应力，才能引起土的变形和影响土的强度，而土中任意点的孔隙水压力对各个方向作用是相等的，因此它只能使土颗粒产生压缩（由于土颗粒本身的压缩量是很微小的，在土力学中可不考虑），而不能使土颗粒产生位移。土颗粒间的有效应力作用，则会引起土颗粒的位移，使孔隙体积改变，土体发生压缩变形。同时有效应力的大小也影响土的抗剪强度，这是土力学有别于其他力学（如固体力学）的重要原理之一。对于部分饱和土，同理可导得有效应力公式为：

$$\sigma' = \sigma - u_a + \chi(u_a - u_w) \tag{3.48}$$

这个公式是毕肖普等（1961 年）提出的，式中 $\chi = \dfrac{A_w}{A}$ 是由试验确定的参数。一般认为有效应力原理能正确地用于饱和土，对部分饱和土，由于水、气界面上的表面张力和弯液面的存在，问题较复杂，尚存在一些问题有待深入研究。具体内容见有关专著。

作为有效应力原理的应用实例，以下介绍毛细水上升时以及土中水渗流时有效应力的计算。

3.4.1 毛细水上升时土中有效自重应力的计算

设地基土层如图 3.28 所示，在深度 h_1 的 B 线下的土已完全饱和，但地下水的自由表面（潜水面）却在其下的 C 线处。这是 C 线下的地下水在空气-水界面的表面张力作用下，沿着彼此连通的土孔隙形成的复杂毛细网络上升所致。毛细水上升高度 h_c 与土的类别有关。

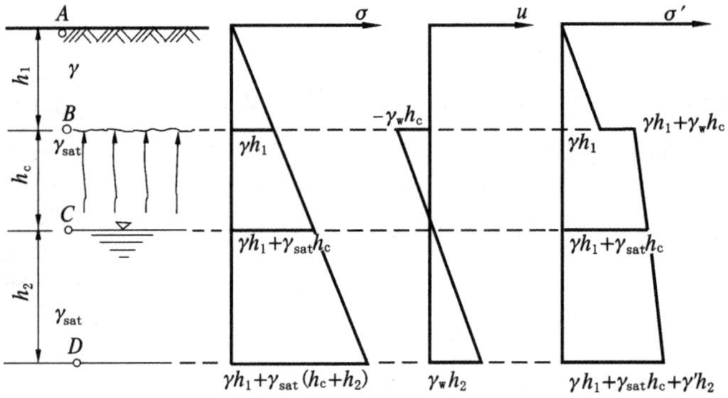

图 3.28 毛细水上升时土中总应力、孔隙水压力及有效自重应力计算

为了求有效自重应力，按照有效应力原理，应先计算总应力 σ（这里也就是自重应力）。此处，对 B 线以下的土，应以饱和重度计算。分布图如图 3.28 所示。竖向有效自重应力为总应力与孔隙水压力之差，具体计算见表 3.13。

表 3.13 毛细水上升时土中总应力、孔隙水压力及有效自重应力计算

计算点		总应力 σ	孔隙水压力 u	有效应力 σ'
A		0	0	0
B	B 点上	γh_1	0	γh_1
	B 点下		$-\gamma_w h_c$	$\gamma h_1 + \gamma_w h_c$
C		$\gamma h_1 + \gamma_{sat} h_c$	0	$\gamma h_1 + \gamma_{sat} h_c$
D		$\gamma h_1 + \gamma_{sat}(h_c + h_2)$	$\gamma_w h_2$	$\gamma h_1 + \gamma_{sat} h_c + \gamma' h_2$

在毛细水上升区，表面张力的作用使孔隙水压力为负值，即 $u = -\gamma_w h_c$（因为静水压力值以大气压力为基准，所以紧靠 B 线下的孔隙水压力为负值），而使有效应力增加，在地下水位以下，由于水对土颗粒的浮力作用，土的有效应力减少。

3.4.2 土中水渗流时(一维渗流)有效应力计算

在第 2 章已经讨论过当土中水渗流时，土中水将对土颗粒作用动水力，这就必然影响土中有效应力分布。现通过图 3.29 所示三种情况，以说明土中水渗流时对有效应力分布的影响。

在图 3.29(a)中水静止不动，也即土中 a、b 两点的水头相等；图 3.29(b)表示土中 a、b 两点有水头差 h，水自上向下渗流；图 3.29(c)表示土中 a、b 两点的水头差也是 h，但水自下向上渗流。现按上述三种情况计算土中总应力 σ、孔隙水压力 u 及有效应力 σ' 值，列于表 3.14 中，并绘出分布图示于图 3.29。

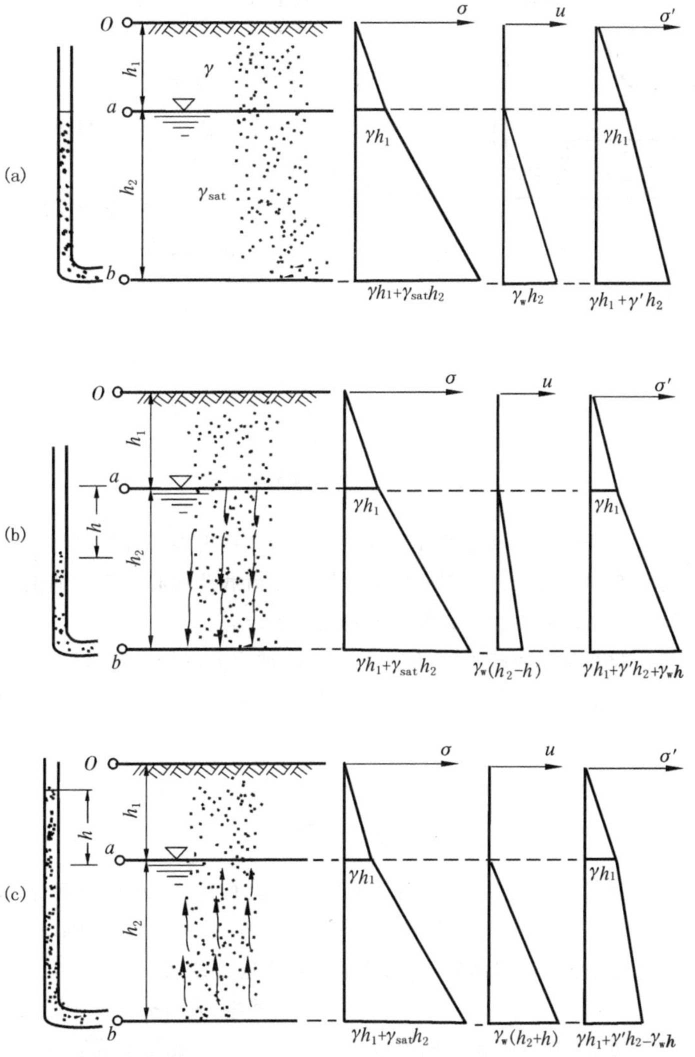

图 3.29 土中水渗流时的总应力、孔隙水压力及有效应力分布

(a) 静水时；(b) 水自上向下渗流；(c) 水自下向上渗流

表 3.14 土中水渗流时总应力 σ、孔隙水压力 u 及有效应力 σ' 的计算

渗流情况	计算点	总应力 σ	孔隙水压力 u	有效应力 σ'
水静止时	a	γh_1	0	γh_1
	b	$\gamma h_1+\gamma_{sat}h_2$	$\gamma_w h_2$	$\gamma h_1+(\gamma_{sat}-\gamma_w)h_2$
水自上向下渗流	a	γh_1	0	γh_1
	b	$\gamma h_1+\gamma_{sat}h_2$	$\gamma_w(h_2-h)$	$\gamma h_1+(\gamma_{sat}-\gamma_w)h_2+\gamma_w h$
水自下向上渗流	a	γh_1	0	γh_1
	b	$\gamma h_1+\gamma_{sat}h_2$	$\gamma_w(h_2+h)$	$\gamma h_1+(\gamma_{sat}-\gamma_w)h_2-\gamma_w h$

从表 3.14 及图 3.29 的计算结果可见，三种不同情况水渗流时土中的总应力 σ 的分布是相同的，土中水的渗流不影响总应力值。水渗流时土中产生动水力，致使土中有效应力及孔隙水压力发生变化。土中水自上向下渗流时，动水力方向与土的重力方向一致，于是有效应力增加，而孔隙水压力相应减少。反之，土中水自下向上渗流时，导致土中有效应力减少，孔隙水压力相应增加。

【例 3.6】 有一 10 m 厚饱和黏土层，其下为砂土，如图 3.30 所示。砂土层中有承压水，已知其水头高出 A 点 6 m。现要在黏土层中开挖基坑，试求基坑开挖的最大深度 H。

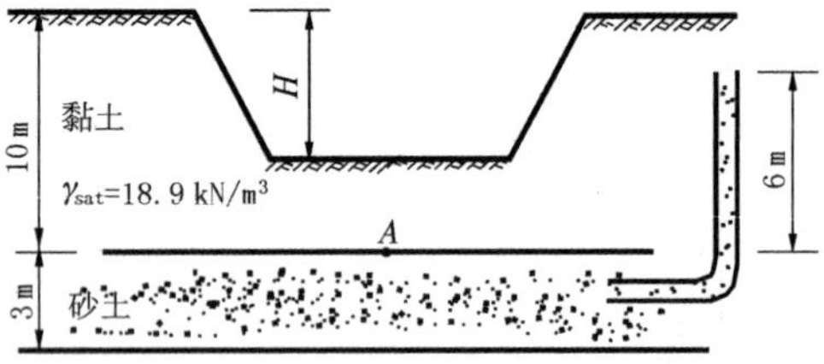

图 3.30 例 3.6 图

【解】 若基坑开挖深度达到 H 后坑底土将隆起失稳，考虑此时 A 点的稳定条件。

A 点的总应力

$$\sigma_A = \gamma_{sat}(10 - H) = 18.9 \times (10 - H)$$

A 点的孔隙水压力

$$u_A = \gamma_w h = 10 \times 6 = 60 \text{ kPa}$$

若 A 点隆起，则其有效应力 $\sigma_A{}'=0$，即

$$\sigma_A{}' = \sigma_A - u_A = 18.9 \times (10 - H) - 60 = 0$$

解得

$$H = 6.83 \text{ m}$$

故当基坑开挖深度超过 6.83 m 后，坑底土将隆起破坏。

思 考 题

3.1 土的自重应力分布有何特点？地下水位的升降对自重应力有何影响，如何计算？

3.2 刚性基础的基底压力分布有何特征？工程中如何计算中心荷载及偏心荷载下的基底压力？

3.3 如何计算基底附加压力？在计算中为什么要减去基底自重应力？

3.4 试以矩形面积上均布荷载和条形荷载为例，说明地基中附加应力的分布规律。

3.5 目前根据什么假设计算地基中的附加应力？这些假设是否合理可行？归纳总结各种荷载作用下地基附加应力的计算方法。

3.6 试简述太沙基的有效应力原理。

习 题

3.1 某建筑场地的地质剖面如图 3.31 所示，试计算各土层界面及地下水位面的自重应力，并绘制自重应力曲线。

(答案：$\sigma_{cz1}=34.0$ kPa，$\sigma_{cz2}=106.2$ kPa，$\sigma_{cz3}=140.6$ kPa，$\sigma_{cz4}=159.8$ kPa)

3.2 若图 3.31 中，中砂层以下为坚硬的整体岩石，试绘制其自重应力曲线。

(答案：σ_{cz1}，σ_{cz2}，σ_{cz3} 同上题，但岩层顶面处为 221.8 kPa)

3.3 某条形基础如图 3.32 所示，作用在基础上的荷载为 250 kN/m，基础深度范围内土的重度 $\gamma=17.5$ kN/m³，试计算 0—3 、4—7 及 5—5 剖面各点的竖向附加应力，并绘制曲线。

(答案：$\sigma_{z0}=127.5$ kPa，$\sigma_{z1}=69.88$ kPa，$\sigma_{z2}=38.76$ kPa，$\sigma_{z3}=26.52$ kPa，$\sigma_{z4}=0$，$\sigma_{z5}=23.46$ kPa，$\sigma_{z6}=26.26$ kPa ，$\sigma_{z7}=21.68$ kPa，$\sigma_{z8}=52.28$ kPa)

3.4 试用最简方法计算图 3.33 所示荷载下，m 点下深度 $z=2.0$ m 处的附加应力。

[答案：(a)128.6 kPa；(b) 204.0 kPa]

3.5 某方形基础底面宽 $b=2$ m，埋深 $d=1$ m，深度范围内土的重度 $\gamma=18.0$ kN/m³，作用在基础上的竖向荷载 $F=600$ kN，力矩 $M=100$ kN · m，试计算基底最大压力边角下深度 $z=2$ m 处的附加应力。

(答案：29.76 kPa)

3.6 某基础平面图形呈 T 形截面(图 3.34)，作用在基底的附加压力 $p_0=150$ kN/m²。试求 A 点下 10 m 深处的附加应力。

(答案：79.77 kPa)

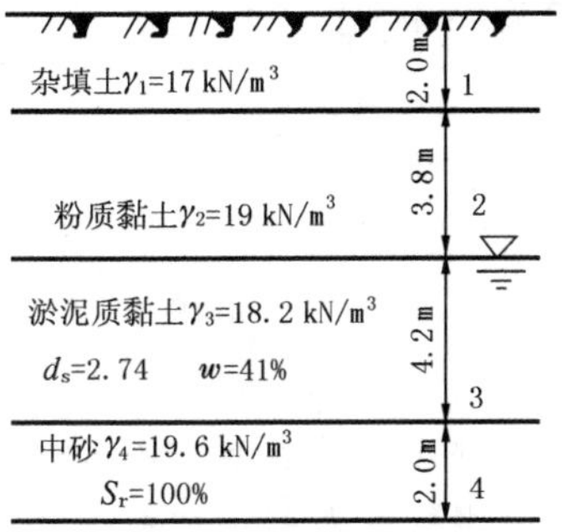

图 3.31　习题 3.1 图

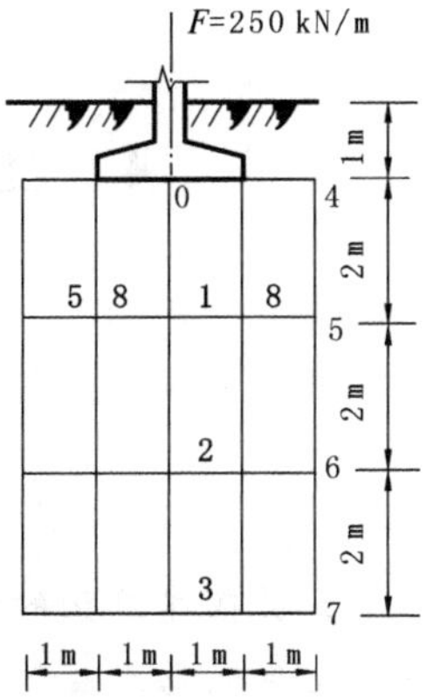

图 3.32　习题 3.3 图

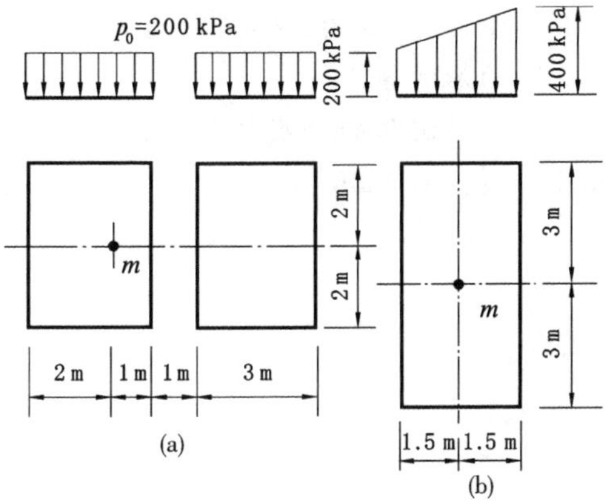

图 3.33　习题 3.4 图

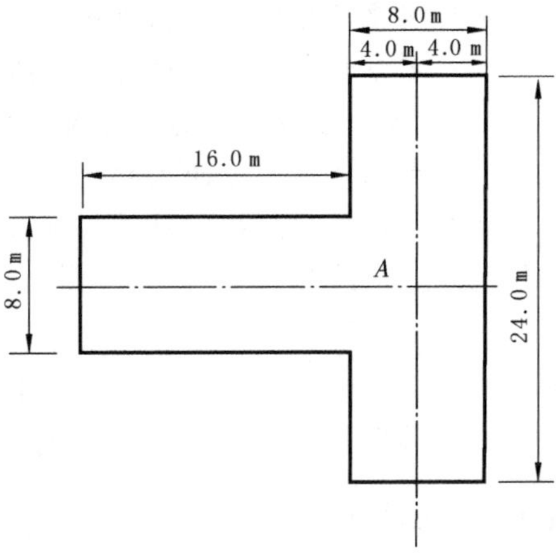

图 3.34　习题 3.6 图

3.7　如图 3.35 所示矩形面积($ABCD$)上作用均布荷载 $p=100$ kPa,试用角点法计算 G 点下深度 6 m 处 M 点的附加应力值 σ_z。

(答案:5.1 kPa)

3.8　如图 3.36 所示条形分布荷载 $p=150$ kPa,计算 G 点下深度 3 m 处的附加应力 σ_z。

(答案:32.85 kPa)

3.9　某场地土层的分布自上而下为:砂土,层厚 2 m,重度为 17.5 kN/m^3;黏土,层厚 3 m,饱和重度为 20.0 kN/m^3;砾石,层厚 3 m,饱和重度为 20.0 kN/m^3。地下水位在黏土层处。试绘出这三个土层中总应力 σ、孔隙水压力 u 和有效应力 σ' 沿深度的分布图形。

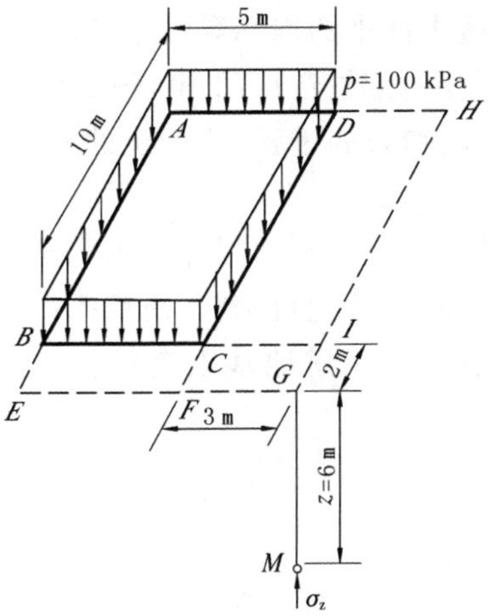

图 3.35　习题 3.7 图

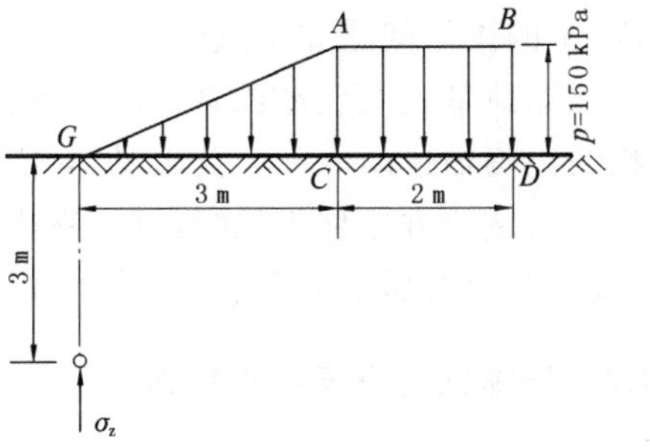

图 3.36　习题 3.8 图

4　土的压缩性与地基沉降计算

本 章 提 要

地基土层在建筑物的荷载作用下产生变形，建筑物基础亦随之沉降，尤其是当荷载差异较大或地基土层软弱不均时，往往导致建筑物基础出现较大的不均匀沉降，以致建筑物某些部位开裂、倾斜，甚至倒塌。

为了保证建筑物的安全和正常使用，本章讨论荷载作用下土体的变形，这是土力学的重要问题之一。在地基基础设计中，要求地基土的变形量不超过允许值。

本章将介绍荷载作用下土的压缩性，地基最终沉降量计算，土的变形与时间关系（一维固结理论），应力历史对黏性土压缩性和固结沉降的影响等。

本章重点为土的压缩性和压缩性指标的确定，计算基础沉降的分层总和法、规范法和一维固结理论。对于其他内容，初学者只要求作一般性的了解。

4.1　土的压缩性

4.1.1　基本概念

土在压力作用下体积缩小的特性称为土的压缩性。客观地分析，地基土层承受上部建筑物荷载，必定会产生压缩变形。内因是土本身具有压缩性，外因是建筑物荷载的作用。土是三相分散体系，地基土被压缩了，那就是：① 固体土颗粒被压缩；② 土中水及封闭气体被压缩；③ 水和气体从孔隙中被挤出。试验研究表明：固体颗粒和水的压缩量是微不足道的。在一般压力作用下，固体颗粒和水的压缩量与土的总压缩量之比非常微小，完全可以忽略不计。所以，土的压缩可只看作是土中水和气体从孔隙中被挤出，与此同时，土颗粒相应发生移动，重新排列，靠拢挤紧，从而土孔隙体积减小。对于只有两相的饱和土来说，则主要是孔隙水的挤出。

土的压缩变形的快慢与土的渗透性有关。在荷载作用下，透水性大的饱和无黏性土，其压缩过程所需时间短，建筑物施工完毕时，可认为其压缩变形已基本完成；而透水性小的饱和黏性土，其压缩过程所需时间长，十几年，甚至几十年压缩变形才稳定。如意大利的比萨斜塔，始建于1173年，至20世纪末，通过综合加固处理，倾斜才得以控制。土体在外力作用下，压缩量随时间增长的过程，称为土的固结，对于饱和黏性土来说，土的固结问题非常重要。

怎样计算地基土的变形或基础的沉降？由内、外因关系可知，取决于土中附加应力的正确计算及土体压缩性状的正确描述两方面。前者见第3章，后者主要由室内、外土工试验得到。研究土的压缩性大小及其特征的室内试验方法称为压缩试验，室内试验简单方便，费用较低；了解地基土变形状况的现场原位测试，有荷载试验及旁压试验等。

4.1.2　压缩试验及压缩性指标

4.1.2.1　压缩试验

研究土的压缩性大小及其特征的室内试验方法称为压缩试验，亦称固结试验。对于一般工程，当土层厚度较小时，常用侧限压缩试验研究土的压缩性。

该试验是在压缩仪（或固结仪）中完成，如图 4.1 所示。试验时，先用金属环刀取土，然后将土样连同环刀一起放入压缩仪内，上下各盖一块透水石，以便土样受压后能够自由排水，透水石上面再施加垂直荷载。由于土样受到环刀、压缩容器的约束，在压缩过程中只能发生竖向变形，不可能发生侧向变形，所以这种方法也称为侧限压缩试验。试验时，竖向压力 p_i 分级施加。在每级荷载作用下使土样变形至稳定，用百分表测出土样稳定后的变形量 s_i，即可按式(4.2)计算出各级荷载作用下的孔隙比 e_i。

设土样的初始高度为 H_0，受压后土样的高度为 H_i，则 $H_i=H_0-s_i$，s_i 为外荷载 p_i 作用下土样压缩至稳定时的变形量。根据土的孔隙比定义，可得加荷前 $V_s=\frac{H_0}{1+e_0}$（设土样横截面面积为 1），加荷后 $V_s=\frac{H_i}{1+e_i}$。而为求土样压缩稳定后孔隙比 e_i，利用受压前后土颗粒体积不变、土样横截面面积也不变这两个条件(图 4.2)，可得：

$$\frac{H_0}{1+e_0}=\frac{H_i}{1+e_i}=\frac{H_0-s_i}{1+e_i} \tag{4.1}$$

则

$$s_i=\frac{e_0-e_i}{1+e_0}H_0$$

或

$$e_i=e_0-\frac{s_i}{H_0}(1+e_0) \tag{4.2}$$

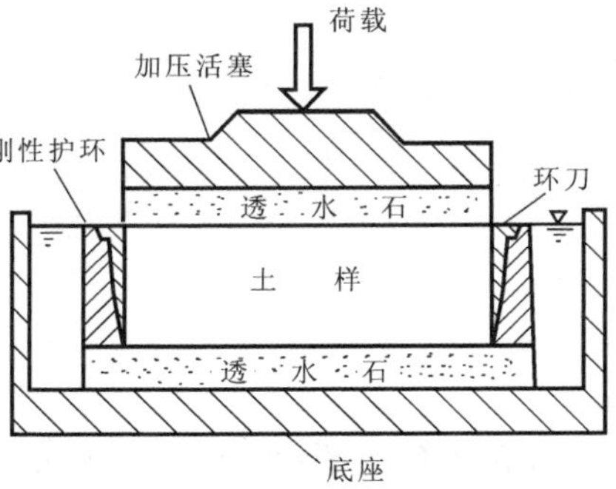

图 4.1 侧限压缩试验示意图

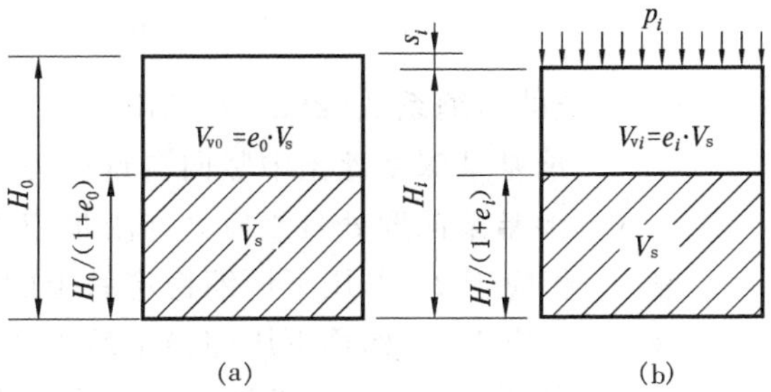

图 4.2 压缩试验中土样变形示意图

(a) 加荷前；(b) 加荷后

式中 e_0 为土的初始孔隙比，可由土的三个基本实验指标求得，即

$$e_0=\frac{d_s(1+w_0)\rho_w}{\rho}-1$$

这样，只要测定了土样在各级压力 p_i 作用下的稳定变形量 s_i 后，就可按式(4.2)算出相应的孔隙比 e_i。然后以横坐标表示压力 p，纵坐标表示孔隙比 e，则可绘制出 e-p 曲线，称为压缩曲线(图 4.3)。

压缩曲线可按两种方式绘制，一种是普通坐标绘制的 e-p 曲线[图 4.3(a)]，在常规试验中，一般按 p 等于 50、100、200、300、400(kPa)五级加荷；另一种的横坐标则按 p 的常用对数取值，即采用半对数直角坐标绘制的 e-lg$p$ 曲线[图 4.3(b)]，试验时以较小的压力开始，采取小增量多级加荷，并加到较大的荷载(例如 1000 kPa)为止。

4.1.2.2 压缩性指标

评价土的压缩性通常有如下指标：

(1) 压缩系数

由图 4.3 可见：① e-p 曲线初始段较陡，土的压缩量较大，而后曲线逐渐平缓，土的压缩量也随之减

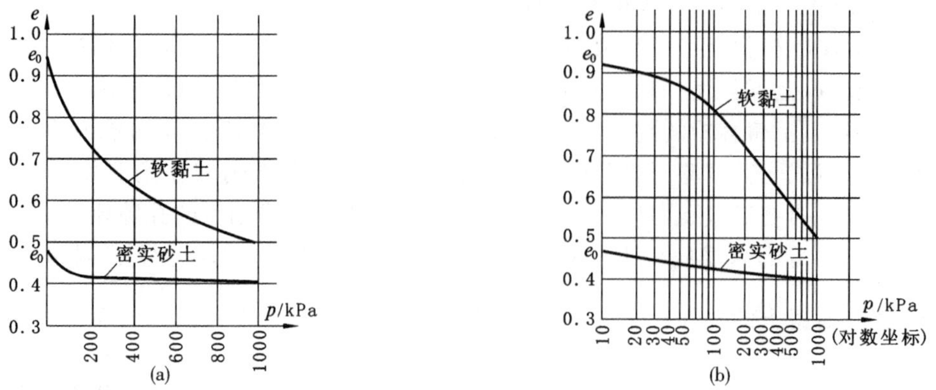

图 4.3　土的压缩曲线

(a) e-p 曲线；(b) e-$\lg p$ 曲线

小。这是因为随着孔隙比的减小，土的密实度增加一定程度后，土粒移动愈来愈困难，压缩量随之减小的缘故。② 不同的土类，压缩曲线的形态有别；且曲线形态的陡、缓，可衡量土的压缩性高低。密实砂土的 e-p 曲线比较平稳，而软黏土的 e-p 曲线较陡，因而土的压缩性很高。所以，曲线上任一点的切线斜率 a 就表示了相应于压力 p 作用下的压缩性：

$$a = -\frac{\mathrm{d}e}{\mathrm{d}p} \tag{4.3}$$

式中负号表示随着压力 p 的增加，孔隙比 e 逐渐减少。实用上，当外荷载引起的压力变化范围不大时，例如图 4.4 从 p_1 到 p_2，压缩曲线上 $\widehat{M_1M_2}$ 一段，可近似地用直线 $\overline{M_1M_2}$ 代替。该直线的斜率为：

$$a \approx \tan\alpha = \frac{\Delta e}{\Delta p} = \frac{e_1 - e_2}{p_2 - p_1} \tag{4.4}$$

式中　a——土的压缩系数（$\mathrm{kPa^{-1}}$ 或 $\mathrm{MPa^{-1}}$）；

p_1——地基某深度处土中竖向自重应力（kPa）；

p_2——地基某深度处自重应力与附加应力之和（kPa）；

e_1——相应于 p_1 作用下压缩稳定后土的孔隙比；

e_2——相应于 p_2 作用下压缩稳定后土的孔隙比。

压缩系数是评价地基土压缩性高低的重要指标之一。从图 4.4 的曲线上看，它不是一个常量，与所取的起始压力 p_1 有关，也与压力变化范围 $\Delta p = p_2 - p_1$ 有关。为了统一标准，在工程实践中，通常采用压力间隔由 $p_1 = 100$ kPa（0.1 MPa）增加到 $p_2 = 200$ kPa（0.2 MPa）时所得的压缩系数 $a_{1\text{-}2}$ 来评定土的压缩性高低，当：

$a_{1\text{-}2} < 0.1\ \mathrm{MPa^{-1}}$ 时，为低压缩性土；

$0.1\ \mathrm{MPa^{-1}} \leqslant a_{1\text{-}2} < 0.5\ \mathrm{MPa^{-1}}$ 时，为中压缩性土；

$a_{1\text{-}2} \geqslant 0.5\ \mathrm{MPa^{-1}}$ 时，为高压缩性土。

(2) 压缩指数

如果采用 e-$\lg p$ 曲线，它的后段接近直线（图 4.5），其斜率 C_c 为：

$$C_c = \frac{e_1 - e_2}{\lg p_2 - \lg p_1} = \frac{e_1 - e_2}{\lg\left(\dfrac{p_2}{p_1}\right)} \tag{4.5}$$

同压缩系数 a 一样，压缩指数 C_c 也能用来确定土的压缩性大小。C_c 值愈大，土的压缩性愈高。一般认为 $C_c < 0.2$ 时，为低压缩性土；$C_c = 0.2 \sim 0.4$ 时，属中压缩性土；$C_c > 0.4$ 时，属高压缩性土。国内外广泛采用 e-$\lg p$ 曲线来分析研究应力历史对土的压缩性的影响。

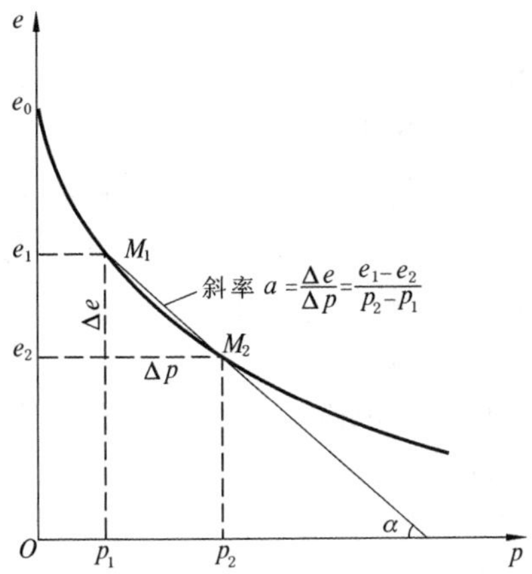

图 4.4 以 e-p 曲线确定压缩系数 a

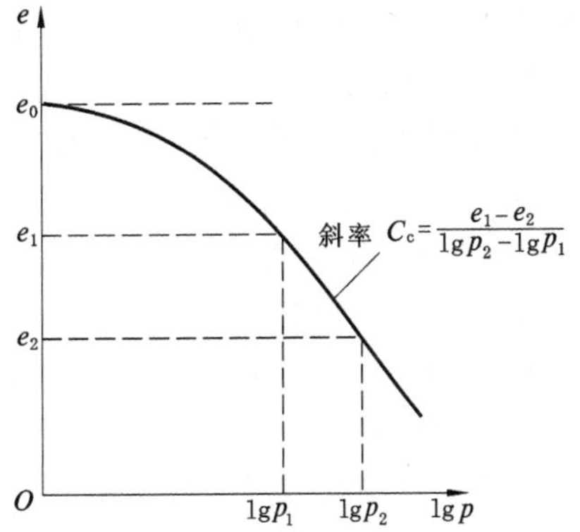

图 4.5 用 e-$\lg p$ 曲线求 C_c

(3) 压缩模量

土体在完全侧限条件下，竖向附加应力 σ_z 与相应的应变增量 ε_z 之比，称为压缩模量或侧限压缩模量，用符号 E_S 表示。可按下式计算：

$$E_S=\frac{1+e_1}{a} \tag{4.6}$$

式(4.6)的推导，可仿照图 4.2 作图 4.6，但把压缩前比拟为实际土体在自重应力 p_1(相应孔隙比为 e_1)作用下的情况，压缩后相当于自重应力和附加应力之和 p_2 的情况。这样，式(4.1)变换为：

$$\frac{H_1}{1+e_1}=\frac{H_2}{1+e_2}=\frac{H_1-\Delta H}{1+e_2} \tag{4.7}$$

$$\Delta H=\frac{e_1-e_2}{1+e_1}H_1$$

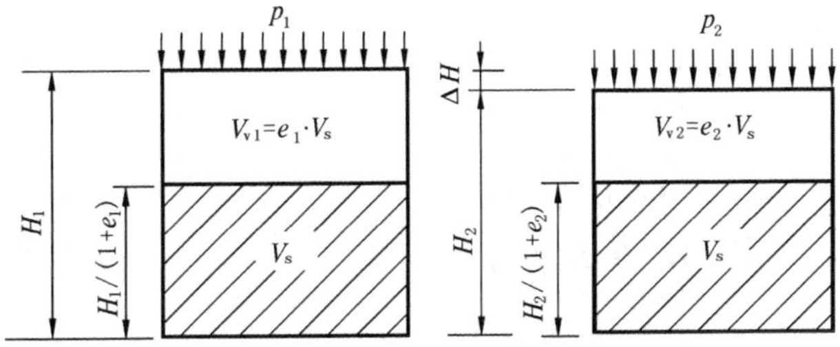

图 4.6 侧限条件下土样高度变化与孔隙比变化的关系(土样横截面面积不变)

由 a 和 E_S 定义有：

$$E_S=\frac{\sigma_z}{\varepsilon_z}=\frac{p_2-p_1}{\Delta H/H_1}=\frac{p_2-p_1}{\dfrac{e_1-e_2}{1+e_1}}=\frac{1+e_1}{a} \tag{4.8}$$

压缩模量 E_S 是土的压缩性指标的又一个表达方式，其单位为 kPa 或 MPa。由式(4.6)可知，压缩模量 E_S 与压缩系数 a 成反比，E_S 愈大，a 就愈小，土的压缩性愈低。所以，E_S 也具有划分土压缩性高低的功能。一般认为，$E_S<4$ MPa 时为高压缩性土；$E_S>15$ MPa 时为低压缩性土；$E_S=4\sim15$ MPa 时属中压缩性土。

4.1.2.3 土的回弹曲线及弹性模量

在进行室内试验过程中，当压力加到某一数值 p_i(图 4.7 中 e-p 曲线的 b 点)后，逐级卸压，土样将发生回弹，土体膨胀，孔隙比增大，若测得回弹稳定后的孔隙比，则可绘制相应的孔隙比与压力的关系曲线(图 4.7 中虚线 bc)，称为回弹曲线。

由图可见，卸压后的回弹曲线 bc 并不沿压缩曲线 ab 回升，而要平缓得多，这说明土受压缩发生变形，卸压回弹，但变形不能全部恢复，其中可恢复的部分称为弹性变形，不能恢复的称为残余变形，而土的压缩变形以残余变形为主。

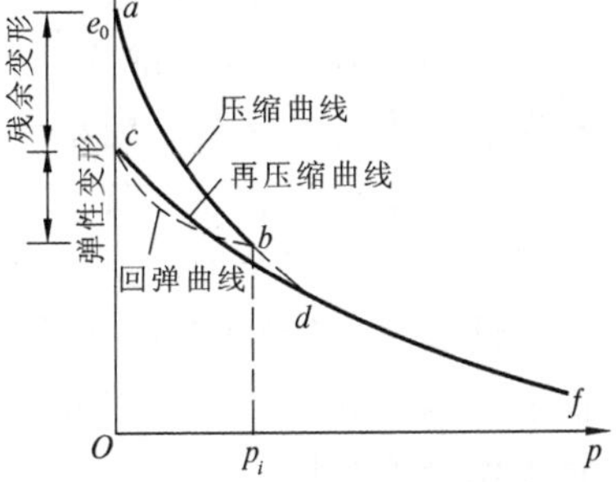

图 4.7 土的回弹和再压缩曲线

若再重新逐级加压，则可测得土的再压缩曲线如图 4.7 中 cdf 段所示，其中 df 段就像是 ab 段的延续，犹如没有经过卸压和再加压过程一样，在半对数曲线上也同样可看到这种现象。

高层建筑基础，往往其基础底面和埋置深度都较大，开挖深基坑后，地基受到较大的减压(应力解除)作用，因而发生土的膨胀，造成坑底回弹。因此，在预估基础沉降时，应适当考虑这种影响。

土的弹性模量的定义是土体在无侧限条件下瞬时压缩的应力应变模量。布辛奈斯克解答了一个竖向集中力作用在半空间(半无限体)表面上，半空间内任意点处所引起的六个应力分量和三个位移分量[见式(3.9)至式(3.17)]，其中位移分量包含了土的弹性模量和泊松比两个参数。由于土并非理想弹性体，它的变形包括了可恢复的弹性变形和不可恢复的残余变形两部分。因此，在静荷载作用下计算土的变形时，所采用的变形参数为压缩模量或变形模量；在侧限条件假设下，通常地基沉降计算的分层总和法公式都采用压缩模量；当运用弹性力学公式时，则用变形模量或弹性模量进行变形计算。

有人计算高耸结构物有风荷载作用下的倾斜时发现，如用压缩模量或变形模量计算，将得出实际上不可能的偏大的结果。这是因为风荷载乃是重复荷载，每次作用时间很短，此时土体中的孔隙水来不及排出，压缩变形来不及发生。也就是说，只发生土骨架的弹性变形和封闭土中气体的压缩变形，这都是可恢复的弹性变形，而没有发生不可恢复的残余变形。这种情况应该用弹性模量来计算。因此，土的残余变形远大于弹性变形，弹性模量远大于变形模量。由此可见，弹性模量应用来计算瞬间或短时间内即荷载快速作用时土体的变形。再如在地震反应分析计算或路面设计时也都要用地基土的弹性模量。

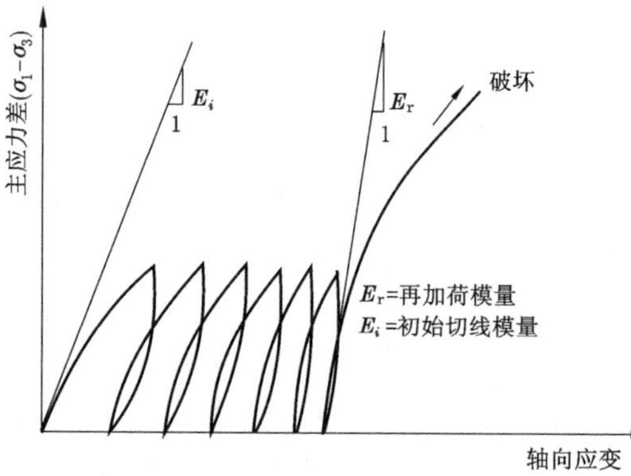

图 4.8 三轴压缩试验确定土的弹性模量

确定土的弹性模量的方法，一般采用室内三轴压缩试验或单轴压缩无限抗压强度试验(见第 5 章)得到的应力-应变关系曲线所确定的初始切线模量(E_i)或相当于现场荷载条件下的再加荷模量(E_r)。三轴仪中进行的试验，一般重复加荷和卸荷若干次，如图 4.8 所示。加、卸荷 5～6 个循环后，便可在主应力差($\sigma_1-\sigma_3$)与轴向应变 ε 关系图上测得 E_i 和 E_r。该图还表明，在周期荷载作用下，土样随着应变量增大而逐渐硬化。这样确定的再加荷模量 E_r 就是符合现场条件下的土的弹性模量。

4.1.3 土的静载荷试验及变形模量

土的压缩性指标除从室内压缩试验得到外，也可通过现场原位测试得到。如在浅层土中进行静载荷试验，可得变形模量；在现场进行旁压试验或触探试验，都可间接确定土的变形模量。

4.1.3.1 *静载荷试验*

静载荷试验是通过承压板，对地基土分级施加压力 p 和测试压板的沉降 s，便可得到压力和沉降(p-s)的关系曲线。然后根据弹性力学公式反求得到土的变形模量及地基承载力。

试验一般在试坑内进行，试坑宽度不应小于 3 倍承载板宽度或直径，其深度依所需测试土层的深度而定，承载板的底面积一般为 0.25～0.50 m^2；对均质密实土(如密实砂土、老黏性土)可用 0.1～0.25 m^2；对松软土及人工填土则不应小于 0.50 m^2。其试验装置如图 4.9 所示，一般由加荷稳压装置、反力装置及观测装置三部分组成。加荷稳压装置包括承压板、千斤顶及稳压器等；反力装置常用平台堆载或地锚；观测装置包括百分表及固定支架等。

试验时，必须注意保持试验土层的原状结构和天然湿度，在坑底宜铺设不大于 20 mm 厚的粗、中砂层找平。若试验土层为软塑或流塑状态的黏性土或饱和的松软土时，载荷板周围应留有 200～300 mm 高的原土作为保护层。

最大加载量不应小于荷载设计值的两倍，且应尽量接近预估地基的极限荷载，第一级荷载(包括设备重)宜接近开挖试坑所卸除的土重，相应的沉降量不计。其后每级荷载增量，对较松软的土可采用 10～25 kPa，对较硬密的土则用 50 kPa。加荷等级不少于 8 级。每加一级荷载后，按间隔 10、10、10、15、15

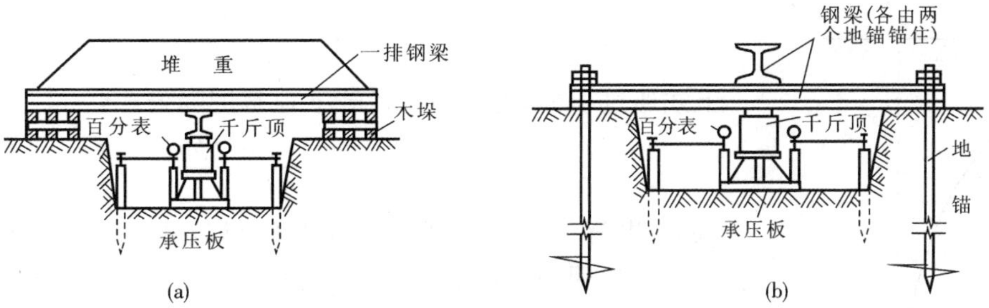

图 4.9　地基静载荷试验载荷架示例

(a) 堆重-千斤顶式；(b) 地锚-千斤顶式

(min)及以后每隔 30 min 读一次沉降，当连续两小时内，每小时的沉降量小于 0.1 mm 时，则认为已趋于稳定，可加下一级荷载。当出现下列情况之一时，认为已达破坏，可终止加载。

① 承载板周围的土明显侧向挤出(砂土)或发生裂纹(黏性土和粉土)；

② 沉降 s 急骤增大，荷载-沉降(p-s)曲线出现陡降段；

③ 在某一荷载下，24 小时内沉降速率不能达到稳定标准；

④ 沉降 $s \geqslant 0.06b$(b 为承载板宽度或直径)。

终止加载后，可按规定逐级卸载，并进行回弹观测，以作参考。图 4.10 给出了一些代表性土类的 p-s 曲线。由图可见，曲线的初始阶段往往接近于直线，因此若将地基承载力设计值控制在该直线段附近，土体则处于直线变形稳定阶段。

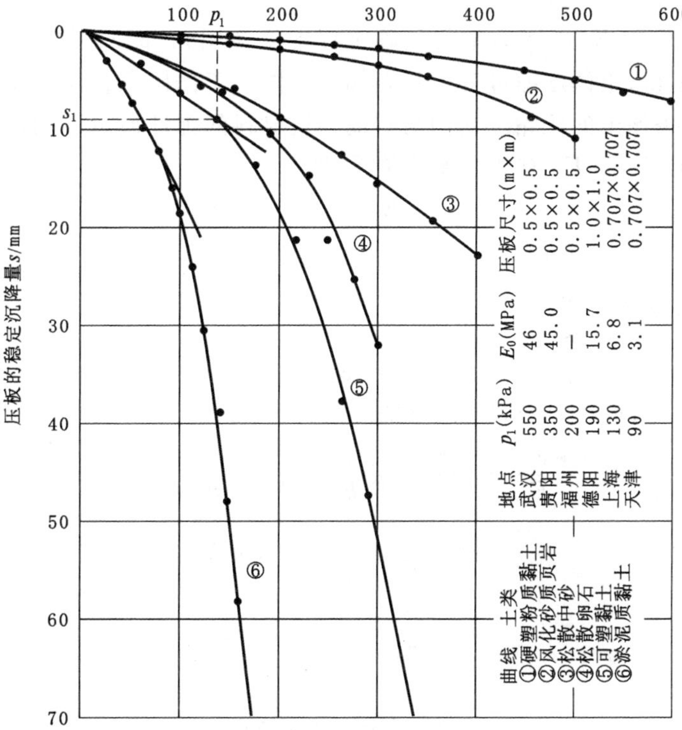

图 4.10　不同土类的 p-s 曲线实例

4.1.3.2　变形模量

土的变形模量是指土体在部分侧限条件下单轴受压时的应力与应变之比，用符号 E_0 表示。如前所述，土的变形中包括弹性变形和残余变形两部分，这是土的变形模量与一般材料的弹性模量相区别之处。

变形模量 E_0 可通过静载荷试验结果，用弹性力学公式反求得到。

在半无限直线变形体表面作用单个集中力 F，引起的地表($z=0$)任意点沉降，按式(3.17)可知：

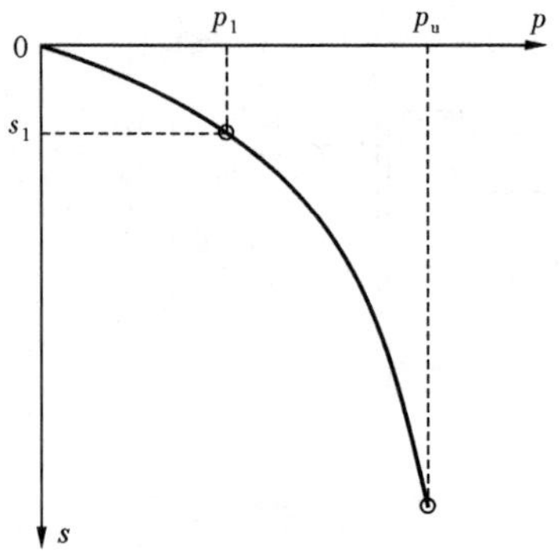

图 4.11　典型 p-s 曲线

$$s=\frac{F(1-\mu^2)}{\pi E r}$$

上式通过积分，可得均布荷载下地基沉降公式：

$$s=\frac{\omega(1-\mu^2)pb}{E} \tag{4.9}$$

在静载荷试验的初始阶段，当荷载较小时，p-s 曲线呈直线关系（图 4.11）。故用该阶段实测的沉降值 s，利用式(4.10)即可反算得土的变形模量，即：

$$E=\omega(1-\mu^2)\frac{p_1 b}{s_1} \tag{4.10}$$

式中　E——弹性力学中指土的弹性模量，这里专指变形模量 E_0(MPa)；

p_1——静载荷试验 p-s 曲线的直线段末尾（比例界限）对应的荷载(kPa)，如图 4.11 所示；

s_1——与所取定的比例界限荷载 p_1 相对应的沉降(cm)；

b——承压板的边长或直径(cm)；

μ——地基土的泊松比，参考表 4.1；

ω——沉降影响系数，刚性方形承压板取 0.88，圆形取 0.79。

若 p-s 曲线不出现直线段时，《建筑地基基础设计规范》建议，对中、高压缩性土取 $s_1=0.02b$ 及其对应的荷载 p_1；对低压缩性粉土、黏性土、碎石土及砂土，可取 $s_1=(0.01\sim0.015)b$ 及其对应的荷载 p_1 代入上式计算 E_0。

4.1.3.3　变形模量与压缩模量的关系

变形模量 E_0 与压缩模量 E_S 在土力学与基础工程中经常用到，而两者概念上是有所区别的。E_0 是在现场通过静载荷试验测得，土体压缩过程中只有部分土体处于侧限条件下；而 E_S 是通过室内压缩试验获得，土体是在完全侧限条件下的压缩。它们与其他建筑材料的弹性模量不同，都包含了相当部分不可恢复的残余变形。但理论上 E_0 与 E_S 有如下换算关系，即

$$E_0=\beta E_S \tag{4.11}$$

式(4.11)的相关证明如下：

(1) 根据压缩模量定义 $E_S=\frac{\sigma_z}{\varepsilon_z}$，得竖向应变：

$$\varepsilon_z=\sigma_z/E_S \tag{4.12}$$

(2) 根据广义胡克定律，得三向受力情况下的应变为：

$$\varepsilon_x=\frac{\sigma_x}{E_0}-\mu\frac{\sigma_y}{E_0}-\mu\frac{\sigma_z}{E_0}=\frac{\sigma_x}{E_0}-\frac{\mu}{E_0}(\sigma_y+\sigma_z) \tag{4.13a}$$

$$\varepsilon_y=\frac{\sigma_y}{E_0}-\frac{\mu}{E_0}(\sigma_z+\sigma_x) \tag{4.13b}$$

$$\varepsilon_z=\frac{\sigma_z}{E_0}-\frac{\mu}{E_0}(\sigma_x+\sigma_y) \tag{4.13c}$$

注：负号表示伸长。

(3) 在侧限条件下，$\varepsilon_x=\varepsilon_y=0$，由式(4.13a)、式(4.13b)可得：

$$\sigma_x=\sigma_y=\frac{\mu}{1-\mu}\sigma_z \tag{4.14}$$

或

$$\sigma_x=\sigma_y=k_0\sigma_z \tag{4.15}$$

式中　k_0——土的侧压力系数或静止土压力系数（侧限条件下的侧向与竖向有效应力之比）。通过试验测定，当无试验条件时，可采用表 4.1 的经验值。其值一般小于 1，如果地面是经过地质剥蚀作用遗留下来的，或者所考虑的土层曾受过超固结作用（见 4.3.1 节），则 k_0 值也可能大于 1。

表 4.1 k_0、μ、β 经验值

土的种类和状态		k_0	μ	β
碎石土		0.18～0.25	0.15～0.20	0.90～0.95
砂　土		0.25～0.33	0.20～0.25	0.83～0.90
粉　土		0.33	0.25	0.83
粉质黏土	坚硬状态	0.33	0.25	0.83
	可塑状态	0.43	0.30	0.74
	软塑及流塑状态	0.53	0.35	0.62
黏土	坚硬状态	0.33	0.25	0.83
	可塑状态	0.53	0.35	0.62
	软塑及流塑状态	0.72	0.42	0.39

将式(4.14)代入式(4.13c)得：

$$\varepsilon_z=\left(1-\frac{2\mu^2}{1-\mu}\right)\frac{\sigma_z}{E_0} \tag{4.16}$$

(4) 比较式(4.12)与式(4.16)得：

$$\frac{1}{E_S}=\left(1-\frac{2\mu^2}{1-\mu}\right)\frac{1}{E_0}$$

即

$$E_0=\left(1-\frac{2\mu^2}{1-\mu}\right)E_S=\beta E_S$$

必须指出，上式所表示的 E_0 与 E_S 关系，只是理论关系。实际上，由于现场测定 E_0 和室内测定 E_S 时，各有些无法考虑到的因素和无法统一的标准(如两者的加荷速率、压缩稳定标准等)，μ 值也难以精确确定，故式(4.11)不能准确地反映 E_0 与 E_S 之间的实际关系，这在实用中要注意。

4.1.4 旁压试验及旁压模量

上述静载荷试验，对地基土扰动较小，土中应力状态在承载板较大时与实际基础情况比较接近，测出的试验指标能较好地反映土的压缩性质。但静载荷试验工作量大，时间长，如果地下水埋藏较浅、基础埋深很大(基础埋置于地下水位以下时)，则静载荷试验无法使用。在这类情况时，可采用旁压试验。它也是一种原位测试方法，又称为横压试验。它比浅层静载荷试验耗资少，简单轻便，而且能进行深层土的原位测试，深度可达 20 m 以上。

4.1.4.1 试验原理

旁压仪示意图如图 4.12 所示。

(1) 在建筑场地试验地点钻孔，将旁压器放入钻孔中至测试高程。

(2) 用水加压力，使充满水的旁压器圆筒形橡胶膜膨胀，压向四周钻孔孔壁的土体(见图 4.12 中的 A—A 断面)。

(3) 定时测记施加的压力与四周孔壁土体变形值。

(4) 计算地基土的变形模量(亦称旁压模量)及地基承载力等。

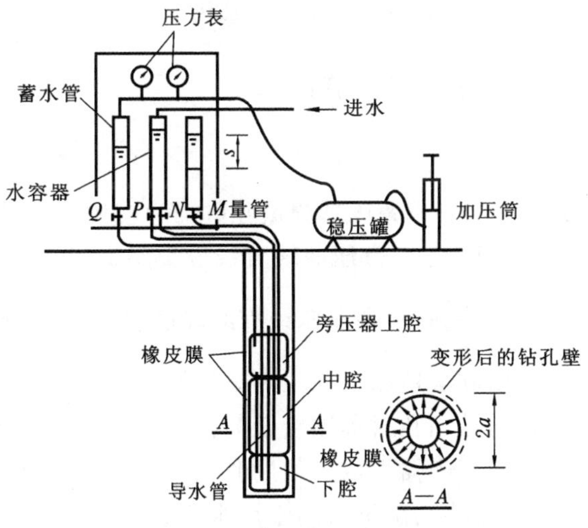

图 4.12 旁压仪示意图

4.1.4.2 试验设备与操作方法

(1) 成孔工具

通常用与旁压仪配套的麻花钻或勺形钻。如果地表有杂填土，麻花钻无法钻进时，可用洛阳铲，要求钻孔竖直、平顺，深度超过测试点标高 0.5 m。

在软土中为避免成孔后缩颈，可采用自钻式旁压仪，即在旁压器下端装置钻头，边钻进，边测试。

(2) 旁压器

关键设备部分，旁压器为一个三腔式圆筒形骨架，外部用一块弹性橡胶膜包起来。其中：中腔为测量腔，长度为 250 mm，外径为 50 mm；上下腔的直径相同，长度稍短，与中腔隔离，为辅助腔，使中腔消除边界影响，而按弹性力学推求时为平面问题。中腔与上、下腔各设一根进水管和一根排气（排水）管，与地面旁压仪表盘上的测压管、压力表相通。

将旁压器顶端接上专用的小直径钻杆，竖向插入钻孔内，使中腔中心准确位于测点标高。

(3) 加压稳压装置

① 加压。常用高压氮气瓶或用手动双筒式打气筒向贮气罐加压。要求压力超过试验采用的压力 100～200 kPa。

② 采用调压阀稳压。转动调压阀至试验所需压力值，相对稳定后，进行逐级加压，由表盘上的精密压力表测记施加的压力值。

(4) 土体变形测量系统

采用透明的有机玻璃制成的一支测管和一支辅管，管子的内截面面积为15.28 cm^2。测管旁边安装刻度为 1 mm 的钢尺，用以测量测管中的水位升降（测量旁压器测量腔体积 V 的变化）。测管和辅管竖直固定在旁压仪的表盘上。各管的上端密封并接通精密压力表，其下端分别连接旁压器中腔与上下腔。

试验在钻孔内进行，将旁压器置于孔内后，用液压迫使旁压器的工作腔不断扩大，对孔壁土体施加压力（横压），迫使孔周围的土变形外挤（图 4.12）；表盘上的透明有机玻璃测管中水位跟着下降。水位下降 1 mm，相当于原钻孔直径为 50 mm 时孔壁土体径向位移为 0.04 mm。

当表盘上的测管水位下降超过限定值时，应立即终止试验，此时孔壁四周土体已经破坏，如继续加压，旁压器的橡胶膜将胀坏。

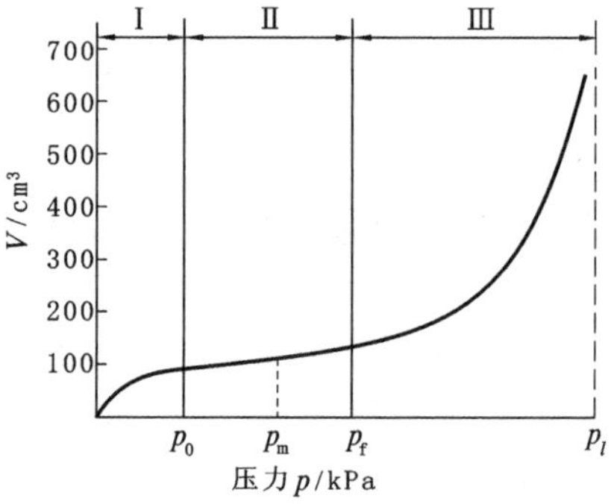

图 4.13　旁压试验 p-V 曲线

4.1.4.3　试验结果的整理计算

旁压试验的成果为 p-V 曲线（图 4.13），该曲线可划分为三个阶段：Ⅰ阶段为初级阶段，为橡皮膜膨胀与孔壁初步接触阶段。若完全紧贴时的压力用 p_0 表示，则 p_0 相当于原位总的水平应力。Ⅱ阶段称为似弹性阶段，这时压力与体积变化量大致呈直线关系，表示土尚处于弹性状态，压力 p_f 为开始屈服的压力，称为临塑压力。Ⅲ阶段为塑性阶段，随着压力增大，土内局部环状区产生塑性变形，表现为体积变化量 V 迅速增加（测管水位迅速下降），最后达到极限压力 p_l。

根据曲线第Ⅱ阶段的坡度（$\Delta p/\Delta V$），可得到土的旁压模量 E_M，其值与土的变形模量 E_0 相近。对于线弹性的各向同性土体，E_M（kPa）可按下式计算：

$$E_M = 2(1+\mu)(V+V_m)\frac{\Delta p}{\Delta V} \tag{4.17}$$

式中　V——旁压器测量腔（中腔）初始固有体积（cm^3）；

V_m——旁压曲线直线段头尾中间的平均扩展体积（cm^3）；

$\frac{\Delta p}{\Delta V}$——旁压曲线直线段的斜率（$kPa/cm^3$）。

该方法适用于原位测试黏性土、粉土、砂土、软质岩石和风化岩石。影响旁压试验的因素很多，其中最重要的是钻孔对周围土壁的扰动。为了减少这种影响，现在发展了自钻式旁压仪，它是在旁压器尖端装一旋转的切削器而成。使用时先用钻机钻到接近预定试验深度，然后将旁压仪放至孔底，一边自行钻孔入土，一边将切削下来的土用水冲成泥浆从导水管送到地面，达到预定深度后，即可进行加压试验。自钻式旁压仪已用于砂土和许多黏性土中，效果较好。

4.2 地基最终沉降量计算

地基最终沉降量是指地基土在建筑荷载作用下，不断产生压缩，直至压缩稳定时地基表面的沉降量。

计算地基沉降量的目的，是在建筑设计中，预知该建筑物建成后将产生的最终沉降量、沉降差、倾斜及局部倾斜，并判断这些地基变形值是否超出允许的范围，以便在建筑物设计时，为采取相应的工程措施提供科学依据，保证建筑物的安全。

计算地基最终沉降量的方法很多，本节主要介绍国内常用的几种方法：分层总和法、《建筑地基基础设计规范》推荐的方法和弹性力学公式。

4.2.1 分层总和法

分层总和法假定地基土为直线变形体，在外荷载作用下的变形只发生在有限厚度的范围内（即压缩层），将压缩层厚度内的地基土分为若干层，分别求出各分层地基的应力，然后用土的应力-应变关系式求出各分层的变形量，总和起来就是地基的最终沉降量。

为了应用第3章附加应力计算公式和室内侧限压缩试验指标，分层总和法特作如下假设：

① 地基土是均质、各向同性的半无限线性体；

② 地基土在外荷载作用下，只产生竖向变形，侧向不发生膨胀变形；

③ 采用基底中心点下的附加应力计算地基变形量。

4.2.1.1 计算原理

分层总和法是先将地基土分为若干水平土层（图4.14），若以基底中心下截面面积为 A、高度为 h_i 的第 i 层小土柱为例[图4.14(b)]，此时土柱上作用有自重应力和附加应力，同图4.6情况类似。但这时（实际情况）的 e_{1i} 应是自重应力 p_{1i} 作用下相应的孔隙比；e_{2i} 应是压力从 p_{1i} 增大到 p_{2i}（相当于自重应力与附加应力之和）时，压缩稳定后的孔隙比。这样按式(4.1)可求得该土层的压缩变形量 Δs_i 为：

$$\Delta s_i = \frac{e_{1i} - e_{2i}}{1 + e_{1i}} h_i$$

求得各分层土的变形后，再累计起来即得地基最终沉降量：

$$s = \sum_{i=1}^{n} \Delta s_i = \sum_{i=1}^{n} \frac{e_{1i} - e_{2i}}{1 + e_{1i}} h_i \tag{4.18}$$

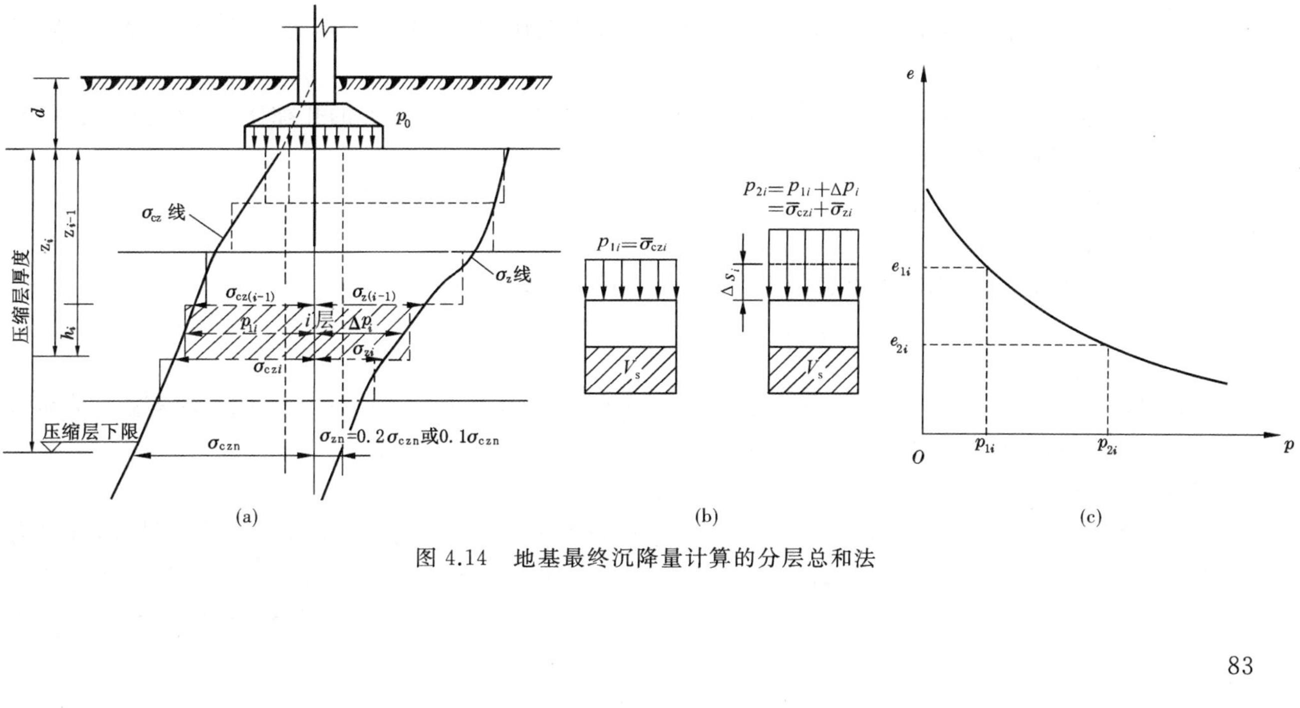

图4.14 地基最终沉降量计算的分层总和法

4.2.1.2 计算步骤

可见，分层总和法物理概念清楚，计算方法简单，但计算过程烦琐，一般按以下步骤进行：

(1) 分层。从基础底面开始将地基土分为若干薄层，分层原则：① 厚度 $h_i \leqslant 0.4b$(b 为基础宽度)；② 天然土层分界处；③ 地下水位处。

(2) 计算基底压力 p 及基底附加压力 p_0：

中心荷载 $$p=\frac{F+G}{A}$$

偏心荷载 $$p_{\min}^{\max}=\frac{F+G}{A}\left(1\pm\frac{6e}{l}\right)$$

$$p_0=p-\gamma_0 d$$

(3) 计算各分层面上土的自重应力 σ_{czi} 和附加应力 σ_{zi}，并绘制分布曲线。

(4) 确定沉降计算深度 z_n。按"应力比"法确定，即

一般土 $$\sigma_{zn}/\sigma_{czn}\leqslant 0.2$$

软土 $$\sigma_{zn}/\sigma_{czn}\leqslant 0.1$$

在沉降计算深度范围内存在基岩时，z_n 可取至基岩表面。

(5) 计算各分层土的平均自重应力 $\bar{\sigma}_{czi}=\frac{\sigma_{cz(i-1)}+\sigma_{czi}}{2}$ 和平均附加应力 $\bar{\sigma}_{zi}=\frac{\sigma_{z(i-1)}+\sigma_{zi}}{2}$，并设 $p_{1i}=\bar{\sigma}_{czi}$，$p_{2i}=\bar{\sigma}_{czi}+\bar{\sigma}_{zi}$。

(6) 按下列任一公式计算每一分层土的变形量 Δs_i：

$$\Delta s_i=\frac{e_{1i}-e_{2i}}{1+e_{1i}}h_i \tag{4.19a}$$

据压缩系数 a 的定义及 $E_S=\frac{1+e_1}{a}$ 关系还有：

$$\Delta s_i=\frac{a_i}{1+e_{1i}}(p_{2i}-p_{1i})h_i \tag{4.19b}$$

$$\Delta s_i=\frac{\bar{\sigma}_{zi}}{E_{Si}}h_i \tag{4.19c}$$

式中 a_i——第 i 层土的压缩系数(MPa^{-1})；

E_{Si}——第 i 层土的侧限压缩模量(MPa)；

e_{1i}——第 i 层土压缩前(自重应力 p_{1i} 作用下)的孔隙比，从该土层的压缩曲线由 p_{1i} 查取，见图4.14(c)；

e_{2i}——第 i 层土压缩终止后(即自重应力与附加应力之和 p_{2i} 作用下)的孔隙比，由 p_{2i} 从该土层的压缩曲线中查取；

h_i——第 i 层土的厚度(m)。

(7) 计算地基最终沉降量 s

将沉降计算深度 z_n 范围内各土层(n 层)压缩变形量 Δs_i 相加，可得：

$$s=\Delta s_1+\Delta s_2+\cdots+\Delta s_n=\sum_{i=1}^{n}\Delta s_i$$

【例 4.1】 柱荷载 $F=851.2$ kN，基础埋深 $d=0.8$ m，基础底面尺寸 $l\times b=8$ m×2 m；地基土层如图4.15 及表 4.2 所示，试用分层总和法计算基础沉降量。

【解】 (1) 地基分层

每层厚度按 $h_i\leqslant 0.4b=0.8$ m，但地下水位处、土层分界面处单独划分，分层进入第Ⅱ土层时，若第④分层取 $h_4=0.6$ m，则此层底面距基底的距离恰好等于 2.4 m，为基础宽度 b 的 1.2 倍，这样可以在计算附加应力时减少做查表内插的工作。从第⑤分层开始便可按 $h_i=0.4b=0.8$ m 继续划分下去，至第Ⅱ土层

(淤泥质土)之底面为止(图 4.15),并作表 4.3。

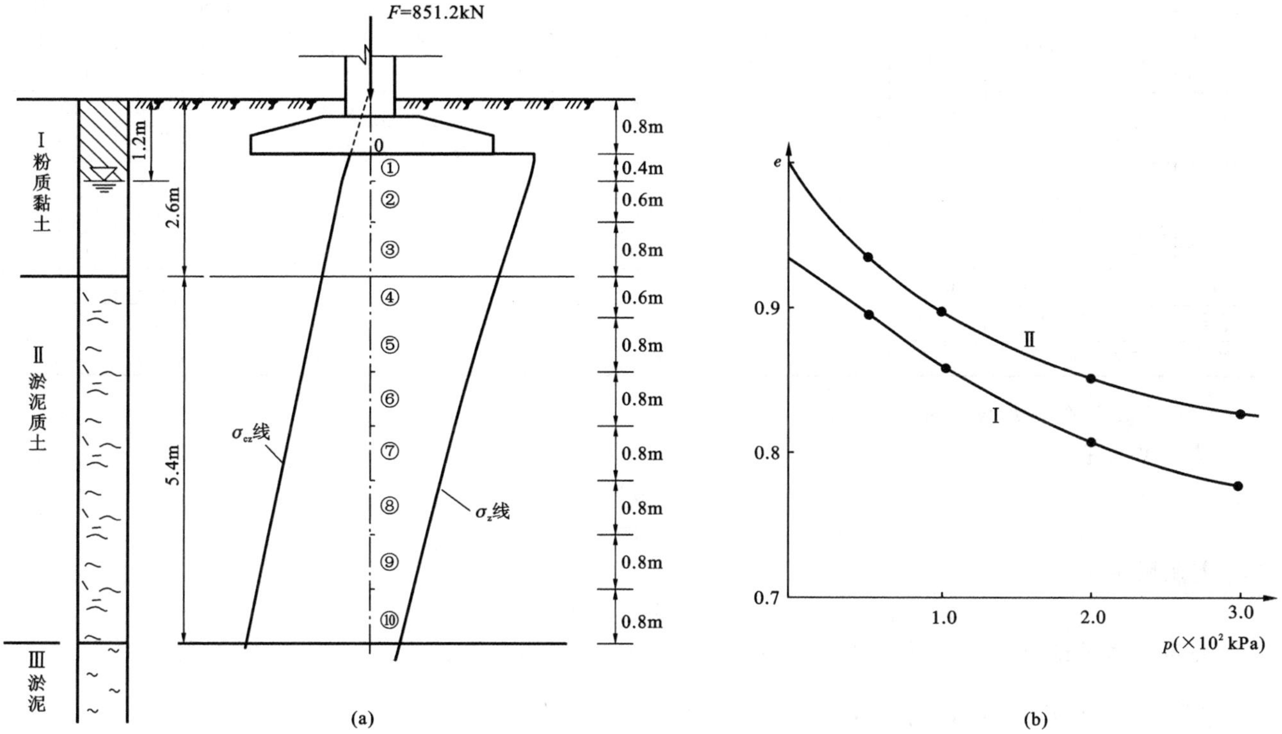

图 4.15　例 4.1 图

表 4.2　土的物理力学指标表

土层	指标										
	土层厚 /m	重度 γ /(kN/m³)	土粒相对密实度 d_s	含水率 w /%	孔隙比 e	塑性指数 I_p	压缩系数 a_{1-2} /(≈10⁻²/kPa)	不同压力下的孔隙比 压力 p/(≈10² kPa) 0.5	1.0	2.0	3.0
褐黄色粉质黏土	2.6	18.3	2.73	33.0	0.942	16.2	0.048	0.889	0.855	0.807	0.773
灰色淤泥质土	5.4	17.9	2.72	37.6	1.177	10.5	0.043	0.925	0.891	0.848	0.823
灰色淤泥	未钻穿	17.6	2.74	42.1	1.289	19.3	0.082	—	—	—	—

(2) 地基竖向自重应力 σ_{czi} 的计算

如 0 点(基底处)　　$\sigma_{cz0}=18.3\times0.8=14.6$ kPa

① 点　　$\sigma_{cz1}=14.6+18.3\times0.4=22.0$ kPa

② 点

$$\sigma_{cz2}=22.0+8.9\times0.6=27.3\ \text{kPa}$$

地下水位以下粉质黏土层应取其有效重度,根据表 4.2 中的指标值换算后,该有效重度为 8.9 kN/m³。其他各点见表 4.3。

表 4.3　用分层总和法计算地基最终沉降量表

分层点编号	深度 z/m	分层厚度 h_i/m	自重应力 σ_{czi}/kPa	深宽比 $z/\left(\frac{b}{2}\right)$	应力系数 α_i	附加应力 σ_{zi}/kPa	平均自重应力 $\bar{\sigma}_{czi}$/kPa	平均附加应力 $\bar{\sigma}_{zi}$/kPa	$\bar{\sigma}_{czi}+\bar{\sigma}_{zi}$ /kPa	孔隙比 e_{1i}	孔隙比 e_{2i}	分层沉降量 Δs_i/cm
0	0		14.6	0	1.000	54.6						
①	0.4	0.4	22.0	0.4	0.976	53.3	18.3	54.0	72.3	0.923	0.873	1.15
②	1.0	0.6	27.3	1.0	0.816	44.6	24.7	49.0	73.8	0.918	0.878	1.25

续表4.3

分层点编号	深度 z/m	分层厚度 h_i/m	自重应力 σ_{czi}/kPa	深宽比 $z\Big/\left(\frac{b}{2}\right)$	应力系数 α_i	附加应力 σ_{zi}/kPa	平均自重应力 $\bar{\sigma}_{czi}$/kPa	平均附加应力 $\bar{\sigma}_{zi}$/kPa	$\bar{\sigma}_{czi}+\bar{\sigma}_{zi}$ /kPa	孔隙比		分层沉降量 Δs_i/cm
										e_{1i}	e_{2i}	
③	1.8	0.8	33.9	1.8	0.584	31.9	30.6	38.2	68.8	0.905	0.880	1.05
④	2.4	0.6	38.6	2.4	0.464	25.3	36.3	28.6	64.9	0.960	0.913	1.44
⑤	3.2	0.8	44.9	3.2	0.348	19.0	41.8	22.2	64.0	0.942	0.915	1.12
⑥	4.0	0.8	51.2	4.0	0.268	14.6	48.1	16.8	64.9	0.926	0.914	0.54
⑦	4.8	0.8	57.6	4.8	0.212	11.6	54.4	13.1	67.5	0.921	0.912	0.38
⑧	5.6	0.8	63.9	5.6	0.174	9.5	60.8	10.6	71.4	0.916	0.909	0.29
⑨	6.4	0.8	70.2	6.4	0.143	7.8	67.1	8.7	75.8	0.912	0.906	0.25
⑩	7.2		76.5	7.2	0.119	6.5	73.4	7.2	80.6	0.907	0.902	0.21

(3) 地基竖向附加应力 σ_{zi} 的计算

基底平均压力

$$p=\frac{F+G}{A}=\frac{851.2+16\times0.8\times20}{16}=69.2\ \text{kPa}$$

基底附加压力

$$p_0=p-\sigma_c=p-\gamma d=69.2-18.3\times0.8=54.6\ \text{kPa}$$

按第3章所述，根据 l/b 和 z/b 查表3.4求取 α 值，则附加应力 $\sigma_z=\alpha p_0$，注意角点法的应用。

如①点：$z=0.4$ m，$z\Big/\left(\frac{b}{2}\right)=0.4$，$l/b=4$，查表得 $\alpha_1=0.244$，$\alpha=4\alpha_1=0.976$

$$\sigma_{z1}=0.976\times54.6=53.3\ \text{kPa}$$

②点：$z=1.0$ m，$z\Big/\left(\frac{b}{2}\right)=1.0$，$l/b=4$，查表得 $\alpha_1=0.204$，$\alpha=4\alpha_1=0.816$

$$\sigma_{z2}=0.816\times54.6=44.6\ \text{kPa}$$

其余分层计算类同，见表4.3。

(4) 地基分层自重应力平均值和附加应力平均值的计算

如第②分层的平均附加应力

$$\bar{\sigma}_{z2}=(\sigma_{z1}+\sigma_{z2})/2=(53.3+44.6)/2=49.0\ \text{kPa}$$

其余分层的计算列于表4.3。

(5) 地基沉降计算深度 z_n 的确定

若按 $\sigma_{zn}\approx0.1\sigma_{czn}$ 计算时，可以估计出压缩层下限深度将在第⑩分层中，即 $z_n=7.2$ m，则在第Ⅱ土层即淤泥质土层的底面处，此时有下面的不等式：

$$6.5\ \text{kPa}<0.1\times76.5=7.65\ \text{kPa}$$

若按 $\sigma_{zn}\approx0.2\sigma_{czn}$ 时，可以估计压缩层深度下限将在第⑦分层处，若取 $z_n=4.8$ m，此时得下列关系

$$11.6\ \text{kPa}\approx0.2\times57.6=11.52\ \text{kPa}$$

此处为淤泥质土，取 $z_n=7.2$ m。

(6) 地基各分层沉降量的计算

先从对应土层的压缩曲线上查出相应于某一分层 i 的平均自重应力（$\bar{\sigma}_{czi}=p_{1i}$）以及平均附加应力与平均自重应力之和（$\bar{\sigma}_{czi}+\bar{\sigma}_{zi}=p_{2i}$）的孔隙比 e_{1i} 和 e_{2i}，代入式(4.19a)计算该分层 i 的变形量 Δs_i：

$$\Delta s_i=\frac{e_{1i}-e_{2i}}{1+e_{1i}}h_i$$

例如第②分层（即 $i=2$），$h_{(2)}=60$ cm。

$\bar{\sigma}_{cz2}=24.5$ kPa，从压缩曲线（Ⅰ）上查得 $e_{1(2)}=0.918$；

$\bar{\sigma}_{cz2}+\bar{\sigma}_{z2}=73.5$ kPa，从同一压缩曲线上查得 $e_{2(2)}=0.878$，则

$$\Delta s_2 = \frac{0.918 - 0.878}{1 + 0.918} \times 60 = 1.25 \text{ cm}$$

其余计算结果见表 4.3。

还可用式(4.19b)的关系式计算 Δs_i，例如，对于上述第②分层数据可得：

$$a_i = a_2 = \frac{e_{1(2)} - e_{2(2)}}{\bar{\sigma}_{z2}} = \frac{0.918 - 0.878}{49.0} = 0.082 \times 10^{-2} \text{kPa}^{-1}$$

$$\Delta s_2 = \frac{a_i}{1 + e_{1i}} \sigma_{zi} h_i = \frac{0.082 \times 10^{-2} \times 49.0 \times 60}{1 + 0.918} = 1.25 \text{ cm}$$

若用 a_{1-2} 计算时，根据表 4.2 得：

$$\Delta s_2 = \frac{0.048 \times 10^{-2} \times 49.0 \times 60}{1 + 0.855} = 0.76 \text{ cm}$$

可见，用不同条件下得到的压缩系数作参数代入计算 Δs_i 时，计算结果差别很大，所以要按实际应力取值。

(7) 计算基础中点总沉降量 s

将压缩层范围内各分层土的变形量 Δs_i 加总起来，便得基础的总的最终沉降量 s。

在本例中，以 $z_n = 7.2$ m 考虑，共有分层数 $n = 10$，所以从表 4.3 数据可得：

$$s = \sum_{i=1}^{10} \Delta s_i = 1.15 + 1.25 + 1.05 + 1.44 + 1.12 + 0.54 + 0.38 + 0.29 + 0.25 + 0.21 = 7.68 \text{ cm}$$

若 $z_n = 4.8$ m，$n = 7$，则得：

$$s = \sum_{i=1}^{7} \Delta s_i = 6.93 \text{ cm}$$

4.2.2 《建筑地基基础设计规范》方法

《建筑地基基础设计规范》(GB 50007—2011)提出的地基沉降计算方法，是一种简化并经修正了的分层总和法(简称规范法)，其关键在于引入了平均附加应力系数的概念，并在总结大量实践经验的基础上，重新规定了地基沉降计算深度的标准及地基沉降计算经验系数。这样既对分层总和法进行了简化，又比较符合实际工程情况。

4.2.2.1 计算原理

设地基土层均匀、压缩模量 E_S 不随深度变化，根据式(4.19c)有：

$$s' = \sum_{i=1}^{n} \frac{\bar{\sigma}_{zi} h_i}{E_{Si}} \tag{4.20}$$

由图 4.16 可见，上式分子 $\bar{\sigma}_{zi} h_i$ 等于第 i 层土附加应力曲线所包围的面积(图中阴影部分)，用符号 A_{3465} 表示，而且有：

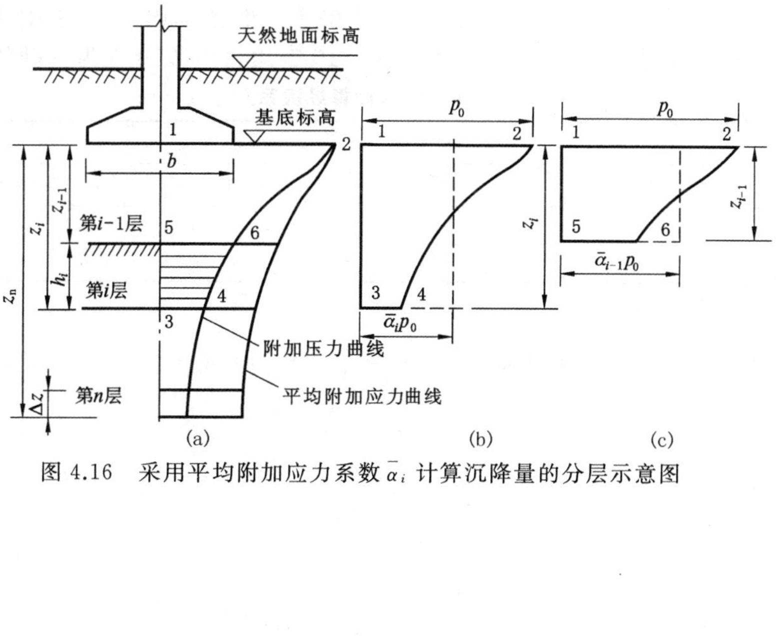

图 4.16　采用平均附加应力系数 $\bar{\alpha}_i$ 计算沉降量的分层示意图

$$A_{3465}=A_{1243}-A_{1265}$$

而应力面积有：
$$A=\int_0^z \sigma_z \mathrm{d}z=p_0\int_0^z \alpha \mathrm{d}z$$

为计算方便，规范法按等面积化为相同深度范围内矩形分布时应力的大小[图 4.16(b)、图 4.16(c)]，而引入平均附加应力系数 $\bar{\alpha}$，即：

$$A_{1243}=\bar{\alpha}_i p_0 z_i$$

则

$$\bar{\alpha}_i=\frac{A_{1243}}{p_0 z_i}=\frac{\int_0^{z_i}\sigma_z \mathrm{d}z}{p_0 z_i}=\frac{p_0\int_0^{z_i}\alpha \mathrm{d}z}{p_0 z_i}=\frac{\int_0^{z_i}\alpha \mathrm{d}z}{z_i}$$

同理

$$A_{1265}=\bar{\alpha}_{i-1}p_0 z_{i-1},\quad \bar{\alpha}_{i-1}=\frac{A_{1265}}{p_0 z_{i-1}}=\frac{\int_0^{z_{i-1}}\alpha \mathrm{d}z}{z_{i-1}}$$

则

$$s'=\sum_{i=1}^{n}\frac{A_{1243}-A_{1265}}{E_{\mathrm{S}i}}=\sum_{i=1}^{n}\frac{p_0}{E_{\mathrm{S}i}}(\bar{\alpha}_i z_i-\bar{\alpha}_{i-1}z_{i-1}) \tag{4.21}$$

式中 $p_0 z\bar{\alpha}$——深度 z 范围内竖向附加应力面积 A 的等代值；

$\bar{\alpha}$——深度 z 范围内平均附加应力系数。

故规范法亦称为应力面积法。

4.2.2.2 沉降计算经验系数和沉降计算

由于 s' 推导时作了近似假定和近似处理，而且对某些复杂因素也难以综合反映，因此将其计算结果与大量沉降观测资料结果进行比较后发现：低压缩性的地基土，s' 计算值偏大；反之，高压缩性地基土，s' 计算值偏小。为此，规范法引入经验系数 ψ_s，对式(4.21)进行修正，即：

$$s=\psi_s s'=\psi_s\sum_{i=1}^{n}\frac{p_0}{E_{\mathrm{S}i}}(\bar{\alpha}_i z_i-\bar{\alpha}_{i-1}z_{i-1}) \tag{4.22}$$

式中 s——地基最终沉降量(mm)；

ψ_s——沉降计算经验系数，根据地区沉降观测资料及经验确定，无地区经验时，也可按表 4.4 取用；

n——地基沉降计算深度范围内所划分的土层数；

p_0——对应于荷载效应准永久组合时的基础底面处的附加压力(kPa)；

$E_{\mathrm{S}i}$——基础底面下第 i 层土的压缩模量(MPa)，应取土的自重压力至土的自重压力与附加压力之和的压力段计算；

z_i, z_{i-1}——基础底面至第 i 层、第 $i-1$ 层土底面的距离(m)；

$\bar{\alpha}_i, \bar{\alpha}_{i-1}$——基础底面计算点至第 i 层、第 $i-1$ 层土底面范围内的平均附加应力系数，矩形基础可按表 4.5 查用，条形基础可取 $l/b=10$ 查用，l 与 b 分别为基础的长边和短边。

表 4.4 沉降计算经验系数 ψ_s

基底附加压力 p_0	E_{S}				
	2.5 MPa	4.0 MPa	7.0 MPa	15.0 MPa	20.0 MPa
$\geqslant f_{\mathrm{ak}}$	1.4	1.3	1.0	0.4	0.2
$\leqslant 0.75 f_{\mathrm{ak}}$	1.1	1.0	0.7	0.4	0.2

注：① f_{ak} 系地基承载力特征值，见第 7 章；

② $\bar{E}_{\mathrm{S}}$ 系沉降计算深度范围内压缩模量的当量值，按 $\bar{E}_{\mathrm{S}}=\dfrac{\sum A_i}{\sum \dfrac{A_i}{E_{\mathrm{S}i}}}$ 计算，其中 $A_i=p_0(z_i\bar{\alpha}_i-z_{i-1}\bar{\alpha}_{i-1})$。

表 4.5　矩形面积上均布荷载下角点的平均竖向附加应力系数 $\bar{\alpha}$

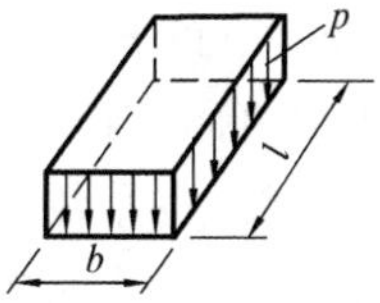

z/b	l/b												
	1.0	1.2	1.4	1.6	1.8	2.0	2.4	2.8	3.2	3.6	4.0	5.0	10.0
0.0	0.2500	0.2500	0.2500	0.2500	0.2500	0.2500	0.2500	0.2500	0.2500	0.2500	0.2500	0.2500	0.2500
0.2	0.2496	0.2497	0.2497	0.2498	0.2498	0.2498	0.2498	0.2498	0.2498	0.2498	0.2498	0.2498	0.2498
0.4	0.2474	0.2479	0.2481	0.2483	0.2483	0.2484	0.2485	0.2485	0.2485	0.2485	0.2485	0.2485	0.2485
0.6	0.2423	0.2437	0.2444	0.2448	0.2451	0.2452	0.2454	0.2455	0.2455	0.2455	0.2455	0.2455	0.2456
0.8	0.2346	0.2372	0.2387	0.2395	0.2400	0.2403	0.2407	0.2408	0.2409	0.2409	0.2410	0.2410	0.2410
1.0	0.2252	0.2291	0.2313	0.2326	0.2335	0.2340	0.2346	0.2349	0.2351	0.2352	0.2352	0.2353	0.2353
1.2	0.2149	0.2199	0.2229	0.2248	0.2260	0.2268	0.2278	0.2282	0.2285	0.2286	0.2287	0.2288	0.2289
1.4	0.2043	0.2102	0.2140	0.2164	0.2190	0.2191	0.2204	0.2211	0.2215	0.2217	0.2218	0.2220	0.2221
1.6	0.1939	0.2006	0.2049	0.2079	0.2099	0.2113	0.2130	0.2138	0.2143	0.2146	0.2148	0.2150	0.2152
1.8	0.1840	0.1912	0.1960	0.1994	0.2018	0.2034	0.2055	0.2066	0.2073	0.2077	0.2079	0.2082	0.2084
2.0	0.1746	0.1822	0.1875	0.1912	0.1938	0.1958	0.1982	0.1996	0.2004	0.2009	0.2012	0.2015	0.2018
2.2	0.1659	0.1737	0.1793	0.1833	0.1862	0.1883	0.1911	0.1927	0.1937	0.1943	0.1947	0.1952	0.1955
2.4	0.1578	0.1657	0.1715	0.1757	0.1789	0.1812	0.1843	0.1862	0.1873	0.1880	0.1885	0.1890	0.1895
2.6	0.1503	0.1583	0.1642	0.1686	0.1719	0.1745	0.1779	0.1799	0.1812	0.1820	0.1825	0.1832	0.1838
2.8	0.1433	0.1514	0.1574	0.1619	0.1654	0.1680	0.1717	0.1739	0.1753	0.1763	0.1769	0.1777	0.1784
3.0	0.1369	0.1449	0.1510	0.1556	0.1592	0.1619	0.1658	0.1682	0.1698	0.1708	0.1715	0.1725	0.1733
3.2	0.1310	0.1390	0.1450	0.1497	0.1533	0.1562	0.1602	0.1628	0.1645	0.1657	0.1664	0.1675	0.1685
3.4	0.1256	0.1334	0.1394	0.1441	0.1478	0.1508	0.1550	0.1577	0.1595	0.1607	0.1616	0.1628	0.1639
3.6	0.1205	0.1282	0.1342	0.1389	0.1427	0.1456	0.1500	0.1528	0.1548	0.1561	0.1570	0.1583	0.1595
3.8	0.1158	0.1234	0.1293	0.1340	0.1378	0.1408	0.1452	0.1482	0.1502	0.1516	0.1526	0.1541	0.1554
4.0	0.1114	0.1189	0.1248	0.1294	0.1332	0.1362	0.1408	0.1438	0.1459	0.1474	0.1485	0.1500	0.1516
4.2	0.1073	0.1147	0.1205	0.1251	0.1289	0.1319	0.1365	0.1396	0.1418	0.1434	0.1445	0.1462	0.1479
4.4	0.1035	0.1107	0.1164	0.1210	0.1248	0.1279	0.1325	0.1357	0.1379	0.1396	0.1407	0.1425	0.1444
4.6	0.1000	0.1070	0.1127	0.1172	0.1209	0.1240	0.1287	0.1319	0.1342	0.1359	0.1371	0.1390	0.1410
4.8	0.0967	0.1036	0.1091	0.1136	0.1173	0.1204	0.1250	0.1283	0.1307	0.1324	0.1337	0.1357	0.1379
5.0	0.0935	0.1003	0.1057	0.1102	0.1139	0.1169	0.1216	0.1249	0.1273	0.1291	0.1304	0.1325	0.1348
5.2	0.0906	0.0972	0.1026	0.1070	0.1106	0.1136	0.1183	0.1217	0.1241	0.1259	0.1273	0.1295	0.1320
5.4	0.0878	0.0943	0.0996	0.1039	0.1075	0.1105	0.1152	0.1186	0.1211	0.1229	0.1243	0.1265	0.1292
5.6	0.0852	0.0916	0.0968	0.1010	0.1046	0.1076	0.1122	0.1156	0.1181	0.1200	0.1215	0.1238	0.1266
5.8	0.0828	0.0890	0.0941	0.0983	0.1018	0.1047	0.1094	0.1128	0.1153	0.1172	0.1187	0.1211	0.1240
6.0	0.0805	0.0866	0.0916	0.0957	0.0991	0.1021	0.1067	0.1101	0.1126	0.1146	0.1161	0.1185	0.1216
6.2	0.0783	0.0842	0.0891	0.0932	0.0966	0.0995	0.1041	0.1075	0.1101	0.1120	0.1136	0.1161	0.1193
6.4	0.0762	0.0820	0.0869	0.0909	0.0942	0.0971	0.1016	0.1050	0.1076	0.1096	0.1111	0.1137	0.1171
6.6	0.0742	0.0799	0.0847	0.0886	0.0919	0.0948	0.0993	0.1027	0.1053	0.1073	0.1088	0.1114	0.1149
6.8	0.0723	0.0779	0.0826	0.0865	0.0898	0.0926	0.0970	0.1004	0.1030	0.1050	0.1066	0.1092	0.1129
7.0	0.0705	0.0761	0.0806	0.0844	0.0877	0.0904	0.0949	0.0982	0.1008	0.1028	0.1044	0.1071	0.1109
7.2	0.0688	0.0742	0.0787	0.0825	0.0857	0.0884	0.0928	0.0962	0.0987	0.1008	0.1023	0.1051	0.1090
7.4	0.0672	0.0725	0.0769	0.0806	0.0838	0.0865	0.0908	0.0942	0.0967	0.0988	0.1004	0.1031	0.1071
7.6	0.0656	0.0709	0.0752	0.0789	0.0820	0.0846	0.0889	0.0922	0.0948	0.0968	0.0984	0.1012	0.1054
7.8	0.0642	0.0693	0.0736	0.0771	0.0802	0.0828	0.0871	0.0904	0.0929	0.0950	0.0966	0.0994	0.1036
8.0	0.0627	0.0678	0.0720	0.0755	0.0785	0.0811	0.0853	0.0886	0.0912	0.0932	0.0948	0.0976	0.1020
8.2	0.0614	0.0663	0.0705	0.0739	0.0769	0.0795	0.0837	0.0869	0.0894	0.0914	0.0931	0.0959	0.1004
8.4	0.0601	0.0649	0.0690	0.0724	0.0754	0.0779	0.0820	0.0852	0.0878	0.0898	0.0914	0.0943	0.0988
8.6	0.0588	0.0636	0.0676	0.0710	0.0739	0.0764	0.0805	0.0836	0.0862	0.0882	0.0898	0.0927	0.0973
8.8	0.0576	0.0623	0.0663	0.0696	0.0724	0.0749	0.0790	0.0821	0.0846	0.0866	0.0882	0.0912	0.0959
9.2	0.0554	0.0599	0.0637	0.0670	0.0697	0.0721	0.0761	0.0792	0.0817	0.0837	0.0853	0.0882	0.0931
9.6	0.0533	0.0577	0.0614	0.0645	0.0672	0.0696	0.0734	0.0765	0.0789	0.0809	0.0825	0.0855	0.0905
10.0	0.0514	0.0556	0.0592	0.0622	0.0649	0.0672	0.0710	0.0739	0.0763	0.0783	0.0799	0.0829	0.0880
10.4	0.0496	0.0537	0.0572	0.0601	0.0627	0.0649	0.0686	0.0716	0.0739	0.0759	0.0775	0.0804	0.0857
10.8	0.0479	0.0519	0.0553	0.0581	0.0606	0.0628	0.0664	0.0693	0.0717	0.0736	0.0751	0.0781	0.0834
11.2	0.0463	0.0502	0.0535	0.0563	0.0587	0.0609	0.0644	0.0672	0.0695	0.0714	0.0730	0.0759	0.0813
11.6	0.0448	0.0486	0.0518	0.0545	0.0569	0.0590	0.0625	0.0652	0.0675	0.0694	0.0709	0.0738	0.0793
12.0	0.0435	0.0471	0.0502	0.0529	0.0552	0.0573	0.0606	0.0634	0.0656	0.0674	0.0690	0.0719	0.0774
12.8	0.0409	0.0444	0.0474	0.0499	0.0521	0.0541	0.0573	0.0599	0.0621	0.0639	0.0654	0.0682	0.0739
13.6	0.0387	0.0420	0.0448	0.0472	0.0493	0.0512	0.0543	0.0568	0.0589	0.0607	0.0621	0.0649	0.0707
14.4	0.0367	0.0398	0.0425	0.0448	0.0468	0.0486	0.0516	0.0540	0.0561	0.0577	0.0592	0.0619	0.0677
15.2	0.0349	0.0379	0.0404	0.0426	0.0446	0.0463	0.0492	0.0515	0.0535	0.0551	0.0565	0.0592	0.0650
16.0	0.0332	0.0361	0.0385	0.0407	0.0425	0.0442	0.0469	0.0492	0.0511	0.0527	0.0540	0.0567	0.0625
18.0	0.0297	0.0323	0.0345	0.0364	0.0381	0.0396	0.0422	0.0442	0.0460	0.0475	0.0487	0.0512	0.0570
20.0	0.0269	0.0292	0.0312	0.0330	0.0345	0.0359	0.0383	0.0402	0.0418	0.0432	0.0444	0.0468	0.0524

尚须注意，表 4.5 给出的是均布矩形荷载角点下的平均竖向附加应力系数，故非角点下的平均附加应力系数 $\bar{\alpha}$，须采用角点法计算，其方法同土中应力计算。另外，有相邻荷载时应考虑其影响。因为地基中附加应力的扩散现象，相邻荷载将使地基产生附加沉降。这部分变形值可按应力叠加原理，也采用角点法计算。若地基土自重固结作用尚未完成，即处于欠固结状态，则地基附加应力中还应包括土体本身的自重作用，详见 4.3.3。当建筑物地下室基础埋置较深时，需要考虑开挖基坑地基土的回弹，该部分回弹变形量的具体计算参见《建筑地基基础设计规范》。

4.2.2.3　地基沉降计算深度 z_n

地基沉降计算深度 z_n，规范法通过"变形比"试算确定，即要求满足：

$$\Delta s_n' \leqslant 0.025 \sum_{i=1}^{n} \Delta s_i' \tag{4.23}$$

式中　$\Delta s_i'$——在计算深度 z_n 范围内，第 i 层土的计算沉降值(mm)；

$\Delta s_n'$——在计算深度 z_n 处向上取厚度为 Δz(图 4.16)土层的计算沉降值(mm)，Δz 按表 4.6 确定。

若按上式计算确定的 z_n 下仍有软弱土层时，在相同压力条件下，变形会增大，故尚应继续往下计算，直至软弱土层中所取规定厚度 Δz 的计算沉降量满足上式为止。

表 4.6　计算厚度 Δz 表

基底宽度 b/m	$\leqslant 2$	$2<b\leqslant 4$	$4<b\leqslant 8$	>8
Δz/m	0.3	0.6	0.8	1.0

当无相邻荷载影响，基础宽度为 1～30 m 时，基础中点的地基沉降计算深度 z_n 也可按下式估算：

$$z_n = b(2.5 - 0.4\ln b) \tag{4.24}$$

式中　b——基础宽度(m)，$\ln b$ 为 b 的自然对数。

此外，当沉降计算深度范围内存在基岩时，z_n 可取至基岩表面。当存在较厚的坚硬黏性土层，其孔隙比小于 0.5、压缩模量大于 50 MPa，或存在较厚的密实砂卵石层，其压缩模量大于 80 MPa 时，z_n 可取至该层土表面。此时，地基土附加应力分布应考虑相对硬层存在的影响，相应的地基变形计算参见《建筑地基基础设计规范》(GB 50007—2011)。

【例 4.2】　柱荷载 $F=1190$ kN，基础埋深 $d=1.5$ m，基础底面尺寸 4 m×2 m，地基土层如图 4.17 所示，试用规范法求该基础的最终沉降量。

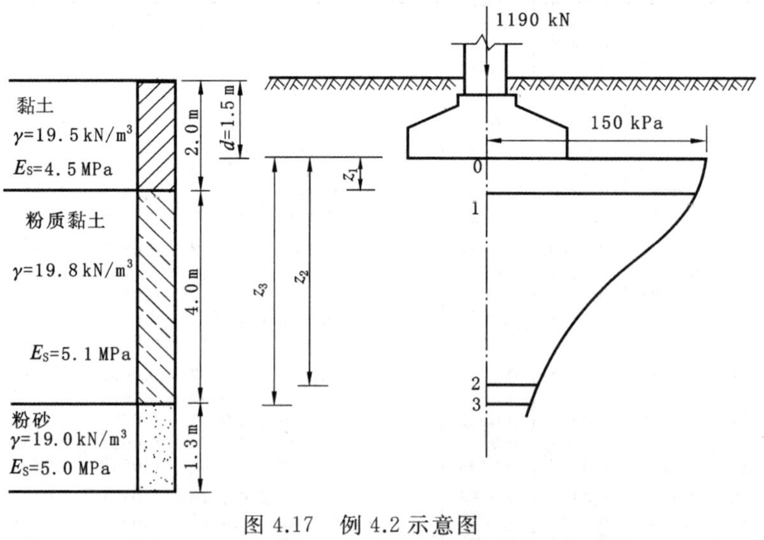

图 4.17　例 4.2 示意图

【解】　(1) 求基底压力和基底附加压力

$$p=\frac{F+G}{A}=\frac{1190+20\times4\times2\times1.5}{4\times2}=178.75\ \text{kPa}\approx179\ \text{kPa}$$

基础底面处土的自重应力

$$\sigma_{cz}=\gamma\times d=19.5\times1.5=29.25\ \text{kPa}\approx29\ \text{kPa}$$

则基底附加压力

$$p_0=p-\sigma_{cz}=179-29=150\ \text{kPa}=0.15\ \text{MPa}$$

(2) 确定沉降计算深度 z_n

因为不存在相邻荷载的影响，故可按式(4.24)估算：

$$z_n=b(2.5-0.4\ln b)=2\times(2.5-0.4\times\ln2)=4.445\ \text{m}\approx4.5\ \text{m}$$

按该深度，沉降量应计算至粉质黏土层底面。

(3) 沉降计算，见表 4.7

表 4.7 用规范法计算基础最终沉降量

点号	z_i /m	l/b	z/b $\left(b=\frac{2.0}{2}\right)$	$\bar{\alpha}_i$	$z_i\bar{\alpha}_i$ /mm	$z_i\bar{\alpha}_i-z_{i-1}\bar{\alpha}_{i-1}$ /mm	$\frac{p_0}{E_{Si}}=\frac{0.15}{E_{Si}}$	Δs_i /mm	$\sum\Delta s_i$ /mm	$\frac{\Delta s_n}{\sum\Delta s_i}\leqslant0.025$
0	0	$\frac{4.0}{2}\Big/\frac{2.0}{2}=2.0$	0	4×0.2500 =1.0000	0					
1	0.50		0.50	4×0.2468 =0.9872	493.60	493.60	0.033	16.29		
2	4.20		4.2	4×0.1319 =0.5276	2215.92	1722.32	0.029	49.95		
3	4.50		4.5	4×0.1260 =0.5040	2268.00	52.08	0.029	1.51	67.75	0.0223

① 求 $\bar{\alpha}$

使用表 4.5 时，因为它是角点下平均附加应力系数，而所需计算的是基础中点下的沉降量，因此查表时要应用“角点法”，将基础分为 4 块相同的小面积，查表时按$\frac{l/2}{b/2}=l/b$、$\frac{z}{b/2}$查，查得的平均附加应力系数应乘以 4。

② z_n 校核

根据规范规定，先由表 4.6 定下 $\Delta z=0.3$ m，计算出 $\Delta s_n=1.51$ mm，并除以 $\sum\Delta s_i$(67.75 mm)，得 $\frac{\Delta s_n}{\sum\Delta s_i}=0.0223\leqslant0.025$，表明所取 $z_n=4.5$ m 符合要求。

(4) 确定沉降经验系数 ψ_s

① 计算 $\bar{E}_S$ 值

$$\bar{E}_S=\frac{\sum A_i}{\sum(A_i/E_{Si})}=\frac{p_0\sum(z_i\bar{\alpha}_i-z_{i-1}\bar{\alpha}_{i-1})}{p_0\sum[(z_i\bar{\alpha}_i-z_{i-1}\bar{\alpha}_{i-1})/E_{Si}]}=\frac{493.60+1722.32+52.08}{\frac{493.60}{4.5}+\frac{1722.32}{5.1}+\frac{52.08}{5.0}}=4.95\ \text{MPa}$$

② ψ_s 值确定

假设 $p_0=f_{ak}$，按表 4.4 插值求得 $\psi_s=1.2$。

③ 基础最终沉降量

$$s=\psi_s\sum\Delta s_i=1.2\times67.75=81.30\ \text{mm}$$

4.2.3 弹性力学方法

弹性半空间体表面作用单个竖向集中力 F 时，任意点 $M(x、y、z)$产生的竖向位移由式(3.17)求得：

位于地基表面的点($z=0$)的位移,即为地表沉降 s(图 4.18):

$$s=w(x,y,0)=\frac{F(1-\mu^2)}{\pi E_0 r}$$

在局部荷载 $p_0(\xi,\eta)$作用下,$M(x,y)$点处引起的沉降 $s(x,y)$(图 4.19)可通过积分求得:

$$s(x,y)=\frac{1-\mu^2}{\pi E_0}\iint_A \frac{p_0(\xi,\eta)\mathrm{d}\xi\mathrm{d}\eta}{\sqrt{(x-\xi)^2+(y-\eta)^2}} \tag{4.25}$$

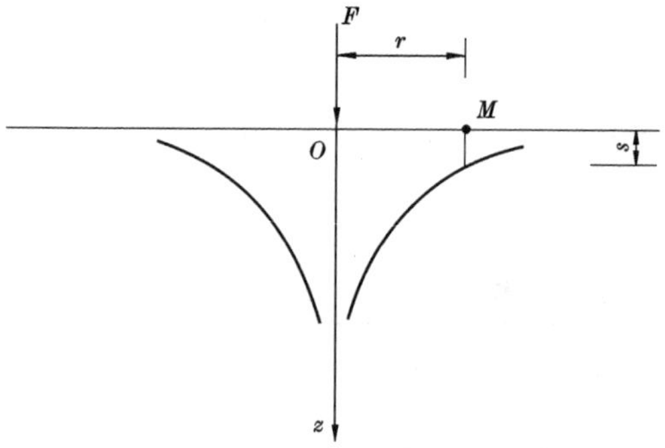

图 4.18　集中力作用下地基表面的沉降曲线

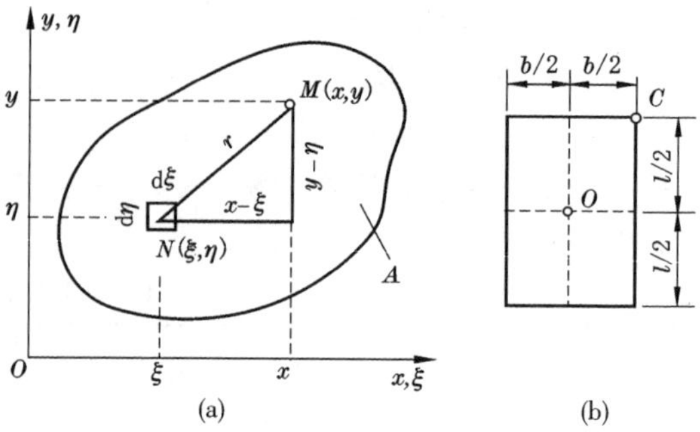

图 4.19　局部柔性荷载下的地面沉降计算

对于均布矩形荷载,$p_0(\xi,\eta)=p_0=$常数,其角点沉降为:

$$s_c=\frac{p_0(1-\mu^2)}{\pi E_0}\left(l\ln\frac{b+\sqrt{l^2+b^2}}{l}+b\ln\frac{l+\sqrt{l^2+b^2}}{b}\right) \tag{4.26}$$

以长宽比 $m=l/b$ 代入上式,则:

$$s_c=\frac{b(1-\mu^2)}{\pi E_0}\left[m\ln\frac{1+\sqrt{m^2+1}}{m}+\ln(m+\sqrt{m^2+1})\right]p_0$$

令 $\omega_c=\frac{1}{\pi}\left[m\ln\frac{1+\sqrt{m^2+1}}{m}+\ln(m+\sqrt{m^2+1})\right]$,称为角点沉降影响系数,则上式可写成:

$$s_c=\omega_c\frac{1-\mu^2}{E_0}bp_0 \tag{4.27}$$

对于矩形均布荷载中心点的沉降、平均沉降和圆形、方形均布荷载以及刚性基础的沉降,一般可归纳成如下弹性力学公式的一般形式:

$$s=\omega\frac{(1-\mu^2)}{E_0}bp_0 \tag{4.28}$$

式中　ω——沉降影响系数,按表 4.8 采用。

表 4.8　沉降影响系数 ω 值

计算点位置		荷载面形状												
		圆形	方形	矩形(l/b)										
		—	1.0	1.5	2.0	3.0	4.0	5.0	6.0	7.0	8.0	9.0	10.0	100.0
柔性基础	ω_c	0.64	0.56	0.68	0.77	0.89	0.98	1.05	1.11	1.16	1.20	1.24	1.27	2.00
	ω_0	1.00	1.12	1.36	1.53	1.78	1.96	2.10	2.22	2.32	2.40	2.48	2.54	4.01
	ω_m	0.85	0.95	1.15	1.30	1.52	1.70	1.83	1.96	2.04	2.12	2.19	2.25	2.70
刚性基础	ω_r	0.79	0.88	1.08	1.22	1.44	1.61	1.72	—	—	—	—	2.12	3.40

表 4.8 中 ω_c、ω_0 和 ω_m 分别为完全柔性基础(均布荷载)角点、中点和平均值的沉降影响系数。ω_r 为刚性基础在轴心荷载作用下(平均压力为 p_0)的沉降影响系数。

刚性基础承受偏心荷载时,沉降后基底为一倾斜平面,基底倾斜的弹性力学公式这里从略。

当地基土符合弹性力学的假设时,按式(4.28)计算则比较符合实际,也较简便。但如果地基土的变形模量随深度增加而增大时,按弹性力学公式计算的结果常偏大。所以,该方法的关键在于所用的 E_0 值能否反映地基变形的真实情况,如从已有建筑物的沉降观测资料获得,则弹性力学方法有应用价值。

4.2.4　最终沉降量计算方法讨论

上述各种计算最终沉降量的方法中，分层总和法概念明确，方便实用，采用侧限条件下的压缩性指标，以有限压缩层（沉降计算深度）范围的分层计算加以总和，对于中小型基础，常取基底轴线下的地基附加应力进行计算，以弥补所采用的侧限压缩性指标偏小的不足。而规范法运用了简化的平均附加应力系数、规定了合理的沉降计算深度（与基础宽度有关），提出了关键的沉降计算经验系数，还有配套的各种建筑物变形特征的地基变形允许值（见第 7.6 节），比较符合实际情况。

这两种方法都是单向压缩的分层总和法，前者按附加应力 σ_z 计算，后者按附加应力图面积计算，原理一样，具体计算时有区别，见表 4.9。

表 4.9　两种地基沉降计算方法比较

内　容	分层总和法	规范法
计算原理	分层计算沉降，叠加。$s=\sum_{i=1}^{n}\Delta s_i$，物理概念明确	采用附加应力面积（即引入平均附加应力系数）法，计算中查表方便
计算公式	$s=\sum_{i=1}^{n}\frac{e_{1i}-e_{2i}}{1+e_{1i}}h_i$　或　$s=\sum_{i=1}^{n}\frac{a_i}{1+e_{1i}}\bar{\sigma}_{zi}h_i$ 或　$s=\sum_{i=1}^{n}\frac{\bar{\sigma}_{zi}}{E_{Si}}h_i$	$s=\psi_s\sum_{i=1}^{n}\frac{p_0}{E_{Si}}(z_i\bar{\alpha}_i-z_{i-1}\bar{\alpha}_{i-1})$
计算结果与实测比较	中等地基 $s_{计}\approx s_{实}$；软弱地基 $s_{计}<s_{实}$；坚实地基 $s_{计}>s_{实}$	引入沉降计算经验系数 ψ_s，使 $s_{计}\approx s_{实}$
沉降计算深度 z_n 的确定	应力比法，即：$\begin{cases}\sigma_{zn}/\sigma_{czn}<0.2（一般土）\\ \sigma_{zn}/\sigma_{czn}<0.1（软土）\end{cases}$	变形比法，即：$\frac{\Delta s_n'}{\sum_{i=1}^{n}\Delta s_i'}\leqslant 0.025$ 或：$z_n=b(2.5-0.4\ln b)$（无相邻荷载时）
计算工作量	① 按每层厚度 $h_i\leqslant 0.4b$ 计算，工作量大；② 需同时计算自重应力和附加应力，且它们均随深度变化，较烦琐	不必计算自重应力，附加应力计算采用积分法，而只需查取相应表格，较简便

弹性力学公式计算最终沉降量，由于是按均质线性变形半空间的假设，而实际地基的压缩层厚度总是有限的，无黏性土地基的变形模量随深度增大而增加，所以使计算结果往往偏大。另外，弹性力学方法还无法考虑相邻基础的影响，但是它可以计算刚性基础在短暂荷载下的相对倾斜以及黏性土的瞬时沉降，这时须注意取用的模量不是土的变形模量而是弹性模量。

4.2.5　地基最终沉降量的组成

在荷载作用下，黏性土地基沉降随时间的变化如图 4.20 所示，经历着三个不同的发展阶段，或者说，总沉降量 s 由三部分组成，即：

$$s=s_d+s_c+s_s \tag{4.29}$$

式中　s_d——瞬时沉降（不排水沉降、畸变沉降）；

s_c——固结沉降（主固结沉降）；

s_s——次固结沉降。

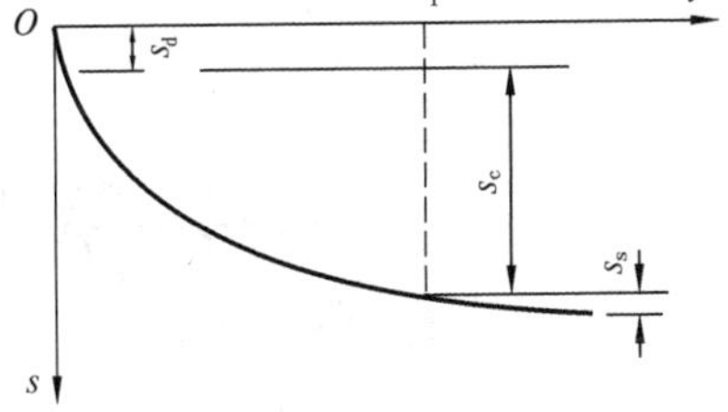

图 4.20　地基沉降的三个组成部分

瞬时沉降是指加荷瞬间土孔隙中水来不及排出，孔隙体积尚未变化，地基土在荷载作用下仅发生剪切变形时的地基沉降。黏性土地基的 s_d 可用弹性力学公式式(4.28)计算，但变形模量 E_0 应改用土的弹性模量 E，因为这一变形阶段体积变化为零，泊松比 $\mu=0.5$。弹性模量可通过室内三轴反复加卸载的不排水试验求得，见 4.1.2.3 节。也可近似采用 $E=(500\sim1000)C_u$ 估算，C_u 为不排水抗剪强度。

固结沉降是指在荷载作用下，随着土孔隙水分的逐渐挤出，孔隙体积相应减少，土体逐渐压密而产生的沉降，通常采用分层总和法计算。

次固结沉降是指土中孔隙水已经消散，有效应力增长基本不变之后仍随时间而缓慢增长所引起的沉

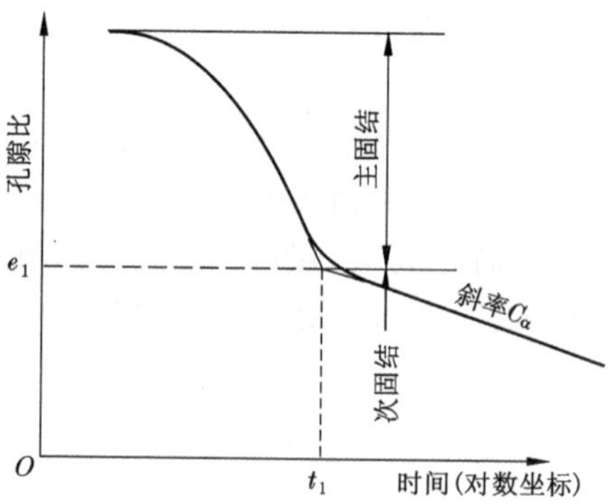

图 4.21　次固结沉降计算时的孔隙比与时间关系曲线

降。其沉降值可由下式计算：

$$s_s=\sum_{i=1}^{n}\frac{H_i}{1+e_{0i}}C_{\alpha i}\lg\frac{t}{t_1} \tag{4.30}$$

式中　$C_{\alpha i}$——第 i 分层土的次固结系数(半对数图上直线段的斜率,见图 4.21),由试验确定;

t——所求次固结沉降的时间,$t>t_1$;

t_1——相当于主固结度为 100%的时间,根据次固结曲线外推而得。

根据许多室内和现场试验结果得出,C_α 值主要取决于土的天然含水率 w,近似计算时可取 $C_\alpha=0.018w$。

上述考虑不同变形阶段的沉降计算方法,对黏性土地基是合适的,特别是饱和软黏土,根据国外一些实测资料表明,应考虑瞬时变形。对含有较多有机质的黏土,次固结沉降历时较长,实践中只能进行近似计算。而对于砂性土地基,由于透水性好,固结完成快,瞬时沉降与固结沉降已分不开,故不适合用此方法估算。

4.3　应力历史对地基沉降的影响

4.3.1　天然土层的应力历史

应力历史是指土在形成的地质年代中经受应力变化的情况。黏性土在形成及存在过程中所经受的地质作用和应力变化不同,所产生的压密过程及固结状态亦不同。根据土的先(前)期固结压力 p_c(天然土层在历史上所承受过的最大固结压力)与现有土层自重应力 $p_1=\gamma z$ 之比,称为“超固结比”(OCR),可把天然土层划分为三种固结状态。

(1) 超固结状态。如图 4.22(a)所示,天然土层在地质历史上受到过的固结压力 p_c 大于目前的上覆压力 p_1,即 OCR>1。这可能是由于地面上升或河流冲刷将其上部的一部分土体剥蚀掉,或古冰川下的土层曾经受过冰荷载(荷载强度为 p_c)的压缩,后来由于气候转暖、冰川融化以致使上覆压力减小等。

(2) 正常固结状态。指的是土层在历史上最大固结压力作用下压缩稳定,但沉积后土层厚度无大变化,以后也没有受到过其他荷载的继续作用。即 $p_c=p_1=\gamma z$,OCR=1,如图 4.22(b)所示。

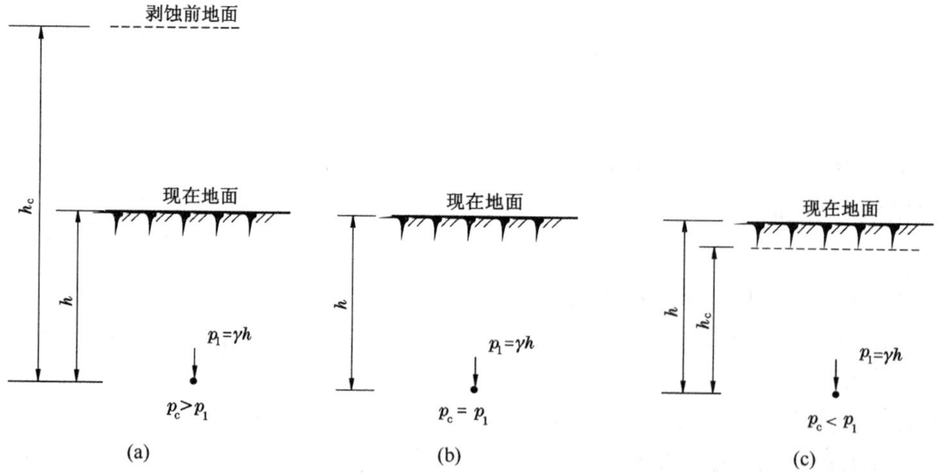

图 4.22　沉积土层按先期固结压力 p_c 分类

(3) 欠固结状态。如图 4.22(c)所示,土层逐渐沉积到现在地面,但没达到固结稳定状态。如新近沉积黏性土、人工填土等。由于沉积后经历年代时间不久,其自重固结作用尚未完成,将来固结完成后的地表如图中虚线所示。因此，p_c（这里 $p_c=\gamma h_c$，h_c 代表固结完成后地面下的计算深度）还小于现有土的自重应力 p_1，故称为欠固结土层。

4.3.2 先期固结压力 p_c 的确定

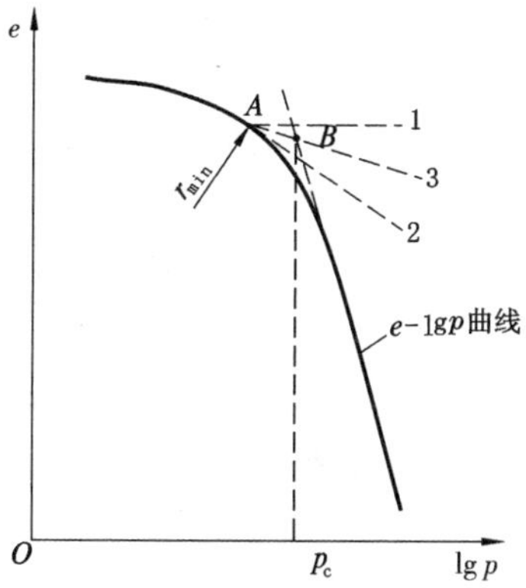

图 4.23 确定先期固结压力 p_c 的卡萨格兰德法

确定 p_c 的方法很多，应用最广的方法是卡萨格兰德（A.Casagrande，1936 年）建议的经验作图法（图 4.23），作图步骤如下：

① 从 e-lg$p$ 曲线上找出曲率半径最小的一点 A，过 A 点作水平线 $A1$ 和切线 $A2$；

② 作∠1A2 的平分线 $A3$，与 e-lg$p$ 曲线中直线段的延长线相交于 B 点；

③ B 点所对应的有效应力就是先期固结压力 p_c。

显然，该法仅适用于 e-lg$p$ 曲线曲率变化明显的土层，否则最小曲率半径 r_{min} 难以确定。此外，e-lg$p$ 曲线的曲率随 e 轴坐标比例的变化而改变，而目前尚无统一的坐标比例，且人为因素影响大，所得 p_c 值不一定可靠。因此确定 p_c 时，一般还应结合场地的地形、地貌等形成历史的调查资料加以判断。

4.3.3 考虑应力历史影响的地基最终沉降计算

由于天然土层应力历史不同，就可能处于不同的固结状态，而固结状态又影响到地基沉降量的大小。例如图 4.22(a)、图 4.22(b)、图 4.22(c)为同一土层，只分别处于不同的固结状态，但在图 4.24 所示压缩曲线上，它们却在不同的点。正常固结时就在图中 a 点位置，超固结时在卸荷回弹曲线上的 b 点，欠固结时在原始压缩曲线上的 c 点。可见，同一土层，由于应力历史不同，则土的压缩特性完全不同，因而在工程中务必考虑天然土层应力历史对地基沉降的影响。为了考虑应力历史对地基沉降的影响，只要在地基沉降计算通常采用的分层总和法中，将土的压缩性指标改从原始压缩曲线（e-lg$p$ 曲线）确定就可以了。所谓原始压缩曲线，是针对我们取原状土和制备土样过程中，不可避免地对土样产生一定的扰动，致使室内的压缩曲线与现场土的压缩特性之间有差别。所以须加以修正，作出原始压缩曲线，获取相应计算指标。

4.3.3.1 正常固结土（$p_1=p_c$）

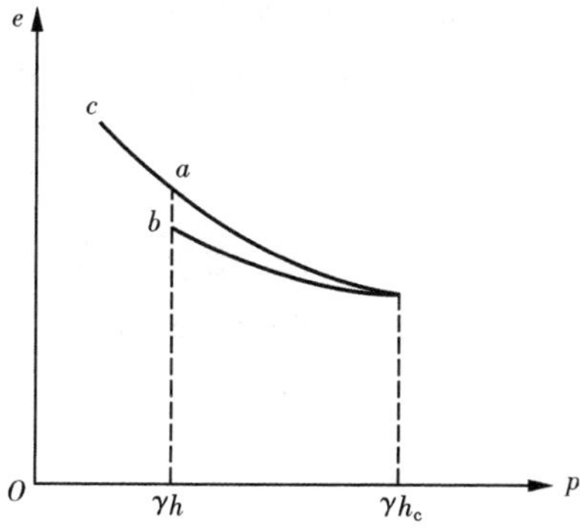

图 4.24 压缩曲线与回弹曲线

计算正常固结土的沉降时，由原始压缩曲线确定压缩指数 C_c 后，按下列公式计算最终沉降：

$$s=\sum_{i=1}^{n}\frac{\Delta e_i}{1+e_{0i}}h_i=\sum_{i=1}^{n}\frac{h_i}{1+e_{0i}}\left[C_{ci}\lg\left(\frac{p_{1i}+\Delta p_i}{p_{1i}}\right)\right] \tag{4.31}$$

式中 Δe_i——由原始压缩曲线确定的第 i 层土的孔隙比变化；

Δp_i——第 i 层土附加应力的平均值（有效应力增量）；

p_{1i}——第 i 层土自重应力的平均值；

e_{0i}——第 i 层土的初始孔隙比；

C_{ci}——从原始压缩曲线确定的第 i 层土的压缩指数；

h_i——第 i 层土的厚度。

其原始压缩曲线如图 4.25 所示，作法为：

① 作室内 e-lg$p$ 曲线，确定 p_c；

② 作 e_0 线，与 p_c 交于 b 点；

③ 作 $e=0.42e_0$ 线得 c 点，连 bc 即为原始压缩曲线；

④ 由 bc 线斜率得压缩指数 C_c。

4.3.3.2 超固结土（$p_1<p_c$）

计算超固结土的沉降时，由原始压缩曲线和原始再压缩曲线分别确定土的压缩指数 C_c 和回弹指

数 C_e。

如图 4.26 所示,原始压缩曲线作法为:

① 作 e-lg$p$ 及 p_c 线;

② 作回弹-再压缩曲线(从 p_i 卸荷至 p_1);

③ 作 e_0 线与 p_1 交于 b_1 点;

④ 作 $b_1b // fg$,由 fg 线斜率得回弹指数 C_e;

⑤ 作 $e=0.42e_0$ 线得 c;

⑥ 连 bc 线即为原始压缩曲线,其直线段斜率为压缩指数 C_c。

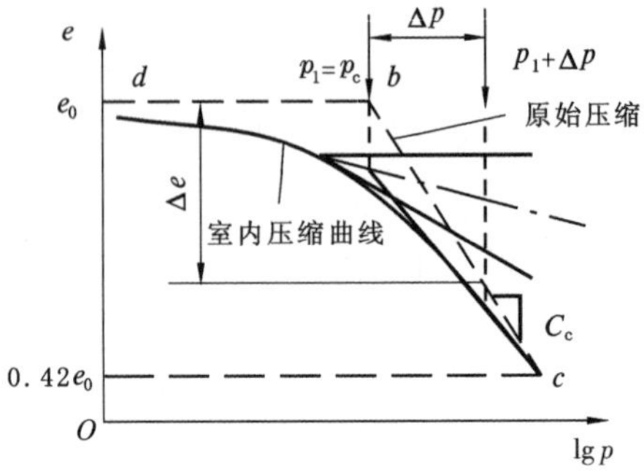

图 4.25　正常固结土的孔隙比变化

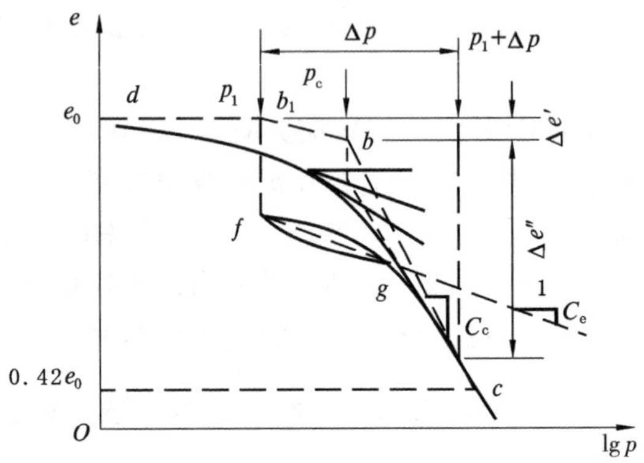

图 4.26　超固结土的孔隙比变化

计算时根据超固结的程度,分下列两种情况进行沉降计算。

(1) 如果某分层土的有效应力增量 $\Delta p>(p_c-p_1)$时(如图 4.26 所示),$\Delta e=\Delta e'+\Delta e''$,则分层土的孔隙比将先沿着原始再压缩曲线 b_1b 段减少 $\Delta e'$,然后沿着原始压缩曲线 bc 段减少 $\Delta e''$,即相应于应力增量的 Δp 的孔隙比变化 Δe 应等于这两部分之和。其中第一部分(相应的有效应力由现有的土自重应力 p_1 增大到先期固结压力 p_c)的孔隙比变化 $\Delta e'$为:

$$\Delta e' = C_e \lg\left(\frac{p_c}{p_1}\right) \tag{4.32}$$

式中　C_e——回弹指数,其值等于原始再压缩曲线的斜率。

第二部分相应的有效应力由 p_c 增大到$(p_1+\Delta p)$时,则该分层土的孔隙比变化 $\Delta e''$为:

$$\Delta e'' = C_c \lg\left(\frac{p_1+\Delta p}{p_c}\right) \tag{4.33}$$

式中　C_c——压缩指数,其值等于原始压缩曲线的斜率。

总的孔隙比变化 Δe 为:

$$\begin{aligned}\Delta e &= \Delta e' + \Delta e'' \\ &= C_e \lg\left(\frac{p_c}{p_1}\right) + C_c \lg\left(\frac{p_1+\Delta p}{p_c}\right)\end{aligned}$$

因此,对于 $\Delta p>(p_c-p_1)$的各分层总沉降量 s_n 为:

$$s_n = \sum_{i=1}^{n} \frac{h_i}{1+e_{0i}}\left[C_{ei} \lg\left(\frac{p_{ci}}{p_{1i}}\right) + C_{ci} \lg\left(\frac{p_{1i}+\Delta p_i}{p_{ci}}\right)\right] \tag{4.34}$$

式中　n——分层计算沉降时,压缩土层中有效应力增量 $\Delta p>(p_c-p_1)$的分层数;

C_{ei},C_{ci}——第 i 层土的回弹指数和压缩指数;

p_{ci}——第 i 层土的先期固结压力。

其余符号意义同前。

(2) 如果分层土的有效应力增量 $\Delta p \leqslant (p_c-p_1)$,则分层土的孔隙比 Δe 只沿着再压缩曲线 b_1b 发生(图 4.26),其大小为:

$$\Delta e = C_e \lg\left(\frac{p_1 + \Delta p}{p_1}\right) \tag{4.35}$$

因此，对于 $\Delta p \leqslant (p_c - p_1)$ 的各分层总沉降量 s_m 为：

$$s_m = \sum_{i=1}^{m} \frac{h_i}{1+e_{0i}}\left[C_{ei}\lg\left(\frac{p_{1i}+\Delta p_i}{p_{1i}}\right)\right] \tag{4.36}$$

式中　m——分层计算沉降时，压缩土层中具有 $\Delta p \leqslant (p_c - p_1)$ 的分层数。

总沉降 s 为上述两部分之和，即

$$s = s_n + s_m \tag{4.37}$$

4.3.3.3　欠固结土($p_1 > p_c$)

欠固结土的孔隙比变化，可近似地按与正常固结土一样的方法求得的原始压缩曲线确定，如图 4.27 所示，其固结沉降应包括两部分：① 由于地基附加应力引起的沉降；② 由土的自重应力作用还将继续固结的沉降。故 Δe_i 计算公式为：

$$\Delta e_i = C_{ci} \lg\left(\frac{p_{1i}+\Delta p_i}{p_{ci}}\right) \tag{4.38}$$

总沉降量 s 为：

$$s = \sum_{i=1}^{n} \frac{h_i}{1+e_{0i}}\left[C_{ci}\lg\left(\frac{p_{1i}+\Delta p_i}{p_{ci}}\right)\right] \tag{4.39}$$

式中　p_{ci}——第 i 层土的实际有效压力，小于土的自重压力 p_{1i}。

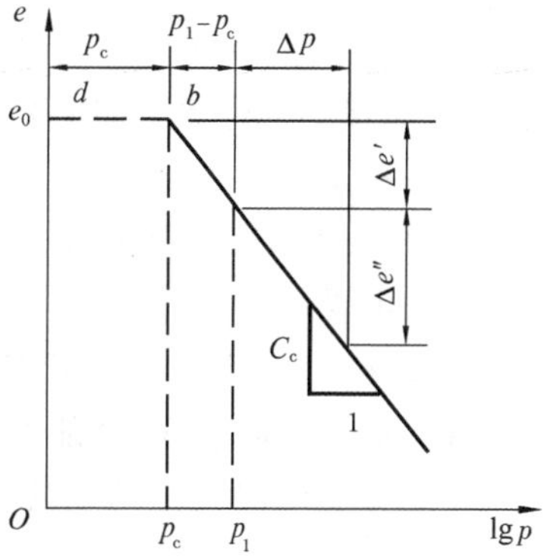

图 4.27　欠固结土的孔隙比变化

可见，若按正常固结土层计算欠固结土的沉降，所得结果可能远小于实际观测的沉降量。

4.4　地基变形与时间的关系

上述地基沉降计算为地基的最终沉降量，是指外荷载在地基中产生的附加应力作用下，地基受压层中的孔隙发生压缩达到稳定后的沉降量。但有时需要预计建筑物在施工期间和使用期间的地基沉降量，例如设计预留建筑物有关部分之间的净空，考虑连接方法和施工顺序。尤其对发生裂缝、倾斜等事故的建筑物，更需要了解当时的沉降和预计今后沉降的发展，即需了解地基沉降的过程，讨论地基变形与时间的关系。

碎石土和砂土的透水性好，其变形所经历的时间很短，可以认为在外荷载施加完毕(如建筑物竣工)时，其变形已稳定；对于黏性土，完成固结所需时间就比较长，在深厚饱和软黏土中，其固结变形需要经过几年甚至几十年才能完成。所以，下面只讨论饱和土的变形与时间关系。

4.4.1　饱和土的渗透固结

前已指出，饱和黏土在压力作用下，孔隙水将随时间的迁延而逐渐被排出，同时孔隙体积也随之缩小，这一过程称为饱和土的渗透固结。渗透固结所需时间的长短与土的渗透性和土层厚度有关，土的渗透性愈小、土层愈厚，孔隙水被挤出所需的时间就愈长。

饱和土的渗透固结，可借助图 4.28 所示的弹簧-活塞模型来说明。在一个盛满水的圆筒中，装一个带有弹簧的活塞，弹簧表示土的颗粒骨架，圆筒内的水表示土中的自由水，带孔的活塞则表征土的透水性。由于模型中只有固、液两相介质，则对于外力 σ_z 的作用只能是水与弹簧两者来共同承担。设其中的弹簧承担的压力为有效应力 σ'，圆筒中的水承担的压力为孔隙水压力 u，按照静力平衡条件，应有：

$$\sigma_z = \sigma' + u \tag{4.40}$$

很明显，式(4.40)的物理意义是土的孔隙水压力 u 与有效应力 σ' 对外力 σ_z 的分担作用，它与时间有关。

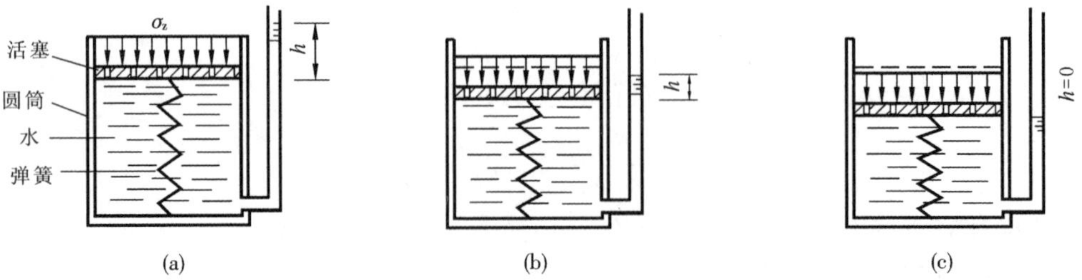

图 4.28　饱和土的渗透固结模型

(a) $t=0, u=\sigma_z, \sigma'=0$;(b) $0<t<+\infty, u+\sigma'=\sigma_z, \sigma'>0$;(c) $t=\infty, u=0, \sigma'=\sigma_z$

(1) 当 $t=0$ 时,即活塞顶面骤然受到压力 σ_z 作用的瞬间,水来不及排出[图 4.28(a)],水的侧限压缩模量远大于弹簧的弹性系数,所以弹簧来不及变形,基本上没有受力,而增加的压力必须由活塞下面的水承担,即:$u=\sigma_z, \sigma'=0$。

(2) 当 $t>0$ 时,随着荷载作用时间的迁延,受到超静水压力的水开始从活塞排水孔中排出,活塞下降,弹簧开始承受一部分压力 σ',并逐渐增长;而相应地 u 则逐渐减小。总之,$u+\sigma'=\sigma_z$,而 $u<\sigma_z, \sigma'>0$。

(3) 当 $t\rightarrow\infty$ 时(代表"最终"时间),水从排水孔中充分排出,超静水压力为零($h=0$),孔隙水压力完全消散,活塞最终下降到 σ_z 全部由弹簧承担,饱和土的渗透固结完成。即:$\sigma_z=\sigma', u=0$。

可见,饱和土的渗透固结也就是孔隙水压力逐渐消散和有效应力相应增长的过程。

4.4.2 太沙基一维固结理论

为了求得饱和土层在渗透固结过程中某一时间的变形,通常采用太沙基提出的一维固结理论进行计算。其适用条件为荷载面积远大于压缩土层的厚度,地基中孔隙水主要沿竖向渗流。对于堤坝及其地基,孔隙水主要沿两个方向渗流,属于二维固结问题;对于高层建筑,则应考虑三维固结问题。

4.4.2.1 一维固结微分方程

设厚度为 H 的饱和黏土层(图 4.29),顶面是透水层,底面是不透水和不可压缩层,假设该饱和土层在自重应力作用下的固结已经完成,现在顶面受到一次骤然施加的无限均布荷载 p_0 作用。由于土层厚度远小于荷载面积,故土中附加应力图形将近似地取作矩形分布,即附加应力不随深度而变化。但是孔隙压力 u(另一方面也是有效应力 σ')却是坐标 z 和时间 t 的函数。即 σ' 和 u 分别写为$\sigma'_{z,t}$和 $u_{z,t}$。

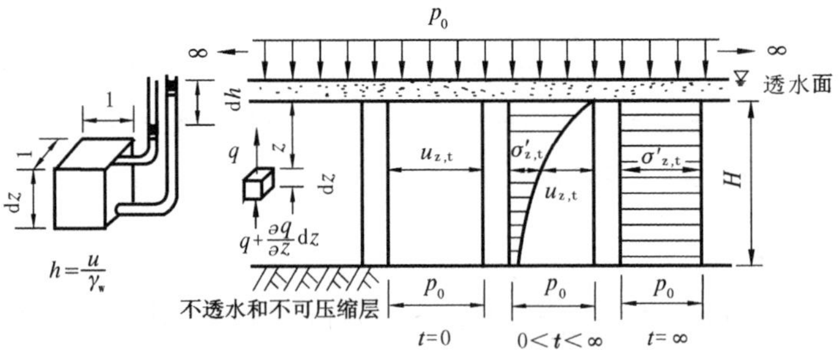

图 4.29　饱和土层的固结过程

为了便于分析固结过程,作如下假设:

① 土中水的渗流只沿竖向发生,而且渗流服从达西定律,土的渗透系数 k 为常数。

② 相对于土的孔隙,土颗粒和土中水都是不可压缩的,因此,土的变形仅是孔隙体积压缩的结果,而土的压缩服从式(4.3)和式(4.4)所表达的压缩定律。

③ 土是完全饱和的,土的体积压缩量同土孔隙中排出的水量相等,而且压缩变形速率取决于土中水的渗流速率。

现从饱和土层顶面下深度 z 处取一微单元体 $1\times1\times dz$ 来考虑:

(1) 单元体的渗流条件

由于渗流自下而上进行，设在外荷施加后某时刻 t 流入单元体的水量为 $\left(q+\dfrac{\partial q}{\partial z}\mathrm{d}z\right)\mathrm{d}t$，流出单元体的水量为 $q\mathrm{d}t$，所以在 $\mathrm{d}t$ 时间内，流经该单元体的水量变化(被挤出的孔隙水量)为：

$$\left(q+\frac{\partial q}{\partial z}\mathrm{d}z\right)\mathrm{d}t-q\mathrm{d}t=\frac{\partial q}{\partial z}\mathrm{d}z\mathrm{d}t \tag{4.41}$$

根据达西定律，可得单元体过水面积 $A=1\times1$ 的流量 q 为：

$$q=vA=ki=k\frac{\partial h}{\partial z}=\frac{k}{\gamma_w}\times\frac{\partial u}{\partial z} \tag{4.42}$$

代入式(4.41)得

$$\frac{\partial q}{\partial z}\mathrm{d}z\mathrm{d}t=\frac{k}{\gamma_w}\times\frac{\partial^2 u}{\partial z^2}\mathrm{d}z\mathrm{d}t \tag{4.43}$$

(2) 单元体的变形条件

在 $\mathrm{d}t$ 时间内，单元体孔隙体积 V_v 随时间的变化量(减小)为：

$$\frac{\partial V_v}{\partial t}\mathrm{d}t=\frac{\partial}{\partial t}\left(\frac{e}{1+e_0}\right)\mathrm{d}z\mathrm{d}t=\frac{1}{1+e_0}\times\frac{\partial e}{\partial t}\mathrm{d}z\mathrm{d}t \tag{4.44}$$

考虑到微单元体土粒体积 $\dfrac{1}{1+e_0}\times1\times1\times\mathrm{d}z$ 为不变的常数，而：

$$\mathrm{d}e=-a\mathrm{d}p=-a\mathrm{d}\sigma'$$

$$\frac{\partial e}{\partial t}=-a\frac{\partial(p_0-u)}{\partial t}=a\frac{\partial u}{\partial t} \tag{4.45}$$

将式(4.45)代入式(4.44)，有：

$$\frac{\partial V_v}{\partial t}\mathrm{d}t=\frac{a}{1+e_0}\times\frac{\partial u}{\partial t}\times\mathrm{d}z\mathrm{d}t \tag{4.46}$$

(3) 单元体的渗流连续条件

由于土颗粒和水是不可压缩的，故根据连续条件，在 $\mathrm{d}t$ 时间内，该单元体内排出的水量(水量的变化)应等于单元体孔隙的压缩量(孔隙的变化量)，即：

$$\frac{\partial q}{\partial z}\mathrm{d}z\mathrm{d}t=\frac{\partial V_v}{\partial t}\mathrm{d}t$$

$$\frac{k}{\gamma_w}\times\frac{\partial^2 u}{\partial z^2}\mathrm{d}z\mathrm{d}t=\frac{a}{1+e_0}\times\frac{\partial u}{\partial t}\mathrm{d}z\mathrm{d}t$$

令

$$C_v=\frac{k(1+e_0)}{a\gamma_w} \tag{4.47}$$

得

$$C_v\frac{\partial^2 u}{\partial z^2}=\frac{\partial u}{\partial t} \tag{4.48}$$

上式即为饱和土的一维固结微分方程。

式中　C_v——土的竖向固结系数(下标 v 表示是竖向渗流的固结)，由室内固结(压缩)试验确定，详见土工实验操作规程；

k,a,e_0——渗透系数、压缩系数和土的初始孔隙比。

式(4.48)微分方程，一般可用分离变量法求解，解的形式可以用傅立叶级数表示。现根据图 4.29 的初始条件(开始固结时的附加应力分布情况)和边界条件(可压缩土层顶、底面的排水条件)有：

当 $t=0$ 和 $0\leqslant z\leqslant H$ 时，$u=\sigma_z=p_0$；

$0<t<\infty$ 和 $z=0$(透水面)时，$u=0$；

$0 < t < \infty$和 $z = H$(不透水面)时,$\dfrac{\partial u}{\partial z} = 0$;

$t = \infty$和 $0 \leqslant z \leqslant H$ 时,$u = 0$。

根据以上初始条件和边界条件,采用分离变量法可求得式(4.48)的特解为:

$$u_{z,t} = \frac{4}{\pi}\sigma_z \sum_{m=1}^{\infty} \frac{1}{m}\sin\left(\frac{m\pi z}{2H}\right) e^{-\frac{m^2\pi^2}{4}T_v} \tag{4.49}$$

式中 $u_{z,t}$——深度 z 处某一时刻 t 的孔隙水压力。

m——正奇整数(1,3,5,…)。

e——自然对数的底。

H——压缩土层最远的排水距离,当土层为单面排水时,H 取土层的厚度;双面排水,水由土层中心分别向上下两方向排出,此时 H 应取土层厚度之半。

T_v——竖向固结时间因数,无因次。

$$T_v = \frac{C_v t}{H^2} \tag{4.50}$$

式中 t——时间。

4.4.2.2 固结度

为求出地基土任意时刻 t 的固结沉降量,还需了解固结度的概念。地基在荷载作用下,历经时间 t 的固结沉降量 s_{ct} 与其最终沉降量 s_c 之比称为固结度,即

$$U_t = \frac{s_{ct}}{s_c} \tag{4.51}$$

或

$$s_{ct} = U_t \cdot s_c$$

式中,s_c 可参照分层总和法计算,而 s_{ct} 则取决于土中的有效应力值,所以

$$U_t = \frac{\dfrac{a}{1+e}\displaystyle\int_0^H \sigma'_{z,t}\mathrm{d}z}{\dfrac{a}{1+e}\displaystyle\int_0^H \sigma_z \mathrm{d}z} = \frac{\displaystyle\int_0^H \sigma_z \mathrm{d}z - \int_0^H u_{z,t}\mathrm{d}z}{\displaystyle\int_0^H \sigma_z \mathrm{d}z} = 1 - \frac{\displaystyle\int_0^H u_{z,t}\mathrm{d}z}{\displaystyle\int_0^H \sigma_z \mathrm{d}z} \tag{4.52}$$

式(4.52)适用于任意 σ_z 分布和地基排水条件的情况,它表明土层的固结度也就是土中孔隙水压力向有效应力转化过程的完成程度。显然,固结度随固结过程逐渐增大,由 $t=0$ 时为 0 而增至 $t=\infty$时为 1。

将式(4.49)代入式(4.52)积分可得:

$$U_t = 1 - \frac{8}{\pi^2}\sum_{m=1}^{\infty}\frac{1}{m^2}e^{-\frac{m^2\pi^2}{4}T_v} \tag{4.53}$$

或

$$U_t = 1 - \frac{8}{\pi^2}\left[e^{-\frac{\pi^2}{4}T_v} + \frac{1}{9}e^{-9\left(\frac{\pi^2}{4}\right)T_v} + \cdots\right]$$

上式为一收敛很快的级数,当 $U_t > 30\%$时可近似地取前两项,即:

$$U_t = 1 - \frac{8}{\pi^2}e^{-\pi^2 T_v/4} \tag{4.54}$$

显然,固结度 U_t 是时间因数 T_v 的函数,为了便于实用,可按式(4.52)绘制各种不同附加应力分布及排水条件下的 U_t 与 T_v 的关系曲线,如图 4.30 所示。

对于起始超静水压力沿土层深度为线性变化的情况,如图 4.31 中情况 1 和情况 3,同理可根据此时的边界条件,解微分方程(4.48),并积分得各自固结度 U_t。而对于情况 2、情况 4 的固结度,可利用情况 0、1、3 的 U_t-T_v 关系式推算,具体过程略。其中,需引入系数 α,其定义为 $\alpha = \dfrac{\sigma_z'}{\sigma_z''}$,$\sigma_z'$表示排水面附加应力,$\sigma_z''$表示不透水面附加应力。

实际工程中,作用于饱和土层中的起始超静水压力(另一方面也是有效应力 σ')分布情况比较复杂,但实用上可以足够准确地把实际上可能遇到的起始超静水压力近似地分为下面五种情况处理(图 4.31):

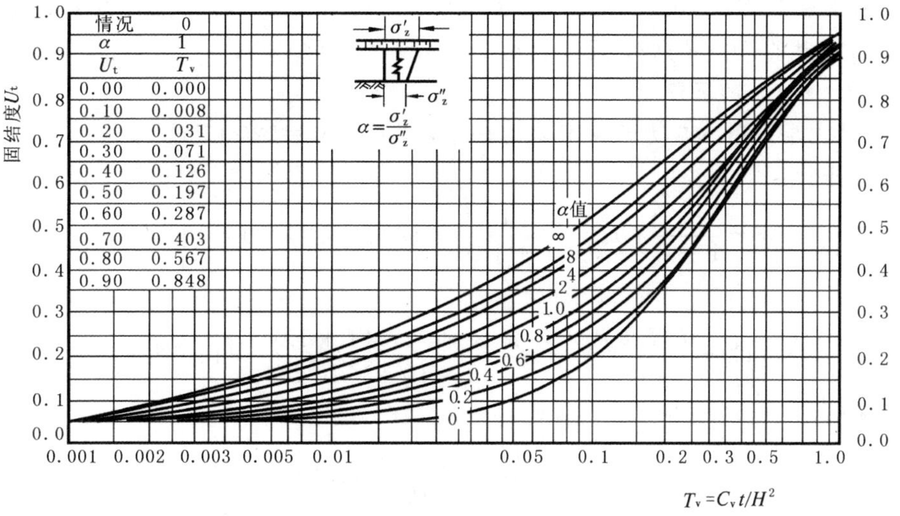

图 4.30 固结度 U_t 与时间因数 T_v 的关系曲线

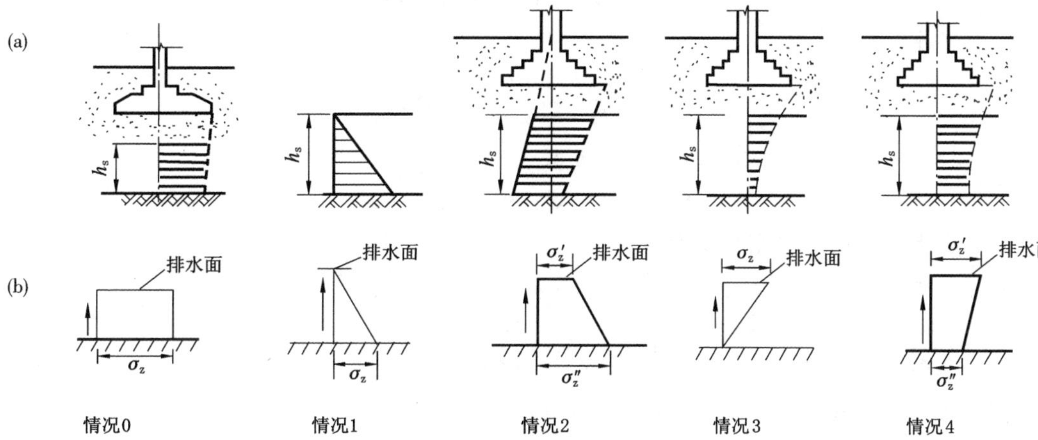

图 4.31 固结土层中的起始压应力分布(单面排水)

(a) 实际图形;(b) 简化图形(箭头表示水流方向)

情况 0:$\alpha=1$,应力图形为矩形。适用于土层已在自重应力作用下固结,基础底面积较大而压缩层较薄的情况。

情况 1:$\alpha=0$,应力图形为三角形。这相当于大面积新填土层(饱和时)由于本土层自重应力引起的固结;或者土层由于地下水大幅度下降,在地下水变化范围内,自重应力随深度增加的情况。

情况 2:$\alpha<1$,适用于土层在自重应力作用下尚未固结,又在其上修建建筑物基础的情况。

情况 3:$\alpha=\infty$,基底面积小,土层厚,土层底面附加应力已接近 0 的情况。

情况 4:$\alpha>1$,土层厚度 $h_s>b/2$(b 为基础宽度),附加应力随深度增加而减少,但深度 h_s 处的附加应力大于 0。

以上情况都是单面排水,若是双面排水,则不管附加应力分布如何,只要是线性分布,均按情况 0 计算,但在时间因数的式子中以 $H/2$ 代替 H 即可。

由此,地基固结过程中任意时刻的沉降量可按下列步骤求得:

① 计算地基附加应力沿深度的分布;

② 计算地基最终沉降量;

③ 计算土层的竖向固结系数和时间因数;

④ 求解地基固结过程中某一时刻 t 的沉降量,或沉降量达某已知数值时所需的时间。

【例 4.3】 某饱和黏土层的厚度为 10 m,在大面积(20 m×20 m)荷载 $p_0=120$ kPa 作用下,土层的初

始孔隙比 $e_0=1.0$，压缩系数 $a=0.3\ \mathrm{MPa^{-1}}$，渗透系数 $k=18\ \mathrm{mm/a}$。按黏土层在单面或双面排水条件下分别求：(1) 加荷 1 a 时的沉降量；(2) 沉降量达 140 mm 所需的时间。

【解】 (1)求 $t=1$ a 时的沉降量

大面积荷载，黏土层中附加应力沿深度均匀分布，即 $\sigma_z=p_0=120$ kPa。

黏土层最终沉降量：

$$s=\frac{a}{1+e_0}\sigma_z H=\frac{3\times 10^{-4}}{1+1.0}\times 120\times 10^3\times 10=180\ \mathrm{mm}$$

竖向固结系数：

$$C_v=\frac{k(1+e_0)}{a\gamma_w}=\frac{1.8\times 10^{-2}\times(1+1.0)}{3\times 10^{-4}\times 10}=12\ \mathrm{m^2/a}$$

对于单面排水：

时间因数 $$T_v=\frac{C_v t}{H^2}=\frac{12\times 1}{10^2}=0.12$$

由图 4.31 中的情况 0，查图 4.30 中曲线 $\alpha=1$，得相应的固结度 $U_t=40\%$；那么 $t=1$ a 时的沉降量：

$$s_t=0.4\times 180=72\ \mathrm{mm}$$

如果是双面排水，时间因数：

$$T_v=\frac{C_v t}{H^2}=\frac{12\times 1}{5^2}=0.48$$

同理，由图 4.30 中查得 $U_t=75\%$，1 a 的沉降量：

$$s_t=0.75\times 180=135\ \mathrm{mm}$$

(2) 求沉降量达 140 mm 时所需时间

固结度由定义得：

$$U_t=\frac{s_t}{s_\infty}=\frac{140}{180}=0.78$$

由图 4.30 仍按 $\alpha=1$ 查得 $T_v=0.53$，所需的时间为：

在单面排水条件下：

$$t=\frac{T_v H^2}{C_v}=\frac{0.53\times 10^2}{12}=4.4\ \mathrm{a}$$

在双面排水条件下：

$$t=\frac{T_v H^2}{C_v}=\frac{0.53\times 5^2}{12}=1.1\ \mathrm{a}$$

可见，达同一固结度时，双面排水比单面排水所需时间短得多，只需单面排水的 1/4 时间。

4.4.3 实测沉降-时间关系的经验公式

由于分析沉降与时间关系的固结理论所做的各种简化与假设，以及室内确定的土的物理力学性质与工程实际存在一定的差距，使得计算结果难以与实际情况相吻合。因此，仔细分析已获得的沉降观测资料，找出具有一定实用价值的变形规律，用经验公式来估算地基沉降与时间关系，以便更准确地估算地基最终沉降量的大小及达此沉降量的相应时间，具有十分重要的意义。

在工程实践中，根据实测的沉降与时间资料表明，饱和黏性土地基的实测关系大多数呈双曲线或对数曲线关系，如图 4.32 所示。用已有的资料可以确定这些曲线的参数以及最终沉降量。

(1) 双曲线公式

假定沉降与时间 t 呈双曲线关系，即：

$$s_t=\frac{t}{\alpha+t}s \tag{4.55}$$

式中　s——待定的地基最终沉降量；

s_t——t 时刻地基实测沉降量，根据修正曲线从施工期的一半算起（图 4.32）；

α——待定的经验参数。

显然，在上式中若令 $y=t/s_t$，$a=1/s$，$b=a\alpha$，则 $y=at+b$ 为一线性方程，因此可根据实测点，采用线性回归（最小二乘法）求得 a、b 值，再求出 α 及 s 值，即可推算任一时刻 t 时的沉降量 s_t。

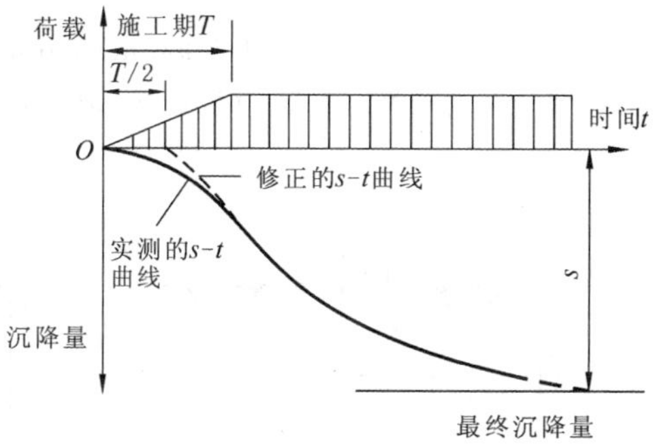

图 4.32　实测沉降与时间关系曲线

（2）对数曲线公式

由式（4.54）可知，不同条件的固结度 U_t 可用一个普遍表达式概括为：

$$U_t=1-a\mathrm{e}^{-bt} \tag{4.56}$$

或

$$s_{ct}=(1-a\mathrm{e}^{-bt})s_c \tag{4.57}$$

式中 a 和 b 是两个参数，由式（4.54）可见：$a=\dfrac{8}{\pi^2}$为一常数，而 b 则与时间因数 T_v、排水距离 H 等有关。若把 a 和 b 作为实测的变形与时间关系曲线中的参数，则其值是待定的，另外，式（4.57）中还有最终沉降量 s_c 也要确定。

为此，我们利用实测的沉降-时间关系曲线，在后半段中任取三组对应的 s、t 值，建立三个联立方程，并可解得三个未知数 a、b 和 s_c。再代回式（4.57），即可推出任一时刻 t 时的沉降量 s_{ct}。也可采用最优原理定出参数 a、b 及 s_c。

思　考　题

4.1　压缩系数 a 和压缩指数 C_c 的物理意义是什么？a 是否为一个定值？工程上为何用 $a_{1\text{-}2}$ 进行土层压缩性能的划分？

4.2　压缩模量 E_S 与变形模量 E_0 有何异同？相互间有何关系？它们与材料力学中的杨氏模量有什么区别？

4.3　土的压缩性指标有哪些？它们之间有何关系？

4.4　计算地基沉降的分层总和法与《建筑地基基础设计规范》方法有何异同？（试从计算原理、计算公式、分层厚度、z_n 确定、修正系数等加以比较）

4.5　简述有效应力原理的基本概念，在地基土的最终沉降量计算中，土中附加应力是指有效应力还是总应力？

4.6　什么叫正常固结土、超固结土和欠固结土？土的应力历史对土的压缩性有何影响？

4.7　在饱和土一维固结过程中，土的有效应力和孔隙水压力是如何变化的？

4.8　土的最终沉降量由哪几部分组成？各部分意义如何？

习　　题

4.1　某钻孔土样的压缩试验记录如表 4.10 所示，试绘制压缩曲线和计算各土层的压缩系数 $a_{1\text{-}2}$ 及相应的压缩模量 E_S，并评定各土层的压缩性。

表 4.10　习题 4.1 土样的压缩试验记录

压　力/kPa		0	50	100	200	300	400
孔隙比	1# 土样	0.982	0.964	0.952	0.936	0.924	0.919
	2# 土样	1.190	1.065	0.995	0.905	0.850	0.810

（答案：1# $a_{1\text{-}2}=0.16\ \mathrm{MPa^{-1}}$，$E_S=12.2$ MPa，中压缩性土；2# $a_{1\text{-}2}=0.90\ \mathrm{MPa^{-1}}$，$E_S=2.22$ MPa，高压缩性土）

4.2　某方形基础如图 4.33 所示，其压缩试验结果如表 4.10 所示，试按分层总和法计算地基的最终沉降量。

4.3　某矩形基础及地质资料如图 4.34 所示，试用《建筑地基基础设计规范》方法计算地基的沉降量（$\psi_s=1.2$）。

（答案：69.1 mm）

4.4　某柱基础底面尺寸为 2.0 m×3.0 m，如图 4.35 所示，地基土为均质的粉质黏土，试用《建筑地基基础设计规范》方法计算地基的最终沉降量。（提示：z_n 取 4.5 m）

（答案：50.46 mm）

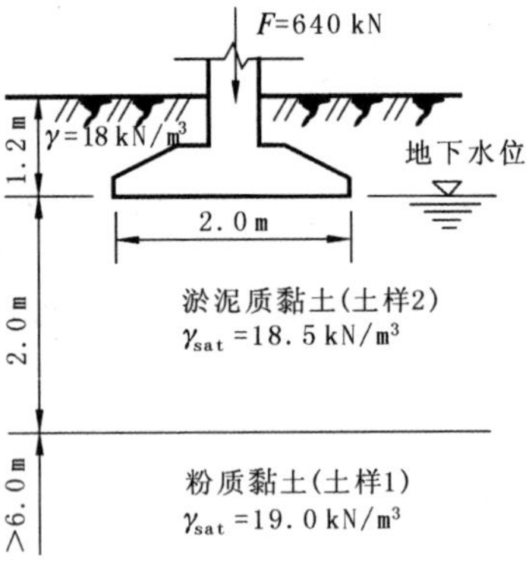

图 4.33　习题 4.2 图

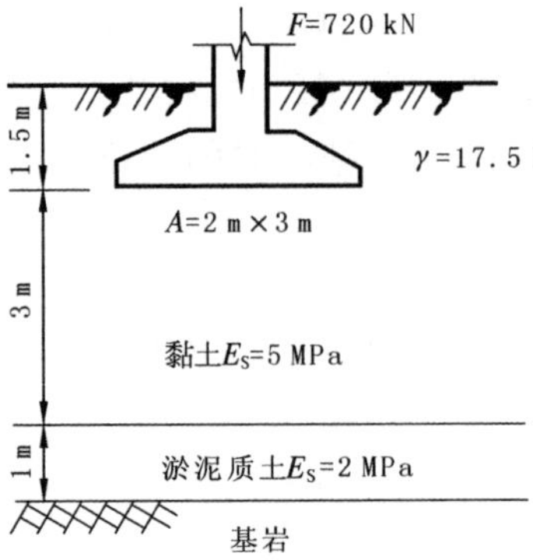

图 4.34　习题 4.3 图

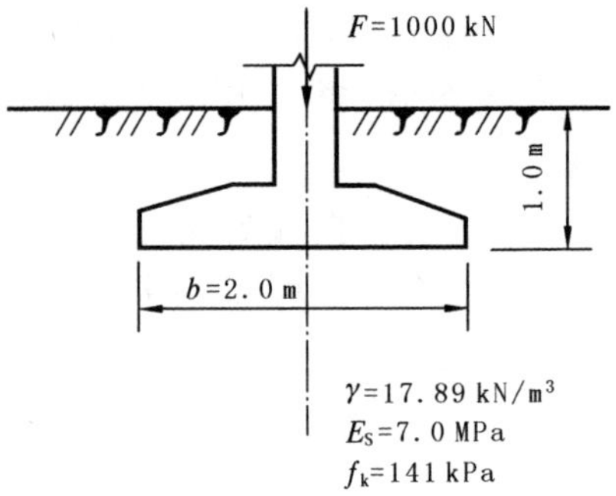

图 4.35　习题 4.4 图

4.5　已知两方形基础及其地质剖面如图 4.36 所示，作用在每一基础上的上部结构荷载为 587.0 kN，试用规范法计算基础Ⅰ中心点的最终沉降量，并考虑基础Ⅱ的影响。

（答案：124.0 mm）

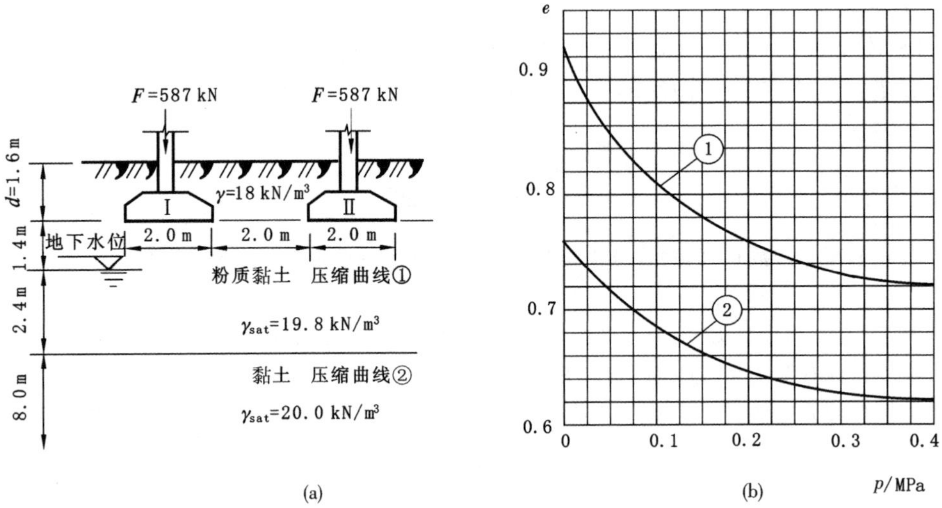

图 4.36　习题 4.5 图

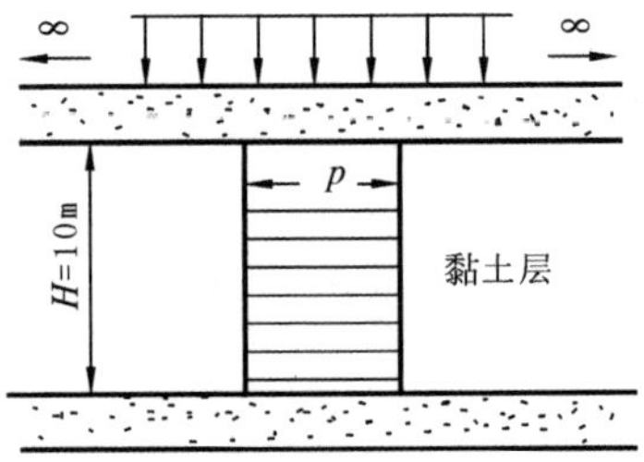

图 4.37　习题 4.6 图

4.6　设厚度为 10 m 的黏土层的边界条件如图 4.37 所示，上下层面处均为排水砂层，地面上作用着无限均布荷载 $p=196.2$ kPa，已知黏土层的初始孔隙比 $e_0=0.9$，渗透系数 $k=2.0$ cm/a$=6.3\times10^{-8}$ cm/s，压缩系数 $a-0.025\times10^{-2}$ kPa^{-1}。试求：(1) 荷载加上 1 a 后，地基沉降量是多少厘米？(2) 加荷后历时多久，黏土层的固结度达到 90%？

（答案：21.5 cm，1.4 a）

4.7　土层条件及土性指标同 4.6 题，但黏土层底面是不透水层。试问：加荷 1 a 后地基的沉降量是多少？地基固结度达到 90%时需要多少时间？并将计算结果与 4.6 题作比较。

（答案：11.56 cm；5.6 a）

5 土的抗剪强度

本章提要

土的抗剪强度是土的重要力学性质之一，建筑物地基和路基的承载力、挡土墙和地下结构的土压力，堤坝、基坑、路堑以及各类边坡的稳定性均由土的抗剪强度所控制。在土木工程建设工作中，对于土体稳定性的计算分析而言，抗剪强度是其中最重要的计算参数。能否正确测定土的抗剪强度，往往是设计质量和工程成败的关键所在。

本章主要内容有土的抗剪强度理论、抗剪强度的主要测定方法、土的抗剪强度指标的特性、相互关系和选用原则，并对孔隙压力系数和应力路径的概念和应用作简要介绍。对内容的基本要求是，牢固掌握库仑公式和莫尔-库仑强度理论、土的抗剪强度指标的测定方法，掌握不同固结和排水条件下土的抗剪强度指标的意义及其应用，熟悉抗剪强度的影响因素，了解孔隙压力系数和应力路径的基本概念及应用，能利用抗剪强度的基本理论和试验方法来解决实际工程中土的强度和稳定问题。

5.1 土的抗剪强度理论

土的抗剪强度是指土体抵抗剪切破坏的极限能力。当土体受到荷载作用后，土中各点将产生剪应力。若某点的剪应力达到其抗剪强度，在剪切面两侧的土体将产生相对位移而产生滑动破坏，该剪切面也称滑动面或破坏（裂）面。随着荷载的继续增加，土体中的剪应力达到抗剪强度的区域（也即塑性区）愈来愈大，最后各滑动面连成整体，土体将发生整体剪切破坏而丧失稳定性。

5.1.1 库仑公式

库仑（Coulomb）于 1776 年根据砂土剪切试验，提出砂土抗剪强度的表达式为：

$$\tau_f = \sigma \tan\varphi \tag{5.1}$$

式中 τ_f——剪切破裂面上的剪应力，即土的抗剪强度（kPa）；

σ——作用在剪切破裂面上的法向应力（kPa）；

φ——砂土的内摩擦角（°），干松砂的 φ 值近似于其自然休止角（干松砂在自然状态下所能维持的斜坡的最大坡角）。

后来库仑又通过试验提出适合黏性土的抗剪强度表达式为：

$$\tau_f = c + \sigma \tan\varphi \tag{5.2}$$

式中 c——土的黏聚力（kPa）。

比较式（5.1）和式（5.2）可看出砂土的 $c=0$，因而式（5.1）是式（5.2）的一个特例。从式（5.1）可知，土的抗剪强度与作用在剪切破裂面上的法向应力成正比，当 $\sigma=0$ 时，$\tau_f=0$，表明无黏性土的抗剪强度由剪切面上土粒之间的摩阻力形成。这种粒间摩阻力包括土粒间的滑动摩擦和颗粒相互咬合所提供的附加阻力，其大小取决于土粒的粒度大小、形状、粒径级配、密实度和土粒表面的粗糙度等因素。而从式（5.2）可知，黏性土的抗剪强度包括摩阻力（$\sigma\tan\varphi$）和黏聚力（c）两个部分。黏聚力系土粒间的胶结作用和各种物理一化学键力作用的结果，其大小与土的矿物组成和压密程度有关。

式(5.1)与式(5.2)一起统称为库仑公式，可分别用图5.1(a)和5.1(b)表示，显示为一条截距为c、斜率为φ的直线，此直线称为抗剪强度包线。而决定土的抗剪强度的两个参数c和φ则称为土的抗剪强度指标。

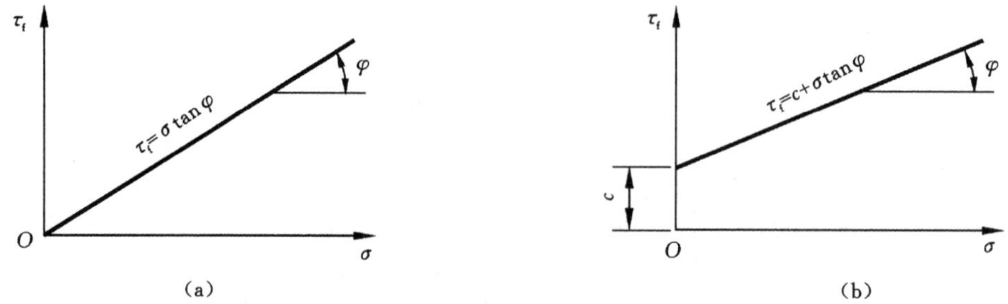

图5.1 土的抗剪强度包线

(a)砂土;(b)黏性土

土的抗剪强度指标c和φ应理解为只是表达τ_f-σ关系的两个试验参数，因为即使是同一种土，其c和φ也并非常数值，它们均因试验方法和土样的试验条件(如固结情况和排水条件)等的不同而异(详见第5.5节)。同时应指出，许多土类的抗剪强度包线并非都呈直线状，而是随着应力水平有所变化。莫尔(Mohr)1990年提出，当剪切面上的法向应力较大时，抗剪强度包线往往呈现非线性的曲线形状。应力水平增高对抗剪强度指标的影响可由图5.2说明。当τ_f-σ关系是曲线而非直线时，曲线上各点的抗剪强度指标c和φ并非恒定值，而是由各点的切线性质决定。如图5.2所示，当破裂面上的法向应力为σ_1时，其抗剪强度指标为c_1、φ_1；当破裂面上的法向应力增大至σ_2时，其抗剪强度指标为c_2、φ_2。抗剪强度指标随法向应力的变化趋势是c随σ的增大而增加，φ随σ的增大而减小，此时就不能用库仑公式来概括土的抗剪强度特性。

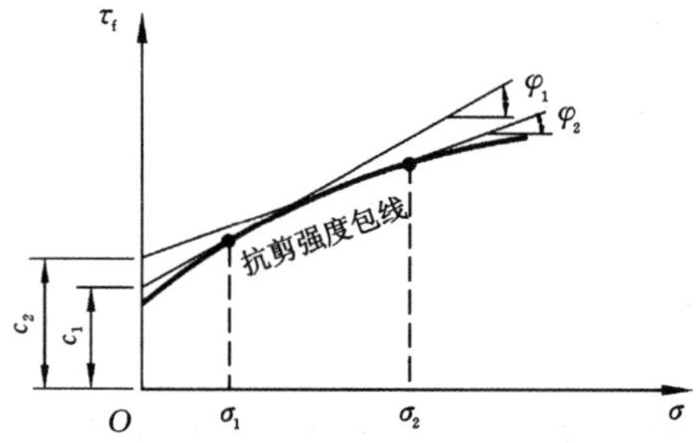

图5.2 应力水平增高对抗剪强度指标的影响

5.1.2 莫尔-库仑强度理论

当土体中某点在任一平面上的剪应力等于土的抗剪强度时，则该点发生剪切破坏。将该点濒于破坏的临界状态称为极限平衡状态，该状态下主应力之间的关系称为极限平衡条件。

为简单起见，以平面应变课题为例，由第3章可求得在自重和竖向附加应力作用下土体中任一点$M(x,z)$的应力状态(σ_x、σ_z和τ_{xz})，现研究该点是否产生破坏。如图5.3(a)所示，在该点土单元体的两个相互垂直的面上分别作用着最大主应力σ_1和最小主应力σ_3，按照材料力学主应力公式，其表达式为：

$$\begin{matrix}\sigma_1\\\sigma_3\end{matrix}=\frac{\sigma_z+\sigma_x}{2}\pm\sqrt{\left(\frac{\sigma_z-\sigma_x}{2}\right)^2+\tau_{xz}^2} \tag{5.3}$$

如图5.3(b)所示，若忽略单元体自身重力，根据单元体的静力平衡条件，可求得任一截面$m—n$上的法向应力σ和剪应力τ为：

$$\left.\begin{aligned}\sigma&=\frac{1}{2}(\sigma_1+\sigma_3)+\frac{1}{2}(\sigma_1-\sigma_3)\cos2\alpha\\\tau&=\frac{1}{2}(\sigma_1-\sigma_3)\sin2\alpha\end{aligned}\right\} \tag{5.4}$$

由材料力学应力状态分析可知，以上σ、τ与σ_1、σ_3之间的关系也可以用莫尔应力圆表示[图5.3(c)]。其圆周上各点的横坐标和纵坐标即表示该点在相应平面上的法向应力和剪应力。

为判别M点的土单元体是否破坏，可将该点的莫尔应力圆与土的抗剪强度包线绘制在同一坐标图

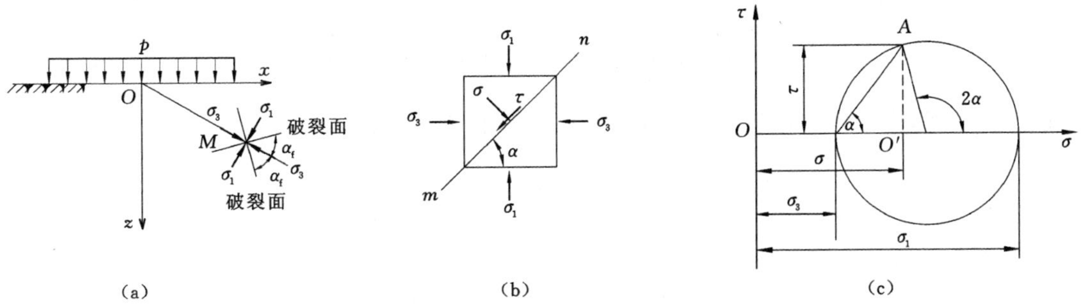

图 5.3　土体中 M 点的应力和莫尔应力圆

(a)M 点的应力；(b)单元体上的应力；(c)莫尔应力圆

上，并作相对位置比较。如图 5.4 所示，它们之间的关系存在以下三种情况：

(1) M 点的莫尔应力圆整体位于抗剪强度包线的下方(圆Ⅰ)，即莫尔应力圆与抗剪强度包线相离，表明该点在任何平面上的剪应力均小于土体所能发挥的抗剪强度，因此 M 点未被剪破。

(2) M 点的莫尔应力圆与抗剪强度包线相切(圆Ⅱ)，说明在切点所代表的平面上，剪应力恰好等于土的抗剪强度，因此该点的土单元体处于极限平衡状态，此时的莫尔应力圆亦称极限应力圆。由图 5.4 中切点的位置还可确定 M 点土体的破裂面方向。如图 5.5 所示，连接切点(A 或 A'点)与莫尔应力圆的圆心，连线(AO'或 $A'O'$)与横坐标轴之间的夹角为 $2\alpha_f$。由莫尔应力圆的原理可知，土体中 M 点的破裂面与最大主应力 σ_1 作用面方向的夹角为 α_f。

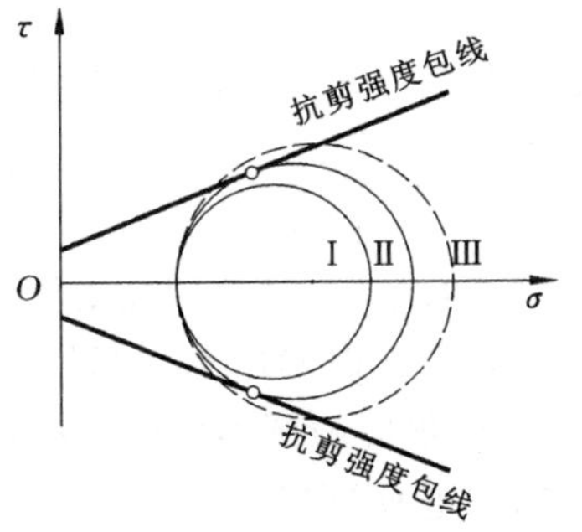

图 5.4　莫尔应力圆与抗剪强度包线的关系

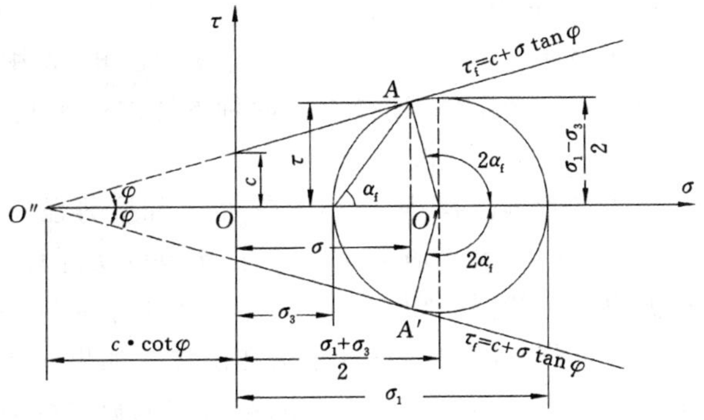

图 5.5　极限平衡状态时的莫尔应力圆与抗剪强度包线

(3) M 点的莫尔应力圆与抗剪强度包线相割(圆Ⅲ)，表示 M 点的土单元体早已破坏。实际上，圆Ⅲ所代表的应力状态是不可能存在的，因为 M 点土体破坏后，应力已超出了弹性理论范畴，此时一些剪切面上的剪应力已经达到了土的抗剪强度。

如图 5.5 所示，从土体处于极限平衡状态时的莫尔应力圆与抗剪强度包线的几何关系，可推得黏性土的极限平衡条件为：

$$\sin\varphi = \frac{O'A}{O''O'} = \frac{\sigma_1 - \sigma_3}{\sigma_1 + \sigma_3 + 2c\cot\varphi} \tag{5.5}$$

化简后可得：

$$\sigma_1 = \sigma_3 \frac{1+\sin\varphi}{1-\sin\varphi} + 2c\,\frac{\cos\varphi}{1-\sin\varphi} \tag{5.6}$$

或

$$\sigma_3 = \sigma_1 \frac{1-\sin\varphi}{1+\sin\varphi} - 2c\,\frac{\cos\varphi}{1+\sin\varphi} \tag{5.7}$$

经三角函数关系转换后还可写为：

$$\sigma_1 = \sigma_3 \tan^2\left(45^\circ + \frac{\varphi}{2}\right) + 2c\tan\left(45^\circ + \frac{\varphi}{2}\right) \tag{5.8}$$

或

$$\sigma_3=\sigma_1\tan^2\left(45°-\frac{\varphi}{2}\right)-2c\tan\left(45°-\frac{\varphi}{2}\right) \tag{5.9}$$

无黏性土的 $c=0$，由式(5.8)和式(5.9)可知其极限平衡条件为：

$$\sigma_1=\sigma_3\tan^2\left(45°+\frac{\varphi}{2}\right) \tag{5.10}$$

或

$$\sigma_3=\sigma_1\tan^2\left(45°-\frac{\varphi}{2}\right) \tag{5.11}$$

由图 5.5 中的几何关系，可得破裂面与最大主应力作用面的夹角 α_f 为：

$$\alpha_f=\frac{1}{2}(90°+\varphi)=45°+\frac{\varphi}{2} \tag{5.12}$$

由此可见，土体的剪切破裂面并非最大剪应力作用面，而是与最大主应力作用面成$45°+\frac{\varphi}{2}$的夹角。

由图 5.3(a)可知，当土体处于极限平衡状态时，通过 M 点将产生一对破裂面，它们均与最大主应力作用面成 α_f 夹角，相应地，在莫尔应力圆的上、下对称地有两个破裂面(图 5.5 中的 A 和 A'点)，这一对破裂面在最大主应力作用方向的夹角为$90°-\varphi$。

式(5.8)、式(5.9)和式(5.10)、式(5.11)分别为黏性土和无黏性土达到极限平衡状态时的应力表达式。如果已知 M 点的应力状态和土的抗剪强度指标 c 和 φ，就可以利用这些应力表达式判断该点是否发生剪切破坏，判别方法如下：

如果 M 点的应力状态($\sigma_x,\sigma_z,\tau_{xz}$)已知，先用式(5.3)计算出最大主应力 σ_1 和最小主应力 σ_3，再依据土的极限平衡条件，选择以下两种方法之一来判断 M 点是否剪切破坏。

(1) 主应力比较法

通过 M 点的实际最小主应力σ_3 和抗剪强度指标 c 和 φ，利用式(5.8)或式(5.10)计算土体处于极限平衡状态时的最大主应力 σ_{1f}，再与 M 点的实际最大主应力σ_1 相比较。如图 5.6(a)所示，如果 $\sigma_{1f}>\sigma_1$，即达到极限平衡状态所要求的最大主应力大于实际最大主应力，则 M 点的莫尔应力圆整体位于抗剪强度包线的下方，因此 M 点没有发生剪切破坏。如果 $\sigma_{1f}\leqslant\sigma_1$，即达到极限平衡状态所要求的最大主应力大于或等于实际最大主应力，则 M 点的莫尔应力圆与抗剪强度包线相切或相割，表明 M 点已发生了剪切破坏。

同理，也可以通过 M 点的实际最大主应力σ_1 和抗剪强度指标 c 和 φ，利用式(5.9)或式(5.11)计算土体处于极限平衡状态时的最小主应力 σ_{3f}，再与 M 点的实际最小主应力 σ_3 相比较。如图 5.6(b)所示，如果 $\sigma_{3f}<\sigma_3$，即达到极限平衡状态所要求的最小主应力小于实际最小主应力，M 点的莫尔应力圆整体位于抗剪强度包线的下方，因此 M 点没有发生剪切破坏。如果 $\sigma_{3f}\geqslant\sigma_3$，即达到极限平衡状态所要求的最小主应力大于或等于实际最小主应力，则 M 点的莫尔应力圆与抗剪强度包线相切或相割，表明 M 点已发生剪切破坏。

(2) 内摩擦角比较法

如图 5.7 所示，假定 M 点的抗剪强度包线与横坐标轴相交于 O''点，通过此交点 O''作 M 点莫尔应力圆的切线。设该切线与横坐标轴的夹角为 φ_M，其大小可利用式(5.5)并通过 M 点的实际最大和最小主应力σ_1、σ_3 及抗剪强度指标 c 和 φ 计算，即：

$$\sin\varphi_M=\frac{\sigma_1-\sigma_3}{\sigma_1+\sigma_3+2c\cot\varphi} \tag{5.13}$$

将 φ_M 与土的实际内摩擦角 φ 相比较，可直观判断 M 点是否发生剪切破坏。如果 $\varphi_M<\varphi$，表示 M 点的莫尔应力圆整体位于实际抗剪强度包线的下方，因此 M 点没有发生剪切破坏。如果 $\varphi_M\geqslant\varphi$，表示 M 点的莫尔应力圆与实际抗剪强度包线相切或相割，表明 M 点已经发生剪切破坏。

【例 5.1】 某条形基础下深度 $z=1.5$ m 处 M 点的附加应力 $\sigma_z=250$ kPa，$\sigma_x=100$ kPa，$\tau_{xz}=40$ kPa。

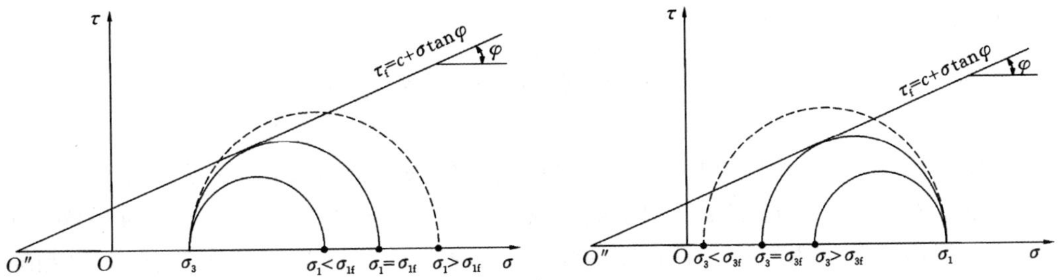

(a) (b)

图 5.6 主应力比较法

(a)比较最大主应力;(b)比较最小主应力

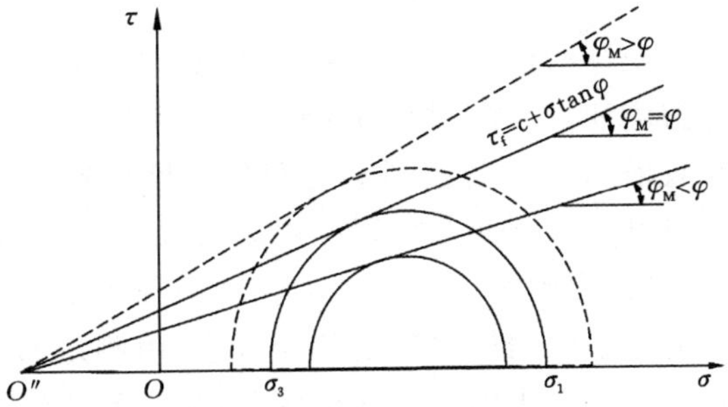

图 5.7 内摩擦角比较法

地基土为粉质黏土,重度 $\gamma=19\ \text{kN/m}^3$,侧压力系数 $K_0=0.45$,抗剪强度指标 $\varphi=30°$,$c=20\ \text{kPa}$,试求 M 点的主应力值,并判断该点土体是否剪切破坏。

【解】 (1)求解 M 点的应力

$$\bar{\sigma}_z=\sigma_z+\gamma z=250+19\times1.5=278.5\ \text{kPa}$$

$$\bar{\sigma}_x=\sigma_x+K_0\gamma z=100+0.45\times19\times1.5=112.8\ \text{kPa}$$

$$\bar{\tau}_{xz}=\tau_{xz}=\tau_{zx}=40\ \text{kPa}$$

(2) 求解 M 点的主应力

用式(5.3)计算主应力

$$\begin{matrix}\sigma_1\\ \sigma_3\end{matrix}=\frac{\bar{\sigma}_z+\bar{\sigma}_x}{2}\pm\sqrt{\left(\frac{\bar{\sigma}_z-\bar{\sigma}_x}{2}\right)^2+\bar{\tau}_{xz}^2}=\frac{278.5+112.8}{2}\pm\sqrt{\left(\frac{278.5-112.8}{2}\right)^2+40^2}=195.7\pm92=\begin{matrix}287.7\ \text{kPa}\\ 103.7\ \text{kPa}\end{matrix}$$

(3) 判断 M 点是否剪切破坏

根据式(5.8)可知

$$\sigma_{1f}=\sigma_3\ \tan^2\left(45°+\frac{\varphi}{2}\right)+2c\tan\left(45°+\frac{\varphi}{2}\right)=103.7\times\tan^2\left(45°+\frac{30°}{2}\right)+2\times20\times\tan\left(45°+\frac{30°}{2}\right)$$

$$=311.1+69.3=380.4\ \text{kPa}>\sigma_1=287.7\ \text{kPa}$$

故 M 点未剪切破坏。

根据式(5.9)可知

$$\sigma_{3f}=\sigma_1\ \tan^2\left(45°-\frac{\varphi}{2}\right)-2c\tan\left(45°-\frac{\varphi}{2}\right)=287.7\times\tan^2\left(45°-\frac{30°}{2}\right)-2\times20\times\tan\left(45°-\frac{30°}{2}\right)$$

$$=95.9-23.1=72.8\ \text{kPa}<\sigma_3=103.7\ \text{kPa}$$

故 M 点未剪切破坏。

由式(5.13)可知

$$\sin\varphi_M=\frac{\sigma_1-\sigma_3}{\sigma_1+\sigma_3+2c\cot\varphi}=\frac{287.7-103.7}{287.7+103.7+2\times20\times\cot30°}=\frac{184}{460.7}=0.3994$$

$$\varphi_M=\arcsin0.3994=20°<\varphi=30°$$

故 M 点未剪切破坏。

5.2 抗剪强度的测定方法

土的抗剪强度是决定建筑物地基和土工建筑物稳定性的关键因素，因而正确测定土的抗剪强度指标对工程实践具有重要的意义。经过多年来的不断发展，目前已有多种类型测定土的抗剪强度指标的室内和现场测试仪器。室内试验常用的仪器有直接剪切仪、三轴压缩仪、无侧限抗压仪、单剪仪和环剪仪等，现场试验常用的仪器有十字板剪切仪、现场直剪仪等。每种试验仪器都有一定的适用性，在试验方法和成果整理等方面也有多种不同的做法。

5.2.1 直接剪切试验

直接剪切试验（简称直剪试验）使用的仪器称为直接剪切仪（简称直剪仪），分为应变控制式和应力控制式两种。前者对土样施加等速剪应变，以测定相应的剪应力；后者则对土样分级施加剪应力，以测定相应的剪切位移。图 5.8 为我国普遍采用的应变控制式直剪仪。该仪器由固定的上盒和可移动的下盒构成，土样置于盒内上、下盒之间，土样的上、下面各放置一块透水石，以利于土样排水。试验时，由杠杆系统通过活塞对土样施加垂直压力，水平推力则由等速前进的轮轴施加于下盒，使土样在沿上、下盒之间的水平接触面产生剪切位移。剪应力的大小根据量力环上的测微表，由测定的量力环变形值经换算确定。活塞上的测微表则用于测定土样在法向应力作用下的固结变形，经计算可获得剪切过程中土样的体积变化。

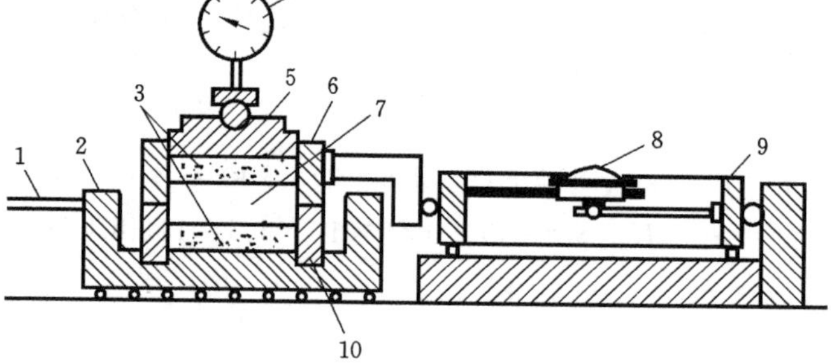

图 5.8 应变控制式直剪仪

1—轮轴；2—底座；3—透水石；4—测微表；5—活塞；6—上盒；7—土样；8—测微表；9—量力环；10—下盒

直剪仪在等速剪切过程中，每隔固定的时间间隔（亦即每隔一定值的剪切位移增量）测读一次土样的剪应力大小，就可绘制在一定的垂直压力 p 作用下，剪切位移 S（上、下盒之间的水平相对位移）与剪应力 τ 的对应关系[图 5.9(a)]。硬黏土和密实砂土的 τ-S 曲线（A 线）往往可出现剪应力的峰值，即为土的抗剪强度 τ_f。峰值过后抗剪强度随剪切位移增大而降低，称应变软化特征。软黏土和松砂的 τ-S 曲线（B 线）一般不出现峰值，抗剪强度随剪切位移增加而缓慢增大，称应变硬化特征，此时可选择某一剪切位移值作为土样破坏的控制标准，一般可取相应于剪切位移量为 4 mm 的剪应力作为土的抗剪强度 τ_f。

要绘制某种土的抗剪强度包线，以确定其抗剪强度指标，至少应取 3 个以上的土样，在不同的垂直压力 p_1、p_2、p_3…（一般可取 100 kPa、200 kPa、300 kPa…）作用下，测得相应的 τ-S 曲线[图 5.9(b)]，按上述原则确定对应的抗剪强度 τ_{f1}、τ_{f2}、τ_{f3}…，从而绘出抗剪强度包线[图 5.9(c)]。抗剪强度包线与横轴的夹角为土的内摩擦角 φ，在纵轴上的截距即为土的黏聚力 c。需要指出的是，绘制图 5.9(c)时，必须使纵、横坐标的比例尺完全一致。

直剪仪构造简单，操作简便，并符合某些特定条件，至今仍是实验室常用的一种试验仪器。但直剪试验也存在以下缺点：

(1) 剪切过程中，土样内的剪应变和剪应力分布不均匀。土样剪破时，靠近剪力盒边缘的应变最大，土样中间部位的应变相对小得多；此外，剪切面附近的应变又大于土样顶部和底部的应变；基于同样的原

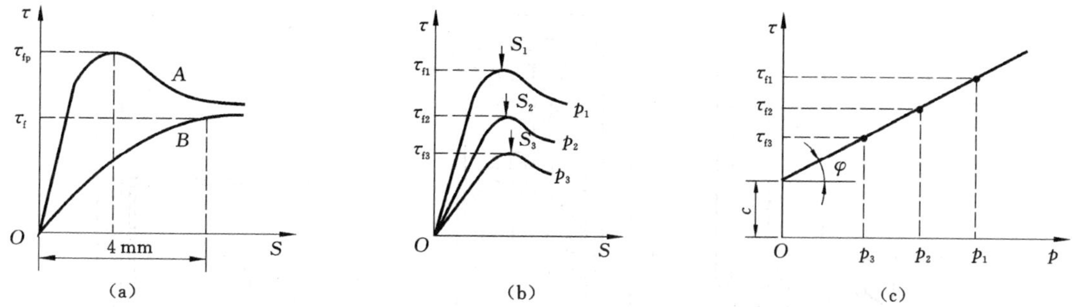

图 5.9　直剪试验

(a)两种典型土的 τ-S 曲线；(b)不同法向应力下的 τ-S 曲线；(c)直剪试验结果

因，土样中的剪应力也很不均匀。

(2) 剪切面被人为地限制在上、下盒之间的接触面上，而该接触面并非土样抗剪最弱的剪切面。

(3) 剪切过程中土样面积逐渐减小，且垂直荷载发生偏心，但是计算抗剪强度时，仍按照受剪面积不变和剪应力均匀分布计算。

(4) 不能严格控制排水条件，因而不能测量土样中的孔隙水压力。

(5) 根据土样破坏时的法向应力和剪应力，虽然可以计算出最大主应力 σ_1 和最小主应力 σ_3 的数值，但中间主应力 σ_2 无法确定。

针对直剪仪的上述缺陷，人们曾做过一些改进。例如，采用能改善土样中的应力均匀程度，且外套乳胶膜以控制土样排水的单剪仪；采用能控制中主应力的直剪仪和能测定残余强度的环剪仪等。

5.2.2　三轴压缩试验

三轴压缩试验（也称三轴剪切试验）是一种较完善的测定土的抗剪强度的试验方法，与直剪试验相比，三轴压缩试验时土样中的应力相对明确和均匀。三轴压缩试验使用的仪器为三轴剪切仪，分为应变控制式和应力控制式两种。应变控制式三轴剪切仪由压力室、轴向加压系统、周围压力系统和孔隙水压力量测系统等构成。目前较先进的三轴仪还配有自动化控制系统、电测和数据自动采集系统等。应变控制式三轴剪切仪的构造简图如图 5.10 所示。其核心部分是压力室，它是由一个金属活塞、底座和透明有机玻璃圆筒组成的封闭容器；轴向加压系统可对土样施加轴向压力，并可控制轴向应变的速率；周围压力系统则通过液体（通常是水）对土样施加周围压力（简称围压）；土样为圆柱形，试验时用薄乳胶膜将土样包裹起来，以使土样中的孔隙水与乳胶膜外液体（水）完全隔开。土样中的孔隙水通过其底部的透水面与孔隙水压力量测系统连通，并由孔隙水压力阀门控制。

常规三轴压缩试验的方法：先打开周围压力系统阀门，使土样在各向受到的围压到达 σ_3 时维持不变[图 5.11(a)]，然后由轴压系统通过活塞对土样施加轴向附加压力 $\Delta\sigma$（$\Delta\sigma=\sigma_1-\sigma_3$，也称偏应力）。试验过程中，$\Delta\sigma$ 不断增大而围压 σ_3 维持不变，故轴向应力 $\sigma_1=\sigma_3+\Delta\sigma$ 也不断增大，其莫尔应力圆逐渐扩大至极限应力圆，土样最终被剪破[图 5.11(b)]。极限应力圆可由土样剪破时的轴向应力 σ_{1f} 和围压 σ_3 绘制[图 5.11(c)中的实线圆]。

土样破坏的判别方法：绘制偏应力 $(\sigma_1-\sigma_3)$-ε_1 关系曲线，如图 5.12 所示，以峰值偏应力 $(\sigma_1-\sigma_3)_f$ 作为破坏点；无峰值偏应力时，取某一轴向应变（如 $\varepsilon_1=15\%$）对应的偏应力值作为破坏点。

在给定的围压 σ_3 作用下，一个土样的试验只能得到一个极限应力圆。同一种土样至少需要对 3 个以上的土样在不同的围压 σ_3 作用下进行试验，方能得到一组极限应力圆。由于这些土样均被剪破，绘制这些极限应力圆的公切线就可得到抗剪强度包线。它通常呈直线形状，与横坐标轴的夹角为内摩擦角 φ，在纵坐标轴上的截距为黏聚力 c（图 5.13）。

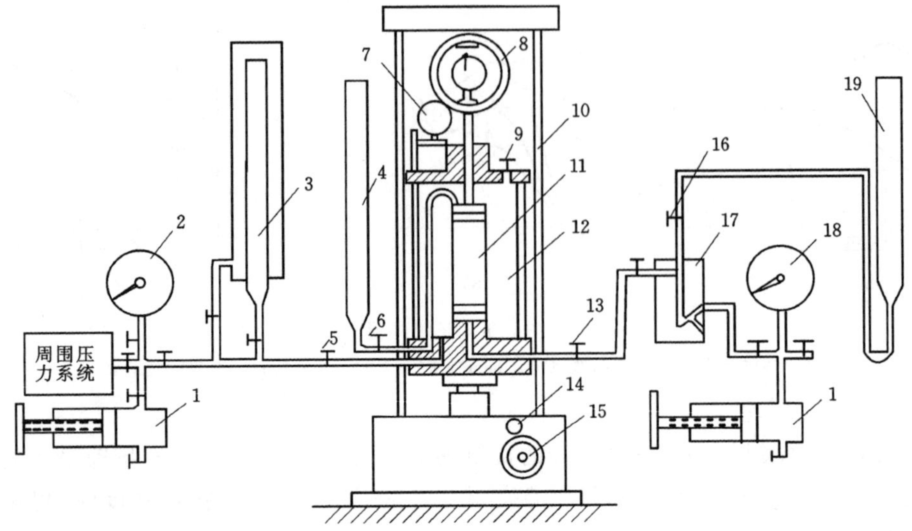

图 5.10　三轴剪切仪

1—调压筒；2—周围压力表；3—体变管；4—排水管；5—周围压力阀；6—排水阀；7—变形量表；
8—量力环；9—排气孔；10—轴向加压设备；11—土样；12—压力室；13—孔隙压力阀；
14—离合器；15—手轮；16—量管阀；17—零位指示器；18—孔隙水压力表；19—量管

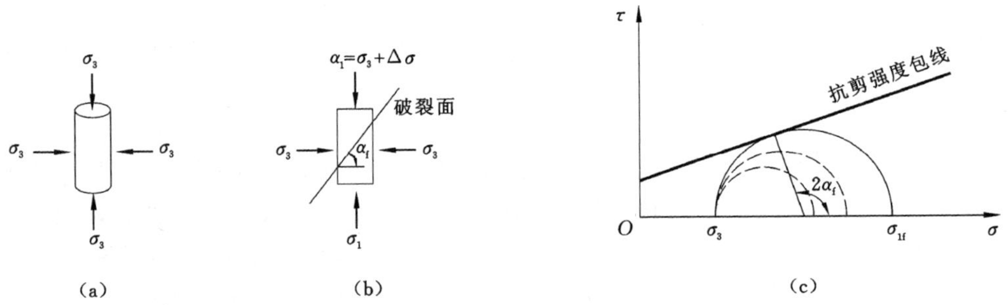

图 5.11　三轴压缩试验原理

(a)土样受周围压力；(b)破坏时土样上的主应力；(c)土样破坏时的莫尔应力圆

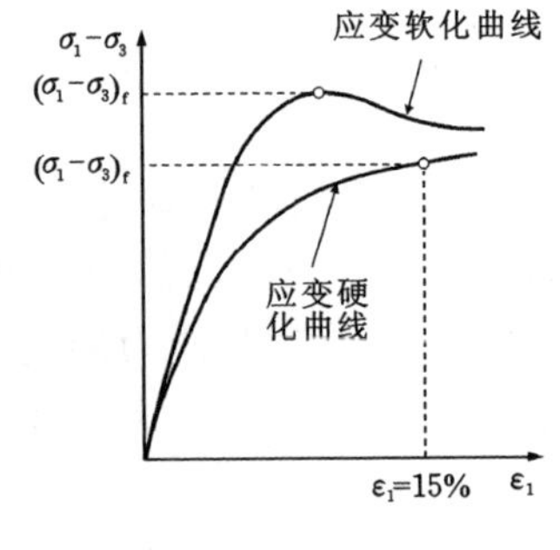

图 5.12　三轴压缩试验的$(\sigma_1-\sigma_3)$-ε_1 曲线

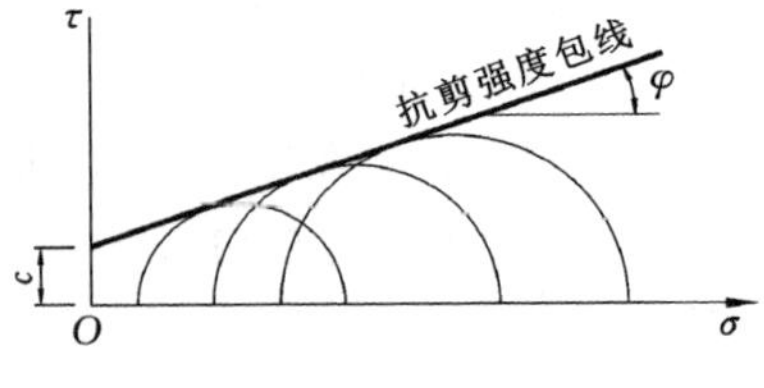

图 5.13　三轴压缩试验的强度破坏包线

三轴压缩试验可根据工程目的的不同，采用不同的排水条件进行试验。在试验中，既能令土样沿轴向压缩，也能令其沿轴向伸长。通过试验，还可测定土样的各种应力、轴向应变、侧向应变、体积应变、孔隙水压力变化和静止侧压力系数等。如土样的轴向应变可根据其顶部刚性土样帽的轴向位移量和起始高度算得；土样的侧向应变可根据体积变化量和轴向应变间接算得；对饱和土样，试验过程中的排水量即为土样体积变化量。排水量可通过打开量管阀门，让土样中的水排入量水管，并由量水管中水位的变化算出。在不排水条件下，如要测定土样中的孔隙水压力，可关闭排水阀，打开孔隙水压力阀门，待土样施加轴向压力后，由于土样中的孔隙水压力增加，迫使零位指示器中的水银面下降，此时可用调压筒施反向压力，使零位指示器的水银面始终保持在原来的位置，从孔隙水压力表中就可读出孔隙水压力值。随着测控技术的发展，目前三轴压缩试验中的孔隙水压力大小可以用安装在压力室底座上的孔压传感器直接测读出来。

三轴压缩试验可供在复杂应力条件下研究土的抗剪强度特性之用，其优点是：

(1) 试验中能严格控制土样的排水条件，准确测定土样在剪切过程中的孔隙水压力变化，从而可定量获得土体中的有效应力变化情况；

(2) 与直剪试验相比，土样中的应力状态较为明确和均匀，不硬性指定破裂面位置；

(3) 除抗剪强度指标外，还可测定如土的灵敏度、侧压力系数、孔隙水压力系数等力学指标。

但三轴压缩试验也存在土样制备和试验操作比较复杂，土样中的应力与应变仍旧不够均匀的缺点。由于土样上、下端的侧向变形分别受到刚性土样帽和底座的限制，而在土样的中间部分却不受约束，因此，当土样接近破坏时常被挤压成鼓形。此外，目前所谓的“三轴试验”，一般都是在轴对称的应力应变条件下进行的。许多研究资料表明，土的抗剪强度受到应力状态的影响。在实际工程中，油罐和圆形建筑物地基的应力分布属于轴对称应力状态，而路堤、土坝和长条形建筑物地基的应力分布属于平面应变状态（$\varepsilon_2=0$），一般方形和矩形建筑物地基的应力分布则属于三向应力状态（$\sigma_1\neq\sigma_2\neq\sigma_3$）。人们曾利用特制的仪器进行三种不同应力状态下的强度试验，发现同种土在不同应力状态下的强度指标并不相同。如对砂土所进行的许多对比试验表明，平面应变砂土的 φ 值较轴对称应力状态下高出 3°左右。因而，三轴压缩试验成果不能全面反映中主应力（σ_2）的影响。若想获得更合理的抗剪强度参数，须采用真三轴仪，其土样可在三个互不相同的主应力（$\sigma_1\neq\sigma_2\neq\sigma_3$）作用下进行试验。

5.2.3 无侧限抗压强度试验

无侧限抗压强度试验如同三轴压缩试验中围压 $\sigma_3=0$ 时的特殊情况。试验时，将圆柱形土样置于图 5.14 所示的无侧限压缩仪中，对土样不施加围压，仅对它施加垂直轴向压力 σ_1[图 5.15(a)]。剪切破坏时，土样所承受的轴向压力称为无侧限抗压强度 q_u。由于试验过程中土样在侧向不受任何限制，故称无侧限抗压强度试验。无黏性土在无侧限条件下，土样难以成型，故无侧限抗压强度试验主要用于黏性土，尤其适用于饱和软黏土。

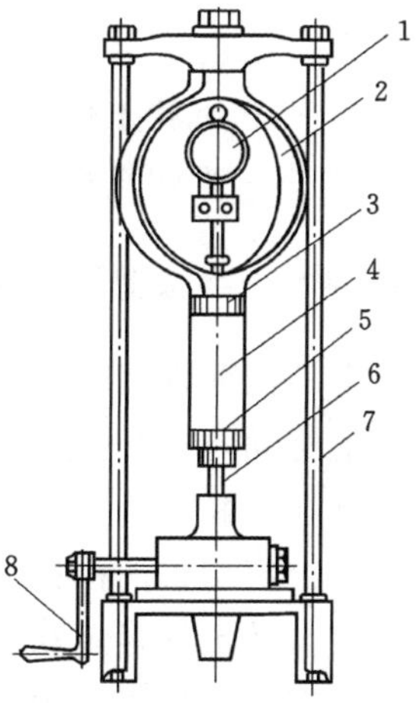

图 5.14　无侧限压缩仪

1—测微表；2—量力环；3—上加压板；4—土样；5—下加压板；6—升降螺杆；7—加压框架；8—手轮

无侧限抗压强度试验中，土样破坏时的判别标准类似于三轴压缩试验。坚硬黏土试样的 σ_1-ε_1 关系曲线常出现 σ_1 的峰值破坏点（脆性破坏），此时的轴向压力 σ_{1f} 即为无侧限抗压强度 q_u；软黏土试样的 σ_1-ε_1 关系曲线常无峰值破坏点，表现为塑流变形（塑性破坏），此时可取轴向应变 $\varepsilon_1=15\%$ 处的轴向压力作为无侧限抗压强度 q_u。q_u 相当于三轴压缩试验中在 $\sigma_3=0$ 条件下土样破坏时的大主应力 σ_{1f}，故由式(5.8)可得：

$$q_u=2c\tan\left(45°+\frac{\varphi}{2}\right) \tag{5.14}$$

式中　q_u——无侧限抗压强度(kPa)。

如图 5.16 所示，无侧限抗压强度试验成果只能绘出一个极限应力圆（$\sigma_{1f}=q_u$，$\sigma_3=0$），因此，对一般黏性土难以得到抗剪破坏包线。但是，试验中若能够测量得到土样的破裂角 α_f[图 5.15(b)]，则理论上可根据 $\alpha_f=45°+\frac{\varphi}{2}$ 推算出黏性土的内摩擦角 φ，再由式(5.14)算得土的黏聚力 c。但由于土的不均匀性会导致土样破裂面的形状不规则，或是由于软黏土的塑流变形，使土样不出现明显的破裂面，只是被挤压成鼓形[图 5.15(c)]，从而使得 α_f 一般不容易被测量出。

但对于饱和软黏土，在不固结不排水条件下进行三轴压缩试验，可认为 $\varphi_u=0$，其抗剪强度包线与横坐标轴平行（详见 5.5.2.2 节）。因此，由无侧限抗压强度试验所得的极限应力圆的水平切线，即为饱和软黏土的不排水抗剪强度包线。由图 5.16 可知，不排水抗剪强度 c_u 为：

$$c_u = \frac{q_u}{2} \tag{5.15}$$

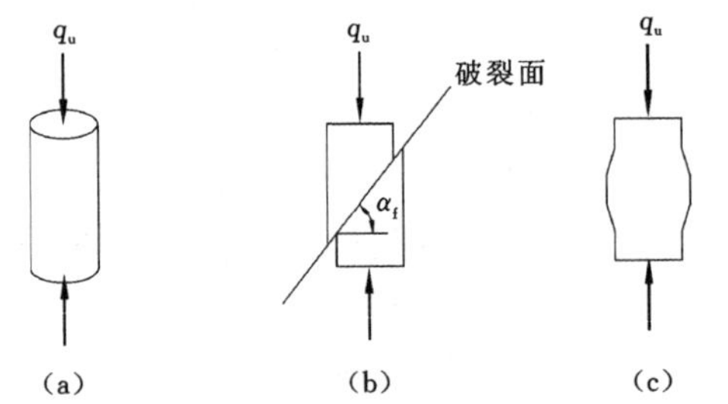

图 5.15　无侧限抗压强度试验原理

(a)土样受压；(b)脆性破坏；(c)塑性破坏

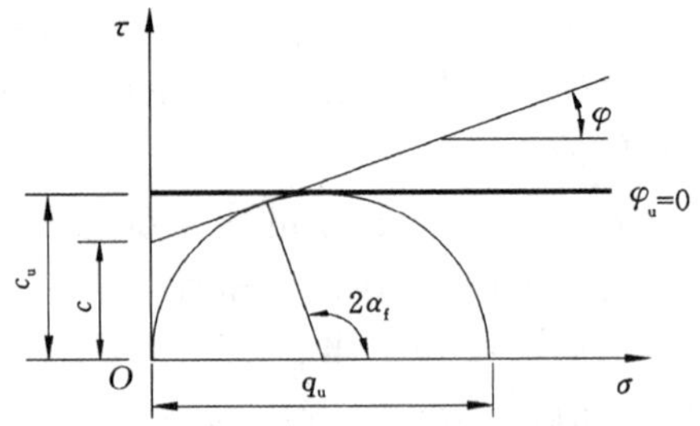

图 5.16　无侧限抗压强度试验的强度包线

无侧限抗压强度试验还可用来测定黏性土的灵敏度 S_t，方法是彻底破坏已做完无侧限抗压强度试验的原状土样的结构，再迅速塑成与原状土样同体积的重塑土样，以保持重塑土样的含水率与原状土样相同，避免因触变性导致土的强度部分恢复。

对重塑土样进行无侧限抗压强度试验，测得无侧限抗压强度 q'_u，则该土的灵敏度 S_t 为：

$$S_t = \frac{q_u}{q'_u} \tag{5.16}$$

式中　q_u—— 原状土样的无侧限抗压强度(kPa)；

q'_u—— 重塑土样的无侧限抗压强度(kPa)。

5.2.4　十字板剪切试验

在土的抗剪强度现场原位测试方法中，最常用的是十字板剪切试验。它无须钻孔取得原状土样，从而使土少受扰动，试验时土的排水条件、受力状态等与实际条件十分接近，因而特别适用于难于取样和高灵敏度的饱和软黏土。

十字板剪切仪的构造如图 5.17 所示，其主要部件为十字板头、轴杆、施加扭力设备和测力装置。近年来已有用自动记录显示和数据处理的计算机代替原有测力装置的新仪器问世。十字板剪切试验的工作原理是将十字板头插入土中待测的土层标高处，然后在地面上对轴杆施加扭转力矩，带动十字板旋转。十字板头的四翼矩形片旋转时与土体间形成圆柱体表面形状的剪切面(图 5.18)。通过测力设备测出最大扭转力矩 M，据此可推算出土的抗剪强度。

十字板头旋转时，抗扭力矩由圆柱体侧面和上、下表面土的剪应力产生。土体剪切破坏时，由土的抗剪强度产生的抗扭力矩分两部分构成。

(1) 圆柱体侧面上的抗扭力矩 M_1

$$M_1 = \left(\pi DH \times \frac{D}{2}\right)\tau_f \tag{5.17}$$

式中　D——十字板的宽度，即圆柱体的直径(m)；

H——十字板的高度(m)；

τ_f——土的抗剪强度(kPa)。

(2) 圆柱体上、下表面的抗扭力矩 M_2

$$M_2 = \left(2 \times \frac{\pi D^2}{4} \times \frac{D}{3}\right)\tau_f \tag{5.18}$$

式中　$\frac{D}{3}$——力臂值(m),由剪力合力作用在距圆心三分之二圆半径处所得。

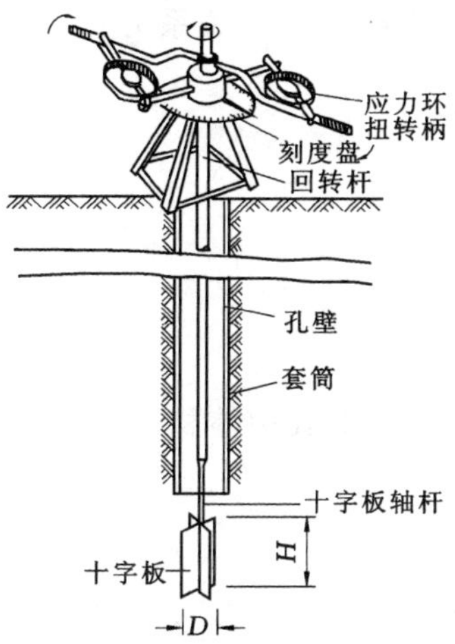

图 5.17　十字板剪切仪

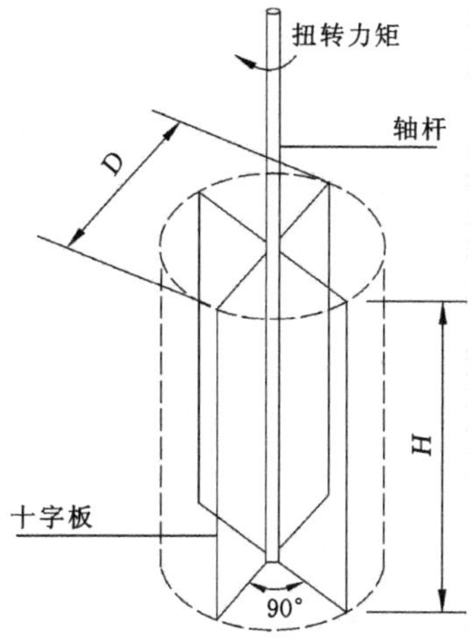

图 5.18　十字板剪切原理

应该指出,实用上为简化起见,式(5.17)和式(5.18)的推导中假设了土的抗剪强度为各向相同,即剪切破坏时,土体在圆柱体侧面和上、下表面上的抗剪强度相等。

由土体剪切破坏时所测量到的最大扭矩 M,应与圆柱体侧面和上、下表面产生的抗扭力矩相等,可得:

$$M = M_1 + M_2 = \left(\frac{\pi H D^2}{2} + \frac{\pi D^3}{6}\right)\tau_f \tag{5.19}$$

于是,由十字板剪切试验测定的土的抗剪强度 τ_f 为:

$$\tau_f = \frac{2M}{\pi D^2\left(H + \frac{D}{3}\right)} \tag{5.20}$$

对饱和软黏土来说,与室内无侧限抗压强度试验一样,十字板剪切试验所得成果即为不排水抗剪强度 c_u,且主要反映土体垂直面上的抗剪强度。由于天然土层的抗剪强度是非等向的,土体在水平面上的竖向固结压力往往大于侧向固结压力,因此土体在水平面上的抗剪强度略大于垂直面上的抗剪强度。理论上,十字板剪切试验结果应与无侧限抗压强度试验相当,甚至略小。事实上,十字板剪切试验成果往往比无侧限抗压强度值偏高,这可能与现场土体受扰动较少有关。除土的各向异性外,土的成层性,十字板的尺寸、形状、高径比、旋转速率等因素对十字板剪切试验结果均有影响。此外,十字板剪切面上的应力条件十分复杂,如人们曾利用衍射成像技术发现,十字板周围土体存在因受剪影响使颗粒重新定向排列的区域,表明十字板剪切不是简单地沿着一个剪切面产生,而是存在一个具有一定厚度的剪切区域。因此,十字板剪切试验的 c_u 值与原状土室内不排水剪三轴试验的结果有一定的差别。

5.3　孔隙压力系数

用有效应力法对饱和土体进行强度计算和稳定分析时,需估计外荷载作用下土体中产生的孔隙水压力。三轴剪切仪能提供孔隙水压力测量装置,故可以用来研究土在三向应力条件下孔隙水压力与应力状态的关系。1954 年斯肯普顿(Skempton)根据三轴压缩试验的结果,首先提出了孔隙压力系数(简称孔压系数)的概念,并用以表示土中孔隙压力的大小。对饱和土体而言,孔隙压力即为孔隙水压力。

5.3.1　孔隙压力系数 A 和 B

设图 5.19 中的土样在各向均等的初始应力 σ_0 作用下已固结完毕,初始孔隙压力 $u_0=0$,以模拟土样的原始应力状态。若土样此时受到各向均等应力增量 $\Delta\sigma_3$ 作用，在不排水、不排气条件下，孔隙压力的增量为 Δu_1。前面已指出，在工程中常遇的压力作用下，土中的固体颗粒和水本身的体积可视为不能压缩，故土样的体积变化主要是孔隙空间的压缩所致。于是 ΔV_v 与 Δu_1 之间的关系为：

$$\frac{\Delta V_v}{V_v}=\frac{\Delta V_v}{nV}=C_p\Delta u_1 \tag{5.21}$$

式中 V_v——土样中的孔隙体积（m^3）；

ΔV_v——由孔隙压力的增量 Δu_1 引起的孔隙体积变化；

V——土样体积（m^3）；

n——土的孔隙率；

C_p——孔隙的体积压缩系数（kPa^{-1}），为单位应力增量引起的孔隙体积应变。

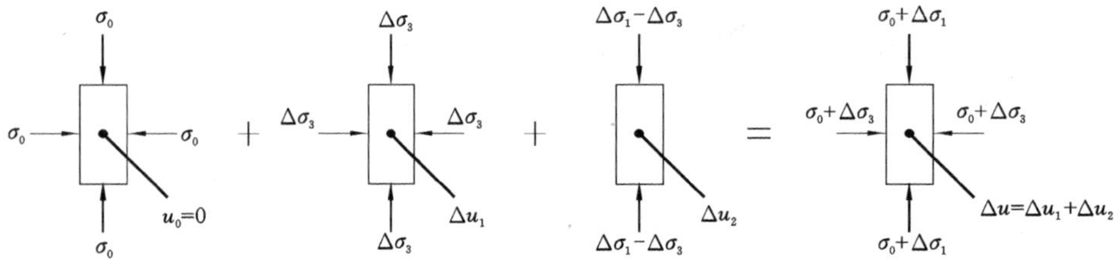

图 5.19　孔隙压力的变化

同时，各向均等有效应力增量 $\Delta\sigma_3'=\Delta\sigma_3-\Delta u_1$ 将引起土体骨架的压缩，故土样的体积应变为：

$$\frac{\Delta V}{V}=C_s\Delta\sigma_3'=C_s(\Delta\sigma_3-\Delta u_1) \tag{5.22}$$

式中 C_s——土骨架的体积压缩系数（kPa^{-1}），为单位有效应力增量引起的土骨架体积应变。

设土样处于不排水、不排气状态，其体积变化主要由土体孔隙中气相的压缩产生。土骨架的压缩量必与土的孔隙体积变化相等，即 $\Delta V=\Delta V_v$，由式(5.21)和式(5.22)可得

$$nC_p\Delta u_1=C_s(\Delta\sigma_3-\Delta u_1) \tag{5.23}$$

整理后可得：

$$\Delta u_1=\frac{1}{1+n\dfrac{C_p}{C_s}}\Delta\sigma_3=B\Delta\sigma_3 \tag{5.24}$$

式中 B——各向均等应力作用下的孔压系数，$B=\dfrac{1}{1+n\dfrac{C_p}{C_s}}$。

对于饱和土样来说，孔隙完全被水充满，C_p 即为水的体积压缩系数。由于水几乎是不可压缩的，与 C_s 相比，C_p 几乎可以忽略，所施加的各向均等应力增量 $\Delta\sigma_3$ 完全由孔隙水承担，土骨架不受外力作用，因而孔压系数 B 可取为 1.0；对于非饱和土样，由于土中气体的压缩量较大，土骨架可承受部分外力的作用，故孔压系数 $B<1.0$。

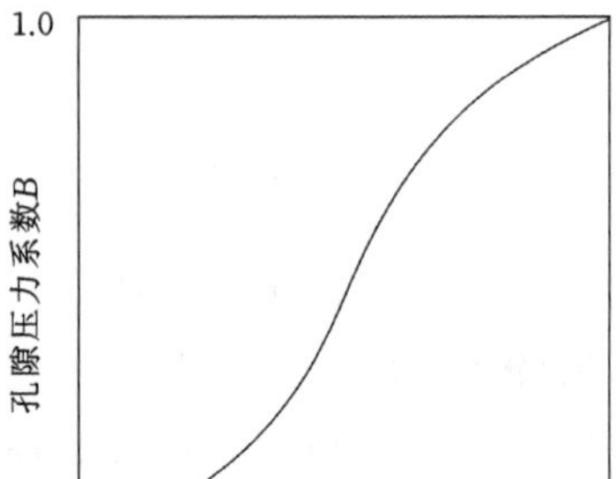

图 5.20　孔压系数 B 与饱和度 S_r 的关系曲线

试验表明，孔压系数 B 随土的饱和度 S_r 而变化，其值介于 0～1 之间，如图 5.20 所示，土的 S_r 愈小，孔压系数 B 也愈小。干土的孔隙中充满气体，不产生孔隙水压力，所施加的各向均等应力增量 $\Delta\sigma_3$ 完全由土骨架承担，故孔压系数 $B=0$。

如果作用在土样上的各向均等应力 σ_3 不变，仅施加偏应力增量 $\Delta(\sigma_1-\sigma_3)$，在不排水、不排气的情况下，相应地会产生孔隙压力增量 Δu_2。由于 $\Delta\sigma_2=\Delta\sigma_3=0$，因此作用在土样上的轴向有效应力增量为 $\Delta\sigma_1'=\Delta(\sigma_1-\sigma_3)-\Delta u_2$，各向均等有效应力增量 $\Delta\sigma_2'=\Delta\sigma_3'=-\Delta u_2$。

与前同理，孔隙压力的增量 Δu_2 与孔隙体积变化 ΔV_v 之间的关系为：

$$\frac{\Delta V_v}{V_v}=\frac{\Delta V_v}{nV}=C_p\Delta u_2 \tag{5.25}$$

设土骨架为理想的弹性材料，则土骨架的体积变化仅与有效平均正应力增量有关，而土体受到的有效平均正应力增量 $\Delta\sigma'_m$ 为：

$$\Delta\sigma'_m=\frac{1}{3}(\Delta\sigma'_1+\Delta\sigma'_2+\Delta\sigma'_3)=\frac{1}{3}\Delta(\sigma_1-\sigma_3)-\Delta u_2 \tag{5.26}$$

故土样的体积应变为：

$$\frac{\Delta V}{V}=C_s\Delta\sigma'_m=C_s\left[\frac{1}{3}\Delta(\sigma_1-\sigma_3)-\Delta u_2\right] \tag{5.27}$$

同理，设土样处于不排水、不排气状态，则 $\Delta V=\Delta V_v$，由式(5.25)和式(5.27)可得：

$$nC_p\Delta u_2=C_s\left[\frac{1}{3}\Delta(\sigma_1-\sigma_3)-\Delta u_2\right] \tag{5.28}$$

整理后可得：

$$\Delta u_2=\frac{1}{1+n\dfrac{C_p}{C_s}}\times\frac{1}{3}\Delta(\sigma_1-\sigma_3)=\frac{B}{3}\Delta(\sigma_1-\sigma_3) \tag{5.29}$$

若土样同时受到上述各向均等压力增量 $\Delta\sigma_3$ 和偏应力增量 $\Delta(\sigma_1-\sigma_3)$ 作用时，由式(5.24)和式(5.29)可得由此产生的孔隙压力增量 Δu 为：

$$\Delta u=\Delta u_1+\Delta u_2=B\left[\Delta\sigma_3+\frac{1}{3}\Delta(\sigma_1-\sigma_3)\right] \tag{5.30}$$

然而实际上土并非理想的弹性材料，剪应力也可以引起土的体积应变，土的体积变化不仅取决于有效平均正应力增量 $\Delta\sigma'_m$，还与偏应力增量有关。因此，式(5.30)中的系数 1/3 就不再适用，而代之以另一个孔压系数 A 表示。于是式(5.30)可改写为：

$$\Delta u=B[\Delta\sigma_3+A\Delta(\sigma_1-\sigma_3)]=B\Delta\sigma_3+AB\Delta(\sigma_1-\sigma_3) \tag{5.31}$$

式中　A——偏应力增量作用下的孔压系数。三轴压缩试验实测结果表明，A 值随偏应力增量 $\Delta(\sigma_1-\sigma_3)$ 呈现非线性变化。

对于饱和土试样，由于孔压系数 $B=1.0$，于是式(5.31)可改写为

$$\Delta u=\Delta\sigma_3+A\Delta(\sigma_1-\sigma_3) \tag{5.32}$$

因此，如果已知土体中任一点的最大和最小主应力的变化以及孔压系数 A 和 B，就可以根据式(5.31)估算相应的孔隙压力。

5.3.2　亨开尔孔隙压力系数

上述利用三轴压缩试验确定的孔压系数 A 和 B，未考虑中主应力增量 $\Delta\sigma_2$ 的影响。1960 年亨开尔(Henkel)将孔隙压力增量 Δu 表示为八面体应力增量的函数，使上述孔隙压力表达式更具有普遍意义。对比式(5.31)，用亨开尔公式表示的孔隙压力增量 Δu 为：

$$\Delta u=\beta\Delta\sigma_{oct}+\alpha\Delta\tau_{oct} \tag{5.33}$$

式中　$\Delta\sigma_{oct}$——八面体正应力增量(kPa)，$\Delta\sigma_{oct}=\frac{1}{3}(\Delta\sigma_1+\Delta\sigma_2+\Delta\sigma_3)$；

$\Delta\tau_{oct}$——八面体剪应力增量(kPa)，$\Delta\tau_{oct}=\frac{1}{3}\sqrt{\Delta(\sigma_1-\sigma_2)^2+\Delta(\sigma_2-\sigma_3)^2+\Delta(\sigma_3-\sigma_1)^2}$

α,β——亨开尔孔压系数，饱和土的孔压系数 $\beta=1.0$。

亨开尔孔压系数 α 与斯肯普顿孔压系数 A 之间互为联系。将饱和土三轴压缩试验中的 $\sigma_2=\sigma_3$、$\Delta\sigma_2=\Delta\sigma_3$ 代入式(5.33)，可得：

$$\Delta u=\Delta\sigma_3+\frac{1}{3}(1+\sqrt{2}\alpha)\Delta(\sigma_1-\sigma_3) \tag{5.34}$$

比较式(5.32)和式(5.34)可知：

$$A=\frac{1}{3}(1+\sqrt{2}\alpha) \tag{5.35}$$

因而，由式(5.35)可得：

$$\alpha=\frac{\sqrt{2}}{2}(3A-1) \tag{5.36}$$

如果在饱和土的三轴压缩试验中进行孔隙压力的测定，求得孔压系数 A 后，即可按式(5.36)求得孔压系数 α 值。

【例 5.2】 一饱和黏土试样装入三轴压缩室内，关闭排水阀门并施加围压 $\sigma_3=100$ kPa，测得孔隙压力 $u_1=100$ kPa。然后对试样施加轴向荷载至轴向应力为 $\sigma_1=600$ kPa 时发生破坏，此时测得孔隙压力 $u_f=400$ kPa。试计算孔压系数 A 和 B。

【解】 ① 求解孔压系数 B

由式(5.24)可知，$\Delta u_1=B\Delta\sigma_3$，可得 $B=\frac{\Delta u_1}{\Delta\sigma_3}=\frac{100-0}{100-0}=1.0$

② 求解孔压系数 A

$\Delta u_f=A\Delta(\sigma_1-\sigma_3)_f$（具体推导见 5.4.3.1 小节），可得 $A=\frac{\Delta u_f}{\Delta(\sigma_1-\sigma_3)_f}=\frac{400}{600-100}=0.8$

5.4 土的抗剪强度指标

在土力学有关稳定性的计算分析工作中，抗剪强度指标是其中最重要的计算参数。能否正确选择土的抗剪强度指标，同样是关系到工程设计质量和成败的关键所在。土的抗剪强度指标千变万化，对同一种土，即使采用同一台试验仪器，如果使用的试验方法不同，尤其是土的固结情况和排水条件不一样，测得的结果往往差异很大。因此，阐明各类试验方法测得的抗剪强度指标的物理意义，对抗剪强度指标的基本性质和规律有一个清楚的认识，并对各种指标的取值范围有一个大致的了解，才能正确选用土的抗剪强度指标，从而对工程实际问题作出正确的判断。

按照不同的分类标准，土的抗剪强度指标可划分为多种不同的类型。例如，根据土的类型可划分为黏性土强度指标和无黏性土强度指标；根据试验方法可划分为室内试验指标和原位试验指标；根据应力分析方法可划分为总应力强度指标与有效应力强度指标；根据应力变形特性可划分为峰值强度指标与残余强度指标；根据试验的排水条件可划分为排水剪强度指标与不排水剪强度指标等。因此，需要阐明各种强度指标的特性、相互关系和选用原则。

5.4.1 总应力强度指标与有效应力强度指标

库仑公式在表达土的抗剪强度与作用在破裂面上法向应力的关系时，未涉及土体这种三相性、多孔性和分散颗粒集合体的最主要特征——有效应力问题。随着土的固结理论的发展，人们逐渐认识到土体内的剪应力仅能由土的骨架承担，土的抗剪强度并不简单取决于破裂面上的总法向应力，而是取决于破裂面上的有效法向应力，因此，土的抗剪强度应表示为破裂面上有效法向应力的函数。1925 年太沙基(Terzaghi)提出了饱和土的有效应力概念，并用试验证明了有效应力 σ' 等于总应力 σ 与孔隙水压力 u 的差值，即 $\sigma'=\sigma-u$。因此，对应于式(5.1)和式(5.2)的库仑公式，采用有效应力表达的抗剪强度公式为：

$$\tau_f=(\sigma-u_f)\tan\varphi'=\sigma'\tan\varphi' \tag{5.37}$$

$$\tau_f=c'+(\sigma-u_f)\tan\varphi'=c'+\sigma'\tan\varphi' \tag{5.38}$$

式中 c'——土的有效黏聚力(kPa)；

φ'——土的有效内摩擦角(°)；

σ'——作用在剪切破裂面上的有效法向应力(kPa)；

u_f——剪切破坏时的孔隙水压力(kPa)。

由此可见，土的抗剪强度有总应力和有效应力两种表达方法。土的 c 和 φ 统称为土的总应力强度指标，直接应用这些指标所进行的土体稳定分析称为总应力法；而 c' 和 φ' 统称为土的有效应力强度指标，应用这些指标所进行的土体稳定分析称为有效应力法。由于有效应力才是影响粒间摩擦阻力的决定因素，因此有效应力法的概念明确，揭示了土的抗剪强度的本质。

在 4.4.1 节中已指出，饱和土的渗透固结过程实际上是孔隙水压力消散和有效应力增长的转移过程。因此，土的抗剪强度随着土的固结压密而不断增长。在实际工程中，土体中的应力和孔隙水压力的变化如果能直接测定或用固结理论推估出来，便可利用有效应力法定量地评价土的实际抗剪强度及其随土体固结的不断变化，从而采用有效应力强度指标去研究土体的稳定性。因此，应用有效应力法的关键在于求得孔隙水压力的分布。

然而，受室内和现场试验条件所限，实际工程中的孔隙水压力很难准确测量，许多情况下无法取得孔隙水压力分布的实用解答，从而限制了有效应力法的广泛应用。因此，实践中不可能对所有工程都采用有效应力法，许多工程问题仍需要采用总应力法和总应力强度指标。但针对总应力法难以准确反映孔隙水压力的存在对抗剪强度的影响，可选用最接近实际条件的试验方法取得总应力强度指标，也即在试验方法上尽可能地模拟现场土体在受剪时的固结和排水条件，而不必测定土在剪切过程中的孔隙水压力变化。

5.4.2 不排水剪强度指标与排水剪强度指标

目前，针对工程中可能出现的固结和排水实际情况，通常采用的做法是统一规定三种不同的标准试验方法，控制土样不同的固结和排水条件。须指出的是，只有三轴压缩试验才能严格控制土样固结和剪切过程中的排水条件，而直剪试验因限于仪器条件，只能近似模拟工程中可能出现的固结和排水情况。下面仅针对常规三轴压缩试验和直剪试验，分别介绍三种标准试验方法。

(1) 固结不排水剪试验(又称固结快剪，以符号 CU 表示)

用三轴压缩仪进行固结不排水剪试验时，打开排水阀，让土样在施加围压 σ_3 时排水固结，土样的含水率将发生变化。待固结稳定后(至 $u_1=0$)关闭排水阀，在不排水条件下施加偏应力 $\sigma_1-\sigma_3$，产生附加孔隙水压力 u_2。剪切过程中，土样的含水率保持不变。至剪破时，土样的孔隙水压力 $u_2=u_f$，破坏时的孔隙水压力完全由土样受剪引起。

用直剪仪进行固结快剪试验时，在施加垂直压力后，应使土样充分排水固结，再施加剪应力，以较快的速度(3～5 min)将土样剪破，使土样在剪切过程中来不及排水。

(2) 不固结不排水剪试验(又称快剪，以符号 UU 表示)

用三轴压缩仪进行不固结不排水剪试验时，无论是对土样施加围压 σ_3，还是对土样施加偏应力 $\sigma_1-\sigma_3$，直至剪切破坏均关闭排水阀，即整个试验过程中土样均不能固结排水，故土样的含水率保持不变。土样受剪前，施加围压 σ_3 会在土内引起初始孔隙水压力 u_1，施加偏应力 $\sigma_1-\sigma_3$ 后，便会产生一个附加孔隙水压力 u_2。至剪破时，土样的孔隙水压力 $u_f=u_1+u_2$。

用直剪仪进行快剪试验时，土样上、下两面可放置不透水薄片。在施加垂直压力后，立即施加水平剪力，以较快的速度(3～5 min)将土样剪破，使土样尽可能接近不排水条件。

(3) 固结排水剪(又称慢剪，以符号 CD 表示)

用三轴压缩仪进行固结排水剪试验时，整个试验过程中始终打开排水阀，不但要让土样在围压 σ_3 作用下充分排水固结(至 $u_1=0$)，而且在剪切过程中也要让土样充分排水(不产生 u_2)，因而剪切速率应尽可能缓慢，直至土样剪破。

用直剪仪进行慢剪试验时，施加垂直压力后，让土样充分排水固结。

以上常规三轴压缩试验的三种方法中，土样在固结和剪切过程中的孔隙水压力变化、剪破时的应力条件和所得到的抗剪强度指标见表 5.1。

表 5.1　三种试验方法中的应力条件、孔隙水压力变化和强度指标

试验方法	孔隙水压力 u 的变化		剪破时的应力条件		抗剪强度指标	
	剪前	剪切过程中	总应力	有效应力	总应力强度指标	有效应力强度指标
CU 试验	$u_1=0$	$u=u_2\neq 0$ （不断变化）	$\sigma_{1f}=\sigma_3+\Delta\sigma$ $\sigma_{3f}=\sigma_3$	$\sigma'_{1f}=\sigma_3+\Delta\sigma-u_f$ $\sigma'_{3f}=\sigma_3-u_f$	c_{cu},φ_{cu}	c',φ'
UU 试验	$u_1>0$	$u=u_1+u_2\neq 0$ （不断变化）	$\sigma_{1f}=\sigma_3+\Delta\sigma$ $\sigma_{3f}=\sigma_3$	$\sigma'_{1f}=\sigma_3+\Delta\sigma-u_f$ $\sigma'_{3f}=\sigma_3-u_f$	c_u,φ_u	c',φ'
CD 试验	$u_1=0$	$u=u_2=0$ （任意时刻）	$\sigma_{1f}=\sigma_3+\Delta\sigma$ $\sigma_{3f}=\sigma_3$	$\sigma'_{1f}=\sigma_3+\Delta\sigma$ $\sigma'_{3f}=\sigma_3$	c_d,φ_d	c',φ'

在常规三轴压缩试验中，UU 试验的孔隙水压力增量可表示为式(5.31)，即 $\Delta u=\Delta\sigma_3+A\Delta(\sigma_1-\sigma_3)$。在 CU 试验中，因土样在 $\Delta\sigma_3$ 作用下固结稳定，$\Delta u_1=0$，故孔隙水压力增量 $\Delta u=\Delta u_2=A\Delta(\sigma_1-\sigma_3)$。在 CD 试验中，因不产生孔隙水压力，故 $\Delta u=0$。应指出的是，由于无黏性土（如砂土）的渗透系数较大，在荷载作用下孔隙水容易排出，孔隙水压力消散极快，故孔压系数 A 和 B 主要针对黏性土的强度研究具有实际意义。

5.4.3　黏性土的抗剪强度指标

5.4.3.1　固结不排水剪强度指标

土在剪切过程中的性状和抗剪强度在一定程度上受到应力历史的影响。天然土层中的土体或多或少受到一定的上覆土压力作用而固结到某种程度。以常规三轴压缩试验为例，试验中常用各向等压的围压 σ_c 来代替和模拟历史上曾对土样施加的先期固结压力。因此，若土样所受到的围压 $\sigma_3<\sigma_c$，土样就处于超固结状态；反之，当 $\sigma_3\geqslant\sigma_c$，则土样处于正常固结状态。两种不同固结状态的土样，在剪切试验中的孔隙水压力和体积变化规律完全不同，其抗剪强度特性亦各不一样。

为简单起见，针对饱和黏性土这一典型情况，研究土的抗剪强度规律时，仅考虑土在剪切过程中的孔隙水压力和体积的变化。

饱和黏性土的 CU 试验中，在不排水剪切条件下，土样体积始终保持不变。若控制 σ_3 不变（$\Delta\sigma_3=0$）而不断增加 σ_1，直至土样剪破，其孔压系数 B 始终为 1.0，而孔压系数 A 则随着偏应力 $\sigma_1-\sigma_3$ 的增加呈非线性变化。将 $\Delta\sigma_3=0$ 代入式(5.32)，可得：

$$A=\frac{\Delta u}{\Delta(\sigma_1-\sigma_3)} \tag{5.39}$$

对式(5.39)中各物理量添加下脚标“f”，表示土样剪破时的孔压系数 A_f，即：

$$A_f=\frac{\Delta u_f}{\Delta(\sigma_1-\sigma_3)_f} \tag{5.40}$$

如图 5.21 所示，正常固结黏土的应力-应变曲线一般为应变硬化型，不存在峰值偏应力，孔隙水压力增量 Δu 随偏应力增量 $\Delta(\sigma_1-\sigma_3)$ 稳步上升，始终产生正的孔隙水压力，孔压系数 A 始终大于零，且在土样被剪破时的孔压系数 A_f 为最大值；而超固结黏土的应力-应变曲线一般呈现应变软化特性，也即存在峰值偏应力。超固结土在开始剪切时只出现微小的孔隙水压力，此时孔隙水压力为正值（A 亦为正值），随之孔隙水压力下降，并在一定的偏应力$(\sigma_1-\sigma_3)$作用下就趋于负值（A 亦为负值），至土样剪破时孔压系数 A_f 的负值最大。

表 5.2 为一些饱和黏性土（$B=1.0$）在破坏状态下的孔压系数 A_f 值。从表 5.2 中可看出，A_f 值的大小随饱和黏性土的固结程度而变。正常固结土因较容易压缩，其 A_f 值较大，对于软黏土，A_f 可能接近于 1.0。超固结土的超固结比 $OCR(=\sigma_c/\sigma_3)$ 愈大，A_f 值就愈低。对强超固结土而言，A_f 出现负值。土的剪胀作用愈强，A_f 的负值愈大。如果孔压系数 $A>1.0$，究其原因，可能是由于在固结压力作用下土体未完

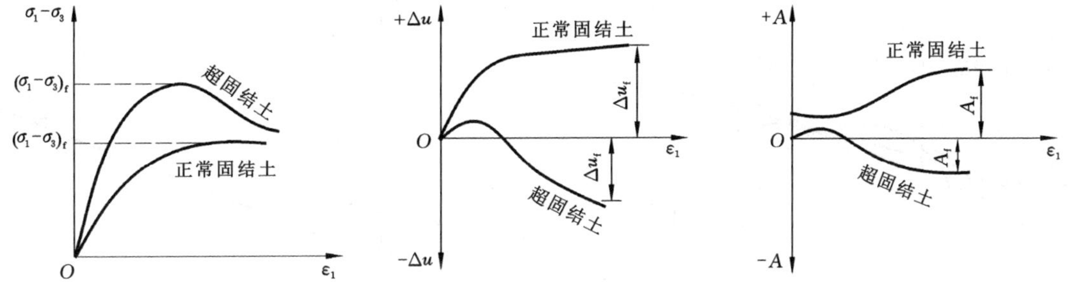

图 5.21　CU 试验的偏应力、孔隙水压力和孔压系数与轴向应变的关系

(a)偏应力-轴向应变曲线;(b)孔隙水压力-轴向应变曲线;(c)孔压系数-轴向应变曲线

全排水固结,以致残留有固结孔隙水压力;或者是由于土体结构破坏后,原来存在于组构单元内微孔隙中的孔隙压力被释放出来。

表 5.2　饱和黏性土破坏时的孔压系数 A_f

土类	A_f
高灵敏度黏土	0.75～1.5
正常固结黏土	0.5～1.0
弱超固结黏土	0.25～0.5
一般超固结黏土	0～0.25
强超固结黏土	－0.5～0

孔压系数 A 对研究土的三维固结与沉降同样具有重要的意义。但须指出,在研究土体强度理论中所用的剪切破坏时的孔压系数 A_f,在数值上不同于土体变形课题研究中的孔压系数 A,因为随着偏应力 $\sigma_1-\sigma_3$ 的增大,Δu 值并不呈线性增长。

如果将某一组饱和黏土试样先在不同的围压 σ_3 下排水固结,然后再施加偏应力做不排水剪试验,可获得 CU 试验的抗剪强度包线。

图 5.22 中 BC 线为正常固结黏土的 CU 试验获得的抗剪强度包线,BC 的延长段将通过原点($c=0$)。究其原因是在正常固结黏土的三轴压缩试验中,围压 σ_3 等于先期固结压力 σ_c。如果 $\sigma_3=0$,则意味着 $\sigma_c=0$,表明土样从未经受过任何应力的固结(如泥浆状土),则抗剪强度必定为零。实际上,从天然土层取出的土样,总具有一定的先期固结压力(反映在图 5.22 中 B 点对应的横坐标 σ_c 处)。因此,若土样受剪前的固结围压 $\sigma_3<\sigma_c$,则属超固结黏土的不排水剪试验,其强度要比正常固结黏土的强度大,抗剪强度包线为一条略平缓的曲线(图 5.22 中 AB 线)。由此可见,饱和黏土试样的 CU 试验所得到的是一条曲折状的抗剪强度包线(图 5.22 中 ABC 线),前段为超固结状态,后段为正常固结状态。实用上一般不作如此复杂的分析,只要按 5.3.2 节中介绍的作多个极限应力圆的公切线(图 5.22 中 AD 线),即可获得 CU 试验的总应力强度包线和强度指标 c_{cu} 和 φ_{cu}。

应指出的是,CU 试验的总应力强度指标随试验方法不同而具有一定的离散性。由图 5.23 可看出,如果土样的先期固结压力较高,以致试验中所施加的围压 σ_3 都小于先期固结压力 σ_c,那么试验所得的极限应力圆的切点都落在超固结段(图 5.23 中 $A''B''$ 线),由它推算的 c_{cu} 就较大,而 φ_{cu} 则并不一定大;反之,若土样原来所受的先期固结压力较低,各土样试验时所施加的 σ_3 大都超过 σ_c,则试验所得的极限应力圆的切点都落在正常固结段上(图 5.23 中 $A'B'$ 线),于是由此推算的 c_{cu} 就会很小,甚至接近于零,得到的 φ_{cu} 则较大。因此,往往需先对原状土样开展室内固结试验,获得先期固结压力后,再选择适当的围压 σ_3 进行 CU 试验,求得合适的抗剪强度包线(图 5.23 中 AB 线)和强度指标。

从 CU 试验成果推求有效应力强度指标 c' 和 φ' 的方法可利用图 5.22 加以说明。根据表 5.1 中土样剪破时的应力关系,将 CU 试验所得的总应力条件下的极限应力圆(图 5.22 中的各个实线圆),向左(或向右)移动一个相应的 u_f 值的距离,而应力圆的直径保持不变,就可获得有效应力条件下的极限应力圆(图 5.22 中的各个虚线圆)。按各虚线圆求其公切线,即为该土的有效应力强度包线,据之可确定有效应力强度指标 c' 和 φ'。

如前所述,正常固结黏土在 CU 试验中始终产生正的孔隙水压力,其极限有效应力圆在极限总应力圆的左边;而超固结黏土在 CU 试验剪至破坏时产生负的孔隙水压力,故极限有效应力圆在极限总应力圆的

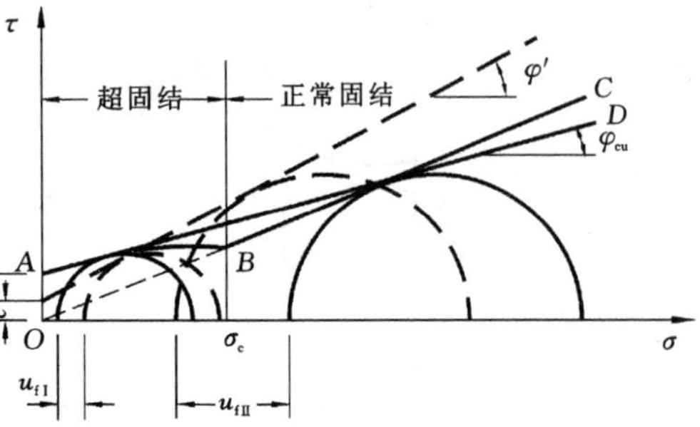

图 5.22 饱和黏性土的 CU 试验结果

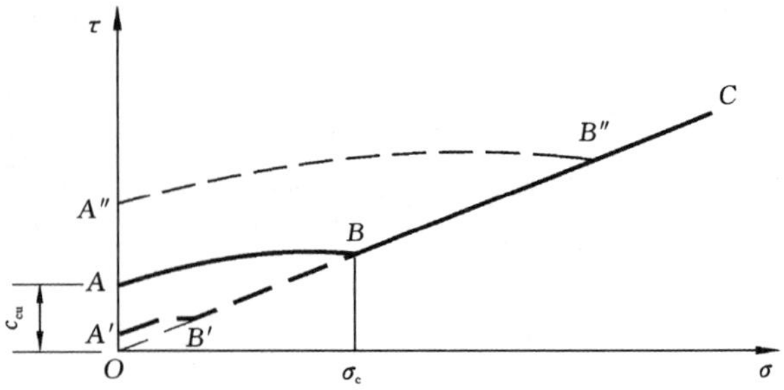

图 5.23 围压对 CU 试验结果的影响

右边。CU 试验的有效应力强度指标与总应力强度指标相比，通常有 $c'<c_{cu}$，$\varphi'>\varphi_{cu}$。

5.4.3.2 不固结不排水剪强度指标

在饱和黏性土的常规三轴压缩试验中，不固结不排水剪切中的“不固结”是指在土样三轴压力室内不再固结，而土样仍保持着原有的现场有效固结压力不变。图 5.24 中三个实线圆Ⅰ、Ⅱ、Ⅲ分别表示三个土样在不同的围压 σ_3 作用下 UU 试验的极限总应力圆，虚线圆则表示极限有效应力圆。其中，圆Ⅰ的 $\sigma_3=0$，相当于无侧限抗压强度试验。试验结果表明，在含水率恒定条件下的 UU 试验，无论在多大的 σ_3 作用下，土样破坏时所得到的偏应力 $(\sigma_1-\sigma_3)_f$ 恒为常数值。图 5.24 中三个极限总应力圆直径相同，故抗剪强度包线为一条水平直线。即：

$$\tau_f=c_u=\frac{1}{2}(\sigma_1-\sigma_3)_f \qquad \varphi_u=0 \tag{5.41}$$

式中 c_u——土的不排水抗剪强度(kPa)；

φ_u——土的不排水内摩擦角(°)。

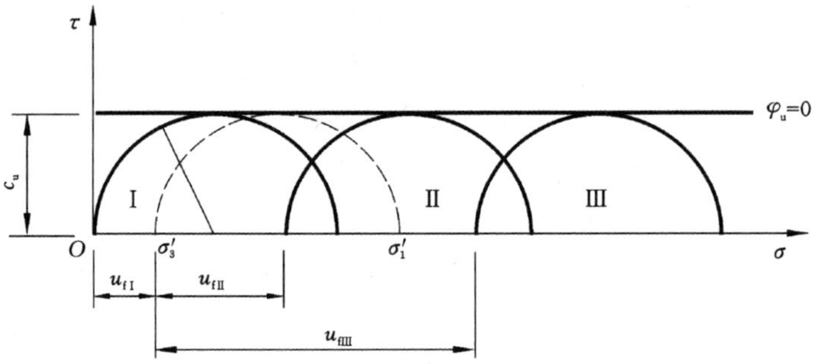

图 5.24 饱和黏性土的 UU 试验结果

在 UU 试验中，若分别测量各土样破坏时的孔隙水压力 u_f，并按有效应力整理，三个土样只能得到同一个极限有效应力圆，即图 5.24 中的虚线圆，因此无法根据 UU 试验结果绘制有效应力强度包线，也就无法确定土的有效应力强度指标 c' 和 φ'。由于土样总具有一定的现场固结压力，因此，对圆Ⅰ($\sigma_3=0$)来说是在超固结状态下的剪切破坏，如前所述，会产生负的孔隙水压力，极限有效应力圆在极限总应力圆的右边。上述试验现象可归结为，试验过程中，在不排水条件下，土样的含水率和体积均保持不变，改变围压 σ_3 的大小，只能引起孔隙水压力以同等大小变化，土样在受剪前的有效固结应力不发生改变，因而抗剪强度也就始终不变。无论是超固结黏土还是正常固结黏土，其 UU 试验的抗剪强度包线均是一条水平直线，即 $\varphi_u=0$。

从以上分析可知，不排水抗剪强度 c_u 反映的正是土样原始有效固结压力作用所产生的强度，土样受到的先期固结压力越大，土样的密度就越大，c_u 也越大。天然土层的有效固结压力是随埋藏深度增加而增加的，所以 c_u 也随所处的深度增加而增加。均质的正常固结天然黏土层的 c_u 与其有效固结压力之比值基本保持常数，故 c_u 大致随有效固结压力呈线性增加。超固结黏土因其先期固结压力大于现场有效固结压力，它的 c_u 比正常固结黏土的 c_u 更大。

5.4.3.3　固结排水剪强度指标

饱和黏性土的常规三轴压缩试验中，在排水剪切条件下，孔隙水压力始终为零，如图 5.25 所示。与 CU 试验类似，正常固结黏土的应力-应变曲线一般为应变硬化型，剪切过程中土样体积随偏应力 $\sigma_1-\sigma_3$ 的增加而不断减小(称为剪缩)。而超固结黏土的应力-应变曲线一般呈现应变软化特性，剪切过程中土样体积先减小，继而转向不断增加(称为剪胀)。同前所述，土体在 CU 试验中孔隙水压力值的变化趋势，也可根据其在 CD 试验中的体积变化规律得到验证。如正常固结黏土在排水剪中有剪缩趋势，因而当它进行不排水剪时，由于孔隙水排不出来，剪缩趋势就转化为土样中的孔隙水压力不断增长；反之，超固结黏土在排水剪中不但不排出水分，反而因剪胀而有吸水的趋势，但它在不排水剪过程中却无法吸水，于是就产生负的孔隙水压力。

饱和黏土试样的 CD 试验成果与 CU 试验类似(图 5.26)。由于土样在固结和剪切的全过程中始终不产生孔隙水压力，其总应力强度指标应该等于有效应力强度指标，即 $c'=c_d$，$\varphi'=\varphi_d$。

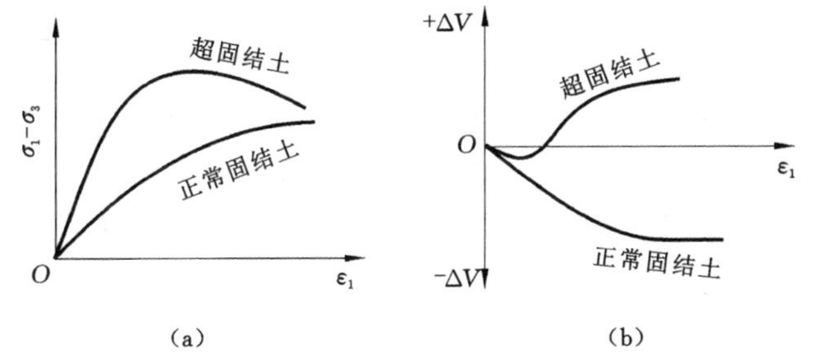

图 5.25　饱和黏性土的 CD 试验的应力-应变和体变-应变关系

(a)应力-应变关系；(b)体变-应变关系

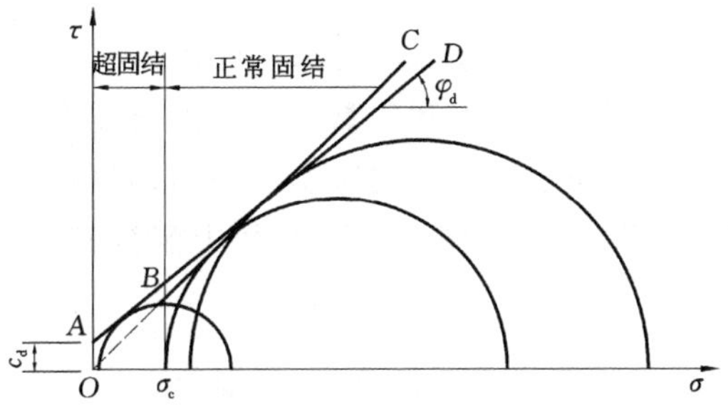

图 5.26　饱和黏性土的 CD 试验结果

5.4.3.4　残余抗剪强度指标

如 5.2.1 节所述，坚硬的超压密黏土的 τ-S 曲线可出现剪应力的峰值 τ_f，即为土的峰值抗剪强度 τ_{fp}。峰后强度随剪切位移增大而降低，表现为应变软化特征。随着剪切位移 S 的增大，土的抗剪强度逐渐降低，并最终趋于某一稳定值，这种终值强度称为残余强度 τ_{fr}(图 5.27)。残余强度的主要测定方法是在直剪仪中进行反复剪切试验，以达到大应变的效果。

试验证明，黏性土的残余强度同峰值强度一样也符合库仑公式，即：

$$\tau_{fr}=c_r+\sigma\tan\varphi_r \tag{5.42}$$

式中　τ_{fr}——土的残余抗剪强度(kPa)；

c_r——土的残余黏聚力(kPa)；

φ_r——土的残余内摩擦角(°)。

如图 5.28 所示，与峰值强度包线相比较，残余强度包线在纵坐标上的截距 $c_r\approx0$，残余内摩擦角 φ_r 略小于其峰值内摩擦角 φ，因而残余强度的降低主要表现为黏聚力的下降。

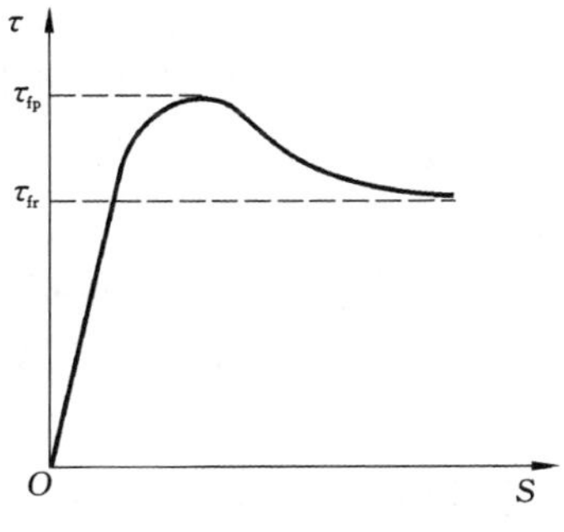

图 5.27　应变软化型 τ-S 曲线

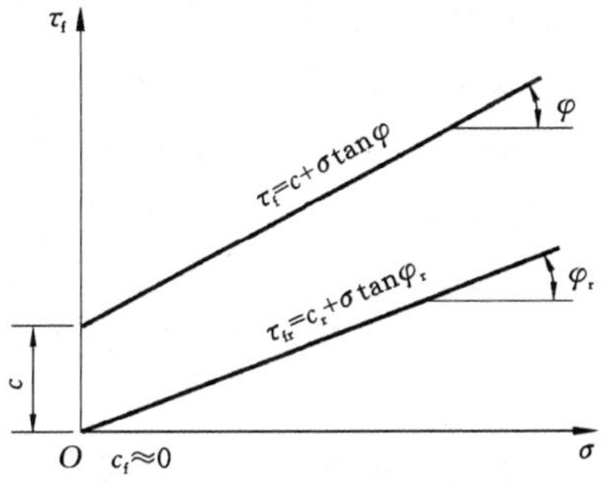

图 5.28　黏性土的峰值强度与残余强度包线

一些试验资料表明，从同一种土的重塑土样求得的残余强度与原状土样的残余强度基本相同，说明残余强度与土的结构性关系不大，而主要取决于土的矿物成分和有效法向应力的影响。一般情况下，以石英、长石含量为主的土类，残余强度指标 φ_r 略大于 30°；以云母类矿物（如伊利石）含量为主的土类，残余强度指标 φ_r 为 15°～26°；而以蒙脱石矿物含量为主的土类，残余强度指标 $\varphi_r<10°$。黏性土的残余强度机理可解释为土体沿剪切面两侧非定向性排列的薄层微粒结构，随着剪应变的增加而逐渐转化为沿剪切方向定向性排列，导致土的抗剪强度降低。

黏性土的残余强度对研究天然土坡的长期稳定性问题具有重要的意义。由于土坡沿滑动面上剪应变的发展不是各处均衡，往往在滑动面上的某些点发生较大的剪应变，而在其他地方剪应变发挥得还较小，造成沿滑动面上的剪应力分布亦不均匀，使得滑动面上各部分土的抗剪强度不能同时达到峰值。若土体具有明显的残余强度特性，则在较大剪应变处土首先抵达峰值强度，即破坏在这些点出现，但随着剪应变加大，这些点的强度又降至残余强度，从而带动滑动面其他各点也相继达到峰值强度后，又降低至残余强度。可以推断，这种连锁反应造成土坡的破坏过程将是从某一点开始，并逐渐蔓延到全面，形成所谓的“渐近性破坏”现象。

5.4.3.5　抗剪强度指标的比较

如果将某种饱和软黏土的两组土样先在同一先期固结压力下（$\sigma_3=\sigma_c$）进行排水固结，然后对一组中的若干土样施加新的围压 σ_3（$>\sigma_c$），对各土样分别进行 UU、CU 和 CD 试验，并将试验成果综合表示在一张 τ-σ 坐标图上（图 5.29），并从中洞察到三种试验结果之间的关系。很显然，正常固结黏土的强度指标 $\varphi_d>\varphi_{cu}>\varphi_u$，且 $\varphi_u=0$。

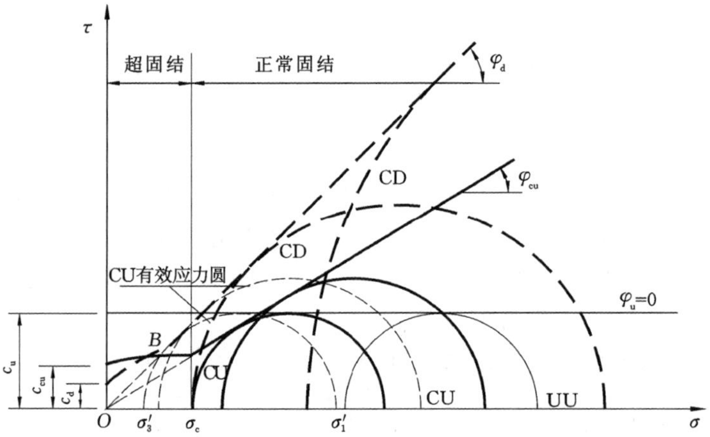

图 5.29　饱和黏性土的 CU、UU、CD 试验结果的比较

若将另一组中的若干土样的围压从 σ_c 减低至 σ_3（$<\sigma_c$），同样进行上述三种试验，此时土样具有超固结特征。超固结黏土在其卸载回弹过程中，UU 试验因不允许吸水，含水率保持不变，故其 c_u 比 CU 和 CD 试验的 c_{cu}、c_d 都高。此外，比较 CU 和 CD 试验，虽然两者在卸载回弹过程中产生的负孔隙水压力均会导致土样吸水软化（含水率增加）。但由于超固结黏土的剪胀特性，CD 试验中的土样在排水剪切过程中有可能进一步吸水软化，含水率还要增加，而 CU 试验则无此可能。因此，排水剪的强度指标 c_d 比固结不排水剪的强度指标 c_{cu} 要低，这可从图 5.29 中 UU、CU、CD 试验的强度包线在超固结状态所处的位置比较得知，其情形与右边的正常固结状态的强度包线正好相反。

上述试验还可证明，同一种黏性土在 UU、CU 和 CD 试验中的总应力强度包线和强度指标各不相同，但是都可以得到近乎同一条有效应力强度包线。因而，不同试验方法下的有效应力强度存在着唯一性关系。

直剪试验在上述三种方法中因受仪器条件限制，不能测定土样中孔隙水压力的变化，一般只能用总应力强度指标来表示试验成果。

5.4.4 无黏性土的抗剪强度指标

如前所述，无黏性土的抗剪强度由土粒间的摩阻力形成，这种粒间摩阻力来自于颗粒之间的滑动产生的滑动摩擦和颗粒相互咬合所产生的咬合摩擦。图 5.30 为粒状土受剪时颗粒移动的示意图。如图 5.30(a)所示，在剪应力 τ 的作用下，当具有紧密结构的粒状土沿破坏面滑动时，颗粒间的咬合状态被破坏，土粒 A 必须从原来的位置被抬高，跨越过相邻的土粒 B 后才能移动，土体会发生体积膨胀，即所谓"剪胀"现象，需消耗部分剪切力的功能来抵抗法向应力 σ 的作用，表现为土的内摩擦角增大。若是很松的粒状土[图 5.30(b)]，土粒 A 滑过相邻土粒 B 时，便会落入孔隙之中，土体体积减小，即所谓"剪缩"现象，此时会由法向应力 σ 释放出功能来。此外，剪切过程中，颗粒的剪断、破碎、重新排列等也会消耗或释放一定的功能，对土的内摩擦角产生影响。

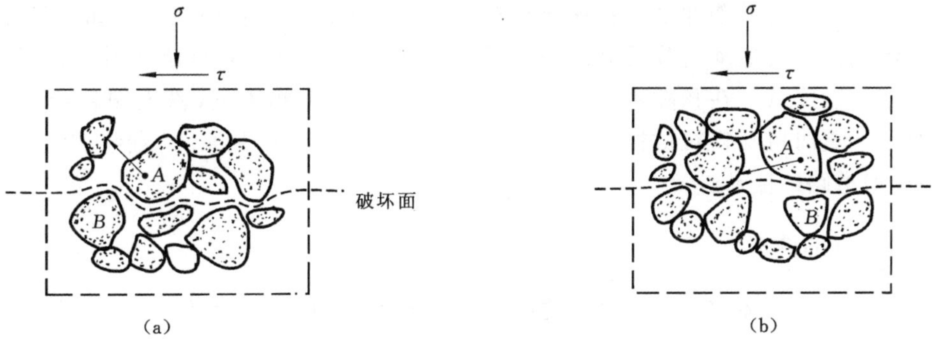

图 5.30 粒状土剪切时颗粒的位移

(a)紧密结构；(b)松散结构

图 5.31 所示为具有不同初始孔隙比的松砂和密砂的慢剪直剪试验结果。密砂在受剪时体积膨胀，孔隙比变大，如前所述，剪胀作用将使剪应力增加[图 5.31(a)中阴影部分]，其剪切过程中的应力-应变关系类似于超固结黏土的应变软化现象，即有明显的峰值强度和变形较大时的终值强度。松砂的应力-应变关系类似于正常固结黏土，其应力-应变关系无明显峰值强度(应变硬化型)，受剪时体积先剪缩、后剪胀，孔隙比变小。试验证明，在一定的有效应力(围压)下，对同一种砂土来说，紧密的砂土和松散的砂土的抗剪强度最终趋于同一数值，而最终孔隙比也大致趋向于某一稳定值(图 5.32)，该孔隙比称为临界孔隙比 e_{cr}。当剪切过程到达临界孔隙比时，砂土既不剪胀，也不剪缩。

砂土的峰值强度和残余强度包线均通过原点，即 $c=c_r=0$。砂土的残余强度机理与黏性土有所不同，抗剪强度的降低主要是因为大变形破坏了砂粒间的咬合作用，导致砂土的残余内摩擦角 φ_r 较峰值内摩擦角 φ 有显著降低。

从以上分析可知，在剪切过程中，不同密度的饱和砂土与饱和黏性土有着相似的规律，大致是松砂具有类似正常固结黏土的特征，中密的砂土相当于轻微超固结黏土，而密砂的剪胀性比超固结黏土更为显著。如果松砂处于完全饱和状态，其初始孔隙比 $e_0>e_{cr}$，当它受到剪应力作用时，必然会产生剪缩趋势而使粒间孔隙水压力增高，砂土的有效应力降低，其抗剪强度也随之降低。因此，饱和松砂的不排水强度是十分低的。

由于砂土具有较大的渗透性，排水固结性能较好，在大多数情况下，可采用固结排水剪强度指标 c_d 和 φ_d。而砂土的不排水剪切对于研究砂土的静力学问题的意义不大，但对于研究饱和砂土受动荷载时的土动力学问题时，则另当别论。试设想饱和松砂受到动荷载如地震作用的作用，由于地震作用的时间十分短促，砂土中的孔隙水来不及排出(如大体积的松砂)。因此，在反复的动剪应力作用下，孔隙水压力就不断增加。若砂体中的有效应力降为零，则砂土就会发生流动。这种饱和砂土在动荷载作用下，其强度全部丧失而像流体一样流动的现象称为砂土液化(详见 2.7.3 节)。砂土液化常造成场地的整体性失稳，导致建筑倒塌、陷落或漂移等。

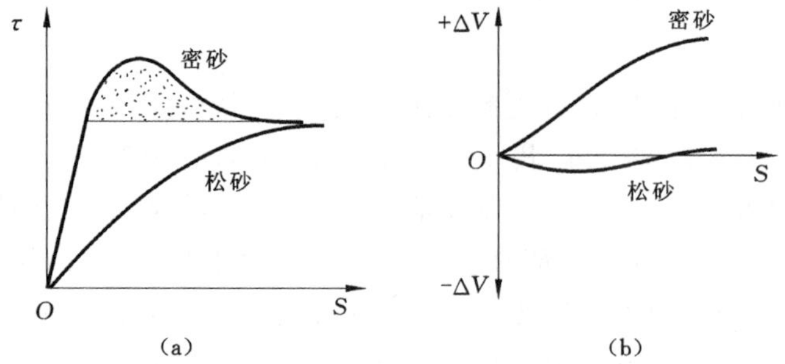

图 5.31　砂土的慢剪、直剪试验结果

(a)剪应力-剪切位移曲线；(b)体变-剪切位移曲线

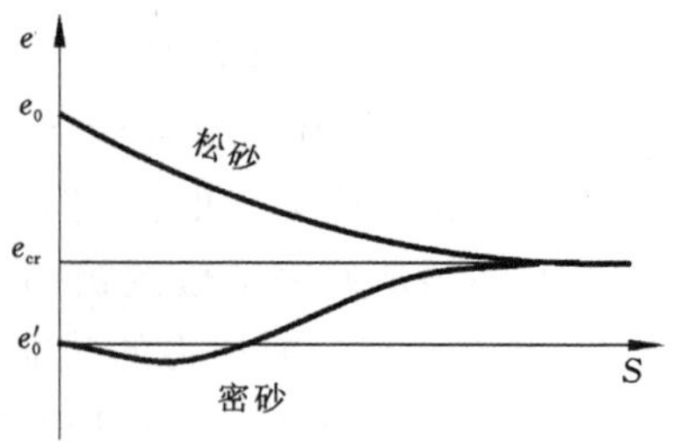

图 5.32　砂土的临界孔隙比

除砂土之外，含砂粒较多的低塑性黏土和粉土都有可能发生类似的液化现象。例如，当道路路基材料是饱和的粉土时，在周期性的交通动荷载反复作用下，地基土的孔隙水压力可能逐步升高到足以引起液化的状态，导致土的抗剪强度降低。在孔隙水压力骤增引起的渗透压力作用下，粉土颗粒会挤入粗粒材料(路工中常用的材料)，严重时可在粗粒材料的表面冒出，该现象称为道路"翻浆"。翻浆的出现极大地降低了路基的稳定性并增加道路的变形。

5.4.5　抗剪强度指标的选择

从前面分析可看出，由于土体剪切时的固结情况和排水条件不同，三种标准试验方法得到的总应力强度指标也不相同。一般来讲，内摩擦角 $\varphi_u<\varphi_{cu}<\varphi_d$，所得到的黏聚力 c 亦不相同。表 5.3 列出了三种试验方法的大致适用范围，可供参考。但应指出，总应力强度指标仅能考虑三种特定的固结情况，由于地基土的性质和实际加载情况十分复杂，地基在建筑物施工阶段和使用期间都经历了不同的固结状态，要准确估计地基土的固结度相当困难；此外，即使是在同一时间，地基中不同部位土体的固结程度亦不尽相同，但总应力法对整个土层均采用某一特定固结度的强度指标，这与实际情况相去甚远。因此，在确定总应力强度指标时还应结合工程经验，在工程设计的计算分析中，应尽可能采用有效应力强度指标的分析方法。

表 5.3　三种试验方法的适用范围

试验方法	适用范围
UU 试验	地基为透水性差的饱和黏性土或排水不良，且建筑物施工速度快时。常用于施工期的强度与稳定验算
CU 试验	建筑物竣工已有较长时间，突遇荷载增大。如房屋加层、天然土坡上堆载等
CD 试验	地基的透水性较好(如砂土等低塑性土)或排水条件良好(如黏土层中夹有砂层)，而建筑物施工速度又较慢

如前所述，同一种土的有效应力强度指标 c' 和 φ' 应该是常数，无论是用 UU、CU 还是 CD 的试验成果，都可以获得相同的 c' 和 φ' 值，它们不随试验方法而变。实践中一般通过 CU 试验并同时测定孔隙水压力的方法来求得 c' 和 φ'。究其原因，是因为 UU 试验所得到的有效极限应力圆只有一个，确定不了有效应力强度包线，也就得不出 c' 和 φ' 值；而 CD 试验的总应力强度指标 c_d 和 φ_d 实际上就是有效应力强度指标 c' 和 φ'，但 CD 试验费时较长，通常不用它来求得土的 c' 和 φ'。应指出的是，CU 试验在剪切过程中土样因不能排水而使体积保持不变，CD 试验在排水剪切过程中土样的体积要发生变化，因此 CU 试验得到的 c'、φ' 和 CD 试验得到的 c_d、φ_d 会有细微差别。一般来说，c_d、φ_d 略大于 c'、φ'，但实用上可忽略不计。

土的抗剪强度性质极其复杂，其抗剪强度指标也千变万化。如前所述，无黏性土的抗剪强度取决于土的原始密度(即初始孔隙比)、粒径级配、颗粒形状、颗粒破碎、加荷条件和应力历史等。例如，紧密砂土的内摩擦角较大，强度也高；松砂的内摩擦角较小，其强度也较低。级配良好的砂土，由于粒间接触点多，比均匀砂土的咬合作用强，其内摩擦角比均匀砂土的更大。又如，有棱角的砂土要比圆粒砂土有更多咬合，故内摩擦角也比较大。对于钙质砂、堆石料等一些易破碎的粒状土，颗粒破碎导致其粒径级配和颗粒形状发生变化，从而影响土的抗剪强度。

饱和黏性土的强度性质比无黏性土更为复杂。除在前文中所描述的黏性土的结构性、固结与排水条件、孔隙水压力、应力历史、应力应变状态、应力水平以及应力路径等影响因素外，还包括土的含水率、各向异性、加荷速率与受荷时间、动力特性和流变性质等影响因素。对黏性土来说，含水率增加时，土中水分在较大的土粒表面有润滑剂作用，使粒间摩阻力降低。对细小的黏粒，结合水膜变厚，降低了土的黏聚力，因而降低了土的抗剪强度。

此外，天然地层一般是水平层沉积，在垂直向的自重应力作用下形成各向异性应力(一般是垂直方向最大，水平方向最小)，促使土颗粒按有选择的方向排列，因而所形成的土体在不同方向具有不同的力学性质，使之具有各向异性的变形特性。因此，天然土层在沉积过程中和沉积以后形成的各向异性结构，影响了土的抗剪强度性状。如受荷时的加荷方向和沉积方向一致，就可产生较大的抗剪强度。反之，若加荷方向垂直于沉积方向，则抗剪强度最低。

由此可见，只有当室内试验的应力状态、应力水平和应力路径与实际工程的应力条件完全相同时，试验所得的抗剪强度指标才能符合实际。因此，在选择某种土的抗剪强度指标 c 和 φ 时，必须同时指出土样的原始固结状态和所采用的试验方法，才能正确判断这种指标的意义以及如何用于计算分析。

【例 5.3】 一饱和黏土试样在三轴压缩仪中进行固结不排水剪试验，施加的围压 $\sigma_3=200$ kPa，土样破坏时测得偏应力 $(\sigma_1-\sigma_3)_f=280$ kPa，孔隙水压力 $u_f=180$ kPa。有效应力强度指标 $c'=80$ kPa，$\varphi'=24°$，试求破裂面上的法向应力和剪应力，以及该面与水平面的夹角 α_f。若该土样在同样围压下进行固结排水剪试验，问破坏时的有效大主应力是多少？

【解】 (1) 求破裂面与水平面的夹角 α_f

由式(5.12)可知，$\alpha_f=45°+\dfrac{\varphi'}{2}=45°+\dfrac{24°}{2}=57°$

(2) 求破裂面上的法向应力 σ 和剪应力 τ

据试验结果可知，$\sigma_1=280+200=480$ kPa，$\sigma_3=200$ kPa

代入式(5.4)可得：

$$\sigma=\frac{1}{2}(\sigma_1+\sigma_3)+\frac{1}{2}(\sigma_1-\sigma_3)\cos 2\alpha_f=\frac{1}{2}\times(480+200)+\frac{1}{2}\times(480-200)\cos(2\times 57°)=340-56.9=283.1\ \text{kPa}$$

$$\tau=\frac{1}{2}(\sigma_1-\sigma_3)\sin 2\alpha_f=\frac{1}{2}\times(480-200)\sin(2\times 57°)=127.9\ \text{kPa}$$

(3) 求破坏时的有效大主应力 σ_1'

固结排水剪的孔隙水压力恒为零，故土样破坏时，$\sigma_3'=\sigma_3=200$ kPa

由式(5.38)计算抗剪强度：

$$\tau_f=c'+\sigma'\tan\varphi'=c'+\left(\frac{\sigma_1'+\sigma_3'}{2}+\frac{\sigma_1'-\sigma_3'}{2}\cos 2\alpha_f\right)\tan\varphi'$$

$$=80+\left[\frac{\sigma_1'+200}{2}+\frac{\sigma_1'-200}{2}\cos(2\times 57°)\right]\tan 24°=0.132\sigma_1'+142.3$$

由式(5.4)计算破裂面上的剪应力：

$$\tau=\frac{1}{2}(\sigma_1'-\sigma_3')\sin 2\alpha_f=\frac{1}{2}(\sigma_1'-200)\sin(2\times 57°)=0.457\sigma_1'-91.4$$

由破裂面上的剪应力等于抗剪强度可得：

$$0.457\sigma_1'-91.4=0.132\sigma_1'+142.3$$

解得

$$\sigma_1'=719.1\ \text{kPa}$$

σ_1' 亦可用作图法求得，利用有效极限应力圆与 $c'=80$ kPa、$\varphi'=24°$ 的抗剪强度包线相切的条件，用 $\sigma_3'=200$ kPa绘制有效极限应力圆，可从中量得 $\sigma_1'=719.1$ kPa。

【例 5.4】 对某低塑性饱和土试样进行固结排水剪试验，测得抗剪强度指标 $c_d=0$，$\varphi_d=31°$。如果对同一土样进行固结不排水剪试验，施加的围压 $\sigma_3=200$ kPa，土样破坏时的偏应力 $(\sigma_1-\sigma_3)_f=180$ kPa。

试求土样的不排水剪强度指标 φ_{cu}，以及破坏时的孔隙水压力 u_f 和孔隙压力系数 A_f。

【解】 (1) 求不排水剪强度指标 φ_{cu}

据试验结果，土样破坏时的 $\sigma_3=200\ \text{kPa}$，$\sigma_1=180+200=380\ \text{kPa}$

因固结排水剪试验中的孔隙水压力恒为零，得 $c'=c_d=0$，$\varphi'=\varphi_d=31°$，可判断土样为无黏性土，故 $c_{cu}=0$

代入式(5.10)可知：

$$\tan^2\left(45°+\frac{\varphi_{cu}}{2}\right)=\frac{\sigma_1}{\sigma_3}=\frac{380}{200}=1.9$$

$$45°+\frac{\varphi_{cu}}{2}=\arctan\sqrt{1.9}=54°$$

解得 $\varphi_{cu}=18°$

(2) 求破坏时的孔隙水压力 u_f

由式(5.10)可得：

$$\frac{\sigma_1'}{\sigma_3'}=\tan^2\left(45°+\frac{\varphi'}{2}\right)=\tan^2\left(45°+\frac{31°}{2}\right)=\tan^2 60.5°=3.124$$

据试验结果可知 $\Delta(\sigma_1'-\sigma_3')_f=\Delta(\sigma_1-\sigma_3)_f=180\ \text{kPa}$

因此有 $\sigma_1'=264.8\ \text{kPa}$，$\sigma_3'=84.8\ \text{kPa}$

破坏时的孔隙水压力 $\Delta u_f=\sigma_3-\sigma_3'=200-84.8=115.2\ \text{kPa}$

(3) 求破坏时的孔隙压力系数 A_f

由式(5.40)可知：

$$A_f=\frac{\Delta u_f}{\Delta(\sigma_1-\sigma_3)_f}=\frac{115.2}{180}=0.64$$

此题亦可用作图法求解：如图 5.33 所示，用 $\sigma_1=380\ \text{kPa}$ 和 $\sigma_3=200\ \text{kPa}$ 绘制莫尔极限应力圆。作过原点的抗剪强度包线切于该应力圆，量得抗剪强度包线与横轴的夹角 $\varphi_{cu}=18°$。据 $c'=0$，$\varphi'=31°$ 作过原点有效应力强度包线，向左平移总极限应力圆与有效应力强度包线相切，得到有效极限应力圆，即可从图中量得破坏时的孔隙水压力 $u_f=115.2\ \text{kPa}$，并用式(5.40)算得孔隙压力系数 $A_f=0.64$。

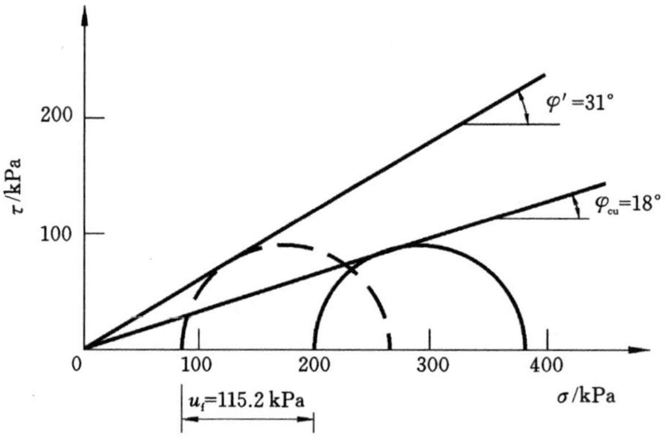

图 5.33 例 5.4 图解法

【例 5.5】 对某正常固结黏土试样进行不固结不排水剪试验，测得不排水抗剪强度 $c_u=100\ \text{kPa}$，如果该土的有效应力强度指标 $c'=0$，$\varphi'=30°$，求在不排水条件下发生破坏时的有效大、小主应力各是多少？

【解】 由式(5.41)可得：

$$c_u=\frac{1}{2}(\sigma_1-\sigma_3)_f=\frac{\sigma_1'-\sigma_3'}{2}=100\ \text{kPa}$$

$$\sigma_1'=200+\sigma_3'$$

用式(5.4)计算破裂面上的正应力和剪应力：

$$\sigma'=\frac{1}{2}(\sigma_1'+\sigma_3')+\frac{1}{2}(\sigma_1'-\sigma_3')\cos 2\alpha_f=\frac{200+2\sigma_3'}{2}+\frac{200}{2}\cos(90°+\varphi')=100+\sigma_3'+100\cos 120°=\sigma_3'+50$$

$$\tau=\frac{1}{2}(\sigma_1'-\sigma_3')\sin 2\alpha_f=\frac{200}{2}\sin(90°+\varphi')=100\sin 120°=86.6\ \text{kPa}$$

用式(5.38)计算抗剪强度：

$$\tau_f=c'+\sigma'\tan\varphi'=0+(\sigma_3'+50)\tan 30°=0.577\sigma_3'+28.9$$

利用破裂面上的剪应力等于抗剪强度，即 $\tau=\tau_f$，可得 $0.577\sigma_3'+28.9=86.6$

解得 $\sigma_3'=100\ \text{kPa}$，$\sigma_1'=200+\sigma_3'=300\ \text{kPa}$

此题亦可用作图法求解，方法是绘制一莫尔应力圆与 $c'=0$、$\varphi'=30°$ 的抗剪强度包线相切，该应力圆的直径应为 200 kPa，由此可算得 $\sigma_3'=100\ \text{kPa}$，$\sigma_1'=200+\sigma_3'=300\ \text{kPa}$。

【例 5.6】 某黏土层的垂直挖方如图 5.34 所示，排水剪试验得出土的有效应力强度指标 $c'=20\ \text{kPa}$，$\varphi'=28°$，土的重度 $\gamma=20\ \text{kN/m}^3$。若对该土进行不固结不排水剪试验，得出不排水抗剪强度 $c_u=40\ \text{kPa}$。试问：(1)如果采用慢速开挖(可充分排水)，沿潜在破坏面 AC 的孔隙水压力为 0 时，挖方破坏时的最大开挖深度 H 是多少？(2)如果开挖得很快，挖方破坏时的最大开挖深度 H 是多少？开挖引起的孔隙水压力是多少？(3)如果快速开挖至 $H=7$ m 深并让其直立，会发生什么情况？

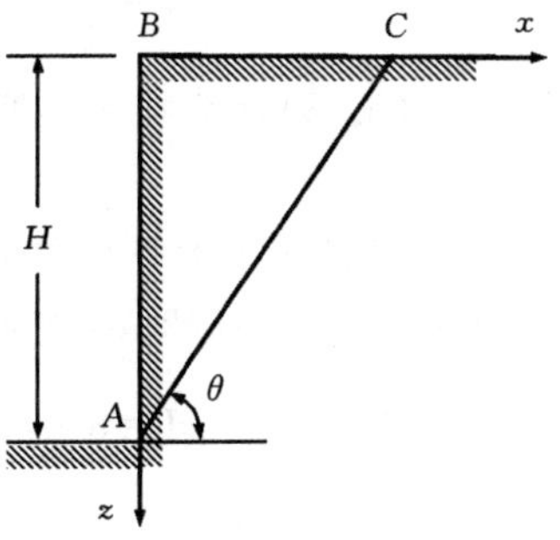

图 5.34 例 5.6

【解】 假设楔体 ABC 沿滑动面 AC 滑动，垂直应力为土的自重应力 $\sigma_z=\gamma z$，挖方表面的水平应力为 0。为了简化，可假定楔体 ABC 内任一点的水平应力 $\sigma_x=0$，这样垂直应力为大主应力 $\sigma_1=\sigma_z=\gamma z$，水平应力为小主应力 $\sigma_3=\sigma_x=0$。破坏面 AC 与大主应力作用面的夹角 $\theta=\alpha_f=45°+\frac{\varphi'}{2}$。就开挖深度内的平均情况而言，大主应力 $\sigma_1=\frac{\gamma H}{2}$。

(1) 求慢速开挖时的最大开挖深度

缓慢开挖时，破坏面 AC 的孔隙水压力为 0，$\sigma_1'=\sigma_1=\frac{\gamma H}{2}=\frac{20H}{2}=10H$，$\sigma_3'=\sigma_3=0$

用式(5.4)计算破裂面上的有效正应力和剪应力：

$$\sigma'=\frac{1}{2}(\sigma_1'+\sigma_3')+\frac{1}{2}(\sigma_1'-\sigma_3')\cos 2\theta=\frac{10H}{2}+\frac{10H}{2}\cos(90°+\varphi')=5H+5H\cos 118°=2.65H$$

$$\tau=\frac{1}{2}(\sigma_1'-\sigma_3')\sin 2\theta=\frac{10H}{2}\sin(90°+\varphi')=5H\sin 118°=4.41H$$

用式(5.38)计算抗剪强度：

$$\tau_f=c'+\sigma'\tan\varphi'=20+2.65H\tan 28°=1.41H+20$$

利用破裂面上的剪应力等于抗剪强度，即 $\tau=\tau_f$，可得：

$$4.41H=1.41H+20$$

解得 $H=6.65$ m。也就是说，当缓慢开挖深度达 6.65 m 时，土体沿 AC 面滑动，6.65 m 即为最大开挖深度。

(2) 求快速开挖时的最大开挖深度

快速开挖时，土体不排水，在不排水条件下，$\theta=\alpha_f=45°+\frac{\varphi_u}{2}=45°$

由式(5.41)可知：

$$c_u=\frac{1}{2}(\sigma_1-\sigma_3)_f=\frac{1}{2}\times\frac{1}{2}\gamma H=40$$

解得 $H=8$ m，即快速开挖时的最大开挖深度为 8 m。

如果用有效应力法分析，破坏面的 $\theta=\alpha_f=45°+\frac{\varphi'}{2}=45°+\frac{28°}{2}=59°$。从测得的不排水抗剪强度 $c_u=40$ kPa，有效应力强度指标 $c'=20$ kPa、$\varphi'=28°$，按照例 5.4 的解法，可求得不排水条件下发生破坏时的有效大、小主应力。

由式(5.41)可得 $c_u=\frac{1}{2}(\sigma_1-\sigma_3)_f=\frac{\sigma_1'-\sigma_3'}{2}=40$ kPa，则 $\sigma_1'=80+\sigma_3'$

用式(5.4)计算破裂面上的有效正应力和剪应力：

$$\sigma'=\frac{1}{2}(\sigma_1'+\sigma_3')+\frac{1}{2}(\sigma_1'-\sigma_3')\cos 2\theta=\frac{80+2\sigma_3'}{2}+\frac{80}{2}\cos 118°=\sigma_3'+21.2$$

$$\tau=\frac{1}{2}(\sigma_1'-\sigma_3')\sin 2\theta=\frac{80}{2}\sin 118°=35.3\ \text{kPa}$$

用式(5.38)计算抗剪强度

$$\tau_f=c'+\sigma'\tan\varphi'=20+(\sigma_3'+21.2)\tan 28°=0.532\sigma_3'+31.3$$

利用破裂面上的剪应力等于抗剪强度，即 $\tau=\tau_f$，可得 $0.532\sigma_3'+31.3=35.3$

解得 $\sigma_3'=7.5$ kPa，$\sigma_1'=80+\sigma_3'=87.5$ kPa

当快速开挖至 $H=8$ m 深，从土楔体可见，大主应力 $\sigma_1=\frac{\gamma H}{2}=\frac{20\times 8}{2}=80$ kPa

因快速开挖在土楔体中引起了负的孔隙水压力 $u=\sigma_1-\sigma_1'=80-87.5=-7.5$ kPa

采用有效应力法验证开挖的稳定性，在破坏面上，$\theta=\alpha_f=45°+\frac{\varphi'}{2}=59°$

$$\sigma=\frac{1}{2}(\sigma_1+\sigma_3)+\frac{1}{2}(\sigma_1-\sigma_3)\cos 2\theta=\frac{80}{2}+\frac{80}{2}\cos 118°=21.2\ \text{kPa}$$

$$\sigma'=\sigma-u=21.2-(-7.5)=28.7\ \text{kPa}$$

$$\tau=\frac{1}{2}(\sigma_1'-\sigma_3')\sin 2\theta=\frac{87.5-7.5}{2}\sin 118°=35.3\ \text{kPa}$$

$$\tau_f=c'+\sigma'\tan\varphi'=20+28.7\tan 28°=35.3\ \text{kPa}$$

因此可见，在 $\theta=59°$ 的平面上，当 $H=8$ m 时，剪应力等于抗剪强度，有效应力法也验证了破坏面的出现。

上述两种方法对于快速开挖的稳定性得到相同的结论，但是破坏面在不同的面上出现。按总应力法分析的 $\theta=45°$，按有效应力法得到的 $\theta=59°$。实际上，土体总是表现出一种有效内摩擦角大于 0 的摩擦性材料，这一现象早在 1936 年已为太沙基所发现，那时他在不排水剪试验中观察到，虽然测得的抗剪强度给出了 $\varphi_u=0$，但是试样破裂面的倾角总是大于45°。因此，土体的实际破裂面方向应由有效应力强度指标决定，即破裂面的倾角不是 $\alpha_f=45°+\frac{\varphi}{2}$，而是 $\alpha_f=45°+\frac{\varphi'}{2}$。

(3) 当很快开挖至 $H=7$ m 深时，由于 6.65 m$<H<$8 m，故垂直挖方不会破坏，此时的大主应力 $\sigma_1=\frac{\gamma H}{2}=\frac{20\times 7}{2}=70$ kPa，土楔体中引起的负孔隙水压力 $u=\sigma_1-\sigma_1'=70-87.5=-17.5$ kPa。当负的孔隙水压力消散后，垂直挖方会破坏。

5.5 应力路径

5.5.1 应力路径的基本概念

对某种土样采用不同的加荷方法使之发生剪切破坏，土样中的应力状态变化各不相同。为了分析应力变化过程对土的抗剪强度的影响，可在应力坐标图中用应力点的移动轨迹来描述土体在加荷过程中的应力变化，而这种应力点的轨迹就称为应力路径。

以常规三轴压缩试验为例，如保持 σ_3 不变而逐渐增大 σ_1，土样的应力变化过程可用一系列莫尔应力圆来表示。如为特定目的需要研究剪切面上的应力变化，由式(5.12)可知，该平面与 σ_1 作用面之间的夹角为 $\alpha_f=45°+\frac{\varphi}{2}$，由此可在每个应力圆上确定相应于破坏面上的应力特征点。然后按应力变化顺序将这些点连起来[图 5.35(a)中的直线 AM]，即为常规三轴压缩试验中剪切破坏面上的应力路径。A 点表示土样仅作用有围压 σ_3 且尚未施加轴向应力的初始情况，M 点表示轴向应力已增至土样剪破，A 与 M 两点之间的各点则表示试验中的剪切过程。

三轴压缩试验的加荷方法不同，其应力路径也不同。如在三轴压缩试验中保持 σ_1 不变而不断减小 σ_3，可获得剪切面上另一种应力路径[图 5.35(b)中的直线 AN]。虽然以上两种试验中的土样在轴向均代表大主应力 σ_1 的作用方向，且剪切面与 σ_1 作用面之间的夹角都为 $\alpha_f=45°+\frac{\varphi}{2}$，但两种试验土样中的应力状态发展方向却不同。

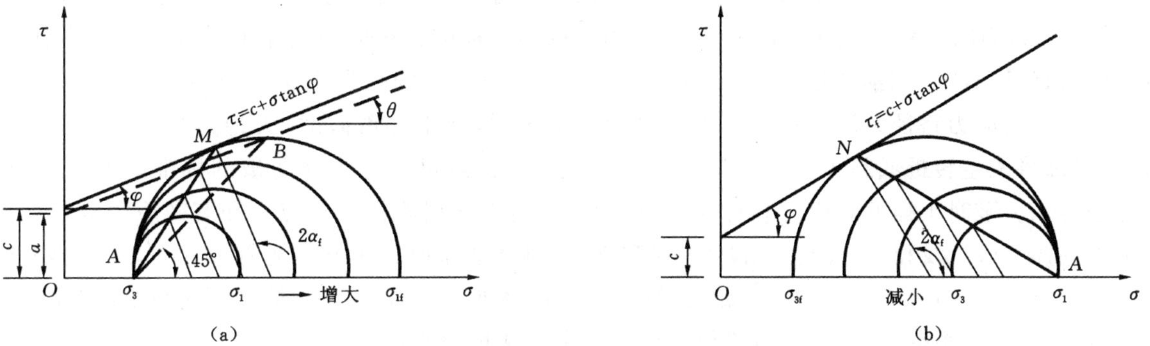

图 5.35　不同加荷方法的应力路径

(a)σ_3 不变，σ_1 增大；(b)σ_1 不变，σ_3 减小

5.5.2　常规三轴压缩试验中的应力路径

确定土样剪切破坏面上的应力，需预知破坏面的方向，这些应力也不能明确地表示整个土样所处的应力状态。由于土中某点的莫尔应力圆的顶点(剪应力为最大)位置，与莫尔应力圆的大小和位置具有一一对应的关系，也即顶点的坐标为已知时，该点的应力状态就随之确定下来了。因此，可将顶点的应力作为一个应力特征点来代表整个应力圆。同样按应力变化顺序将这些点连起来[图 5.35(a)中的直线 AB]，即为常规三轴压缩试验中最大剪应力面上的应力路径。在 τ-σ 坐标图上，应力圆顶点的横坐标为$\frac{1}{2}(\sigma_1+\sigma_3)$，纵坐标为$\frac{1}{2}(\sigma_1-\sigma_3)$。若将 $q=\frac{1}{2}(\sigma_1-\sigma_3)$、$p=\frac{1}{2}(\sigma_1+\sigma_3)$作为纵、横坐标，并在 q-p 坐标图上分别点绘试验过程中各个莫尔应力圆顶点的坐标值，各点的连线即为常规三轴压缩试验在 q-p 坐标图上的应力路径表达形式(图 5.36 中的 AB 线)。在常规三轴压缩试验中，因 σ_3 维持不变，σ_1 不断增加，应力在 q-p 坐标图上纵、横坐标的变化量总是相等的。因此，AB 是直线且必与横坐标轴成 45°夹角。为使图面整洁直观，常可省去诸多莫尔应力圆不画，而在应力路径线上以箭头指明应力状态的发展方向。

在常规三轴压缩试验中，图 5.36 中直线 AB 表示的是土样的总应力变化轨迹，称为总应力路径。而相应的有效应力变化轨迹则可用有效应力路径来表示。有效应力圆的顶点坐标与相应的总应力圆顶点坐标之间的关系为：

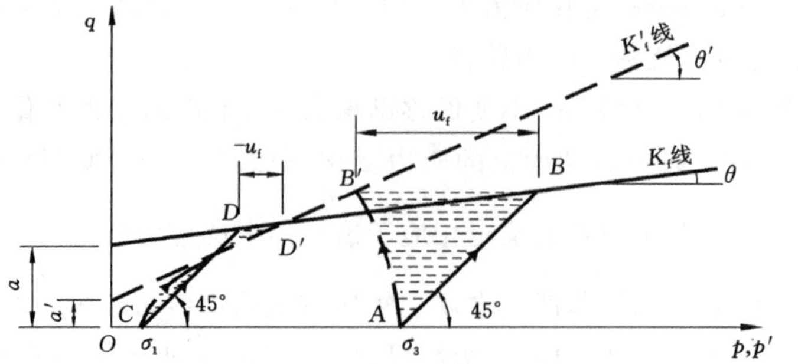

图 5.36 三轴 CU 试验中的应力路径

$$\left.\begin{aligned}p' &= \frac{1}{2}(\sigma_1' + \sigma_3') = \frac{1}{2}(\sigma_1 + \sigma_3) - u = p - u \\ q' &= \frac{1}{2}(\sigma_1' - \sigma_3') = \frac{1}{2}(\sigma_1 - \sigma_3) = q\end{aligned}\right\} \tag{5.43}$$

从式(5.43)中可看出，有效应力路径的确定取决于土样剪切时孔隙水压力的变化规律。与 τ-σ 坐标图相比，在 q-$p(p')$坐标图上可方便地阐明总应力路径和有效应力路径之间的对应关系。

根据式(5.43)的关系，将直线 AB 上各总应力点的横坐标减去相应的孔隙水压力 u 的实测值，就可获得有效应力路径 AB'。如前所述，由于土样在不排水剪切过程中的孔隙水压力随偏应力的增加呈非线性变化，因此，有效应力路径 AB'是曲线。大量试验结果表明，当土样剪破时，无论是总应力路径还是有效应力路径，都将发生转折或趋于水平，因而，应力路径的转折点可作为土样剪破的标准。若 B、B'两点的坐标分别表示剪破时土样的总应力和有效应力状态，它们应分别落在以总应力和有效应力表示的极限应力圆顶点的连线(K_f 线和 K_f'线)上。设 K_f 线和 K_f'线与纵坐标轴的截距分别为 a 和 a'，与横坐标轴的倾角为 θ 和 θ'，则 a、θ 与 c、φ，a'、θ'与 c'、φ'之间的关系，可将 K_f 线、K_f'线与抗剪强度包线绘制在同一 τ-σ 坐标图上，通过几何关系推求出来，也可以依据土的极限平衡理论推得。

当土样剪破时，由式(5.5)可知：

$$\frac{1}{2}(\sigma_1 - \sigma_3)_f = c\cos\varphi + \frac{1}{2}(\sigma_1 + \sigma_3)_f \sin\varphi \tag{5.44}$$

而由图 5.36 可知，K_f 线的表达式为：

$$\frac{1}{2}(\sigma_1 - \sigma_3)_f = a + \frac{1}{2}(\sigma_1 + \sigma_3)_f \tan\theta \tag{5.45}$$

比较式(5.44)和式(5.45)可知，a、θ 与 c、φ 的关系为：

$$\left.\begin{aligned}\sin\varphi &= \tan\theta \\ c &= \frac{a}{\cos\varphi}\end{aligned}\right\} \tag{5.46}$$

同理，由土的极限平衡理论可推得 a'、θ'与 c'、φ'之间的关系为：

$$\left.\begin{aligned}\sin\varphi' &= \tan\theta' \\ c' &= \frac{a'}{\cos\varphi'}\end{aligned}\right\} \tag{5.47}$$

如图 5.36 所示，AB 和 AB'线之间的阴影区域，平行于横坐标轴方向的距离长短反映了土样在剪切过程中孔隙水压力大小的变化。对于正常固结黏土来说，由于在不排水剪的整个过程中，始终产生正的孔隙水压力，故有效应力路径 AB'在总应力路径 AB 的左边，至 B'点时土样剪破，此时的孔隙水压力 u_f 达到最大值(B 与 B'之间的水平距离)。而超固结黏土在不排水剪切中的开始阶段，可能产生少量的正孔隙水压力，以后逐渐转为负值。有效应力路径 CD'开始在总应力路径 CD 的左边，随后转到右边，至 D'点土样剪破时，所产生的负孔隙水压力$-u_f$ 为 D 与 D'点之间的水平距离。

如图 5.37 所示，将具有相同围压下固结（即 A 点下固结）的正常固结黏土试样进行 CU 和 CD 试验的有效应力路径进行比较可知，剪切过程中，CU 试验产生孔隙水压力，将其总应力路径 AB 减去相应的孔隙水压力，就可获得有效应力路径 AB'。而 CD 试验的孔隙水压力始终保持为零，有效应力路径与总应力路径重合，故有效应力路径将沿着 AB 线继续向右上方延伸，直至交于 K_f'线上 E 点方才剪破。很显然，对相同条件的正常固结黏土来说，排水剪强度（E 点）比不排水剪强度（B'点）要高。

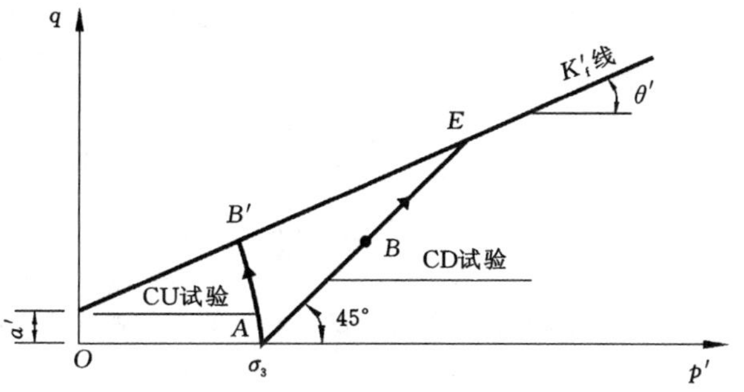

图 5.37　CU 与 CD 试验中的有效应力路径对比

5.5.3　土木工程中的应力路径问题简述

土木工程地基中，常见的应力路径仍是类似于常规三轴压缩试验中保持 σ_3 不变而逐渐增大 σ_1 的应力路径。一个典型的应用实例是，有目的地控制这种应力路径的加荷情况，对合理解决软土地基的加固问题具有现实意义。

在实际工程施工中，如果对天然软黏土地基施加荷载的速率过快，地基在受荷过程中来不及排水，有可能使地基在施工期间地基应力已达到土的不排水抗剪强度。土的不排水抗剪强度相对较低，导致地基所能承受的极限荷载很低。若施工中减缓加荷速率，或采用间歇式的分级加荷方式，就有可能使地基土得以充分固结排水而提高其抗剪强度，从而增大地基的承载力。这种通过控制加荷方式来提高地基承载力的原理，可用应力路径的方法加以说明。

设正常固结黏土地基中某点在加荷前的应力状态由图 5.38 中 a 点表示。假如荷载是一次施加的，该点的有效应力路径将沿曲线 ab 延伸（图 5.38 中虚线所示）至 K_f'线上 b'点。若采用间歇加载方式，当迅速施加第一级荷载后，由于地基土来不及排水，该点在不排水条件下的有效应力路径就从 a 点向 b 点发展（剪切段）。在加载停歇的时间里，随着土的排水固结，该点的有效正应力不断增加，而剪应力却不发生变化。故此时的应力路径是一条水平线（固结段），在排水固结完毕时抵达 c 点。此后再施加第二级荷载，如此循环下去，该点的应力路径就将沿着 $a \to b \to c \to d \to e \to f \to g \to h$ 各点曲折地延伸发展，最终交至 K_f'线上 h 点。显然，土在 h 点的抗剪强度比之 b'点有了较大的增长。

土木工程地基中还存在着其他类型的应力路径。如基坑或边坡开挖、挡土墙的主动土压力等应力路径，就属于三轴压缩试验中保持 σ_1 不变而逐渐减小 σ_3 的情况。许多试验表明，一些土类在该应力路径下的不排水剪试验中，当 σ_3 减至零时，土样的偏应力 $\sigma_1-\sigma_3$ 无趋近极限的势头，轴向应变 ε_1 也还未达到 15%，由于各莫尔应力圆均相切于纵坐标轴，无法绘制总应力强度包线。但有效应力路径已显示土样早已剪破，且与同等条件下常规三轴压缩试验（保持 σ_3 不变而逐渐增大 σ_1）的有效应力路径几乎一致（图 5.39 中 AB'线）。因而，仍可根据式(5.47)求得其有效应力强度指标 c'和 φ'。显然，不同总应力路径下的有效应力路径存在唯一性。

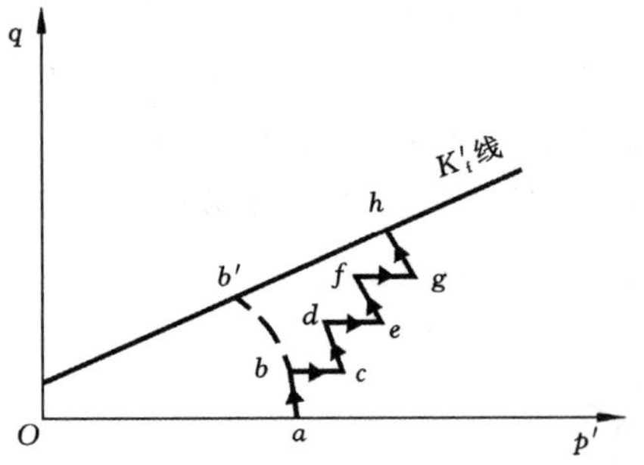

图 5.38　地基间歇式加荷的应力路径

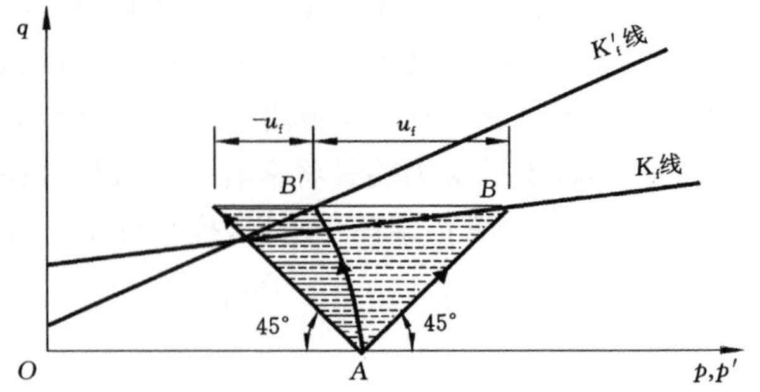

图 5.39　两种三轴压缩试验的应力路径对比

思　考　题

5.1　什么是土的抗剪强度？什么是土的抗剪强度指标？试说明土的抗剪强度的来源。对一定的土类，其抗剪强度指标是否为一个定值？为什么？

5.2　何谓土的极限平衡状态和极限平衡条件？试用莫尔-库仑强度理论推求土体极限平衡条件的表达式。

5.3　土体中首先发生剪切破坏的平面是否就是剪应力最大的平面？为什么？在何种情况下，剪切破坏面与最大剪应力面是一致的？在通常情况下，剪切破坏面与大主应力面之间的夹角是多少？

5.4　分别简述直剪试验和三轴压缩试验的原理。比较二者之间的优缺点和适用范围。

5.5　什么是土的无侧限抗压强度？它与土的不排水强度有何关系？如何用无侧限抗压强度试验来测定黏性土的灵敏度？

5.6　试比较黏性土在不同固结和排水条件下的三轴试验中，其应力条件和孔隙水压力变化有何特点？并说明所得的抗剪强度指标各自的适用范围。

5.7　试说明在饱和黏性土的不固结不排水试验结果中(图 5.22)，不管是用总应力还是用有效应力表示，其莫尔应力圆的半径为何都不变。

5.8　何谓应力路径？如何用 K_f'线来确定土的有效应力参数？举例说明在土木工程地基中常见的应力路径。

习　　题

5.1　某砂土试样在法向应力 $\sigma=100$ kPa 作用下进行直剪试验，测得其抗剪强度 $\tau_f=60$ kPa。求：(1)用作图方法确定该土样的抗剪强度指标 φ 值；(2)如果土样的法向应力增至 $\sigma=250$ kPa，则土样的抗剪强度是多少？

(答案：$\varphi=31°$，$\tau_f=150$ kPa)

5.2　对饱和黏土试样进行无侧限抗压试验，测得其无侧限抗压强度 $q_u=120$ kPa。求：(1)该土样的不排水抗剪强度；(2)与圆柱形土样轴成 60°交角面上的法向应力 σ 和剪应力 τ。

(答案：$c_u=60$ kPa，$\sigma=90$ kPa，$\tau=52$ kPa)

5.3　对两个相同的重塑饱和黏土试样，分别进行两种固结不排水三轴压缩试验。一个土样先在 $\sigma_3=170$ kPa 的围压下固结，土样破坏时的轴向偏应力 $(\sigma_1-\sigma_3)_f=124$ kPa。另一个土样施加的围压 $\sigma_3=427$ kPa，破坏时的孔隙水压力 $u_f=270$ kPa，试求该土样的 φ_{cu} 和 φ' 值。(提示：重塑饱和黏土试样的 $c_{cu}=c'=0$)

(答案：$\varphi_{cu}=15.5°$，$\varphi'=29.9°$)

5.4　对内摩擦角 $\varphi=30°$的饱和砂土试样进行三轴压缩试验，首先施加 $\sigma_3=200$ kPa 的围压，然后使最大主应力 σ_1 与最小主应力 σ_3 同时增加，且使 σ_1 的增量 $\Delta\sigma_1$ 始终为 σ_3 的增量 $\Delta\sigma_3$ 的 4 倍，试验在排水条件下进行，试求该土样破坏时的 σ_{1f} 值。

(答案：$\sigma_{1f}=1800$ kPa)

6 土压力、地基承载力和土坡稳定

本章提要

土压力计算、地基承载力确定和土坡稳定性分析都是建立在土的强度理论基础之上。本章重点讨论了各种条件下挡土墙朗金和库仑土压力理论的计算方法，较深入地探讨了黏性土的库仑土压力理论，并简要介绍了土压力计算的《建筑地基基础设计规范》方法和楔体试算法，对土压力计算中存在的实际问题进行了讨论；同时简要介绍了重力式挡土墙的墙型选择、验算内容和方法，以及挡土墙的各种构造措施，并初步讨论了加筋土挡土墙的设计计算方法；此外，对各种地基的破坏形式进行了分析，介绍了地基临塑荷载、临界荷载以及地基极限承载力的确定方法；最后，简要地介绍了无黏性土坡、黏性土坡以及地基稳定性分析的常用方法。

要求掌握各种土压力的形成条件、朗金和库仑土压力理论、地基承载力的计算方法，以及无黏性土土坡和黏性土土坡的圆弧稳定分析方法；能处理各种特殊情况下的土压力计算。

6.1 概　　述

挡土墙是防止土体坍塌的构(建)筑物，广泛用于房屋建筑、水利、铁路以及公路和桥梁工程，例如支撑建筑物周围填土的挡土墙、地下室侧墙、桥台以及贮藏粒状材料的挡墙等(图 6.1)。挡土墙的结构形式可分为重力式、悬臂式和扶壁式等，通常用块石、砖、素混凝土及钢筋混凝土等材料建成。

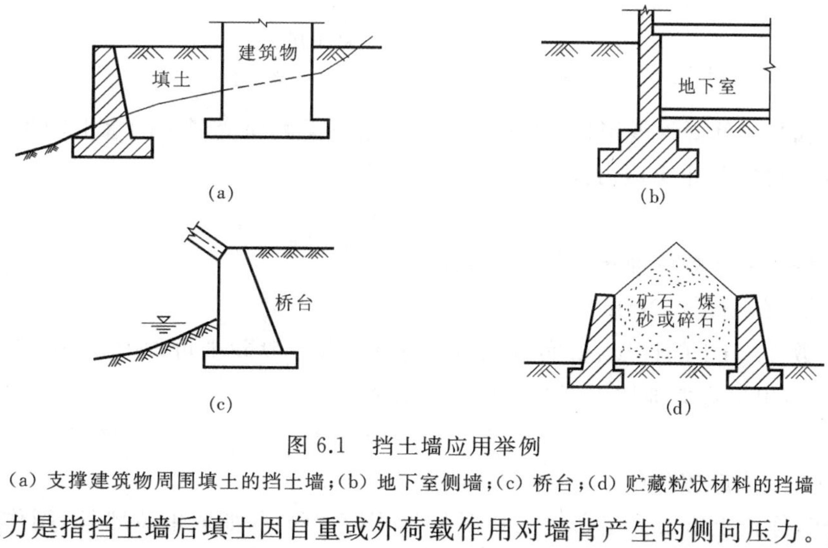

图 6.1　挡土墙应用举例

(a) 支撑建筑物周围填土的挡土墙；(b) 地下室侧墙；(c) 桥台；(d) 贮藏粒状材料的挡墙

挡土墙的土压力是指挡土墙后填土因自重或外荷载作用对墙背产生的侧向压力。其计算十分复杂，它与填料的性质、挡土墙的形状和位移方向以及地基土质等因素有关。目前大多采用古典的朗金(Rankine，1857 年)和库仑(1773 年)土压力理论。尽管这些理论都基于各种不同的假定和简化，但计算简便，且国内外大量挡土墙模型试验、原位观测及理论研究结果均表明，其计算方法实用可靠。随着现代计算技术的提高，楔体试算法、“广义库仑理论”以及应用塑性理论的土压力解答等均得到了迅速发展，加筋土挡土墙设计理论亦日臻完善。

地基承载力是指地基单位面积上承受荷载的能力。为了保证地基在荷载作用下，不至于出现整体剪切破坏而丧失其稳定性，在地基计算中必须验算地基的承载力。

土坡可分为由于地质作用而形成的天然土坡和因人类平整场地、开挖基坑等而形成的人工土坡。由于某些外界不利因素，土坡可能出现局部土体滑动而丧失其稳定性。土坡的坍塌常造成严重的工程事故，并危及人身安全。因此应验算土坡的稳定性及采取适当的工程措施。

6.2 作用在挡土墙上的土压力

影响挡土墙土压力大小及其分布规律的因素众多，挡土墙的位移方向和位移量是最主要的因素。根据挡土墙的位移情况和墙后土体所处的应力状态，可将土压力分为以下三种：

(1) 主动土压力：当挡土墙向离开土体方向偏移至墙后土体达到极限平衡状态时[图 6.2(a)]，作用在墙背上的土压力称为主动土压力，一般用 E_a 表示。

(2) 被动土压力：当挡土墙在外力作用下，向土体方向偏移至墙后土体达到极限平衡状态时[图 6.2(b)]，作用在墙背上的土压力称为被动土压力，一般用 E_p 表示。如拱桥桥台在台上荷载作用下挤压土体并产生一定量的位移，则作用在台背的侧压力属于被动土压力。

(3) 静止土压力：当挡土墙静止不动，墙后土体处于弹性平衡状态时[图 6.2(c)]，作用在墙背上的土压力称为静止土压力，用 E_0 表示。如地下室外墙、地下水池侧壁、涵洞的侧壁以及其他不产生位移的挡土构(建)筑物均可按静止土压力计算。

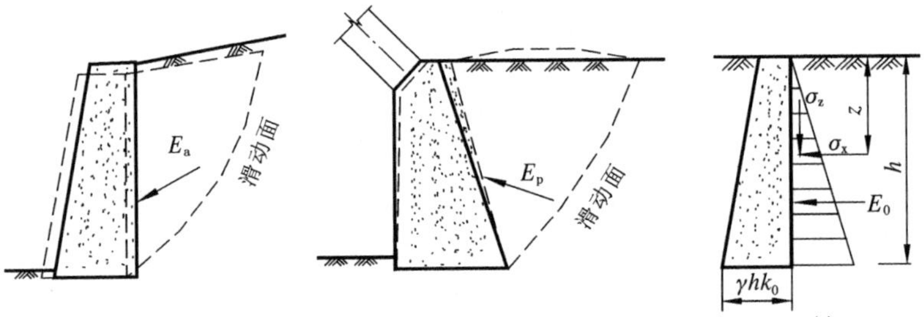

图 6.2 挡土墙的三种土压力

(a) 主动土压力；(b) 被动土压力；(c) 静止土压力

静止土压力犹如半空间弹性变形体，在土的自重作用下无侧向变形时的水平侧压力[图 6.2(c)]，故填土表面下任意深度 z 处的静止土压力强度可按下式计算：

$$\sigma_0 = k_0 \gamma z \tag{6.1}$$

式中 k_0——土的侧压力系数或静止土压力系数；

γ——墙后填土的重度(kN/m^3)。

静止土压力系数 k_0 与土的性质、密实程度等因素有关，一般砂土可取 0.35～0.50；黏性土为 0.50～0.70。对正常固结土，也可近似地按下列半经验公式计算：

$$k_0 = 1 - \sin\varphi' \tag{6.2}$$

式中 φ'——土的有效内摩擦角(°)。

由式(6.1)可知，静止土压力沿墙高呈三角形分布[图 6.2(c)]，如取单位墙长，则作用在墙上的静止土压力为：

$$E_0 = \frac{1}{2}\gamma h^2 k_0 \tag{6.3}$$

式中 h——挡土墙墙高(m)。

E_0 的作用点在距墙底 $h/3$ 处。

图 6.3 给出了三种土压力与挡土墙位移的关系。由图可见，产生被动土压力所需的位移量 $\Delta\delta_p$ 比产生主动土压力所需的位移量 $\Delta\delta_a$ 要大得多。经验表明，一般 $\Delta\delta_a$ 为 $(0.001\sim0.005)h$，而 $\Delta\delta_p$ 为 $(0.01\sim0.1)h$。在相同的墙高和填土条件下，主动土压力小于静止土压力，而静止土压力又小于被动土压力，亦即：

$$E_a < E_0 < E_p$$

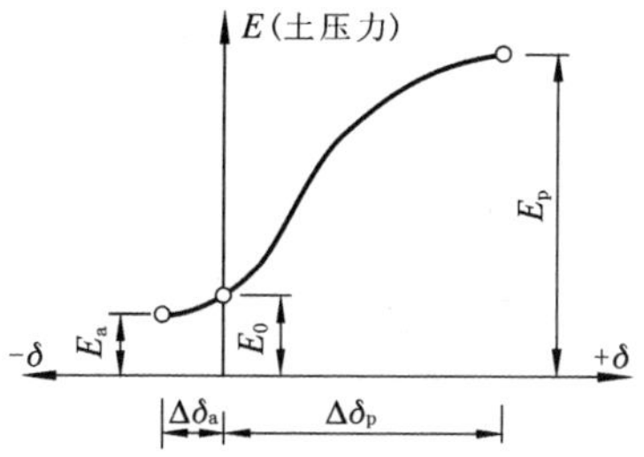

图 6.3　土压力与墙身位移的关系

6.3　朗金土压力理论

6.3.1　基本概念

朗金土压力理论是通过研究弹性半空间体内的应力状态，根据土的极限平衡条件而得出的土压力计算方法。

由 3.1 节可知，离地表深度 z 处土的竖向应力 σ_z 等于该处土的自重应力，即 $\sigma_z=\gamma z$，水平向应力 $\sigma_x=k_0\gamma z$，而水平向及竖向剪应力均为零，故 σ_z 和 σ_x 分别为大、小主应力。

现假定挡土墙墙背竖直、光滑，填土面水平，如图 6.4(a)所示。墙背与填土间无摩擦力产生，故剪应力为零，墙背为主应力面。若挡土墙不出现位移，墙后土体处于弹性平衡状态，作用在墙背上的应力状态与弹性半空间土体应力状态相同。在离填土面深度 z 处，$\sigma_z=\sigma_1=\gamma z$，$\sigma_x=\sigma_3=k_0\gamma z$。用 σ_1 与 σ_3 作出的莫尔应力圆与土的抗剪强度曲线不相切，如图 6.4(d)中圆Ⅰ所示。

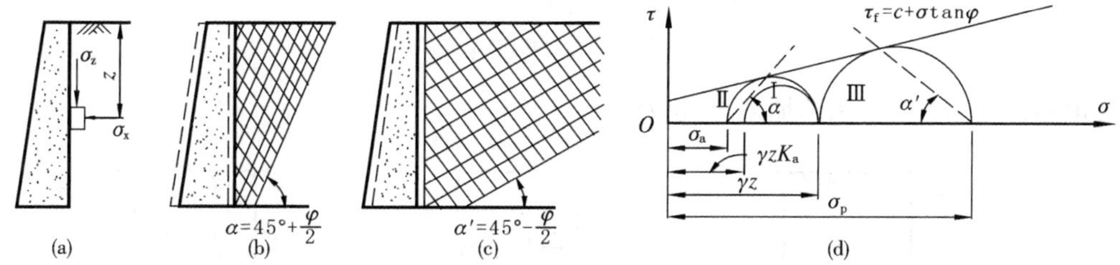

图 6.4　半空间体的极限平衡状态

(a) 墙背单元微体；(b) 主动朗金状态；(c) 被动朗金状态；(d) 莫尔应力圆表示的朗金状态

当挡土墙离开土体向左移动时[图 6.4(b)]，墙后土体有伸张趋势。此时竖向应力 σ_z 不变，法向应力 σ_x 减小，σ_z 和 σ_x 仍为大、小主应力。当挡土墙位移使墙后土体达极限平衡状态时，σ_x 达最小值 σ_a，其莫尔应力圆与抗剪强度包线相切[图 6.4(d)中圆Ⅱ]。土体形成一系列滑裂面，面上各点都处于极限平衡状态，这种状态称为主动朗金状态，此时墙背法向应力 σ_x 为最小主应力，即朗金主动土压力。滑裂面的方向与大主应力作用面(即水平面)成 $\alpha=45^\circ+\dfrac{\varphi}{2}$ 角。

同理，若挡土墙在外力作用下向右挤压土体[图 6.4(c)]，σ_z 仍不变，而 σ_x 随着挡土墙位移增加而逐步增大，当 σ_x 超过 σ_z 时，σ_x 为大主应力，σ_z 为小主应力。当挡土墙位移至墙后土体达极限平衡状态时，σ_x 达最大值 σ_p，莫尔应力圆与抗剪强度包线相切[图 6.4(d)中圆Ⅲ]，土体形成一系列滑裂面，称被动朗金状态。此时墙背法向应力 σ_x 为最大主应力，即朗金被动土压力。滑裂面与水平面成 $\alpha'=45^\circ-\dfrac{\varphi}{2}$ 角。

6.3.2　主动土压力

根据土的强度理论，当土体中某点处于极限平衡状态时，大、小主应力 σ_1 和 σ_3 应满足以下关系式：

黏性土：

$$\sigma_1=\sigma_3\tan^2\left(45°+\frac{\varphi}{2}\right)+2c\tan\left(45°+\frac{\varphi}{2}\right)$$

$$\sigma_3=\sigma_1\tan^2\left(45°-\frac{\varphi}{2}\right)-2c\tan\left(45°-\frac{\varphi}{2}\right)$$

无黏性土：

$$\sigma_1=\sigma_3\tan^2\left(45°+\frac{\varphi}{2}\right)$$

$$\sigma_3=\sigma_1\tan^2\left(45°-\frac{\varphi}{2}\right)$$

设墙背竖直光滑，填土面水平[图 6.5(a)]，当挡土墙偏离土体时，墙背土体中离地表任意深度 z 处竖向应力 σ_z 为大主应力 σ_1，σ_x 为小主应力 σ_3，故可得朗金主动土压力强度 σ_a 为：

黏性土：

$$\sigma_a=\sigma_x=\gamma z\tan^2\left(45°-\frac{\varphi}{2}\right)-2c\tan\left(45°-\frac{\varphi}{2}\right)=\gamma zK_a-2c\sqrt{K_a} \tag{6.4}$$

无黏性土：

$$\sigma_a=\gamma zK_a \tag{6.5}$$

式中 K_a——主动土压力系数，$K_a=\tan^2(45°-\frac{\varphi}{2})$；

c——填土的黏聚力(kPa)。

由式(6.5)可知，无黏性土的主动土压力强度与 z 成正比，沿墙高的压力呈三角形分布，如图 6.5(b)所示。若取单位墙长计算，则主动土压力为：

$$E_a=\frac{1}{2}\gamma h^2K_a \tag{6.6}$$

且 E_a 通过三角形形心，即作用在离墙底 $h/3$ 处。

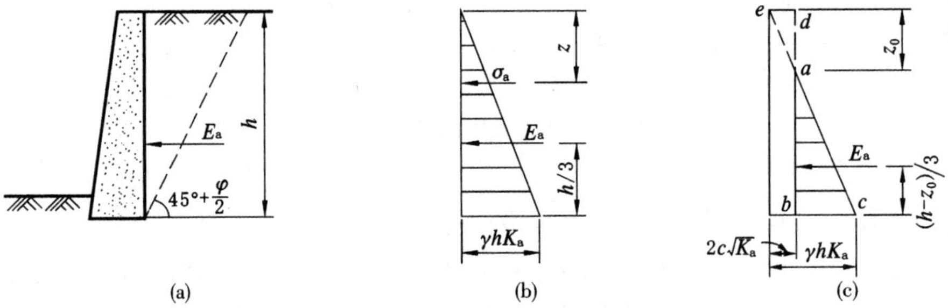

图 6.5 朗金主动土压力分布

(a) 主动土压力图示；(b) 无黏性土；(c) 黏性土

黏性土的主动土压力强度由两部分组成。一部分是由土自重引起的土压力 γzK_a；另一部分是由黏聚力 c 引起的负侧压力 $2c\sqrt{K_a}$，这两部分土压力叠加的结果如图 6.5(c)所示，图中 ade 部分为负值，对墙背是拉力，但实际上墙与土在很小的拉力作用下就会分离，因此在计算土压力时，该部分负的侧压力应略去不计，黏性土的土压力分布实际上仅是 abc 部分。

a 点离填土面的深度 z_0 称为临界深度，当填土面无荷载时，可令式(6.4)为零求得，即：

$$\sigma_a=\gamma z_0K_a-2c\sqrt{K_a}=0$$

故临界深度：

$$z_0=\frac{2c}{\gamma\sqrt{K_a}} \tag{6.7}$$

若取单位墙长计算，则主动土压力为：

$$E_a=\frac{1}{2}(h-z_0)(\gamma hK_a-2c\sqrt{K_a})$$
$$=\frac{1}{2}\gamma h^2K_a-2ch\sqrt{K_a}+\frac{2c^2}{\gamma} \quad (6.8)$$

主动土压力 E_a 通过三角形压力分布图 abc 的形心，即作用在离墙底 $(h-z_0)/3$ 处。

尚须注意，当填土面有超载时，不能直接套用式(6.7)计算临界深度，此时应按 z_0 处侧土压力 $\sigma_{az}=0$ 求解方程而得，具体方法可参见例 6.2。

6.3.3 被动土压力

如前所述，当挡土墙在外力作用下挤压土体出现被动朗金状态时，墙背填土中任意深度 z 处的竖向应力 σ_z 已变为小主应力 σ_3，而水平应力 σ_x 变为大主应力 σ_1。同理可由式(5.8)到式(5.11)导得朗金被动土压力强度 σ_p 为

黏性土：

$$\sigma_p=\gamma zK_p+2c\sqrt{K_p} \quad (6.9)$$

无黏性土：

$$\sigma_p=\gamma zK_p \quad (6.10)$$

式中　K_p——被动土压力系数，$K_p=\tan^2(45°+\frac{\varphi}{2})$。

被动土压力分布如图 6.6 所示，若取单位墙长计算，则总被动土压力为：

黏性土：

$$E_p=\frac{1}{2}\gamma h^2K_p+2ch\sqrt{K_p} \quad (6.11)$$

无黏性土：

$$E_p=\frac{1}{2}\gamma h^2K_p \quad (6.12)$$

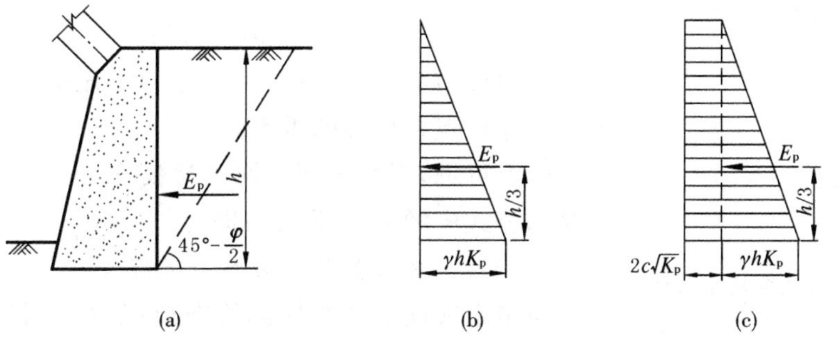

图 6.6　朗金被动土压力分析

(a) 被动土压力图示；(b) 无黏性土；(c) 黏性土

被动土压力 E_p 通过三角形或梯形压力分布图的形心，可通过一次求矩得到。

【例 6.1】 已知某挡土墙高 5.0 m，墙背竖直光滑，填土面水平。填土的物理力学性质指标为 $c=12.0$ kPa，$\varphi=20°$，$\gamma=18.0$ kN/m³。试计算该挡土墙主动土压力及其作用点位置，并绘出土压力强度分布图。

【解】 墙背竖直光滑，填土面水平，满足朗金条件，故可按式(6.4)计算沿墙高的土压力强度。

$$K_a=\tan^2\left(45°-\frac{20°}{2}\right)=0.49$$

故地面处

$$\sigma_a=\gamma zK_a-2c\sqrt{K_a}$$

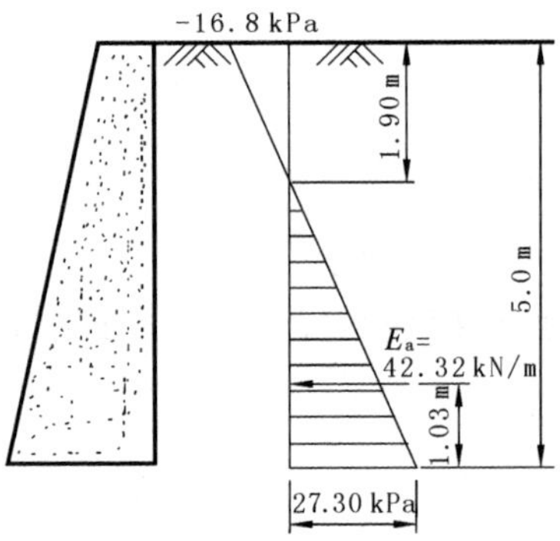

图 6.7　例 6.1 主动土压力分布图

$$=18.0\times 0\times 0.49-2\times 12.0\times \sqrt{0.49}$$

$$=-16.80\ \text{kPa}$$

墙底处

$$\sigma_a=18.0\times 5.0\times 0.49-2\times 12.0\times \sqrt{0.49}=27.30\ \text{kPa}$$

因填土为黏性土，故须计算临界深度 z_0，由式(6.7)可得：

$$z_0=\frac{2c}{\gamma\sqrt{K_a}}=\frac{2\times 12.0}{18.0\times\sqrt{0.49}}=1.90\ \text{m}$$

可绘制土压力分布图如图 6.7 所示，其总主动土压力为：

$$E_a=\frac{27.30\times(5.00-1.90)}{2}=42.32\ \text{kN/m}$$

主动土压力 E_a 的作用点离墙底的距离为：

$$\frac{h-z_0}{3}=\frac{5.00-1.90}{3}=1.03\ \text{m}$$

6.3.4　其他几种情况下的土压力计算

计算原则：计算填土表面下深度为 z 处的土压力强度，以该处土的竖向应力（包括自重和超载）乘以相应的土压力系数 K_a 或 K_p，再计入该处黏聚力的影响 $2c\sqrt{K_a}$ 或 $2c\sqrt{K_p}$（主动为负，被动为正）。

6.3.4.1　填土表面有连续均布荷载

当挡土墙后填土表面有连续均布荷载 q 作用时，一般可将均布荷载换算成位于地表以上的当量土重，即用假想的土重代替均布荷载，当量的土层厚度为 $h'=q/\gamma$，再以 $h+h'$ 为墙高，按填土面无荷载情况计算土压力。实际应用时，也可直接采用上述计算原则计算，此时深度 z 处的竖向应力为 $q+\gamma z$，故墙顶 a 点的主动土压力强度为：

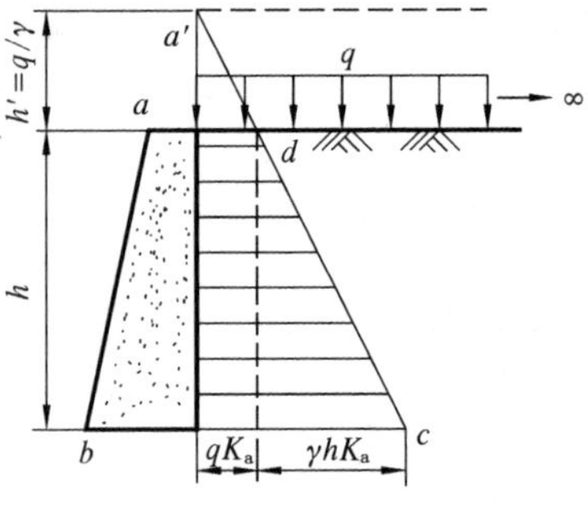

图 6.8　填土表面有连续均布荷载

$$\sigma_{aa}=qK_a-2c\sqrt{K_a}$$

墙底 b 点的土压力强度为

$$\sigma_{ab}=(q+\gamma h)K_a-2c\sqrt{K_a}$$

压力分布如图 6.8 所示，实际的土压力分布为梯形 $abcd$ 部分，土压力作用点在梯形的重心。

由上可见，当填土面有均布荷载时，其土压力强度只需在无荷载情况的公式中增加一项 qK_a 即可。

6.3.4.2　填土表面受局部均布荷载

当填土表面承受有局部均布荷载时，荷载对墙背的土压力强度附加值仍为 qK_a，但其分布范围难于从理论上严格规定。通常可采用近似方法处理，即从局部均布荷载的两端点 m 和 n 各作一条直线，该直线与水平表面成 $45°+\dfrac{\varphi}{2}$ 角，与墙背相交于 c 点和 d 点，则墙背 cd 段范围内受到 qK_a 的作用，故作用于墙背的土压力分布如图 6.9 所示。

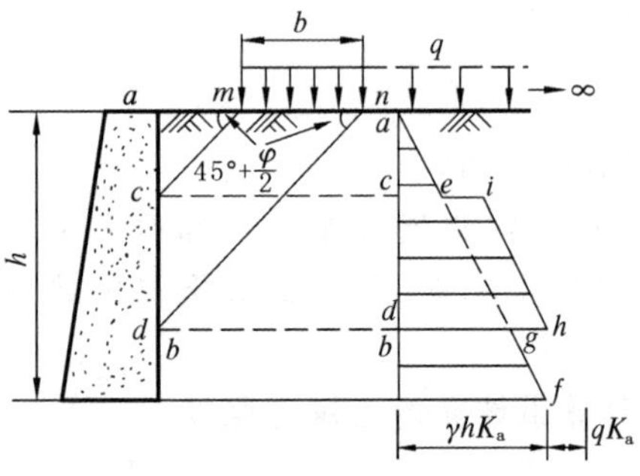

图 6.9　填土表面有局部均布荷载

6.3.4.3　成层填土

如图 6.10 所示，当墙后填土有几种不同种类的水平土层时，由于各层土的性质不同，主(被)动土压力系数亦不同，因此，在土层分界面上土压力强度将有两个数值，即：

第一层填土的土压力强度

$$\sigma_{a0} = -2c_1\sqrt{K_{a1}}$$

$$\sigma_{a1} = \gamma_1 h_1 K_{a1} - 2c_1\sqrt{K_{a1}}$$

第二层填土的土压力强度

$$\sigma'_{a1} = \gamma_1 h_1 K_{a2} - 2c_2\sqrt{K_{a2}}$$

$$\sigma_{a2} = (\gamma_1 h_1 + \gamma_2 h_2)K_{a2} - 2c_2\sqrt{K_{a2}}$$

无黏性土时，只需令上述各式中 $c_1 = c_2 = 0$ 即可。此外尚须注意，在两土层交界处因各土层土质指标不同，其土压力大小亦不同，故此时土压力强度曲线将出现突变。

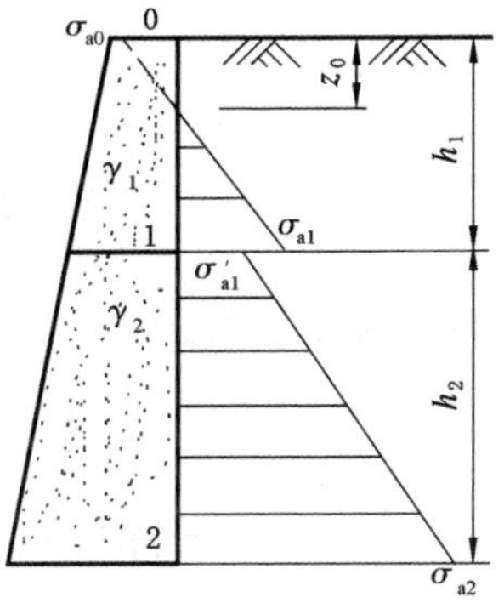

图 6.10　墙后填土成层

6.3.4.4　有限填土土压力计算

如图 6.11 所示，当支挡结构后缘存在有较陡峻的稳定岩石坡面，岩坡的坡角 $\theta > 45° + \frac{\varphi}{2}$ 时，应按有限范围填土计算墙背土压力，取岩石坡面为破裂面。根据稳定岩石坡面与填土间的摩擦角按下式计算主动土压力系数：

$$K_a = \frac{\sin(\alpha' + \theta)\sin(\alpha' + \beta)\sin(\theta - \delta_r)}{\sin^2\alpha'\sin(\theta - \beta)\sin(\alpha' - \delta + \theta - \delta_r)} \tag{6.13}$$

式中　θ——稳定岩石坡面的倾角；

δ_r——稳定岩石坡面与填土间的摩擦角，按试验确定，当无试验资料时，可取 $\delta_r = 0.33\varphi_k$，φ_k 为填土的内摩擦角标准值。

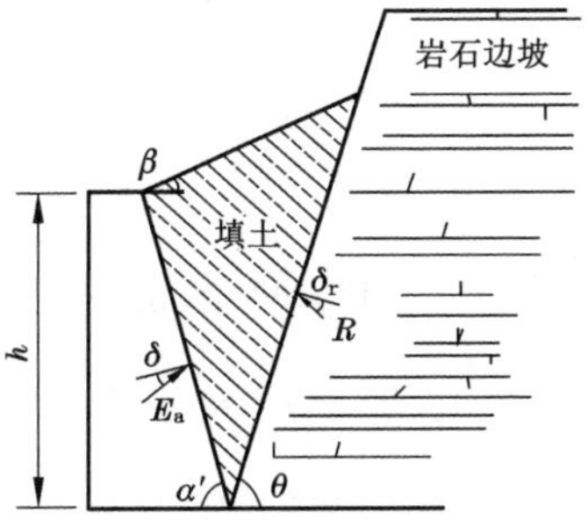

图 6.11　有限填土土压力计算

6.3.4.5　墙后填土有地下水

墙后填土常会部分或全部处于地下水位以下，渗水或排水不畅会导致墙后填土含水率增加。工程上一般可忽略水对砂土抗剪强度指标的影响，但对于黏性土，随着含水率的增加，抗剪强度指标明显降低，导致墙背土压力增大。因此，挡土墙应具有良好的排水措施，对于重要工程，计算时还应考虑适当降低抗剪强度指标 c 和 φ 值。此外，地下水位以下土的重度应取浮重度，并计入地下水对挡土墙产生的静水压力 $\gamma_w h_2$（图 6.12）的影响。因此，作用在墙背上总的侧压力为土压力和水压力之和。图 6.12 中 $abdec$ 为土压力分布图，而 cef 为水压力分布图。

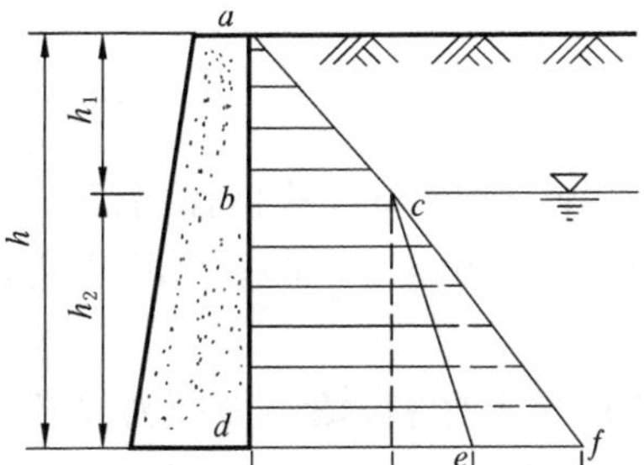

图 6.12　填土中有地下水

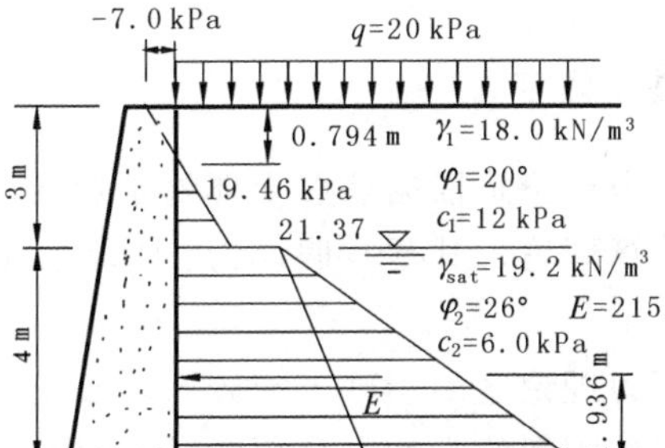

图 6.13　例 6.2 土压力分布

【例 6.2】　挡土墙高 7 m，墙背竖直、光滑，墙后填土面水平，并作用有均布荷载 $q = 20$ kPa，各填土层物理力学性质指标如图 6.13 所示。试计算该挡土墙墙背总侧压力 E 及其作用点位置，并绘出侧压力分布图。

【解】　墙背竖直、光滑，填土面水平，符合朗金条件，可计算得第一层填土的土压力强度为：

$$K_{a1}=\tan^2\left(45°-\frac{20°}{2}\right)=0.490$$

$$\sigma_{a0}=qK_{a1}-2c_1\sqrt{K_{a1}}=20\times0.490-2\times12\times\sqrt{0.490}=-7.00\ \text{kPa}$$

$$\sigma_{a1}=(q+\gamma_1h_1)K_{a1}-2c_1\sqrt{K_{a1}}=(20+18.0\times3)\times0.490-2\times12\times\sqrt{0.490}=19.46\ \text{kPa}$$

第二层填土的土压力强度为：

$$K_{a2}=\tan^2\left(45°-\frac{26°}{2}\right)=0.390$$

$$\sigma_{a1}'=(q+\gamma_1h_1)K_{a2}-2c_2\sqrt{K_{a2}}=(20+18.0\times3)\times0.390-2\times6\times\sqrt{0.390}=21.37\ \text{kPa}$$

$$\begin{aligned}\sigma_{a2}&=(q+\gamma_1h_1+\gamma_2{}'h_2)K_{a2}-2c_2\sqrt{K_{a2}}\\&=[20+18.0\times3+(19.2-10)\times4]\times0.390-2\times6\times\sqrt{0.390}=35.72\ \text{kPa}\end{aligned}$$

第二层底部水压力强度为：

$$\sigma_w=\gamma_wh_2=10\times4=40.00\ \text{kPa}$$

又设临界深度为 z_0，则有：

$$\sigma_{az}=(q+\gamma_1z_0)K_{a1}-2c_1\sqrt{K_{a1}}=0$$

即

$$(20+18.0\times z_0)\times0.490=2\times12.0\times\sqrt{0.490}$$

所以

$$z_0=0.794\ \text{m}$$

各点土压力强度绘于图 6.13 中，可见其总侧压力为：

$$\begin{aligned}E&=\frac{1}{2}\times19.46\times(3-0.794)+21.37\times4+\frac{1}{2}\times(40.00+35.72-21.37)\times4\\&=21.46+85.48+108.70\\&=215.64\ \text{kN/m}\end{aligned}$$

总侧压力 E 至墙底的距离 x 为：

$$x=\frac{1}{215.64}\times\left[21.46\times\left(4+\frac{3-0.794}{3}\right)+85.48\times2+108.70\times\frac{4}{3}\right]=1.936\ \text{m}$$

6.4 库仑土压力理论

6.4.1 基本假定

库仑土压力理论是根据墙后土体处于极限平衡状态并形成一滑动楔体时，从楔体的静力平衡条件得出的土压力计算理论。其基本假设为：① 墙后填土是理想的散粒体（黏聚力 $c=0$）；② 滑动破裂面为通过墙踵的平面。

库仑土压力理论适用于砂土或碎石填料的挡土墙计算，可考虑墙背倾斜、填土面倾斜以及墙背与填土间的摩擦等多种因素的影响。分析时，一般沿墙长度方向取 1 m 考虑。

6.4.2 主动土压力

如图 6.14(a)所示，当楔体 ABM 向下滑动，处于极限平衡状态时，作用在楔体 ABM 上的力有：

(1) 重力 G。由土楔体 ABM 引起，根据几何关系可得：

$$G=S_{\triangle ABM}\cdot\gamma=\frac{1}{2}AM\cdot BC\cdot\gamma$$

在$\triangle ABM$ 中，利用正弦定理可得：

$$AM=AB\cdot\frac{\sin(90°-\alpha+\beta)}{\sin(\theta-\beta)}$$

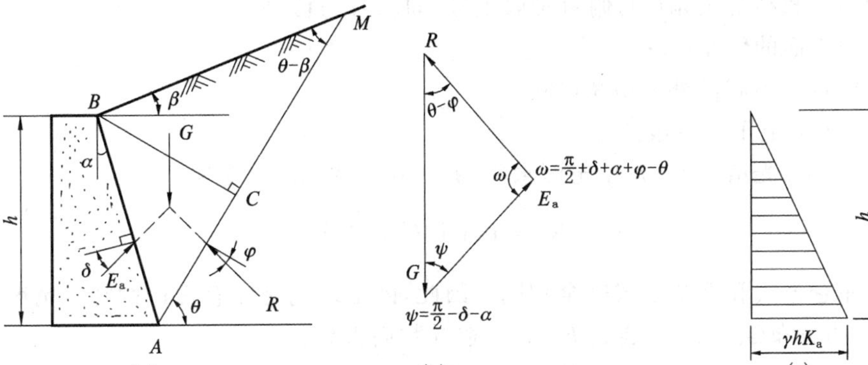

图 6.14　库仑主动土压力计算图

又因

$$AB=\frac{h}{\cos\alpha}$$

$$BC=AB\cdot\cos(\theta-\alpha)=h\,\frac{\cos(\theta-\alpha)}{\cos\alpha}$$

故

$$G=\frac{1}{2}AM\cdot BC\cdot\gamma=\frac{\gamma h^2}{2}\cdot\frac{\cos(\alpha-\beta)\cos(\theta-\alpha)}{\cos^2\alpha\cdot\sin(\theta-\beta)}$$

(2) 反力 R。为破裂面 AM 上土楔体重力的法向分力与该面土体间的摩擦力的合力，它作用于 AM 面上，与 AM 面法线的夹角等于土的内摩擦角 φ。当楔体下滑时，位于法线的下侧。

(3) 墙背反力 E。它与墙背 AB 法线的夹角等于土与墙体材料之间的外摩擦角 δ，该力与作用在墙背上的土压力大小相等，方向相反。当楔体下滑时，该力位于法线的下侧。

土楔体 ABM 在上述三力作用下处于静力平衡状态，因此构成一闭合的力矢三角形[图 6.14(b)]。现已知三力的方向及 G 的大小，故可由正弦定理得：

$$E=G\,\frac{\sin(\theta-\varphi)}{\sin\omega}=\frac{\gamma h^2}{2\cos^2\alpha}\cdot\frac{\cos(\alpha-\beta)\cos(\theta-\alpha)\sin(\theta-\varphi)}{\sin(\theta-\beta)\sin\omega}\tag{6.14}$$

式中　$\omega=\frac{\pi}{2}+\delta+\alpha+\varphi-\theta$。

在上式中，γ、h、α、β、φ 及 δ 都是已知的，而滑动面 AM 与水平面的夹角 θ 则是任意假定的。因此，选定不同的 θ 角，可得到一系列相应的土压力 E 值，即 E 是 θ 的函数。E 的最大值 $E_{\max}$ 即为墙背的主动土压力，其对应的滑动面即是土楔最危险滑动面。因此，可用微分学中求极值的方法求得 E 的极大值，即：

$$\frac{\mathrm{d}E}{\mathrm{d}\theta}=0$$

可解得使 E 为极大值时填土的破坏角 θ_{cr} 为：

$$\theta_{\mathrm{cr}}=\arctan\left[\frac{\sin\beta\cdot s_{\mathrm{q}}+\cos(\alpha+\varphi+\delta)}{\cos\beta\cdot s_{\mathrm{q}}-\sin(\alpha+\varphi+\delta)}\right]$$

其中

$$s_{\mathrm{q}}=\sqrt{\frac{\cos(\alpha+\delta)\sin(\varphi+\delta)}{\cos(\alpha-\beta)\sin(\varphi-\beta)}}$$

将 θ_{cr} 代入式(6.14)，经整理后可得库仑主动土压力的一般表达式为：

$$E_{\mathrm{a}}=\frac{1}{2}\gamma h^2K_{\mathrm{a}}\tag{6.15}$$

其中

$$K_{\mathrm{a}}=\frac{\cos^2(\varphi-\alpha)}{\cos^2\alpha\cos(\alpha+\delta)\left[1+\sqrt{\frac{\sin(\varphi+\delta)\sin(\varphi-\beta)}{\cos(\alpha+\delta)\cos(\alpha-\beta)}}\right]^2}\tag{6.16}$$

式中　α——墙背与竖直线的夹角(°)，俯斜时取正号、仰斜时为负号；

β——墙后填土面的倾角(°)；

δ——土与墙背材料间的外摩擦角(°)；

K_a——库仑主动土压力系数。

当墙背竖直($\alpha=0$)、光滑($\delta=0$)、填土面水平($\beta=0$)时，式(6.16)变为：

$$K_a=\tan^2\left(45°-\frac{\varphi}{2}\right)$$

可见在此条件下，库仑公式和朗金公式完全相同。因此，朗金理论是库仑理论的特殊情况。

沿墙高的土压力分布强度 σ_a 可通过 E_a 对 z 取导数而得到：

$$\sigma_a=\frac{dE_a}{dz}=\frac{d}{dz}\left(\frac{1}{2}\gamma z^2 K_a\right)=\gamma z K_a \tag{6.17}$$

由上式可见，主动土压力分布强度沿墙高呈三角形线性分布[图 6.14(c)]，土压力合力的作用点离墙底 $h/3$，方向与墙背的法线成 δ 角。尚须注意，图 6.14(c)中表示的土压力分布图只表示其数值大小，而不代表其作用方向。

6.4.3 被动土压力

当挡土墙在外力作用下挤压土体[图 6.15(a)]，楔体沿破裂面向上隆起而处于极限平衡状态时，同理可得作用在楔体上的力三角形如图 6.15(b)所示。此时由于楔体上隆，E 和 R 均位于法线的上侧。按求主动土压力相同的方法可求得被动土压力 E_p 的库仑公式为：

$$E_p=\frac{1}{2}\gamma h^2 K_p \tag{6.18}$$

其中

$$K_p=\frac{\cos^2(\varphi+\alpha)}{\cos^2\alpha\cos(\alpha-\delta)\left[1-\sqrt{\frac{\sin(\varphi+\delta)\sin(\varphi+\beta)}{\cos(\alpha-\delta)\cos(\alpha-\beta)}}\right]^2} \tag{6.19}$$

式中　K_p——被动土压力系数。

若墙背竖直($\alpha=0$)、光滑($\delta=0$)及墙后填土面水平($\beta=0$)，则式(6.19)变为：

$$K_p=\tan^2\left(45°+\frac{\varphi}{2}\right)$$

即与无黏性土的朗金公式相同。被动土压力强度可按下式计算：

$$\sigma_p=\frac{dE_p}{dz}=\frac{d}{dz}\left(\frac{1}{2}\gamma z^2 K_p\right)=\gamma z K_p \tag{6.20}$$

被动土压力强度沿墙高也呈三角形分布[图 6.15(c)]，其合力作用点在距墙底 $h/3$ 处。

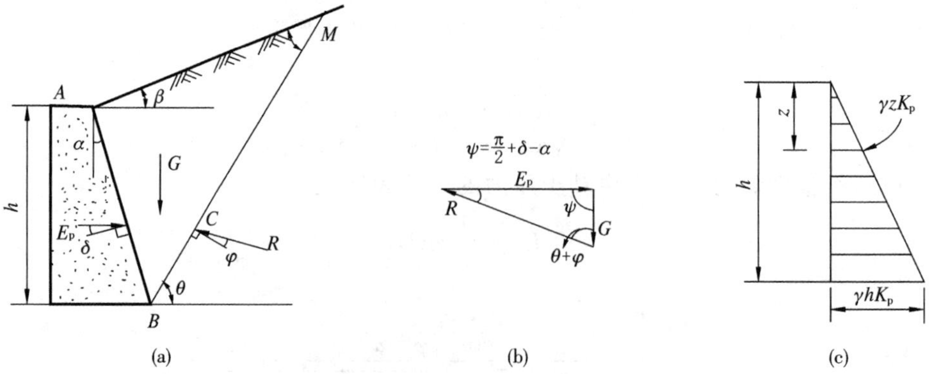

图 6.15　库仑被动土压力计算图

6.4.4 黏性土的库仑土压力理论

由前所知，库仑土压力理论假设墙后填土是理想的散体（$c=0$），只适用于无黏性填土。但在实际工程中常不得不采用黏性填土，为考虑黏性土的黏聚力 c 对土压力的效应，以往常采用所谓“等值内摩擦角 φ_D”代入式(6.16)、式(6.15)计算，但误差较大，在低墙时偏于保守，高墙时偏于危险。因此，近年来较多学者在库仑理论的基础上，计入了墙后填土面超载、填土黏聚力、填土与墙背间的黏结力以及填土表面附近的裂缝深度等因素（图 6.16）的影响，提出了所谓的“广义库仑理论”。根据图 6.16 所示计算图示，可导得主动土压力系数 K_a 如下：

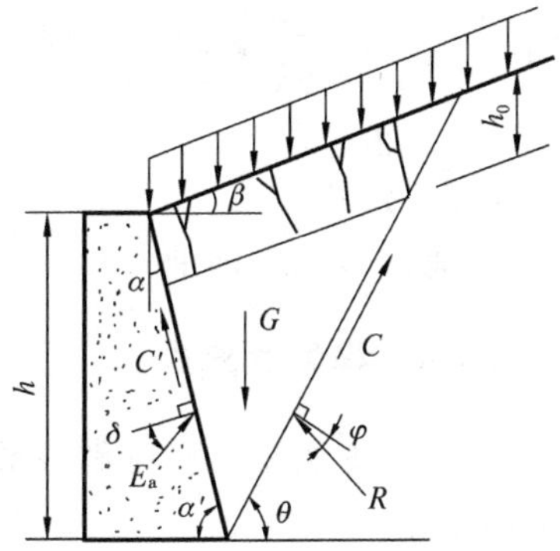

图 6.16 挡土墙的一般计算图示

$$K_a=\frac{\cos(\alpha-\beta)}{\cos\alpha\cos^2\psi}\{[\cos(\alpha-\beta)\cos(\alpha+\delta)+\sin(\varphi-\beta)\sin(\varphi+\delta)]k_q+2k_2\cos\varphi\sin\psi$$
$$+k_1\sin(\alpha+\varphi-\beta)\cos\psi+k_0\sin(\beta-\varphi)\cos\psi-2\sqrt{G_1G_2}\}\tag{6.21}$$

其中 $k_q=\dfrac{1}{\cos\alpha}\left[1+\dfrac{2q}{\gamma h}\xi-\dfrac{h_0}{h^2}\left(h_0+\dfrac{2q}{\gamma}\right)\xi^2\right]$；

$k_0=\dfrac{h_0^2}{h^2}\left(1+\dfrac{2q}{\gamma h_0}\right)\dfrac{\sin\alpha}{\cos(\alpha-\beta)}\xi$；

$k_1=\dfrac{2c'}{\gamma h\cos(\alpha-\beta)}\left(1-\dfrac{h_0}{h}\xi\right)$；

$k_2=\dfrac{2c}{\gamma h}\left(1-\dfrac{h_0}{h}\xi\right)$；

$\xi=\dfrac{\cos\alpha\cos\beta}{\cos(\alpha-\beta)}$；

$h_0=\dfrac{2c}{\gamma}\cdot\dfrac{\cos\alpha\cos\varphi}{1+\sin(\alpha-\varphi)}$；

$G_1=k_q\sin(\delta+\varphi)\cos(\delta+\alpha)+k_2\cos\varphi+\cos\psi[k_1\cos\delta-k_0\cos(\alpha+\delta)]$；

$G_2=k_q\cos(\alpha-\beta)\sin(\varphi-\beta)+k_2\cos\varphi$；

$\psi=\alpha+\delta+\varphi-\beta$。

式中 q——填土表面均布荷载(kPa)；

h_0——地表裂缝深度(m)；

c——填土的黏聚力(kPa)；

c'——墙背与填土间的黏结力(kPa)。

其他符号意义同前。显然，若在上式中令 $c=0$，$q=0$ 及 $c'=0$，则整理可得式(6.16)。

6.4.5 《建筑地基基础设计规范》推荐的公式

《建筑地基基础设计规范》(GB 50007—2011)推荐采用上述所谓“广义库仑理论”解答，但不计地表裂缝深度 h_0 及墙背与填土间的黏结力 c'，即在式(6.21)中令 $h_0=0$ 和 $c'=0$，并注意到此时墙背倾角 $\alpha=90°-\alpha'$（图 6.16），从而可得：

$$K_a=\frac{\sin(\alpha'+\beta)}{\sin^2\alpha'\sin^2(\alpha'+\beta-\varphi-\delta)}\{k_q[\sin(\alpha'+\beta)\sin(\alpha'-\delta)+\sin(\varphi-\beta)\sin(\varphi+\delta)]$$
$$+2\eta\sin\alpha'\cos\varphi\cos(\alpha'+\beta-\varphi-\delta)$$
$$-2\sqrt{[k_q\sin(\alpha'+\beta)\sin(\varphi-\beta)+\eta\sin\alpha'\cos\varphi][k_q\sin(\alpha'-\delta)\sin(\varphi+\delta)+\eta\sin\alpha'\cos\varphi]}\}\tag{6.22}$$

其中 $k_q=1+\frac{2q}{\gamma h}\cdot\frac{\sin\alpha'\cos\beta}{\sin(\alpha'+\beta)}$；

$\eta=\frac{2c}{\gamma h}$。

其他符号意义同前。

6.4.6 楔体试算法

楔体试算法是一种图解或数解法，可用于黏性填土及填土面形状不规则，并作用有集中荷载或均布荷载的情况。

该方法以作用在任一破坏楔体上的力多边形为依据。如图 6.17 所示，墙背与填土间的黏结力 $C_w=bd\times c'$，$C_s=bh_4\times c$，地表裂缝深度 $h_0=\frac{2c}{\gamma\sqrt{K_a}}$，当计算被动土压力时，$h_0=0$。由力多边形可得主动土压力：

$$E_a\frac{\cos(\alpha+\delta-\theta+\varphi)}{\sin(\theta-\varphi)}=W+[\sin\alpha\cot(\theta-\varphi)-\cos\alpha]C_w-[\cos\theta\cot(\theta-\varphi)+\sin\theta]C_s \quad (6.23)$$

被动土压力：

$$E_p\frac{\cos(\alpha-\delta-\theta-\varphi)}{\sin(\theta+\varphi)}=W-[\sin\alpha\cot(\theta+\varphi)-\cos\alpha]C_w+[\cos\theta\cot(\theta+\varphi)+\sin\theta]C_s \quad (6.24)$$

其具体计算步骤如下：

(1) 按比例绘出挡土墙及地表轮廓线，并计算地表裂缝深度。

(2) 将墙后土体分成若干楔体，如 abh_11，$1bh_22$，…，并计算相应的楔体自重 W_1，W_2，…。

(3) 计算 C_w 和 C_s，一般当混凝土与土相接触时 $c'=0.67c$；土与土相接触 $c'=c$；若不计墙背黏结力，则 $c'=0$。

(4) 按式(6.23)或式(6.24)计算相应的 E_{a1}(或 E_{p1})，E_{a2}(或 E_{p2})，…。

(5) 比较各 $E_{ai}(E_{pi})$，取其最大(小)值即为所求的主(被)动土压力设计值 $E_a(E_p)$。

【例 6.3】 某挡土墙如图 6.18 所示，墙背与土体之间外摩擦角 $\delta=10°$，墙土间黏结力 $c'=0.67c$，试用楔体试算法分别计算作用在挡土墙墙背上的主动土压力 E_a 和被动土压力 E_p。

【解】 根据已知条件，利用计算机程序分别可求得：

主动土压力 $E_a=98.9$ kN/m

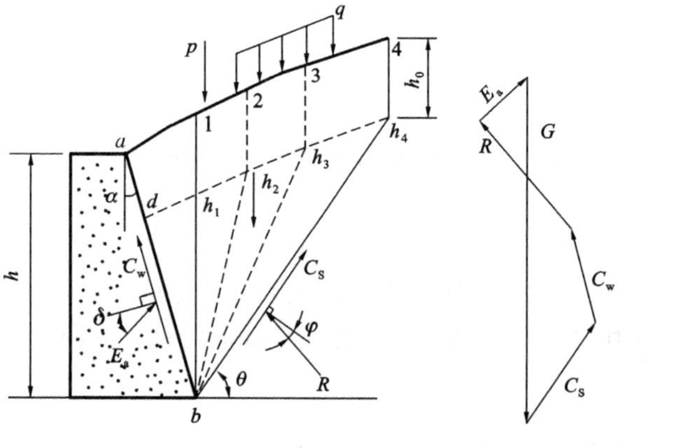

图 6.17 黏性填土的楔体试算法

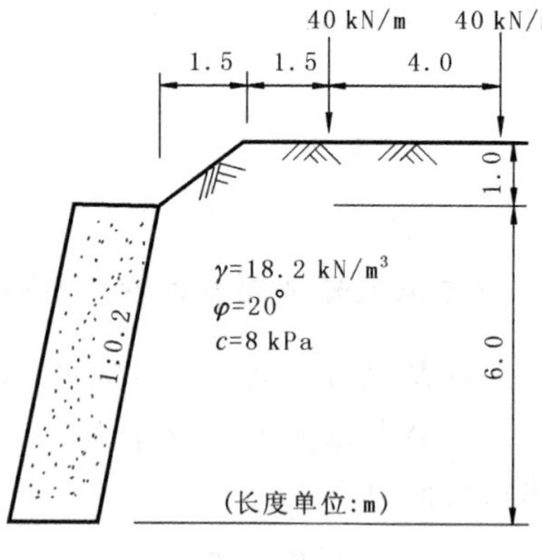

图 6.18 例 6.3 图示

相应裂缝深度 $h_0=1.26$ m

被动土压力 $E_p=1981.3$ kN/m

相应裂缝深度 $h_0=0$

6.4.7 土压力计算的几个应用问题

(1) 朗金理论与库仑理论比较。朗金土压力理论概念明确，公式简单，便于记忆，可用于黏性填土和无黏性填土，在工程中应用广泛。但必须假定墙背竖直、光滑，填土面水平，使计算条件和适用范围受到限制，并且该理论忽略了墙背与填土之间的摩擦影响，使计算的主动土压力值偏大，被动土压力值偏小，结果偏于安全。

库仑土压力理论假设墙后填土破坏时破裂面为一平面，而实际为一曲面。实践证明，只有当墙背倾角 α 及墙背与填土间的外摩擦角 δ 较小时，主动土压力的破裂面才接近于平面，因此计算结果存在一定的偏差。通常，在计算主动土压力时偏差为 2%～10%，基本能满足工程精度要求；但计算被动土压力时，由于破裂面接近于对数螺线，计算结果误差较大，有时可达 2～3 倍甚至更大(图 6.19)。因此，宜按有限差分解或考虑对数螺线区的塑性理论解计算，具体方法可参见有关文献。

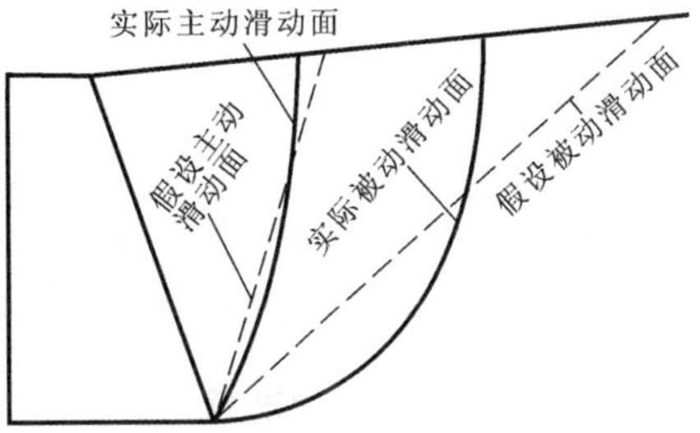

图 6.19 假定滑动面与实际滑动面比较示意

(2) 挡土墙位移大小与方式。实际工程中，挡土墙移动的大小和方式影响着墙背土压力的大小与分布。若墙的下端不动，上端外移，墙背压力将按直线分布，总压力作用点位于墙底以上 $h/3$ 处，当上端外移达到某一限值时，墙背填土发生主动破坏，墙背呈现主动土压力。若墙的上端不动，下端外移，则位移的大小不能使墙背填土发生主动破坏，压力为曲线分布，总压力作用点位于墙底以上约 $h/2$ 处。当墙的上端和下端都向外移动时，若位移大小未使土体达主动破坏，此时压力为曲线分布，总压力作用点位于墙底以上约 $h/2$ 处；若位移超过某一限值，则填土发生主动破坏，压力为直线分布，总压力作用点将降至墙高 1/3 处。

(3) 土体抗剪强度指标。填土抗剪强度指标的确定极为复杂，必须考虑挡土墙在长期工作下墙后填土状态的变化及长期强度的下降因素，方能保证挡土墙的安全。根据国外研究成果，此数值为标准抗剪强度的1/3左右。有的规定土的计算摩擦角为标准值减去 2°，黏聚力为标准值的 30%～40%。大量调查表明，该计算值与实际情况比较相符。

(4) 墙背与填土的外摩擦角 δ。δ 的取值大小对计算结果影响较大。根据计算，当墙背为砂性填土，δ 从 0°提高到 15°时，挡土墙的圬工体积可减少 15%～20%。其取值大小取决于墙背的粗糙程度、填土类别以及墙背的排水条件等。墙背愈粗糙，填土的 φ_k 值愈大，则 δ 也愈大。此外，δ 还与超载大小及填土面的倾角 β 成正比。一般 δ 为 $0\sim\varphi$，见表 6.1。

表 6.1 土对挡土墙墙背的外摩擦角 δ

挡土墙情况	外摩擦角 δ
墙背平滑、排水不良	$(0\sim0.33)\varphi_k$
墙背粗糙、排水良好	$(0.33\sim0.5)\varphi_k$
墙背很粗糙、排水良好	$(0.5\sim0.67)\varphi_k$
墙背与填土间不可能滑动	$(0.67\sim1.0)\varphi_k$

注：φ_k 为墙背填土的内摩擦角标准值。

(5) 水土分算与水土合算。在挡土墙后填土中有地下水时，作用在挡土墙上侧压力除土压力之外，还有水压力的作用。挡土墙地下水位以下部分墙背侧压力的计算，通常有水土分算与水土合算两种方式。

水土分算是分别计算作用在墙背上的土压力和水压力，然后进行叠加，其概念清晰，一般适用于碎石土、砂土等。碎石土、砂土等渗透性强，地下水对土颗粒可形成浮力作用，孔隙中的自由水可按静水压力考虑，计算结果偏于安全。但在实际工程中尚存在某些问题，特别是对黏性土，水压力与有效抗剪强度指标等取值困难，在一些饱和原状黏性土中可能不存在静水压力。

水土合算认为土孔隙中的水为结合水，没有自由水，不能形成静水压力，同时土层渗透性差近似不透水层，也无浮力作用，故直接采用饱和重度计算墙背侧压力，理论上适用于土体为不透水或近似不透水的黏性土层。但与土力学的基本原理有冲突，在机理上尚存在一些不明之处，如原状黏性土中的水土相互作用、复杂应力路径的影响等，有待进一步研究。

因此，水土分算与水土合算的主要区别是水压力的计算，水土合算实际上是将静水压力按内摩擦角进行了折减，因此水土合算的结果总是小于水土分算的结果。通常认为水属各向同性，各个方向的压力是相同的，只有当 $\varphi=0$ 时，主动土压力系数 $K_a=1.0$，此时两种计算方法得到的结果才一致。

6.5 挡土墙设计

挡土墙设计包括墙型选择、稳定性验算、地基承载力验算、墙身材料强度验算以及一些设计中的构造要求和措施等。本节着重介绍重力式挡土墙设计中的有关问题。

6.5.1 挡土墙类型选择

常用的挡土墙形式有重力式、悬臂式、扶壁式、锚定板及锚杆式和加筋土挡土墙等。一般应根据工程需要、土质情况、材料供应、施工技术以及造价等因素合理地选择。

6.5.1.1 重力式挡土墙

重力式挡土墙一般由块石或混凝土材料砌筑，墙身截面较大。根据墙背倾斜方向不同，重力式挡土墙可分为俯斜、直立和仰斜三种(图 6.20)。墙高一般小于 8 m，当 $h=8\sim12$ m 时，宜用衡重式[图 6.20(d)]。重力式挡土墙依靠墙身自重抵抗土压力引起的倾覆弯矩。其结构简单，施工方便，能就地取材，在建筑工程中应用最广。

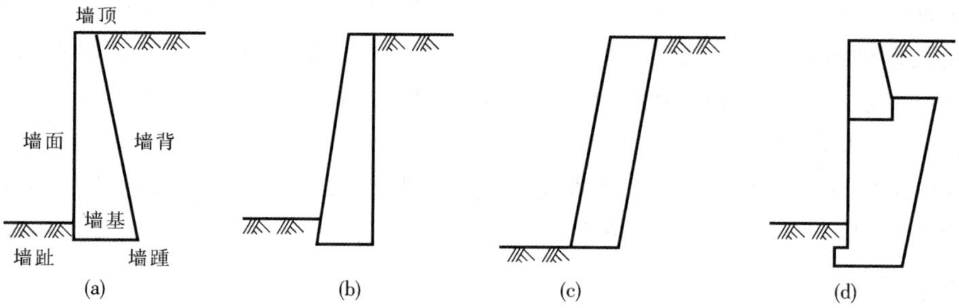

图 6.20 重力式挡土墙形式

(a) 俯斜；(b) 直立；(c) 仰斜；(d) 衡重

6.5.1.2 悬臂式挡土墙

一般由钢筋混凝土建造，墙的稳定主要依靠墙踵悬臂以上土重维持。墙体内设置钢筋承受拉应力，故墙身截面较小。初步设计时可按图 6.21 选取截面尺寸。其适用于墙高大于 5 m，地基土质较差，当地缺少石料等情况。多用于市政工程及贮料仓库。

6.5.1.3 扶壁式挡土墙

当墙高大于 10 m 时，挡土墙立壁挠度较大，为了增强立壁的抗弯性能，常沿墙的纵向每隔一定距离[$(0.3\sim0.6)h$]设置一道扶壁，称为扶壁式挡土墙(图 6.22)。扶壁间填土可增加抗滑和抗倾覆能力，一般用于重要的大型土建工程。扶壁式挡土墙设计时可按图 6.22 初选截面尺寸，再将墙身及墙踵作为三边固定的板，用有限元或有限差分进行优化设计。

6.5.1.4 锚定板及锚杆式挡土墙

锚定板挡土墙由预制的钢筋混凝土立柱、墙面、钢拉杆和埋置在填土中的锚定板在现场拼装而成，依靠填土与结构的相互作用力维持其自身稳定。与重力式挡土墙相比，其结构轻、柔性大、工程量少、造价低、施工方便，特别适用于地基承载力不大的地区。设计时，为了维持锚定板挡土结构的内力平衡，必须保证锚定板挡土结构周边的整体稳定和土的摩擦阻力大于由土自重和超载引起的土压力。锚杆式挡土墙是

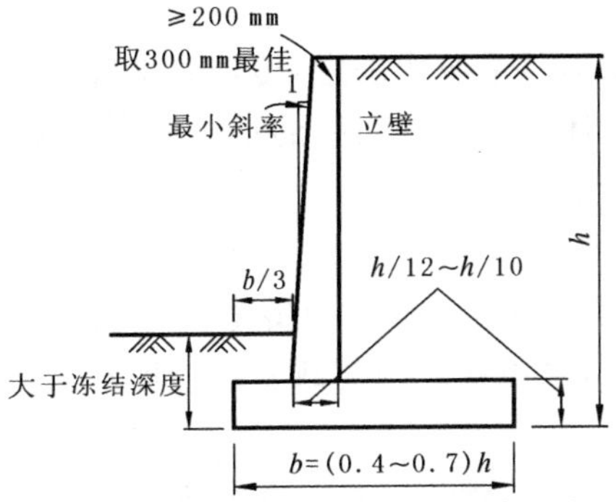

图 6.21　悬臂式挡土墙初步设计尺寸

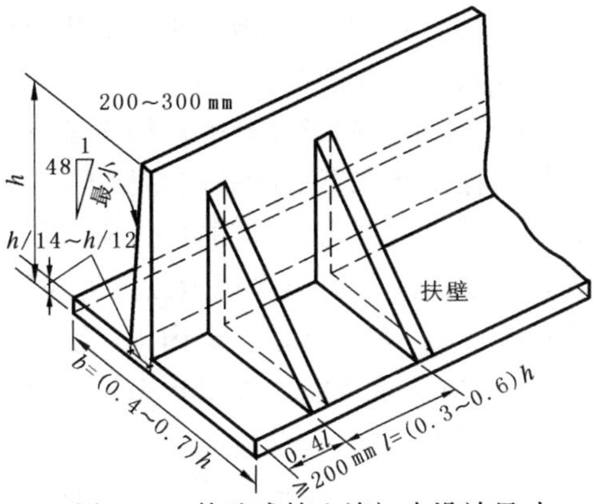

图 6.22　扶壁式挡土墙初步设计尺寸

利用嵌入坚实岩层的灌浆锚杆作为拉杆的一种挡土结构。图 6.23 为 1974 年建成的山西太焦铁路上的锚杆、锚定板挡土结构的实例。

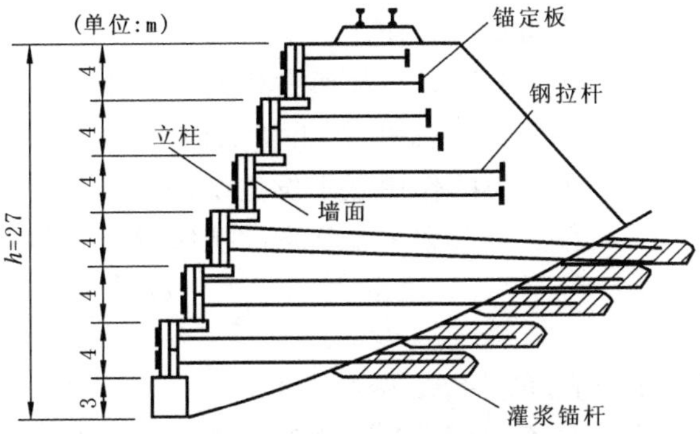

图 6.23　太焦铁路锚杆、锚定板式挡土墙实例

6.5.1.5　其他形式的挡土结构

此外,还有混合式挡土墙[图 6.24(a)]、构架式挡土墙[图 6.24(b)]、板桩墙[图 6.24(c)]、加筋土挡土墙以及近年来发展的土工合成材料挡土墙[图 6.24(d)]等。

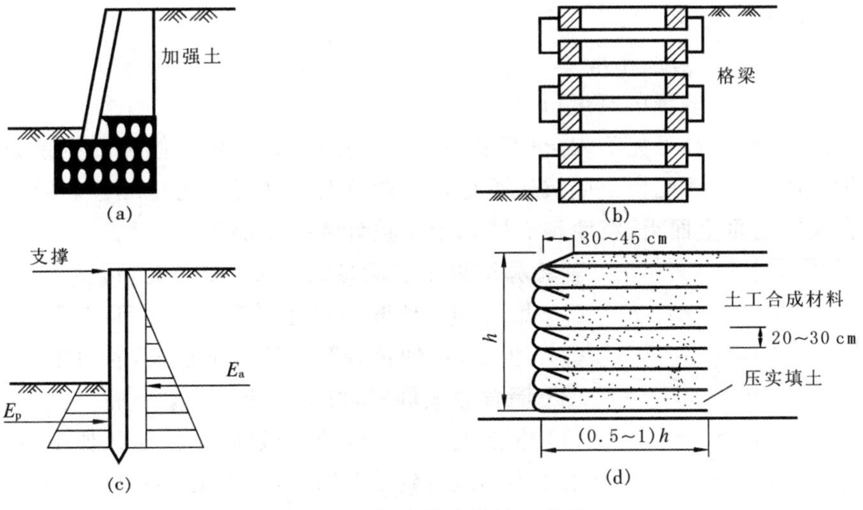

图 6.24　其他形式的挡土结构

6.5.2　挡土墙的计算

挡土墙的设计计算应根据使用过程中可能出现的荷载,按承载力极限状态和正常使用极限状态进行荷载效应组合,并取最不利组合进行设计。截面尺寸一般按试算法确定,即先根据挡土墙的工程地质条

件、填土性质以及墙身材料和施工条件等凭经验初步拟定截面尺寸，然后进行验算。如不满足要求，则修改截面尺寸或采取其他措施。

根据《建筑地基基础设计规范》，挡土墙基底面积及埋深按地基承载力确定，传至基础底面的荷载效应应按正常使用极限状态下荷载效应的标准组合。土体自重、墙体自重均按实际的重力密度计算，在地下水位以下时应扣去水的浮力，相应的抗力应采用地基承载力特征值。

计算挡土墙的土压力应采用承载能力极限状态荷载效应基本组合，但荷载效应组合设计值 S 中荷载分项系数均为1.0。在计算挡土墙内力、确定配筋和验算材料强度时，上部结构传来的荷载效应组合和相应的基底反力，应按承载能力极限状态下荷载效应的基本组合，采用相应的荷载系数。即永久荷载对结构不利时分项系数取1.35，对结构有利时取1.0。

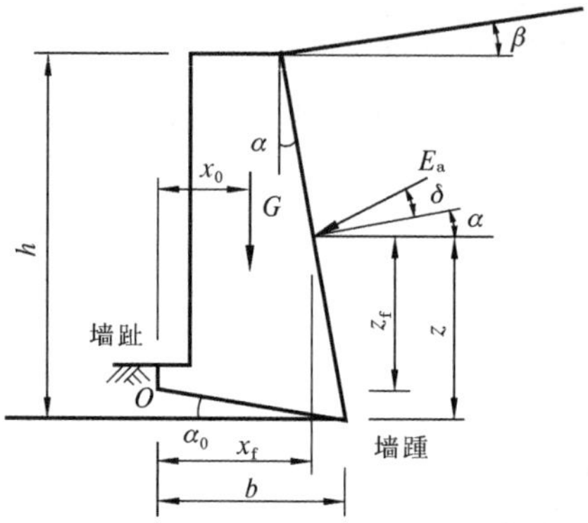

图 6.25　挡土墙的稳定性验算

此外，在挡土墙设计中，波浪力、冰压力和冻胀力不同时计算。当墙身有泄水孔、墙后回填渗水的砂土时，墙前、后水位接近平衡。填料浸水后，受到水的减重作用，计算时应计入墙身浸水的上浮力及填料的减重作用。但应注意墙前、后水位的急剧变化，将会引起较大的动水压力作用。

6.5.2.1　抗倾覆稳定性验算

研究表明，挡土墙的破坏大部分是倾覆破坏。要保证挡土墙在土压力的作用下不发生绕墙趾 O 点的倾覆（图6.25），必须要求抗倾覆安全系数 K_t（O 点的抗倾覆力矩与倾覆力矩之比）≥1.6，即：

$$K_t = \frac{Gx_0 + E_{az}x_f}{E_{ax}z_f} \geqslant 1.6 \tag{6.25}$$

式中　E_{ax}——E_a 的水平分力（kN/m），$E_{ax}=E_a\cos(\alpha+\delta)$；

E_{az}——E_a 的竖向分力（kN/m），$E_{az}=E_a\sin(\alpha+\delta)$；

G——挡土墙每延米自重（kN/m）；

x_f——土压力作用点离 O 点的水平距离（m），$x_f=b-z\tan\alpha$；

z_f——土压力作用点离 O 点的高度（m），$z_f=z-b\tan\alpha_0$；

x_0——挡土墙重心离墙趾的水平距离（m）；

α_0——挡土墙的基底倾角（°）；

b——基底的水平投影宽度（m）；

z——土压力作用点离墙踵的高度（m）。

在软弱地基上倾覆时，墙趾可能陷入土中，使力矩中心点内移，导致抗倾覆安全系数降低，有时甚至会沿圆弧滑动而发生整体破坏，因此挡土墙抗倾覆稳定性验算时应注意土的压缩性。验算悬臂式挡土墙时，可视土压力作用在墙踵的垂直面上，将墙踵悬臂以上土重计入挡土墙自重。

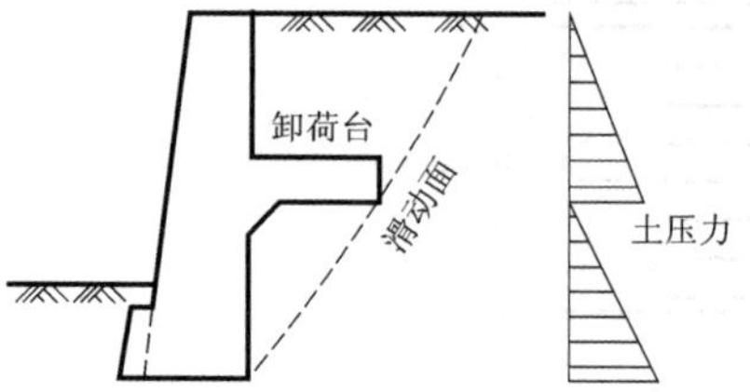

图 6.26　有卸荷台的挡土墙

若验算结果不能满足式(6.25)要求时，可按以下措施处理：

(1) 增大挡土墙断面尺寸，使 G 增大，但工程量也相应增大。

(2) 加大 x_0，伸长墙趾。但墙趾过长，若厚度不够，则需配置钢筋。

(3) 墙背做成仰斜，可减小土压力。

(4) 在挡土墙垂直墙背上做卸荷台，形状如牛腿（图6.26）。则平台以上土压力不能传到平台以下，总土压力减小，故抗倾覆稳定性增大。

6.5.2.2　抗滑动稳定性验算

在土压力的作用下，挡土墙也可能沿基础底面发生滑动。因此，要求基底的抗滑安全系数 K_s（抗滑力与滑动力之比）≥1.3，即：

$$K_s = \frac{(G_n + E_{an})\mu}{E_{at} - G_t} \geqslant 1.3 \tag{6.26}$$

式中　G_n——挡土墙自重在垂直于基底平面方向的分力，$G_n=G\cos\alpha_0$；

G_t——挡土墙自重在平行于基底平面方向的分力，$G_t=G\sin\alpha_0$；

E_{an}——E_a 在垂直于基底平面方向的分力，$E_{an}=E_a\sin(\alpha+\alpha_0+\delta)$；

E_{at}——E_a 在平行于基底平面方向的分力，$E_{at}=E_a\cos(\alpha+\alpha_0+\delta)$；

μ——土对挡土墙基底的摩擦系数，宜按试验确定，也可按表 6.2 选用。

表 6.2　土对挡土墙基底的摩擦系数 μ

土　的　类　别		摩擦系数 μ
黏性土	可塑	0.25～0.30
	硬塑	0.30～0.35
	坚硬	0.35～0.45
粉土		0.30～0.40
中砂、粗砂、砾砂		0.40～0.50
碎石土		0.40～0.60
软质岩石		0.40～0.60
表面粗糙的硬质岩石		0.65～0.75

注：对易风化的软质岩石和 $I_p>22$ 的黏性土，μ 值应通过试验测定；对碎石土，可根据其密实度、填充物状况、风化程度等确定。

若验算不能满足式(6.26)要求，可采取以下措施加以解决。

(1) 修改挡土墙断面尺寸，以加大 G 值；

(2) 墙基底面做成砂、石垫层，以提高 μ 值；

(3) 墙底做成逆坡(图 6.27)，利用滑动面上部分反力来抗滑；

(4) 在软土地基上，其他方法无效或不经济时，可在墙踵后加拖板，利用拖板上的土重来抗滑。拖板与挡土墙之间应用钢筋连接。

6.5.2.3　*圆弧滑动稳定性验算*

当土质较软弱时，可能产生接近于圆弧状的滑动面而丧失其稳定性(图 6.28)。此时可采用条分法进行分析验算，具体详见 6.7 节。

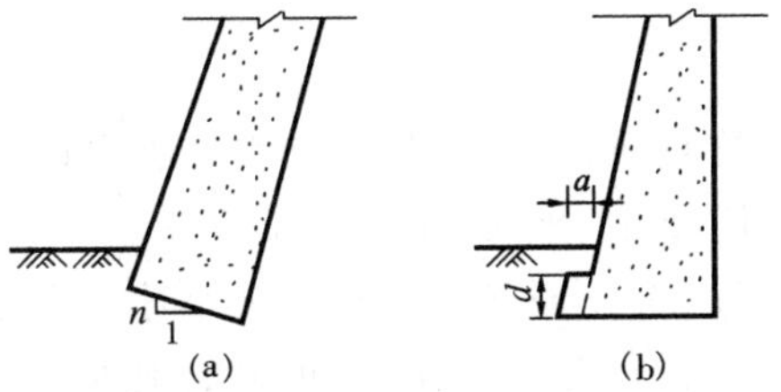

图 6.27　基底逆坡及墙趾台阶

土质地基：$n=0.1$，$d:a=2:1$

岩石地基：$n=0.2$，$a\geqslant 20$ cm

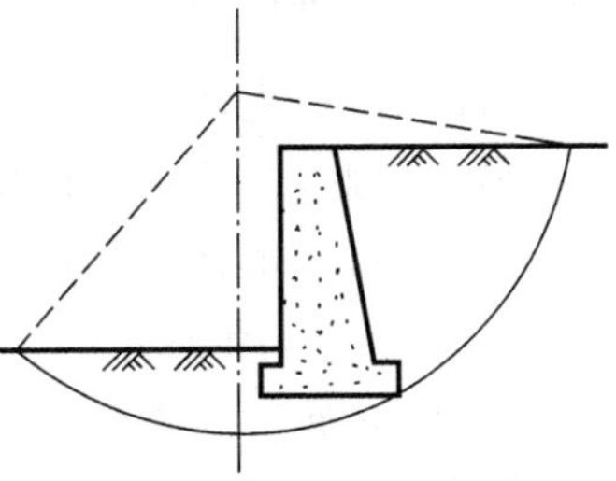

图 6.28　挡土墙圆弧滑动稳定性验算

6.5.2.4　*地基承载力及墙身强度验算*

挡土墙在自重及土压力的垂直分力作用下，基底压力按线性分布。其验算方法及要求同天然地基浅基础验算，具体可参见第 7 章的有关内容。挡土墙墙身材料强度应满足《混凝土结构设计标准》(GB/T 50010—2010)和《砌体结构设计规范》(GB 50003—2011)中有关要求。

【例 6.4】　若例 6.3 中挡土墙墙顶、墙底宽 $b=1.2$ m(图 6.18)，用毛石砌筑，砌体重度 $\gamma_k=22.0$ kN/m^3，基底位于粗糙岩面上，摩擦系数 $\mu=0.65$，地基承载力特征值 $f_a=300$ kPa，试验算该挡土墙是否满足设计要求。

【解】　① 土压力计算

由例 6.3 计算可知：　$E_a=98.9$ kN/m，　$\alpha=11.3°$，　$\delta=10°$

$z_f=(6-1.26)/3=1.58$ m

$$x_f = b - z\tan\alpha = 1.2 + 1.58\tan 11.3° = 1.52 \text{ m}$$

$$E_{ax} = E_a\cos(\alpha+\delta) = 98.9\cos(11.3°+10°) = 92.14 \text{ kN/m}$$

$$E_{az} = E_a\sin(\alpha+\delta) = 98.9\sin(11.3°+10°) = 35.92 \text{ kN/m}$$

② 挡土墙自重

$$G = bh\gamma_k = 1.2 \times 6 \times 22.0 = 158.4 \text{ kN/m}$$

$$x_0 = (1.2 + 6\tan 11.3°)/2 = 1.2 \text{ m}$$

③ 倾覆稳定验算

由式(6.25)得：

$$K_t = \frac{Gx_0 + E_{az}x_f}{E_{ax}z_f} = \frac{158.4 \times 1.2 + 35.92 \times 1.52}{92.14 \times 1.58} = 1.68 > 1.6$$

④ 滑动稳定验算

由式(6.26)得：

$$K_s = \frac{(G_n + E_{an})\mu}{E_{at} - G_t} = \frac{(158.4 + 35.92) \times 0.65}{92.14} = 1.37 > 1.3$$

⑤ 地基承载力验算

合力偏心距

$$e = \frac{1.2}{2} - \frac{158.4 \times 1.2 + 35.92 \times 1.52 - 92.14 \times 1.58}{158.4 + 35.92} = 0.09 \text{ m}$$

$$p = \frac{N}{b} = \frac{158.4 + 35.92}{1.2} = 161.9 \text{ kPa} < f_a = 300 \text{ kPa}$$

基底压力

$$p_{\substack{\max\\\min}} = \frac{N}{b}\left(1 \pm \frac{6e}{b}\right) = 161.9 \times \left(1 \pm \frac{6 \times 0.09}{1.2}\right) = \begin{cases} 234.76 \text{ kPa} < 1.2f_a = 360 \text{ kPa} \\ 89.05 \text{ kPa} > 0 \end{cases}$$

⑥ 墙身强度验算从略。

6.5.3 重力式挡土墙的构造措施

墙型的合理选择对挡土墙设计的安全和经济性有着较大的影响。挡土墙中主动土压力以仰斜最小，直立居中，俯斜最大。此外，墙背的倾斜形式还应综合考虑使用要求、地形和施工等条件。一般挖坡建墙宜用仰斜，其土压力小，且墙背可与边坡紧密贴合；填方地区可用直立或俯斜，便于施工时夯实填土；而在山坡上建墙，则宜用直立，因为此时仰斜墙身较高，俯斜则土压力太大。墙背仰斜时其坡度不宜缓于1∶0.25(高宽比)，且墙面应尽量与墙背平行。

挡土墙的墙顶宽度，一般对于块石挡土墙应不小于0.5 m，混凝土挡土墙可取0.2～0.4 m。当挡土墙抗滑稳定难以满足时，可将基底做成逆坡，一般坡度为(0.1～0.2)∶1.0[图6.27(a)]；当地基承载力难以满足时，墙趾宜设台阶[图6.27(b)]。挡土墙基底埋深一般应不小于0.5 m；岩石地基应将基底埋入未风化的岩层内。重力式挡土墙基底宽与墙高之比为1/3～1/2。

挡土墙常因排水不良而大量积水，使土的抗剪强度指标下降，土压力增大，导致挡土墙破坏。因此，挡土墙应设置泄水孔，其间距宜取2～3 m，外斜5%，孔眼尺寸宜不小于ϕ100 mm。墙后要做好反滤层和必要的排水盲沟，在墙顶地面宜铺设防水层。当墙后有山坡时，还应在坡下设置截水沟。图6.29给出了两个排水处理的工程实例。

墙后填土宜选用透水性较强的填料。当采用黏性土作填料时，宜掺入适量的块石。在季节性冻土地区，墙后填土应选用非冻胀性填料(如炉渣、碎石、粗砂等)。

挡土墙每隔10～20 m应设置一道伸缩缝。当地基有变化时宜加设沉降缝。在拐角处应适当采取加强的构造措施。

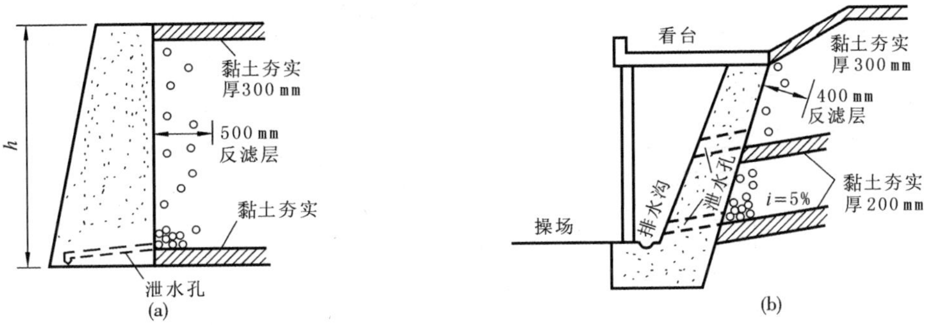

图 6.29　挡土墙排水措施举例

对于重要的、高度较大的挡土墙，不宜采用黏性填土。因黏性填土性能不稳定，干缩湿胀，这种交错变化将使挡土墙产生较大的侧压力，从而导致挡土墙外移，甚至失去稳定而发生事故。此外，墙后填土均应分层夯实，以提高填土质量。

6.6　加筋土挡土墙简介

加筋土支挡结构(或称加筋土挡土墙)由面板、筋带及填料三部分组成。它借助于与面板相连接的筋带同填料之间的相互作用，使面板、筋带和填料形成一种稳定而柔性的复合支挡结构(图 6.30)。

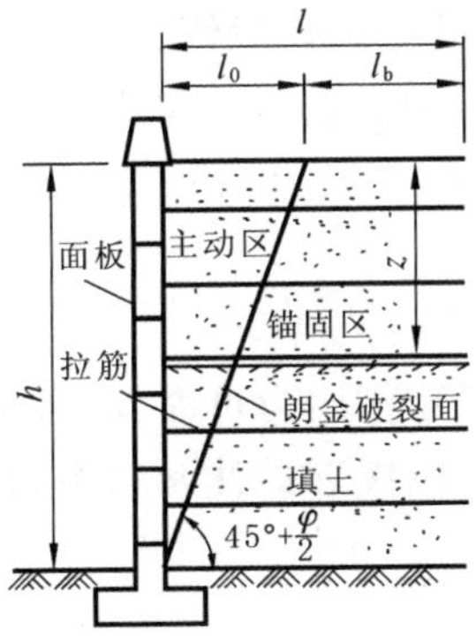

图 6.30　加筋土结构示意

图 6.31　椭圆形面板

加筋土结构能充分利用材料的性能以及土与筋带的共同作用，因而结构轻巧、圬工体积小，便于现场预制和工地拼装，施工速度快，并能抗严寒、抗地震，与重力式挡土墙相比，一般可降低造价 25%～60%。因此，加筋土挡土墙是一种较为合理的挡土结构。现就面板、筋带、填料的基本要求以及其结构计算简介如下：

6.6.1　面板

面板设计应满足坚固、美观、搬运方便和易于安装等要求，国内常用混凝土或钢筋混凝土预制件，混凝土强度等级不小于 C20，国外也采用半圆形油桶或特制的椭圆形钢管做面板(图 6.31)。

面板的断面形式可做成槽形、矩形，立面可为矩形、六边形、十字形等，其尺寸可参考表 6.3 选取。当面板为槽形断面时，可在面板翼缘上预留穿筋孔；而矩形断面可预埋钢筋环，钢筋直径宜不小于 12 mm，并应考虑锈蚀影响，筋带不宜与钢筋环直接接触，可采用涂抹防锈油漆或聚氨酯等办法处理。相邻面板之间可用企口拼接和插销定位，插销的钢筋直径宜不小于 10 mm，并在咬合处留有 3 mm 缝隙，以适应必要的变形。

表 6.3　各类面板参考尺寸　　(单位:mm)

面板形式		简图		高度	长度	厚度
立面	断面	正面	侧面			
矩形	槽形			250～750	500～1500	80～200
矩形	矩形	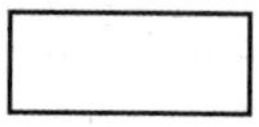		500～1000	1000～2000	80～200
六边形	矩形	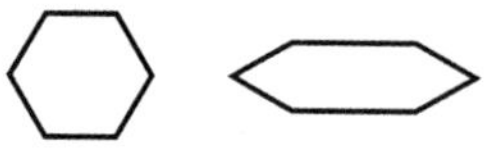		500～1000	500～1200	80～200
十字形	矩形	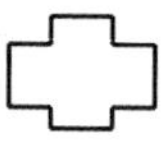		500～1500	500～1500	80～250

注:槽形面板的腹板和翼缘厚度不宜小于 50 mm。

6.6.2　筋带

要求筋带抗拉强度高、延伸率小、抗老化、抗腐蚀,并具有一定的柔韧性。筋带宽宜大于 15 mm,厚度大于 0.8 mm,拉伸时断裂强度不小于 2 kN,断裂时延伸率不大于 10%。常用筋带材料有钢筋混凝土、镀锌钢片、多孔废钢片及土工合成材料等,国内以聚丙烯土工带应用最广。一般情况下,筋带宜水平布设,并尽可能垂直于面板,当从一个结点引出多根筋带时,可呈扇形散开,但在筋带有效长度范围内彼此不得直接搭叠。筋带与面板应连接良好,筋带的水平距离 s_x 和垂直距离 s_y 一般为 0.5～1.0 m。

6.6.3　填料

填料一般可采用砂类土、黏性土或杂填土,应易压实,同筋带相互作用力可靠,不含可能损伤筋带的尖利状颗粒。填料的设计参数应由试验确定。填筑时,填料的含水率应接近最佳含水率,其压实度一般应达 90%以上。

6.6.4　加筋土的设计计算

加筋土结构设计一般应考虑加筋土体的内部稳定性和整体稳定性。内部稳定性是指由于筋带被拉断或筋土间摩擦力不足致使加筋土结构破坏;整体稳定性是指由于加筋土外部失稳而引起的加筋土结构破坏,包括考虑地基承载力、地基沉降、抗滑及滑坡稳定性的验算。

6.6.4.1　*加筋土体的内部稳定性计算*

计算加筋土体的内部稳定性时,主要需确定筋带的断面面积和锚固长度(或有效长度 l_b),因此,必须计算筋带所受到的拉力。现有计算理论较多,且不同的计算理论其结果不同,以下仅介绍常用的朗金理论分析方法。

朗金理论认为面板后土体呈朗金主动状态,破裂面与水平面夹角为 $45°+\frac{\varphi}{2}$,如图 6.30 所示,破裂面以左为主动区,以右为锚固区(或被动区)。沿面板的土压力强度可按式(6.5)计算。当土体主动土压力充分发挥时,面板后距加筋体顶面深度 z 处第 i 根筋带所受的拉力 T_i 为:

$$T_i = K_a \gamma z s_x s_y \tag{6.27}$$

式中　K_a——朗金主动土压力系数,$K_a=\tan^2(45°-\frac{\varphi}{2})$;

γ——填料的重度(kN/m^3);

z——第 i 层筋带距加筋体顶面的垂直距离(m)。

筋带的断面面积 A_s(m^2)可根据筋带所用的材料强度确定：

$$A_s=\frac{\gamma_G T_i}{f_y} \tag{6.28}$$

式中 f_y——筋带材料的抗拉强度设计值(kPa)；

γ_G——荷载分项系数，可取 $\gamma_G=1.35$。

计算筋带断面尺寸时，在实际工程中还应考虑防腐蚀需要增加的尺寸。此外，每根筋带在工作时还有被拔出的可能，因此，尚需计算筋带抵抗被拔出的锚固长度 l_b。设土与筋带间摩擦系数为 f，则锚固区内由于摩擦作用而使第 i 根筋带产生的摩擦力 T_b 为：

$$T_b=2l_b b\gamma z f \tag{6.29}$$

式中 b——筋带的宽度(m)。

f——筋带与填土之间的摩擦系数，宜通过试验确定，无试验时可取：砂土 0.42～0.7；黏性土 0.4～0.6；杂填土 0.38～0.6。

在该深度处的抗拉安全系数 K_b 为：

$$K_b=\frac{T_b}{T_i}=\frac{2l_b bf}{K_a s_x s_y} \tag{6.30}$$

抗拉安全系数与深度无关，一般可取 1.5～2.0。故第 i 根筋带的锚固长度为：

$$l_b=\frac{K_b K_a s_x s_y}{2bf} \tag{6.31}$$

第 i 根筋带的总长度 l 为：

$$l=l_0+l_b=h\tan^2\left(45°+\frac{\varphi}{2}\right)+\frac{K_b K_a s_x s_y}{2bf} \tag{6.32}$$

式中 l_0——筋带的无效长度，按朗金理论 $l_0=h\tan^2(45°+\frac{\varphi}{2})$。

大量工程实测资料分析表明，筋带主动区和锚固区的分界线可采用 $0.3h$ 法(图 6.32)，故筋带的无效长度 l_0 亦可按下式计算：

$$l_0=\begin{cases}0.3h & z\leqslant 0.5h\\ 0.6(h-z) & z>0.5h\end{cases} \tag{6.33}$$

由此可见，计算的筋带长度随深度增加而减小，但在实际工程中，为了施工方便，常采用如下规定：

(1) 墙高小于 3.0 m 时，可设计为等长筋带；

(2) 墙高大于 3.0 m 时，可变换筋带长度，但一般同等长度筋带变换的高度不应小于 2.0 m，且相邻筋带的变换长度不得小于 0.5 m[图 6.33(a)]；

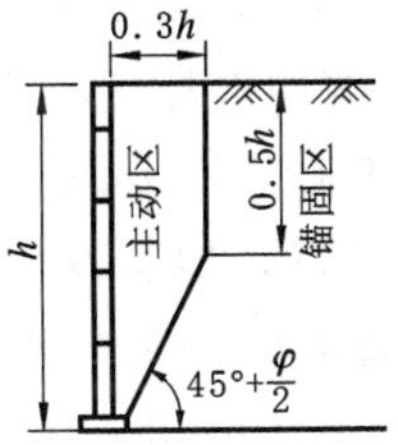

图 6.32 $0.3h$ 法示意图

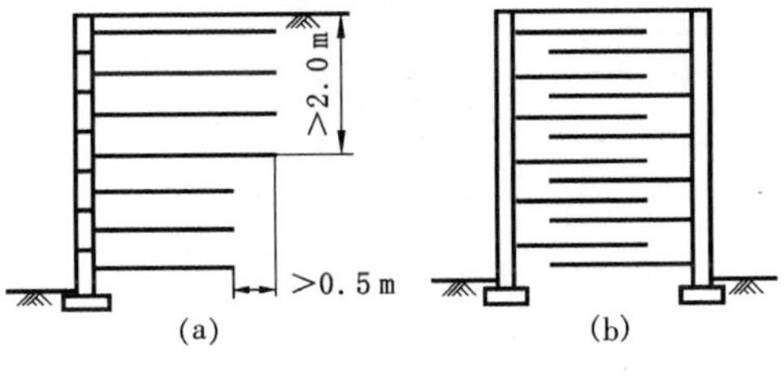

图 6.33 筋带布置示意图

(a) 不等长筋带布置；(b) 双面交错式布置

(3) 对于路堤式挡土墙，若路堤较窄，筋带可交错排列，如图 6.33(b)所示。

6.6.4.2 加筋土的整体稳定性

加筋土对地基的要求不高，只要求地基能承受加筋土的重力即可，即要求作用在地基上的压应力设计值小于或等于地基承载力设计值；此外，加筋土结构本身具有一定的柔性，故对地基变形的适应性远比其他挡土结构为好。

加筋土的整体稳定性包括倾覆、滑动和圆弧滑动验算。只要筋带具有足够的横断面积和锚固长度，就可以保证面板不出现倾覆而丧失稳定。验算加筋土结构底部的抗滑稳定时，可将其视为墙背作用有主动土压力的整体结构[图 6.34(a)]，抗滑稳定安全系数一般可取 1.5。当地基很软弱时，也可能产生近似圆弧状的滑动面[图 6.34(b)]。若滑动破坏面接近垂直于加筋的层面，且离筋带尾端越远[图 6.34(b)中圆弧①]，则加筋土所发挥的内部阻抗力就越大，而图 6.34(b)中圆弧②和圆弧③所表示的滑动破坏面，其筋带的抗拉强度基本没有发挥。圆弧状滑动的具体验算可详见 6.9 节。

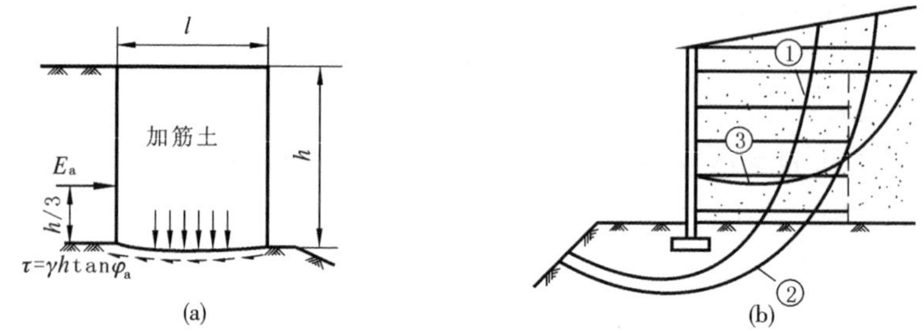

图 6.34　加筋土稳定验算

(a) 抗滑稳定；(b) 边坡失稳破坏

6.7　地基破坏形式及地基承载力

6.7.1　地基的破坏形式

试验研究表明，建筑地基在荷载作用下往往由于承载力不足而产生剪切破坏，其破坏形式可分为整体剪切破坏、局部剪切破坏及冲剪破坏三种。

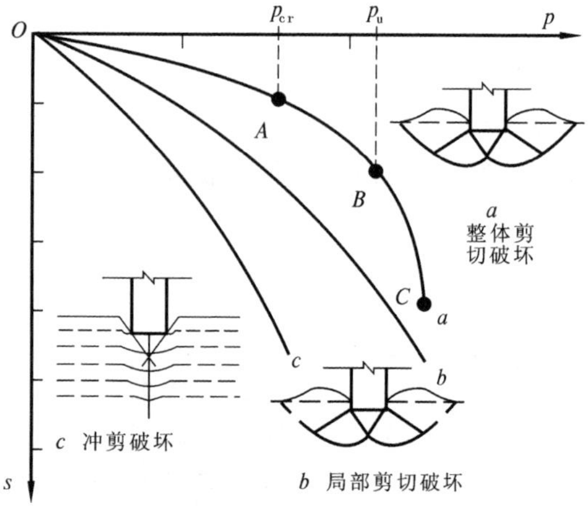

图 6.35　地基的破坏形式

整体剪切破坏的 p-s 曲线如图 6.35 中曲线 a 所示，地基变形的发展可分为三个阶段：① 当荷载较小时，基底压力 p 与沉降 s 基本上成直线关系（OA 段），属线性变形阶段，相应于 A 点的荷载称为临塑荷载，以 p_{cr}表示；② 当荷载增加到某一数值时，基础边缘处土体开始发生剪切破坏，随着荷载的增加，剪切破坏区（或塑性变形区）逐渐扩大，土体开始向周围挤出，p-s 曲线不再保持为直线（AB 段），属弹塑性变形（或剪切）阶段，相应于 B 点的荷载称为极限荷载，以 p_u 表示；③ 如果荷载继续增加，剪切破坏区不断扩大，最终在地基中形成一连续的滑动面，基础急剧下沉或向一侧倾斜，同时土体被挤出，基础四周地面隆起，地基发生整体剪切破坏，p-s 曲线陡直下降（BC 段），通常称为完全破坏阶段。一般紧密的砂土、硬黏性土地基常属整体剪切破坏。

局部剪切破坏是介于整体剪切破坏和冲剪破坏之间的一种破坏形式。随着荷载的增加，剪切破坏区从基础边缘开始，发展到地基内部某一区域（b 中实线区域），但滑动面并不延伸到地面，基础四周地面虽有隆起迹象，但不会出现明显的倾斜和倒塌。相应的 p-s 曲线如图 6.35 中曲线 b 所示，拐点不甚明显，拐点后沉降增长率较前段大，但不像整体剪切破坏那样急剧增加。中等密实的砂土地基常发生局部剪切破坏。

图 6.35 中曲线 c 为冲剪破坏的情况。随着荷载的增加，基础下土层发生压缩变形，当荷载继续增加，

基础四周土体发生竖向剪切破坏，基础“切入”土中，但地基中不出现明显的连续滑动面，基础四周地面不隆起，沉降随荷载的增加而加大，p-s 曲线无明显拐点。松砂及软土地基常发生冲剪破坏。

地基的剪切破坏形式与多种因素有关，目前尚无合理的理论作为统一的判别标准，表 6.4 综合列出了条形基础在中心荷载下不同剪切破坏形式的各种特征，以供参考。

表 6.4　条形基础在中心荷载下地基破坏形式的特征

破坏形式	地基中滑动面	p-s 曲线	基础四周地面	基础沉降	基础表现	控制指标	事故出现情况	适用条件		
								基土	埋深	加荷速率
整体剪切	连续，至地面	有明显拐点	隆起	较小	倾斜	强度	突然倾倒	密实	小	缓慢
局部剪切	连续，地基内	拐点不易确定	有时稍有隆起	中等	可能倾斜	变形为主	较慢下沉时有倾倒	松散	中	快速或冲击荷载
冲剪	不连续	拐点无法确定	沿基础下陷	较大	仅有下沉	变形	缓慢下沉	软弱	大	快速或冲击荷载

注：表中埋深为基础的相对埋深，即基础埋深与基础宽度的比值。

6.7.2　地基承载力

地基承载力是指地基承受荷载的能力。地基承载力的确定主要有理论公式计算、现场原位试验和查规范表格等方法，本节主要介绍临塑荷载和临界荷载，其均在整体剪切破坏的条件下导得，对于局部剪切和冲剪破坏的情况，目前尚无理论公式可循。

临塑荷载是指地基土中将要而尚未出现塑性变形区时的基底压力。其计算公式可根据土中应力计算的弹性理论和土体极限平衡条件导出。

设地表作用一均布条形荷载 p_0，如图 6.36(a)所示，在地表下任一深度点 M 处产生的大、小主应力可按式(3.37)求得：

$$\left.\begin{matrix}\sigma_1\\ \sigma_3\end{matrix}\right\}=\frac{p_0}{\pi}(\beta_0\pm\sin\beta_0)$$

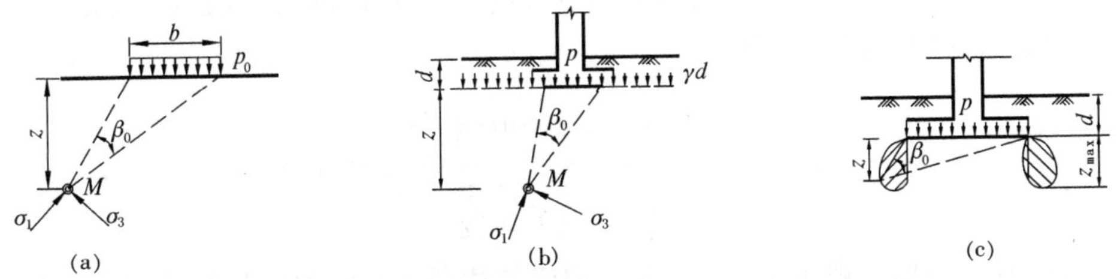

图 6.36　条形均布荷载作用下的地基主应力及塑性区

实际上，一般基础都具有一定的埋置深度 d，如图 6.36(b)所示，此时地基中某点 M 的应力除了由基底附加应力 $p_0(=p-\gamma d)$ 产生以外，还有土的自重应力$(\gamma_0 d+\gamma z)$。严格地说，M 点上土的自重应力在各向是不等的，因此，上述两项在 M 点产生的应力在数值上不能叠加。为了简化起见，在下述荷载公式推导中，假定土的自重应力在各向相等。故地基中任一点的 σ_1 和 σ_3 可写为：

$$\left.\begin{matrix}\sigma_1\\ \sigma_3\end{matrix}\right\}=\frac{p-\gamma d}{\pi}(\beta_0\pm\sin\beta_0)+\gamma_0 d+\gamma z \tag{6.34}$$

当 M 点处于极限平衡状态时，该点的大、小主应力应满足极限平衡条件式(5.5)，将式(6.34)代入式(5.5)，整理可得塑性区的边界方程为：

$$z=\frac{p-\gamma_0 d}{\pi\gamma}\left(\frac{\sin\beta_0}{\sin\varphi}-\beta_0\right)-\frac{c}{\gamma\tan\varphi}-\frac{\gamma_0}{\gamma}d \tag{6.35}$$

式(6.35)表示塑性区边界上任意一点的 z 与 β_0 之间的关系。如果 p、γ_0、γ、d、c 和 φ 已知，则根据式(6.35)可绘出塑性区的边界线如图 6.36(c)所示。采用弹性理论计算，基础两边点的主应力最大，因此塑性区首先从基础两边点开始向深度发展。

塑性区发展的最大深度 $z_{\max}$ 可由 $\dfrac{dz}{d\beta_0}=0$ 的条件求得，即：

$$\frac{dz}{d\beta_0}=\frac{p-\gamma_0 d}{\pi\gamma}\left(\frac{\cos\beta_0}{\sin\varphi}-1\right)=0$$

则有

$$\cos\beta_0=\sin\varphi$$

即

$$\beta_0=\frac{\pi}{2}-\varphi \tag{6.36}$$

将 β_0 代入式(6.35)得塑性区发展最大深度 $z_{\max}$ 的表达式为：

$$z_{\max}=\frac{p-\gamma_0 d}{\pi\gamma}\left[\cot\varphi-\left(\frac{\pi}{2}-\varphi\right)\right]-\frac{c}{\gamma\tan\varphi}-\frac{\gamma_0}{\gamma}d \tag{6.37}$$

由上式可见，当其他条件不变时，荷载 p 增大，塑性区就发展，该区的最大深度也随着增大。若 $z_{\max}=0$，则表示地基中将要出现但尚未出现塑性变形区，其相应的荷载即为临塑荷载 p_{cr}。因此，在式(6.37)中令 $z_{\max}=0$，可得临塑荷载的表达式为：

$$p_{cr}=\frac{\pi(\gamma_0 d+c\cdot\cot\varphi)}{\cot\varphi+\varphi-\dfrac{\pi}{2}}+\gamma_0 d \tag{6.38}$$

式中 γ_0——基底标高以上土的重度(kN/m^3)；

φ——地基土的内摩擦角(弧度)。

其他符号意义同前。

工程实践表明，即使地基发生局部剪切破坏，地基中塑性区有所发展，只要塑性区范围不超出某一限度，就不致影响建筑物的安全和正常使用，因此，以 p_{cr} 作为地基土的承载力偏于保守。地基塑性区发展的容许深度与建筑物类型、荷载性质以及土的特性等因素有关，目前尚无一致意见。一般认为，在中心垂直荷载下，塑性区的最大发展深度 $z_{\max}$ 可控制在基础宽度的 1/4，相应的荷载用 $p_{1/4}$ 表示。因此，在式(6.37)中令 $z_{\max}=b/4$，可得 $p_{1/4}$ 的计算公式为：

$$p_{1/4}=\frac{\pi\left(\gamma_0 d+c\cdot\cot\varphi+\dfrac{\gamma b}{4}\right)}{\cot\varphi+\varphi-\dfrac{\pi}{2}}+\gamma_0 d \tag{6.39}$$

而对于偏心荷载作用的基础，一般可取 $z_{\max}=b/3$ 相应的荷载 $p_{1/3}$ 作为地基的承载力，即：

$$p_{1/3}=\frac{\pi\left(\gamma_0 d+c\cdot\cot\varphi+\dfrac{\gamma b}{3}\right)}{\cot\varphi+\varphi-\dfrac{\pi}{2}}+\gamma_0 d \tag{6.40}$$

尚须指出，上述公式是在条形均布荷载作用下导出，对于矩形和圆形基础，其结果偏于安全。此外，在公式的推导过程中采用了弹性力学的解答，对于已出现塑性区的塑性变形阶段，其推导是不够严格的。

【例 6.5】 某条形基础宽 5 m，基底埋深 1.2 m，地基土 $\gamma=18.0\ kN/m^3$，$\varphi=22°$，$c=15.0$ kPa，试计算该地基的临塑荷载 p_{cr} 及 $p_{1/4}$。

【解】 ① 由式(6.38)可求得临塑荷载 p_{cr} 为：

$$p_{cr}=\frac{\pi(\gamma_0 d+c\cdot\cot\varphi)}{\cot\varphi+\varphi-\dfrac{\pi}{2}}+\gamma_0 d=\frac{\pi\times(18.0\times1.2+15.0\times\cot22°)}{\cot22°+\dfrac{22°\times\pi}{180°}-\dfrac{\pi}{2}}+18.0\times1.2=164.8\ \text{kPa}$$

② 由式(6.39)可求得 $p_{1/4}$ 为：

$$p_{1/4}=\frac{\pi\left(\gamma_0 d+c\cdot\cot\varphi+\frac{\gamma_b}{4}\right)}{\cot\varphi+\varphi-\frac{\pi}{2}}+\gamma_0 d=\frac{\pi\times\left(18.0\times1.2+15.0\times\cot22^\circ+\frac{18.0\times5}{4}\right)}{\cot22^\circ+\frac{22^\circ\times\pi}{180^\circ}-\frac{\pi}{2}}+18.0\times1.2=219.7\ \text{kPa}$$

6.8 地基的极限承载力

地基的极限承载力 p_u 是地基承受基础荷载的极限压力。其求解方法一般有两种：① 根据土的极限平衡理论和已知边界条件，计算出土中各点达极限平衡时的应力及滑动方向，求得基底极限承载力；② 通过基础模型试验，研究地基的滑动面形状并进行简化，根据滑动土体的静力平衡条件求得极限承载力。由于推导时的假定条件不同，所得极限承载力的计算公式也就不同，下面主要介绍几种常用的计算公式。

6.8.1 普朗德尔公式

普朗德尔(Prandtl，1920 年)根据塑性理论，导得了刚性冲模压入无质量的半无限刚塑性介质时的极限压应力公式。若应用于地基极限承载力课题，则相当于一无限长、底面光滑的条形荷载板置于无质量($\gamma=0$)的土表面上，当土体处于极限平衡状态时，塑性区的边界如图 6.37(a)所示。由于基底光滑，Ⅰ区大主应力 σ_1 为垂直向，破裂面与水平面成 $45^\circ+\frac{\varphi}{2}$ 角，即主动朗金区；Ⅲ区大主应力 σ_1 方向水平，破裂面与水平面成 $45^\circ-\frac{\varphi}{2}$ 角，即被动朗金区；Ⅱ区的滑动线由对数螺线 bc 及辐射线 ab 和 ac 组成，且 $ab=r_0$，$ac=r_1$，bc 的方程为 $r=r_0\exp(\theta\tan\varphi)$。取脱离体 $obce$，根据作用在脱离体上力的平衡条件，不计基底以下地基土的重度(即 $\gamma=0$)，可求得极限承载力为：

$$p_u=cN_c \tag{6.41}$$

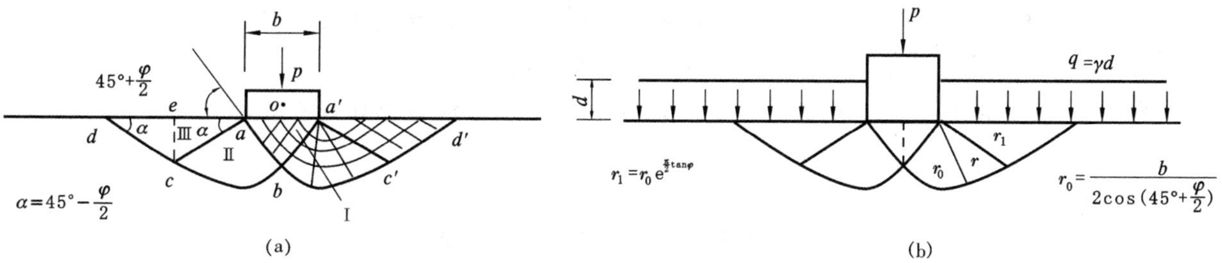

图 6.37 普朗德尔理论假设的滑动面

(a) 基础无埋深；(b) 基础有埋深

其中

$$N_c=\cot\varphi\left[\tan^2\left(45^\circ+\frac{\varphi}{2}\right)\exp(\pi\tan\varphi)-1\right] \tag{6.42}$$

式中 N_c 称为承载力因数，是仅与 φ 有关的无量纲系数，c 为土的黏聚力。

如果考虑到基础有一定的埋置深度 d[图 6.37(b)]，将基底以上土重用均布荷载 $q(=\gamma d)$ 代替，赖斯纳(Reissner，1924 年)提出了计入基础埋深后的极限承载力为：

$$p_u=cN_c+qN_q \tag{6.43}$$

其中

$$N_q=\tan^2\left(45^\circ+\frac{\varphi}{2}\right)\exp(\pi\tan\varphi) \tag{6.44}$$

$$N_c=(N_q-1)\cot\varphi \tag{6.45}$$

式中 N_q 也是仅与 φ 有关的另一承载力因数。

显见，普朗德尔的极限承载力公式与基础宽度无关，这是由于公式推导过程中不计地基土的重度所致，此外，基底与土之间尚存在一定的摩擦力，因此，普朗德尔公式只是一个近似公式。在普朗德尔和赖斯纳之后，不少学者在这方面继续进行了许多研究工作，如太沙基(1943 年)，泰勒(Taylor，1948 年)，梅耶霍夫(Meyerhof，1951 年)，汉森(Hansen，1961 年)以及魏西克(Vesic，1973 年)等。以下仅对太沙基公式及汉森公式作一简要介绍。

6.8.2 太沙基公式

太沙基假定基础底面是粗糙的，基底与土之间的摩阻力阻止了基底处剪切位移的发生，因此，直接在基底以下的土不发生破坏而处于弹性平衡状态，根据Ⅰ区土楔体的静力平衡条件可导得太沙基极限承载力计算公式为：

$$p_u = cN_c + qN_q + \frac{1}{2}\gamma b N_\gamma \tag{6.46}$$

式中 q——基底水平面以上基础两侧的荷载(kPa)，$q=\gamma_0 d$；

b,d——基底的宽度和埋置深度(m)；

N_c,N_q,N_γ——无量纲承载力因数，仅与土的内摩擦角有关，可由图 6.38 中实线查得，N_q 及 N_c 值也可按式(6.44)及式(6.45)计算求得。

式(6.46)适用于条形荷载下的整体剪切破坏(坚硬黏土和密实砂土)情况。对于局部剪切破坏(软黏土和松砂)，太沙基建议采用经验方法调整抗剪强度指标 c 和 φ，即以 $c'=2c/3$，$\varphi'=\arctan(2/3\tan\varphi)$ 代替式(6.46)中的 c 和 φ。故式(6.46)变为：

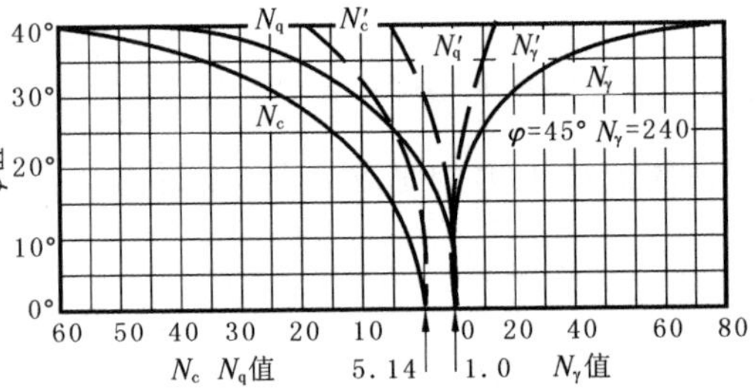

图 6.38 太沙基承载力因数

$$p_u = \frac{2}{3}cN_c' + qN_q' + \frac{1}{2}\gamma b N_\gamma' \tag{6.47}$$

式中 N_c'、N_q'及 N_γ'为相应于局部剪切破坏的承载力因数，可由 φ 查图 6.38 中的虚线或由 φ'查图中实线而得；其余符号意义同前。

方形和圆形基础属于三维问题，因数学上求解困难，至今尚未能导得其分析解，太沙基根据试验资料建议按以下公式计算：

方形基础(宽度为 b)：

$$p_u = 1.2cN_c + \gamma_0 dN_q + 0.4\gamma b N_\gamma \tag{6.48}$$

圆形基础(半径为 d)：

$$p_u = 1.2cN_c + \gamma_0 dN_q + 0.6\gamma b N_\gamma \tag{6.49}$$

对于矩形基础($b\times l$)，可按 b/l 值在条形基础($b/l=10$)与方形基础($b/l=1$)之间以插入法求得。若地基为软黏土或松砂，将发生局部剪切破坏，此时，式(6.48)和式(6.49)中的承载力因数均应改用 N_c'、N_q'及 N_γ'值。

6.8.3 汉森公式

汉森公式是个半经验公式，其适用范围较广，北欧各国应用颇多，如丹麦基础工程实用规范等。我国港口工程亦推荐使用该公式。

汉森建议，对于均质地基，基底完全光滑，在中心倾斜荷载作用下地基的竖向极限承载力可按下式计算：

$$p_u = cN_cS_cd_ci_cg_cb_c + qN_qS_qd_qi_qg_qb_q + \frac{1}{2}\gamma b N_\gamma S_\gamma d_\gamma i_\gamma g_\gamma b_\gamma \tag{6.50}$$

式中　S_c,S_q,S_γ——基础的形状系数；

i_c,i_q,i_γ——荷载倾斜系数；

d_c,d_q,d_γ——基础的深度系数；

g_c,g_q,g_γ——地面倾斜系数；

b_c,b_q,b_γ——基底倾斜系数；

N_c,N_q,N_γ——承载力系数，N_c、N_q 可由式(6.45)、式(6.44)计算，$N_\gamma=1.5(N_q-1)\tan\varphi$。

其余符号意义同前。

汉森认为，极限承载力的大小与作用于基底上倾斜荷载的倾斜程度及大小有关。当满足 $H\leqslant C_aA+P\tan\delta$ 时（H 和 P 分别为倾斜荷载在基底上的水平及垂直分力；C_a 为基底与土之间的附着力；A 为基底面积；δ 为基底与土之间的摩擦角），荷载倾斜系数可按下式确定：

$$i_c=\begin{cases}0.5-0.5\sqrt{1-\dfrac{H}{cA}}, & \varphi=0\\ i_q-\dfrac{1-i_q}{cN_c}, & \varphi>0\end{cases} \tag{6.51}$$

$$i_q=\left(1-\frac{0.5H}{P+cA\cot\varphi}\right)^5>0 \tag{6.52}$$

$$i_\gamma=\left(1-\frac{0.7H-\dfrac{\eta}{450^\circ}}{P+cA\cot\varphi}\right)^5>0 \tag{6.53}$$

式中　η——倾斜基底与水平面的夹角(°，见图 6.39)。

基础的形状系数可由下式确定：

$$S_c=1+\frac{0.2i_cb}{l} \tag{6.54}$$

$$S_q=1+\frac{i_qb}{l\sin\varphi} \tag{6.55}$$

$$S_\gamma=1-\frac{0.4i_\gamma b}{l}\geqslant0.6 \tag{6.56}$$

当计入基础两侧土的相互作用及基底以上土的抗剪强度等因素时，可用下列深度系数近似加以修正：

$$d_c=\begin{cases}1+0.35\dfrac{d}{b} & (d\leqslant b)\\ 1+0.4\arctan\left(\dfrac{d}{b}\right) & (d>b)\end{cases} \tag{6.57}$$

$$d_q=\begin{cases}1+2\tan\varphi(1-\sin\varphi)^2\dfrac{d}{b} & (d\leqslant b)\\ 1+2\tan\varphi(1-\sin\varphi)^2\arctan\left(\dfrac{d}{b}\right) & (d>b)\end{cases} \tag{6.58}$$

$$d_\gamma=1 \tag{6.59}$$

地面或基础底面本身倾斜，均对承载力产生影响。若地面与水平面的倾角 β(°)以及基底与水平面的倾角 η(°)为正值(图 6.39)，且满足 $\eta+\beta\leqslant90^\circ$ 时，两者的影响可按下列近似公式确定：

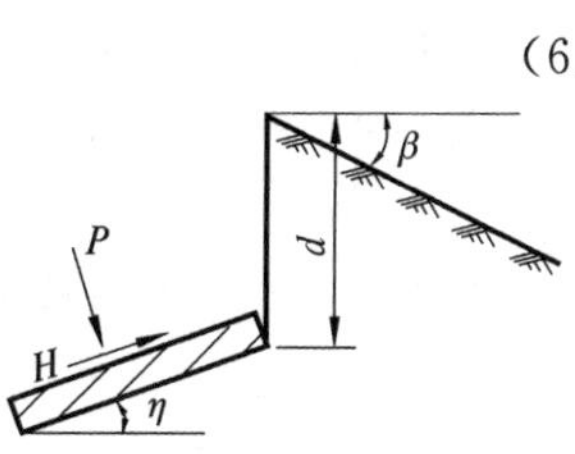

图 6.39　地面或基底倾斜情况

地面倾斜系数：

$$g_c=1-\frac{\beta}{147^\circ} \tag{6.60}$$

$$g_q=g_\gamma=(1-0.5\tan\beta)^5 \tag{6.61}$$

基底倾斜系数：

$$b_c = 1 - \frac{\eta}{147^\circ} \tag{6.62}$$

$$b_q = \exp(-2\eta\tan\varphi) \tag{6.63}$$

$$b_\gamma = \exp(-2.7\eta\tan\varphi) \tag{6.64}$$

6.8.4 地基承载力的安全度

由理论公式计算的极限承载力是在地基处于极限平衡时的承载力，为了保证建筑物的安全和正常使用，地基承载力设计值应以一定的安全度将极限承载力加以折减。安全系数 K 与上部结构类型、荷载性质、地基土类型以及建筑物的预期寿命和破坏后果等因素有关，目前尚无统一的安全度准则可用于工程实践。一般认为，安全系数可取 2～3，但不得小于 2，表 6.5 给出了汉森公式的安全系数参考值。

表 6.5 汉森公式安全系数

土或荷载条件	安全系数 K
无黏性土	2.0
黏性土	3.0
瞬时荷载(风、地震及相当的活荷载)	2.0
静荷载或长时期的活荷载	2 或 3(视土样而定)

【例 6.6】 若例 6.5 的地基属于整体剪切破坏，试分别采用太沙基公式及汉森公式确定其承载力设计值，并与 $p_{1/4}$ 进行比较。

【解】 ①根据 $\varphi=22^\circ$，由图 6.38 查得太沙基承载力因数为：

$$N_c = 16.9,\quad N_q = 7.8,\quad N_\gamma = 6.9$$

由式(6.46)可得极限承载力为：

$$p_u = cN_c + qN_g + \frac{1}{2}\gamma bN_r = 15.0\times16.9 + 18.0\times1.2\times7.8 + \frac{1}{2}\times5\times6.9\times18.0 = 732.5\ \text{kPa}$$

②由式(6.50)下的注释可得：$N_c=16.9$，$N_q=7.8$，$N_\gamma=4.1$；垂直荷载 $i_c=i_q=i_\gamma=1$；条形基础 $S_c=S_q=S_\gamma=1$；又 $\beta=0$ 和 $\eta=0$，故有 $g_c=g_q=g_\gamma=b_c=b_q=b_\gamma=1$；根据 $d/b=0.24$，由式(6.57)至式(6.59)可得：

$$d_c = 1 + 0.35\times0.24 = 1.1$$

$$d_q = 1 + 2\tan22^\circ(1-\sin22^\circ)\times0.24 = 1.1$$

$$d_\gamma = 1$$

所以 $$p_u = cN_cS_cd_ci_cg_cb_c + gN_gS_gd_gi_gg_gb_g + \frac{1}{2}\gamma bN_rS_rd_ri_rg_rb_r = 15.0\times16.9\times1\times1.1\times1\times1\times1 + 18.0\times1.2\times7.8\times1\times1.1\times1\times1\times1 + \frac{1}{2}\times18.0\times5\times4.1\times1\times1\times1\times1 = 648.7\ \text{kPa}$$

③ 若取安全系数 $K=3$(黏性土)，则可得承载力设计值 p_v 分别为：

太沙基公式 $p_v = 732.5/3 = 244.2\ \text{kPa}$

汉森公式 $p_v = 648.7/3 = 216.2\ \text{kPa}$

而 $p_{1/4} = 219.7\ \text{kPa}$

由上可见，对于该例题地基，汉森公式计算的承载力设计值与 $p_{1/4}$ 比例一致，而太沙基公式计算的结果相差稍大。

6.9 土坡和地基的稳定分析

土坡滑动一般系指土坡在一定范围内整体沿某一滑动面向下和向外滑动而丧失其稳定性。影响土坡稳定的因素一般有以下几方面：

(1) 土坡作用力发生变化。例如在坡顶堆放材料或建造建筑物使坡顶受荷，或因打桩、车辆行驶、爆破、地震等引起振动而改变原来的平衡状态。

(2) 土体抗剪强度降低。例如受雨、雪等自然天气的影响，土体中含水率或孔隙水压力增加，有效应力降低，导致土体抗剪强度降低，抗滑力减小。

(3) 水压力的作用。例如雨水或地面水流入土坡中的竖向裂缝，对土坡产生侧向压力，促使土坡滑动。因此，黏性土坡发生裂缝常是土坡稳定性的不利因素，也是滑坡的预兆之一。

此外，还有边坡岩石的性质及地质构造，边坡的坡形与坡度，以及地下水在土坝或基坑等边坡中渗流所引起的渗流力等，都是边坡失稳的重要因素。

土坡稳定性分析属于土力学中的稳定问题，也是工程中非常重要而实际的问题。本节主要介绍简单土坡的稳定性分析方法。所谓简单土坡系指土坡的坡度不变，顶面和底面水平，且土质均匀，无地下水，如图 6.40 所示。对于稍复杂的土坡则可由此引申分析。

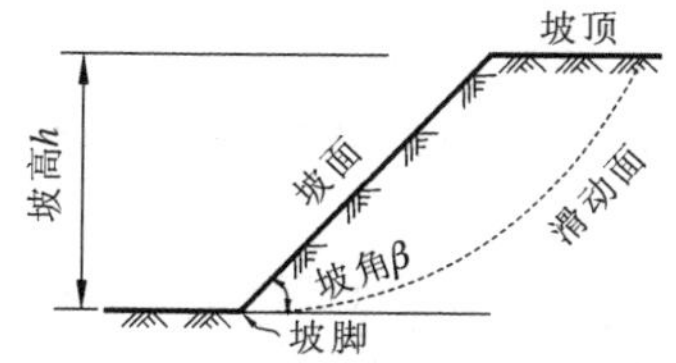

图 6.40　简单土坡各部位名称

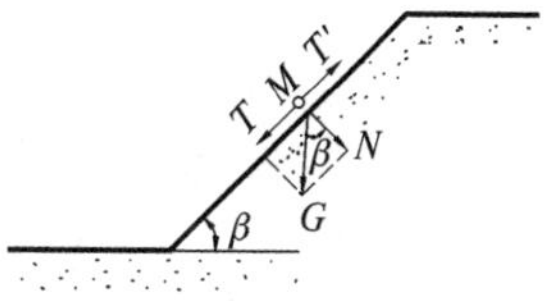

图 6.41　无黏性土坡稳定性分析

6.9.1　无黏性土坡的稳定性分析

由于无黏性土颗粒间无黏聚力存在，只有摩阻力，因此，只要坡面不滑动，土坡就能保持稳定，其稳定平衡条件如图 6.41 所示。

设坡面上某颗粒 M 所受重力为 G，砂的内摩擦角为 φ、坡角为 β，重力 G 沿坡面的切向分力为 $T=G\sin\beta$，法向分力为 $N=G\cos\beta$。分力 T 使颗粒 M 向下滑动，而法向力 N 在坡面上引起的摩擦力为 $T'=N\tan\varphi=G\cos\beta\tan\varphi$，$T'$ 阻止土颗粒下滑。抗滑力与滑动力的比值称为稳定性系数，用 K_s 表示，即：

$$K_s=\frac{T'}{T}=\frac{G\cos\beta\tan\varphi}{G\sin\beta}=\frac{\tan\varphi}{\tan\beta} \tag{6.65}$$

由上式可知，当 $\beta=\varphi$ 时，$K_s=1$，即抗滑力等于滑动力，土坡处于极限平衡状态。因此，土坡稳定的极限坡角等于砂土的内摩擦角 φ，此坡角称为自然休止角。从式(6.65)还可以看出，无黏性土坡的稳定性与坡高无关，而仅与坡角 β 有关，只要 $\beta<\varphi(K_s>1)$，土坡就是稳定的。为了保证土坡具有足够的安全储备，可取 $K_s=1.1\sim1.5$。

6.9.2　黏性土坡的稳定性分析

均质黏性土坡发生滑坡时，其滑动面形状大多数为一近似于圆弧面的曲面(图 6.42)。为了简化，在进行理论分析时通常采用圆弧面计算。黏性土坡稳定性分析的常用方法有：瑞典圆弧法［彼得森(Petterson)，1915 年；费伦纽斯(Fellenius)，1927 年］、稳定数法(泰勒，1937 年)以及条分法［太沙基，1936 年；毕肖普(Bishop)，1955 年］等。

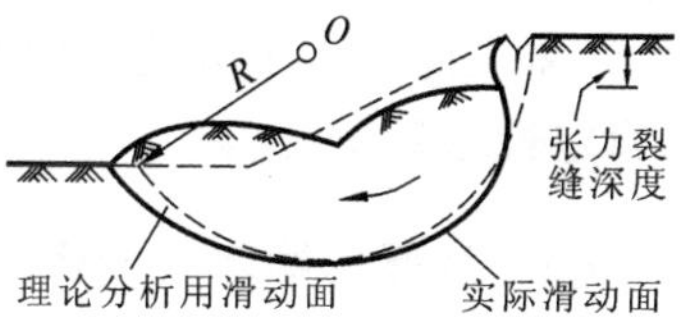

图 6.42　均质黏性土坡滑动面

条分法是一种试算法，其计算比较简单合理，在工程中应用较广，具体分析步骤如下：

(1) 按比例绘制土坡剖面图(图 6.43)。

(2) 任选一点 O 为圆心，以 Oa 为半径(R)作圆弧 ab，ab 即为滑动圆弧面。

(3) 将滑动面以上土体竖直分成宽度相等的若干土条并编号。编号时可以圆心 O 的铅垂线为 0 条，图中向右为正，向左为负。为使计算方便，可取各分条宽度 $b=R/10$，则 $\sin\alpha_1=0.1$，$\sin\alpha_2=0.2$，$\sin\alpha_i=$

$0.1i$，$\cos\alpha_i=-0.1i$ 等，可减少大量三角函数计算。

(4) 计算作用在土条 ef 上的剪切力 T_i 和抗剪力 S_i。土条自重 G_i 和荷载 Q_i 在滑动面 ef 上的法向反力 N_i 和切向反力 T_i 分别为：

$$N_i=(G_i+Q_i)\cos\alpha_i \tag{6.66}$$

$$T_i=(G_i+Q_i)\sin\alpha_i \tag{6.67}$$

抗剪力 S_i 为：

$$S_i=c_i l_i+(G_i+Q_i)\cos\alpha_i\tan\varphi_i \tag{6.68}$$

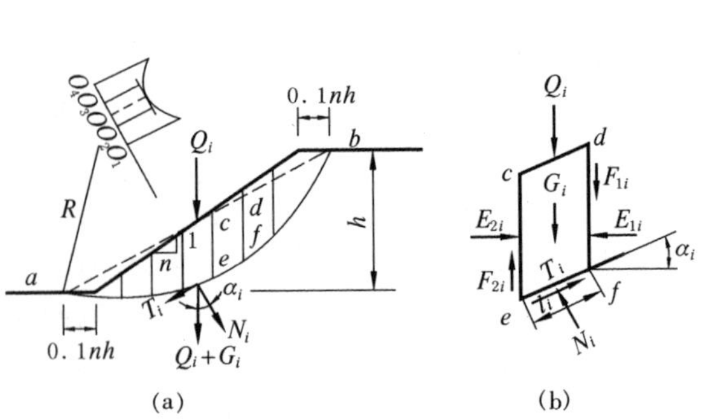

图 6.43 土坡稳定分析的条分法

(a) 土坡剖面；(b) 作用在 i 土条上的力

当不计土条两侧法向力 E_i 和剪切力 F_i[图 6.43(b)]的影响时，其误差为 10%～15%。

(5) 计算稳定性系数(沿整个滑动面上的抗剪力与剪切力之比)K_s。

$$K_s=\frac{S}{T}=\frac{\sum[c_i l_i+(G_i+Q_i)\cos\alpha_i\tan\varphi_i]}{\sum(G_i+Q_i)\sin\alpha_i} \tag{6.69}$$

如果考虑 E_i、F_i 的影响，可以提高分析精度，此时可由图 6.43(b)中单元体的静力平衡，求得作用在 ef 土条上的法向力 N_i'，将其代入上式可得：

$$K_s=\frac{\sum[c_i l_i\cos\alpha_i+(G_i+Q_i+F_{1i}-F_{2i})\tan\varphi_i]}{\sum(G_i+Q_i)\sin\alpha_i(\cos\alpha_i+\tan\varphi_i\cdot\sin\alpha_i/K)} \tag{6.70}$$

为了求得稳定性系数 K_s 值，$(F_{1i}-F_{2i})$值必须采用逐次逼近法计算。可用满足每一土条的静力平衡条件的 E_{1i} 和 F_{1i} 试算值及下列条件求得：

$$\sum(E_{1i}-E_{2i})=0,\qquad \sum(F_{1i}-F_{2i})=0$$

如果假定 $\sum(F_{1i}-F_{2i})\tan\varphi_i=0$，则式(6.70)的计算大大简化。计算时首先任意假定一个 K_s 值，把这个假定值连同土的性质 c_i 和 φ_i 以及土坡的几何形状 α_i 一并代入式(6.70)，即可算出一个新的 K_s 值，如此反复进行直至计算值与假定值相符为止。

当采用有效应力法分析时，式(6.70)中 G_i 应取有效应力计算。即减去总的孔隙水压力 $u_i l_i$，并采用有效应力强度指标 c_i' 和 φ_i'，故式(6.70)变为：

$$K_s=\frac{\sum[c_i' l_i\cos\alpha_i+(G_i-u_i l_i\cos\alpha_i+Q_i+F_{1i}-F_{2i})\tan\varphi_i']}{\sum(G_i+Q_i)\sin\alpha_i(\cos\alpha_i+\tan\varphi_i'\cdot\sin\alpha_i/K)} \tag{6.71}$$

(6) 假定几个可能的滑动面，分别计算相应的 K_s 值，其中 K_{smin} 所对应的滑动面则为最危险滑动面。当 $K_{smin}>1$ 时，土坡是稳定的，根据边坡工程的安全等级，一般可取 $K_{smin}=1.20\sim1.30$[《建筑边坡工程技术规范》(GB 50330—2013)]。

这种试算法工作量很大，可采用计算机求解。陈惠发(Chen，1980 年)根据大量计算经验指出，最危险滑动圆弧的两端距坡顶点和坡脚点各为 $0.1nh$ 处，且最危险滑弧中心在 ab 的垂直平分线上[图 6.43(a)]。因此，只需在此垂直平分线上取若干点作为滑弧圆心，按上述方法分别计算相应的稳定性系数，就可求得最小稳定性系数 K_{smin}。

6.9.3 地基的稳定性分析

广义的地基稳定性问题包括地基承载力不足而失稳、构筑物基础在水平荷载作用下的倾覆和滑动失稳，以及边坡失稳等。

基础在经常性的水平荷载作用下，将连同地基一起沿滑动面滑动，可能出现的滑动面一般有以下几种情况：

(1) 如图 6.44 所示挡土墙剖面，滑动破坏面接近于圆弧滑动面，并通过墙踵点(线)。分析时取绕圆弧中心点 O 的抗滑力矩与滑动力矩之比作为整体滑动的稳定性系数 K_s，因此可粗略地按下式计算：

$$K_s=\frac{抗滑力矩}{滑动力矩}=\frac{(\alpha+\beta+\varphi)\cdot\frac{c\pi R}{180^\circ}+(N_1+N_2+G)\tan\varphi}{T_1+T_2} \tag{6.72}$$

其中 $N_1=F\cos\beta$；

$N_2=H\sin\alpha$；

$T_1=F\sin\beta$；

$T_2=H\cos\alpha$；

$G=\gamma\left(\frac{\alpha\pi}{180^\circ}-\sin\alpha\cos\alpha\right)R^2$。

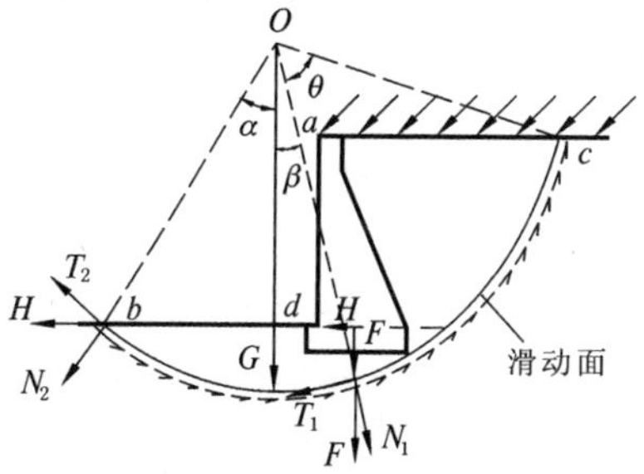

图 6.44 挡土墙连同地基一起滑动

式中 c,φ——地基土的平均黏聚力和平均内摩擦角；

F,H——挡土墙基底所承受的垂直分力和水平分力；

R——滑动圆弧的半径。

若考虑土质的变化，也可采用类似于土坡稳定条分法计算稳定性系数。同理，最危险圆弧滑动面必须通过试算求得，一般要求 $K_{smin}\geqslant1.2$。

(2) 当挡土墙周围土体及地基土都比较软弱时，地基失稳时可能出现图 6.45 所示贯入软土层深处的圆弧滑动面。此时，同样可采用类似于土坡稳定分析的条分法计算稳定性系数，通过试算求得最危险的圆弧滑动面和相应的稳定性系数 K_{smin}。

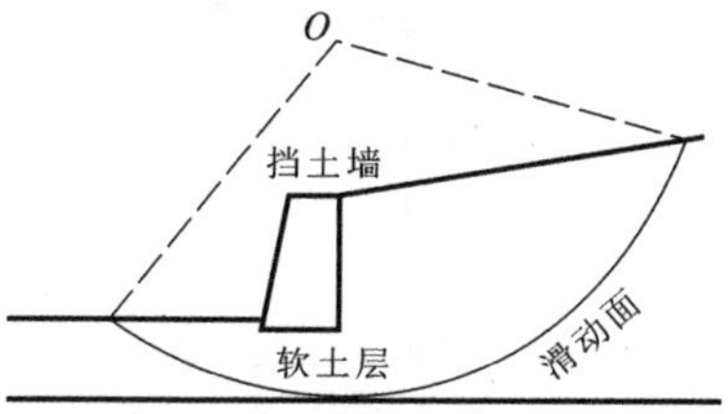

图 6.45 贯入软土层深处的圆弧滑动面

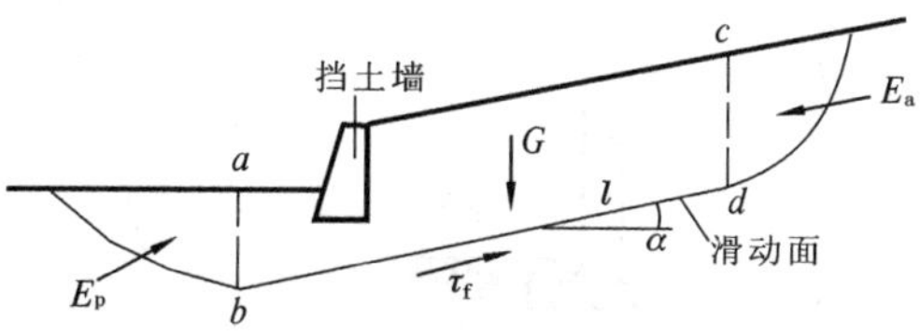

图 6.46 硬土层中的非圆弧滑动面

(3) 当挡土墙位于超固结坚硬黏土层中时，其滑动破坏可能沿近似水平面的软弱结构面发生，为非圆弧滑动面(图 6.46)。计算时，可近似取土体 $abdc$ 为隔离体。假定作用在 ab 和 dc 竖直面上的力分别等于主动和被动土压力。设 bd 面为平面，沿此滑动面上总的抗剪强度为：

$$\tau_f l=cl+G\cos\alpha\tan\varphi \tag{6.73}$$

式中 G——土体 $abdc$ 的自重标准值；

l,α——bd 的长度和水平倾角；

c,φ——硬黏土的黏聚力标准值和内摩擦角标准值。

此时滑动面 bd 为平面，稳定性系数可为抗滑力与滑动力之比，即：

$$K_s=\frac{E_q+\tau_f l}{E_a+G\sin\alpha} \tag{6.74}$$

且一般要求 $K\geqslant1.3$。

思 考 题

6.1 土压力有哪几种？影响土压力的各种因素中最主要的因素是什么？

6.2 试阐述主动土压力、静止土压力、被动土压力的定义和产生的条件，并比较三者的数值大小。

6.3 试比较朗金土压力理论和库仑土压力理论的基本假定及适用条件。

6.4 墙背的粗糙程度、填土排水条件的好坏对主动土压力有何影响？

6.5 楔体试算法的计算依据是什么？其计算步骤如何？

6.6 挡土墙有哪几种类型，如何确定重力式挡土墙断面尺寸及进行各种验算？

6.7 设计加筋土挡土墙时，如何确定墙背土压力及筋带的长度？

6.8 地基的剪切破坏有哪些形式？发生整体剪切破坏时 p-s 曲线的特征如何？

6.9 什么是塑性变形区？地基的 p_{cr} 和 $p_{1/4}$ 的物理概念是什么？在工程中有何实际意义？

6.10 什么是地基土的极限荷载 p_u？它与哪些因素有关？

6.11 土坡稳定有何实际意义？影响土坡稳定的因素有哪些？如何防止土坡滑动？

6.12 何谓无黏性土坡的自然休止角？无黏性土坡的稳定性与哪些因素有关？

6.13 土坡稳定分析的条分法原理是什么？如何确定最危险圆弧滑动面？

习　题

6.1 试计算图 6.47 所示地下室外墙上的土压力分布、合力大小及其作用点位置。

（答案：45.47 kN/m；1.0 m）

6.2 某挡土墙高 5 m，墙背竖直光滑，填土面水平，$\gamma=18.0\ \text{kN/m}^3$，$\varphi=22°$，$c=15$ kPa，试计算：① 该挡土墙主动土压力分布、合力大小及其作用点位置；② 若该挡土墙在外力作用下，朝填土方向产生较大的位移时，作用在墙背的土压力分布、合力大小及其作用点位置又为多少？

（答案：① 26.20 kN/m，0.84 m；② 716.95 kN/m，1.93 m）

6.3 挡土墙高 6 m，墙背竖直光滑，填土面水平，作用有均布荷载 $q=15$ kPa，墙后填土及物理力学性质指标如图 6.48 所示，试计算墙背所受土压力分布、合力大小及其作用点位置。

（答案：115.56 kN/m；1.47 m）

6.4 某挡土墙如图 6.49 所示，填土与墙背的外摩擦角 $\delta=15°$，试用库仑土压力理论计算：① 主动土压力的大小、作用点位置和方向；② 主动土压力沿墙高的分布。

（答案：①89.60 kN/m；1.33 m）

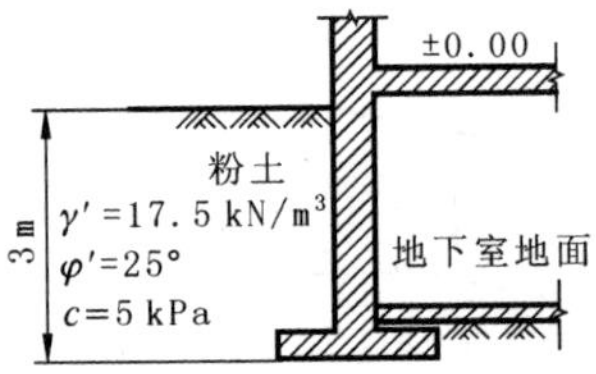

图 6.47　习题 6.1 图

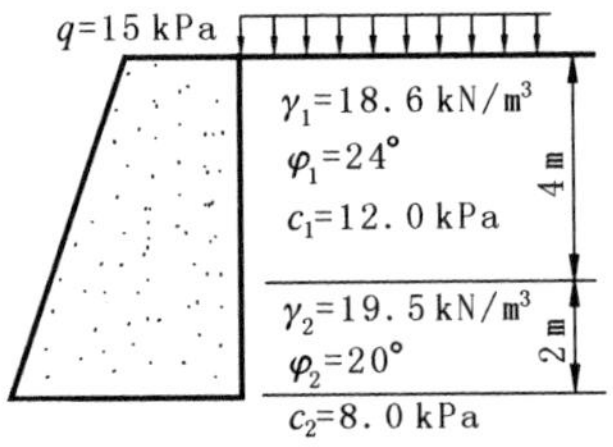

图 6.48　习题 6.3 图

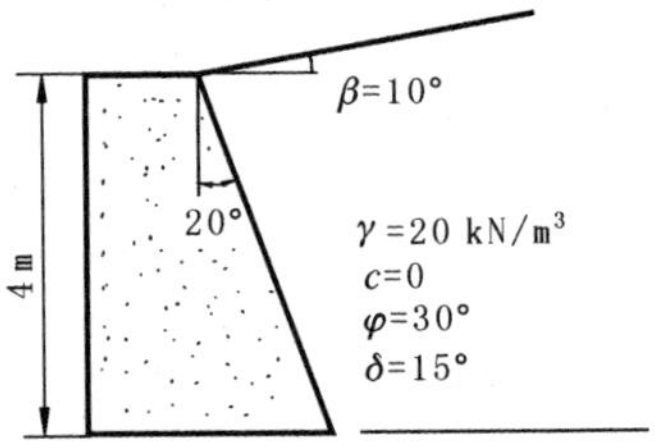

图 6.49　习题 6.4 图

6.5 某挡土墙墙后填土为中密粗砂，$\gamma_d=16.8\ \text{kN/m}^3$，$w=10\%$，$\varphi=36°$，$\delta=18°$，$\beta=15°$，墙高 4.5 m，墙背与竖直线的夹角 $\alpha=-8°$，试按《建筑地基基础设计规范》中所给方法计算该挡土墙主动土压力。

（答案：56.13 kN/m）

6.6 某重力式挡土墙如图 6.50 所示，砌体重度 $\gamma_k=22.0\ \text{kN/m}^3$，基底摩擦系数 $\mu=0.5$，作用在墙背上的主动土压力为 51.60 kN/m。试验算该挡土墙的抗滑和抗倾覆稳定性。

6.7 挡土墙如图 6.51 所示，墙身砌体重度 $\gamma_k=22.0\ \text{kN/m}^3$，试验算该挡土墙的稳定性。

（答案：$K_s=1.37$；$K_t=1.73$）

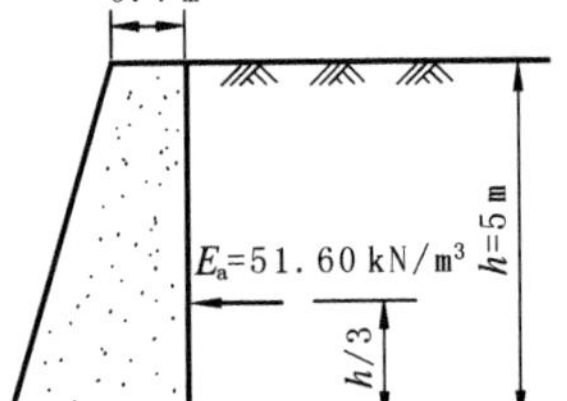

图 6.50　习题 6.6 图

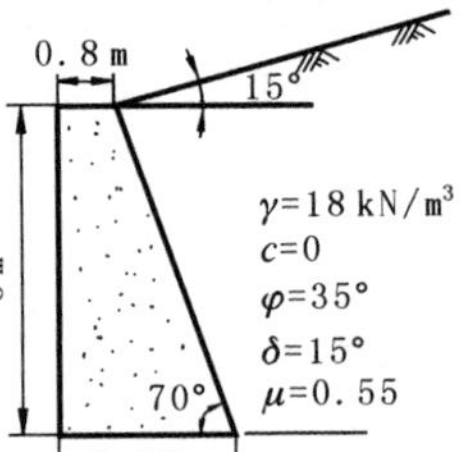

图 6.51　习题 6.7 图

6.8 某条形基础 $b=3$ m，$d=1.2$ m，建于均质的黏土地基上，土层 $\gamma=18.5\ \text{kN/m}^3$，$c=15$ kPa，$\varphi=20°$，试分别计算地基的 p_{cr} 和 $p_{1/4}$。

（答案：$p_{cr}=152.8$ kPa；$p_{1/4}=181.4$ kPa）

6.9 某方形基础受中心垂直荷载作用，$b=1.5$ m，$d=2.0$ m，地基为坚硬黏土，$\gamma=18.2\ \text{kN/m}^3$，$c=30.0$ kPa，$\varphi=22°$，试分别按 $p_{1/4}$、太沙基公式及汉森公式确定地基的承载力（安全系数取 3）。

（答案：322.9 kPa，322.8 kPa，456.7 kPa）

7 浅基础设计

本章提要

本章首先介绍了地基基础设计的基本原则和基本规定，重点叙述了天然地基上的浅基础设计，主要包括：浅基础的类型、基础埋置深度的选择、地基承载力的确定、基础底面尺寸的确定（地基持力层和软弱下卧层承载力验算）、地基变形验算、扩展基础设计、钢筋混凝土柱下条形基础设计和筏板基础设计，并列举了相应的设计计算例题。本章对地基基础与上部结构相互作用的概念作了简单介绍。最后强调：减轻不均匀沉降损害不应单从地基基础的角度出发，而应综合考虑其他结构措施和建筑、施工措施。

7.1 地基基础设计的基本原则

7.1.1 概述

基础是连接上部结构（例如房屋的墙和柱，桥梁的墩和台等）与地基之间的过渡结构，起承上启下作用。地基可分为天然地基和人工地基，基础可分为浅基础和深基础。

浅基础是相对深基础而言的，二者的差别主要在施工方法及设计原则上。浅基础的埋深通常不大，一般只需采用普通基坑开挖、敞坑排水的施工方法建造，施工条件和工艺都比较简单；深基础（包括桩、墩、沉井、地下连续墙等）都要采用特殊的施工方法和施工机具建造，施工条件比较困难，工艺比较复杂。正因为浅基础的埋深不大，浅基础设计时，只考虑基础底面以下土的承载能力，不考虑基础底面以上土的抗剪强度对地基承载力的作用，还忽略了基础侧面与土之间的摩擦阻力；而深基础则要考虑侧壁与土之间的摩擦阻力对基础的有利作用，深基础承载力的确定和设计方法也就不同。但是，浅基础和深基础的区别很难用一个固定的埋置深度来区别。

地基基础设计是土木工程结构设计的重要组成部分，为了贯彻落实国家的技术经济政策，我国制定了相应的设计规范和标准，并已经过了数十年的工程实践和几次大的修改、完善。但是，因种种原因，到目前为止，我国现行地基基础设计规范仍然分行业制定和执行。例如：《建筑地基基础设计规范》（GB 50007—2011），适用于工业与民用建筑（包括构筑物）的地基基础设计，并要求与国家标准《建筑结构荷载规范》（GB 50009—2012）、《混凝土结构设计标准》（GB/T 50010—2010）、《砌体结构设计规范》（GB 50003—2011）等的有关规定配套执行；中华人民共和国交通运输部标准《公路桥涵地基与基础设计规范》（JTG 3363—2019）（以下简称《路桥地基规范》），并要求与《公路桥涵设计通用规范》《公路砖石及混凝土桥涵设计规范》《公路钢筋混凝土及预应力混凝土桥涵设计规范》的有关规定配套执行。为了便于阐述，若无特殊说明，本章将以《建筑地基基础设计规范》为主。

地基基础设计必须根据上部结构条件（建筑物的用途和安全等级、建筑布置、上部结构类型等）和工程地质条件（建筑场地、地基岩土和气候条件等），结合考虑其他方面的要求（工期、施工条件、造价和节约资源等)，合理选择地基基础方案，因地制宜，精心设计，以确保建筑物和构筑物的安全和正常使用。天然地基上的浅基础，结构比较简单，最为经济，如能满足要求，宜优先选用。天然地基上的浅基础设计的原则和方法，基本上适用于人工地基上的浅基础，只是选用人工地基上的浅基础方案时，尚须对选择的地基处理方法进行设计，并处理好人工地基与浅基础之间的连接与相互影响。

天然地基上浅基础设计的内容和一般步骤是：

(1) 充分掌握拟建场地的工程地质条件和地质勘察资料，例如：不良地质现象和地震层的存在及其危害性、地基土层分布的均匀性和软弱下卧层的位置和厚度、各层土的类别及其工程特性指标；

(2) 在研究地基勘察资料的基础上，结合上部结构的类型，荷载的性质、大小和分布，建筑布置和使用要求以及拟建基础对原有建筑设施或环境的影响，并充分了解当地建筑经验、施工条件、材料供应、保护环境、先进技术的推广应用等其他有关情况，综合考虑选择基础类型和平面布置方案；

(3) 选择地基持力层和基础埋置深度；

(4) 确定地基承载力；

(5) 按地基承载力(包括持力层和软弱下卧层)确定基础底面尺寸；

(6) 进行必要的地基稳定性和变形验算，使地基的稳定性得到充分保证，并使地基的沉降不致引起结构损坏、建筑倾斜与开裂，或影响其正常使用和外观；

(7) 进行基础的结构设计，按基础结构布置进行结构的内力分析、强度计算，并满足构造设计要求，以保证基础具有足够的强度、刚度和耐久性；

(8) 绘制基础施工图，并提出必要的技术说明。

上述各方面内容密切关联、相互制约，很难一次考虑周详。因此，地基基础设计工作往往需反复多次才能取得满意的结果。设计人员可根据具体工程情况，采用优化设计方法，以提高设计质量。

7.1.2 概率极限设计方法与极限状态设计原则

《结构可靠性总原则》(ISO 2394)对土木工程领域的设计采用了以概率论为基础的极限状态设计方法。我国为了与国际接轨，从 20 世纪 80 年代开始在建筑工程领域内使用概率极限状态设计原则，现行建筑工程设计规范都是按这一原则要求制定的。

以结构的可靠度指标(或失效概率)来度量结构的可靠度，并且建立结构可靠度与结构极限状态方程关系，这种设计方法就是以概率论为基础的极限设计方法，简称概率极限设计方法。该方法一般要已知基本变量的统计特征，然后根据预先规定的可靠度指标求出所需的结构抗力平均值，并选择截面，能比较充分地考虑各有关影响因素的客观变异性。但是，对一般常见的结构使用这种方法设计工作量很大，尤其是在地基基础设计中，其中有些参数因为统计资料不足，在很大程度上还要凭经验确定。

整个结构或结构的一部分(构件)超过某一特定状态就不能满足设计规定的某一功能要求，这一特定状态称为该功能的极限状态。对于结构的极限状态，均应规定明确的标志及限值。极限状态可分为下列两类：

(1) 承载能力极限状态：这种极限状态对应于结构或构件达到最大承载能力或不适于继续承载大变形，例如地基丧失承载能力而失稳破坏(整体剪切破坏)。

(2) 正常使用极限状态：这种极限状态对应于结构或构件达到正常使用或耐久性能的某项规定限值，例如影响建筑物正常使用或外观的地基变形。

结构极限状态采用结构极限状态方程 $g(x_1, x_2, \cdots, x_n)=0$ 描述，其中：结构功能函数 $g(\cdot)$ 中的基本变量 x_i 系指结构上的各种作用和材料性能、几何参数等；进行结构可靠度分析时，也可采用作用效应和结构抗力作为综合的基本变量；基本变量应作为随机变量考虑。

结构按极限状态设计应满足下列要求：

$$g(x_1, x_2, \cdots, x_n) \geqslant 0 \tag{7.1}$$

当仅有作用效应和结构抗力两个基本变量时，结构按极限状态设计应满足下列要求：

$$R - S \geqslant 0 \tag{7.2}$$

式中 S——结构的作用效应；

R——结构抗力。

7.1.3 地基基础设计基本规定

根据地基复杂程度、建筑物规模和功能特征以及地基问题可能造成建筑物破坏或影响正常使用的程度，《建筑地基基础设计规范》将地基基础设计分为甲级、乙级和丙级三个设计等级，设计时应根据具体情况，按表7.1选用。

表7.1 地基基础设计等级

设计等级	建筑和地基类型
甲 级	重要的工业与民用建筑物 30层以上的高层建筑 体型复杂，层数相差超过10层的高低层连成一体建筑物 大面积的多层地下建筑物(如地下车库、商场、运动场等) 对地基变形有特殊要求的建筑物 复杂地质条件下的坡上建筑物(包括高边坡) 对原有工程影响较大的新建建筑物 场地和地基条件复杂的一般建筑物 位于复杂地质条件及软土地区的二层及二层以上地下室的基坑工程 开挖深度大于15 m的基坑工程 周边环境条件复杂、环境保护要求高的基坑工程
乙 级	除甲级、丙级以外的工业与民用建筑物 除甲级、丙级以外的基坑工程
丙 级	场地和地基条件简单、荷载分布均匀的七层及七层以下民用建筑及一般工业建筑物；次要的轻型建筑物 非软土地区且场地地质条件简单、基坑周边环境条件简单、环境保护要求不高且开挖深度小于5.0 m的基坑工程

为了保证建筑物的安全与正常使用，根据建筑物的安全等级和长期荷载作用下地基变形对上部结构的影响程度，地基基础设计和计算应该满足下述三项基本原则：

(1) 在防止地基土体剪切破坏和丧失稳定性方面，应具有足够的安全度。因此，各级建筑物均应满足地基承载力计算要求；对基坑工程、经常受水平荷载作用的高层建筑、高耸结构和挡土墙等，以及建造在斜坡上或边坡附近的建筑物和构筑物，应进行稳定性验算；对地下水埋藏较浅，建筑地下室或地下构筑物存在上浮问题时，还应进行抗浮验算。

(2) 控制地基的变形，使之不超过建筑物的地基变形允许值，以免引起基础和上部结构的损坏或影响建筑物的正常使用功能和外观。因此，应进行必要的地基变形计算。对设计等级为甲级、乙级的建筑物均应进行地基变形设计验算；对表7.2(选自《建筑地基基础设计规范》)所列范围以内设计等级为丙级的建筑物可不作地基变形验算。如有下列情况之一时，仍应作地基变形验算：① 地基承载力特征值小于130 kPa，且体型复杂的建筑；② 在基础上及其附近有地面堆载或相邻基础荷载差异较大，可能引起地基产生过大的不均匀沉降时；③ 软弱地基上建筑物存在偏心荷载时；④ 相邻建筑距离过近，可能发生倾斜时；⑤ 地基内有厚度较大或厚薄不均的填土，其自重固结未完成时。

(3) 基础的材料、形式、尺寸和构造除应能适应上部结构、符合使用要求、满足上述地基承载力(稳定性)和变形要求外，还应满足对基础结构的强度、刚度和耐久性的要求。另外，力求灾害荷载(爆炸等)作用时，经济损失最小。

表 7.2　可不作地基变形计算设计等级为丙级的建筑物范围

地基主要受力层情况			地基承载力特征值 f_{ak}(kPa)	$80 \leqslant f_{ak} < 100$	$100 \leqslant f_{ak} < 130$	$130 \leqslant f_{ak} < 160$	$160 \leqslant f_{ak} < 200$	$200 \leqslant f_{ak} < 300$
			各土层坡度(%)	≤5	≤10	≤10	≤10	≤10
建筑类型	砌体承重结构、框架结构(层数)			≤5	≤5	≤6	≤6	≤7
	单层排架结构(6 m 柱距)	单跨	吊车额定起重量(t)	10～15	15～20	20～30	30～50	50～100
			厂房跨度(m)	≤18	≤24	≤30	≤30	≤30
		多跨	吊车额定起重量(t)	5～10	10～15	15～20	20～30	30～75
			厂房跨度(m)	≤18	≤24	≤30	≤30	≤30
	烟囱		高度(m)	≤40	≤50	≤75		≤100
	水塔		高度(m)	≤20	≤30	≤30		≤30
			容积(m^3)	50～100	100～200	200～300	300～500	500～1000

注:① 地基主要受力层系指条形基础底面下深度为 $3b$(b 为基础底面宽度),独立基础下为 $1.5b$,且厚度均不小于 5 m 的范围(二层以下一般的民用建筑除外);

② 地基主要受力层中如有承载力特征值小于 130 kPa 的土层时,表中砌体承重结构的设计,应符合本规范第七章的有关要求;

③ 表中砌体承重结构和框架结构均指民用建筑,对于工业建筑可按厂房高度、荷载情况折合成与其相当的民用建筑层数;

④ 表中吊车额定起重量、烟囱高度和水塔容积的数值系指最大值。

《建筑地基基础设计规范》规定,地基基础设计时,所采用的作用效应与相应的抗力限值应按下列规定执行:

(1) 按地基承载力确定基础底面面积及埋深或按单桩承载力确定桩数时,传至基础或承台底面上的作用效应应按正常使用极限状态下作用的标准组合。相应的抗力应采用地基承载力特征值或单桩承载力特征值。

(2) 计算地基变形时,传至基础底面上的作用效应应按正常使用极限状态下作用的准永久组合,不应记入风荷载和地震作用。相应的限值应为地基变形允许值。

(3) 计算挡土墙、地基或滑坡稳定以及基础抗浮稳定时,作用效应应按承载能力极限状态下作用的基本组合,但其分项系数均为 1.0。

(4) 在确定基础或桩基承台高度、支挡结构截面、计算基础或支挡结构内力、确定配筋和验算材料强度时,上部结构传来的作用效应和相应的基底反力、挡土墙土压力以及滑坡推力,应按承载能力极限状态下作用的基本组合,采用相应的分项系数。当需要验算基础裂缝宽度时,应按正常使用极限状态下作用的标准组合。

(5) 基础设计安全等级、结构设计使用年限、结构重要性系数应按有关规范的规定采用,但结构重要性系数 γ_0 不应小于 1.0。

7.2　浅基础的类型

了解浅基础的常用类型和适用条件,对基础设计时的合理选型很有帮助。浅基础的类型很多,有些浅基础的名称也不统一,例如:"墙下砖砌条形基础",现行《建筑地基基础设计规范》称其为"无筋扩展基础",也有人简称其为"墙下条形基础",过去习惯称为"刚性基础",又俗称"大放脚"。

7.2.1　无筋扩展基础

无筋扩展基础系指用砖、毛石、混凝土、毛石混凝土、灰土和三合土等材料组成的墙下条形基础或柱下独立基础(图 7.1、图 7.2),适用于多层民用建筑和轻型厂房。因为无筋扩展基础是由抗压性能较好,而抗拉、抗剪性能较差的材料建造的基础,基础需具有非常大的截面抗弯刚度,受荷后基础不允许挠曲变形和开裂,所以,过去习惯称其为"刚性基础"。无筋扩展基础设计时,必须规定基础材料强度及质量、限制台阶宽高比、控制建筑物层高和一定的地基承载力，因而，一般无须进行繁杂的内力分析和截面强度计算。

无筋扩展基础的台阶宽高比(图 7.1)要求一般可表示为：

$$\frac{b_i}{H_i} \leqslant \tan\alpha \tag{7.3}$$

式中 b_i——无筋扩展基础任一台阶的宽度(mm)；

H_i——相应 b_i 的台阶高度(mm)；

$\tan\alpha$——无筋扩展基础台阶宽高比的允许值，可按表 7.3 选用。

对基础底面的平均压力值超过 300 kPa 的混凝土基础，按下式验算墙(柱)边缘或变阶处的受剪承载力：

$$V_s \leqslant 0.366 f_t A \tag{7.4}$$

式中 V_s——相应于作用的基本组合时的地基土平均净反力产生的沿墙(柱)边缘或变阶处单位长度的剪力设计值(kN)；

f_t——混凝土的轴心抗拉强度设计值(kPa)；

A——沿墙(柱)边缘或变阶处基础的垂直截面面积(m^2)。

对采用无筋扩展基础的钢筋混凝土柱，其柱脚高度 h_1 不得小于 b_1[图 7.1(b)]，并不应小于 300 mm 且不小于 $20d$(d 为柱中的纵向受力钢筋的最大直径)。当柱纵向钢筋在柱脚内的竖向锚固长度不满足锚固要求时，可沿水平方向弯折，弯折后的水平锚固长度不应小于 $10d$ 也不应大于 $20d$。

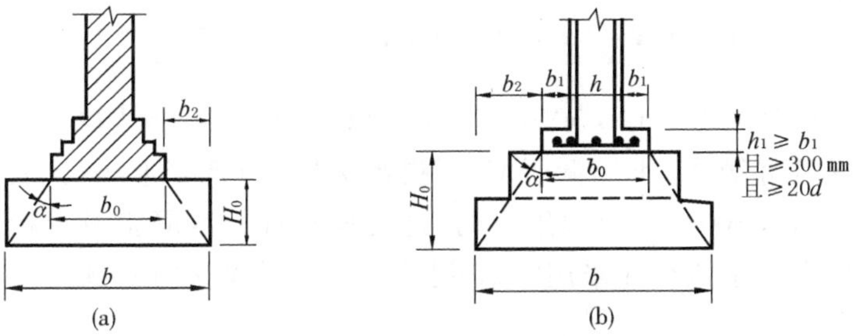

图 7.1 刚性基础构造示意图

d—柱中纵向钢筋直径

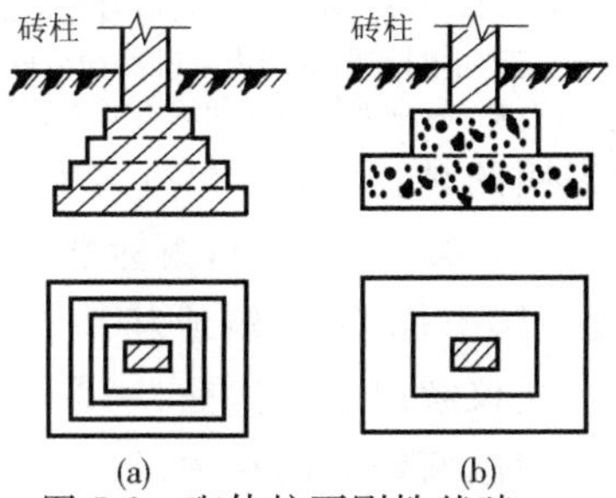

图 7.2 砌体柱下刚性基础

(a) 砖基础；(b) 混凝土基础

砖基础是工程中最常见的一种无筋扩展基础，各部分的尺寸应符合砖的尺寸模数。砖基础一般做成台阶式，俗称"大放脚"，其砌筑方式有两种，一是"二皮一收"，如图 7.3(a)所示；另一种是"二一间隔收"，但须保证底层为两皮砖，即：120 mm高，如图 7.3(b)所示。上述两种砌法都能符合公式(7.3)的台阶宽高比要求，"二一间隔收"较节省材料，同时又恰好能满足台阶宽高比要求。

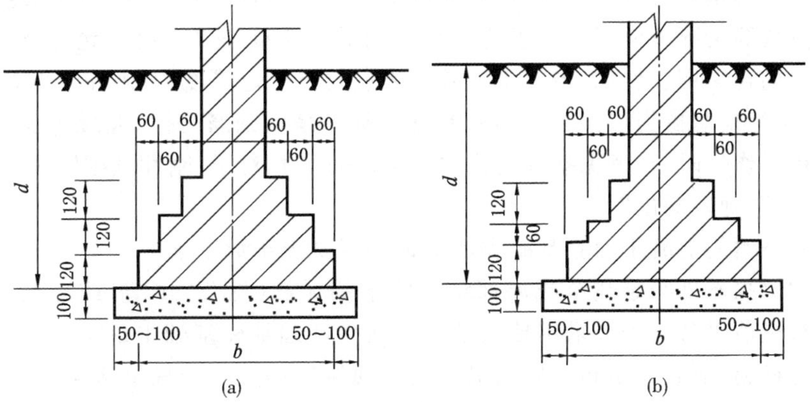

图 7.3 砖基础剖面图

(a)"二皮一收"砌法；(b)"二一间隔收"砌法

为了保证砖基础的砌筑质量，并能起到平整和保护基坑作用，砖基础施工时，常常在砖基础底面以下先做垫层。垫层材料可选用灰土、三合土和混凝土。垫层每边伸出基础底面 50～100 mm，厚度一般为 100 mm。设计时，这样的薄垫层一般作为构造垫层，不作为基础结构部分考虑。因此，垫层的宽度和高度都不计入基础的底部宽度 b 和埋深 d 之内。

有时，无筋扩展基础是由两种材料叠合组合，如上层砖砌体，下层用混凝土。下层混凝土的高度如果在 200 mm 以上，且符合表 7.3 的要求，则混凝土层可作为基础结构部分考虑。

表 7.3 无筋扩展基础台阶宽高比的允许值

基础材料	质量要求	台阶宽高比的允许值		
		$p_k \leqslant 100$	$100 < p_k \leqslant 200$	$200 < p_k \leqslant 300$
混凝土基础	C15 混凝土	1∶1.00	1∶1.00	1∶1.25
毛石混凝土基础	C15 混凝土	1∶1.00	1∶1.25	1∶1.50
砖基础	砖不低于 MU10、砂浆不低于 M5	1∶1.50	1∶1.50	1∶1.50
毛石基础	砂浆不低于 M5	1∶1.25	1∶1.50	—
灰土基础	体积比为 3∶7 或 2∶8 的灰土，其最小干密度 粉土为 1550 kg/m^3 粉质黏土为 1500 kg/m^3 黏土为 1450 kg/m^3	1∶1.25	1∶1.50	—
三合土基础	体积比 1∶2∶4～1∶3∶6 （石灰∶砂∶骨料），每层约虚铺 220 mm，夯至 150 mm	1∶1.50	1∶2.00	—

注：① p_k 为荷载效应标准组合时基础底面处的平均压力值(kPa)。
② 阶梯形毛石基础的每阶伸出宽度，不宜大于 200 mm。
③ 当基础由不同材料叠合组成时，应对接触部分作抗压验算。
④ 混凝土基础单侧扩展范围内基础底面处的平均压力值超过 300 kPa 的混凝土基础，尚应进行抗剪验算；对基底反力集中于立柱附近的岩石地基，应进行局部受压承载力验算。

值得说明的是：我国在 2024 年将《混凝土结构设计规范》(GB 50010—2010)修订为《混凝土结构设计标准》(GB/T 50010—2010)，新标准中素混凝土强度等级由“不应低于 C15”提高为“不应低于 C20”。表 7.3 是按现行国家标准《建筑地基基础设计规范》(GB 50007—2011)给出的，这明显与现行混凝土设计标准不统一。建议解决的方法是：一是设计者以高标准要求执行而采用“C20 混凝土”，二是设计时必须密切关注并执行我国新修订的相关设计规范和标准。

7.2.2 扩展基础

当基础荷载较大、地质条件较差时，基础底面尺寸也将扩大(第 7.4 节)，为了满足无筋扩展基础的宽高比要求，相应的基础埋深增大，往往会给设计时基础布置和地基持力层选择、施工时基坑开挖与排水带来不便，并且可能提高工程造价；此外，无筋扩展基础还存在着用料多、自重大等缺点。此时，可以考虑采用钢筋混凝土材料筑造的基础，这种基础的抗弯和抗剪性能好，可在竖向荷载较大、地基承载力不高以及承受水平力和力矩荷载等情况下使用。由于这类基础的高度不受表 7.3 台阶允许宽高比的限制，故适宜于需要“宽基浅埋”的场合采用。例如：当软土地基的表层具有一定厚度的“硬壳层”时，便可考虑采用这类基础形式，利用该层作为地基持力层。由于钢筋混凝土基础是以钢筋受拉、混凝土受压为特点的结构，即当考虑地基与基础相互作用时，将考虑基础的挠曲变形，因此，相对于“刚性基础”(无筋扩展基础)而言，也有人称其为“柔性基础”“弹性基础”。

扩展基础系指柱下钢筋混凝土独立基础和墙下钢筋混凝土条形基础。

独立基础(也称“单独基础”)是整个或局部结构物下的无筋(见 7.2.1 节)或配筋的单个基础。通常，柱、烟囱、水塔、高炉、机器设备基础多采用独立基础。独立基础是柱基础中最常用和最经济的形式，它所用材料主要根据柱的材料、荷载大小和地质情况而定。现浇钢筋混凝土柱下多采用现浇钢筋混凝土独立基础，基础截面做成阶梯形[图 7.4(a)]或锥形[图 7.4(b)]。预制柱下一般采用杯口基础[图 7.4(c)]。烟囱、水塔、高炉等构筑物常采用钢筋混凝土圆板或圆环基础及混凝土实体基础(图 7.5)，有时也可采用壳体基础(本节 7.2.5 部分)。机器及设备实体基础的形状及尺寸要结合构造和安装上的要求确定，动力机器基础还要通过动力计算进行设计。

条形基础是指基础长度远远大于其宽度的一种基础形式，按上部结构形式，可分为墙下条形基础和柱

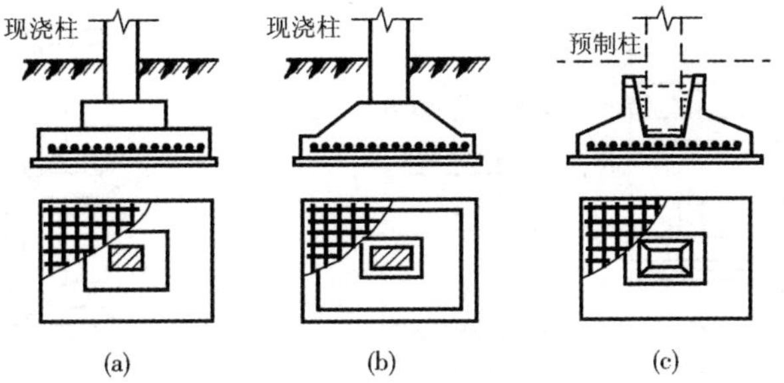

图 7.4　钢筋混凝土柱下单独基础

(a) 阶梯形;(b) 锥形;(c) 杯形

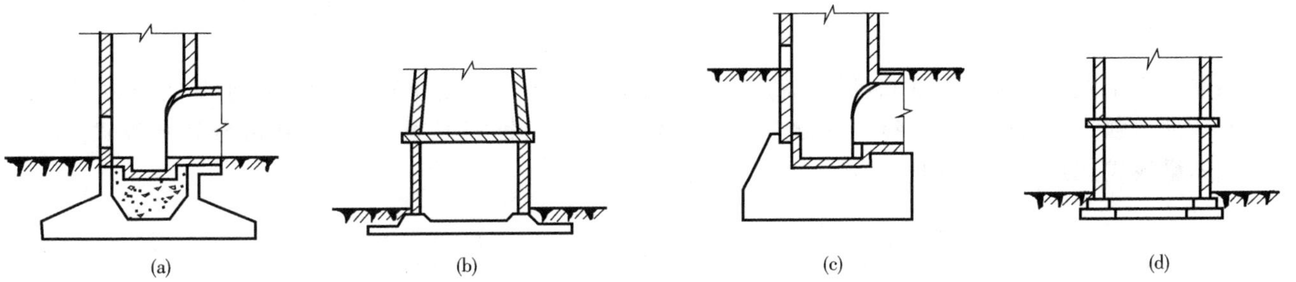

图 7.5　烟囱、水塔基础

(a)、(b) 圆板基础;(c) 实体基础;(d) 圆环基础

下条形基础两种;墙下条形基础有无筋(见 7.2.1 节)和配筋的条形基础两种。墙下无筋扩展基础在砌体结构中得到广泛应用,材料及构造要求按前述方法设计。当上部墙体荷重较大而土质较差时,可考虑采用"宽基浅埋"的墙下钢筋混凝土条形基础。墙下钢筋混凝土条形基础一般做成板式(或称"无肋式"),如图 7.6(a)所示,但当基础延伸方向的墙上荷载及地基土的压缩性不均匀时,为了增强基础的整体性和纵向抗弯能力,减小不均匀沉降,常采用带肋的墙下钢筋混凝土条形基础[图 7.6(b)]。

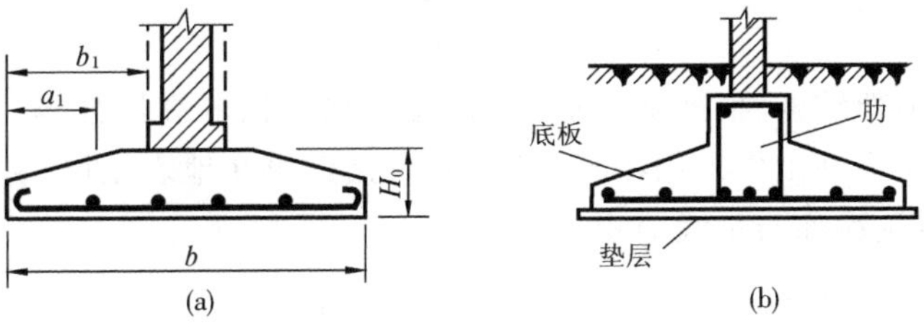

图 7.6　墙下钢筋混凝土扩展基础

(a) 无肋的;(b) 有肋的

7.2.3　柱下条形基础

在钢筋混凝土框架结构中,当地基软弱而荷载较大时,若采用扩展基础,可能因基础底面积很大而使基础边缘互相接近甚至重叠,为增加基础的整体性并方便施工,可将同一排的柱基础连通成为柱下钢筋混凝土条形基础(图 7.7)。若仅是相邻柱相连,又称作联合基础或双柱联合基础。

采用柱下钢筋混凝土条形基础不能满足地基基础设计要求时,可采用交叉条形基础(亦称交梁基础或十字交叉条形基础)(图 7.8)。这种基础在纵横两向均具有一定的刚度,当地基软弱且在两个方向的荷载和土质不均匀时,交叉条形基础具有良好的调整不均匀沉降的能力。

7.2.4　筏形基础

当荷载很大且地基软弱,采用交梁条形基础也不能满足要求时,可采用筏形基础(也称筏板基础),即

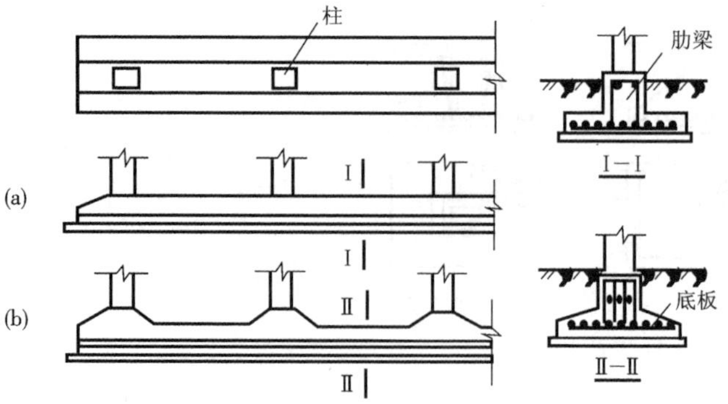

图 7.7　柱下条形基础

(a) 等截面；(b) 柱位处加腋

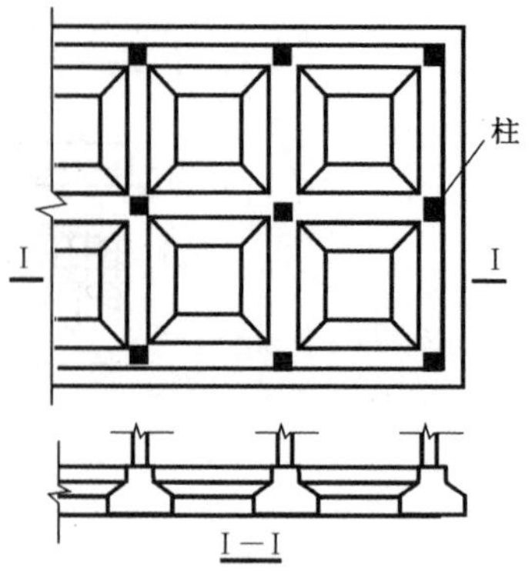

图 7.8　柱下交梁基础

用钢筋混凝土做成连续整片基础，俗称"满堂红"。筏形基础由于基底面积大，故可减小基底压力，并能比较有效地增强基础的整体性。筏形基础在构造上好像倒置的钢筋混凝土楼盖，并可分为平板式[图 7.9(a)]和梁板式[图 7.9(b)]两种。

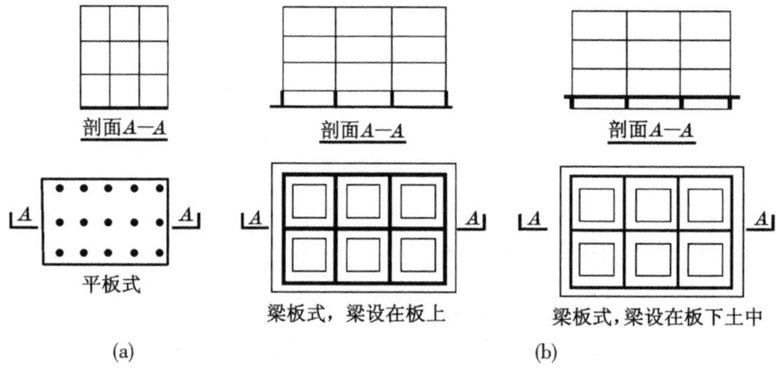

图 7.9　筏形基础示意图

(a) 平板式；(b) 梁板式

筏形基础较多地用于框架结构、框架剪力墙结构、剪力墙结构等高层建筑，亦可用于砌体结构。我国南方某些城市在多层砌体住宅基础中采用筏形基础，并直接建筑在地表土层，称为无埋深筏基。但在北方应用时，必须考虑能否满足抗冰冻与采暖要求。

7.2.5　壳体基础

由正圆锥形及其组合形式构成的壳体基础(图 7.10)，可用于一般工业与民用建筑柱基和筒形的构筑物(如烟囱、水塔、料仓、中小型高炉等)基础。这种基础使径向内力转变为以压应力为主，据报道，可比一般梁、板式的钢筋混凝土基础减少混凝土用量 50%左右，节约钢筋 30%以上，具有良好的经济效果。但壳体基础施工时修筑土胎的技术难度大，易受气候因素的影响，布置钢筋及浇捣混凝土施工困难，较难实行机械化施工。

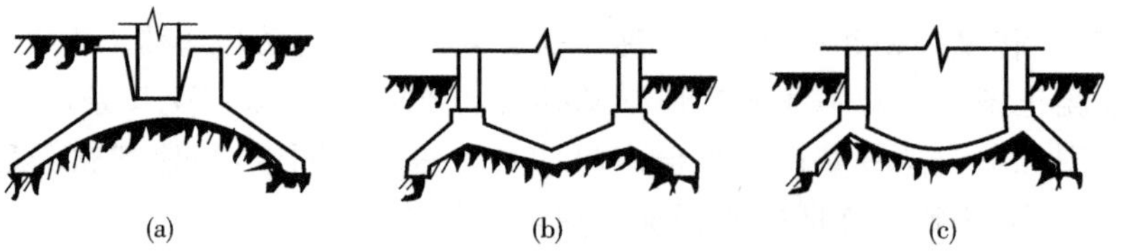

图 7.10　壳体基础的结构形式

(a)正圆锥壳；(b) M 形组合壳；(c) 内球外锥组合壳

7.2.6 岩层锚杆基础

岩层锚杆基础(图 7.11)适用于直接建在基岩上的柱基,以及承受拉力或水平力较大的建(构)筑物基础。岩层锚杆基础对锚杆材料、锚杆孔径、锚杆筋体插入上部结构的长度、灌浆等都有一定的要求,以确保锚杆基础与基岩有效地连成整体。

以上仅对常见的浅基础类型作了简单介绍,在实践中必须因地制宜选用。有时还必须另行设计基础的形式,如在非岩石地基上修筑拱桥桥台基础时,为了增加基底的抗滑能力,基底在顺桥方向剖面形式可以做成齿坎状或斜面等。

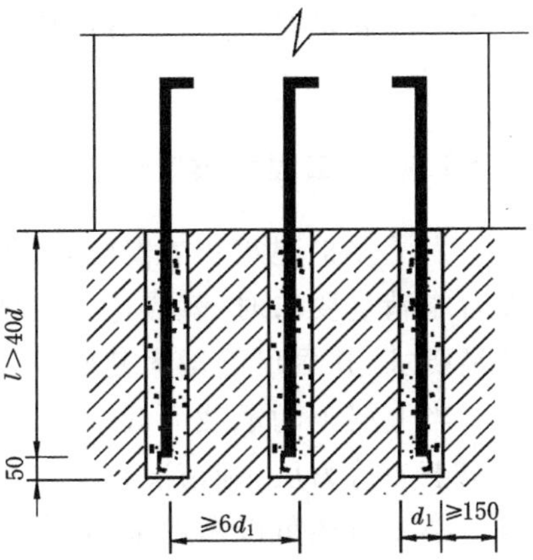

图 7.11 岩层锚杆基础
d_1—锚杆孔直径;l—锚杆的有效锚固长度;d—锚杆筋体直径

7.3 基础埋置深度的选择

直接支承基础的土层称为持力层,其下的各土层称为下卧层。基础埋置深度是指基础底面至地面(这里指天然地坪面)的距离。选择基础埋置深度也即选择合适的地基持力层。

基础埋置深度的大小对于建筑物的安全和正常使用、基础施工技术措施、施工工期和工程造价等影响很大,因此,确定基础埋置深度是基础设计工作中的重要环节。设计时必须综合考虑建筑物自身条件(如使用条件、结构形式、荷载的大小和性质等)以及所处的环境(如地质条件、气候条件、邻近建筑的影响等),善于从实际出发,抓住其中起决定性作用的一两种因素,以尽量浅埋的原则,合理选择基础埋置深度。以下分述选择基础埋深时应考虑的几个主要因素。

7.3.1 建筑结构条件与场地环境条件

某些建筑物地下需要具备一定的使用功能或宜采用某种基础形式,这些要求常成为其基础埋置深度选择的先决条件。因此,对于必须设置地下室或设备层的建筑物、半埋式结构物、须建造带封闭侧墙的筏板基础或箱形基础的高层或重型建筑、带有地下设施的建筑物、具有地下部分的设备基础等,都应将建筑结构条件与基础埋置深度选择综合考虑。例如:在设置电梯处,自地面向下需要有至少 1.4 m 的电梯缓冲坑,电梯井处基础埋深应满足这一要求。

结构物荷载大小和性质不同,对地基土的要求也不同,因而会影响基础埋置深度的选择。浅层某一深度的土层,对荷载小的基础可能是很好的持力层,而对荷载大的基础就可能不宜作为持力层。荷载的性质对基础埋置深度的影响也很明显。对于承受水平荷载(风荷载、地震作用等)的基础,必须有足够的埋置深度来获得土的侧向抗力,以保证基础的稳定性,减少建筑物的整体倾斜,防止倾覆及滑移。例如:对高层建筑采用的筏形基础和箱形基础,其埋置深度,在抗震设防区,除岩石地基外,采用天然地基上的筏形基础和箱形基础的埋置深度不宜小于建筑物高度的 1/15;采用桩箱或桩筏基础埋置深度不宜小于建筑物高度的 1/18(其中桩长不计在埋置深度内)。对于承受上拔力的基础,如输电塔基础,也要求较大的埋深以提供足够的抗拔阻力。对于承受动荷载的基础,则不宜选择饱和疏松的粉细砂作为持力层,以免这些土层由于振动液化而丧失承载力,造成基础失稳。

为了保护基础不受人类和其他生物活动等的影响,基础宜埋置在地表以下,其最小埋深为 0.5 m,且基础顶面宜低于室外设计地面 0.1 m,同时又要便于周围排水沟的布置。

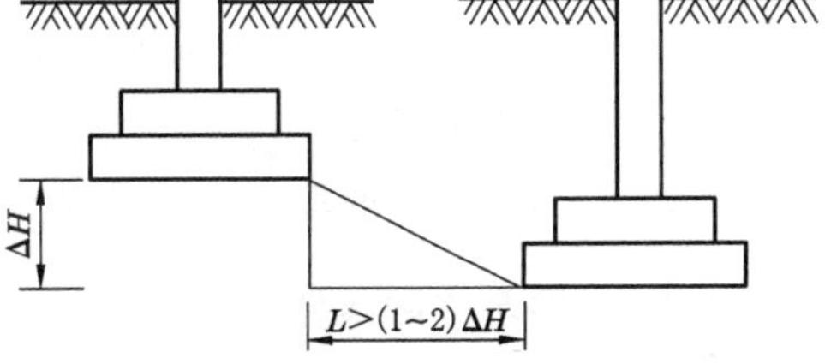

图 7.12 相邻基础的埋深

当存在相邻建筑物时,新建筑物基础埋深不宜大于原有建筑物基础。当埋深大于原有建筑物基础时,两基础间应保持一定净距,其数值应根据原有建筑荷载大小、基础形式和土质情况确定,一般不宜小于基础底面高差的 1～2 倍(图 7.12)。当上述要求不能满足时，应采取分段施工，设置临时加固支撑、打板桩、地下连续墙等施工措施，或加固原有建筑物地基。

7.3.2 工程地质条件

为了保护建筑物的安全，必须根据荷载的大小和性质给基础选择可靠的持力层。一般当上层土的承载力能满足要求时，就应选择浅埋，以减少造价；若其下有软弱土层时，则应验算软弱下卧层的承载力是否满足要求，并尽可能增大基底至软弱下卧层的距离。

当上层土的承载力低于下层土时，如果取下层土为持力层，所需的基础底面积较小，但埋深较大；若取上层土为持力层，则情况相反。在工程应用中，应根据施工难易程度、材料用量（造价）等进行方案比较确定。必要时还可以考虑采用基础浅埋加地基处理（第 9 章）的设计方案。

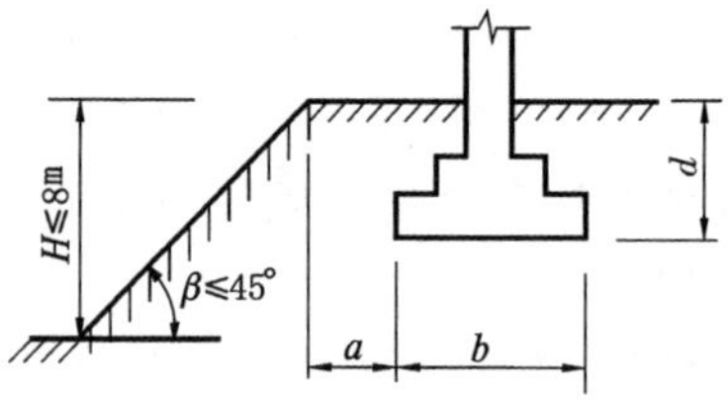

图 7.13 土坡坡顶处基础的最小埋深

对墙基础，如果地基持力层顶面倾斜，可沿墙长将基础底面分段做成高低不同的台阶状。分段长度不宜小于相邻两段底面高差的 1～2 倍，且不宜小于 1 m。

对修建于坡高（$H \leqslant 8$ m）和坡角（$\beta \leqslant 45°$）不太大的稳定土坡坡顶上的基础（图 7.13），当垂直于坡顶边缘线的基础底面边长 $b \leqslant 3$ m，且基础底面外缘至坡顶边缘线的水平距离 $a \geqslant 2.5$ m 时，如果基础埋置深度 d 满足下式要求：

$$d \geqslant (\chi b - a)\tan\beta \tag{7.5}$$

则土坡坡面附近由修建基础引起的附加应力不影响土坡的稳定性。式中 χ 取 3.5（对条形基础）或 2.5（对矩形基础）。否则应进行坡体稳定性验算（参见第 6.9 节）。

7.3.3 水文地质条件

选择基础埋深时应注意地下水的埋藏条件和动态。对于天然地基上浅基础设计，首先应尽量考虑将基础置于地下水位以上，以免施工排水等的麻烦。当基础必须埋在地下水位以下时，除应当考虑基坑排水、坑壁围护以保护地基土不受扰动等措施外，还要考虑可能出现的其他施工与设计问题：出现涌土、流砂的可能性；地下水对基础材料的化学腐蚀作用；地下室防渗；轻型结构物由于地下水顶托的上浮托力；地下水上浮托力引起基础底板的内力，等等。

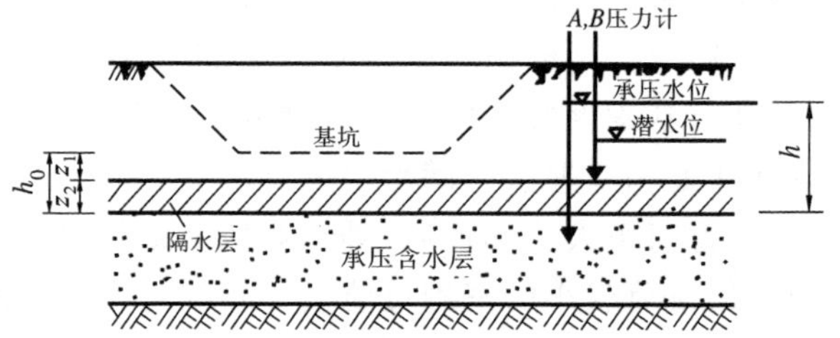

图 7.14 基坑下埋藏有承压含水层的情况

对埋藏有承压含水层的地基（图 7.14），确定基础埋深时，必须控制基坑开挖深度，防止基坑因挖土减压而隆起开裂。要求基底至承压含水层顶间保留土层厚度（槽底安全厚度）h_0 为：

$$h_0 > \frac{\gamma_w}{\gamma_0} \cdot \frac{h}{k} \tag{7.6}$$

式中 h——承压水位高度（m）（从承压含水层顶算起）；

γ_0——槽底安全厚度范围内土的加权平均重度（kN/m^3），对地下水位以下的土取饱和重度，$\gamma_0 = (\gamma_1 z_1 + \gamma_2 z_2)/(z_1 + z_2)$；

γ_w——水的重度；

k——系数，一般取 1.0，对宽基坑宜取 0.7。

7.3.4 地基冻融条件

地表下一定深度的地层温度随大气温度而变化。季节性冻土层是冬季冻结、天暖解冻的土层，在我国北方地区分布广泛。若冻胀产生的上抬力大于基础荷重，基础就有可能被上抬；土层解冻时，土体软化，强度降低，地基产生融陷。地基上的冻胀与融陷通常是不均匀的，因此，容易引起建筑物开裂损坏。

季节性冻土的冻胀性与融陷性是相互关联的，常以冻胀性加以概括。《建筑地基基础设计规范》根据冻土层的平均冻胀率 η 的大小，按表 7.4 将地基土划分为不冻胀、弱冻胀、冻胀、强冻胀和特强冻胀五类。

表 7.4 地基土的冻胀性分类

<table>
<tr><th>土的名称</th><th>冻前天然含水率
$w/\%$</th><th>冻结期间地下水位距冻结面的最小距离
h_w/m</th><th>平均冻胀率
$\eta/\%$</th><th>冻胀等级</th><th>冻胀类别</th></tr>
<tr><td rowspan="6">碎（卵）石，砾、粗、中砂（粒径小于 0.075 mm颗粒含量大于 15%），细砂（粒径小于 0.075 mm 颗粒含量大于 10%）</td><td rowspan="2">$w\leqslant 12$</td><td>>1.0</td><td>$\eta\leqslant 1$</td><td>Ⅰ</td><td>不冻胀</td></tr>
<tr><td>$\leqslant 1.0$</td><td rowspan="2">$1<\eta\leqslant 3.5$</td><td rowspan="2">Ⅱ</td><td rowspan="2">弱冻胀</td></tr>
<tr><td rowspan="2">$12<w\leqslant 18$</td><td>>1.0</td></tr>
<tr><td>$\leqslant 1.0$</td><td rowspan="2">$3.5<\eta\leqslant 6$</td><td rowspan="2">Ⅲ</td><td rowspan="2">冻　胀</td></tr>
<tr><td rowspan="2">$w>18$</td><td>>0.5</td></tr>
<tr><td>$\leqslant 0.5$</td><td>$6<\eta\leqslant 12$</td><td>Ⅳ</td><td>强冻胀</td></tr>
<tr><td rowspan="7">粉　砂</td><td rowspan="2">$w\leqslant 14$</td><td>>1.0</td><td>$\eta\leqslant 1$</td><td>Ⅰ</td><td>不冻胀</td></tr>
<tr><td>$\leqslant 1.0$</td><td rowspan="2">$1<\eta\leqslant 3.5$</td><td rowspan="2">Ⅱ</td><td rowspan="2">弱冻胀</td></tr>
<tr><td rowspan="2">$14<w\leqslant 19$</td><td>>1.0</td></tr>
<tr><td>$\leqslant 1.0$</td><td rowspan="2">$3.5<\eta\leqslant 6$</td><td rowspan="2">Ⅲ</td><td rowspan="2">冻　胀</td></tr>
<tr><td rowspan="2">$19<w\leqslant 23$</td><td>>1.0</td></tr>
<tr><td>$\leqslant 1.0$</td><td>$6<\eta\leqslant 12$</td><td>Ⅳ</td><td>强冻胀</td></tr>
<tr><td>$w>23$</td><td>不考虑</td><td>$\eta>12$</td><td>Ⅴ</td><td>特强冻胀</td></tr>
<tr><td rowspan="9">粉　土</td><td rowspan="2">$w\leqslant 19$</td><td>>1.5</td><td>$\eta\leqslant 1$</td><td>Ⅰ</td><td>不冻胀</td></tr>
<tr><td>$\leqslant 1.5$</td><td rowspan="2">$1<\eta\leqslant 3.5$</td><td rowspan="2">Ⅱ</td><td rowspan="2">弱冻胀</td></tr>
<tr><td rowspan="2">$19<w\leqslant 22$</td><td>>1.5</td></tr>
<tr><td>$\leqslant 1.5$</td><td rowspan="2">$3.5<\eta\leqslant 6$</td><td rowspan="2">Ⅲ</td><td rowspan="2">冻　胀</td></tr>
<tr><td rowspan="2">$22<w\leqslant 26$</td><td>>1.5</td></tr>
<tr><td>$\leqslant 1.5$</td><td rowspan="2">$6<\eta\leqslant 12$</td><td rowspan="2">Ⅳ</td><td rowspan="2">强冻胀</td></tr>
<tr><td rowspan="2">$26<w\leqslant 30$</td><td>>1.5</td></tr>
<tr><td>$\leqslant 1.5$</td><td rowspan="2">$\eta>12$</td><td rowspan="2">Ⅴ</td><td rowspan="2">特强冻胀</td></tr>
<tr><td>$w>30$</td><td>不考虑</td></tr>
<tr><td rowspan="9">黏性土</td><td rowspan="2">$w\leqslant w_p+2$</td><td>>2.0</td><td>$\eta\leqslant 1$</td><td>Ⅰ</td><td>不冻胀</td></tr>
<tr><td>$\leqslant 2.0$</td><td rowspan="2">$1<\eta\leqslant 3.5$</td><td rowspan="2">Ⅱ</td><td rowspan="2">弱冻胀</td></tr>
<tr><td rowspan="2">$w_p+2<w\leqslant w_p+5$</td><td>>2.0</td></tr>
<tr><td>$\leqslant 2.0$</td><td rowspan="2">$3.5<\eta\leqslant 6$</td><td rowspan="2">Ⅲ</td><td rowspan="2">冻　胀</td></tr>
<tr><td rowspan="2">$w_p+5<w\leqslant w_p+9$</td><td>>2.0</td></tr>
<tr><td>$\leqslant 2.0$</td><td rowspan="2">$6<\eta\leqslant 12$</td><td rowspan="2">Ⅳ</td><td rowspan="2">强冻胀</td></tr>
<tr><td rowspan="2">$w_p+9<w\leqslant w_p+15$</td><td>>2.0</td></tr>
<tr><td>$\leqslant 2.0$</td><td rowspan="2">$\eta>12$</td><td rowspan="2">Ⅴ</td><td rowspan="2">特强冻胀</td></tr>
<tr><td>$w>w_p+15$</td><td>不考虑</td></tr>
</table>

注：① w_p—塑限含水率(%)，w—在冻土层内冻前天然含水率的平均值(%)；
② 盐渍化冻土不在表列；
③ 塑性指数大于 22 时，冻胀性降低一级；
④ 粒径小于 0.005 mm 的颗粒含量大于 60%时，为不冻胀土；
⑤ 碎石类土当充填物大于全部质量的 40%时，其冻胀性按充填物土的类别判断；
⑥ 碎石土、砾砂、粗砂、中砂(粒径小于 0.075 mm 颗粒含量不大于 15%)、细砂(粒径小于 0.075 mm 颗粒含量不大于 10%)均按不冻胀考虑。

季节性冻土地基的场地冻结深度 z_d 应按下式计算：

$$z_d = z_0 \cdot \psi_{zs} \cdot \psi_{zw} \cdot \psi_{ze} \tag{7.7}$$

式中 z_d——冻土地基的场地冻结深度(m)，当有实测资料时按 $z_d = h' - \Delta z$ 计算；

h'——最大冻深出现时场地最大冻土厚度(m)；

Δz——最大冻深出现时场地地表冻胀量(m)；

z_0——标准冻深(m)，系采用在地面平坦、裸露、城市之外的空旷场地中不少于10年实测最大冻深的平均值，无实测资料时，按《建筑地基基础设计规范》"中国季节性冻土标准冻深线图"采用；

ψ_{zs}——土的类别对冻结深度的影响系数(表7.5)；

ψ_{zw}——土的冻胀性对冻结深度的影响系数(表7.6)；

ψ_{ze}——环境对冻结深度的影响系数(表7.7)。

表 7.5 土的类别对冻结深度的影响系数

土的类别	影响系数 ψ_{zs}	土的类别	影响系数 ψ_{zs}
黏性土	1.00	中、粗、砾砂	1.30
细砂、粉砂、粉土	1.20	碎石土	1.40

表 7.6 土的冻胀性对冻结深度的影响系数

冻胀性	影响系数 ψ_{zw}	冻胀性	影响系数 ψ_{zw}
不冻胀	1.00	强冻胀	0.85
弱冻胀	0.95	特强冻胀	0.80
冻胀	0.90		

表 7.7 环境对冻结深度的影响系数

周围环境	影响系数 ψ_{ze}	周围环境	影响系数 ψ_{ze}
村、镇、旷野	1.00	城市市区	0.90
城市近郊	0.95		

注：环境影响系数一项，当城市市区人口为20万～50万时，按城市近郊取值；当城市市区人口大于50万，小于或等于100万时，按城市市区取值；当城市市区人口超过100万时，按城市市区取值，5 km以内的郊区应按城市近郊取值。

季节性冻土地区基础埋置深度宜大于场地冻结深度，对于深厚季节冻土地区，当建筑基础底面土层为不冻胀、弱冻胀、冻胀土时，基础埋置深度可以小于场地冻结深度，基础底面下允许冻土层最大厚度应根据当地经验确定。没有地区经验时，可用下式计算基础的最小埋深：

$$d_{min} = z_d - h_{max} \tag{7.8}$$

式中 h_{max}——基础底面下允许冻土层的最大厚度(m)，可按表7.8查取。

除按上述要求选择埋深外，在冻胀、强冻胀和特强冻胀土层上，应采取相应的防冻害措施。具体规定参见《建筑地基基础设计规范》第5.1.9条。

表 7.8 建筑基础底面下允许冻土层最大厚度 h_{max} (单位：m)

基本情况			基底平均压力					
冻胀性	基础形式	采暖情况	110 kPa	130 kPa	150 kPa	170 kPa	190 kPa	210 kPa
弱冻胀土	方形基础	采暖	0.90	0.95	1.00	1.10	1.15	1.20
		不采暖	0.70	0.80	0.95	1.00	1.05	1.10
	条形基础	采暖	>2.50	>2.50	>2.50	>2.50	>2.50	>2.50
		不采暖	2.20	2.50	>2.50	>2.50	>2.50	>2.50

续表7.8

基本情况			基底平均压力					
冻胀土	方形基础	采暖	0.65	0.70	0.75	0.80	0.85	—
		不采暖	0.55	0.60	0.65	0.70	0.75	—
	条形基础	采暖	1.55	1.80	2.00	2.20	2.50	—
		不采暖	1.15	1.35	1.55	1.75	1.95	—

注：① 本表只计算法向冻胀力，如果基侧存在切向冻胀力，应采取防切向力措施；

② 基础宽度小于 0.6 m 时不适用，矩形基础取短边尺寸按方形基础计算；

③ 表中数据不适用于淤泥、淤泥质土和欠固结土；

④ 计算基底平均压力时取永久作用的标准组合值乘以 0.9，未给出的可采用内插法求得。

7.4 地基承载力

为了满足地基强度和稳定性的要求，设计时必须控制基础底面最大压力不得大于某一界限值；按照不同的设计思想，可以从不同的角度控制安全准则的界限值——地基承载力。地基承载力可以按三种不同的设计原则进行，即总安全系数设计原则、容许承载力设计原则和概率极限状态设计原则(7.1.2 节)。不同的设计原则遵循各自的安全准则，按不同的规则和不同的公式进行设计。

总安全系数设计原则：将安全系数作为控制设计的标准，在设计表达式中出现极限承载力的设计方法，称为安全系数设计原则，为了和分项安全系数相区别，通常称为总安全系数设计原则。其设计表达式为：

$$p \leqslant \frac{p_u}{K} \tag{7.9}$$

式中 p——基础底面的压力(kPa)；

p_u——地基极限承载力(kPa)；

K——总安全系数。

地基极限承载力可以由理论公式计算(见第 6.8 节)或用载荷试验获得。国外普遍采用极限承载力公式；我国有些规范也采用极限承载力公式，但积累的经验不太多，且安全系数的概念过于“模糊”。

容许承载力设计原则：将满足强度和变形两个基本要求作为地基承载力控制设计的标准。由于土是大变形材料，当荷载增加时，随着地基变形的相应增长，地基极限承载力也在逐渐增大，很难界定出一个真正的“极限值”；另一方面，建筑物的使用有一个功能要求，常常是地基承载力还有潜力可挖，而变形已达到或超过按正常使用的限值。因此，地基设计是采用正常使用极限状态这一原则，所选定的地基承载力是在地基土的压力变形曲线线性变形段内相应于不超过比例界限点的地基压力，其设计表达式为：

$$p \leqslant [p] \tag{7.10}$$

式中 $[p]$——地基容许承载力(kPa)。

容许承载力设计原则是我国过去长期最常用的方法之一，也积累了较多的工程经验。老版本的《路桥地基规范》和《建筑地基基础设计规范》采用过容许承载力设计原则和相应的称谓。

现行《建筑地基基础设计规范》和《路桥地基规范》虽然采用了概率极限状态设计原则，确定地基承载力采用特征值，但是，由于在地基基础设计中有些参数因为统计的困难和统计资料不足，在很大程度上还要凭经验确定。地基承载力特征值含义即为在发挥正常使用功能时所允许采用的抗力设计值，因此，地基承载力特征值实质上就是地基容许承载力。地基承载力特征值可由载荷试验或其他原位测试、公式计算，并结合工程实践经验等方法综合确定。

7.4.1 按土的抗剪强度指标确定

国内外许多学者致力于按土的抗剪强度指标计算地基承载力的研究工作，取得了许多有价值的成果，并在工程实践中广泛应用。

7.4.1.1 《建筑地基基础设计规范》推荐的理论公式

对于荷载偏心距 $e \leqslant 0.033b$（b 为偏心方向基础边长）时，以浅基础地基的临界荷载 $p_{1/4}$ 为基础的理论公式计算地基承载力特征值

$$f_a = M_b \gamma b + M_d \gamma_m d + M_c c_k \tag{7.11}$$

式中 f_a——由土的抗剪强度指标确定的地基承载力特征值(kPa)；

M_b，M_d，M_c——承载力系数，根据 φ_k 按表 7.9 查取；

表 7.9 承载力系数 M_b、M_d、M_c

土的内摩擦角标准值 φ_k/°	M_b	M_d	M_c
0	0	1.00	3.14
2	0.03	1.12	3.32
4	0.06	1.25	3.51
6	0.10	1.39	3.71
8	0.14	1.55	3.93
10	0.18	1.73	4.17
12	0.23	1.94	4.42
14	0.29	2.17	4.69
16	0.36	2.43	5.00
18	0.43	2.72	5.31
20	0.51	3.06	5.66
22	0.61	3.44	6.04
24	0.80	3.87	6.45
26	1.10	4.37	6.90
28	1.40	4.93	7.40
30	1.90	5.59	7.95
32	2.60	6.35	8.55
34	3.40	7.21	9.22
36	4.20	8.25	9.97
38	5.00	9.44	10.80
40	5.80	10.84	11.73

注：φ_k—基底下一倍短边宽度的深度范围内土的内摩擦角标准值(°)。

b——基础底面宽度(m)，大于 6 m 时按 6 m 取值，对于砂土，小于 3 m 时按 3 m 取值；

c_k——基底下一倍短边宽度的深度范围内土的黏聚力标准值(kPa)；

φ_k——基底下一倍短边宽度的深度范围内土的内摩擦角标准值(°)；

γ——基础底面以下土的重度(kN/m^3)，地下水位以下取浮重度；

γ_m——基础底面以上的加权平均重度(kN/m^3)，位于地下水位以下的土层取有效重度。

说明：

(1) 按理论公式计算地基承载力，关键是土的抗剪强度指标 c_k、φ_k 的取值。要求采取原状土样以三轴剪切试验测定，一般要求在建筑场地范围内布置 6 个以上的取土钻孔，各孔中同一层土的试验不少于三组。

(2) 确定抗剪强度指标 c_k、φ_k 的试验方法必须和地基土的工作状态相适应。例如：对饱和软土，不固结不排水剪的内摩擦角 $\varphi_k=0$，由表 7.9 知：$M_b=0$、$M_d=1.0$、$M_c=3.14$，将式(7.11)中的 c_k 相应地改为 c_u，则地基承载力设计值：$f_a=\gamma_m d+3.14c_u$，这时，增大基底尺寸不可能提高地基承载力。但对$\varphi_k>0$ 的

土，增大基底宽度，承载力将随着 φ_k 的提高而逐渐增大。

(3) 系数 $M_d \geqslant 1$，故承载力随埋深 d 线性增加。但对设置后回填土的实体基础，因埋深增大而提高的那一部分承载力将被基础和回填土重 G 的相应增加而有所抵偿；尤其是对 $\varphi_u=0$ 的软土，$M_d=1.0$，由于 $\gamma_G \approx \gamma_m$，这两方面几乎相抵而收不到明显的效果。

(4) 公式(7.11)仅适用于 $e \leqslant 0.033b$ 的情况，这是因为用该公式确定承载力时相应的理论模式是基底压力呈条形均匀分布。当受到较大水平荷载而使合力的偏心距过大时，地基反力就会很不均匀，为了使理论计算的地基承载力符合其假定的理论模式，根据 $p_{k,max} \leqslant 1.2f_a$ 的条件，故而对公式使用时增加了以上限制条件。

(5) 按土的抗剪强度确定地基承载力时，没有考虑建筑物对地基变形的要求。因此按公式(7.11)求得的承载力确定基础底面尺寸后，还应进行地基变形特征验算。

7.4.1.2　魏锡克公式(或汉森公式等)

德国规范利用太沙基公式、魏锡克公式、汉森公式引入极限状态表达式。采用总安全系数设计原则，则用极限承载力(见6.8节)除以总安全系数，即

$$K=\frac{p_u \cdot A'}{f_a \cdot A} \quad 或 \quad f_a=\frac{p_u \cdot A'}{K \cdot A} \tag{7.12}$$

式中　p_u——地基土极限承载力；

A'——与土接触的有效基底面积；

A——基底面积。

我国交通部《港口工程技术规范》《路桥地基规范》和其他地区性规范推荐采用汉森的承载力公式，它与魏锡克公式的形式完全一致，只是系数的取值有所不同。此类公式比较全面地反映了影响地基承载力的各种因素，在国外应用很广。安全系数的取值与建筑物的安全等级、荷载的性质、土的抗剪强度指标的可靠程度，以及地基条件等因素有关，对长期承载力一般取 $K=2\sim3$。

7.4.2　按地基载荷试验确定

7.4.2.1　载荷试验确定地基土承载力特征值 f_{ak}

在现场通过一定尺寸的载荷板对扰动较少的地基土体直接施荷，所测得的成果一般能反映相当1～2倍载荷板宽度的深度以内土体的平均性质。这样大的影响范围为许多其他测试方法所不及。载荷试验虽然比较可靠，但费时、耗资而不能多做，规范只要求对地基基础设计等级为甲级的建筑物采用载荷试验、理论公式计算及其他原位试验等方法综合确定。对于成分或结构很不均匀的土层，如杂填土、裂隙土、风化岩等，它则显出用别的方法所难以代替的作用。有些规范中的地基承载力表所提供的经验性数值也是以静载荷试验成果为基础的。

下面讨论怎样利用载荷试验记录整理而成的 p-s 曲线来确定地基承载力特征值。

对于密实砂土、硬塑黏土等低压缩性土，其 p-s 曲线通常有比较明显的起始直线段和极限值，即呈急进破坏的"陡降型"，如图7.15(a)所示。考虑到低压缩性土的承载力特征值一般由强度安全控制，故《建筑地基基础设计规范》规定取图中的比例界限荷载 p_b 作为承载力特征值。此时，地基的沉降量很小，为一般建筑物所允许，强度安全储备也绰绰有余。因为从 p_b 发展到破坏还有很长的过程。但是对于少数呈"脆性"破坏的土，p_b 与极限荷载 p_u 很接近，当 $p_u<1.5p_b$ 时，取 $p_u/2$ 作为承载力特征值。

对于有一定强度的中、高压缩性土，如松砂、填土、可塑黏土等，p-s 曲线无明显转折点，但曲线的斜率随荷载的增加而逐渐增大，最后稳定在某个最大值，即呈渐进破坏的"缓变型"，如图7.15(b)所示，此时，极限载荷 p_b 可取曲线斜率开始到达最大值时所对应的压力。不过，要取得 p_u 值，必须把载荷试验进行到有很大的沉降才行。而实践中往往因受加荷设备的限制，或出于对安全的考虑，不能将试验进行到这种地步，因而无法取得 p_u 值。此外，土的压缩性较大，通过极限荷载确定的承载力，未必能满足对地基沉降的限制。事实上，中、高压缩土的承载力，往往受允许沉降控制，故应当从沉降的观点来考虑。但是沉降量与基础(或载荷

板)底面尺寸、形状有关,而试验采用的载荷板通常总是小于实际基础的底面尺寸。为此,不能直接以基础的允许沉降值在 p-s 曲线上定出承载力特征值。规范总结了许多实测资料,当压板面积为 0.25～0.50 m^2 时,规定取 $s/b=0.01\sim0.015$ 所对应的荷载作为承载力特征值,但其值不应大于最大加载量的一半。

对同一土层,应选择三个以上的试验点。如所得的特征值的级差不超过平均值的 30%,则取该平均值作为地基承载力特征值 f_{ak}。

载荷板的尺寸一般比实际基础小,影响深度较小,试验只反映这个范围内土层的承载力。如果载荷板影响深度之下存在软弱下卧层,而该层又处于基础的主要受力层内(如图 7.16 所示的情况),此时除非采用大尺寸载荷板做试验,否则意义不大。

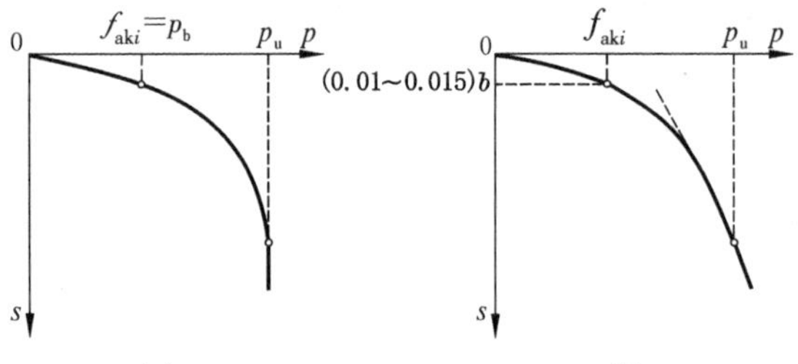

图 7.15 按载荷试验结果确定地基承载力

(a) 低压缩性土;(b) 高压缩性土

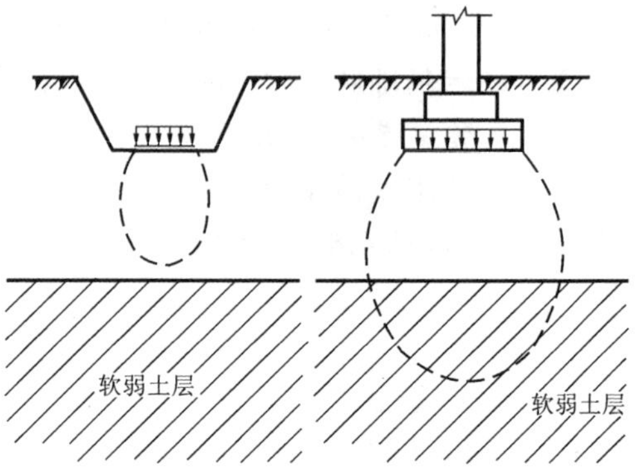

图 7.16 载荷板与基础荷载影响深度的比较

(a) 载荷试验;(b) 实际基础

7.4.2.2 *岩石地基承载力特征值* f_a

对完整、较完整、较破碎的岩石地基承载力特征值,可按载荷试验确定。对应于 p-s 曲线上起始直线的终点为比例界限。符合终止加载条件(《建筑地基基础设计规范》附录 H)的前一级荷载为极限荷载。将极限荷载除以 3 的安全系数,所得值与对应于比例界限的荷载相比较,取二者最小值。每个场地载荷试验的数量不少于 3 个,取最小值作为岩石地基承载力特征值 f_a(不再对承载力进行深度修正)。

对完整、较完整和较破碎的岩石地基承载力特征值,也可根据室内饱和单轴抗压强度按下式计算:

$$f_a=\psi_r\cdot f_{rk} \tag{7.13}$$

式中 f_a——岩石地基承载力特征值(kPa)。

f_{rk}——岩石饱和单轴抗压强度标准值(kPa),可按《建筑地基基础设计规范》附录 J 确定。

ψ_r——折减系数,根据岩体完整程度以及结构面的间距、宽度、产状和组合,由地区经验确定。无经验时,对完整岩体可取 0.5;对较完整岩体可取 0.2～0.5;对较破碎岩体可取 0.1～0.2。

对破碎、极破碎的岩石地基承载力特征值,可根据地区经验取值,无地区经验时,可根据平板载荷试验确定。

7.4.2.3 *其他原位测试地基承载力特征值* f_{ak}

除了载荷试验外,静力触探、动力触探、标准贯入试验等原位测试,在我国已经积累了丰富经验,《建筑地基基础设计规范》允许将其应用于确定地基承载力特征值。但是强调必须有地区经验,即当地的对比资料,还应对承载力特征值进行基础宽度和埋置深度修正。同时还应注意,当地基基础设计等级为甲级和乙级时,应结合室内试验成果综合分析,不宜单独应用。

7.4.3 按地基规范承载力表确定

有些土的物理、力学指标与地基承载力之间存在着良好的相关性。根据中华人民共和国成立以来大量工程实践经验、原位试验和室内土工试验数据,以确定地基承载力为目的进行了大量的统计分析,我国许多地基规范制订了便于查用的表格,由此,可查得地基承载力。

7.4.3.1　*建筑地基规范承载力表*

1974年版《建筑地基基础设计规范》建立了土的物理力学性质与地基承载力之间的关系，1989年版《建筑地基基础设计规范》仍保留了地基承载力表，并在使用上加以适当限制。承载力表使用方便是其主要优点，但也存在一些问题。承载力表是用大量的试验数据，通过统计分析得到的。由于我国幅员辽阔，土质条件各异，用几张表格很难概括全国的土质地基承载力规律。用查表法确定地基承载力，在大多数地区可能基本适合或偏于保守，但也不排除个别地区可能不安全。此外，随着设计水平的提高和对工程质量的要求趋于严格，变形控制已是地基设计的重要原则。因此，作为国家标准，如仍沿用承载力表，显然已不再适应当前的要求，所以，现行《建筑地基基础设计规范》取消了地基承载力表。但是，允许各地区(省、市、自治区)根据试验和地区经验，制定地方性建筑地基规范，确定地基承载力表等设计参数。实际上是将原全国统一的地基承载力表地域化。

考虑增加基础宽度和埋置深度，地基承载力也将随之提高，所以，应将地基承载力对不同的基础宽度和埋置深度进行修正，才适于供设计用。《建筑地基基础设计规范》规定：当基础宽度大于3 m或埋置深度大于0.5 m时，从载荷试验或其他原位测试、经验值等方法确定的地基承载力特征值尚应按下式修正：

$$f_a = f_{ak} + \eta_b \gamma (b-3) + \eta_d \gamma_m (d-0.5) \tag{7.14}$$

式中　f_a——修正后的地基承载力特征值(kPa)；

f_{ak}——地基承载力特征值(kPa)；

η_b，η_d——基础宽度和埋深的地基承载力修正系数，按基底下土的类别查表7.10取值；

γ——基础底面以下土的重度(kN/m^3)，地下水位以下取浮重度γ'；

γ_m——基础底面以上埋深范围内土的加权平均重度(kN/m^3)，位于地下水位以下的土层取有效重度；

b——基础底面宽度(m)，当$b<3$ m时按3 m取值，$b>6$ m时按6 m取值；

d——基础埋置深度(m)，宜自室外地面标高算起。在填方整平地区，可自填土地面标高算起，但填土在上部结构施工后完成时，应从天然地面标高算起。对于地下室，如采用箱形基础或筏形基础时，基础埋置深度自室外地面标高算起；当采用独立基础或条形基础时，应从室内地面标高算起。

表7.10　承载力修正系数

<table>
<tr><th colspan="2">土　的　类　别</th><th>η_b</th><th>η_d</th></tr>
<tr><td colspan="2">淤泥和淤泥质土</td><td>0</td><td>1.0</td></tr>
<tr><td colspan="2">人工填土
e或I_L大于或等于0.85的黏性土</td><td>0</td><td>1.0</td></tr>
<tr><td rowspan="2">红黏土</td><td>含水比$\alpha_w>0.8$</td><td>0</td><td>1.2</td></tr>
<tr><td>含水比$\alpha_w\leqslant0.8$</td><td>0.15</td><td>1.4</td></tr>
<tr><td rowspan="2">大面积
压实填土</td><td>压实系数大于0.95、黏粒含量$\rho_c\geqslant10\%$的粉土</td><td>0</td><td>1.5</td></tr>
<tr><td>最大干密度大于2.1 t/m^3的级配砂石</td><td>0</td><td>2.0</td></tr>
<tr><td rowspan="2">粉　土</td><td>黏粒含量$\rho_c\geqslant10\%$的粉土</td><td>0.3</td><td>1.5</td></tr>
<tr><td>黏粒含量$\rho_c<10\%$的粉土</td><td>0.5</td><td>2.0</td></tr>
<tr><td colspan="2">e及I_L均小于0.85的黏性土</td><td>0.3</td><td>1.6</td></tr>
<tr><td colspan="2">粉砂、细砂(不包括很湿与饱和时的稍密状态)</td><td>2.0</td><td>3.0</td></tr>
<tr><td colspan="2">中砂、粗砂、砾砂和碎石土</td><td>3.0</td><td>4.4</td></tr>
</table>

注：① 强风化和全风化的岩石，可参照所风化成的相应土类取值，其他状态下的岩石不修正；

② 地基承载力特征值按《建筑地基基础设计规范》附录D深层平板载荷试验确定时η_d取0。

③ 含水比是指土的天然含水率与液限的比值；

④ 大面积压实填土是指填土范围大于两倍基础宽度的填土。

7.4.3.2 《公路桥涵地基与基础设计规范》(JTG 3363—2019)承载力表

由于历史和行业管理不同等原因，我国地基与基础设计规范至今尚未统一，不同规范的地基承载力确定方法，甚至地基承载力的称谓也有差异。由交通运输部制定的《公路桥涵地基与基础设计规范》(JTG 3363—2019)(本章中简称《路桥地基规范》)规定，设计中应尽可能采用载荷试验或其他原位测试取得地基承载力，但是由于桥涵基础所处环境特殊，在很多地点可能无法进行现场测试，因此，对中小桥、涵洞，或载荷试验和原位测试确有困难时，也可以根据岩土类别、状态、物理力学特性指标及工程经验确定地基承载力特征值 f_{a0}，使用方法和步骤简单介绍如下：

(1) 确定地基岩土分类

《路桥地基规范》将公路桥涵地基的岩土分为：岩石、碎石土、砂土、粉土、黏性土和特殊性土六大类。每一类土可以划分更细的类别，例如：黏性土既可以根据塑性指数 I_p 分为黏土和粉质黏土，又可以根据沉积年代的不同分为老黏性土、一般黏性土和新沉积黏性土。

(2) 查地基承载力特征值 f_{a0} 表

根据岩土类别、状态及其物理力学特性指标，可查表得到地基承载力特征值 f_{a0}。

① 一般岩石地基可根据强度等级、节理按表 7.11 查得 f_{a0}。

表 7.11 岩石地基承载力特征值 f_{a0} (单位：kPa)

坚硬程度	节理发育程度		
	节理不发育	节理发育	节理很发育
坚硬岩、较硬岩	＞3000	3000～2000	2000～1500
较软岩	3000～1500	1500～1000	1000～800
软岩	1200～1000	1000～800	800～500
极软岩	500～400	400～300	300～200

② 碎石土地基可根据其类别和密实程度按表 7.12 确定其承载力特征值 f_{a0}。

表 7.12 碎石土地基承载力特征值 f_{a0} (单位：kPa)

土名	密实程度			
	密实	中密	稍密	松散
卵石	1200～1000	1000～650	650～500	500～300
碎石	1000～800	800～550	550～400	400～200
圆砾	800～600	600～400	400～300	300～200
角砾	700～500	500～400	200～300	300～200

注：① 由硬质岩组成，填充砂土者取高值；由软质岩组成，填充黏性土者取低值。
② 半胶结的碎石土按密实的同类土提高 10%～30%。
③ 松散的碎石土在天然河床中很少遇见，需特别注意鉴定。
④ 漂石、块石参照卵石、碎石取值并适当提高。

③ 砂土地基可根据土的密实度和水位情况按表 7.13 确定其承载力特征值 f_{a0}。

表 7.13 砂土地基承载力特征值 f_{a0} (单位：kPa)

土名	湿度	密实程度			
		密实	中密	稍密	松散
砾砂、粗砂	与湿度无关	550	430	370	200
中砂	与湿度无关	450	370	330	150

续表7.13

土名	湿度	密实程度			
		密实	中密	稍密	松散
细砂	水上	350	270	230	100
	水下	300	210	190	—
粉砂	水上	300	210	190	—
	水下	200	110	90	—

④ 粉土地基可根据土的天然孔隙比 e 和天然含水率 w(%)按表 7.14 确定其承载力特征值 f_{a0}。

表 7.14　粉土地基承载力特征值 f_{a0}　（单位:kPa）

e	w					
	10%	15%	20%	25%	30%	35%
0.5	400	380	355	—	—	—
0.6	300	290	280	270	—	—
0.7	250	235	225	215	205	—
0.8	200	190	180	170	165	—
0.9	160	150	145	140	130	125

⑤ 老黏性土地基可根据压缩模量 E_s 按表 7.15 确定其承载力特征值 f_{a0}。

表 7.15　老黏性土地基承载力特征值 f_{a0}　（单位:kPa）

E_s(MPa)	10	15	20	25	30	35	40
f_{a0}(kPa)	380	430	470	510	550	580	620

注:当老黏性土 $E_s<10$ MPa 时,地基承载力特征值 f_{a0} 按一般黏性土(表 7.16)确定。

⑥ 一般黏性土地基可根据液性指数 I_L 和天然孔隙比 e 按表 7.16 确定其承载力特征值 f_{a0}。

表 7.16　一般黏性土地基承载力特征值 f_{a0}　（单位:kPa）

e	I_L												
	0	0.1	0.2	0.3	0.4	0.5	0.6	0.7	0.8	0.9	1.0	1.1	1.2
0.5	450	440	430	420	400	380	350	310	270	240	220	—	—
0.6	420	410	400	380	360	340	310	280	250	220	200	180	—
0.7	400	370	350	330	310	290	270	240	220	190	170	160	150
0.8	380	330	300	280	260	240	230	210	180	160	150	140	130
0.9	320	280	260	240	220	210	190	180	160	140	130	120	100
1.0	250	230	220	210	190	170	160	150	140	120	110	—	—
1.1	—	—	160	150	140	130	120	110	100	90	—	—	—

注:① 土中含有粒径大于 2 mm 的颗粒质量超过总质量 30%以上者,f_{a0} 可适当提高。
② 当 $e<0.5$ 时,取 $e=0.5$;当 $I_L<0$ 时,取 $I_L=0$。此外,超过表列范围的一般黏性土,$f_{a0}=57.22E_s^{0.57}$。
③ 一般黏性土地基承载力特征值 f_{a0} 取值大于 300 kPa 时,应有原位测试数据作依据。

⑦ 新近沉积黏性土地基可根据液性指数 I_L 和天然孔隙比 e 按表 7.17 确定其承载力特征值 f_{a0}。

表 7.17　新近沉积黏性土地基承载力特征值 f_{a0}　（单位:kPa）

e	I_L		
	≤0.25	0.75	1.25
≤0.8	140	120	100
0.9	130	110	90

续表7.17

e	I_L		
	$\leqslant 0.25$	0.75	1.25
1.0	120	100	80
1.1	110	90	—

(3) 按实际基础深度、宽度修正后的地基承载力特征值 f_a

地基承载力特征值 f_{a0} 实质上是对应于载荷试验地基土压力变形关系线性变形段内不超过比例界限点的地基压力值，因此，根据第6.7节地基承载力理论，仍需对 f_{a0} 按基础的实际宽度、深度进行修正，按《路桥地基规范》修正后的地基承载力特征值 f_a 按下式计算：

$$f_a = f_{a0} + k_1\gamma_1(b-2) + k_2\gamma_2(h-3) \tag{7.15}$$

式中 f_a——修正后的地基承载力特征值(kPa)。

b——基础地面的最小边宽(m)，当 $b<2$ m时，取 $b=2$ m；当 $b>10$ m时，取 $b=10$ m。

h——基础埋置深度(m)，自天然地面起算，有水流冲刷时自一般冲刷线起算，当 $h<3$ m时，取 $h=3$ m；当 $h/b>4$ 时，取 $h=4b$。

k_1,k_2——基础宽度、深度修正系数，根据基底持力层土的类别按表7.18确定。

γ_1——基底持力层土的天然重度(kN/m^3)，若持力层在水面以下且为透水者，应取浮重度。

γ_2——基底以上土层的加权平均重度(kN/m^3)，换算时若持力层在水面以下，且不透水时，不论基底以上土的透水性如何，一律取饱和重度；当透水时，水中部分土层则应取浮重度。

表7.18 地基土承载力宽度、深度修正系数 k_1、k_2

系数	黏性土				粉土	砂土								碎石土			
	老黏性土	一般黏性土		新近沉积黏性土	—	粉砂		细砂		中砂		砾砂、粗砂		碎石、圆砾、角砾		卵石	
		$I_L\geqslant0.5$	$I_L<0.5$		—	中密	密实	中密	密实	中密	密实	中密	密实	中密	密实	中密	密实
k_1	0	0	0	0	0	1.0	1.2	1.5	2.0	2.0	3.0	3.0	4.0	3.0	4.0	3.0	4.0
k_2	2.5	1.5	2.5	1.0	1.5	2.0	2.5	3.0	4.0	4.0	5.5	5.0	6.0	5.0	6.0	6.0	10.0

注：① 对于稍密和松散状态的砂、碎石土，k_1、k_2 值可采用表列中密值的50%。

② 强风化和全风化的岩石，可参照所风化成的相应土类取值；其他状态下的岩石不修正。

当持力层为不透水层时，基底以上的水柱压力可作为超载看待。所以，《路桥地基规范》规定：当基础位于水中不透水层上时，地基承载力特征值 f_a 按平均常水位至一般冲刷线的水深每米再增大10 kPa。

【例7.1】 某桥梁基础，基础埋置深度(一般冲刷线以下)$h=5.2$ m，基础底面短边尺寸 $b=2.6$ m。地基土为一般黏性土，天然孔隙比 $e_0=0.85$，液性指数 $I_L=0.7$，土在水面以下的容积密度(饱和状态)$\gamma_0=27\ kN/m^3$。要求按《路桥地基规范》：

(1) 查表确定地基土的承载力特征值 f_{a0}；

(2) 计算对基础宽度、埋深修正后的地基承载力特征值 f_a。

【解】 (1) 查表确定地基土的承载力特征值 f_{a0}

按 $e_0=0.85$，$I_L=0.7$，一般黏性土查表7.16并内插得：

$$f_{a0}=195\ kPa$$

(2) 计算对基础宽度、埋深修正后的地基承载力特征值 f_a

一般黏性土按 $I_L=0.7(\geqslant0.5)$ 查表7.18得：$k_1=0$，$k_2=1.5$。

持力层(一般黏性土)为水面以下的不透水层：$\gamma_2=27\ kN/m^3$。

$f_a=f_{a0}+k_1\gamma_1(b-2)+k_2\gamma_2(h-3)=195+0+1.5\times27\times(5.2-3)=284.10$ kPa

注：以上计算未考虑平均常水位、荷载组合及地基条件对特征承载力的修正。

【例 7.2】 已知某拟建建筑物场地地质条件，第(1)层：杂填土，层厚 1.0 m，$\gamma=18\ kN/m^3$；第(2)层：粉质黏土，层厚 4.2 m，$\gamma=18.5\ kN/m^3$，$e=0.92$，$I_L=0.94$，地基承载力特征值 $f_{ak}=136\ kPa$，试按以下基础条件分别计算修正后的地基承载力特征值：

(1) 当基础底面为 4.0 m×2.6 m 的矩形独立基础，埋深 $d=1.0\ m$；

(2) 当基础底面为 9.5 m×36 m 的箱形基础，埋深 $d=3.5\ m$。

【解】 根据《建筑地基基础设计规范》

(1) 矩形独立基础下修正后的地基承载力特征值 f_a

基础宽度 $b=2.6\ m(<3\ m)$。

按 3 m 考虑；埋深 $d=1.0\ m$，持力层粉质黏土的孔隙比 $e=0.94(>0.85)$，查表 7.10 得：

$$\eta_b=0,\quad \eta_d=1.0$$

$$\begin{aligned} f_a &= f_{ak}+\eta_b\gamma(b-3)+\eta_d\gamma_m(d-0.5) \\ &= 136+0+1.0\times18\times(1.0-0.5)=145.0\ kPa \end{aligned}$$

(2) 箱形基础下修正后的地基承载力特征值 f_a

基础宽度 $b=9.5\ m(>6\ m)$，按 6 m 考虑；$d=3.5\ m$，持力层仍为粉质黏土，$\eta_b=0$，$\eta_d=1.0$。

$$\gamma_m=(18\times1.0+18.5\times2.5)/3.5=18.4\ kN/m^3$$

$$f_a=136+0+1.0\times18.4\times(3.5-0.5)=191.2\ kPa$$

【例 7.3】 某建筑物承受中心荷载的柱下独立基础底面尺寸为 2.5 m×1.5 m，埋深 $d=1.6\ m$；地基土为粉土，土的物理力学性质指标：$\gamma=17.8\ kN/m^3$，$c_k=1.2\ kPa$，$\varphi_k=22°$，试确定持力层的地基承载力特征值。

【解】 由于基础承受中心荷载(偏心距 $e_k=0$)，根据土的抗剪强度指标计算持力层的地基承载力特征值 f_a。

根据 $\varphi_k=22°$查表 7.9 得：$M_b=0.61$，$M_d=3.44$，$M_c=6.04$。

$f_a=M_b\gamma b+M_d\gamma_m d+M_c c_k=0.61\times17.8\times1.5+3.44\times17.8\times1.6+6.04\times1.2=121.5\ kPa$

7.5 基础底面尺寸的确定

确定基础底面尺寸时，首先应满足地基承载力要求，包括持力层土的承载力计算和软弱下卧层的验算；其次，对部分建(构)筑物，仍需考虑地基变形的影响，验算建(构)筑物的变形特征值，并对基础底面尺寸作必要的调整。

《建筑地基基础设计规范》根据“所有建筑物的地基计算均应满足承载力”的基本原则，设计天然地基上的浅基础时，选择好基础埋深后，就可按持力层的承载力特征值计算所需的基础底面尺寸。要求符合下式要求：

$$p_k\leqslant f_a \tag{7.16}$$

$$p_{k\,max}\leqslant1.2f_a \tag{7.17}$$

式中 p_k——相应于荷载效应标准组合时，基础底面处的平均压力值(kPa)；

$p_{k\,max}$——相应于荷载效应标准组合时，基础底面边缘的最大压力值(kPa)；

f_a——修正后的地基承载力特征值(kPa)。

《路桥地基规范》规定在设计桥梁墩台基础时，应考虑在修建和使用期间实际可能发生的各项作用力按地基特征承载力进行验算。不考虑基础底面土的嵌固作用，一般按下式验算：

$$p_{max}\leqslant\gamma_R f_a \tag{7.18}$$

式中 p_{max}——基础底面处的最大压应力(kPa)；

f_a——修正后的地基特征承载力(kPa)；

γ_R——地基承载力抗力系数(这里不赘述)。

7.5.1 按地基持力层的承载力计算基底尺寸

7.5.1.1 中心荷载作用下的基础

要求基底的平均压力不超过持力层土的承载力特征值，即符合公式(7.16)要求。如图7.17所示，在中心荷载 F_k、G_k 作用下，按基底压力的简化计算方法，p_k 为均匀分布，计算公式：$p_k=(F_k+G_k)/A$；将基础及上方回填土重 $G_k=\gamma_G dA$(地下水位以下部分应扣除浮托力)代入，则式(7.16)为：$(F_k+\gamma_G dA)/A\leqslant f_a$；整理后，即可得中心荷载作用下的基础底面积 A 的计算公式：

$$A\geqslant\frac{F_k}{f_a-\gamma_G\cdot d} \tag{7.19}$$

式中 F_k——相应于荷载效应标准组合时，上部结构传至基础顶面的竖向力值(kN)；

γ_G——基础及回填土的平均重度，一般取 20 kN/m^3，地下水位以下取 10 kN/m^3；

d——基础平均埋深(m)。

对于单独基础，按上式计算出 A 后，先选定 b 或 l，再计算另一边长，使 $A=l\cdot b$，一般取 $l/b=1.0\sim2.0$。

对于条形基础，F_k 为沿长度方向 1 m 范围内上部结构传至基础顶面的竖向力值(kN/m)，由式(7.19)求得的 A 就等于条形基础的宽度 b。

必须指出，在按式(7.19)计算 A 时，需要先确定地基承载力设计值 f_a。但 f_a 值又与基础底面尺寸 A 有关，也即公式中的 A 与 f_a 都是未知数，因此，可能要通过反复试算确定。计算时，可先对地基承载力只进行深度修正，计算 f_a 值；然后按计算所得的 $A=l\cdot b$，考虑是否需要进行宽度修正，使得 A、f 间相互协调一致。

7.5.1.2 偏心荷载作用下的基础

偏心荷载作用下(图7.18)，除应符合式(7.16)要求外，尚应符合式(7.17)要求。偏心荷载作用下的 $p_{k\max}$、$p_{k\min}$ 计算公式：

$$\begin{matrix}p_{k\max}\\p_{k\min}\end{matrix}=\frac{F_k+G_k}{A}\pm\frac{M_k}{W}=\frac{F_k+G_k}{l\cdot b}\left(1\pm\frac{6e_k}{l}\right) \tag{7.20a}$$

或当 $p_{k\min}<0$ 时

$$p_{k\max}=\frac{2(F_k+G_k)}{3ba} \tag{7.20b}$$

式中 M_k——相应于荷载效应标准组合时，上部结构传至基础顶面的弯矩(kN·m)；

W——基础底面的抵抗矩(m^3)；

e_k——偏心距(m)，$e_k=M_k/(F_k+G_k)$；

l——力矩作用方向的矩形基础底面边长(m)，一般为矩形基础底面的长边；

b——垂直于力矩作用方向的矩形基础底面边长(m)；

a——偏心荷载作用点至最大压力 $p_{k\max}$ 作用边缘的距离(m)，$a=l/2-e_k$。

根据上述按承载力计算的要求，在计算偏心荷载作用下的基础底面尺寸时，通常可按下述逐次渐近试算法进行：

(1) 先按中心荷载作用下的公式(7.19)计算基础底面积 A_0，即：满足式(7.16)。

(2) 考虑偏心影响，加大 A_0。一般可根据偏心距的大小增大 10%～40%，使 $A=(1.1\sim1.4)A_0$。对矩形底面的基础，按 A 初步选择相应的基础底面长度 l 和宽度 b，一般：$l/b=1.2\sim2.0$。

(3) 计算偏心荷载作用下的 $p_{k\max}$、$p_{k\min}$，验算是否满足式(7.17)；如果不适合(太小或过大)，可调整基础底面长度 l 和宽度 b，再验算；如此反复一两次，便能定出合适的基础底面尺寸。

必须指出，基础底面压力 $p_{k\max}$ 和 $p_{k\min}$ 相差过大则容易引起基础倾斜，因此，$p_{k\max}$ 和 $p_{k\min}$ 相差不宜过大。一般认为，在高、中压缩性地基土上的基础，或有吊车的厂房柱基础，偏心距 e_k 不宜大于 $l/6$(相当于

$p_{min} \leqslant 0$)；对低压缩性地基土上的基础，当考虑短期作用的偏心荷载时，对偏心距 e_k 的要求可以适当放宽，但也应控制在 $l/4$ 以内；若上述条件不能满足时，则应调整基础底面尺寸，或者做成梯形底面形状的基础，使基础底面形心与荷载重心尽量重合。

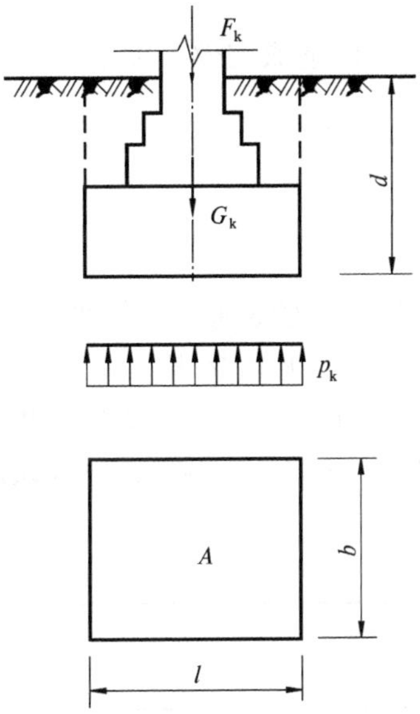

图 7.17　中心荷载作用下的基础

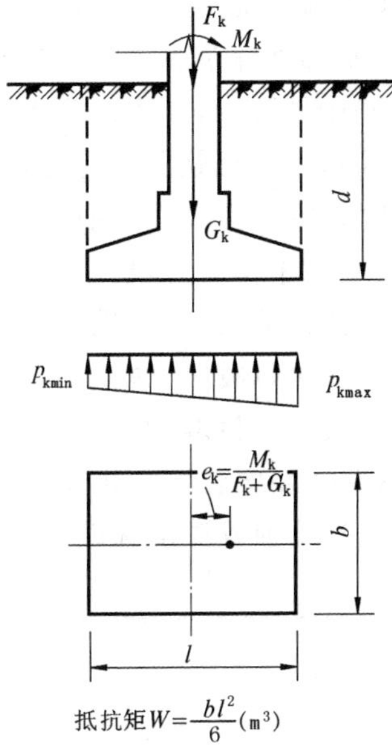

图 7.18　单向偏心荷载作用下的基础

7.5.2　软弱下卧层的验算

软弱下卧层是指在持力层下，成层土地基受力层范围内，承载力显著低于持力层的高压缩性土层。若按前述持力层土的承载力计算得出基础底面所需的尺寸后，还存在软弱下卧层，就必须对软弱下卧层进行验算，要求传递到软弱下卧层顶面处的附加应力与自重应力之和不超过软弱下卧层的承载力，即：

$$p_z + p_{cz} \leqslant f_{az} \tag{7.21}$$

式中　p_z——相应于荷载效应标准组合时，软弱下卧层顶面处的附加应力值(kPa)；

p_{cz}——软弱下卧层顶面处土的自重应力值(kPa)；

f_{az}——软弱下卧层顶面处经深度修正后的地基承载力特征值(kPa)。

关于附加应力 p_z 的计算，根据弹性半空间理论，下卧层顶面土体的附加应力，在基础底面中心线下最大，向四周扩散呈非线性分布，如果考虑上下层土的性质不同，应力分布规律就更为复杂。《建筑地基基础设计规范》通过大量试验研究并参照双层地基中附加应力分布的理论解答，提出了按扩散角原理的简化计算方法(图 7.19)，当持力层与软弱下卧层的压缩模量比值 $E_{s1}/E_{s2} \geqslant 3$ 时，对矩形和条形基础，假设基底处的附加应力($p_0 = p_k - p_c$)向下传递时按某一角度 θ 向外扩散，并均匀分布于较大面积的软弱下卧层上，根据基底与软弱下卧层顶面处扩散面积上的附加应力相等的条件，可得附加应力 p_z 计算的表达式：

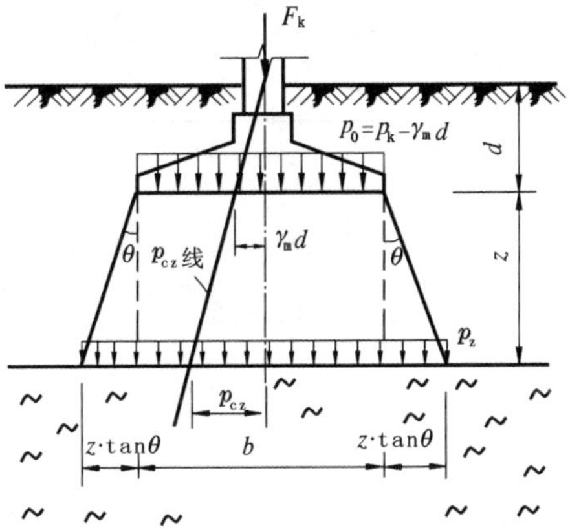

图 7.19　附加应力简化计算图

矩形基础

$$p_z = \frac{lb(p_k - \gamma_m d)}{(l + 2z\tan\theta)(b + 2z\tan\theta)} \tag{7.22}$$

条形基础

$$p_z = \frac{b(p_k - \gamma_m d)}{b + 2z\tan\theta} \tag{7.23}$$

式中　b——条形和矩形基础底面宽度(m)；

l——矩形基础底面长度(m)；

γ_m——基础埋深范围内土的加权平均重度(kN/m^3)(地下水位以下取有效重度 γ')；

d——基础埋深(m)(从天然地面算起)；

z——基础底面至软弱下卧层顶面的距离(m)；

θ——地基压力扩散线与垂直线的夹角，可按表 7.19 采用；

p_k——基底平均压力设计值(kPa)。

试验研究表明：基底压力增加到一定数值后，传至软弱下卧层顶的压力将随之迅速增大，即 θ 角迅速减小，直到持力层冲剪破坏时的 θ 值为最小(相当于冲切锥台斜面的倾角，其值见表 7.19，实验结果一般不超过 30°，因此，表中 θ 值取 30°为上限)。由此可见，如果满足软弱下卧层验算要求，实际上也就保证了上覆持力层将不发生冲剪破坏。如果软弱下卧层验算不满足要求，应考虑增大基础底面积，或改变基础埋深，甚至改用地基处理或深基础设计的地基基础方案。

表 7.19　地基压力扩散角 θ

E_{S1}/E_{S2}	z/b	
	0.25	0.50
3	6°	23°
5	10°	25°
10	20°	30°

注：① E_{S1} 为上层土压缩模量；E_{S2} 为下层土压缩模量。

② $z/b<0.25$ 时取 $\theta=0°$，必要时，宜由试验确定；$z/b>0.50$ 时 θ 值不变。

③ z/b 在 0.25～0.5 之间时可插值使用。

【例 7.4】　柱截面 300 mm×400 mm，作用在柱底的荷载标准值：中心垂直荷载 700 kN，力矩 80 kN·m，水平荷载 13 kN。其他参数见图 7.20。试根据持力层地基承载力确定基础底面尺寸。

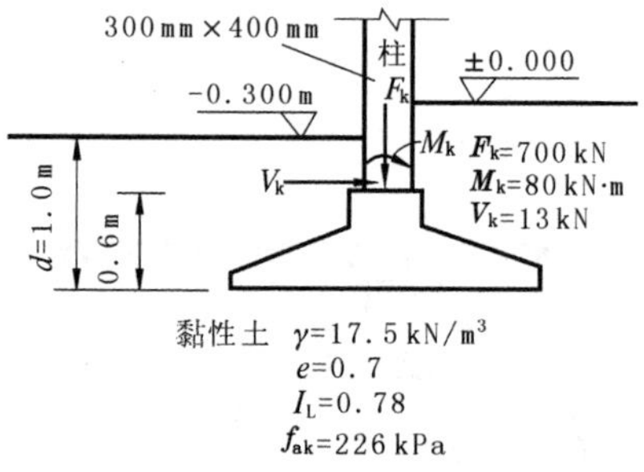

图 7.20　例 7.4 图

【解】　(1) 求地基承载力特征值 f_a

根据黏性土 $e=0.7$，$I_L=0.78$，查表 7.10 得：$\eta_b=0.3$，$\eta_d=1.6$。

持力层承载力特征值 f_a(先不考虑对基础宽度进行修正，d 按室外地面算起)：

$$f_a = f_{ak} + \eta_d \gamma_m (d-0.5) = 226 + 1.6\times17.5\times(1.0-0.5) = 240 \text{ kPa}$$

(2) 初步选择基底尺寸

计算基础和回填土重 G_k 时的基础埋深

$$d = \frac{1}{2}\times(1.0+1.3) = 1.15 \text{ m}$$

由式(7.19)：

$$A_0 = \frac{700}{240 - 20\times1.15} = 3.23 \text{ m}^2$$

由于偏心不大，基础底面积按 20%增大，即：

$$A = 1.2A_0 = 1.2\times3.23 = 3.88 \text{ m}^2$$

初步选择基础底面积 $A=l\cdot b=2.4\times1.6=3.84\ \text{m}^2(\approx3.88\ \text{m}^2)$，且 $b=1.6\ \text{m}<3\ \text{m}$ 不需再对 f_a 进行修正。

(3) 验算持力层地基承载力

基础和回填土重 $G_k=\gamma_G \cdot d \cdot A=20\times1.15\times3.84=88.3\ \text{kN}$

偏心距 $e_k=\dfrac{M_k}{F_k+G_k}=\dfrac{80+13\times0.6}{700+88.3}=0.11\ \text{m}\left(\dfrac{l}{6}=0.4\ \text{m}\right)$，即 $p_{k\min}>0$ 满足。

基底最大压力 $p_{k\max}=\dfrac{F_k+G_k}{A}\left(1+\dfrac{6e}{l}\right)=\dfrac{700+88.3}{3.84}\times\left(1+\dfrac{6\times0.11}{2.4}\right)=262\ \text{kPa}<1.2f_a=288\text{kPa}$，满足。

最后，确定该柱基础底面长 $l=2.4$ m，宽 $b=1.6$ m。

【例 7.5】 如图 7.21 所示，柱下独立基础因受相邻建筑限制，设计成梯形底面。若持力层地基承载力特征值 $f_a=205$ kPa，试进行承载力验算。

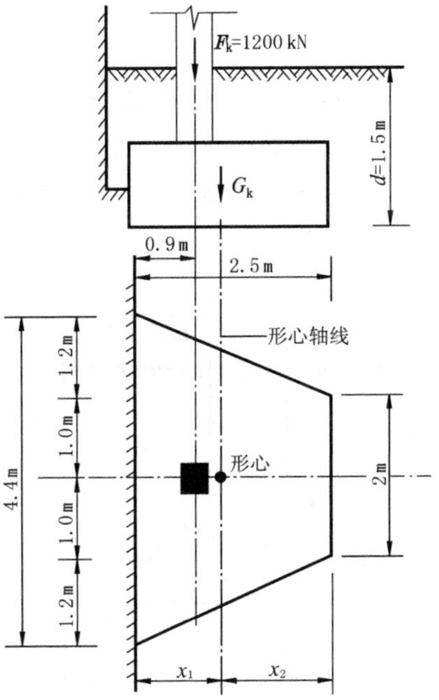

图 7.21　例 7.5 图

【解】 底面积 $A=2\times2.5+1.2\times2.5=8\ \text{m}^2$

形心轴线至外墙的距离 x_1：

$$x_1=\frac{(2.0\times2.5)\times\left(\frac{1}{2}\times2.5\right)+\left(\frac{1}{2}\times1.2\times2.5\right)\times\left(\frac{1}{3}\times2.5\right)\times2}{8}=1.09\text{m}$$

$x_2=2.5-1.09=1.41$ m

基础底面对形心轴线的惯性矩 I：

$$I=\frac{2.0^2+4\times2.0\times4.4+4.4^2}{36\times(2.0+4.4)}\times2.5^3=3.97\ \text{m}^4$$

竖向荷载偏心引起的弯矩

$$M_k=(x_1-0.9)F_k=(1.09-0.9)\times1200=228\ \text{kN}\cdot\text{m}$$

基础及回填土重

$$G_k=\gamma_G dA=20\times1.5\times8=240\ \text{kN}$$

基底平均压力

$$p_k=\frac{F_k+G_k}{A}=\frac{1200+240}{8}=180\ \text{kPa}<f_a=205\ \text{kPa（满足）}$$

基底最大压力

$$p_{k\max}=p_k+\frac{M_k}{I}x_1=180+\frac{228}{3.97}\times1.09$$

$$=243\ \text{kPa}<1.2f_a=246\ \text{kPa（满足）}$$

基底最小压力

$$p_{k\min}=p_k-\frac{M_k}{I}x_2=180-\frac{228}{3.97}\times1.41=99\ \text{kPa}>0\text{（满足）}$$

经验算基底尺寸满足持力层承载力要求。

【例 7.6】 某住宅承重墙厚 240 mm；地基土表层为杂填土，厚度 0.65 m，重度 17.3 kN/m³。其下为粉土层，重度 18.3 kN/m³，承载力特征值 170 kPa，孔隙比 0.86，饱和度大于 0.91。地下水位在地表下 0.8 m 处。若已知上部墙体传来的竖向荷载标准值为 190 kN/m。(1) 确定基础底面尺寸；(2) 设计该承重墙下的刚性条形基础。

【解】 (1) 确定条形基础底面宽度 b

为了便于施工，基础宜建在地下水位以上，故选择粉土层作为持力层，初步选择基础埋深 d 为 0.8 m。如仍为粉土，应提供黏粒含量。

埋深范围内土的加权平均重度：

$$\gamma_m=\frac{17.3\times0.65+18.3\times0.15}{0.8}=17.5\ \text{kN/m}^3$$

持力层土修正后的承载力特征值 $f_a=170+17.5\times1.0\times(0.8-0.5)=175.25$ kPa。

基础宽度 $b\geqslant\dfrac{F_k}{f_a-\gamma_G d}=\dfrac{190}{175.25-20\times0.8}=1.19$ m(<3.0 m,不需宽度修正)。

取该承重墙下条形基础宽度 $b=1.20$ m。

(2) 选择基础材料,并确定基础高度 H_0

方案Ⅰ:采用 MU10 砖和 M5 砂浆砌"二一间隔收"砖基础[图 7.3(b)],基底下做 100 mm 厚 C15 素混凝土垫层。砖基础所需台阶数:

$$n\geqslant\frac{1}{2}\times\frac{1200-240}{60}=8(\text{阶})$$

相应的基础高度 $H_0=120\times4(\text{阶})+60\times4(\text{阶})=720$ mm

基坑的最小开挖深度 $D_{min}=720+100+100=920$ mm,已深入地下水位以下,必然给施工带来困难。且此时实际基础埋深 d 已超过前面选择的 $d=0.8$ m。可见方案Ⅰ不合理。

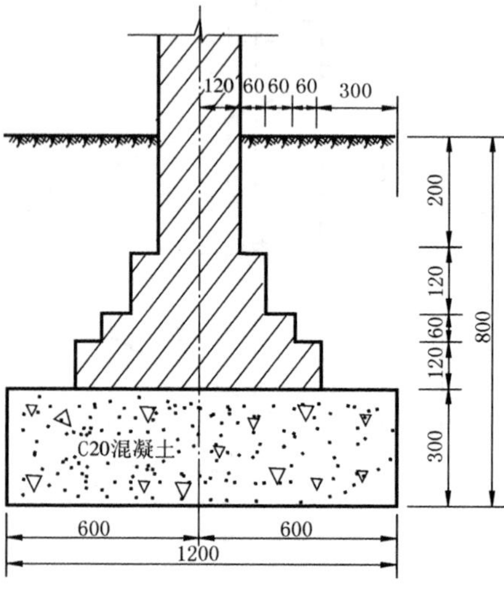

图 7.22　刚性基础剖面

方案Ⅱ:基础上层采用 MU10 砖和 M5 砂浆砌筑的"二一间隔收"砖基础;下层为 300 mm 厚 C20 素混凝土垫层。

混凝土垫层(作为基础结构层)设计:

由 $p_k=\dfrac{F_k+G_k}{A}=\dfrac{190+20\times0.8\times1.2}{1.2}=174$ kPa,查表 7.3 得 $\tan\alpha=1.0$。所以混凝土垫层缩进 300 mm。

上层砖基础所需台阶数:

$$n\geqslant\frac{1}{2}\times\frac{1200-240-2\times300}{60}=3(\text{阶})$$

相应的基础高度

$$H_0=120\times2(\text{阶})+60\times1(\text{阶})+300=600\ \text{mm}$$

基础顶面至地面的距离取为 200 mm,则埋深 $d=0.8$ m,与前面选择的 $d=0.8$ m 完全吻合。可见方案Ⅱ合理。

(3) 绘制基础剖面图

基础剖面形状及尺寸如图 7.22 所示。

【例 7.7】 图 7.23 中柱基础荷载标准值 $F_k=1100$ kN,$M_k=140$ kN·m;若基础底面尺寸 $l\times b=3.6$ m$\times2.6$ m,试根据图中资料验算基底面积是否满足地基承载力要求。

【解】 (1) 持力层承载力验算

埋深范围内土的加权平均重度

$$\gamma_{m1}=\frac{16.5\times1.2+(19-10)\times0.8}{2.0}=13.5\ \text{kN/m}^3$$

由粉质黏土 $e=0.8$,$I_L=0.82$,查表 7.10 得:

$$\eta_b=0.3,\eta_d=1.6$$

持力层承载力修正后特征值 $f_a=135+0+1.6\times13.5\times(2-0.5)=167.4$kPa

基础及回填土重(0.8m 在地下水中)$G_k=(20\times1.2+10\times0.8)\times3.6\times2.6=300$ kN

$$e_k=\frac{M_k}{F_k+G_k}=\frac{140}{1100+300}=0.1\text{m}$$

持力层承载力验算:

$$p_k=\frac{F_k+G_k}{A}=\frac{1100+300}{3.6\times2.6}=149.6\ \text{kPa}(<f_a,\text{满足})$$

$$p_{k\max}=p_k\left(1+\frac{6e_k}{l}\right)=149.6\times\left(1+\frac{6\times0.1}{3.6}\right)=149.6\times(1+0.167)$$

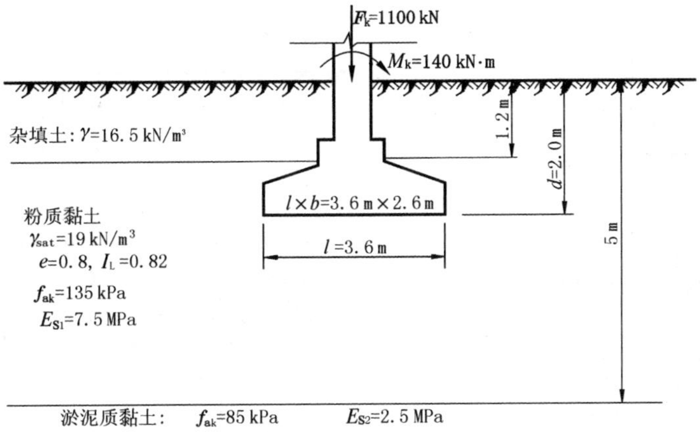

图 7.23　例 7.7 图

$$=174.58\ \text{kPa}(<1.2f_a=200.9\ \text{kPa，满足})$$

$$p_{k\min}=149.6\times(1-0.167)=124.7\text{kPa}(>0\text{，满足})$$

(2) 软弱下卧层强度验算

软弱下卧层顶面处自重应力 $p_{cz}=16.5\times1.2+(19-10)\times3.8=54\ \text{kPa}$

软弱下卧层顶面以上土的加权平均重度 $\gamma_{m2}=\frac{54}{5}=10.8\ \text{kN/m}^3$

由淤泥质黏土，查表 7.10 得 $\eta_d=1.0$，故：

$$f_{az}=85+1.0\times10.8\times(5-0.5)=133.6\ \text{kPa}$$

由 $E_{S1}/E_{S2}=7.5/2.5=3$，以及 $z/b=3/2.6>0.5$，查表 7.19 得地基压力扩散角 $\theta=23°$。

软弱下卧层顶面处的附加应力

$$p_z=\frac{lb(p-\gamma_{m1}d)}{(l+2z\tan\theta)(b+2z\tan\theta)}=\frac{3.6\times2.6\times(149.6-13.5\times2.0)}{(3.6+2\times3\times\tan23°)(2.6+2\times3\times\tan23°)}=36.27\ \text{kPa}$$

验算：$p_{cz}+p_z=54+36.27=90.27\text{kPa}(<f_{az}=133.6\ \text{kPa，满足})$

7.6　地基变形验算

7.6.1　地基变形特征

按地基承载力选定了适当的基础底面尺寸，一般已可保证建筑物在防止地基剪切破坏方面具有足够的安全度，但是，在荷载作用下，地基土总要产生压缩变形，使建筑物产生沉降。由于不同建筑物的结构类型、整体刚度、使用要求的差异，对地基变形的敏感程度、变形要求也不同。因此，对于各类建筑结构，如何控制对其不利的沉降形式——称“地基变形特征”，使之不会影响建筑物的正常使用甚至破坏，也是地基基础设计必须予以充分考虑的一个基本问题。

地基变形特征一般分为：沉降量、沉降差、倾斜、局部倾斜。

(1) 沉降量——指基础某点的沉降值[图 7.24(a)]。

对于单层排架结构，在低压缩性地基上一般不会因沉降而损坏，但在中高压缩性地基上，应该限制柱基沉降量，尤其是要限制多跨排架中受荷较大的中排柱基的沉降量不宜过大，以免支承于其上的相邻屋架发生对倾而使端部相碰。

(2) 沉降差——一般指相邻柱基中点的沉降量之差[图 7.24(b)]。

框架结构主要因柱基的不均匀沉降而使结构受剪扭曲而损坏，也称敏感性结构。斯肯普顿(A.W. Skempton，1956 年)曾得出敞开式框架结构柱基能承受大至 1/150(约 0.007l，l 为柱距)的沉降差而不损

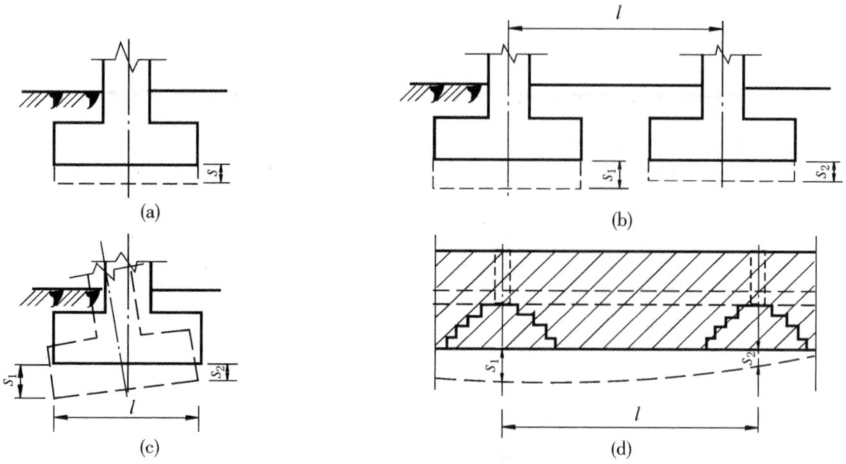

图 7.24　地基变形特征

(a) 沉降量 s；(b) 沉降差 s_1-s_2；(c) 倾斜$\frac{s_1-s_2}{l}$；(d) 局部倾斜$\frac{s_1-s_2}{l}$

坏的结论。通常认为：填充墙框架结构的相邻柱基沉降差按不超过 $0.002l$ 设计时，是安全的。

对于被开窗面积不大的墙砌体所填充的边排柱，尤其是房屋端部抗风柱之间的沉降差，应予以特别注意。

(3) 倾斜——指基础倾斜方向两端点的沉降差与其距离的比值[图 7.24(c)]。

对于高耸结构以及长高比很小的高层建筑，其地基变形的主要特征是建筑物的整体倾斜。

高耸结构的重心高，基础倾斜使重心侧向移动引起的偏心力矩荷载，不仅使基底边缘压力 p_{max} 增加而影响倾覆稳定性，还会导致高烟囱等筒体的结构附加弯矩。因此，高耸结构基础的倾斜允许值随结构高度的增加而递减。一般，地基土层的不均匀分布以及邻近建筑物的影响是高耸结构产生倾斜的重要原因；如果地基的压缩性比较均匀，且无邻近荷载的影响，对高耸结构，只要基础中心沉降量不超过表 7.20 的允许值，可不作倾斜验算。

表 7.20　建筑物的地基变形允许值　　(单位：mm)

变形特征		地基土类别	
		中、低压缩性土	高压缩性土
砌体承重结构基础的局部倾斜		0.002	0.003
工业与民用建筑相邻柱基的沉降差	(1) 框架结构	$0.002l$	$0.003l$
	(2) 砌体墙填充的边排柱	$0.0007l$	$0.001l$
	(3) 当基础不均匀沉降时，不产生附加应力的结构	$0.005l$	$0.005l$
单层排架结构(柱距为 6 m)柱基的沉降量		(120)	200
桥式吊车轨面的倾斜(按不调整轨道考虑)	纵　向	0.004	
	横　向	0.003	
多层和高层建筑的整体倾斜	$H_g \leqslant 24$ m	0.004	
	24 m$<H_g \leqslant 60$ m	0.003	
	60 m$<H_g \leqslant 100$ m	0.0025	
	$H_g>100$ m	0.002	
体型简单的高层建筑基础的平均沉降量		200	

续表7.20

变 形 特 征		地基土类别	
		中、低压缩性土	高压缩性土
高耸结构基础的倾斜	$H_g \leqslant 20$ m	0.008	
	20 m$<H_g \leqslant 50$ m	0.006	
	50 m$<H_g \leqslant 100$ m	0.005	
	100 m$<H_g \leqslant 150$ m	0.004	
	150 m$<H_g \leqslant 200$ m	0.003	
	200 m$<H_g \leqslant 250$ m	0.002	
高耸结构基础的沉降量	$H_g \leqslant 100$ m	400	
	100 m$<H_g \leqslant 200$ m	300	
	200 m$<H_g \leqslant 250$ m	200	

注：① 本表数值为建筑物地基实际最终变形允许值；
② 有括号者仅适用于中压缩性土；
③ l 为相邻柱基的中心距离(mm)，H_g 为自室外地面起算的建筑物高度；
④ 倾斜是指基础倾斜方向两端点的沉降差与其距离的比值；
⑤ 局部倾斜指砌体承重结构沿纵向 6～10 m 内基础两点的沉降差与其距离的比值。

高层建筑横向整体倾斜容许值主要取决于对人们视觉的影响，高大的刚性建筑物倾斜值达到明显可见的程度时大致为 1/250(0.004)，而结构损坏大致当倾斜值达到 1/150 时才开始。

对于有吊车的工业厂房，还应验算桥式吊车轨面沿纵向或横向的倾斜，以免因倾斜而导致吊车自动滑行或卡轨。

(4) 局部倾斜——指砌体承重结构沿纵向 6～10 m 内基础两点的沉降差与其距离的比值[图 7.24(d)]。

一般砌体承重结构房屋的长高比不太大，因地基沉降所引起的损坏，最常见的是房屋外纵墙由于相对挠曲引起的拉应变形成的裂缝，有裂缝呈现正“八”字形的墙体正向挠曲(下凹)，和呈倒“八”字形的反向挠曲(凸起)。但是，墙体的相对挠曲不易计算，一般以沿纵墙一定距离范围(6～10 m)内基础两点的沉降量计算局部倾斜，作为砌体承重墙结构的主要变形特征。

7.6.2 地基变形验算

《建筑地基基础设计规范》按不同建筑物的地基变形特征，要求：建筑物的地基变形计算值不应大于地基变形允许值，即

$$s \leqslant [s] \tag{7.24}$$

式中 s——地基变形计算值，可按第 2 章的方法计算沉降量后求得，注意：传至基础上的荷载 F_k 应按正常使用极限状态下荷载效应的准永久组合(不应计入风荷载和地震作用)；

$[s]$——地基变形允许值，查表 7.20 得到，地基变形允许值$[s]$的确定涉及的因素很多，上部结构对不均匀沉降反应的敏感性、结构强度贮备、建筑物的具体使用要求等条件有关，很难全面准确地确定。我国《建筑地基基础设计规范》综合分析了国内外各类建筑物的有关资料，提出了表 7.20 供设计时采用。对表中未包括的其他建筑物的地基变形允许值，可根据上部结构对地基变形的适应能力和使用要求确定。

进行地基变形验算，必须具备比较详细的勘察资料和土工试验成果。这对于建筑安全等级不高的大量中、小型工程来说，往往不易办到，而且也没有必要。为此，《建筑地基基础设计规范》在确定各类土的地基承载力(第 7.4 节)时，已经考虑了一般中、小型建筑物在地质条件比较简单的情况下对地基变形的要求。所以，对满足表 7.2 要求的丙级建筑物，在按承载力确定基础底面尺寸之后，可不进行地基变形验算。

根据《建筑地基基础设计规范》，凡属以下情况之一者，在按地基承载力确定基础底面尺寸后，仍应作地基变形验算：

(1) 地基基础设计等级为甲、乙级的建筑物；

(2) 表 7.2 所列范围以内有下列情况之一的丙级建筑物：

① 地基承载力特征值小于 130 kPa，且体型复杂的建筑；

② 在基础上及其附近有地面堆载或相邻基础荷载差异较大，可能引起地基产生过大的不均匀沉降时；

③ 软弱地基上的相邻建筑存在偏心荷载时；

④ 相邻建筑距离过近，可能发生倾斜时；

⑤ 地基土内有厚度较大或厚薄不均的填土，其自重固结尚未完成时。

地基特征变形验算结果如果不满足式(7.24)的条件，可以先通过适当调整基础底面尺寸或埋深，如仍不满足要求，再考虑从建筑、结构、施工诸方面采取有效措施以防止不均匀沉降对建筑物的损害，或改用其他地基基础设计方案。

【例 7.8】 两个相同形式高 20 m 的砖砌石灰窑，采用 10 m×10 m 的钢筋混凝土基础(图 7.25)，基础埋深为 2.0 m，两基础间的净距离为 2.0 m，对应于荷载效应准永久组合时基底压力为 100 kPa，地基为均匀的淤泥质粉质黏土，重度为 15 kN/m³，压缩模量为 3.0 MPa，沉降计算修正系数取 1.37，试进行石灰窑的地基变形验算。

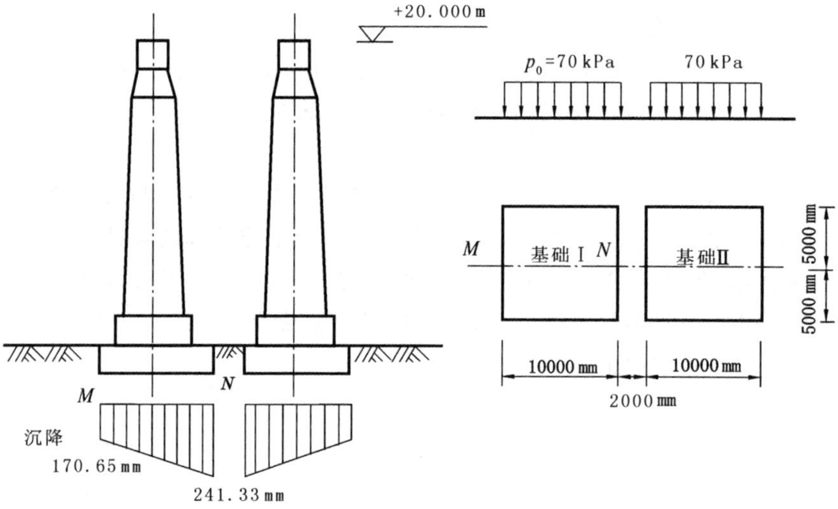

图 7.25　例 7.8 图

【解】 对石灰窑，按高耸结构基础验算其沉降量和倾斜。

(1) 基础底面处的附加应力 p_0

$$p_0 = p - \gamma_0 \cdot d = 100 - 15 \times 2.0 = 70 \text{ kPa}$$

(2) 基础沉降量计算

因为这两个基础条件相同，可只计算基础Ⅰ的 M、N 两点，该两点分别是沉降最小值和最大值点。

地基沉降计算深度 z_n 取 15.8 m，Δz 由表 4.6 确定为 0.8 m；由计算结果可知，该 z_n 满足 $\Delta s_n' \leqslant 0.025 \sum_{i=1}^{n} \Delta s_i'$ 的要求。

中间计算过程与结果列于表 7.21 中。

即两端点 M、N 处的沉降量分别为：

$$s_M = 1.37 \times 125 = 171 \text{ mm}$$

$$s_N = 1.37 \times 176 = 241 \text{ mm}$$

(3) 基础的倾斜

$$\tan\beta=\frac{s_N-s_M}{b}=\frac{241-171}{10000}=7‰$$

(4) 变形验算

由 $H_g=20$ m 及 $E_s=3.0$ MPa(高压缩性土)查表 7.20 可得石灰窑的沉降允许值为 400 mm,倾斜允许值为 8‰。

即:石灰窑的沉降与倾斜计算值均小于其允许值。

表 7.21 石灰窑沉降计算表[按《建筑地基基础设计规范》]

<table>
<tr><th rowspan="2">点</th><th rowspan="2">z
/mm</th><th colspan="3">基础Ⅰ
(b=5 m)</th><th colspan="3">基础Ⅱ
(b_1=5.0 m;b_2=2.0 m)</th><th rowspan="2">$\sum\bar{\alpha}_i$</th><th rowspan="2">$z_i\bar{\alpha}_i$</th><th rowspan="2">$z_i\bar{\alpha}_i-z_{i-1}\bar{\alpha}_{i-1}$</th><th rowspan="2">$\frac{p_0}{E_{Si}}$</th><th rowspan="2">$\Delta s_i'$
/mm</th><th rowspan="2">$\sum\Delta s_i'$
/mm</th><th rowspan="2">$\frac{\Delta s_n'}{\sum\Delta s_i'}$</th></tr>
<tr><th>l/b</th><th>z/b</th><th>$\bar{\alpha}_{i\text{I}}$</th><th>l/b</th><th>z/b</th><th>$\bar{\alpha}_{i\text{II}}$</th></tr>
<tr><td rowspan="6">M</td><td rowspan="2">0</td><td rowspan="6">$\frac{10}{5}=2.0$</td><td rowspan="2">0</td><td rowspan="2">2×0.2500=0.5</td><td rowspan="6">$\frac{22}{5}=4.4$
$\left(\frac{12}{5}=2.4\right)$</td><td rowspan="2">0</td><td rowspan="2">2×(0.2500−0.2500)=0</td><td rowspan="2">0.5</td><td rowspan="2">0</td><td rowspan="3">5219.2</td><td rowspan="4">0.0233</td><td rowspan="3">121.6</td><td rowspan="6">125</td><td rowspan="4"></td></tr>
<tr></tr>
<tr><td rowspan="2">16000</td><td rowspan="2">3.2</td><td rowspan="2">2×0.1562=0.3124</td><td rowspan="2">3.2</td><td rowspan="2">2×(0.1671−0.1602)=0.0138</td><td rowspan="2">0.3262</td><td rowspan="2">5219.2</td></tr>
<tr><td rowspan="3">126.6</td><td rowspan="3">2.9</td></tr>
<tr><td rowspan="2">16800</td><td rowspan="2">3.36</td><td rowspan="2">2×0.1518=0.3036</td><td rowspan="2">3.36</td><td rowspan="2">2×(0.1633−0.1560)=0.0146</td><td rowspan="2">0.3182</td><td rowspan="2">5345.8</td><td rowspan="8">0.0233</td><td rowspan="2">0.023</td></tr>
<tr></tr>
<tr><td rowspan="6">N</td><td rowspan="2">0</td><td rowspan="6">$\frac{10}{5}=2.0$</td><td rowspan="2">0</td><td rowspan="2">2×0.2500=0.5</td><td rowspan="6">$\frac{12}{5}=2.4$
$\left(\frac{5}{2}=2.5\right)$</td><td rowspan="2">0</td><td rowspan="2">2×(0.2500−0.2500)=0</td><td rowspan="2">0.5</td><td rowspan="2">0</td><td rowspan="3">7366.4</td><td rowspan="3">171.6</td><td rowspan="6">176</td><td rowspan="4"></td></tr>
<tr></tr>
<tr><td rowspan="2">16000</td><td rowspan="2">3.2</td><td rowspan="2">2×0.1562=0.3124</td><td rowspan="2">3.2
(8.0)</td><td rowspan="2">2×(0.1602−0.0861)=0.1482</td><td rowspan="2">0.4604</td><td rowspan="2">7366.4</td></tr>
<tr><td rowspan="3">193.6</td><td rowspan="3">4.5</td></tr>
<tr><td rowspan="2">16800</td><td rowspan="2">3.36</td><td rowspan="2">2×0.1518=0.3036</td><td rowspan="2">3.36
(8.4)</td><td rowspan="2">2×(0.1560−0.0828)=0.1464</td><td rowspan="2">0.4500</td><td rowspan="2">7560</td><td rowspan="2">0.026</td></tr>
<tr></tr>
</table>

注:基础Ⅱ(对基础Ⅰ影响)格中 l/b、z/b 带括号的数值均为应扣矩形的数值,相应的 $\bar{\alpha}$ 为负值。

7.7 扩展基础设计

扩展基础系指柱下钢筋混凝土独立基础和墙下钢筋混凝土条形基础。

7.7.1 扩展基础的构造要求

7.7.1.1 一般要求

(1) 基础边缘高度 锥形基础的边缘高度,不宜小于 200 mm[图 7.26(a)],且两个方向的坡度不宜大于 1∶3;阶梯形基础的每阶高度,宜为 300~500 mm[图 7.26(b)]。

(2) 基底垫层 通常在底板下浇筑一层素混凝土垫层。垫层厚度不宜小于 70 mm;常做:100 mm 厚素混凝土垫层,两边各伸出基础 100 mm。

(3) 钢筋 底板受力钢筋直径不应小于 10 mm,间距不应大于 200 mm,也不应小于 100 mm;当柱下钢筋混凝土独立基础的边长和墙下钢筋混凝土条形基础的宽度大于或等于 2.5 m 时,底板受力钢筋的长度可取边长或宽度的 0.9 倍,并宜均匀交错布置[图 7.26(c)]。底板钢筋的保护层,当有垫层时不小于 40 mm;无垫层时不小于 70 mm。扩展基础受力钢筋最小配筋率不应小于 0.15%。

(4) 混凝土 混凝土强度等级不应低于 C20。

7.7.1.2 现浇柱下独立基础的构造要求

锥形基础和阶梯形基础构造所要求的剖面尺寸在满足"一般要求"时可按图 7.27 要求设计。

现浇柱基础中应伸出插筋,插筋在柱内的纵向钢筋连接宜优先采用焊接或机械连接的接头,插筋在基础内应符合下列要求:

(1) 插筋的数量、直径,以及钢筋种类应与柱内的纵向受力钢筋相同。

(2) 插筋锚入基础的长度等应满足以下要求(图 7.28):

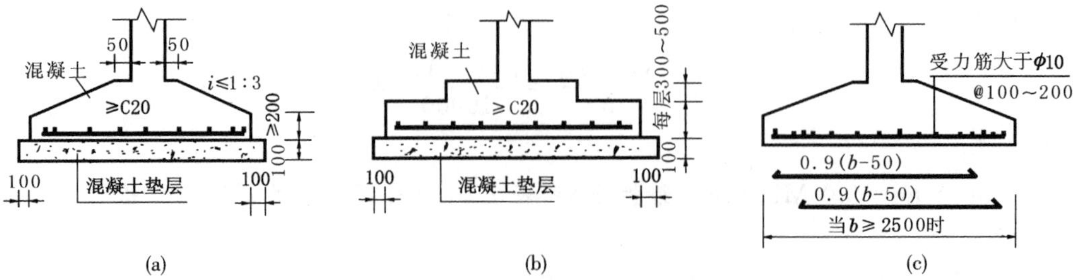

图 7.26　扩展基础构造的一般要求

(a) 锥形基础；(b) 阶梯形基础；(c) 钢筋配置

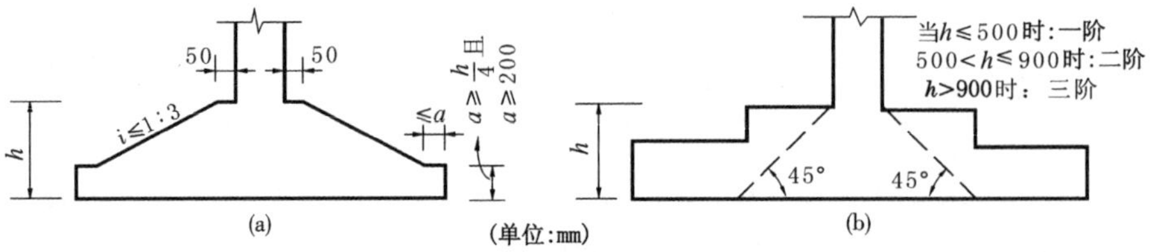

图 7.27　现浇钢筋混凝土柱基础剖面尺寸

(a) 锥形基础；(b) 阶梯形基础

① 当基础高度 h 较小时，轴心受压和小偏心受压柱 $h<1200$ mm，大偏心受压柱 $h<1400$ mm，所有插筋的下端宜做成直钩放在基础底板钢筋网上，并满足锚入基础长度应大于锚固长度 l_a 或 l_{aE} 的要求[l_a 应符合《混凝土结构设计标准》(GB/T 50010—2010)的规定；有抗震设防要求时：一、二级抗震等级 $l_{aE}=1.15l_a$，三级抗震等级 $l_{aE}=1.05l_a$，四级抗震等级 $l_{aE}=l_a$]。

② 当基础高度 h 较大时，轴心受压和小偏心受压柱 $h\geqslant1200$ mm，大偏心受压柱 $h\geqslant1400$ mm，可仅将四角插筋伸至基础底板钢筋网上，其余插筋只锚固于基础顶面下 l_a 或 l_{aE} 处。

③ 基础中插筋至少需分别在基础顶面下 100 mm 和插筋下端设置箍筋，且间距不大于 800 mm，基础中箍筋直径与柱中同。

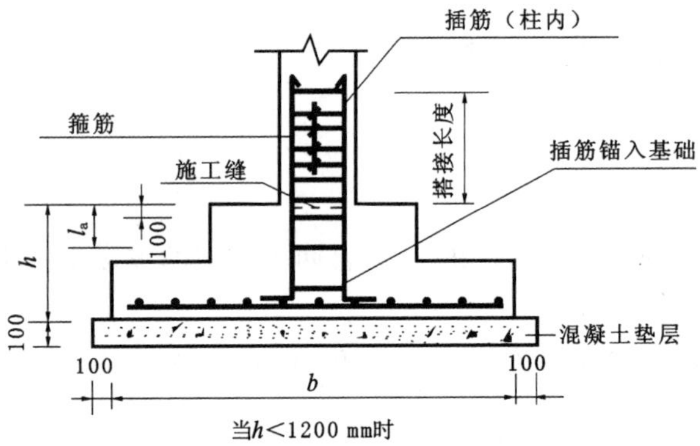

图 7.28　现浇钢筋混凝土柱与基础的连接

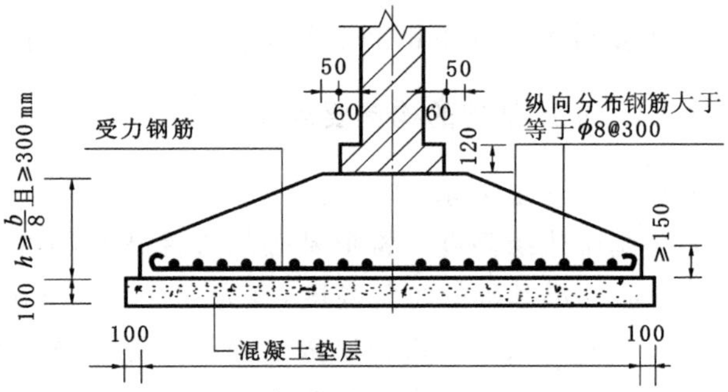

图 7.29　墙下钢筋混凝土条形基础的构造

7.7.1.3　墙下条形基础的构造要求

墙下钢筋混凝土条形基础按外形不同可分为无纵肋板式条形基础和有纵肋板式条形基础两种。

墙下无纵肋板式条形基础的高度 h 应按剪切计算确定。一般要求 $h\geqslant300$ mm($\geqslant b/8$，b 为基础宽度)。当 $b<1500$ mm 时，基础高度可做成等厚度；当 $b\geqslant1500$ mm 时，可做成变厚度，且板的边缘厚度不应小于 200 mm，坡度 $i\leqslant1:3$(图 7.29)。板内纵向分布钢筋大于或等于 $\phi8$ @300，且每延米分布钢筋的面积应不小于受力钢筋面积的 1/10。

当墙下的地基土质不均匀或沿基础纵向荷载分布不均匀时，为了抵抗不均匀沉降和加强条形基础的纵向抗弯能力，可做成有肋板条形基础。肋的纵向钢筋和箍筋一般按经验确定。

7.7.2 扩展基础的计算

在进行扩展基础结构计算，确定基础配筋和验算材料强度时，上部结构传来的荷载效应组合应按承载能力极限状态下荷载效应的基本组合；相应的基底反力为净反力（不包括基础自重和基础台阶上回填土重所引起的反力）。

7.7.2.1 墙下钢筋混凝土条形基础的底板厚度和配筋

(1) 中心荷载作用

墙下钢筋混凝土条形基础在均布线荷载 F(kN/m)作用下的受力分析可简化为如图 7.30 所示。它的受力情况如同一受 p_n 作用的倒置悬臂梁。p_n 是指由上部结构设计荷载 F 在基底产生的净反力（不包括基础自重和基础台阶上回填土重所引起的反力）。若取沿墙长度方向 $l=1.0$ m 的基础板分析，则：

$$p_n=\frac{F}{b \cdot l}=\frac{F}{b} \tag{7.25}$$

式中 p_n——相应于荷载效应基本组合时的地基净反力设计值(kPa)；

F——上部结构传至地面标高处的荷载设计值(kN/m)；

b——墙下钢筋混凝土条形基础宽度(m)。

在 p_n 作用下，将在基础底板内产生弯矩 M 和剪力 V，其值在图中Ⅰ—Ⅰ截面（悬臂板根部）最大。

$$V=p_n \cdot a_1 \tag{7.26a}$$

$$M=\frac{1}{2}p_n \cdot a_1^2 \tag{7.26b}$$

式中 V——基础底板根部的剪力设计值(kN /m)。

M——基础底板根部的弯矩设计值(kN·m/m)。

a_1——截面Ⅰ—Ⅰ至基础边缘的距离(m)，对于墙下钢筋混凝土条形基础，其最大弯矩、剪力的位置符合下列规定：当墙体材料为混凝土时，取 $a_1=b_1$；如为砖墙且放脚不大于 1/4 砖长时，取 $a_1=b_1+1/4$ 砖长。

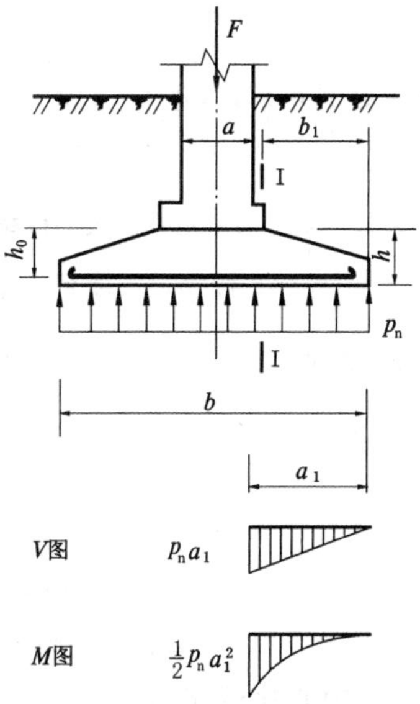

图 7.30 墙下钢筋混凝土条形基础受力分析

为了防止因 V、M 作用而使基础底板发生剪切破坏和弯曲破坏，基础底板应有足够的厚度和配筋。

① 基础底板厚度

墙下钢筋混凝土条形基础底板属不配置箍筋和弯起钢筋的受弯钢筋，应满足混凝土的抗剪切条件：

$$V \leqslant 0.7\beta_{hs} f_t h_0 \tag{7.27a}$$

或

$$h_0 \geqslant \frac{V}{0.7\beta_{hs} f_t} \tag{7.27b}$$

式中 f_t——混凝土轴心抗拉强度设计值。

h_0——基础底板有效高度(mm)，即基础板厚度减去钢筋保护层厚度（有垫层 40 mm，无垫层 70 mm）和 1/2 的钢筋直径。

β_{hs}——截面高度影响系数，$\beta_{hs}=(800/h_0)^{1/4}$；当 $h_0<800$ mm 时，取 $h_0=800$ mm；当 $h_0>2000$ mm 时，取 $h_0=2000$ mm。

② 基础底板配筋

应符合《混凝土结构设计标准》(GB/T 50010—2010)正截面受弯承载力计算公式。也有按简化矩形截面单筋板，当取 $\xi=x/h_0=0.2$ 时，按下式简化计算：

$$A_s=\frac{M}{0.9h_0 f_y} \tag{7.28}$$

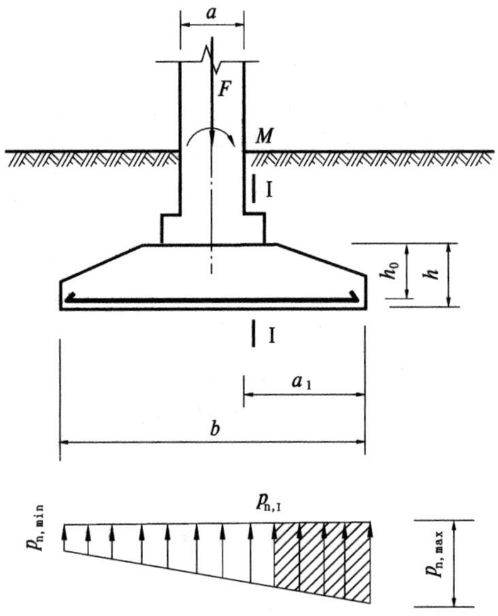

图 7.31　墙下条形基础受偏心荷载作用

式中　A_s——每米长基础底板受力钢筋截面面积；

f_y——钢筋抗拉强度设计值。

注意：实际计算时，将各数值代入上式时的单位应统一，即 M 取 $N\cdot mm/m$，h_0 取 mm，f_y 取 N/mm^2，A_s 为 mm^2/m。

(2) 偏心荷载作用

先计算基底净反力的偏心距 $e_{n,0}$：

$$e_{n,0}=\frac{M}{F}\quad（要求\leqslant\frac{b}{6}）\tag{7.29}$$

基础边缘处的最大和最小净反力为：

$$p_{\substack{n,max\\n,min}}=\frac{F}{bl}\left(1\pm\frac{6e_{n,0}}{b}\right)\tag{7.30a}$$

悬臂根部截面Ⅰ—Ⅰ(图 7.31)处的净反力为：

$$p_{n,I}=p_{n,min}+\frac{b-a_1}{b}(p_{n,max}-p_{n,min})\tag{7.30b}$$

基础的高度和配筋计算仍按式(7.27)和式(7.28)进行。这时，一般考虑 p_n 按 $p_{n,max}$ 取值，这样的计算结果，M、V 值略偏大，偏于安全。规范采用在计算剪力 V 和弯矩 M 时将式(7.25)和式(7.26)中的 p_n 改为 $\frac{1}{2}(p_{n,max}+p_{n,I})$；即图中阴影部分对截面Ⅰ—Ⅰ处的弯矩，这时计算弯矩的公式为：

$$M=\frac{1}{6}a_1^2\left(2p_{n,max}+p_{n,I}-\frac{3G}{b}\right)\tag{7.31}$$

这样计算，当 $p_{n,max}/p_{n,min}$ 的值较大时，计算的 M 值略偏小，结果偏于经济和不安全。

7.7.2.2　柱下钢筋混凝土单独基础底板厚度和配筋计算

(1) 中心荷载作用

① 基础底板厚度

在柱中心荷载 F(kN)作用下，如果基础高度(或阶梯高度)不足，则将沿着柱周边(或阶梯高度变化处)产生冲切破坏，形成45°斜裂面的角锥体(图 7.32)。因此，由冲切破坏锥体以外(A_l)的地基反力所产生的冲切力(F_l)应小于冲切面处混凝土的抗冲切能力。对于矩形基础，柱短边一侧冲切破坏较柱长边一侧危险，所以，一般只需根据短边一侧冲切破坏条件来确定底板厚底，即要求对矩形截面柱的矩形基础，应验算柱与基础交接处[图 7.33(a)]以及基础变阶处的受冲切承载力，按以下公式验算：

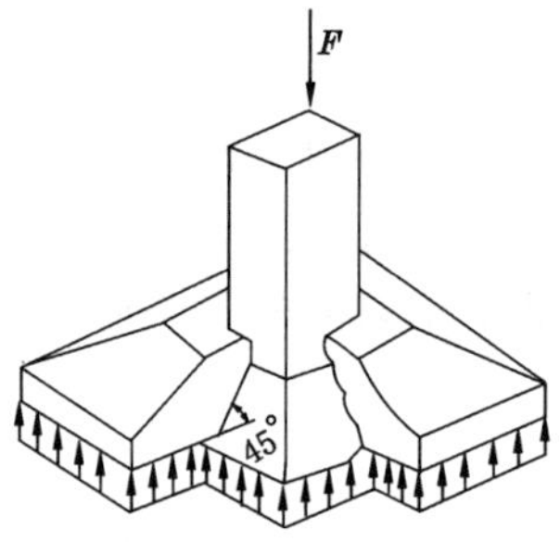

图 7.32　冲切破坏

$$F_l\leqslant 0.7\beta_{hp}f_t a_m h_0\tag{7.32}$$

式中　β_{hp}——受冲切承载力截面高度影响系数，当 $h\leqslant$800 mm 时，β_{hp} 取 1.0；当 $h\geqslant$2000 mm 时，β_{hp} 取 0.9；其间按线性内插法取值。

f_t——混凝土轴心抗拉强度设计值。

h_0——基础冲切破坏锥体的有效高度。

a_m——基础冲切破坏锥体最不利一侧计算长度，$a_m=(a_t+a_b)/2$。

a_t——基础冲切破坏锥体最不利一侧斜截面的边长，当计算柱与基础交接处的受冲切承载力时，取柱宽 b_c；当计算基础变阶处的受冲切承载力时，取上阶宽。

a_b——基础冲切破坏锥体最不利一侧斜截面在基础底面面积范围内的下边长，当冲切破坏锥体的

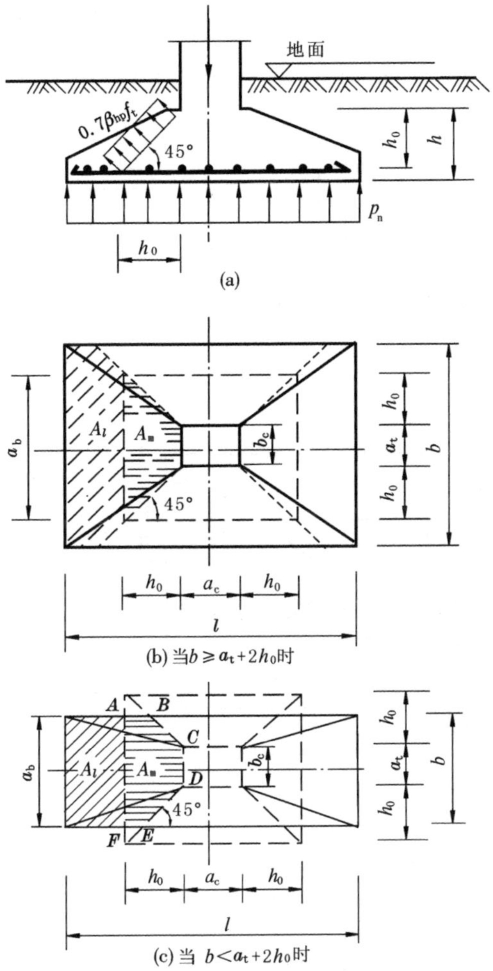

图 7.33 中心受压柱基础底板厚度的确定

底面落在基础底面以内[图 7.33(b)]，计算柱与基础交接处的受冲切承载力时，取柱宽加两倍基础有效高度；当计算基础变阶处的受冲切承载力时，取上阶宽加两倍该处的基础有效高度。当冲切破坏锥体的底面在 b 方向落在基础底面以外，即 $a_t+2h_0 \geqslant b$ 时[图 7.33(c)]，$a_b=b$。

F_l——相应于荷载效应基本组合时作用在 A_l 上的地基土净反力设计值；$F_l=p_nA_l$。

p_n——扣除基础自重及其上土重后相应于荷载效应基本组合时的地基土单位面积净反力。

A_l——冲切验算时取用的部分基底面积[图 7.33(b)、图 7.33(c)中的阴影面积]。

② 基础底板配筋

由于单独基础底板在地基净反力 p_n 作用下，在两个方向均发生弯曲，所以两个方向都要配受力钢筋，钢筋面积按两个方向的最大弯矩分别计算。计算时，应符合《混凝土结构设计标准》(GB/T 50010—2010)正截面受弯承载力计算公式，也有按式(7.28)简化计算。

图 7.34 各种情况的最大弯矩计算公式：

(a) 柱边(Ⅰ—Ⅰ截面)

$$M_{\mathrm{I}}=\frac{p_n}{24}(l-a_c)^2(2b+b_c) \tag{7.33}$$

(b) 柱边(Ⅱ—Ⅱ截面)

$$M_{\mathrm{II}}=\frac{p_n}{24}(b-b_c)^2(2l+a_c) \tag{7.34}$$

(c) 阶梯高度变化处(Ⅲ—Ⅲ截面)

$$M_{\mathrm{III}}=\frac{p_n}{24}(l-a_1)^2(2b+b_1) \tag{7.35}$$

(d) 阶梯高度变化处(Ⅳ—Ⅳ截面)

$$M_{\mathrm{IV}}=\frac{p_n}{24}(b-b_1)^2(2l+a_1) \tag{7.36}$$

当柱下独立柱基底面长短边之比 ω 在大于或等于 2、小于或等于 3 的范围时，基础底板短向钢筋应按下述方法布置：将短向全部钢筋面积乘以 λ($\lambda=1-\frac{\omega}{6}$)后求得的钢筋，均匀分布在与柱中心线重合的宽度等于基础短边的中间带宽范围内(图 7.33)，其余的短向钢筋则均匀分布在中间带宽的两侧。长向钢筋应均匀分布在基础全宽范围内。

(2) 偏心荷载作用

偏心受压基础底板厚度和配筋计算与中心受压情况基本相同。

偏心受压基础底板厚度计算时，只需将式(7.32)中的 p_n 换成偏心受压时基础边缘处最大设计净反力 $p_{n,\max}$ 即可(图 7.35)。

$$p_{n,\max}=\frac{F}{lb}\left(1+\frac{6e_{n,0}}{l}\right) \tag{7.37}$$

式中 $e_{n,0}$——净偏心距，$e_{n,0}=M/F$。

偏心受压基础底板配筋计算时，只需将式(7.33)至式(7.36)中的 p_n 换成偏心受压时柱边处(或变阶面处)基底设计反力 $p_{n,\mathrm{I}}$(或 $p_{n,\mathrm{II}}$)与 $p_{n,max}$的平均值$\frac{1}{2}(p_{n,max}+p_{n,\mathrm{I}})$或$\frac{1}{2}(p_{n,max}+p_{n,\mathrm{II}})$即可(图 7.36)。

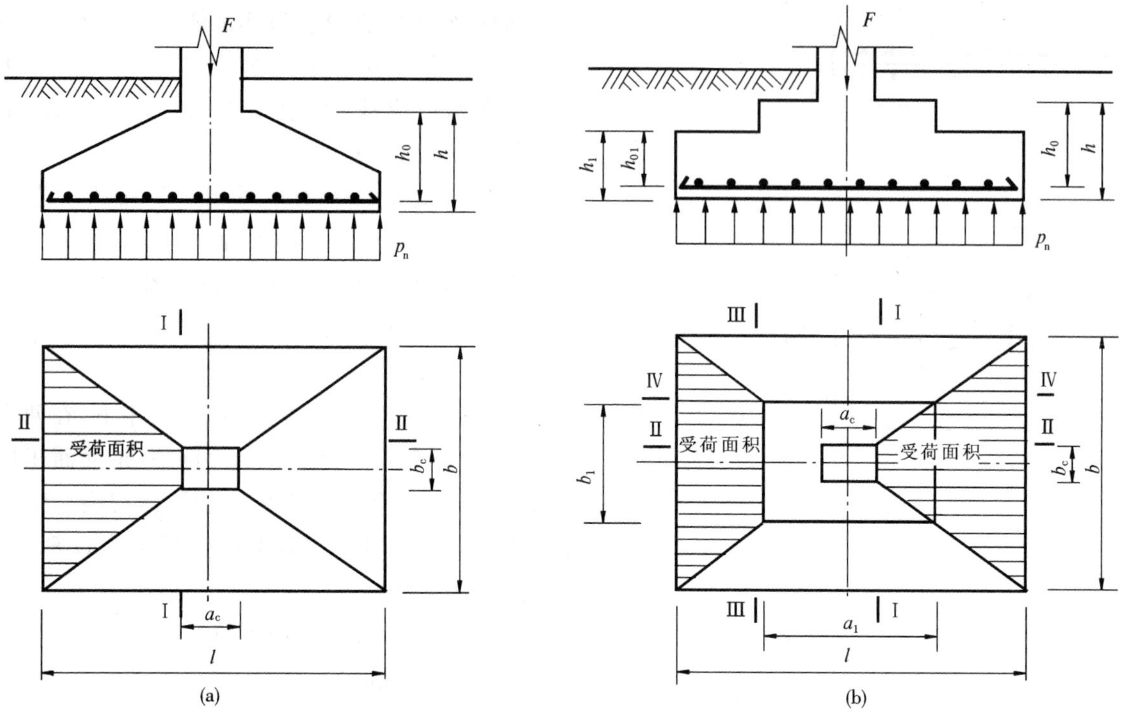

图 7.34　中心受压柱基础底板配筋计算

(a) 锥形基础；(b) 阶梯形基础

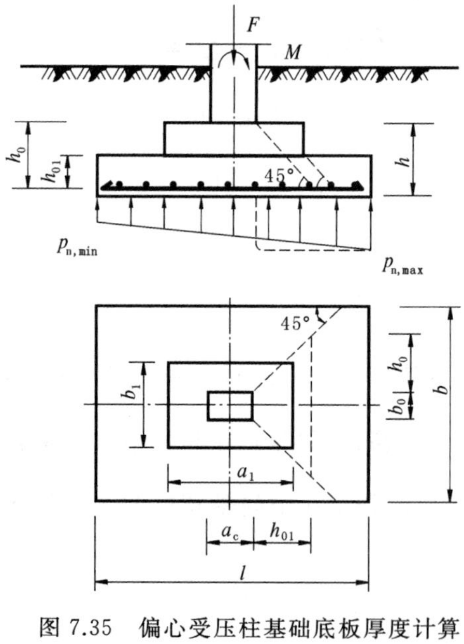

图 7.35　偏心受压柱基础底板厚度计算

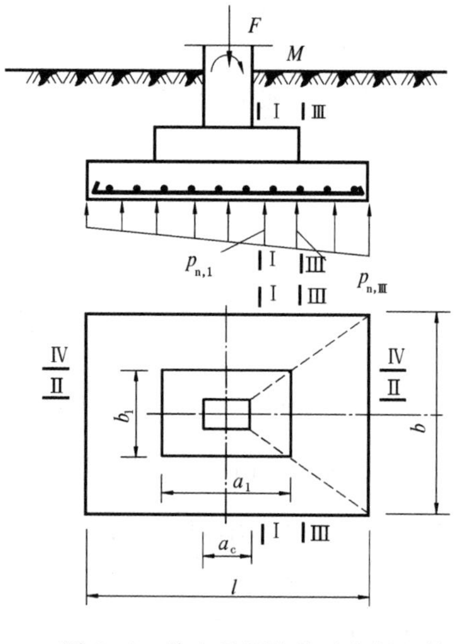

图 7.36　偏心受压柱基础底板配筋计算

【例 7.9】　已知某教学楼外墙厚 370 mm，传至基础顶面的竖向荷载标准值 F_k＝344 kN/m，室内外高差 0.90 m，基础埋深按 1.30 m 计算(以室外地面算起)，地基承载力特征值 f_a＝150 kPa(已对深度修正)。试设计该墙下钢筋混凝土条形基础。

【解】　(1)求基础宽度

$$b \geqslant \frac{F_k}{f_a - 20d} = \frac{344}{150 - 20 \times 1.75} = 2.99 \text{ m}$$

取基础宽度 $b = 3.00$ m $= 3000$ mm。

(2) 确定基础底板厚度

按 $h = \frac{b}{8} = \frac{3000}{8} = 375$ mm，根据墙下钢筋混凝土基础构造要求，初步绘制基础剖面如图 7.37 所示。墙下钢筋混凝土基础抗剪切验算如下：

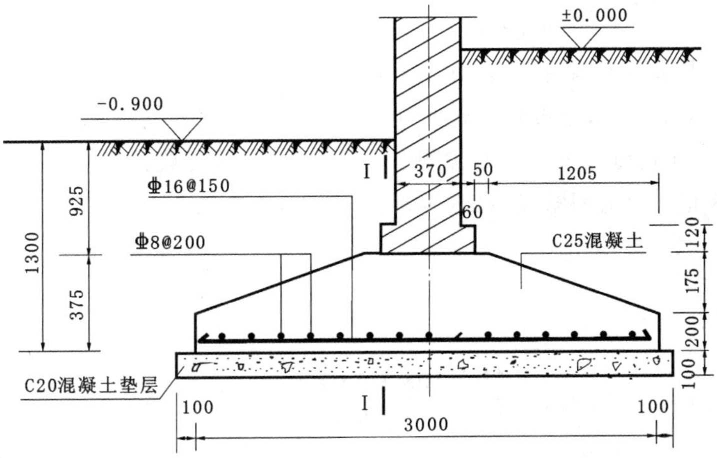

图 7.37 例 7.9 图

按《建筑地基基础设计规范》第 3.0.6 条的简化规则，由荷载标准值计算荷载设计值取荷载综合分项系数 1.35，因此，结构计算时上部结构传至基础顶面的竖向荷载设计值 F 简化计算：

$$F = 1.35F_k = 1.35 \times 344 = 464.4 \text{ kN/m}$$

按式(7.25)计算地基净反力设计值

$$p_n = \frac{F}{b} = \frac{464.4}{3.0} = 154.8 \text{ kPa}$$

按式(7.26a)计算Ⅰ—Ⅰ截面的剪力设计值

$$V = p_n \cdot a_1 = 154.8 \times 1.315 = 203.6 \text{ kN/m}$$

选用 C25 混凝土，$f_t = 1.27$ N/mm^2。

按式(7.27b)计算基础至少所需有效高度

$$h_0 = \frac{V}{0.7\beta_{hs} f_t} = \frac{203.6}{0.7 \times 1.0 \times 1.27} = 229.0 \text{ mm}$$

实际上基础有效高度 $h_0 = 375 - 40 - \frac{20}{2} = 325$ mm > 229.0 mm(按有垫层并暂按 20 mm 底板筋直径计)，满足要求。

(3) 底板配筋计算

按式(7.26b)计算Ⅰ—Ⅰ截面弯矩

$$M = \frac{1}{2} p_n a_1^2 = \frac{1}{2} \times 154.8 \times 1.315^2 = 133.8 \text{ kN} \cdot \text{m/m}$$

选用 HRB400 钢筋，$f_y = 360$ N/mm^2。

① 按单筋矩形截面受弯构件承载力基本公式求 A_s

$$\alpha_s = \frac{M}{\alpha_1 f_c b h_0^2} = \frac{133.8 \times 10^6}{1.0 \times 11.9 \times 1000 \times 325^2} = 0.106$$

由 $\alpha_s = \xi(1 - 0.5\xi)$，得：

$$\xi = 0.112$$

由 $\gamma_s = 1 - 0.5\xi$，得：

$$\gamma_s = 0.944$$

$$A_s = \frac{M}{\gamma_s h_0 f_y} = \frac{133.8 \times 10^6}{0.944 \times 325 \times 360} = 1211\ \text{mm}^2$$

② 按式(7.28)求 A_s

$$A_s = \frac{M}{0.9h_0 \cdot f_y} = \frac{133.8 \times 10^6}{0.9 \times 325 \times 360} = 1270\ \text{mm}^2$$

说明：以上方法①、方法②计算结果差别不大，方法②更简单。这里，按方法②计算结果配筋，选用 ⌽16@150（实配 $A_s = 1340\ \text{mm}^2$），分布钢筋选⌽8@200。基础剖面图如图 7.37 所示。

【例 7.10】 设计例 7.4 的框架柱下单独基础。作用在柱底的荷载效应基本组合设计值：$F = 950$ kN，$M = 108$ kN·m，$V = 18$ kN。（材料选用：C25 混凝土，HRB400 钢筋）

【解】

(1) 计算基底净反力

偏心距

$$e_{n,0} = \frac{M}{F} = \frac{108 + 18 \times 0.6}{950} = 0.125\text{m}$$

基础边缘处的最大和最小净反力

$$p_{\substack{n,\max \\ n,\min}} = \frac{F}{lb}\left(1 \pm \frac{6e_{n,0}}{l}\right) = \frac{950}{2.4 \times 1.6} \times \left(1 \pm \frac{6 \times 0.125}{2.4}\right) = \begin{matrix} 324.7\ \text{kPa} \\ 170.1\text{kPa} \end{matrix}$$

(2) 基础高度（采用阶梯形基础）

(a) 柱边基础截面抗冲切验算

$l = 2.4$ m，$b = 1.6$ m，$a_t = b_c = 0.3$ m，$a_c = 0.4$ m。

初步选择基础高度 $h = 600$ mm，从下至上分 350 mm、250 mm 两个台阶。$h_0 = 550$ mm（有垫层）。

$$a_t + 2h_0 = 0.3 + 2 \times 0.55 = 1.40\ \text{m} < b = 1.6\ \text{m}，取\ a_b = 1.40\ \text{m}$$

$$a_m = \frac{a_t + a_b}{2} = \frac{300 + 1400}{2} = 850\ \text{mm}$$

因偏心受压，p_n 取 $p_{n,\max}$。

冲切力：

$$F_l = p_{n,\max}\left[\left(\frac{l}{2} - \frac{a_c}{2} - h_0\right)b - \left(\frac{b}{2} - \frac{b_c}{2} - h_0\right)^2\right]$$

$$= 324.7 \times \left[\left(\frac{2.4}{2} - \frac{0.4}{2} - 0.55\right) \times 1.6 - \left(\frac{1.6}{2} - \frac{0.3}{2} - 0.55\right)^2\right]$$

$$= 203.54\text{kN}$$

抗冲切力：

$0.7\beta_{hp} f_t a_m h_0 = 0.7 \times 1.0 \times 1.27 \times 10^3 \times 0.85 \times 0.55 = 415.6\ \text{kN} > 203.54\ \text{kN}$，满足要求。

(b) 变阶处抗冲切验算

$$a_t = b_1 = 0.8\ \text{m}，a_1 = 1.2\ \text{m}，h_{01} = 350 - 50 = 300\ \text{mm}$$

$$a_t + 2h_{01} = 0.8 + 2 \times 0.30 = 1.40\ \text{m} < 1.60\ \text{m}，取\ a_b = 1.4\ \text{m}$$

$$a_m = \frac{a_t + a_b}{2} = \frac{0.8 + 1.4}{2} = 1.1\ \text{m}$$

冲切力：

$$F_l = p_{n,max}\left[\left(\frac{l}{2}-\frac{a_1}{2}-h_{01}\right)b-\left(\frac{b}{2}-\frac{b_1}{2}-h_{01}\right)^2\right]$$

$$=324.7\times\left[\left(\frac{2.4}{2}-\frac{1.2}{2}-0.30\right)\times 1.6-\left(\frac{1.6}{2}-\frac{0.8}{2}-0.30\right)^2\right]$$

$$=152.61\ \text{kN}$$

抗冲切力：

$0.7\beta_{hp}f_t a_m h_{01}=0.7\times 1.0\times 1.27\times 10^3\times 1.1\times 0.3=293.37\ \text{kN}>152.61\ \text{kN}$，满足要求

(3) 配筋计算

选用 HRB400 钢筋，$f_y=360\ \text{N/mm}^2$。

(a) 基础长边方向

Ⅰ—Ⅰ截面(柱边)

柱边净反力

$$p_{n,Ⅰ}=p_{n,min}+\frac{l+a_c}{2l}(p_{n,max}-p_{n,min})=170.1+\frac{2.4+0.4}{2\times 2.4}\times(324.7-170.1)=260.3\ \text{kPa}$$

悬臂部分净反力平均值：

$$\frac{1}{2}(p_{n,max}+p_{n,Ⅰ})=\frac{1}{2}\times(324.7+260.3)=292.5\ \text{kPa}$$

弯矩：

$$M_Ⅰ=\frac{1}{24}\left(\frac{p_{n,max}+p_{n,Ⅰ}}{2}\right)(l-a_c)^2(2b+b_c)$$

$$=\frac{1}{24}\times 292.5\times(2.4-0.4)^2\times(2\times 1.6+0.3)=170.6\ \text{kN}\cdot\text{m}$$

$$A_{s,Ⅰ}=\frac{M_Ⅰ}{0.9f_y h_0}=\frac{170.6\times 10^6}{0.9\times 360\times 550}=957.4\ \text{mm}^2$$

Ⅲ—Ⅲ截面(变阶处)

$$p_{n,Ⅲ}=p_{n,min}+\frac{l+a_1}{2l}(p_{n,max}-p_{n,min})=170.1+\frac{2.4+1.2}{2\times 2.4}\times(324.7-170.1)=286.1\ \text{kPa}$$

$$M_Ⅲ=\frac{1}{24}\left(\frac{p_{n,max}+p_{n,Ⅲ}}{2}\right)(l-a_1)^2(2b+b_1)$$

$$=\frac{1}{24}\times\left(\frac{324.7+286.1}{2}\right)\times(2.4-1.2)^2\times(2\times 1.6+0.8)=73.3\ \text{kN}\cdot\text{m}$$

$$A_{s,Ⅲ}=\frac{M_Ⅲ}{0.9f_y h_{01}}=\frac{73.3\times 10^6}{0.9\times 360\times 300}=754\ \text{mm}^2$$

比较 $A_{s,Ⅰ}$ 和 $A_{s,Ⅲ}$，应按 $A_{s,Ⅰ}$ 配筋，实际配 9⌀12，$A_s=986\ \text{mm}^2>957.4\ \text{mm}^2$。

(b)基础短边方向

因该基础受单向偏心荷载作用，所以，在基础短边方向的基底反力可按均匀分布计算，取 $p_n=\frac{1}{2}(p_{n,max}+p_{n,min})$计算。

$$p_n=\frac{1}{2}\times(324.7+170.1)=247.4\ \text{kPa}$$

与长边方向的配筋计算方法相同，可得Ⅱ—Ⅱ截面(柱边)的计算配筋值 $A_{s,Ⅱ}$；Ⅳ—Ⅳ截面(变阶处)的计算配筋值 $A_{s,Ⅳ}$ 均小于构造要求。实际按构造配筋⌀12@150(即 17⌀12)。

基础配筋如图 7.38 所示。

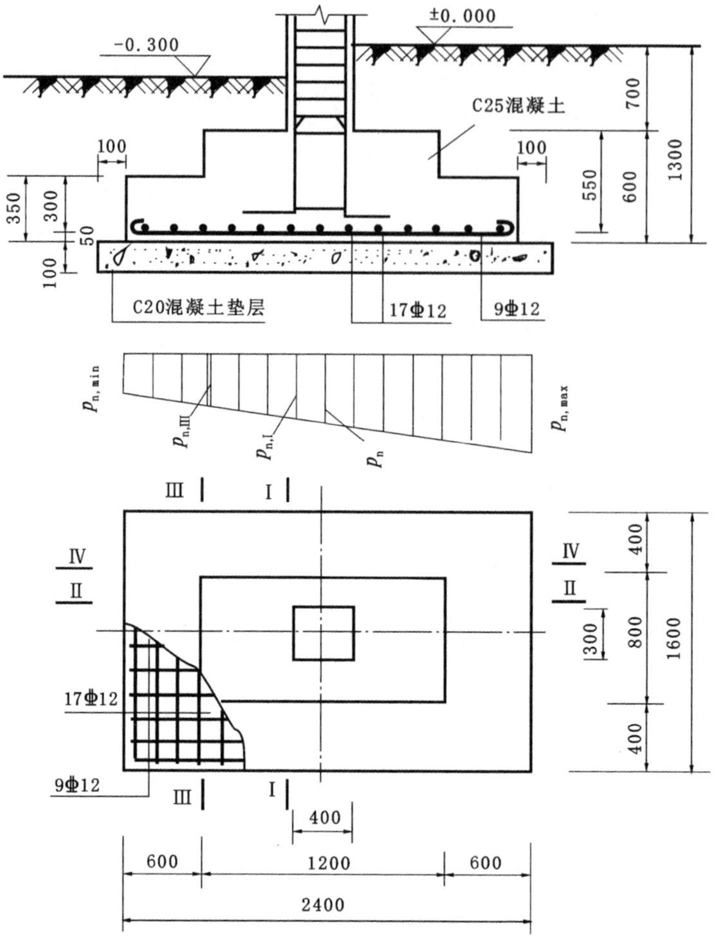

图 7.38　基础配筋示意图

7.8　柱下钢筋混凝土条形基础设计

一般情况下，柱下应首先考虑设置独立基础。但是，若遇柱荷载较大、各柱荷载差过大、地基承载力低或地基土质变化较大等情况，采用独立柱基无法满足设计要求时，则可考虑采用柱下条形基础、筏形基础或箱形基础等。本节在介绍地基基础与上部结构相互作用的概念后，主要介绍柱下钢筋混凝土条形基础的设计计算方法。

7.8.1　地基基础与上部结构相互作用的概念

7.8.1.1　基本概念

通常，建筑结构设计是把上部结构、基础与地基三者作为彼此离散独立结构单元进行力学分析的，稍加推敲，即可发现有不合理之处。因为地基、基础和上部结构沿接触点（或面）分离后，虽然要求满足静力平衡条件，但却完全忽略了三者间受荷前后的变形连续性。事实上，地基、基础和上部结构三者是相互联系成整体来承担荷载而发生变形的，三者都将按各自的刚度对变形产生相互制约作用，从而使整个体系的内力（包括柱脚和基底反力）和变形（包括地基变形）发生变化。因此，合理的力学分析方法，原则上应该以地基、基础和上部结构之间必须同时满足静力平衡和变形协调两个条件为前提，只有这样，才能揭示三者在外荷载作用下相互制约、彼此影响的内在联系，从而达到安全、经济、合理的目的。

按地基、基础和上部结构共同作用的原则进行整体的相互作用分析是相当复杂的。因为，这意味着不但要建立能正常反映结构影响的分析理论和便于借助计算机的有效计算方法，而且还要研究选用能够合理反映土的变形特征的地基计算模型及其参数。正因为如此，直到20世纪60年代后期，随着电算技术与方法的迅速发展，以及土的应力-应变本构关系探讨的继续深入，相互作用的研究才得以开展并受到广泛重视。到目前为止，基于相互作用的分析还处于研究阶段，刚性基础、扩展基础仍然采用前述的常规简化设计计算方法。本节及其下节讨论的柱下条形基础、筏形基础或箱形基础等常用弹性地基梁板的分析理论（文克勒模型等），但也仅仅考虑了地基与基础的相互影响，还未涉及上部结构刚度的影响。尽管如此，掌握地基、基础与上部结构相互作用的基本概念无疑将有助于了解各类基础的性能、正确选择地基基础方案、评价地基基础常规的简化设计与实际之间的可能差异、理解影响地基特征变形容许值的因素和采取防止不均匀沉降损害的措施等有关问题，因此，在设计实践中，设计者可以运用基于相互作用分析的"概念设计"方法对上部结构、基础的设计结果进行合理的调整。

7.8.1.2　相对刚度的影响

在上部结构、基础与地基的共同作用中，起重要影响的是："上部结构＋基础"与地基之间的刚度比，称为"相对刚度"。对这一问题的考虑，首先看两种极端情况：一是相对刚度为零，二是相对刚度趋于无穷大。

当结构相对刚度为零，即所谓"结构绝对柔性"，上部结构不会对地基变形产生影响。按条形均布柔性荷载作用[图7.39(a)]为例：按半无限弹性体解答，地基附加应力 σ_x 由中心至边缘逐渐减小，基础两端中心点下的 $\sigma_z=\dfrac{p_0}{2}$，相应的地基变形和弯矩图示呈同一趋势，即中间大而两端小，称为正向挠曲整体弯曲。实际工程中，属于结构绝对柔性的建筑结构是没有的，而以屋架—柱—基础为承重体系的木结构和排架结构与之接近，所以常称这两种结构为"柔性结构"。

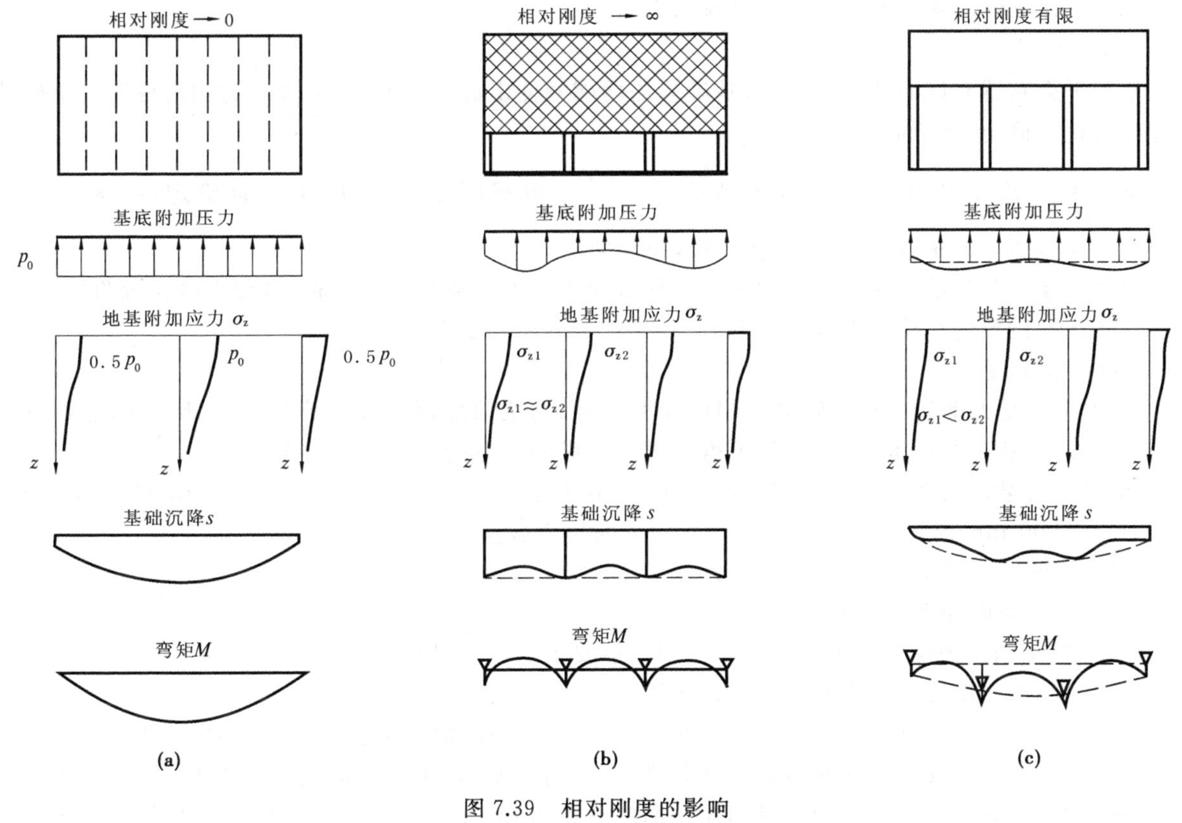

图7.39　相对刚度的影响

(a) 结构绝对柔性；(b) 结构绝对刚性；(c) 结构相对刚性

结构相对刚度趋于无穷大，即所谓"结构绝对刚性"。以上部刚度为无穷大的柱下条形基础[图7.39(b)]为例：各柱底相当于基础梁的不动铰支座，在沉降发生时柱底总是在一条直线上，即柱底处地基附加应力 σ_z 相等。上部结构和基础总体有弯曲趋势，但在柱间，即力学意义上的支座之间却因地基反力作用产生了类似于连续梁的弯曲，这就是所谓的局部弯曲。实际工程中，体形简单、长高比很小，采用框架、剪力墙或筒体结构的高层建筑及烟囱、水塔等高耸结构物基本属于这种情况，所以也称为“刚性结构”。

建筑工程中常见的砌体承重结构和钢筋混凝土框架结构，其相对刚度一般都是有限的，称之为结构相对刚性或弹性结构。这种结构对地基不均匀沉降的反应很灵敏。例如：框架结构有有限的结构相对刚度，一方面可以调整地基不均匀沉降，但在调整地基不均匀沉降的同时，也引起了结构中的附加应力，可能会导致结构的变形乃至开裂，因此，也可将之称为敏感性结构。在上部结构与地基基础共同作用下相对刚度有限的结构变形与内力，可视作为整体弯曲与局部弯曲的叠加[参见图 7.39(c)]。

7.8.1.3 工程处理中的规定

考虑上部结构、基础与地基共同作用下时的工程处理方法可参照以下规定：

① 按照具体条件可不考虑或计算整体弯曲时，必须采取措施同时满足整体弯曲的受力要求。

② 从结构布置上，限制梁板基础（或称连续基础）在边柱或边墙以外的挑出尺寸，以减轻整体弯曲效应。

③ 在确定地基反力图形时，除箱形基础按相应规范的明确规定外，柱下条形基础和筏形基础纵向两端起向内一定范围，如 1～2 开间，将平均反力加大 10%～20%设计。

④ 基础梁板的受拉钢筋至少应部分通长配置（具体数量详见有关规范），在合理的条件下，通长钢筋以多为好，尤其是顶面抵抗跨中弯曲的受拉钢筋。对筏板基础，这种钢筋应全部通长配置为宜。

7.8.2 柱下钢筋混凝土条形基础的构造要求和内力计算

柱下钢筋混凝土条形基础由单根梁或交叉梁及其伸出的底板所组成(图 7.7、图 7.8)。

7.8.2.1 柱下钢筋混凝土条形基础的构造要求

(1) 外形尺寸

在基础平面布置允许的情况下，条形基础梁的两端宜伸出边柱之外 $0.25l_1$（l_1 为边跨柱距）；基础的底板宽度应由计算确定[图 7.40(a)]。

肋梁高度 h 应由计算确定，宜为柱距的 $\frac{1}{8}\sim\frac{1}{4}$。翼板厚度 h_f 也应由计算确定，一般不应小于 200 mm；当 $h_f>250$ mm 时，宜用变厚度翼板，板顶坡面 $i\leqslant1:3$[图 7.40(d)]。

一般柱下条形基础沿梁纵向取等截面。当柱截面边长大于或等于肋宽时，可仅在柱位处将肋部加宽，现浇柱与条形基础梁的交接处平面尺寸不应小于图 7.40(e)的要求。

(2) 钢筋和混凝土

① 梁内纵向受力钢筋　宜优先选用 HRB400 钢筋，肋梁顶部钢筋按计算配筋全部贯通，底部纵向受力钢筋应有 2～4 根通长配筋，且其面积不得小于底部纵向受力钢筋总面积的 1/3。

② 箍筋　肋梁内的箍筋应做成封闭式，直径不小于 8 mm；当梁宽 $b\leqslant350$ mm 时用双肢箍，当 300 mm$<b\leqslant800$ mm 时用四肢箍，当 $b>800$ mm 时用六肢箍。

③ 底板钢筋　直径不宜小于 10 mm，间距 100～200 mm。

④ 混凝土　强度等级不应低于 C20。

基础垫层、钢筋保护层厚度可参考扩展基础构造要求的“一般规定”。

7.8.2.2 柱下钢筋混凝土条形基础内力计算

柱下钢筋混凝土条形基础由于梁长度方向的尺寸与其截面高度相比较大，可以看成地基上的受弯构件，它的挠曲特性、基底反力和截面内力相互关联，并且与地基、基础、上部结构的相对刚度特性有关。因此，应该从地基、基础以及上部结构三者相互作用的观点出发，选择适当的方法进行设计计算。

(1) 弹性地基梁方法

随着人们认识的发展，曾经提出过不少模拟地基与基础相互作用时，能反映主要力学性状的地基基础模型。然而，由于地基基础问题的复杂性，不管哪一种模型都难以反映地基基础工作性状的全貌，因而各具有一定的局限性。以下只简单介绍目前较为常用的几种属于线性变形体的弹性地基梁模型和计算方法。

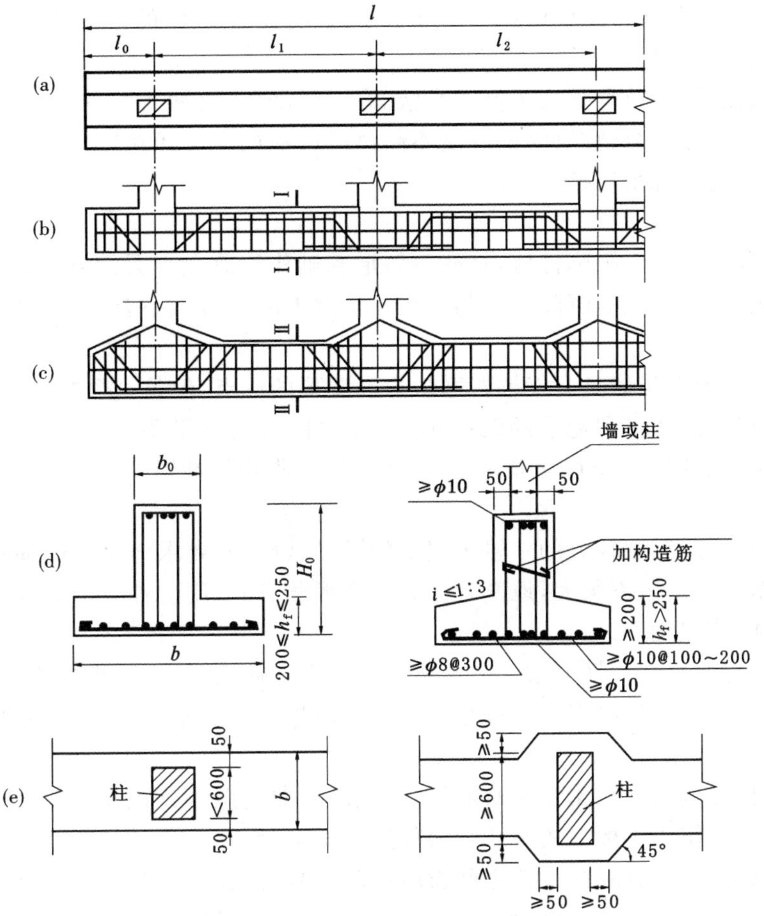

图 7.40　柱下条形基础的构造

(a) 平面图；(b)、(c) 纵剖面图；(d) 横剖面图；(e) 现浇柱与条形基础梁交接处平面尺寸

① 基床系数法(又称“文克勒法”，E. Winkler，1837 年)

基本假定：地基上任一点所受的压力强度 P 与该点的地基沉降 s 成正比，关系式如下：

$$P = k \cdot s \tag{7.38}$$

式中：比例常数 k 称为基床反力系数(简称“基床系数”，单位：MN/m^3)。

根据这个假定，既然地面上某点的沉降与作用于别处的压力无关，所以，实质上就是把地基看成无数分割开的小土柱组成的体系[图 7.41(a)]，或者，进一步用一根根弹簧代替土柱，则地基是由许多互不相连的弹簧所组成[图 7.41(b)]。这就是著名的文克勒地基模型。由式(7.38)可知，文克勒模型的基底反力图与基础的竖向位移图是相似的。如果基础是刚性的，则基底反力图按线性分布[图 7.41(c)]，这就是第 2 章和本章中的基底反力简化计算方法所依据的计算图式。

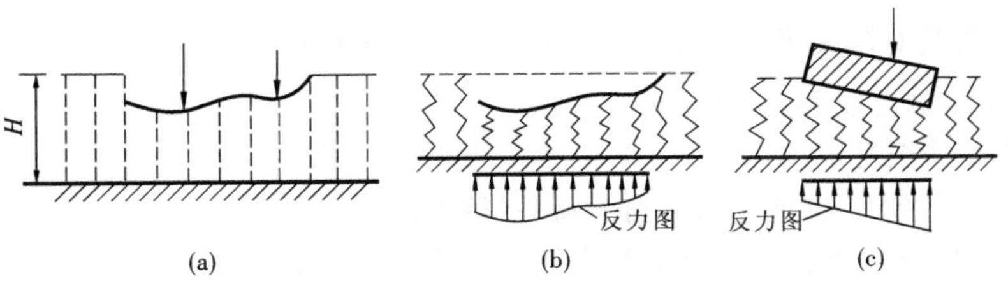

图 7.41　文克勒地基模型

(a) 侧面无摩阻力的土柱体系；(b) 弹簧模型；(c) 文克勒地基上的刚性基础

按照文克勒模型，地基的沉降只发生在基底范围以内，这与实际情况不符。其原因在于忽略了地基中的剪应力，而正是由于剪应力的存在，地基中的附加应力 σ_z 才能向旁边扩散分布，使基底以外的地表发生沉降。为了弥补这个缺陷，有人曾经在文克勒模型的基础上作了改进，例如：考虑相邻小土柱之间存在摩

阻力的弗拉索夫（Впасов）模型，以及在弹簧上加一拉紧的无伸缩性的薄膜组成的菲洛宁柯-鲍罗基契（Филоненко-Бороличу）模型等。

文克勒模型的适用条件：抗剪强度很低的半液态土（如淤泥、软黏土等）地基或塑性区相对较大土层上的柔性基础，采用该方法比较合适。此外，厚度不超过梁或板的 1/2 短边宽度的薄压缩层地基（如薄的破碎岩层）上的柔性基础也适合采用该方法。

② 半无限弹性体法

基本假定：假定地基为半无限弹性体，将柱下条形基础作为放在半无限弹性体表面上的梁，当荷载作用在半无限弹性体表面时，某点的沉降不仅与作用在该点上的压力大小有关，同时也和邻近处作用的荷载有关。

半无限弹性体空间模型虽然具有能够扩散应力和变形的优点，但是，它的扩散能力往往超过地基的实际情况，所以计算所得的沉降量和地表的沉降范围，往往比实测结果要大。这与它具有无限大的压缩层（沉降计算深度）有关；尤其是它未能考虑到地基的成层性、非均匀性以及土体应力-应变关系的非线性等重要因素。

适用条件：用于压缩层深度较大的一般土层上的柔性基础，并要求地基土的弹性模量和泊松比值较为准确。当作用于地基上的荷载不很大，地基处于弹性变形状态时，用这种方法计算才较符合实际。

(2) 简化的内力计算方法

手算时有两种简化的内力计算方法——倒梁法和剪力平衡法（静定分析方法）。它们都是按线性分布的基底净反力计算的方法；按这种假定计算基底反力的前提是要求基础具有足够的相对刚度。

① 倒梁法

基本假定：基础板与地基土相比为绝对刚性，基础的弯曲挠度不致改变地基压力；地基压力分布呈直线或平面分布，其重心与作用于板上的荷载合力作用线相重合。

倒梁法认为上部结构是刚性的，各柱之间没有沉降差异，因而可把柱脚视为条形基础的铰支座，支座间不存在相对的竖向位移。这种计算模型，只考虑出现于柱间的局部弯曲，而略去基础全长发生的整体弯曲，因而所得的柱位处截面的正弯矩与柱间最大负弯矩绝对值相比较，比其他方法均衡，所以基础不利截面的弯矩最小。

适用条件：《建筑地基基础设计规范》规定，若地基较均匀，上部结构刚度较好，荷载分布较均匀，且条形基础梁的高度大于 1/6 柱距时，地基反力可按直线分布，条形基础梁的内力可按连续梁计算；此时边跨跨中弯矩及第一支座的弯矩值宜乘以 1.2 的系数。否则，宜按弹性地基梁方法求算内力。

内力计算：

a.根据柱传至梁上的荷载，按偏心受压[图 7.42(a)]计算，基础梁边缘处最大和最小地基净反力：

$$\begin{matrix} p_{\max} \\ p_{\min} \end{matrix} = \frac{\sum F_i}{bl} \pm \frac{\sum M_i}{W} \tag{7.39}$$

式中 $\sum F_i$ ——上部结构作用在基础梁上的竖向荷载设计值总和（不包括基础及回填土重力）(kN)；

$\sum M_i$ ——外荷载对基底形心弯矩设计值的总和（kN · m）；

b, l——条形基础的宽度和长度(m)；

W——基础底面的抵抗矩(m^3)。

b.将柱底视为不动铰支座，以地基净反力为荷载，按多跨连续梁方法求得梁的内力[图 7.42(b)]。

c.倒梁法求得的支座反力可能会不等于原先用于基底净反力的竖向柱荷载。如例 7.11 中的 C 支座的反力(1660 kN)比原来的竖向柱荷载(1754 kN)减少了 94 kN。这既可理解为上部结构的整体刚度对基础整体弯曲的抑制作用，使柱荷载的分布均匀化；也反映了倒梁法计算所得的支座反力与基底反力不平衡的这一主要缺点。对此，实践中有采用所谓“基底反力局部调整法”，即：可将支座处的不平衡力均匀分布在本支座两侧各 1/3 跨度范围内，从而将地基反力调整为台阶状，再按倒梁法计算出内力后叠加。

② 剪力平衡法（静定分析方法）

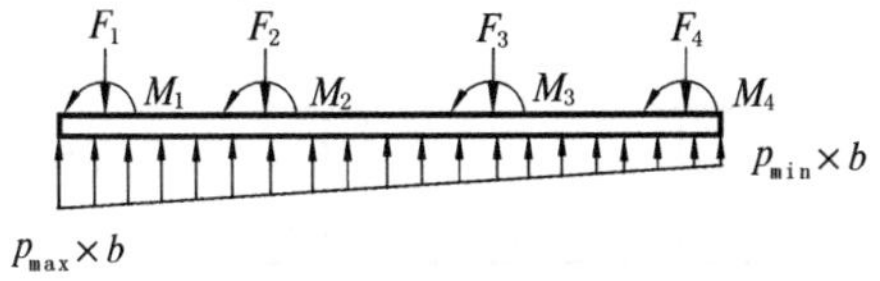

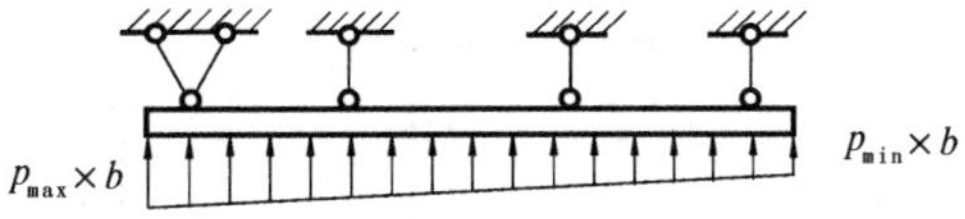

图 7.42　用倒梁法计算地基梁简图

(a) 基底反力分布；(b) 按连续梁求内力

假定地基反力按直线分布，其值仍按式(7.39)计算。求出净反力分布后，基础上所有的作用力都已确定，可按静力平衡条件(剪力平衡)计算出任意截面 i 上的弯矩 M_i 和剪力 V_i。

剪力平衡法未考虑地基基础与上部结构的相互作用，因而在荷载和直线分布的基底反力作用下产生整体弯曲。与其他方法比较，这样计算所得的基础不利截面上弯矩绝对值一般较大。但此法只宜用于上部为柔性结构，且自身刚度较大的条形基础以及联合基础。

【例 7.11】 试确定图 7.43(a)所示条形基础的底面尺寸，并用简化计算方法分析内力。已知：基础埋深 $d=1.5$ m，地基承载力特征值 $f_a=120$ kPa，其余数据如图 7.43 所示。

【解】 (1) 确定基础底面尺寸

各柱竖向力的合力，距图 7.43(a)中 A 点的距离 x 为

$$x=\frac{960\times14.7+1754\times10.2+1740\times4.2}{960+1754+1740+554}=7.85\ \text{m}$$

考虑构造需要，基础伸出 A 点外 $x_1=0.5$ m，如果要求竖向力合力与基底形心重合，则基础必须伸出图中 D 点之外 x_2：

$$x_2=2\times(7.85+0.5)-(14.7+0.5)=1.5\ \text{m}\quad（等于边距的 1/3）$$

基础总长度　　$l=14.7+0.5+1.5=16.7$ m

需基础底板宽度 b：

$$b\geqslant\frac{1}{l}\cdot\frac{\sum F_k}{f_a-\gamma_G\cdot d}=\frac{410+1289+1300+711}{16.7\times(120-20\times1.5)}=2.47\ \text{m}$$

取 $b=2.5$ m 设计。

(2) 内力分析

① 倒梁法

因荷载的合力通过基底形心，故地基反力是均布的，沿基础每米长度上的净反力值 $q_n=(960+1754+1740+554)/16.7=300$ kN/m。

以柱底 A、B、C、D 为支座，按弯矩分配法分析三跨连续梁，其弯矩 M 和剪力 V 值如图 7.43(b)所示。

② 剪力平衡法

按静力平衡条件计算内力：

$$M_A=\frac{1}{2}\times300\times0.5^2=38\ \text{kN}\cdot\text{m}$$

$$V_{A左}=300\times0.5=150\ \text{kN}$$

$$V_{A右}=150-554=-404\ \text{kN}$$

AB 跨内最大负弯矩的截面至 A 点的距离 $a_1=\frac{554}{300}-0.5=1.35$ m，则：

$$M_1=\frac{1}{2}\times300\times(0.5+1.35)^2-554\times1.35=-234\ \text{kN}\cdot\text{m}$$

$$M_B=\frac{1}{2}\times300\times(0.5+4.2)^2-554\times4.2=987\ \text{kN}\cdot\text{m}$$

$$V_{B左}=300\times(0.5+4.2)-554=856\ \text{kN}$$

$$V_{B右}=856-1740=-884\ \text{kN}$$

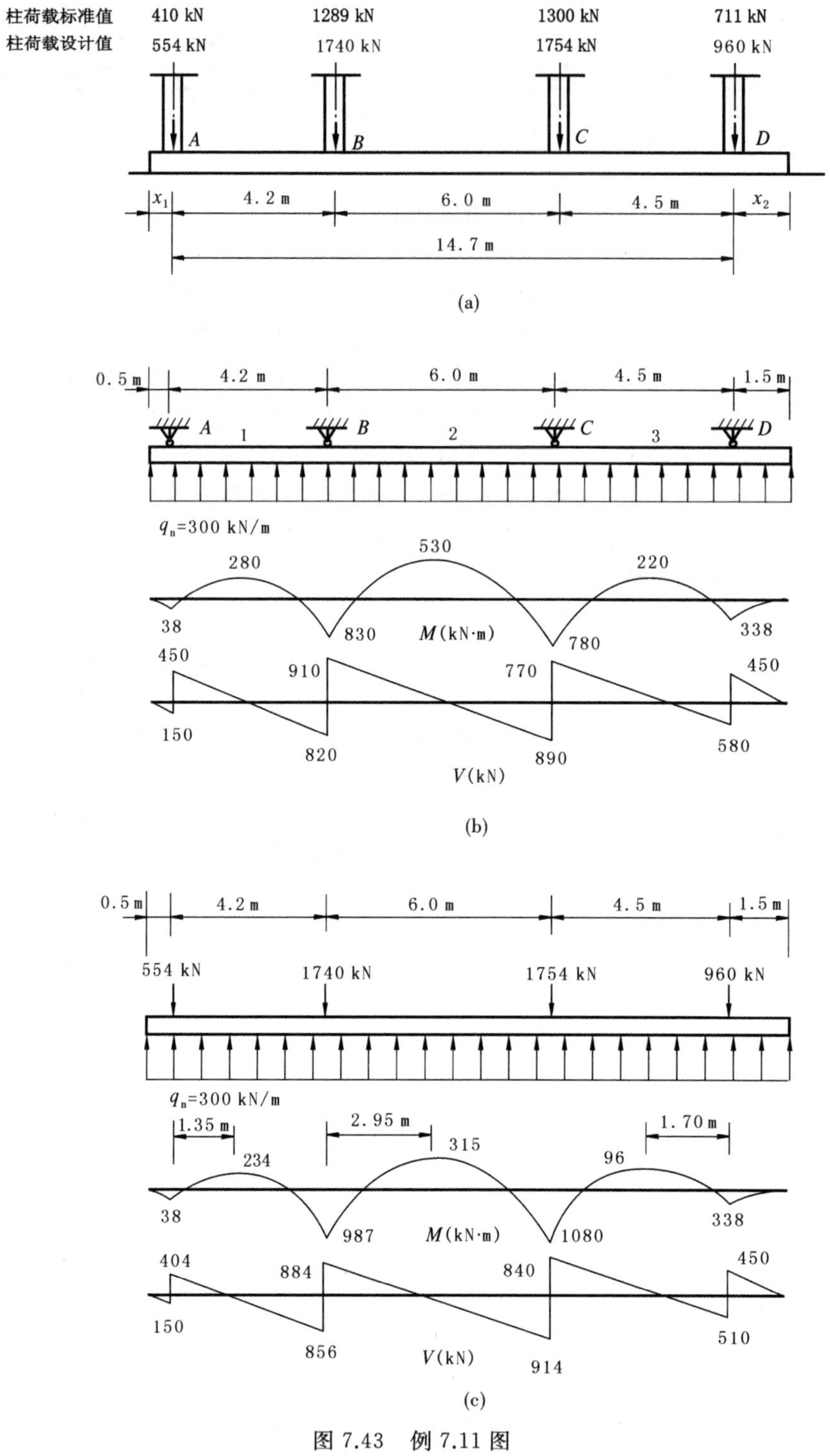

图 7.43　例 7.11 图

(a) 条形基础示意图;(b) 倒梁法计算;(c) 剪力平衡法计算

其余各截面的 M、V 均仿此计算,结果如图 7.43(c)所示。

比较两种方法的计算结果,按剪力平衡法算出的支座弯矩较大;按倒梁法算得的跨中弯矩较大。

【例 7.12】 图 7.44 所示为某柱网布置图。已知 B 轴线上边柱荷载设计值 $F_1=1080$ kN,中柱 $F_2=1310$ kN,初选基础埋深为 1.5 m,地基土承载力特征值 $f_a=120$ kPa,试设计 B 轴线上条形基础 JL-2。

【解】 (1) 确定基底面积

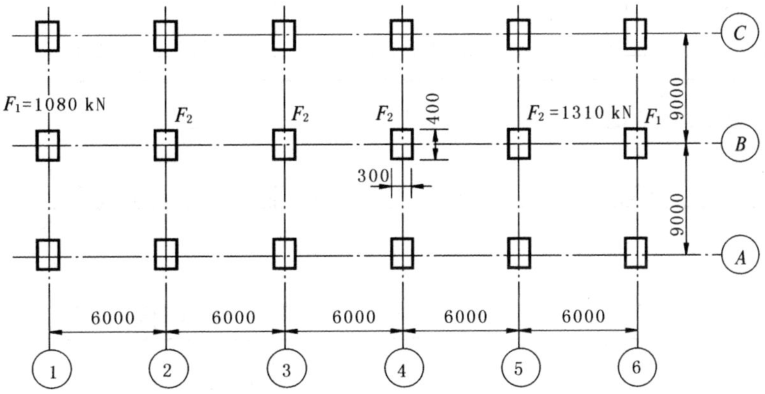

图 7.44　柱网平面布置

基础两端放出：
$$\frac{l}{3}=\frac{6}{3}=2\ \mathrm{m}$$

基础底宽度(综合荷载分项系数取 1.35，基础梁两端外伸初选 2.0 m)：

$$b \geqslant \frac{\sum F/1.35}{l(f_a-20d)}=\frac{1310\times4+1080\times2}{[(6\times5+2\times2)\times(120-20\times1.5)]\times1.35}=2.48\ \mathrm{m}$$

取 $b=2.50$ m 设计。

(2) 梁的弯矩计算

在对称荷载作用下，由于基础底面反力为均匀分布，因此单位长度地基的净反力为：

$$q_n=\frac{\sum F}{l}=\frac{7400}{34}=218\ \mathrm{kN/m}$$

基础梁可看成在均布线荷载 q_n 作用下以柱为支座的五跨等跨度连续梁。为了计算方便，可将图 7.45(a)分解为图 7.45(b)和图 7.45(c)两部分。

图 7.45(b)用力矩分配法计算，A 截面处的固端弯矩为：

$$M_A^G=\frac{1}{2}q_nl^2=\frac{1}{2}\times218\times2.0^2=436\ \mathrm{kN\cdot m}$$

在图 7.45(c)的荷载作用下，利用五跨等跨连续梁的相应弯矩系数 m，可得有关截面的弯矩：

支座 B(和 B')：

$$M_B=m_Bq_nl^2=-0.105\times218\times6^2=-824\ \mathrm{kN\cdot m}$$

其余同(略)。

将图 7.45(b)与图 7.45(c)的弯矩叠加，即为按倒梁法计算所得的 JL-2 梁的弯矩图[图 7.45(d)]。

(3) 梁的剪力计算

$$V_{A左}=218\times2.0=436\ \mathrm{kN}$$

$$V_{A右}=\frac{q_nl}{2}-\frac{M_B-M_A}{l}=\frac{218\times6}{2}-\frac{700-436}{6}=610\ \mathrm{kN}$$

$$V_{B左}=\frac{q_nl}{2}+\frac{M_B-M_A}{l}=654+\frac{700-436}{6}=698\ \mathrm{kN}$$

$$V_{B右}=654-\frac{651-700}{6}=662\ \mathrm{kN}$$

$$V_{C左}=654+\frac{651-700}{6}=646\ \mathrm{kN}$$

$$V_{C右}=654\ \mathrm{kN}$$

基础梁 TJ-2 的剪力图绘于图 7.45(e)。

(4) 梁板部分计算

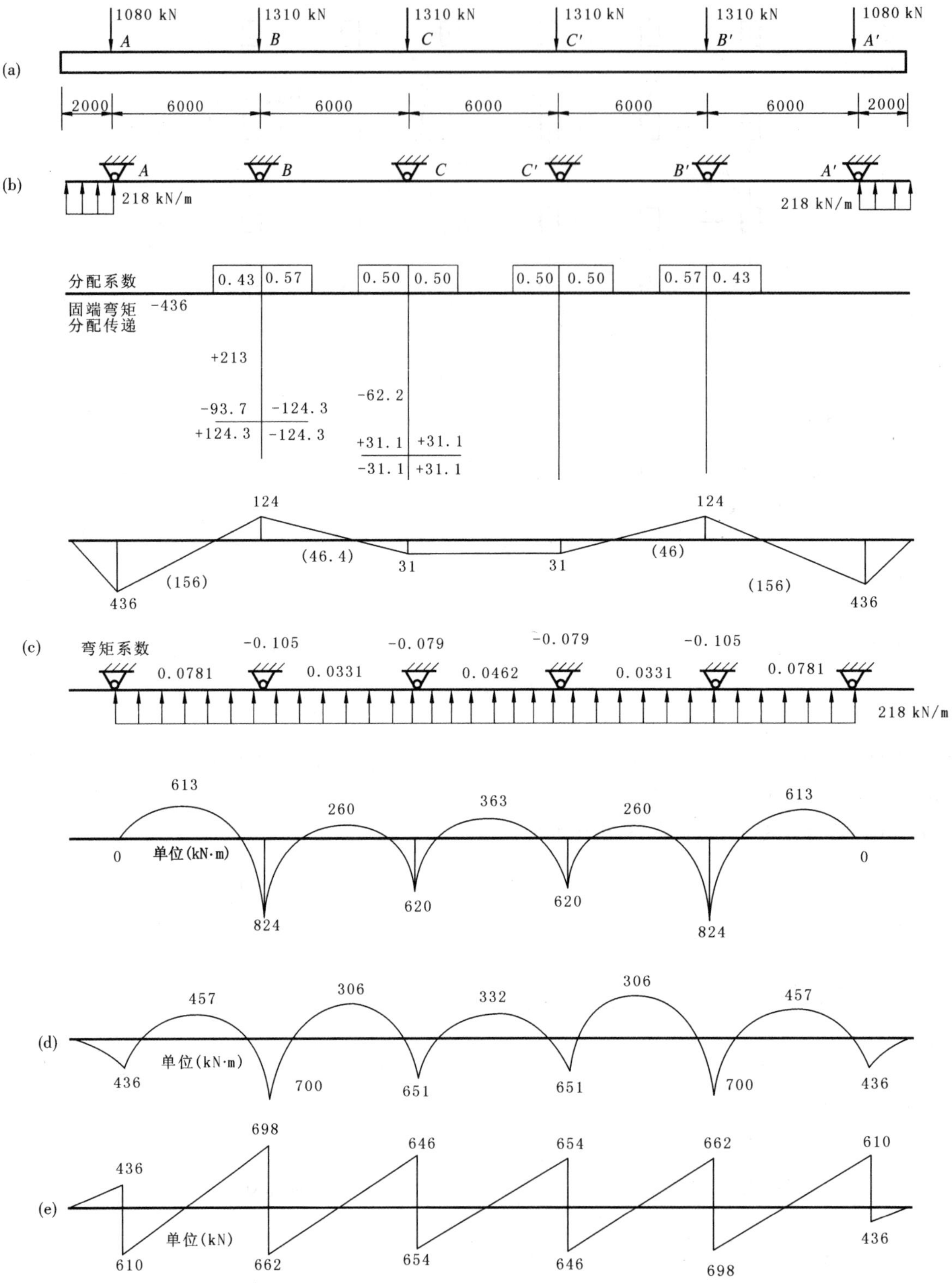

图 7.45　基础梁内力分析

基底宽 2500 mm，主肋宽 500 mm(400＋2×50)，翼板外挑长度$\frac{1}{2}\times(2500-500)=1000$ mm，翼板外边缘厚度 200 mm，梁肋处（相当于翼板固定端）翼板厚度 300 mm（图 7.46）。翼板采用 C30 混凝土，$f_t=1.43\ \text{N/mm}^2$，HRB400 钢筋，$f_y=360\ \text{N/mm}^2$。

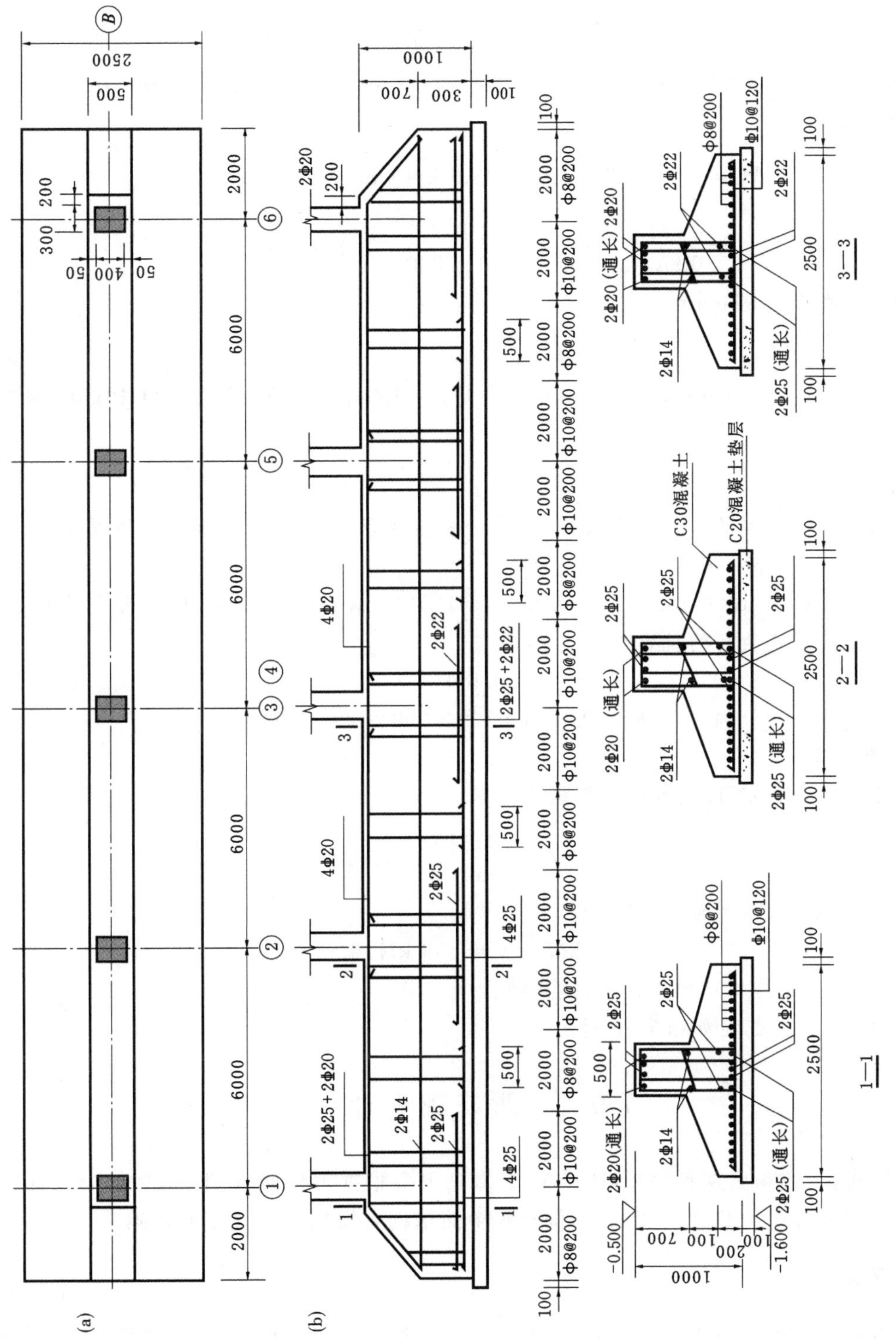

图7.46 基础梁详图
(a) 平面图;(b) 配筋图

基底净反力设计值：

$$p_n=\frac{q_n}{b}=\frac{218}{2.5}=87.2\text{ kPa}$$

① 斜截面抗剪强度验算(按每米长计)

$$V=87.2\times1.0=87.2\text{ kN/m}$$

$$h_0=\frac{V}{0.7\beta_{hs}f_t}=\frac{87.2}{0.7\times1.0\times1.43}=87.1\text{ mm}$$

实际 $h_0=300-40-10=250$ mm(假定受力筋直径为 20 mm,有垫层)>87.1 mm,满足要求。

② 翼板受力筋计算

$$M=\frac{1}{2}\times87.2\times1.0^2=43.6\text{ kN}\cdot\text{m/m}$$

$$A_s=\frac{M}{0.9h_0f_y}=\frac{43.6\times10^6}{0.9\times250\times360}=538.3\text{ mm}^2\text{/m}$$

配⏀10@120(实际 $A_s=654\text{ mm}^2$)。

(5) 肋梁部分计算

肋梁高取 $\frac{l}{6}=\frac{6000}{6}=1000$ mm,宽 500 mm。主筋用 HRB400 钢筋,箍筋用 HPB300 钢筋,C30 混凝土。

① 正截面强度计算

根据图 7.45(d)的 JL-2 梁 M 图,对各支座、跨中分别按矩形、T 形截面进行正截面强度计算。

轴②支座处($M=700$ kN·m):

由:梁宽 500 mm、梁高 1000 mm,C30 混凝土,HRB400 钢筋,按《混凝土结构设计标准》(GB/T 50010—2010)计算得到该处截面的抗弯配筋率 ρ:

$$\rho=0.48\%$$

配筋：

$$A_s=\rho bh_0=0.48\%\times500\times950=2280\text{ mm}^2$$

② 斜截面强度计算

轴②左边截面($V=698$ kN),混凝土抗剪强度计算：

$$[V_{cs}]=0.7\beta_{hs}f_th_0=0.7\times\left(\frac{800}{950}\right)^{\frac{1}{4}}\times1.43\times950=903\text{ kN}$$

按构造配筋,配Φ10@200 箍筋(四肢箍)。

$$[V_{cs}]=903\text{ kN}>V=698\text{ kN},满足要求$$

各部位的正、斜截面配筋均可列表计算,此处略。

统一调整后,JL-2 梁的配筋如图 7.46 所示。

7.9 筏形基础设计

筏形基础有平板式、梁板式两种类型(图 7.9)。其选型应根据工程地质、上部结构体系、柱距、荷载大小以及施工条件等因素确定。框架-核心筒结构和筒中筒结构宜采用平板式筏形基础。

7.9.1 构造要求

筏形基础的混凝土强度等级不应低于 C30,当有地下室时应采用防水混凝土,防水混凝土的防渗等级应根据地下水的最大水头与防渗混凝土厚度的比值,按相关规范选用,对于重要建筑,必要时宜设架空排水层。

当筏形基础的厚度大于 2000 mm 时,宜在板厚中间部位设置直径不小于 12 mm、间距不大于 300 mm 的双向钢筋网。

梁板式筏形基础的底板和基础梁的配筋除了应满足计算要求外，纵横方向的底部钢筋尚应有不少于1/3 贯通全跨，且其配筋率不应小于 0.15%，顶部钢筋按计算配筋全部贯通。

对于梁板式筏形基础，当底板区板为双向板时，其底板厚度与最大双向板格的短边净跨之比不应小于1/14，且板厚不应小于 400 mm，单向板时，厚度不小于 400 mm。

平板式筏形基础的柱下板带和跨中板带的底部钢筋应有不少于 1/3 贯通全跨，且配筋率不应小于0.15%，顶部钢筋应按计算配筋全部贯通。

采用筏形基础的地下室，地下室钢筋混凝土外墙厚度不应小于 250 mm，内墙厚度不应小于 200 mm。墙的截面设计除了应满足计算承载力要求外，尚应考虑变形、抗裂及防渗等要求。墙体内应设置双面钢筋，竖向钢筋的直径不应小于 10 mm，水平钢筋的直径不应小于 12 mm，间距不应大于 200 mm。

地下室底层柱、剪力墙与梁板式筏形基础的基础梁连接时，要求：柱、墙的边缘至基础梁边缘的距离不应小于 50 mm[图 7.47(a)]；当交叉基础梁的宽度小于柱截面的边长时，交叉基础梁连接处应设置八字角，角柱与八字角之间的净距不应小于 50 mm[图 7.47(b)]；单向基础梁与柱的连接、基础梁与剪力墙的连接分别按图 7.47(c)和图 7.47(d)采用。

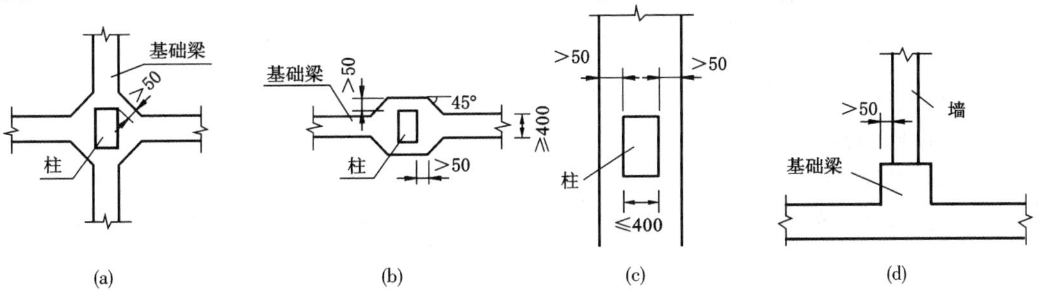

图 7.47　地下室底层柱或剪力墙与基础梁连接的构造要求

筏板与地下室外墙的接缝、地下室外墙沿高度处的水平接缝应严格按施工缝要求施工，必要时可设通长止水带。

7.9.2　筏形基础的结构和内力计算

确定筏形基础底面形状和尺寸时首先应考虑使上部结构荷载的合力点接近基础底面的形心。如果荷载不对称，宜调整筏板的外伸长度，但伸出长度从轴线算起横向不宜大于 1500 mm，纵向不宜大于1000 mm，且同时宜将肋梁挑至筏板边缘。无外伸肋梁的筏板，其伸出长度宜适当减小。如果上述调整措施不能完全达到目的，对上肋式、地面架空的布置形式，尚可采取调整筏上填土（或其他荷载）等措施以改变合力点位置。

对单栋建筑物，在地基土比较均匀的条件下，在荷载效应准永久组合下的偏心距 e 宜符合下式要求：

$$e \leqslant 0.1W/A \tag{7.40}$$

式中　W——与偏心距方向一致的基础底面边缘的抵抗矩；

A——基础底面面积。

7.9.2.1　简化计算方法——“倒楼盖”法

“倒楼盖”法是将筏形基础看作一个放置在地基上的楼盖，柱、墙视为该楼盖的支座，地基净反力视为作用在该楼盖上的外荷载，按混凝土结构中的单向或双向梁板的肋梁楼盖、无梁楼盖方法进行计算。按“倒楼盖”法简化计算时，一般只计算局部弯曲，并假定基底反力为直线分布（或平面分布）进行计算。必须注意：如果地基地质比较均匀、上部结构和基础的刚度足够大，这种假定才认为是合理的。对柱下梁板式筏形基础，如果框架柱网在两个方向的尺寸比小于 2，且柱网内无小基础梁时，筏板按双向多跨连续板、肋梁按多跨连续梁计算内力，若柱网内设有小基础梁，把底板分割成长短边比大于 2 的矩形格板时，筏板按单向板计算，主、次肋梁仍按多跨连续梁计算内力。对柱下平板式筏形基础，可仿效无梁楼盖计算方法，分别截取柱下板带与柱间板带进行计算。

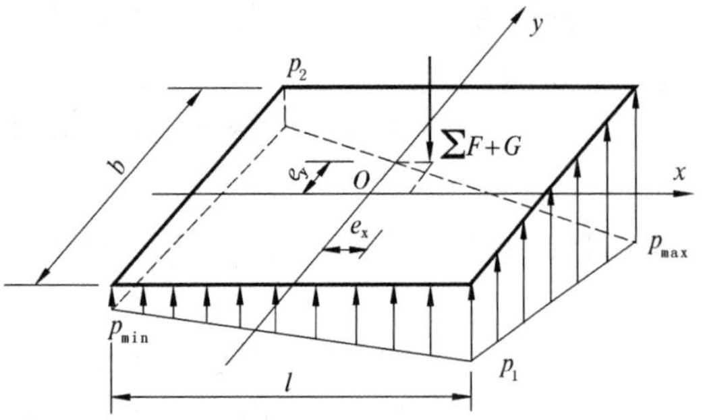

图 7.48 基底反力简化计算

《建筑地基基础设计规范》规定，当地基土比较均匀、地基压缩层范围内无软弱土层或可液化土层，上部结构刚度较好，柱网和荷载较均匀，相邻柱荷载及柱间距变化不超过20%，且梁板式筏基梁的高跨比或平板式筏基板的厚跨比不小于1/6时，筏形基础可仅考虑局部弯曲作用。筏形基础的内力，可按基底反力直线分布(或平面分布)进行计算，计算时基底反力应扣除底板自重及其上填土的自重。当不满足上述要求时，筏形基础的内力应按弹性地基上梁板方法进行分析计算。

对于矩形筏形基础，基底反力可按下列偏心受压公式进行简化计算(图 7.48)：

$$\begin{matrix} p_{max}, p_1 \\ p_{min}, p_2 \end{matrix} = \frac{\sum F + G}{lb}\left(1 \pm \frac{6e_x}{l} \pm \frac{6e_y}{b}\right) \tag{7.41}$$

式中 $p_{max}, p_{min}, p_1, p_2$——基底四个角的基底压力值(kPa)；

$\sum F$——筏板上的总竖向荷载设计值(kN)；

G——基础及其上土的重力(kN)，$G=20dlb$；

l, b——筏板底面长与宽(m)；

d——筏板的埋置深度(m)；

e_x, e_y——上部结构荷载在 x、y 方向对基底形心的偏心距(x、y 轴通过基底形心)：

$$e_x = \frac{M_y}{\sum F + G} \tag{7.42}$$

$$e_y = \frac{M_x}{\sum F + G} \tag{7.43}$$

M_x, M_y——竖向荷载设计值的合力点对 x、y 轴的力矩(kN·m)。

确定筏基底面面积时同样应满足式(7.16)、式(7.17)的要求。

7.9.2.2 结构承载力计算

(1) 梁板式筏形基础

梁板式筏形基础底板除了应计算截面受弯承载力外，其厚度还应满足受冲切承载力、受剪切承载力的要求。

① 冲切承载力计算

梁板式筏形基础底板受冲切承载力按下式计算：

$$F_l \leqslant 0.7\beta_{hp} f_t u_m h_0 \tag{7.44}$$

式中 F_l——作用在图 7.49 中阴影部分面积上的地基土平均净反力设计值；

u_m——距基础梁边 $h_0/2$ 处冲切临界截面的周长。

当底板区格为矩形双向板时，底板受冲切所需的有效厚度 h_0 按下式计算：

$$h_0 = \frac{(l_{n1} + l_{n2}) - \sqrt{(l_{n1} + l_{n2}) - \dfrac{4p_n l_{n1} l_{n2}}{p_n + 0.7\beta_{hp} f_t}}}{4} \tag{7.45}$$

式中 l_{n1}, l_{n2}——计算格板的短边和长边的净长度；

p_n——相应于荷载效应基本组合的地基土平均净反力设计值。

② 剪切承载力计算

Ⅰ.梁板式筏形基础双向底板受剪切承载力应符合下式要求：

$$V_s \leqslant 0.7\beta_{hs} f_t (l_{n2} - 2h_0) h_0 \tag{7.46}$$

式中　V_s——距基础梁边缘 h_0 处，作用在图 7.50 阴影部分面积上的地基土平均净反力设计值。

Ⅱ.当梁板式筏形基础为单向底板时，其斜截面受剪承载力同墙下条形基础斜截面受剪。

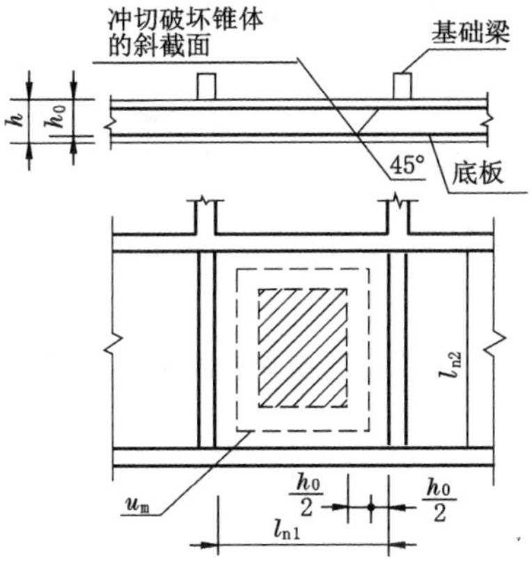

图 7.49　底板冲切计算示意图

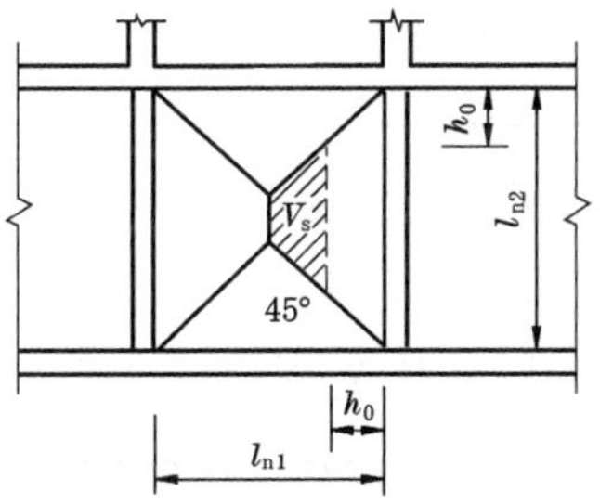

图 7.50　底板剪切计算示意图

（2）平板式筏形基础

① 冲切承载力计算

a.柱的冲切临界截面的最大剪应力

高层建筑平板式筏形基础的板厚应满足冲切承载力的要求。计算时应考虑作用在冲切临界截面重心上的不平衡弯矩产生的附加剪力。对基础边柱和角柱进行冲切验算时，其冲切力应分别乘以 1.1 和 1.2 的增大系数。距柱边 $h_0/2$ 处冲切临界截面的最大剪应力 τ_{max} 应按下列公式计算。板的最小厚度不应小于 500 mm。

$$\tau_{max} = \frac{F_l}{u_m h_0} + \frac{\alpha_s M_{unb} c_{AB}}{I_s} \tag{7.47}$$

$$\tau_{max} \leqslant 0.7(0.4 + 1.2/\beta_s)\beta_{hp} f_t \tag{7.48}$$

式中　F_l——相应于荷载效应基本组合时的集中力设计值，对内柱取轴力设计值减去筏板冲切破坏锥体内的地基土反力设计值；对边柱、角柱，取轴力设计值减去筏板冲切临界截面范围内的地基反力设计值。

u_m——距柱边 $h_0/2$ 处冲切临界截面的周长。

α_s——不平衡弯矩通过冲切临界截面上的偏心剪力来传递的分配系数，$\alpha_s = 1 - \dfrac{1}{1 + \dfrac{2}{3}\sqrt{(c_1/c_2)}}$。

M_{unb}——作用在冲切临界截面重心上的不平衡弯矩设计值，由图 7.51 按下式计算：

$$M_{unb} = N \cdot e_N - P \cdot e_p \pm M_C$$

c_{AB}——沿弯矩作用方向，冲切临界截面重心至冲切临界截面最大剪应力点的距离。

I_s——冲切临界截面对其重心的极惯性矩。

β_s——柱截面长边与短边的比值，当 $\beta_s < 2$ 时，β_s 取 2；当 $\beta_s > 4$ 时，β_s 取 4。

c_1——与弯矩作用方向一致的冲切临界截面的边长。

c_2——垂直于 c_1 的冲切临界截面的边长。

其中：u_m、c_{AB}、I_s、c_1、c_2 分别按内柱（图 7.52）、边柱、角柱查《建筑地基基础设计规范》附录 P 计算。

b.内筒的冲切承载力

高层建筑在楼梯、电梯间大多设置内筒，平板式筏形基础内筒下的板厚也应满足冲切承载力的要求（图 7.53），按下式计算：

$$F_l / u_m h_0 \leqslant 0.7\beta_{hp} f_t / \eta \tag{7.49}$$

式中　F_l——相应于荷载效应基本组合时的内筒所承受的轴力设计值减去筏板冲切破坏锥体的地基反

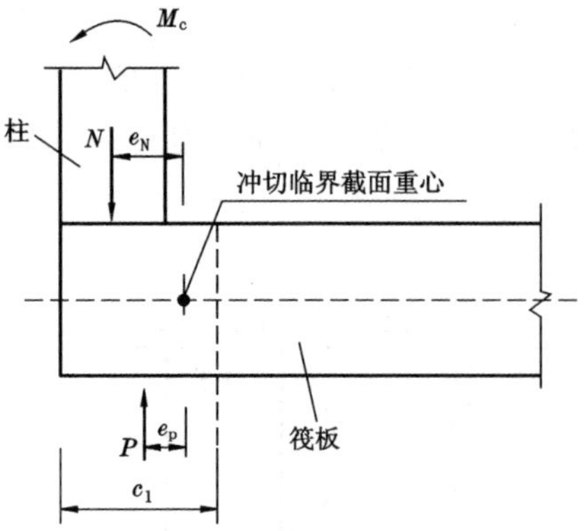

图 7.51 边柱 M_{unb} 计算示意图

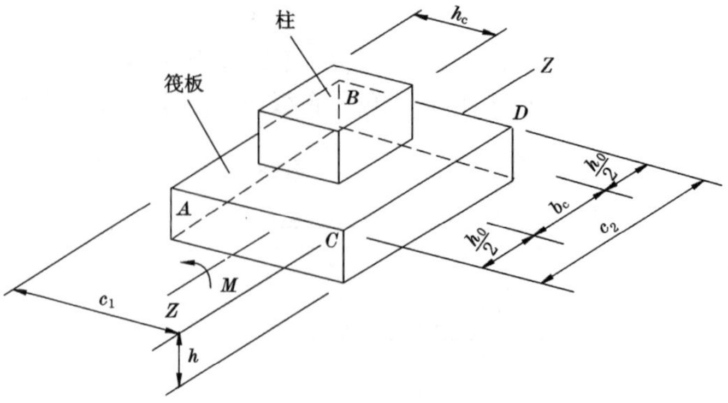

图 7.52 内柱冲切临界截面

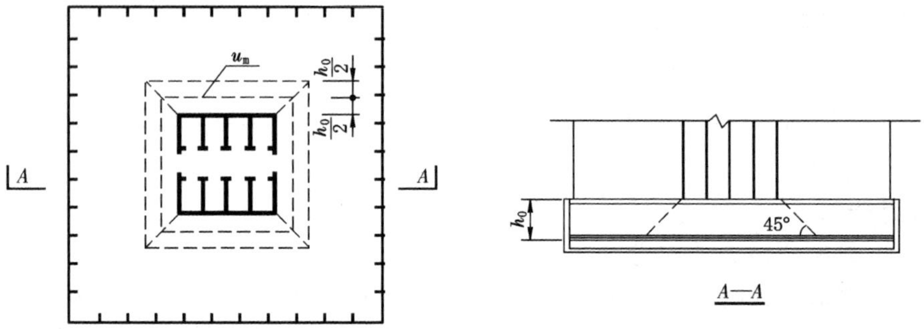

图 7.53 筏板受内筒冲切的临界截面位置

力设计值，地基反力应扣除板的自重；

u_m——距内筒外表面 $h_0/2$ 处冲切临界截面的周长；

η——内筒冲切临界截面周长影响系数，取 1.25。

c.内筒的冲切临界截面的最大剪应力

当需要考虑内筒根部弯矩影响时，距内筒外表面 $h_0/2$ 处冲切临界截面的最大剪应力按下式验算：

$$\tau_{max} \leqslant 0.7\beta_{hp} f_t/\eta \tag{7.50}$$

② 剪切承载力计算

平板式筏形基础除满足受冲切承载力验算外，尚须验算距内筒或柱边缘 h_0 处的筏板剪切承载力：

$$V_s \leqslant 0.7\beta_{hs} f_t b_w h_0 \tag{7.51}$$

式中 V_s——荷载效应基本组合下，地基土平均净反力设计值产生的距内筒或柱边缘 h_0 处的筏板单位宽度的剪力设计值；

b_w——筏板计算截面单位宽度；

h_0——距内筒或柱边缘 h_0 处筏板的截面有效高度。

7.10 减轻不均匀沉降损害的措施

一般来说，地基发生变形即建筑物出现沉降是难以避免的，但是，过量的地基变形将使建筑物损坏或影响其使用功能；特别是建在软弱地基以及软硬不均匀等不良地基上的建筑物，如果处理不当，就更容易因不均匀沉降而开裂损坏。因此，如何防止或减轻不均匀沉降造成的损害，是建筑物设计中必须认真考虑的问题之一。单纯从地基基础的角度出发，通常的解决办法不外乎有以下三种：

① 采用柱下条形基础、筏基和箱基等结构刚度较大、整体性较好的浅基础；

② 采用桩基或其他深基础；

③ 采用各种地基处理方法。

但是，以上三种方法往往造价偏高，桩基及其他深基础和许多地基处理方法还需要具备一定的施工条件，特定情况下可能难以实施；有时，甚至单纯从地基基础方案的角度出发难以解决问题。因此，我们可以考虑从地基、基础、上部结构相互作用的观点出发，综合选择合理的建筑、结构、施工方案和措施，降低对地基基础处理的要求和难度，同样达到减轻房屋不均匀沉降损害的预期目的。

7.10.1 建筑措施

(1) 建筑物体型力求简单

建筑物体型系指其平面形状与立面轮廓。平面形状复杂(如“L”、“T”、“E”、“Z”、“п”形等)的建筑物，在纵、横单元交叉处基础密集，地基中各单元荷载产生的附加应力互相重叠，使该处的局部沉降量增加；同时，此类建筑物整体刚度差，刚度不对称，当地基出现不均匀沉降时，容易产生扭曲应力，因而更容易使建筑物开裂(图 7.54)。建筑物高低(或轻重)变化太大，地基各部分所受的荷载轻重不同，自然也容易出现过量的不均匀沉降(图 7.55)；据调查，软土地基上紧接高差超过一层的砌体承重结构房屋，低者很容易开裂。因此，遇软弱地基时，要力求：

① 平面形状简单，如用“一”字形建筑物；

② 立面体型变化不宜过大，砌体承重结构房屋高差不宜超过 1～2 层。

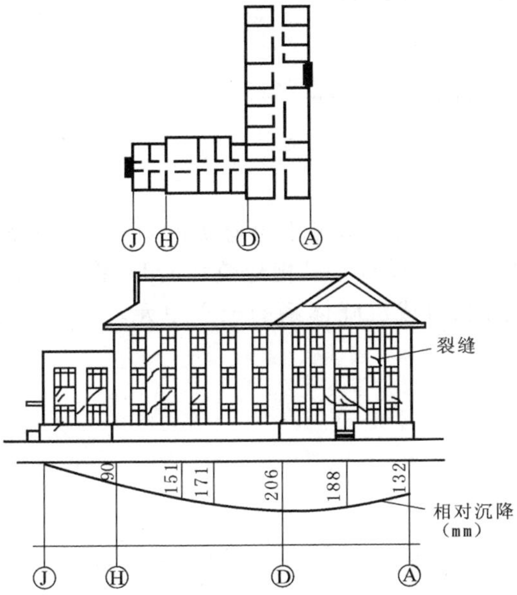

图 7.54 某“L”形建筑物一翼墙身开裂

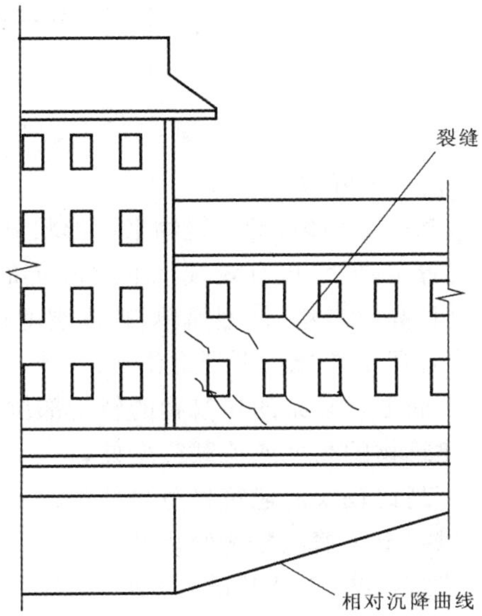

图 7.55 建筑物高差太大而开裂

(2) 控制建筑物长高比及合理布置纵横墙

纵横墙的连接和房屋的楼(屋)面共同形成了砌体承重结构的空间刚度。当砌体承重房屋长高比(建筑物长度或沉降单元长度与自基础底面算起的总高度之比)较小时，建筑物的整体刚度好，能较好地防止不均匀沉降的危害。相反，长高比大的建筑物整体刚度小，纵墙很容易因挠曲变形过大而开裂(图 7.56)。根据调查认为，两层以上的砌体承重房屋，当预估的最大沉降量超过 120 mm 时，长高比不宜大于 2.5；对于平面简单、内外墙贯通、横墙间隔较小的房屋，长高比的限制可放宽至不大于 3.0。不符合上述条件时，可考虑设置沉降缝。

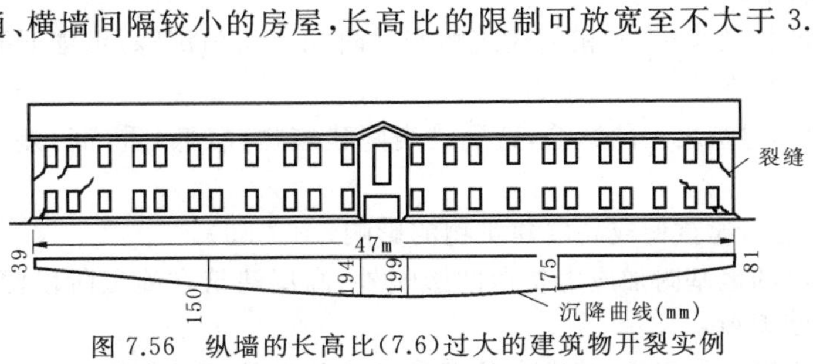

图 7.56 纵墙的长高比(7.6)过大的建筑物开裂实例

合理布置纵横墙，是增强砌体承重结构房屋整体刚度的重要措施之一。一般来说，房屋的纵向刚度较弱，故地基不均匀沉降的损害主要表现为纵墙的挠曲破坏。内、外纵墙的中断、转折，都会削弱建筑物的纵向刚度(图 7.57)。当遇地基不良时，应尽量使内、外纵墙都贯通；另外，缩小横墙的间距，也可有效地改善房屋的整体性，从而增强调整不均匀沉降的能力。

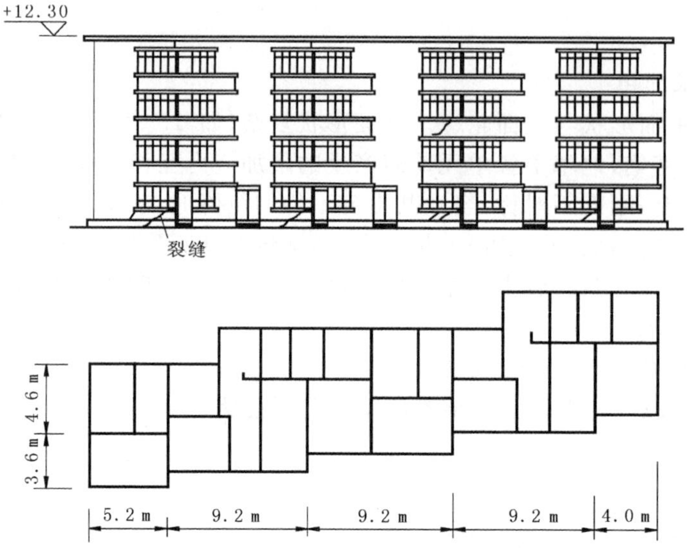

图 7.57　外纵墙多次转折，内纵墙中断的建筑物开裂实例

(3) 设置沉降缝

当地基极不均匀，且建筑物平面形状复杂或长度太长，高低悬殊等情况不可避免时，可在建筑物的特定部位设置沉降缝，以有效减小不均匀沉降的危害。沉降缝是从屋面到基础把建筑物断开，将建筑物划分成若干个长高比较小、体型简单、整体刚度较好、结构类型相同、自成沉降体系的独立单元。根据经验，沉降缝的位置通常选择在下列部位上：

① 平面形状复杂的建筑物的转折部位；

② 建筑物的高度或荷载突变处；

③ 长高比较大的建筑物适当部位；

④ 地基土压缩性显著变化处；

⑤ 建筑结构(包括基础)类型不同处；

⑥ 分期建造房屋的交界处。

沉降缝的构造参见图 7.58。缝内一般不能填塞。沉降缝还要求有一定的宽度，以防止缝两侧单元发生互倾沉降时造成单元结构间的挤压破坏。一般沉降缝的宽度：二、三层房屋为 50～80 mm；四、五层房屋为 80～120 mm；六层及以上不小于 120 mm。

沉降缝的造价颇高，且要增加建筑及结构处理上的困难，所以不宜轻率使用。沉降缝可结合伸缩缝设置，在抗震区，最好与抗震缝共用。

(4) 控制相邻建筑物基础的间距

由于地基附加应力的扩散作用，使相邻建筑物产生附加不均匀沉降，可能导致建筑物的开裂或互倾。这种相邻房屋影响主要发生在：

① 同期建造的两相邻建筑之间的影响，特别是当两建筑物轻(低)重(高)差别太大时，轻者受重者的影响更甚；

② 原有建筑物受邻近新建重型或高层建筑物的影响(图 7.59)。

除了上述在使用阶段的地基附加应力扩散的影响外，高层建筑在施工阶段深基坑开挖对邻近原有建筑物的影响更应受到高度重视。

为了避免相邻建筑物影响的损害，建造在软弱地基上的建筑基础之间要有一定的净距。其值视地基的压缩性、产生影响建筑物的规模和重量以及被影响建筑物的刚度等因素而定，参见表 7.22。

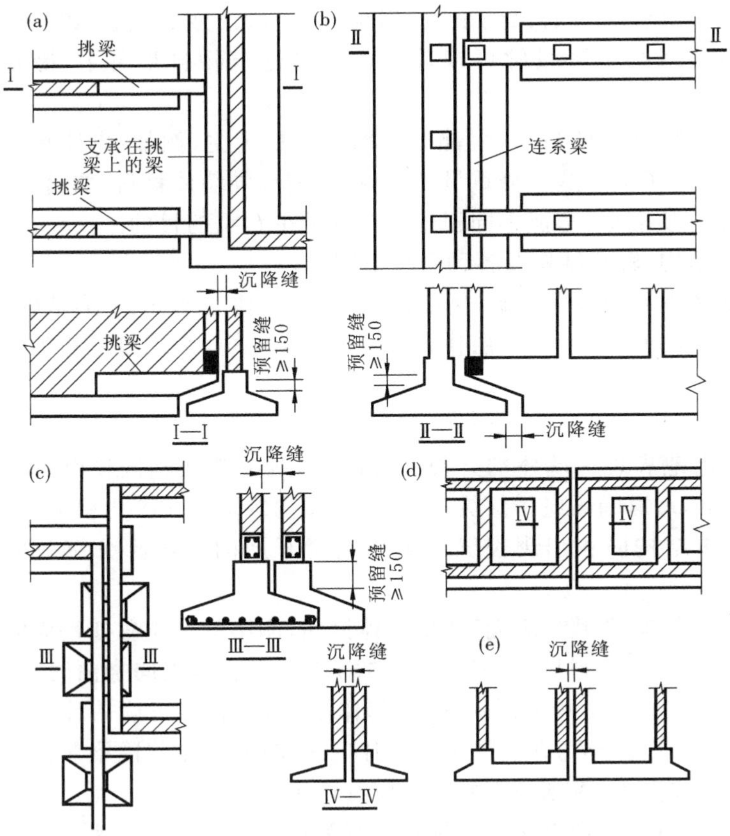

图 7.58　基础沉降缝

(a) 砌体结构沉降缝；(b) 柱下条形基础沉降缝；
(c) 跨越式沉降缝；(d) 偏心基础沉降缝；(e) 整片基础沉降缝

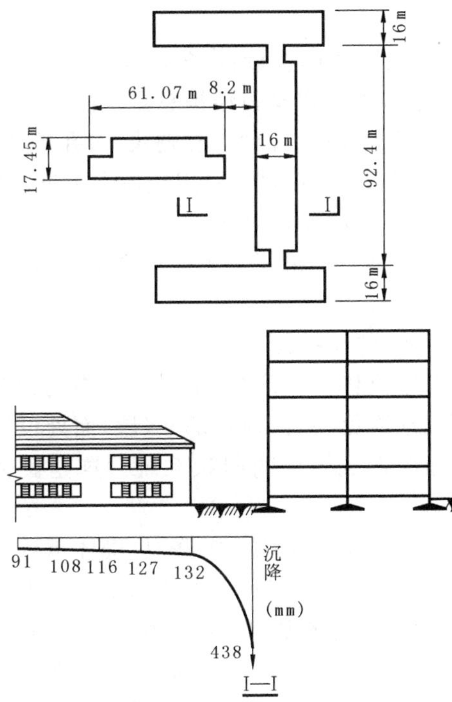

图 7.59　相邻建筑影响实例

表 7.22　相邻建筑物基础间的净距　　(单位：m)

影响建筑的预估平均沉降量 s/mm	受影响建筑的长高比	
	$2.0 \leqslant \frac{L}{H_f} < 3.0$	$3.0 \leqslant \frac{L}{H_f} < 5.0$
70～150	2～3	3～6
160～250	3～6	6～9
260～400	6～9	9～12
＞400	9～12	≥12

注：①表中 L 为房屋长度或沉降缝分隔的单元长度(m)；H_f 为自基础底面算起的房屋高度(m)。

②当受影响建筑的长高比为 $1.5 < L/H_f < 2.0$ 时，其间隔距离可适当缩小。

(5) 调整建筑物的局部标高

由于沉降会改变建筑物原有标高，严重时将影响建筑物的正常使用，甚至导致管道等设备的破坏。设计时可采取下列措施调整建筑物的局部标高。

① 根据预估沉降，适当提高室内地坪和地下设施的标高；

② 将相互有联系的建筑物各部分(包括设备)中预估沉降较大者的标高适当提高；

③ 建筑物与设备之间应留有足够的净空；

④ 有管道穿过建筑物时，应留有足够尺寸的孔洞，或采用柔性管道接头。

7.10.2　结构措施

(1) 减轻建筑物自重

基底压力中，建筑物自重(包括基础及回填土重)所占的比例很大，据统计，一般工业建筑占 40%～50%，一般民用建筑可高达 60%～80%。因而，减小沉降量常可以首先从减轻建筑物自重着手，措施如下：

① 减轻墙体重量：许多建筑物(特别是民用建筑物)的自重，大部分以墙体重量为主，例如：砌体承重结构房屋，墙体重量占结构总重量的一半以上。为了减少这部分重量，宜选择轻型高强墙体材料，如：轻质高强混凝土墙板、各种空心砌块、多孔砖及其他轻质墙等，都能不同程度地达到减少自重的目的。

② 选用轻型结构：采用预应力钢筋混凝土结构、轻钢结构及各种轻型空间结构。

③ 减少基础和回填土重量：首先是尽可能考虑采用浅埋基础(例如：钢筋混凝土独立基础、条形基础、壳体基础等)；如果要求大量抬高室内地坪时，底层可考虑用架空层代替室内厚墙填土(当采用筏形基础时效果更佳)。

(2) 设置圈梁

对于砌体承重房屋，不均匀沉降的损害突出地表现为墙体的开裂。因此，实践中常在基础顶面附近(俗称"地圈梁")、门窗顶部楼(屋)面处设置圈梁，每道圈梁应尽量贯通外墙、承重内纵墙及主要内横墙，并在平面内形成闭合的网状系统。这是砌体承重结构防止出现裂缝和阻止裂缝开展的一项十分有效的措施。

当地基发生不均匀沉降时，砌体承重房屋的墙体(尤其是纵墙)产生整体挠曲，圈梁的作用犹如钢筋混凝土梁内的受拉钢筋，它主要承受拉应力，弥补了砌体材料抗拉强度不足的弱点。当墙体正向挠曲时，下方圈梁(尤其是地圈梁)起作用；反向挠曲时，上方圈梁(尤其是顶层圈梁)起作用，因不容易正确估计墙体在某一段内发生挠曲的方向，故通常在上、下方都设置圈梁；在砌体承重的住宅房屋中，通常将圈梁兼作门窗过梁而层层设置。另外，圈梁必须与砌体结合成整体，否则便不能发挥应有作用。

圈梁的具体设置要求、截面与配筋、错层与洞口的处理方法等详见其他有关建筑与结构设计课程。

(3) 减小或调整基底附加压力

① 减小基底附加压力：除了采用本节"减轻建筑物自重"减小基底附加压力外，还可设置地下室(或半地下室、架空层)，以挖除的土重去补偿(抵消)一部分甚至全部的建筑物重量，达到减小沉降的目的。

② 改变基底尺寸：按照沉降控制的要求，选择和调整基础底面尺寸，针对具体工程的不同情况考虑，尽量做到有效又经济合理。

(4) 增强上部结构刚度或采用非敏感性结构

根据地基、基础与上部结构共同作用的概念，上部结构的整体刚度很大时，能调整和改善地基的不均匀沉降；反过来，地基的不均匀沉降，能引起上部结构(敏感性结构)产生附加应力，但只要在设计中合理地增加上部结构的刚度和强度，地基不均匀沉降(相当于支座位移)所产生的附加应力是完全可以承受的。

与刚性较好的敏感性结构相反，排架、三铰拱(架)等铰接结构，支座发生相对位移时不会引起上部结构中很大的附加应力，故可以避免不均匀沉降对上部主体结构的损害。但是，这类非敏感性结构形式通常只适用于单层工业厂房、仓库和某些公共建筑。必须注意，即使采用了这些结构，严重的不均匀沉降对于屋盖系统、围护结构、吊车梁及各种纵、横联系构件等仍是有害的，因此，必须考虑采取相应的防范措施，例如：避免用连续吊车梁、刚性屋面防水层等。

因此，上部结构的选型和处理对地基不均匀沉降的影响很大，结构造型一定要明确，各部分要相互统一，刚则刚，柔则柔，切忌"藕断丝连"。图 7.60 是建造在软土地基上的某仓库三铰门架结构，实践证明，效果良好。

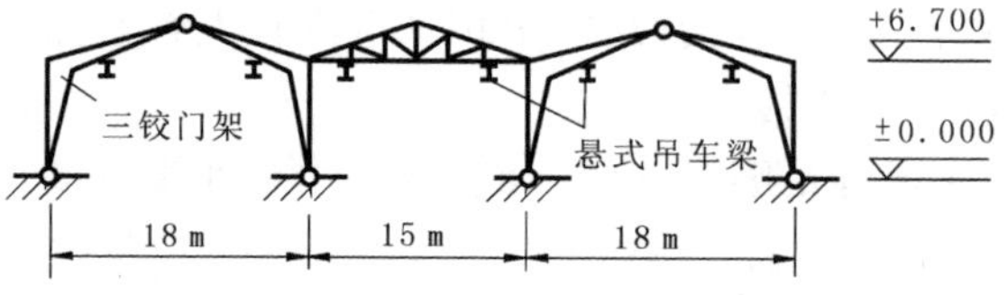

图 7.60　某仓库三铰门架结构示意图

7.10.3 施工措施

合理安排施工程序、注意某些施工方法，也能收到减小或调整不均匀沉降的效果。

当拟建的相邻建筑物之间轻(低)重(高)悬殊时，一般应按先重后轻的顺序施工；有时还需要在重建筑物竣工后歇一段时间再建造轻的邻近建筑物(或建筑物单元)。当高层建筑的主、裙楼下有地下室时，可在主、裙楼相交的裙楼一侧适当位置(一般是 1/3 跨度处)设置施工后浇带，同样以先主楼后裙楼的顺序施工，以减小不均匀沉降的影响。

在软弱土基础上，在已建房屋周围和在建房屋外，都应避免长时间堆放大量集中的地面荷载，以免引起新、旧房屋的附加沉降。

细粒土尤其是淤泥及淤泥质土的结构性很强，施工时应尽可能保持地基土的原状结构。在开挖基槽时，可暂不挖到基底标高，保留约 200 mm，等基坑内基础砌筑或浇筑时再挖，如槽底已扰动，可先挖去扰动部分，再用砂、碎石等回填处理。

思 考 题

7.1 《建筑地基基础设计规范》(GB 50007—2011)规定，地基基础设计时，所采用的荷载效应按哪些规定执行？

7.2 浅基础有哪些类型和特点？

7.3 地基土的冻胀性分类要考虑哪些因素？

7.4 确定基础埋置深度要考虑哪些因素？

7.5 什么是地基承载力特征值？其内涵是什么？

7.6 确定地基承载力的方法有哪些？式(7.14)与式(7.15)有什么异同？

7.7 基础底面尺寸如何确定？为什么要验算软弱下卧层的强度？

7.8 建筑物地基变形特征的意义、确定因素是什么？

7.9 有人说："偏心荷载基础的地基承载力可以提高 20%。"是否正确？

7.10 无筋扩展基础与扩展基础有什么区别？如何进行无筋扩展基础设计？

7.11 如何进行柱下钢筋混凝土独立基础和墙下钢筋混凝土条形基础的设计？

7.12 设计实践中，设计者如何运用基于相互作用分析的"概念设计"方法对上部结构、基础的设计结果进行合理的调整？请举例说明。

7.13 对单栋建筑物，在地基土比较均匀的条件下，筏形基础在荷载效应准永久组合下的偏心距 e 宜符合什么要求？

7.14 除了本章已介绍的方法外，减轻不均匀沉降危害是否还有其他措施？请列举一二。

习 题

7.1 某桥梁基础，基础埋置深度(一般冲刷线以下) $h=4.2$ m，基础底面短边尺寸 $b=2.6$ m。地基土为一般黏性土，天然孔隙比 $e_0=0.80$，液性指数 $I_L=0.75$，土在水面以下的容积密度(饱和状态) $\gamma_0=28\ \text{kN/m}^3$。要求按《路桥地基规范》：

(1) 查表确定地基土的承载力特征值 f_{a0}；

(2) 计算对基础宽度、埋深修正后的地基特征值 f_a。

(答案：$f_a=245.4$ kPa)

7.2 已知某拟建建筑物场地地质条件，第(1)层：杂填土，层厚 1.0 m，$\gamma=18\ \text{kN/m}^3$；第(2)层：粉质黏土，层厚 4.2 m，$\gamma=18.5\ \text{kN/m}^3$，$e=0.85$，$I_L=0.75$，地基承载力特征值 $f_{ak}=130$ kPa，试按在以下基础条件时，分别计算修正后的地基承载力特征值：

(1) 当基础底面为 4.0 m×2.5 m 的矩形独立基础，埋深 $d=1.2$ m；

(2) 当基础底面为 9.0 m×42 m 的箱形基础，埋深 $d=4.2$ m。

[答案：(1) $f_a=142.7$ kPa，(2) $f_a=231.1$ kPa]

7.3 某建筑物承受中心荷载的柱下独立基础底面尺寸为 3.5 m×1.8 m，埋深 $d=1.8$ m；地基土为粉土，土的物理力学性质指标：$\gamma=17.8\ \text{kN/m}^3$，$c_k=2.5$ kPa，$\varphi_k=30°$，试确定持力层的地基承载力特征值。

(答案：$f_a=249.7$ kPa)

7.4 某建筑物场地土层分布如图 7.61 所示，作用于条形基础顶面的荷载标准值 $F_k=300$ kN/m，弯矩 $M_k=35$ kN·m/m，取基础埋置深度 $d=0.8$ m，底宽 $b=2.0$ m，试按承载力要求验算所选基础底面尺寸是否合适。 (答案：合适)

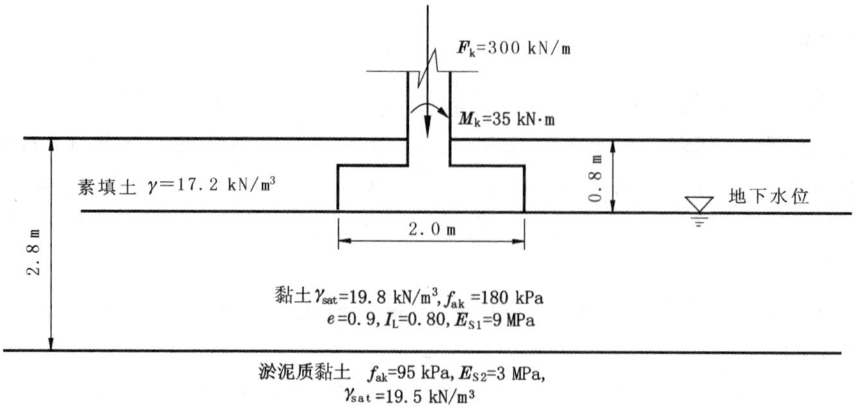

图 7.61　习题 7.4 图

7.5　某一建筑物承重墙(砖墙厚 240 mm)传来轴力标准值 $F_k=180$ kN/m，地基资料如图 7.62 所示，试设计此刚性基础，并验算软弱下卧层强度。

7.6　某建筑物承重墙厚 370 mm，传来轴力设计值 $F=280$ kN/m，基础埋深 $d=0.8$ m，地基资料如图 7.63 所示，混凝土强度等级 C30，HRB400 钢筋，试设计此钢筋混凝土墙下条形基础。

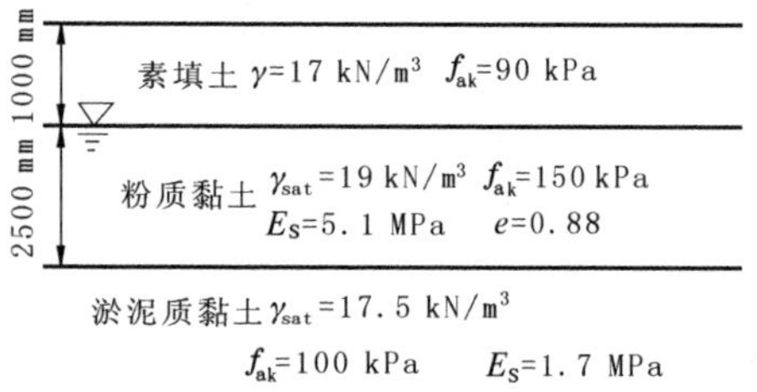

图 7.62　习题 7.5 图

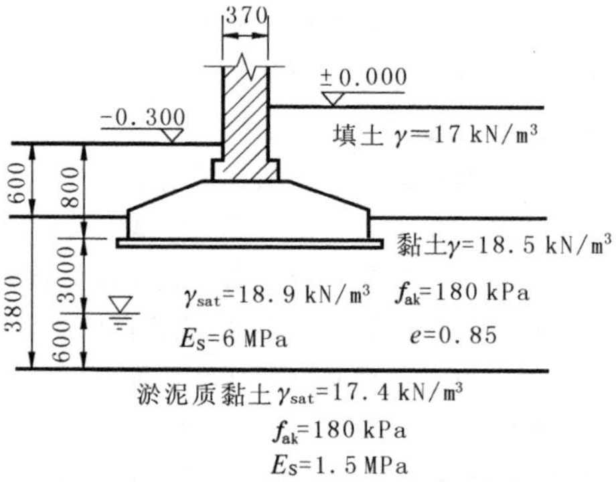

图 7.63　习题 7.6 图

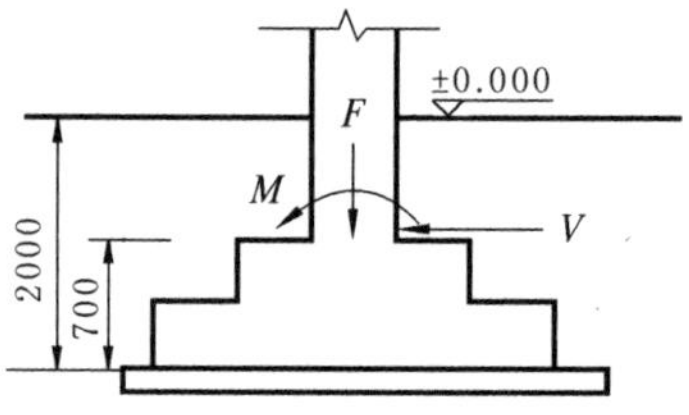

图 7.64　习题 7.7 图

7.7　某厂房内柱传来荷载 $F=1800$ kN、$M=120$ kN·m、$V=30$ kN，现浇柱截面 400 mm×800 mm，基础埋深 $d=2$ m，基底以上土的加权平均重度 $\gamma_0=18$ kN/m³，基底处土的重度 $\gamma=18.4$ kN/m³，地基承载力特征值 $f_a=200$ kPa，混凝土强度等级 C30，HRB400 钢筋，试设计此基础(图 7.64)。

7.8　某六层框架柱网布置如图 7.65 所示，已知 B 轴线上荷载设计值边柱 $F_1=980$ kN，中柱 $F_2=1410$ kN，已选取基础埋深为 1.2 m，地基土承载力特征值 $f_a=130$ kPa，试设计 B 轴线上的钢筋混凝土条形基础(要求计算配筋并绘出配筋图)。

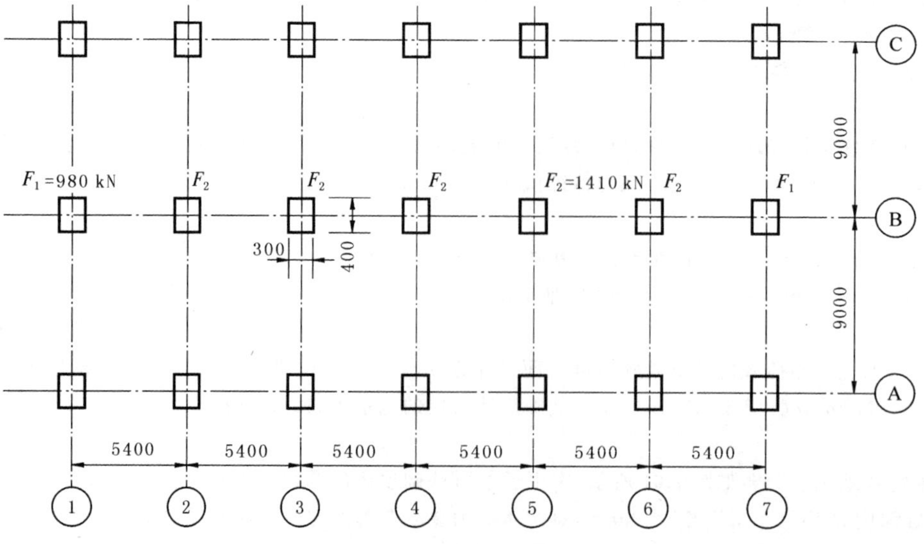

图 7.65　习题 7.8 图

8 桩 基 础

本章提要

桩基础是一种发展迅速的深基础，在高层建筑、桥梁及港口工程中应用极为广泛。本章以桩基础的设计计算为主线，简要介绍了桩基的设计内容和原则、桩基的各种分类方法及其适用性，以及基桩质量检测的常用方法。重点探讨了单桩、群桩在竖向极限荷载下的工作性能、竖向承载力的确定方法及其设计计算。此外，对桩的设置效应、单桩轴向荷载传递机理、按土的抗剪强度指标根据土力学原理确定桩基承载力的方法以及基桩水平承载力的分析等进行了讨论。

要求掌握桩和桩基础的类型与构造要求，桩-土荷载传递机理，单桩竖向与水平极限承载力的确定方法；以及桩基竖向承载力、水平承载力和沉降计算方法；熟悉桩基承载计算及整体基础计算方法；初步了解桩基础的设计、施工与质量检测技术。

8.1 概　　述

当建筑场地浅层地基土质不能满足建筑物对地基承载力和变形的要求，也不宜采用地基处理等措施时，往往需要以地基深层坚实土层或岩层作为地基持力层，采用深基础方案。深基础主要有桩基础、沉井基础、墩基础和地下连续墙等几种类型，其中以桩基础的历史最为悠久，应用最为广泛。如我国秦代的渭桥、隋朝的郑州超化寺、五代的杭州湾大海堤以及南京的石头城和上海的龙华塔等，都是我国古代桩基的典范。近年来，随着生产力水平的提高和科学技术的发展，桩的种类和形式、施工机具、施工工艺以及桩基设计理论和设计方法等，都在高速演进和发展。目前，我国桩基最大入土深度已远逾百米，桩径已超过5 m。

8.1.1 桩基础的适用性

桩基础具有承载力高、稳定性好、沉降量小而均匀、便于机械化施工、适应性强等突出特点。与其他深基础相比，桩基础的适用范围最广，一般对下述情况可考虑选用桩基方案：

(1) 地基的上层土质太差而下层土质较好；或地基软硬不均或荷载不均，不能满足上部结构对不均匀变形的要求。

(2) 地基软弱，不合适采用地基加固措施；或地基土性特殊，如存在可液化土层、自重湿陷性黄土、膨胀土及季节性冻土等。

(3) 除承受较大垂直荷载外，尚有较大偏心荷载、水平荷载、动力或周期性荷载作用。

(4) 上部结构对基础的不均匀沉降相当敏感；或建筑物受到大面积地面超载的影响。

(5) 地下水位很高，采用其他基础形式施工困难；或位于水中的构筑物基础，如桥梁、码头、钻采平台等。

(6) 需要长期保存、具有重要历史意义的建筑物。

通常，当软弱土层很厚，桩端达不到良好地层时，桩基设计应考虑沉降等问题。如果桩穿过较好土层而桩端位于下卧软弱层，则不宜采用桩基。因此，在工程实践中，必须认真做好地基勘察、详细分析地质资料、综合考虑、精心设计和施工，才能使所选基础类型发挥出最佳效益。

8.1.2 桩基设计内容

桩基设计的基本内容包括下列各项：

(1) 选择桩的类型和几何尺寸；

(2) 确定单桩竖向(和水平向)承载力特征值；

(3) 确定桩的数量、间距和布桩方式；

(4) 验算桩基的承载力和沉降；

(5) 桩身结构设计；

(6) 承台设计；

(7) 绘制桩基施工图。

设计桩基应先根据建筑物的特点和有关要求，进行岩土工程勘察和场地施工条件等资料的收集工作；设计时应考虑桩的设置方法及其影响。

8.1.3 桩基设计原则

《建筑桩基技术规范》(JGJ 94—2008，以下简称《桩基规范》)规定，建筑桩基础应按下列两类极限状态设计：

(1) 承载能力极限状态：桩基达到最大承载能力、整体失稳或发生不适于继续承载的变形；

(2) 正常使用极限状态：桩基达到建筑物正常使用所规定的变形限值或耐久性要求的某项限值。

根据建筑规模、功能特征、对差异变形的适用性、场地地基和建筑物体型的复杂性以及桩基问题可能造成建筑物破坏或影响正常使用的程度，将桩基设计分为三个安全等级(表 8.1)，并要求进行如下计算和验算。

表 8.1 建筑桩基设计等级

设计等级	建筑物类型
甲级	(1) 重要的建筑； (2) 30 层以上或高度超过 100 m 的高层建筑； (3) 体型复杂且层数相差超过 10 层的高低层(含纯地下室)连体建筑； (4) 20 层以上框架-核心筒结构及其他对差异沉降有特殊要求的建筑； (5) 场地和地基条件复杂的 7 层以上的一般建筑及坡地、岸边建筑； (6) 对相邻既有工程影响较大的建筑
乙级	除甲级、丙级以外的建筑
丙级	场地和地基条件简单、荷载分布均匀的 7 层及 7 层以下的一般建筑

(1) 所有桩基均应根据具体条件分别进行承载能力计算和稳定性验算，内容包括：① 根据桩基使用功能和受力特征分别进行竖向和水平向承载力计算。② 计算桩身和承台结构的承载力；当桩侧土不排水抗剪强度小于 10 kPa 且桩长径比大于 50 时应进行桩身压屈验算；对混凝土预制桩应按吊装、运输和锤击作用进行桩身承载力验算；对钢管桩应进行局部压屈验算。③ 桩端平面以下存在软弱下卧层时应进行软弱下卧层承载力验算。④ 坡地、岸边桩基应进行整体稳定性验算。⑤ 抗浮、抗拔桩基应进行基桩和群桩的抗拔承载力计算。⑥ 抗震设防区的桩基应进行抗震承载力验算。

(2) 以下桩基尚应进行变形验算：① 设计等级为甲级的非嵌岩桩和非深厚坚硬持力层的建筑桩基，设计等级为乙级的体型复杂、荷载分布显著不均或桩端平面以下存在软弱土层的建筑桩基，以及软土地基上多层建筑减沉复合疏桩基础应进行沉降计算；② 承受较大水平荷载或对水平变位有严格限制的建筑桩基应计算其水平位移。

(3) 对不允许出现裂缝或需限制裂缝宽度的混凝土桩身和承台还应进行抗裂或裂缝宽度验算。

桩基设计时所采用的作用效应组合与相应的抗力应符合下列规定：

(1) 确定桩数和布桩时，应采用传至承载底面的荷载效应标准组合，相应的抗力采用基桩或复合基桩承载力特征值。

(2) 计算风荷载作用下的桩基沉降和水平位移时，应采用荷载效应准永久组合；计算水平地震作用、风荷载作用下的桩基水平位移时，应采用水平地震作用、风荷载效应标准组合。

(3) 验算坡地、岸边建筑桩基的整体稳定性时，应采用荷载效应标准组合；抗震设防区应采用地震作用效应和荷载效应的标准组合。

(4) 计算桩基结构承载力、确定尺寸和配筋时，应采用传至承台顶面的荷载效应基本组合；当进行承台和桩身裂缝控制验算时，应分别采用荷载效应的标准组合和准永久组合。

桩基结构安全等级、设计使用年限和结构重要性系数 γ_0 应按现行有关建筑结构规范的规定采用；对桩基结构进行抗震验算时其承载力调整系数 γ_{RE} 应按《建筑抗震设计标准》(GB/T 50011—2010)的规定采用。

对软土、湿陷性黄土、季节性冻土和膨胀土、岩溶地区以及坡地岸边的桩基，抗震设防区桩基和可能出现负摩阻力的桩基，均应根据各自不同的特殊条件，遵循相应的设计原则。

8.2 桩和桩基的分类与施工技术

合理地选择桩的类型是桩基设计中极为重要的环节。分类的目的是为了掌握其不同的特点，以供设计时根据现场的具体条件选择适当的桩型。桩可以按不同的方法分类，本节主要介绍《桩基规范》推荐的分类方法。

8.2.1 桩基的分类

桩基础可以采用单根桩的形式承受和传递上部结构的荷载，这种独立基础称为单桩基础。但绝大多数桩基础的桩数不止 1 根，而是由 2 根或 2 根以上的多根桩组成群桩，由承台将桩群在上部联结成一个整体，建筑物的荷载通过承台分配给各根桩，桩群再把荷载传递给地基。这种由 2 根或 2 根以上桩数组成的桩基础称为群桩基础，群桩基础中的单桩称为基桩。

桩基由设置于土中的桩和承接上部结构荷载的承台两部分组成(图 8.1)。根据承台与地面的相对位置，一般可分为低承台桩基和高承台桩基。低承台桩基的承台底面位于地面以下，其受力性能好，具有较强的抵抗水平荷载的能力，在工业与民用建筑中，几乎都使用低承台桩基；高承台桩基的承台底面位于地面以上，且常处于水下，水平受力性能差，但可避免水下施工及节省基础材料，多用于桥梁及港口工程。

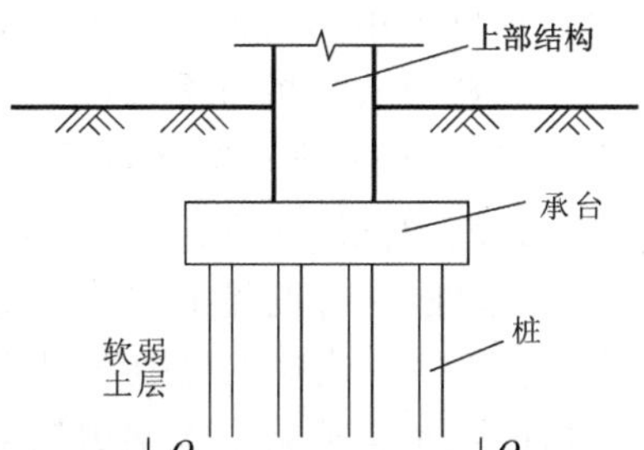

8.2.2 桩的分类

桩基中的桩可以是竖直或倾斜的，工业与民用建筑大多以承受竖向荷载为主而多用竖直桩。根据桩的承载性状、施工方法、桩身材料及桩的设置效应等可把桩划分为各种类型。

8.2.2.1 按承载性状分类

根据竖向荷载下桩土相互作用特点，达到承载力极限状态时，桩侧与桩端阻力的发挥程度和分担荷载比例，将桩分为摩擦型桩和端承型桩两大类(图 8.2)。

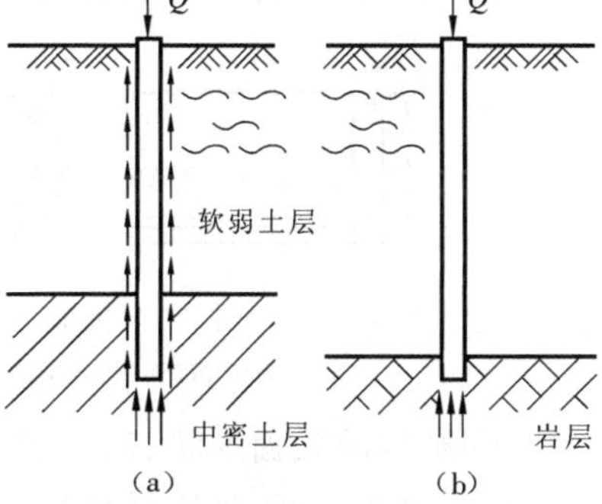

图 8.2 桩的计算图示

(a) 摩擦型桩；(b) 端承型桩

(1) 摩擦型桩

在竖向极限荷载作用下，桩顶荷载全部或主要由桩侧阻力承受。

根据桩侧阻力分担荷载的比例，摩擦型桩又分为摩擦桩和端承摩擦桩两类。

摩擦桩：桩顶极限荷载绝大部分由桩侧阻力承担，桩端阻力可忽略不计。例如：① 桩长径比很大，桩顶荷载只通过桩身压缩产生的桩侧阻力传递给桩周土，桩端土层分担的荷载很小；② 桩端下无较坚实的持力层；③ 桩底残留虚土或沉渣的灌注桩；④ 桩端出现脱空的打入桩等。

端承摩擦桩：桩顶极限荷载由桩侧阻力和桩端阻力共同承担，但桩侧阻力分担荷载较大。当桩的长径比不是很大，桩端持力层为较坚实的黏性土、粉土和砂类土时，除桩侧阻力外，还有一定的桩端阻力。这类桩所占比例很大。

(2) 端承型桩

在竖向极限荷载作用下，桩顶荷载全部或主要由桩端阻力承受，桩侧阻力相对于桩端阻力可忽略不计。根据桩端阻力分担荷载的比例，又可分为端承桩和摩擦端承桩两类。

端承桩：桩顶极限荷载绝大部分由桩端阻力承担，桩侧阻力可忽略不计。桩的长径比较小(一般小于10)，桩端设置在密实砂类、碎石类土层中或位于中、微风化及新鲜基岩中。

摩擦端承桩：桩顶极限荷载由桩侧阻力和桩端阻力共同承担，但桩端阻力分担荷载较大。通常桩端进入中密以上的砂类、碎石类土层中或位于中、微风化及新鲜基岩顶面。这类桩的侧阻力虽属次要，但不可忽略。

此外，当桩端嵌入岩层一定深度(要求桩的周边嵌入微风化或中等风化岩体的最小深度不小于0.5 m)时，称为嵌岩桩。对于嵌岩桩，桩侧与桩端荷载分担比例与孔底沉渣及进入基岩深度有关，桩的长径比不是制约荷载分担的唯一因素。

8.2.2.2 *按施工方法分类*

根据桩的施工方法不同，主要可分为预制桩和灌注桩两大类。

(1) 预制桩

预制桩桩体可以在施工现场或工厂预制，然后运至桩位处，再经锤击、振动、静压或旋入等方式设置就位。预制桩可以是钢筋混凝土桩、钢桩或木桩等。

① 钢筋混凝土桩：其横截面有方形、圆形等多种形状。一般普通实心方桩的截面边长为 300～500 mm，桩长在 25～30 m，工厂预制时分节长度小于或等于 12 m，沉桩时在现场连接到所需桩长。分节接头应保证质量，以满足桩身承受轴力、弯矩和剪力的要求。通常可用钢板、角钢焊接，并涂以沥青以防腐蚀。也可采用钢板垂直插头加水平销连接，其施工快捷，不影响桩的强度和承载力。

大截面实心桩自重大，用钢量大，其配筋主要受起吊、运输、吊立和沉桩等各阶段的应力控制。采用预应力混凝土桩，则可减轻自重、节约钢材、提高桩的承载力和抗裂性。

预应力混凝土管桩(图 8.3)采用先张法预应力工艺和离心成型法制作。经高压蒸汽养护生产的为 PHC 管桩，桩身混凝土强度等级大于或等于 C80；未经高压蒸汽养护生产的为 PC 管桩(强度等级为 C60～C80)。建筑工程中常用的 PHC、PC 管桩的外径为 300～600 mm，每节长 5～13 m。桩的下端设置开口的钢桩尖或封口十字刃钢桩尖(图 8.4)。沉桩时桩节处通过焊接端头板接长。

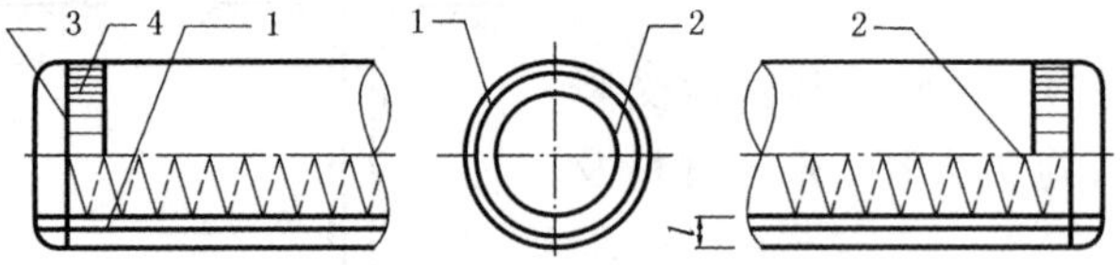

图 8.3 预应力混凝土管桩

1—预应力钢筋；2—螺旋箍筋；3—端头板；4—钢套箍

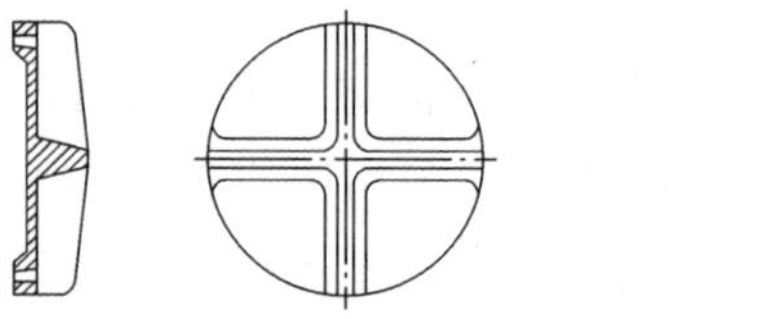

图 8.4 预应力混凝土管桩的封口十字刃钢桩尖

预制桩的截面形状、尺寸和桩长可在一定范围内选择，桩尖可达坚硬黏性土或强风化基岩，具有承载能力高、耐久性好，且质量较易保证等优点。但其自重大，需大能量的打桩设备，并且由于桩端持力层起伏不平而导致桩长不一，施工中往往需要接长或截短，工艺比较复杂。

② 钢桩：常用的钢桩有下端开口或闭口的钢管桩和 H 型钢桩等。一般钢管桩的直径为 250～

1200 mm。钢桩的穿透能力强，自重轻，锤击沉桩效果好，承载能力高，无论起吊、运输或是沉桩、接桩都很方便。其缺点是耗钢量大，成本高，易锈蚀，我国只在少数重点工程中使用，如上海宝钢工程就采用了直径914.4 mm、壁厚16 mm、长61 m等几种规格的钢管桩。

③ 木桩：常用松木、杉木或橡木做成，一般桩径为160～260 mm，桩长4～6 m，桩顶锯平并加铁箍，桩尖削成棱锥形。木桩制作和运输方便、打桩设备简单，在我国使用历史悠久，目前已很少使用，只在某些加固工程或能就地取材的临时工程中采用。木桩在淡水中耐久性好，但在海水及干湿交替的环境中极易腐烂，因此，一般应打入地下水位以下不少于0.5 m。

预制桩沉桩深度一般应根据地质资料及结构设计要求估算。施工时以最后贯入度和桩尖设计标高两方面控制。最后贯入度系指沉至某标高时每次锤击的沉入量，通常以最后每阵的平均贯入量表示。锤击法常以10次锤击为一阵，振动沉桩以1 min为一阵。最后贯入度则根据计算或地区经验确定，一般可取最后两阵的平均贯入度，为10～50 mm/阵。

(2) 灌注桩

灌注桩是直接在所设计桩位处成孔，然后在孔内下放钢筋笼(也有直接插筋或省去钢筋的)再浇灌混凝土而成。其横截面呈圆形，可以做成大直径和扩底桩。保证灌注桩承载力的关键在于桩身的成型及混凝土质量。灌注桩通常可分为：

① 沉管灌注桩：利用锤击或振动等方法沉管成孔，然后浇灌混凝土，拔出套管，其施工程序如图8.5所示。一般可分为单打、复打(浇灌混凝土并拔管后，立即在原位再次沉管及浇灌混凝土)和反插法(灌满混凝土后，先振动再拔管，一般拔0.5～1.0 m，再反插0.3～0.5 m)三种。复打后的桩横截面面积增大，承载力提高，但其造价也相应提高。

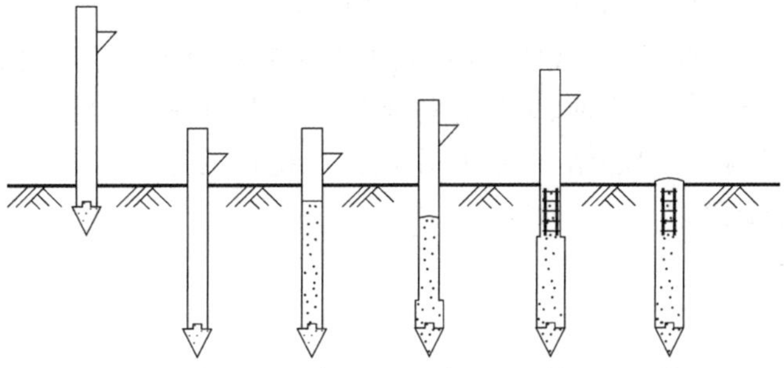

图8.5　沉管灌注桩的施工程序示意

(a) 打桩机就位；(b) 沉管；(c) 浇灌混凝土；(d) 边拔管，边振动；(e) 安放钢筋笼，继续浇灌混凝土；(f) 成型

锤击沉管灌注桩的常用桩径(预制桩尖的直径)为300～500 mm，桩长常在20 m以内，可打至硬塑黏土层或中、粗砂层。其优点是设备简单、打桩进度快、成本低。但在软、硬土层交界处或软弱土层处容易发生颈缩(桩身截面局部缩小)现象，此时通常可放慢拔管速度，控制灌注管内混凝土量，使充盈系数(混凝土实际用量与计算的桩身体积之比)为1.10～1.15。此外，也可能由于邻桩挤压或其他振动作用等各种原因使土体上隆，引起桩身受拉而出现断桩现象；或出现局部夹土、混凝土离析及强度不足等质量事故。

振动沉管灌注桩的钢管底端带有活瓣桩尖(沉管时桩尖闭合，拔管时活瓣张开以便浇灌混凝土)，或套上预制混凝土桩尖。桩横截面直径一般为400～500 mm，常用振动锤的振动力为70 kN、100 kN和160 kN。在黏性土中，其沉管穿透能力比锤击沉管灌注桩稍差，承载力也比锤击沉管灌注桩要低。

内击式沉管灌注桩(亦称弗朗基桩，Franki Pile)的优点是混凝土密实且与土层紧密接触，同时桩头扩大，承载力较高，效果较好，但穿越厚砂层能力较低，打入深度难以掌握。施工时，先在竖起的钢套筒内放进约1 m高的混凝土或碎石，用吊锤在套筒内锤打，形成“塞头”。以后锤打时，塞头带动套筒下沉，至设计标高后，吊住套筒，浇灌混凝土并继续锤击，使塞头脱出筒口，形成扩大的桩端，其直径可达桩身直径的2～3倍，当桩端不再扩大而使套筒上升时，开始浇筑桩身混凝土(若需配筋时先吊放钢筋笼)，同时边拔套筒边锤击，直达所需高度为止。

② 钻(冲)孔灌注桩:钻(冲)孔灌注桩用钻机(如螺旋钻、振动钻、冲抓锥钻、旋转水冲钻等)钻土成孔,然后清除孔底残渣,安放钢筋笼,浇灌混凝土。有的钻机成孔后,可撑开钻头的扩孔刀刃使之旋转切土扩大桩孔,浇灌混凝土后在底端形成扩大桩端,但扩底直径不宜大于 3 倍桩身直径。

目前国内钻(冲)孔灌注桩多用泥浆护壁,泥浆应选用膨润土或高塑性黏土在现场加水搅拌制成,一般要求其相对密实度为 1.1～1.15,黏度为 10～25 s,含砂率小于 6%,胶体率大于 95%。施工时泥浆水面应高出地下水面 1 m 以上,清孔后在水下浇灌混凝土,其施工程序如图 8.6 所示。常用桩径为 800 mm、1000 mm、1200 mm 等。其最大优点是入土深,能进入岩层,刚度大,承载力高,桩身变形小,并可方便地进行水下施工。

我国常用旋转钻机根据泥浆循环的方向不同可分为正循环施工和反循环施工两种。其中正循环即在钻进的同时,泥浆泵将泥浆压进泥浆笼头,通过钻杆中心从钻头喷入钻孔内,泥浆携带铅渣沿钻孔上升,并排至沉淀池,而泥浆仍进入泥浆池循环使用。而反循环施工则是泥浆逆向流动,方向与正循环相反,其从钻孔与孔壁间的环状间隙流入孔内,并携带钻渣由钻杆内腔返回地面,使泥浆循环使用。

③ 挖孔桩:挖孔桩可采用人工或机械挖掘成孔,逐段边开挖边支护,达所需深度后再进行扩孔、安装钢筋笼及浇灌混凝土而成。

挖孔桩一般内径应大于或等于 800 mm,开挖直径大于或等于 1000 mm,护壁厚大于或等于 100 mm,分节支护,每节高 500～1000 mm,可用混凝土浇筑或砖砌筑,桩身长度宜限制在 40 m 以内。图 8.7 为某人工挖孔桩示例。

④ 旋挖桩是一种由旋挖钻机施工的桩型,全称为旋挖钻孔灌注桩。它的成孔原理是通过底部带有活动门的桶式钻头回转破碎岩土,并将破碎的岩土直接装入钻斗内,再通过钻机提升装置和伸缩钻杆将钻斗提出孔外并开启活动门卸土,以此循环往复直至达到设计深度。

旋挖桩具有适应性强、施工简单、承载能力高、施工噪声和振动小,不影响周围环境等特点,目前广泛应用于建筑、桥梁、隧道、市政、水利、石油、天然气等领域的桩基础施工,配合不同的钻具后可适应于干式(短螺旋)或湿式(回转斗)及岩层(岩心钻)的成孔作业。旋挖桩的施工工艺主要包括:定位和钻孔、清孔、放置钢筋笼、灌注混凝土等步骤。

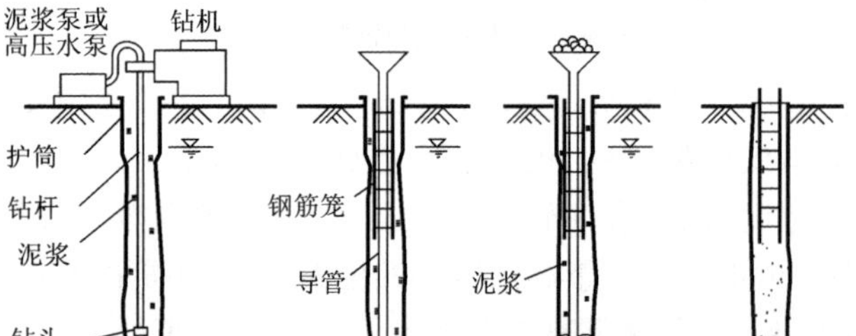

图 8.6 钻孔灌注桩施工程序

(a) 成孔;(b) 下导管和钢筋笼;(c) 浇灌水下混凝土;(d) 成桩

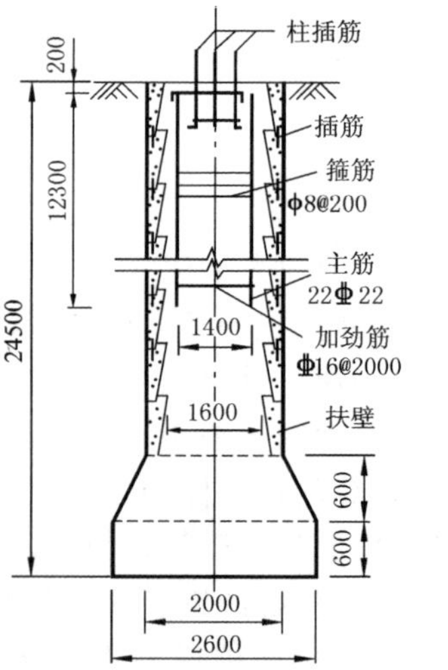

图 8.7 人工挖孔桩示例

挖孔桩可直接观察地层情况,孔底易清除干净,设备简单,噪声小,场区内各桩可同时施工,且桩径大、适应性强,比较经济。但由于挖孔时可能存在塌方、缺氧、有害气体、触电等危险,易造成安全事故,因此应严格执行有关安全操作的规定。此外难以克制流砂现象。

表 8.2 给出了我国常用灌注桩的适用范围、桩径及桩长的参考值。

表 8.2 常用灌注桩的桩径、桩长及适用范围

成孔方法		桩径/mm	桩长/m	适用范围
泥浆护壁成孔	冲 抓	≥800	≤30	碎石土、砂类土、粉土、黏性土及风化岩。当进入中等风化和微风化岩层时，冲击成孔的速度比回转钻快
	冲 击		≤50	
	回转钻		≤80	
	潜水钻	500～800	≤50	黏性土、淤泥、淤泥质土及砂类土
干作业成孔	螺旋钻	300～800	≤30	地下水位以上的黏性土、粉土、砂类土及人工填土
	钻孔扩底	300～600	≤30	地下水位以上坚硬、硬塑的黏性土及中密以上砂类土
	机动洛阳铲	300～500	≤20	地下水位以上的黏性土、粉土、黄土及人工填土
沉管成孔	锤 击	340～800	≤30	硬塑黏性土、粉土及砂类土，直径大于或等于 600 mm 时可达强风化岩
	振 动	400～500	≤24	可塑黏性土、中细砂
爆扩成孔		≤350	≤12	地下水位以上的黏性土、黄土、碎石土及风化岩
人工挖孔		≥100	≤40	黏性土、粉土、黄土及人工填土

8.2.2.3 按桩的设置效应分类

桩的设置方法(打入或钻孔成桩等)不同，桩周土所受的排挤作用也很不同。排挤作用将使土的天然结构、应力状态和性质发生很大变化，从而影响桩的承载力和变形性质。这些影响统称为桩的设置效应。桩按设置效应可分为下列三类。

(1) 非挤土桩

如钻(冲或挖)孔灌注桩及先钻孔后再打入的预制桩等，因设置过程中清除孔中土体，桩周土不受排挤作用，并可能向桩孔内移动，使土的抗剪强度降低，桩侧摩阻力有所减小。

(2) 部分挤土桩

长螺旋压灌灌注桩、冲击成孔灌注桩、预钻孔打入式预制桩、H 型钢桩、开口钢管桩和开口预应力混凝土管桩等，在桩的设置过程中对桩周土体稍有排挤作用，但土的强度和变形性质变化不大，一般可用原状土测得的强度指标来估算桩的承载力和沉降量。

(3) 挤土桩

实心的预制桩、下端封闭的管桩、木桩以及沉管灌注桩等在锤击和振动贯入过程中都要将桩位处的土体大量排挤开，使土的结构严重扰动破坏，对土的强度及变形性质影响较大。因此，必须采用原状土扰动后再恢复的强度指标来估算桩的承载力及沉降量。

此外，按桩身材料的不同亦可把桩分为混凝土桩、钢桩、木桩及组合材料桩等。也可按桩径大小分为小桩($d \leqslant 250$ mm)、普通桩(250 mm$<d<$800 mm)和大直径桩($d \geqslant 800$ mm)三种。

8.2.3 桩的质量检验

桩基础属于地下隐蔽工程，尤其是灌注桩，很容易出现颈缩、夹泥、断桩或沉渣过厚等多种形态的质量缺陷，影响桩身结构完整性和单桩承载力，因此，必须进行施工监督、现场记录和质量检测，以保证质量，减少隐患。对于柱下单桩或大直径灌注桩工程，保证桩身质量就更为重要。目前已有多种桩身结构完整性的检测技术，下列几种较为常用。

(1) 开挖检查。只限于对暴露的桩身进行观察检查，可准确确定桩身结构的完整性，是否存在空洞、夹泥及缩颈等缺陷。

(2) 抽芯法。在灌注桩桩身内钻孔(直径 100～150 mm)，取混凝土芯样进行观察和单轴抗压试验，了解混凝土有无离析、空洞、桩底沉渣和夹泥等现象，也可检测桩长、桩身质量及判断桩身完整性类别等。有条件时也可采用钻孔电视直接观察孔壁孔底质量。

(3) 声波透射法。可检测桩身缺陷程度及位置，判定桩身完整性类别。预先在桩中埋入 3～4 根金属

管，利用超声波在不同强度(或不同弹性模量)的混凝土中传播速度的变化来检测桩身质量。试验时在其中一根管内放入发射器，而在其他管中放入接收器，通过测读并记录不同深度处声波的传递时间来分析判断桩身质量。

(4) 动测法。包括锤击激振、机械阻抗、水电效应、共振等小应变动测，PDA(打桩分析仪)等大应变动测及 PIT(桩身结构完整性分析仪)等。对于等截面、质地较均匀的预制桩测试效果较可靠；而对于灌注桩的动测检验，目前已有相当多的实践经验，具有一定的可靠性。

8.3 竖向荷载下单桩的工作性能

单桩工作性能的研究是单桩承载力分析理论的基础。通过桩土相互作用分析，了解桩土间的传力途径和单桩承载力的构成及其发展过程，以及单桩的破坏机理等，对正确评价单桩的承载能力具有一定的指导意义。

桩顶荷载一般包括轴向力、水平力和力矩。为简化起见，在研究桩的受力性能及计算桩的承载力时，往往对竖向受力情况单独进行研究。本节主要讨论竖向荷载下单桩的受力性能。

8.3.1 桩的荷载传递

在竖向荷载作用下，桩身材料将发生弹性压缩变形，桩与桩侧土体发生相对位移，因而桩侧土对桩身产生向上的桩侧摩阻力。如果桩侧摩阻力不足以抵抗竖向荷载，一部分竖向荷载将传递到桩底，桩底持力层也将产生压缩变形，故桩底土也会对桩端产生阻力。桩通过桩侧阻力和桩端阻力将荷载传递给土体。或者说，土对桩的支承力由桩侧阻力和桩端阻力两部分组成。

如图 8.8 所示，桩顶在竖向荷载 Q 作用下，桩身任一深度 z 处横截面上所引起的轴力 N_z 将使该截面向下位移 δ_z，桩端下沉 δ_l，从而导致桩身侧面与桩周土之间相对滑移，其大小制约着土对桩侧向上作用的摩阻力 τ_z 的发挥程度。由深度 z 处桩段微元 dz 上力的平衡条件：

$$N_z - \tau_z \cdot u_p \cdot dz - (N_z + dN_z) = 0 \tag{8.1}$$

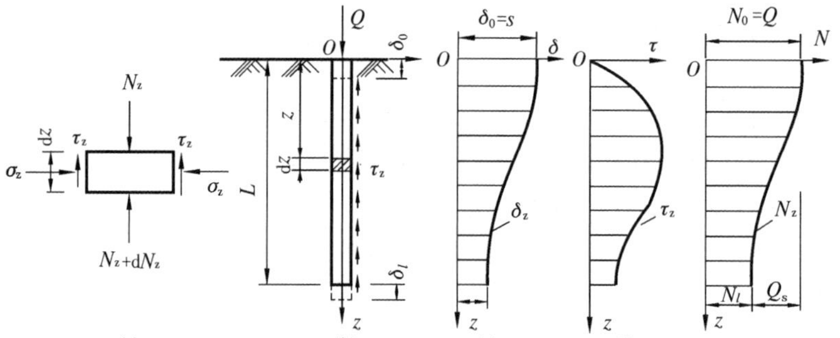

图 8.8 单桩轴向荷载传递

(a) 微桩段的受力情况；(b) 轴向受压的单桩；(c) 截面位移；(d) 摩阻力分布；(e) 轴力分布

可得桩侧摩阻力 τ_z 与桩身轴力 N_z 的关系为：

$$\tau_z = -\frac{1}{u_p} \cdot \frac{dN_z}{dz} \tag{8.2}$$

式中 τ_z——桩侧单位面积上的荷载传递量；

u_p——桩的周长。

桩顶轴力等于桩顶竖向荷载，即 $N_0 = Q$；桩端轴力 N_l 等于总桩端阻力($N_l = Q_p$)，故桩侧总阻力 $Q_s = Q - Q_p$。

由于桩身截面位移 δ_z 应为桩顶位移 $\delta_0 = s$ 与 z 深度范围内的桩身压缩量之差，所以：

$$\delta_z = s - \frac{1}{A_p E_p}\int_0^z N_z \cdot dz \tag{8.3}$$

式中　A_p, E_p——桩身横截面面积和弹性模量。

若取 $z=l$，则上式变为桩端位移(即桩的刚体位移)表达式。

单桩静载荷试验时，除了测定桩顶荷载 Q 作用下的桩顶沉降 s 外，若通过沿桩身若干截面预先埋设的应力测量元件(传感器)，获得桩身轴力 N_z 分布图，则可利用式(8.2)及式(8.3)作出摩阻力 τ_z 和截面位移 δ_z 的分布图(图 8.8)。

8.3.2　桩侧摩阻力和桩端阻力

桩侧摩阻力 τ 是桩截面对桩周土相对位移 δ 的函数，如图 8.9 中曲线 OCD 所示，但通常可简化为折线 OAB。其极限值 τ_u 可用类似于土的抗剪强度的库仑公式表达：

$$\tau_u = c_a + \sigma_x \tan\varphi_a \tag{8.4}$$

式中　c_a, φ_a——桩侧表面与土之间的附着力和摩擦角；

σ_x——深度 z 处作用于桩侧表面的法向压力，它与桩侧土的竖向有效应力 σ_v' 成正比例，即：

$$\sigma_x = K_s \sigma_v' \tag{8.5}$$

式中　K_s——桩侧土的侧压力系数，对挤土桩 $K_0 < K_s < K_p$；对非挤土桩，因桩孔中土被清除，而使 $K_a < K_s < K_0$。其中 K_a、K_0、K_p 分别为主动、静止和被动土压力系数。

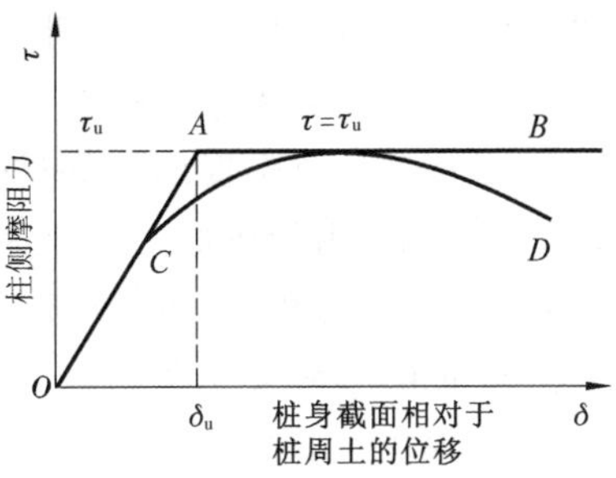

图 8.9　τ-δ 曲线

由上可见，桩的侧阻随深度呈线性增大。但砂土中模型桩试验表明，当桩入土深度达某一临界值(为 5～10 倍桩径)后，侧阻就不再随深度增加。该现象称为侧阻的深度效应。维西克(Vesic，1967 年)认为：桩周竖向有效应力 σ_{vc}' 不一定等于覆盖应力，其线性增加到临界深度(z_c)时达到某一限值，其原因是土的“拱作用”。

综上所述，桩侧极限摩阻力与所在的深度、土的类别和性质、成桩方法等多种因素有关。而桩侧摩阻力 τ_u 达到所需的桩-土相对滑移极限值 δ_u 则基本上只与土的类别有关，根据试验资料，一般黏性土为 4～6 mm，砂土为 6～10 mm。

随着桩顶荷载的逐级增加，桩截面的轴力、位移和桩侧摩阻力不断变化。起初 Q 值较小，桩身截面位移主要发生在桩身上段，Q 主要由上段桩侧阻力承担。当 Q 增大到一定数值时桩端产生位移，桩端阻力开始发挥，直到桩底持力层破坏，无力支承更大的桩顶荷载，即桩处于承载力极限状态。

桩端阻力的发挥不仅滞后于桩侧阻力，而且其充分发挥所需的桩底位移值比桩侧摩阻力到达极限所需的桩身截面位移值大得多。根据小型桩试验结果，砂类土的桩底极限位移为(0.08～0.1)d，一般黏性土为 0.25d；硬黏土为 0.1d。因此，在工作状态下，单桩桩端阻力的安全储备一般大于桩侧阻力的安全储备。

模型试验和原型桩试验研究均表明，与桩侧阻力的深度效应类似，当桩端入土深度小于某一临界深度时，极限桩端阻力随深度线性增加，而大于该深度后则保持恒值不变。不同资料表明，桩侧摩阻力与桩端阻力的临界深度之比为 0.3～1.0。关于桩侧摩阻力和桩端阻力的深度效应问题有待进一步研究。

此外，桩长对荷载的传递也有着重要的影响。当桩长较大(例如 $l/d>25$)时，因桩身压缩变形大，桩端反力尚未发挥，桩顶位移已超过实用所要求的范围，此时传递到桩端的荷载极为微小。因此，很长的桩实际上是摩擦桩，用扩大桩端直径来提高承载力是徒劳的。

8.3.3　单桩的破坏模式

单桩在轴向荷载作用下，其破坏模式主要取决于桩周土的抗剪强度、桩端支承情况、桩的尺寸以及桩的类型等条件。图 8.10 给出了轴向荷载下可能的基桩破坏模式简图。

8.3.3.1　*屈曲破坏*

当桩底支承在坚硬的土层或岩层上，桩周土层极为软弱，桩身无约束或侧向抵抗力。桩在轴向荷载作用下，如同一细长压杆出现纵向挠曲破坏，荷载-沉降(Q-s)关系曲线为“急剧破坏”的陡降型，其沉降量很

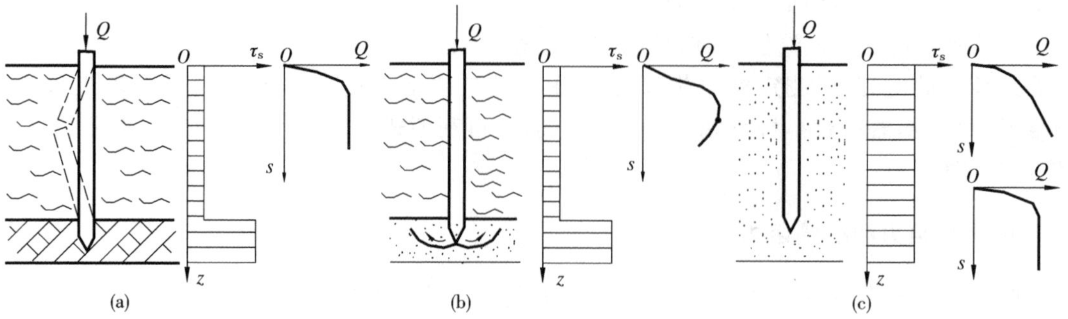

图 8.10　轴向荷载下基桩的破坏模式

小[图 8.10(a)]。桩的承载力取决于桩身的材料强度。如穿越深厚淤泥质土层中的小直径端承桩或嵌岩桩、细长的木桩等多属于此种破坏。

8.3.3.2　整体剪切破坏

当具有足够强度的桩穿过抗剪强度较低的土层，到达强度较高的土层，且桩的长度不大时，桩在轴向荷载作用下，由于桩底上部土层不能阻止滑动土楔的形成，桩底土体形成滑动面而出现整体剪切破坏。此时，桩的沉降量较小，桩侧摩阻力难以充分发挥，主要荷载由桩端阻力承受，Q-s 曲线也为陡降型[图 8.10(b)]。桩的承载力主要取决于桩端土的支承力。一般打入式短桩、钻扩短桩等均属于此种破坏。

8.3.3.3　刺入破坏

当桩的入土深度较大或桩周土层抗剪强度较均匀时，桩在轴向荷载作用下将出现刺入破坏，如图 8.10(c)所示。此时桩顶荷载主要由桩侧摩阻力承受，桩端阻力极微，桩的沉降量较大。一般当桩周土质较软弱时，Q-s 曲线为“渐进破坏”的缓变型，无明显拐点，极限荷载难以判断，桩的承载力主要由上部结构所能承受的极限沉降 s_u 确定；当桩周土的抗剪强度较高时，Q-s 曲线可能为陡降型，有明显拐点，桩的承载力主要取决于桩周土的强度。一般情况下的钻孔灌注桩多属于此种情况。

8.3.4　桩侧负摩阻力

桩土之间相对位移的方向决定了桩侧摩阻力的方向，当桩周土层相对于桩侧向下位移时，桩侧摩阻力方向向下，称为负摩阻力。通常，在下列情况下应考虑桩侧负摩阻力作用。

① 在软土地区，大范围地下水位下降，使桩周土中有效应力增大，导致桩侧土层沉降；

② 桩侧地面承受局部较大的长期荷载，或地面大面积堆载(包括填土)时；

③ 桩穿越较厚松散填土、自重湿陷性黄土、欠固结土层、液化土层进入相对较硬土层时；

④ 冻土地区，由于温度升高而引起桩侧土的缺陷。

必须指出，引起桩侧负摩阻力的条件是，桩侧土体下沉必须大于桩的下沉。

要确定桩侧负摩阻力的大小，首先就得确定产生负摩阻力的深度及其强度大小。桩身负摩阻力并不一定发生于整个软弱压缩土层中，而是在桩周土相对于桩产生下沉的范围内，它与桩周土的压缩、固结、桩身压缩及桩底沉降等直接有关。图 8.11 给出了穿过软弱压缩土层而到达坚硬土层的竖向荷载桩的荷载传递情况。由图 8.11 可见，在 l_n 深度内，桩周土相对于桩侧向下位移，桩侧摩阻力朝下，为负摩阻力；在 l_n 深度以下，桩截面相对于桩周土向下位移，桩侧摩阻力朝上，为正摩阻力；而在 l_n 深度处，桩周土与桩截面沉降相等，两者无相对位移发生，其摩阻力为零，这种摩阻力为零的点称为中性点。图 8.11(b)和图 8.11(c)分别为桩侧摩阻力和桩身轴力的分布曲线，其中 Q_n 为中性点以上的负摩阻力之和，或称下拉荷载；Q_s 为总的正摩阻力。且在中性点处桩身轴力达到最大值($Q+Q_n$)，而桩端总阻力则等于 $Q+(Q_n-Q_s)$。

桩侧土层的固结随时间而变化，故土层的竖向位移和桩身截面位移都是时间的函数。因此，在桩顶荷载作用下，中性点位置、摩阻力及轴力等也都相应发生变化。当桩截面位移在桩顶荷载作用下稳定后，土层固结程度和速率是影响 Q_n 的大小和分布的主要因素。固结程度高、地面沉降大，则中性点往下移；固结速率大，则 Q_n 增长快。但 Q_n 的增长需经过一定的时间才能达到极限值。在此过程中，桩身在 Q_n 作用

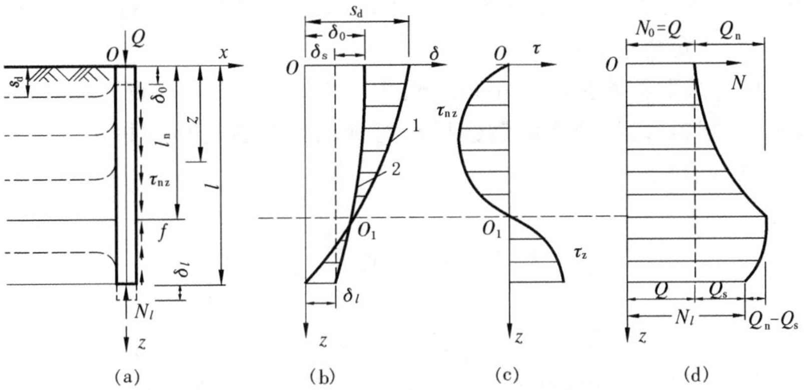

图 8.11　单桩在产生负摩阻力时的荷载传递

下产生压缩，随着 Q_n 的产生和增大，桩端处轴力增加，沉降也相应增大，由此导致桩土相对位移减小，Q_n 降低而逐渐达到稳定状态。

中性点深度 l_n 应按桩周土层沉降与桩的沉降相等的条件确定，也可参照表 8.3 确定。

表 8.3　中性点深度比 l_n/l_0

持力层土类	黏性土、粉土	中密以上砂	砾石、卵石	基　岩
l_n/l_0	0.5～0.6	0.7～0.8	0.9	1.0

注：① l_0 为桩周软弱土层下限深度；

② 桩穿越自重湿陷性黄土时，l_n 按表列值增大 10%（持力层为基岩者除外）；

③ 当桩周土层固结与桩基固结沉降同时完成时取 $l_n=0$；

④ 当桩周土层计算沉降量小于 20 mm 时，应按表列值乘以 0.4～0.8 折减。

实测资料表明，桩侧第 i 层土负摩阻力标准值 q_{si}^n 可按下式计算（当计算值大于正摩阻力时取正摩阻力值）：

$$q_{si}^n=\zeta_n\sigma_i' \tag{8.6}$$

式中　ζ_n——桩周第 i 层土负摩阻力系数，可按表 8.4 取用；

σ_i'——桩周第 i 层土平均竖向有效上覆压力(kPa)。

表 8.4　负摩阻力系数 ζ_n

桩 周 土 类	饱 和 软 土	黏性土、粉土	砂　土	自重湿陷性黄土
ζ_n	0.15～0.25	0.25～0.40	0.35～0.50	0.20～0.35

注：① 同一类土中，打入桩或沉管灌注桩取较大值；钻孔灌注桩、挖孔灌注桩取较小值。

② 填土按土的类别取较大值。

此外，也可根据土的类别，按下列经验公式计算：

软土或中等强度黏土

$$q_{si}^n=c_u \tag{8.7}$$

砂土

$$q_{si}^n=\frac{N_i}{5}+3 \tag{8.8}$$

式中　c_u——土的不排水抗剪强度(kPa)；

N_i——桩周第 i 层土经钻杆长度修正后的平均标准贯入试验击数。

桩侧总的负摩阻力（下拉荷载）Q_n 为（对群桩基础尚应乘以负摩阻力群桩效应系数，参见 8.6 节）：

$$Q_n=u_p\sum q_{si}^n l_i \tag{8.9}$$

式中　u_p——桩的周长(m)；

l_i——中性点以上各土层的厚度(m)。

国外有的学者认为，当桩穿过 15 m 以上可压缩土层且地面每年下沉超过 20 mm，或者为端承桩时，应计算下拉荷载 Q_n，一般其安全系数可取 1.0。

在桩基设计中，应尽量采取某些措施减小负摩阻力。例如，在预制桩表面涂一薄层沥青，或者对钢桩再加一层厚度为 3 mm 的塑料薄膜(兼作防锈蚀用)，对现场灌注桩也可在桩与土之间灌注斑脱土浆等方法，来消除或降低负摩阻力的影响。

8.4 单桩竖向承载力的确定

单桩承载力是指单桩在外荷作用下，不丧失稳定性、不产生过大变形时的承载能力。单桩在竖向荷载作用下到达破坏状态前或出现不适于继续承载的变形时所对应的最大荷载，称为单桩竖向极限承载力。

单桩的竖向承载力主要取决于地基土对桩的支承能力和桩身的材料强度。一般情况下，桩的承载力由地基土的支承能力所控制，材料强度往往不能充分发挥，只有对端承桩、超长桩以及桩身质量有缺陷的桩，桩身材料强度才起控制作用。此外，当桩的入土深度较大、桩周土质软弱且比较均匀、桩端沉降量较大，或建筑物对沉降有特殊要求时，还应考虑桩的竖向沉降量，按上部结构对沉降的要求来确定单桩竖向承载力。

8.4.1 按材料强度确定

按桩身材料强度确定单桩竖向承载力时，可将桩视为轴心受压杆件，根据桩材按《混凝土结构设计标准》(GB/T 50010—2010)等混凝土或钢结构规范计算。对于钢筋混凝土桩：

$$N \leqslant \varphi(\psi_c f_c A_p + 0.9 f_y' A_g) \tag{8.10}$$

式中 N——单桩竖向承载力设计值(kN)。

f_c——混凝土的轴心抗压强度设计值(kPa)。

f_y'——纵向钢筋的抗压强度设计值(kPa)。

A_p——桩身的横截面面积(m^2)。

A_g——纵向钢筋的横截面面积(m^2)。

φ——桩的稳定系数，对低承台桩基，考虑土的侧向约束可取 $\varphi=1.0$；但穿过很厚软黏土层($c_u<$ 10 kPa)和可液化土层的端承桩或高承台桩基，其值应小于 1.0。

ψ_c——基桩成桩工艺系数，混凝土预制桩、预应力混凝土空心桩取 0.85；干作业非挤土灌注桩取 0.90；泥浆护壁和套管护壁非挤土灌注桩、部分挤土灌注桩及挤土灌注桩取 0.7～0.8；软土区挤土灌注桩取 0.6。

尚须注意，只有当桩顶以下 $5d$ 范围内桩身箍筋间距不大于 100 mm，且符合相关构造要求时才考虑纵向主筋对桩身受压承载力的作用，否则上式中 $f_y'A_g$ 项为零。此外，对高承台桩基、桩身穿越可液化土层或不排水抗剪强度小于 10 kPa 的软弱土层中的基桩，还应考虑桩身挠曲对轴向偏心力偏心距增大的影响。

8.4.2 按单桩竖向抗压静载试验确定

静载荷试验是评价单桩承载力最为直观和可靠的方法，它除了考虑到地基土的支承能力外，也计入了桩身材料强度对承载力的影响。对于甲级、乙级建筑桩基，必须通过静载荷试验。在同一条件下的试桩数量，不宜少于总数的 1%，并不应少于 3 根。工程总桩数在 50 根以内时不应少于 2 根。对于地基条件复杂，桩施工质量可靠性低及本地区采用的新桩型或新工艺等情况下的桩基也须通过静载荷试验。

对于预制桩，由于打桩时土中产生的孔隙水压力有待消散，土体因打桩扰动而降低的强度随时间逐渐恢复，因此，为了使试验能真实反映桩的承载力，要求在桩身强度满足设计要求的前提下，砂类土间歇时间不少于 7 d，粉土不少于 10 d，非饱和黏性土不少于 15 d，饱和黏性土不少于 25 d。

(1) 静载荷试验装置及方法

试验装置主要由加荷稳压、提供反力和沉降观测三部分组成(图 8.12)。桩顶的油压千斤顶对桩顶施加压力,千斤顶的反力由锚桩、压重平台的重力或用若干根地锚组成的伞状装置来平衡。安装在基准梁上的百分表或电子位移计用于测量桩顶的沉降。

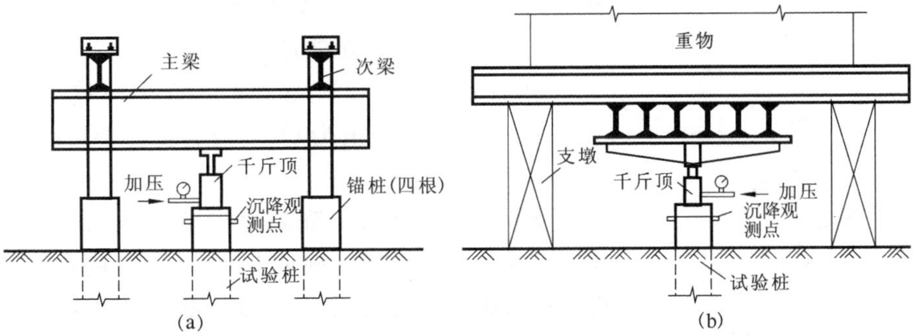

图 8.12 单桩静载荷试验的加载装置

(a) 锚桩横梁反力装置;(b) 压重平台反力装置

试桩与锚桩(或与压重平台的支墩、地锚等)之间、试桩与支承基准梁的基准桩之间以及锚桩与基准桩之间,都应有一定的间距(表 8.5),以减少彼此的相互影响,保证测量精度。

表 8.5 试桩、锚桩和基准桩之间的中心距离

反力系统	试桩与锚桩(或压重平台支座墩边)	试桩与基准桩	基准桩与锚桩(或压重平台支座墩边)
锚桩横梁反力装置 压重平台反力装置	≥4d 且>2.0 m	≥4d 且>2.0 m	≥4d 且>2.0 m

注:d 为试桩、锚桩或地锚的设计直径,取其较大者(如试桩或锚桩为扩底桩时,试桩与锚桩的中心距离尚不应小于 2 倍扩大端直径)。

试验时加载方式通常有慢速维持荷载法、快速维持荷载法、等贯入速率法、等时间间隔加载法以及循环加载法等。工程中最常用的是慢速维持荷载法,即逐级加载,每级荷载值为单桩承载力特征值的 1/8~1/5,当每级荷载下桩顶沉降量小于 0.1 mm/h 时,则认为已趋稳定,然后施加下一级荷载直到试桩破坏,再分级卸载到零。对于工程桩的检验性试验,也可采用快速维持荷载法,即一般每隔 1 h 加一级荷载。

(2) 终止加载条件

当出现下列情况之一时即可终止加载:

① 当荷载-沉降(Q-s)曲线上有可判定极限承载力的陡降段,且桩顶总沉降量超过 40 mm;

② 某级荷载下,桩顶沉降量大于前一级荷载下沉降量的 2 倍,且经 24 h 尚未达到相对稳定;

③ 25 m 以上的非嵌岩桩,Q-s 曲线呈缓变型时,桩顶总沉降量大于 60~80 mm;

④ 在特殊条件下,可根据具体要求加载至桩顶总沉降量大于 100 mm。

(3) 按试验结果确定单桩承载力

一般认为,当桩顶发生剧烈或不停滞的沉降时,桩处于破坏状态,相应的荷载称为极限荷载(极限承载力,Q_u)。由桩的静载荷试验结果给出荷载与桩顶沉降关系 Q-s 曲线,再根据 Q-s 曲线特性,采用下述方法确定单桩竖向极限承载力 Q_u。

① 根据沉降随荷载的变化特征确定 Q_u

如图 8.13 中曲线①所示,对于陡降型 Q-s 曲线,可取曲线发生明显陡降的起始点所对应的荷载为 Q_u。该方法的缺点是

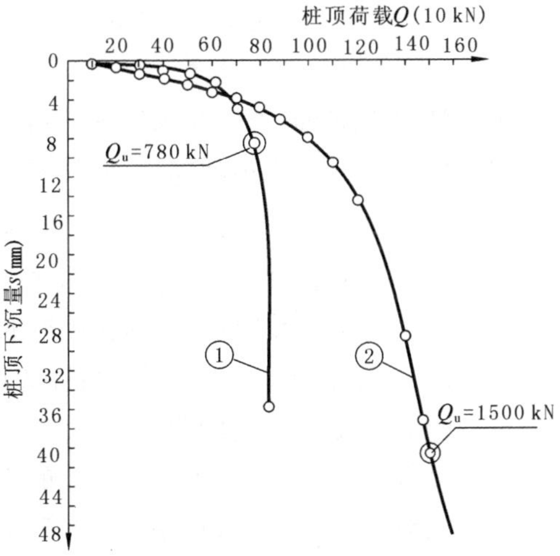

图 8.13 单桩 Q-s 曲线

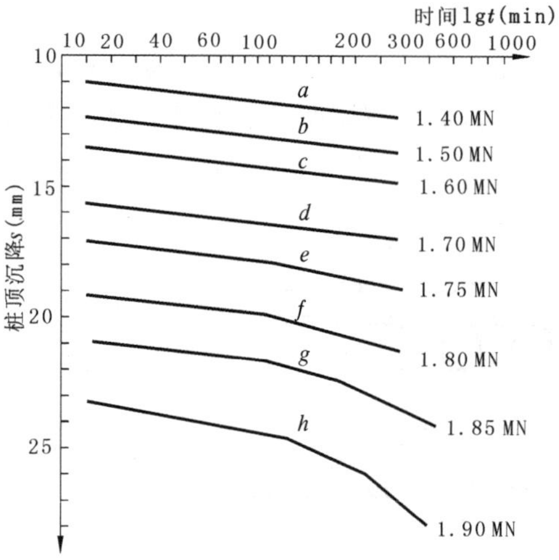

图 8.14 单桩 s-lg$t$ 曲线

作图比例将影响 Q-s 曲线的斜率和所选择的 Q_u，因此，宜按一定的作图比例，一般可取整个图形比例横∶竖＝2∶3。

因 Q-s 曲线拐点确定易掺入绘图者的主观因素，有些曲线拐点也不甚明了，故国外多用切线交会法，即取相应于 Q-s 曲线始段和末段两点切线交点所对应的荷载作为极限荷载 Q_u。

② 根据沉降量确定 Q_u

对于缓变型 Q-s 曲线(图 8.13 中曲线②)，一般可取 $s=40$ mm 对应的荷载值为 Q_u。当桩长大于 40 m 时，宜考虑桩身的弹性压缩。

此外，也可根据沉降随时间的变化特征确定 Q_u，取 s-lg$t$ 曲线(图 8.14)尾部出现明显向下弯曲的前一级荷载值作为 Q_u；也可根据终止加载条件②中的前一级荷载值作为 Q_u。

测出每根试桩的极限承载力值 Q_{ui} 后，可以下列规定通过统计确定单桩竖向抗压极限承载力 Q_u：

① 参加统计的所有试桩，当满足其级差不超过平均值的 30％时，取其平均值为单桩竖向抗压极限承载力；

② 若级差超过平均值的 30％，应分析级差过大的原因，结合工程具体情况综合确定，必要时增加试桩数量；

③ 对桩数为 3 根或 3 根以下的柱下承台，或工程桩抽检数量少于 3 根时，应取低值。

取上述单桩竖向抗压极限承载力 Q_u 的一半作为单位工程同一条件下单桩竖向抗压承载力特征值 R_a。

8.4.3 按土的抗剪强度指标确定

国外广泛采用以土力学原理为基础的单桩极限承载力公式。该类公式在土的抗剪强度指标的取值上考虑理论公式无法概括的某些影响因素，例如：土的类别和排水条件、桩的类型和设置效应等，所以仍是经验性的公式，其单桩极限承载力 Q_u 一般可以下式表示：

$$Q_u = Q_{su} + Q_{pu} - (G - \gamma A_p l) \tag{8.11}$$

式中 Q_{su}，Q_{pu}——桩侧总极限摩阻力和桩端总极限阻力；

G，γ——桩的自重和桩长以内土的平均重度；

$G-\gamma A_p l$——因桩的设置而附加于地基的重力，$\gamma A_p l$ 为与桩同体积的土重，常假设其值等于桩重 G，故上式可简化为：

$$Q_u = Q_{su} + Q_{pu} \tag{8.12}$$

对于黏性土中的桩，因桩在设置和受荷初期，桩周土来不及排水固结，一般以短期承载力控制设计，故宜按总应力分析法取不排水强度 c_u 估算 Q_u，故

$$Q_u = u_p \sum c_{ai} l_i + c_u N_c A_p \tag{8.13}$$

式中 c_u——桩底以上 $3d$ 至桩底以下 $1d$ 范围内土的不排水抗剪强度平均值，对裂隙黏土宜用含裂隙的大试样测定；对钻孔桩可取三轴不排水抗剪强度的 0.75 倍。

N_c——地基承载力系数，当桩的长径比 $l/d>5$ 时，$N_c=9$。

c_{ai}——桩土之间的附着力，$c_{ai}=\alpha c_u$。

对黏性土 $\alpha=1$ 或更大，且随 c_u 的增大而迅速降低。对硬黏土中的桩，当 $l/d\leqslant 20$ 时，α 取 1.25；当上部为软土时取 $\alpha=0.4$；其他情况 $\alpha=0.7$。对打入桩，$c_a\leqslant 100$ kPa；对钻孔桩，α 的取值尚不成熟，平均约为 0.45；对扩底桩，桩底以上 $2d$ 范围内的 c_a 不予考虑，即取 $\alpha=0$。

8.4.4 按静力触探法确定

静力触探是将圆锥形的金属探头，以静力方式按一定的速率均匀压入土中。借助探头的传感器，测出探头侧阻 f_s 及端阻 q_c。探头由浅入深测出各种土层的这些参数后，即可算出单桩承载力。根据探头构造的不同，又可分为单桥探头和双桥探头两种。

静力触探与桩的静载荷试验虽有很大区别，但与桩打入土中的过程基本相似，所以静力触探可近似视为小尺寸打入桩的现场模拟试验。静力触探设备简单、自动化程度高等，是一种很有发展前途的确定单桩承载力的方法。我国自 1975 年以来，已进行了大量研究，积累了丰富的静力触探与单桩竖向静载荷试验的对比资料，提出了不少反映地区经验的计算单桩竖向极限承载力标准值 Q_{uk} 的公式。

双桥探头（圆锥面积 15 cm^2，锥角 60°，摩擦套筒高 21.85 cm，侧面积 300 cm^2）可同时测出 f_s 和 q_c，《桩基规范》在总结各地经验的基础上提出，当按双桥探头静力触探资料确定混凝土预制桩单桩竖向极限承载力标准值 Q_{uk} 时，对于黏性土、粉土和砂土，如无当地经验时可按下式计算：

$$Q_{uk} = \alpha q_c A_p + u_p \sum l_i \beta_i f_{si} \tag{8.14}$$

式中 q_c——桩端平面上、下探头阻力（kPa），取桩端平面以上 $4d$ 范围内探头阻力加权平均值，再与桩端平面以下 $1d$ 范围内的探头阻力进行平均；

α——桩端阻力修正系数，对黏性土、粉土取 2/3，饱和砂土取 1/2；

f_{si}——第 i 层土的探头平均侧阻力（kPa）；

β_i——第 i 层土桩侧阻力综合修正系数，按下式计算：

黏性土、粉土：

$$\beta_i = 10.04 f_{si}^{-0.55} \tag{8.15}$$

砂土：

$$\beta_i = 5.05 f_{si}^{-0.45} \tag{8.16}$$

8.4.5 按经验参数确定

利用土的物理指标与承载力参数之间的经验关系确定单桩竖向极限承载力标准值 Q_{uk} 是一种沿用多年的传统方法，《桩基规范》在大量经验及资料积累的基础上，针对不同的常用桩型，推荐如下竖向承载力估算公式。

(1) 一般预制桩及中小直径灌注桩

对直径 $d<800$ mm 的灌注桩和预制桩，单桩竖向极限承载力标准值 Q_{uk} 可按下式计算：

$$Q_{uk} = Q_{sk} + Q_{pk} = u_p \sum q_{sik} l_i + q_{pk} A_p \tag{8.17}$$

式中 Q_{sk}——单桩总极限侧阻力标准值（kN）；

Q_{pk}——单桩总极限端阻力标准值（kN）；

q_{sik}——桩侧第 i 层土的极限侧阻力标准值（kPa），无当地经验值时，可按表 8.6 取值；

q_{pk}——桩端极限端阻力标准值（kPa），无当地经验值时，可按表 8.7 取值。

其他符号意义同前。

表 8.6 桩的极限侧阻力标准值 q_{sik} （单位：kPa）

土的名称	土的状态	混凝土预制桩	水下钻（冲）孔桩	干作业钻孔桩
填 土	—	22～30	20～28	20～28
淤 泥	—	14～20	12～18	12～18
淤泥质土	—	22～30	20～28	20～28

续表8.6

土的名称	土的状态		混凝土预制桩	水下钻(冲)孔桩	干作业钻孔桩
黏性土	流塑	$I_L>1$	24～40	21～38	21～38
	软塑	$0.75<I_L\leqslant 1$	40～55	38～53	38～53
	可塑	$0.50<I_L\leqslant 0.75$	55～70	53～68	53～66
	硬可塑	$0.25<I_L\leqslant 0.50$	70～86	68～84	66～82
	硬塑	$0<I_L\leqslant 0.25$	86～98	84～96	82～94
	坚硬	$I_L\leqslant 0$	98～105	96～102	94～104
红黏土	$0.7<\alpha_w\leqslant 1$		13～32	12～30	12～30
	$0.5<\alpha_w\leqslant 0.7$		32～74	30～70	30～70
粉　土	稍密	$e>0.9$	26～46	24～42	24～42
	中密	$0.75\leqslant e\leqslant 0.9$	48～66	42～62	42～62
	密实	$e<0.75$	66～88	62～82	62～82
粉细砂	稍密	$10<N\leqslant 15$	24～48	22～46	22～46
	中密	$15<N\leqslant 30$	48～66	46～64	46～64
	密实	$N>30$	66～88	64～86	64～86
中砂	中密	$15<N\leqslant 30$	54～74	53～72	53～72
	密实	$N>30$	74～95	72～94	72～94
粗砂	中密	$15<N\leqslant 30$	74～95	74～95	76～98
	密实	$N>30$	95～116	95～116	98～120
砾砂	稍密	$5<N_{63.5}\leqslant 15$	70～110	50～90	60～100
	中密(密实)	$N_{63.5}>15$	116～138	116～130	112～130
圆砾、角砾	中密、密实	$N_{63.5}>10$	160～200	135～150	135～150
碎石、卵石	中密、密实	$N_{63.5}>10$	200～300	140～170	150～170
全风化软质岩	—	$30<N\leqslant 50$	100～120	80～100	80～100
全风化硬质岩	—	$30<N\leqslant 50$	140～160	120～140	120～150
强风化软质岩	—	$N_{63.5}>10$	160～240	140～200	140～220
强风化硬质岩	—	$N_{63.5}>10$	220～300	160～240	160～260

注：① 对于尚未完成自重固结的填土和以生活垃圾为主的杂填土，不计算其侧阻力；
② α_w 为含水比，$\alpha_w=w/w_L$；
③ N 为标准贯入击数，$N_{63.5}$ 为重型圆锥动力触探击数；
④ 全风化、强风化软质岩和全风化、强风化硬质岩指其母岩分别为 $f_{rk}\leqslant 15$ MPa、$f_{rk}>30$ MPa 的岩石。

表 8.7　桩的极限端阻力标准值 q_{pk}　　(单位：kPa)

土的名称	土的状态		混凝土预制桩桩长 l/m				泥浆护壁钻(冲)孔桩桩长 l/m			
			$l\leqslant 9$	$9<l\leqslant 16$	$16<l\leqslant 30$	$l>30$	$5\leqslant l<10$	$10\leqslant l<15$	$15\leqslant l<30$	$30\leqslant l$
黏性土	软塑	$0.75<I_L\leqslant 1$	210～850	650～1400	1200～1800	1300～1900	150～250	250～300	300～450	300～450
	可塑	$0.50<I_L\leqslant 0.75$	850～1700	1400～2200	1900～2800	2300～3600	350～450	450～600	600～750	750～800
	硬可塑	$0.25<I_L\leqslant 0.50$	1500～2300	2300～3300	2700～3600	3600～4400	800～900	900～1000	1000～1200	1200～1400
	硬塑	$0<I_L\leqslant 0.25$	2500～3800	3800～5500	5500～6000	6000～6800	1100～1200	1200～1400	1400～1600	1600～1800
粉　土	中密	$0.75\leqslant e\leqslant 0.9$	950～1700	1400～2100	1900～2700	2500～3400	300～500	500～650	650～750	750～850
	密实	$e<0.75$	1500～2600	2100～3000	2700～3600	3600～4400	650～900	750～950	900～1000	1100～1200
粉　砂	稍密	$10<N\leqslant 15$	1000～1600	1500～2300	1900～2700	2100～3000	350～500	450～600	600～700	650～750
	中密、密实	$N>15$	1400～2200	2100～3000	3000～4500	3800～5500	600～750	750～900	900～1100	1100～1200
细　砂	中密、密实	$N>15$	2500～4000	3600～5000	4400～6000	5300～7000	650～850	900～1200	1200～1500	1500～1800
中　砂			4000～6000	5500～7000	6500～8000	7500～9000	850～1050	1100～1500	1500～1900	1900～2100
粗　砂			5700～7500	7500～8500	8500～10000	9500～11000	1500～1800	2100～2400	2400～2600	2600～2800
砾　砂	中密、密实	$N>15$	6000～9500		9000～10500		1400～2000		2000～3200	
角砾、圆砾		$N_{63.5}>10$	7000～10000		9500～11500		1800～2200		2200～3600	
碎石、卵石		$N_{63.5}>10$	8000～11000		10500～13000		2000～3000		3000～4000	

续表8.7

土的名称	土的状态		混凝土预制桩桩长 l/m				泥浆护壁钻(冲)孔桩桩长 l/m			
			$l \leqslant 9$	$9<l \leqslant 16$	$16<l \leqslant 30$	$l>30$	$5 \leqslant l<10$	$10 \leqslant l<15$	$15 \leqslant l<30$	$30 \leqslant l$
全风化软质岩		$30 \leqslant N<50$	4000～6000				1000～1600			
全风化硬质岩		$30 \leqslant N<50$	5000～8000				1200～2000			
强风化软质岩		$N_{63.5}>10$	6000～9000				1400～2200			
强风化硬质岩		$N_{63.5}>10$	7000～11000				1800～2800			

土的名称	土的状态		干作业钻孔桩桩长 l/m		
			$5 \leqslant l<10$	$10 \leqslant l<15$	$15 \leqslant l$
黏性土	软塑	$0.75<I_L \leqslant 1$	200～400	400～700	700～950
	可塑	$0.50<I_L \leqslant 0.75$	500～700	800～1100	1000～1600
	硬可塑	$0.25<I_L \leqslant 0.50$	850～1100	1500～1700	1700～1900
	硬塑	$0<I_L \leqslant 0.25$	1600～1800	2200～2400	2600～2800
粉　土	中密	$e \leqslant 0.75$	800～1200	1200～1400	1400～1600
	密实	$0.75<e \leqslant 0.9$	1200～1700	1400～1900	1600～2100
粉　砂	稍密	$10<N \leqslant 15$	500～950	1300～1600	1500～1700
	中密、密实	$N>15$	900～1000	1700～1900	1700～1900
细　砂	中密、密实	$N>15$	1200～1600	2000～2400	2400～2700
中　砂			1800～2400	2800～3800	3600～4400
粗　砂			2900～3600	4000～4600	4600～5200
砾　砂	中密、密实	$N>15$	3500～5000		
角砾、圆砾		$N_{63.5}>10$	4000～5500		
碎石、卵石		$N_{63.5}>10$	4500～6500		
全风化软质岩		$30 \leqslant N<50$	1200～2000		
全风化硬质岩		$30 \leqslant N<50$	1400～2400		
强风化软质岩		$N_{63.5}>10$	1600～2600		
强风化硬质岩		$N_{63.5}>10$	2000～3000		

注:① 对于砂土和碎石类土,要综合考虑土的密实度、桩端进入持力层的深径比 h_b/d 确定;土愈密实,h_b/d 愈大,取值愈高。

② 预制桩的岩石极限端阻力指桩端支承于中、微风化基岩表面或进入强风化岩、软质岩一定深度条件下的极限端阻力。

③ 全风化、强风化软质岩和全风化、强风化硬质岩指其母岩分别为 $f_{rk} \leqslant 15$ MPa、$f_{rk}>30$ MPa 的岩石。

(2) 大直径桩($d \geqslant 0.8$ m)

大直径桩的桩底持力层一般都呈渐进破坏,其 Q-s 曲线呈缓变型,单桩承载力的取值常以沉降控制,极限端阻力随桩径的增大而减小,且以持力层为无黏性土时为甚。由于大直径桩一般为钻孔、冲孔、挖孔灌注桩,在无黏性土的成孔过程中将使孔壁因应力解除而松弛,故侧阻力的降幅随孔径的增大而增大。《桩基规范》推荐其单桩的竖向极限承载力标准值按下式计算:

$$Q_{uk}=Q_{sk}+Q_{pk}=u_p \sum \psi_{si} q_{sik} l_{si}+\psi_p q_{pk} A_p \tag{8.18}$$

式中 q_{sik}——桩侧第 i 层土的极限侧阻力标准值,无当地经验值时,可按表 8.6 取值,对于扩底桩变截面以上 $2d$ 长度范围不计侧阻力。

q_{pk}——桩径为 0.8 m 的极限端阻力标准值,对于干作业(清底干净)可采用深层平板(端承型桩平板直径应与孔径一致)载荷试验确定;不能进行时按表 8.8 取值;对于其他成桩工艺可按表 8.7 取值。

ψ_{si},ψ_p——大直径桩侧阻力、端阻力尺寸效应系数,按表 8.9 取值。

此外,对于混凝土护壁振捣密实的大直径挖孔桩,桩身周长 u_p 可按护壁外直径计算。

表 8.8　干作业桩(清底干净,$d=0.8$ m)极限端阻力标准值 q_{pk}　　(单位:kPa)

名称		状态		
黏性土		$0.25<I_L\leqslant 0.75$	$0<I_L\leqslant 0.25$	$I_L\leqslant 0$
		800～1800	1800～2400	2400～3000
粉土		—	$0.75<e\leqslant 0.9$	$e\leqslant 0.75$
		—	1000～1500	1500～2000
砂土、碎石类土		稍密	中密	密实
	粉砂	500～700	800～1100	1200～2000
	细砂	700～1100	1200～1800	2000～2500
	中砂	1000～2000	2200～3200	3500～5000
	粗砂	1200～2200	2500～3500	4000～5500
	砾砂	1400～2400	2600～4000	5000～7000
	圆砾、角砾	1600～3000	3200～5000	6000～9000
	卵石、碎石	2000～3000	3300～5000	7000～11000

注:① q_{pk}取值宜考虑桩端持力层土的状态及桩进入持力层的深度效应,当进入持力层深度 h_b 为:$h_b\leqslant D$,$D<h_b<4D$,$h_b\geqslant 4D$ 时,q_{pk}可分别取较低值、中值、较高值,D 为桩端直径;

② 砂土密实度可根据标准贯入击数 N 判定,$N\leqslant 10$ 为松散,$10<N\leqslant 15$ 为稍密,$15<N\leqslant 30$ 为中密,$N>30$ 为密实;

③ 当桩的长径比 $l/d\leqslant 8$ 时,q_{pk}宜取较低值;

④ 当对沉降要求不严时,可适当提高 q_{pk}值。

表 8.9　大直径桩侧阻力尺寸效应系数 ψ_{si}、端阻力尺寸效应系数 ψ_p

土类别	黏性土、粉土	砂石、碎石类土	土类别	黏性土、粉土	砂石、碎石类土
ψ_{si}	$\left(\frac{0.8}{d}\right)^{1/5}$	$\left(\frac{0.8}{d}\right)^{1/3}$	ψ_p	$\left(\frac{0.8}{D}\right)^{1/4}$	$\left(\frac{0.8}{D}\right)^{1/3}$

(3) 嵌岩桩

随着高层建筑及桥梁工程的高速发展,嵌岩桩的应用日益广泛。近十年来大量试验研究成果和工程应用经验均表明,一般情况下,只要嵌岩桩不是很短,上覆土层的侧阻力就能部分发挥;此外,嵌岩深度内也有侧阻力作用,故传递到桩端的应力随嵌岩深度增大而递减,当嵌岩深度达 $5d$ 时,该应力接近于零。所以,桩端嵌岩深度一般不必很大,超过某一界限则无助于提高桩的竖向承载力。因此,桩端置于完整、较完整基岩的嵌岩单桩的极限承载力标准值 Q_{uk}由桩周土总侧阻力 Q_{sk}和嵌岩段总极限阻力 Q_{rk}组成,当根据岩石单轴抗压强度确定单桩竖向极限承载力标准值时,可按下式计算:

$$Q_{uk}=Q_{sk}+Q_{rk}=u_p\sum q_{sik}l_i+\zeta_r f_{rk}A_p \tag{8.19}$$

式中　q_{sik}——桩周第 i 层土的极限侧阻力标准值,无经验时可根据成桩工艺按表 8.6 取值;

f_{rk}——岩石饱和单轴抗压强度标准值,对于黏土质岩取天然湿度单轴抗压强度标准值;

ζ_r——嵌岩段侧阻和端阻综合系数,与嵌岩深径比 h_r/d、岩石软硬程度和成桩工艺有关,可按表 8.10采用,表中数值适用于泥浆护壁成桩,对于干作业成桩(清底干净)和泥浆护壁后注浆应取表列数值的 1.2 倍。

表 8.10　嵌岩段侧阻和端阻综合系数 ζ_r

嵌岩深径比 h_r/d	0.0	0.5	1	2	3	4	5	6	7	8
极软岩、软岩	0.60	0.80	0.95	1.18	1.35	1.48	1.57	1.63	1.66	1.70
较硬岩、坚硬岩	0.45	0.65	0.81	0.90	1.00	1.04	—	—	—	—

注:① 表中极软岩、软岩指 $f_{rk}\leqslant 15$ MPa;较硬岩、坚硬岩指 $f_{rk}>30$ MPa,介于两者之间可内插取值。

② h_r 为桩身嵌岩深度,当岩面倾斜时,以坡下方的嵌岩深度为准;当 h_r/d 为非表列数值时可内插取值。

此外,《桩基规范》指出,确定单桩竖向极限承载力标准值尚须满足下列规定:

① 甲级建筑桩基应通过单桩静载荷试验确定;

② 乙级建筑桩基应通过单桩静载荷试验确定,仅当地质条件简单时,可参照地质条件相同的试桩资料,结合静力触探等原位测试和经验参数综合确定;

③ 丙级建筑桩基,可根据原位测试和经验参数确定。

8.4.6 按动力试桩法确定

动力试桩法是应用物体振动和应力波的传播理论来确定单桩竖向承载力以及检验桩身完整性的一种方法。它与传统的静载荷试验相比,无论在试验设备、测试效率、工作条件以及试验费用等方面,均具有明显的优越性。其最大的技术经济效益是速度快、成本低,可对工程桩进行大量的普查,及时找出工程桩的隐患,防止重大安全质量事故。

动测技术在国外应用较早。打桩时,桩在一定能量锤击下入土的难易程度反映出土对桩的支承能力,桩在一次锤击下入土的深度 e 称为贯入度。当其他条件相同时,桩打入硬土中的 e 值要比软土中的小;在同一土层中,则桩入土越深 e 值就越小。也就是说,e 与打桩时土对桩的阻力之间存在着一定的函数关系,反映这种关系的表达式就统称为动力打桩公式。动力打桩公式的基本假定与实际不符,往往带来较大误差,近年来国内外已很少采用。

随着测试和计算技术的提高,动力试桩技术在我国发展很快。1972 年,湖南大学周光龙教授率先提出了桩基参数动测法,对开创我国动力试桩方法的研究起了积极的推动作用。1978 年,东南大学唐念慈教授等首先应用波动方程法,在渤海 12 号平台的钢管桩动力测试中获得了成功。随着我国桩基工程的发展,动力试桩法已在全国广泛应用,有效地弥补了静力试桩的不足,满足了我国桩基工程发展的需要。然而,由于各种动测技术的局限性和适用性,各种方法尚存在一定的问题,有待进一步研究和完善。

动力试桩法种类繁多,一般可分为高应变动力检测法和低应变动力检测法两大类。

高应变法由 20 世纪 70 年代的锤击法发展到 80 年代引进的 PDA 和 PID 法,近年来又自行研制成各种试桩分析仪,软件和硬件的功能都有很大的提高。今后宜有步骤地发展这种动力测试仪器,加强动力模型和机理的研究工作,提高软硬件的质量、适用性和可靠性。目前,国际上普遍采用高应变法测定桩的极限承载力,而用低应变法检测桩的质量和完整性。

低应变法在我国应用极为广泛,约有 90%的检测单位采用低应变法,每年检测的桩数在 4 万根以上。由于低应变法具有软硬件价格便宜、设备轻巧、测试过程简单等优点,目前多用于桩身质量检测。

8.4.7 桩的抗拔承载力

对于高耸结构物桩基(如高压输电塔、电视塔、微波通讯塔等)、承受巨大浮托力作用的基础(如地下室、地下油罐、取水泵房等),以及承受巨大水平荷载的桩结构(如码头、桥台、挡土墙等),桩侧部分或全部承受上拔力,此时尚须验算桩的抗拔承载力。

桩的抗拔承载力主要取决于桩身材料强度及桩与土之间的抗拔侧阻力和桩身自重。上拔时形成的桩端真空吸引力所占比例不大,且可靠性不高,可不予考虑。目前,有关抗拔承载力的机理研究尚不充分。《桩基规范》规定,应同时验证群桩基础呈整体破坏和呈非整体破坏时基桩抗拔承载力。

对于甲级、乙级建筑桩基,基桩的抗拔极限承载力应通过现场单桩上拔静载荷试验确定,如无当地经验,对群桩基础及丙级建筑桩基,可按下式估算群桩呈非整体破坏时单桩的抗拔极限承载力标准值 T_{uk},即:

$$T_{uk}=\sum\lambda_i q_{sik}u_i l_i \tag{8.20}$$

式中 λ_i——抗拔系数,可按表 8.11 取值;

u_i——桩身周长，等直径桩为 πd，对扩底桩，自桩底起的(4～10)d 范围内取值为 πD，其余部分仍取为 πd。

其他符号意义同式(8.18)。

当群桩基础呈整体破坏时，基桩的抗拔极限承载力标准值 T_{gk}可取桩群外围周长范围形成的抗拔承载力再除以桩数。

表 8.11 抗拔系数 λ_i

土 类	λ_i
砂 土	0.50～0.70
黏性土、粉土	0.70～0.80

注：$l/d \leqslant 20$ 时，λ_i 取小值。

8.4.8 单桩竖向承载力特征值

作用于桩顶的竖向荷载主要由桩侧和桩端土体承担，而地基土体为大变形材料。当桩顶荷载增加时，随着桩顶变形的相应增长，单桩承载力也逐渐增大，很难定出一个真正的"极限值"；此外，建筑物的使用也存在功能上的要求，往往基桩承载力尚未充分发挥，桩顶变形已超出正常使用的限值。因此，单桩竖向承载力应为不超过桩顶荷载-变形曲线线性变形阶段的比例界限荷载，即表示正常使用极限状态计算时采用的单桩承载力值，以发挥正常使用功能时所允许采用的抗力设计值。为与国际标准《结构可靠性总原则》(ISO 2394)中相应的术语"特征值"(characteristic value)相一致，故称为单桩竖向承载力特征值。

《建筑地基基础设计规范》指出，单桩竖向承载力特征值的确定应符合下列规定：

(1) 单桩竖向承载力特征值应通过单桩竖向静载荷试验确定。在同一条件下的试桩数量，不宜少于总桩数的 1%，且不应少于 3 根。单桩竖向承载力特征值取单桩竖向静载荷试验所得单桩竖向极限承载力除以安全系数 2。

当桩端持力层为密实砂卵石或其他承载力类似的土层时，对单桩承载力很高的大直径端承型桩，可采用深层平板载荷试验确定桩端土的承载力特征值。

(2) 地基基础设计等级为丙级的建筑物，可采用静力触探及标贯试验参数确定 R_a 值。

(3) 初步设计时单桩竖向承载力特征值 R_a 可按下式估算：

$$R_a = q_{pa} A_p + u_p \sum q_{sia} l_i \tag{8.21}$$

式中 q_{pa}，q_{sia}——桩端阻力、桩侧阻力特征值，由当地静载荷试验结果统计分析算得。

其他符号意义同前。

当桩端嵌入完整及较完整的硬质岩中时，可按下式估算单桩竖向承载力特征值：

$$R_a = q_{pa} A_p \tag{8.22}$$

式中 q_{pa}——桩端岩石承载力特征值，当桩端无沉渣时，应根据岩石饱和单轴抗压强度标准值确定，或按岩基载荷试验确定。

(4) 嵌岩灌注桩桩端以下 3 倍桩径范围内应无软弱夹层、断裂破碎带和洞穴分布，并应在桩底应力扩散范围内无岩体临空面。

《桩基规范》规定：单桩竖向承载力特征值 R_a 取其极限承载力标准值 Q_{uk}的一半，即：

$$R_a = Q_{uk}/K \tag{8.23}$$

式中 K——安全系数，取 $K=2$。

对于端承型桩基、桩数少于 4 根的摩擦型柱下独立桩基，或由于地基性质、使用条件等因素不宜考虑承台效应时，基桩竖向承载力特征值 R 应取单桩竖向承载力特征值，即 $R=R_a$；否则，对符合条件的摩擦型桩基，一般宜考虑承台效应确定其复合基桩的竖向承载力特征值 R($R>R_a$，详见第 8.6 节)。

8.5 桩的水平承载力与位移

建筑工程中的桩基础大多以承受竖向荷载为主，但在风荷载、地震荷载、机械制动荷载或土压力、水压力等作用下，也将承受一定的水平荷载。尤其是桥梁工程中的桩基，除了满足桩基的竖向承载力要求之外，还必须对桩基的水平承载力进行验算。

8.5.1 水平荷载下基桩的受力特性

在水平荷载和弯矩作用下，桩身产生挠曲变形，并挤压桩侧土体，土体则对桩侧产生水平抗力，而桩周土体水平抗力的大小则控制着竖直桩的水平承载力，其大小和分布与桩的变形、土质条件以及桩的入土深度等因素有关。在出现破坏以前，桩身的水平位移与土的变形是协调的，相应地，桩身产生内力。随着位移和内力的增大，对于低配筋率的灌注桩而言，通常桩身首先出现裂缝，然后断裂破坏；对于抗弯性能好的混凝土预制桩，桩身虽未断裂，但桩侧土体明显开裂和隆起，桩的水平位移将超出建筑物容许变形值，使桩处于破坏状态。

影响桩水平承载力的因素很多，如桩的断面尺寸、刚度、材料强度、入土深度、间距、桩顶嵌固程度以及土质条件和上部结构的水平位移容许值等。且实践证明，桩的水平承载力远比竖向承载力要低。

桩的刚度与入土深度不同，其受力及破坏特性亦不同。根据桩的无量纲入土深度 αh［α 为桩的水平变形系数，见式(8.28)］，通常可将桩分为刚性桩($\alpha h \leqslant 2.5$)和柔性桩($\alpha h \geqslant 2.5$)。刚性桩因入土较浅，而表层土的性质一般较差，桩的刚度远大于土层的刚度，桩周土体水平抗力较低，水平荷载作用下整个桩身易被推倒或发生倾斜［图 8.15(a)］，故桩的水平承载力主要由桩的水平位移和倾斜控制。桩的入土深度愈大，土的水平抗力也就愈大。柔性桩为细长的杆件，在水平荷载作用下，将形成一段嵌固的地基梁，桩的变形如图 8.15(b)所示。如果水平荷载过大，桩身土中某处将产生较大的弯矩值而出现桩材屈服。因此，桩的水平承载力将由桩身水平位移及最大弯矩值所控制。

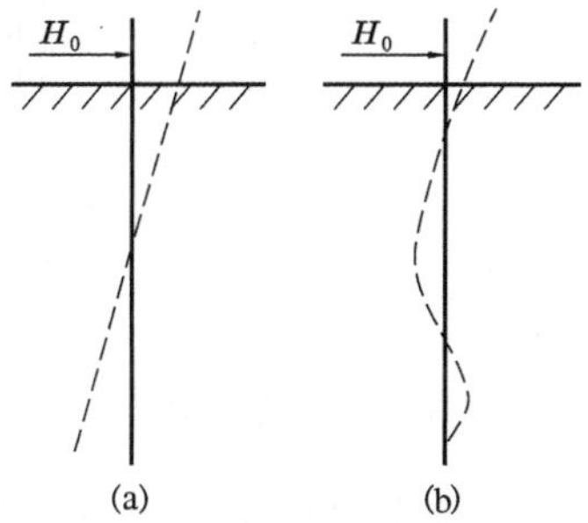

图 8.15　水平受荷桩示意

确定单桩水平承载力的方法，以水平静载荷试验最能反映实际情况，所得到的承载力和地基土水平抗力系数最符合实际情况，若预先埋设测量元件，还能反映出加荷过程中桩身截面的内力和位移。此外，也可采用理论计算，根据桩顶水平位移容许值，或材料强度、抗裂度验算等确定，还可参照当地经验加以确定。

8.5.2 单桩水平静载荷试验

对于受横向荷载较大的甲级、乙级建筑物桩基，单桩水平承载力特征值应通过单桩水平静载荷试验确定。

8.5.2.1　试验装置

一般采用千斤顶施加水平力，力的作用线应通过工程桩基承台标高处，千斤顶与试桩接触处宜设置一球形铰座，以保证作用力能水平通过桩身轴线。桩的水平位移宜用大量程百分表测量，若需测定地面以上桩身转角时，在水平力作用线以上 500 mm 左右还应安装一或两只百分表(图 8.16)。固定百分表的基准桩与试桩的净距不少于 1 倍试桩直径。

8.5.2.2　试验加载方法

一般采用单向多循环加卸载法，每级荷载增量为预估水平极限承载力的 1/15～1/10，根据桩径大小并适当考虑土层软硬，对于直径 300～1000 mm 的桩，每级荷载增量可取 2.5～20 kN。每级荷载施加后，恒载 4 min 测读水平位移，然后卸载至零，停 2 min 测读残余水平位移，或者加载、卸载各 10 min，如此循环 5 次，再施加下一级荷载。对于个别承受长期水平荷载的桩基也可采用慢速连续加载法进行，其稳定标准可参照竖向静载荷试验

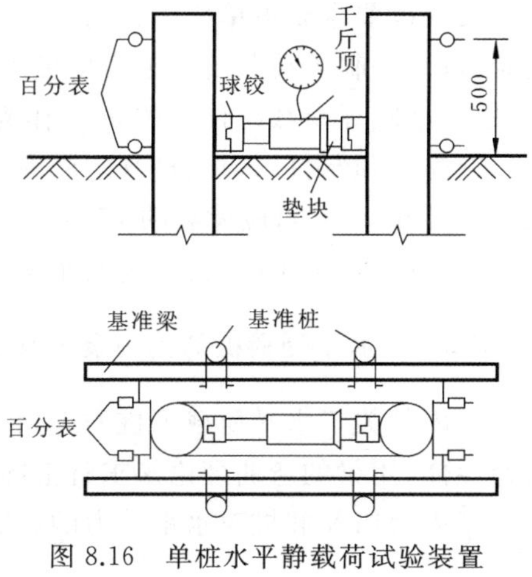

图 8.16　单桩水平静载荷试验装置

确定。

8.5.2.3　终止加载条件

当桩身折断或桩顶水平位移超过 30～40 mm(软土取 40 mm),或桩侧地表出现明显裂缝或隆起时,即可终止试验。

8.5.2.4　水平承载力的确定

根据试验结果,一般应绘制桩顶水平荷载-时间-桩顶水平位移(H_0-t-x_0)曲线(图 8.17),或绘制水平荷载-位移梯度(H_0-$\Delta x_0/\Delta H_0$)曲线(图 8.18),或水平荷载-位移(H_0-x_0)曲线,当具有桩身应力测量资料时,尚应绘制应力沿桩身分布图及水平荷载与最大弯矩截面钢筋应力(H_0-σ_g)曲线(图 8.19)。

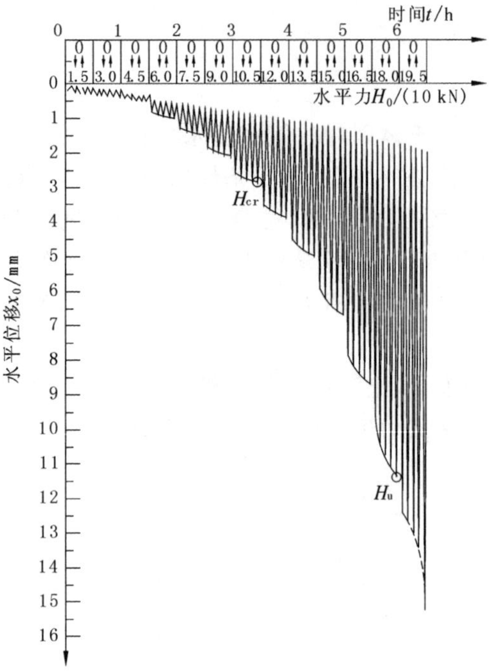

图 8.17　水平静载荷试验 H_0-t-x_0 曲线

试验资料表明,上述曲线中通常有两个特征点,其所对应的桩顶水平荷载称为临界荷载 H_{cr} 和极限荷载 H_u。H_{cr} 是相当于桩身开裂、受拉区混凝土不参加工作时的桩顶水平力,一般可取:① H_0-t-x_0 曲线出现突变点(相同荷载增量的条件下出现比前一级明显增大的位移增量)的前一级荷载;② H_0-$\Delta x_0/\Delta H_0$ 曲线的第一直线段的终点或 $\lg H_0$-$\lg x_0$ 曲线拐点所对应的荷载;③ H_0-σ_g 曲线第一突变点对应的荷载。H_u 是相当于桩身应力达到强度极限时的桩顶水平力,一般可取:① H_0-t-x_0 曲线明显陡降的前一级荷载或水平位移包络线向下凹曲(图 8.17)时的前一级荷载;② H_0-$\Delta x_0/\Delta H_0$ 曲线第二直线段终点所对应的荷载;③ 桩身折断或钢筋应力达到极限的前一级荷载。

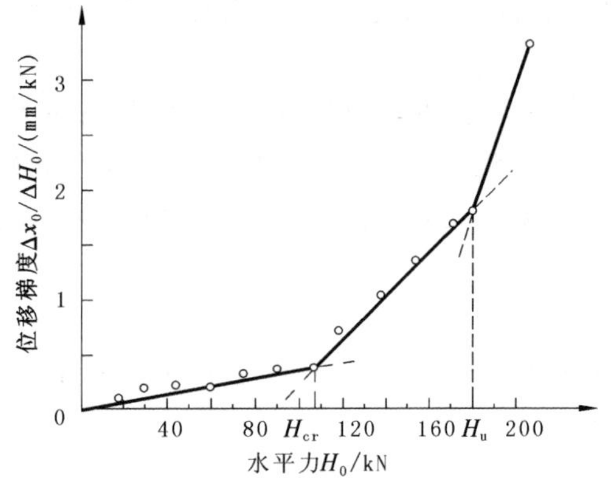

图 8.18　单桩 H_0-$\Delta x_0/\Delta H_0$ 曲线

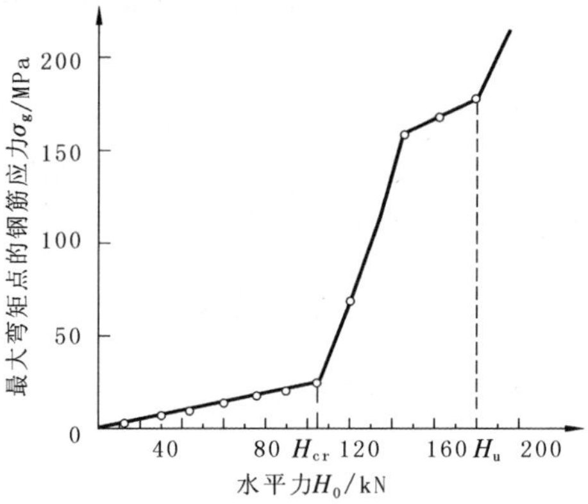

图 8.19　单桩 H_0-σ_g 曲线

按规范要求获得单位工程同一条件下的单桩水平临界荷载统计值后:① 当水平承载力按桩身强度控制时,取水平临界荷载统计值为单桩水平承载力特征值 R_{ha};② 当桩受长期水平荷载且不允许桩身开裂时,取水平临界荷载统计值的 80%作为单桩水平承载力特征值 R_{ha}。

混凝土预制桩、钢桩、桩身配筋率大于 0.65%的灌注桩,可取 $x_0=10$ mm(对水平位移敏感的建筑物取 $x_0=6$ mm)所对应荷载的 75%作为单桩水平承载力特征值 R_{ha};对桩身配筋率小于 0.65%的灌注桩,可取临界荷载 H_{cr} 的 75%作为其水平承载力特征值 R_{ha}。

8.5.3　水平受荷桩的内力及位移分析

国内外关于水平荷载下桩的理论分析方法有几十种,我国多采用线弹性地基反力法。该法将土体视为弹性体,用梁的弯曲理论来求解桩的水平抗力 σ_x,并假设 σ_x 与桩的水平位移 x 成正比,且不计桩土之间的摩阻力以及邻桩对水平抗力的影响,即:

$$\sigma_x = k_h x \tag{8.24}$$

式中　k_h——地基水平抗力系数，$k_h=kz^n$。

根据对 n 的假定不同，又可分为多种方法，采用较多的是图 8.20 中所示的几种方法，其分别是：

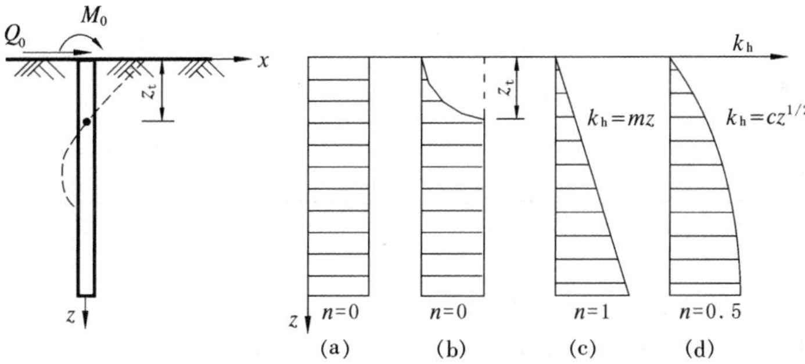

图 8.20　地基水平抗力系数的分布图

(a) 常数法；(b) "k"法；(c) "m"法；(d) "c"法

① 常数法。假定地基水平抗力系数沿深度均匀分布，即 $n=0$。该法为我国学者张有龄先生于 1937 年提出，在日本和美国应用较多。

② "k"法。假定地基水平抗力系数在第一弹性零点 t 以上按抛物线变化，以下保持为常数。该法由苏联学者盖尔斯基于 1937 年提出，曾在我国广泛采用。

③ "m"法。假定地基水平抗力系数随深度呈线性增加，即 $n=1$，该法始见于 1939 年，И.В.Урбан 将其用于计算板桩墙，1962 年 К.С.Завриев 等人将其用于管柱计算，目前在我国应用最广。

④ "c"法。假定地基水平抗力系数随深度呈抛物线增加，即 $n=0.5$。该法在 1964 年由日本久保浩一提出。在我国多用于公路部门。

实测资料表明，桩的水平位移较大时，"m"法计算结果较接近实际；当桩的水平位移较小时，"c"法比较接近实际。我国陕西省交通科研所在分析了若干桩基的实测结果后，认为地基系数随深度按 0.1～0.6 次方增大。由于目前我国各规范均推荐使用"m"法，故下面仅简单介绍"m"法。

8.5.3.1　计算参数

单桩在水平荷载作用下所引起的桩周土的抗力不仅分布于荷载作用平面内，而且受桩截面形状的影响。计算时简化为平面受力，故取桩的截面计算宽度 b_1 为：

$$b_1=\begin{cases}k_f(d+1) & d>1\ \text{m}\\ k_f(1.5d+0.5) & d\leqslant 1\ \text{m}\end{cases} \tag{8.25}$$

式中　k_f——桩的形状系数，方形截面桩 $k_f=1.0$，圆形截面桩 $k_f=0.9$；

　　d——桩的直径，方形截面时为桩的边长 b。

计算桩身抗弯刚度 EI 时，对于钢筋混凝土桩，可取 $EI=0.85E_cI_0$，其中 E_c 为混凝土的弹性模量；I_0 为桩身换算截面惯性矩。

如果无试验资料时，地基水平抗力系数的比例系数 m 值可参考表 8.12 选取。此外，若桩侧为多层土，可按主要影响深度 $h_m=2(d+1)$范围内的 m 值加权平均，具体可参见有关规范。

表 8.12　地基土水平抗力系数的比例系数 m 值

序号	地基土类别	预制桩、钢桩		灌注桩	
		m /(MN/m^4)	相应单桩在地面处水平位移/mm	m /(MN/m^4)	相应单桩在地面处水平位移/mm
1	淤泥、淤泥质土、饱和湿陷性黄土	2～4.5	10	2.5～6	6～12
2	流塑($I_L>1$)、软塑($0.75<I_L\leqslant1$)状黏性土，$e>0.9$ 粉土，松散粉细砂，松散、稍密填土	4.5～6.0	10	6～14	4～8
3	可塑($0.25<I_L\leqslant0.75$)状黏性土，$e=0.7$～0.9 粉土，湿陷性黄土，中密填土，稍密细砂	6.0～10	10	14～35	3～6

续表8.12

序号	地基土类别	预制桩、钢桩		灌注桩	
		m /(MN/m^4)	相应单桩在地面处水平位移/mm	m /(MN/m^4)	相应单桩在地面处水平位移/mm
4	硬塑($0<I_L\leqslant0.25$)、坚硬($I_L\leqslant0$)状黏性土，湿陷性黄土，$e<0.75$ 粉土，中密的中粗砂，密实老填土	10～22	10	35～100	2～5
5	中密、密实的砾砂，碎石类土			100～300	1.5～3

注：① 当桩顶横向位移大于表列数值或当灌注桩配筋率较高(≥0.65%)时，m 值应适当降低；当预制桩的横向位移小于 10 mm 时，m 值可适当提高。

② 当横向荷载为长期或经常出现的荷载时，应将表列数值乘以 0.4 后采用。

③ 当地基为可液化土层时，表列数值应乘以相应的土层液化折减系数。

8.5.3.2 单桩挠曲微分方程及解答

设单桩在桩顶竖向荷载 N_0、水平荷载 H_0、弯矩 M_0 和地基水平抗力 $p(z)=b_1\sigma_x$ 作用下产生挠曲，其弹性挠曲微分方程为：

$$EI\frac{d^4x}{dz^4}+N_0\frac{d^2x}{dz^2}=-p(z) \tag{8.26}$$

通常，竖向荷载 N_0 的影响很小，可忽略不计，并将式(8.24)代入，可得桩的挠曲微分方程式为：

$$\frac{d^4x}{dz^4}+\alpha^5zx=0 \tag{8.27}$$

其中

$$\alpha=\sqrt[5]{\frac{mb_1}{EI}} \tag{8.28}$$

式中 α——桩的水平变形系数(1/m)。

采用幂级数对式(8.27)求解可得沿桩身深度 z 处的内力及位移的简捷算法表达式为：

$$\left.\begin{aligned}
&\text{位移} && x_z=\frac{H_0}{\alpha^3EI}A_x+\frac{M_0}{\alpha^2EI}B_x\\
&\text{转角} && \varphi_z=\frac{H_0}{\alpha^2EI}A_\varphi+\frac{M_0}{\alpha EI}B_\varphi\\
&\text{弯矩} && x_z=\frac{H_0}{\alpha}A_M+M_0B_M\\
&\text{剪力} && V_z=H_0A_Q+\alpha M_0B_Q
\end{aligned}\right\} \tag{8.29}$$

式中系数 A_x、B_x、A_φ、B_φ、A_M、B_M、A_Q、B_Q 均可查表 8.13 得到。按上式可作出单桩的水平抗力、内力、变位随深度的变化曲线，如图 8.21 所示，由此即可进行桩的设计与验算。

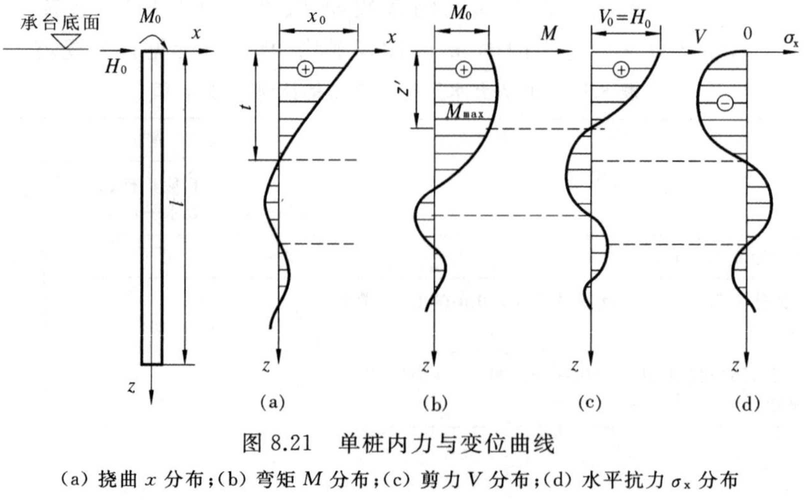

图 8.21 单桩内力与变位曲线

(a) 挠曲 x 分布；(b) 弯矩 M 分布；(c) 剪力 V 分布；(d) 水平抗力 σ_x 分布

表 8.13　长桩的内力和变形计算系数

αz	A_x	B_x	A_φ	B_φ	A_M	B_M	A_Q	B_Q
0.0	2.4407	1.6210	−1.6210	−1.7506	0.0000	1.0000	1.0000	0.0000
0.1	2.2787	1.4509	−1.6160	−1.6507	0.0996	0.9997	0.9883	−0.0075
0.2	2.1178	1.2909	−1.6012	−1.5507	0.1970	0.9981	0.9555	−0.0280
0.3	1.9588	1.1408	−1.5768	−1.4511	0.2901	0.9938	0.9047	−0.0582
0.4	1.8027	1.0006	−1.5433	−1.3520	0.3774	0.9862	0.8390	−0.0955
0.5	1.6504	0.8704	−1.5015	−1.2539	0.4575	0.9746	0.7615	−0.1375
0.6	1.5027	0.7498	−1.4601	−1.1573	0.5294	0.9586	0.6749	−0.1819
0.7	1.3602	0.6389	−1.3959	−1.0624	0.5923	0.9382	0.5820	−0.2269
0.8	1.2237	0.5373	−1.3340	−0.9698	0.6456	0.9132	0.4852	−0.2709
0.9	1.0936	0.4448	−1.2671	−0.8799	0.6893	0.8841	0.3869	−0.3125
1.0	0.9704	0.3612	−1.1965	−0.7931	0.7231	0.8509	0.2890	−0.3506
1.1	0.8544	0.2861	−1.1228	−0.7098	0.7471	0.8141	0.1939	−0.3844
1.2	0.7459	0.2191	−1.0473	−0.6304	0.7618	0.7742	0.1015	−0.4134
1.3	0.6450	0.1599	−0.9708	−0.5551	0.7676	0.7316	0.0148	−0.4369
1.4	0.5518	0.1079	−0.8941	−0.4841	0.7650	0.6869	−0.0659	−0.4549
1.5	0.4661	0.0629	−0.8180	−0.4177	0.7547	0.6408	−0.1395	−0.4672
1.6	0.3881	0.0242	−0.7434	−0.3560	0.7373	0.5937	−0.2056	−0.4738
1.8	0.2593	−0.0357	−0.6008	−0.2467	0.6849	0.4989	−0.3135	−0.4710
2.0	0.1470	−0.0757	−0.4706	−0.1562	0.6141	0.4066	−0.3884	−0.4491
2.2	0.0646	−0.0994	−0.3559	−0.0837	0.5316	0.3203	−0.4317	−0.4118
2.6	−0.0399	−0.1114	−0.1785	−0.0142	0.3546	0.1755	−0.4365	−0.3073
3.0	−0.0874	−0.0947	−0.0699	−0.0630	0.1931	0.0760	−0.3607	−0.1905
3.5	−0.1050	−0.0570	−0.0121	−0.0829	0.0508	0.0135	−0.1998	−0.0167
4.0	−0.1079	−0.0149	−0.0034	−0.0851	0.0001	0.0001	0.0000	−0.0005

8.5.3.3　桩顶水平位移

桩顶水平位移是控制基桩水平承载力的主要因素，且桩的无量纲深度不同，桩端约束条件不同，其水平荷载下的工作性状也不同。表 8.14 给出了基桩不同无量纲深度及桩端约束条件下的位移系数 A_x 和 B_x，将其代入式(8.29)即可求出桩顶的水平位移。

表 8.14　各类桩的桩顶水平位移系数

αh	桩端置于土中		桩端嵌固在基岩中	
	A_x	B_x	A_x	B_x
2.4	3.526	2.327	2.240	1.586
2.6	3.163	2.048	2.330	1.596
2.8	2.905	1.869	2.371	1.593
3.0	2.727	1.758	2.385	1.586
3.5	2.502	1.641	2.389	1.584
≥4.0	2.441	1.621	2.401	1.600

8.5.3.4　桩身最大弯矩及其位置

要设计桩截面配筋，最关键的是求出桩身最大弯矩值 M_{max} 及其相应的截面位置 z_0，根据最大弯矩截面剪应力为零的条件，可导得其无量纲法计算过程如下：

① 由 $C_D=\alpha M_0/H_0$，查表 8.15 得相应的换算深度 $\bar{z}(=\alpha z)$，则最大弯矩截面的深度 z_0 为：

$$z_0=\frac{\bar{z}}{\alpha} \tag{8.30}$$

表 8.15　确定桩身最大弯矩截面系数 C_D 及最大弯矩系数 C_M

$\bar{z}=\alpha z$	C_D	C_M	$\bar{z}=\alpha z$	C_D	C_M	$\bar{z}=\alpha z$	C_D	C_M
0.0	∞	1.000	1.0	0.824	1.728	2.0	−0.865	−0.304
0.1	131.252	1.001	1.1	0.503	2.299	2.2	−1.048	−0.187
0.2	34.186	1.004	1.2	0.246	3.876	2.4	−1.230	−0.118
0.3	15.544	1.012	1.3	0.034	23.438	2.6	−1.420	−0.074
0.4	8.781	1.029	1.4	−0.145	−4.596	2.8	−1.635	−0.045
0.5	5.539	1.057	1.5	−0.299	−1.876	3.0	−1.893	−0.026
0.6	3.710	1.101	1.6	−0.434	−1.128	3.5	−2.994	−0.003
0.7	2.566	1.169	1.7	−0.555	−0.740	4.0	−0.045	−0.011
0.8	1.791	1.274	1.8	−0.665	−0.530			
0.9	1.238	1.441	1.9	−0.768	−0.396			

注：此表仅适用于 $\alpha h \geqslant 4.0$ 的情况；当 $\alpha h < 4.0$ 时，可查相应规范表格。

② 由 $\bar{z}$ 查表 8.15 可得桩身最大弯矩系数 C_M，即桩身最大弯矩 M_{max} 为：

$$M_{max}=C_M M_0 \tag{8.31}$$

一般当桩的入土深度达 $4.0/\alpha$ 时，桩身内力及位移已几乎为零。在此深度以下，桩身只需按构造配筋或不配钢筋。

8.6　群桩基础计算

在实际工程中，除少量大直径桩基础外，一般都是群桩基础。竖向荷载下的群桩基础，各桩的承载力发挥和沉降性状往往与相同情况下的单桩有显著差别；承台底产生的土反力也将分担部分荷载，因此，在设计时必须综合考虑群桩的工作特点，以确定群桩的承载能力。

8.6.1　群桩的工作特点

对于群桩基础，作用于承台上的荷载实际上是由桩和地基土共同承担，由于承台、桩、地基土的相互作用情况不同，使桩端、桩侧阻力和地基土的阻力因桩基类型而异。

8.6.1.1　*端承型群桩基础*

由于端承型桩基持力层坚硬，桩顶沉降较小，桩侧摩阻力不易发挥，桩顶荷载基本上通过桩身直接传到桩端处土层上。而桩端处承压面积很小，各桩端的压力彼此互不影响（图 8.22），因此，可近似认为端承型群桩基础中各基桩的工作性状与单桩基本一致。同时，由于桩的变形很小，桩间土基本不承受荷载，群桩基础的承载力就等于各单桩的承载力之和，群桩的沉降量也与单桩基本相同，故可不考虑群桩效应。

8.6.1.2　*摩擦型群桩基础*

摩擦型群桩主要通过每根桩侧的摩擦阻力将上部荷载传递到桩周及桩端土层中，且一般假定桩侧摩阻力在土中引起的附加应力 σ_z 按某一角度，沿桩长向下扩散分布，至桩端平面处，压力分布如图 8.23 中阴影部分所示。当桩数少，桩中心距 s_a 较大时，例如 $s_a>6d$，桩端平面处各桩传来的压力互不重叠或重叠不多[图 8.23(a)]，此时群桩中各桩的工作情况与单桩的一致，故群桩的承载力等于各单桩承载力之和。但当桩数较多，桩距较小时，例如常用桩距 $s_a=(3\sim4)d$ 时，桩端处地基中各桩传来的压力将相互重叠[图 8.23(b)]。桩端处压力比单桩时大得多，桩端以下压缩土层的厚度也比单桩要深，此时群桩中各桩的工作状态与单桩的迥然不同，其承载力小于各单桩承载力之总和，沉降量则大于单桩的沉降量，即所谓群桩效应。显然，若限制群桩的沉降量与单桩沉降量相同，则群桩中每一根桩的平均承载力就比单桩时要低。故应考虑群桩效应。

但是国内外大量工程实践和试验研究结果表明，采用单一的群桩效应系数不能正确反映群桩基础的工作状况，还低估了群桩基础的承载能力。其原因是：① 群桩基础的沉降量只需满足建筑物桩基变形允

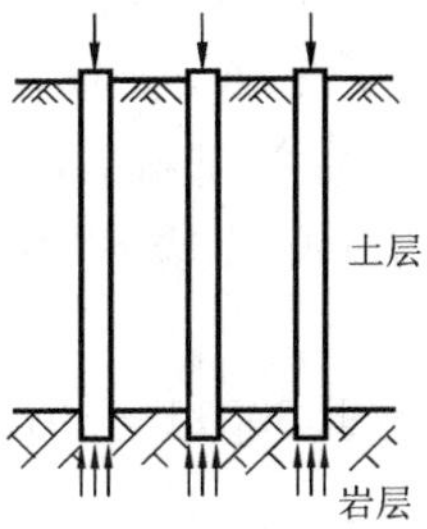

图 8.22　端承型群桩基础

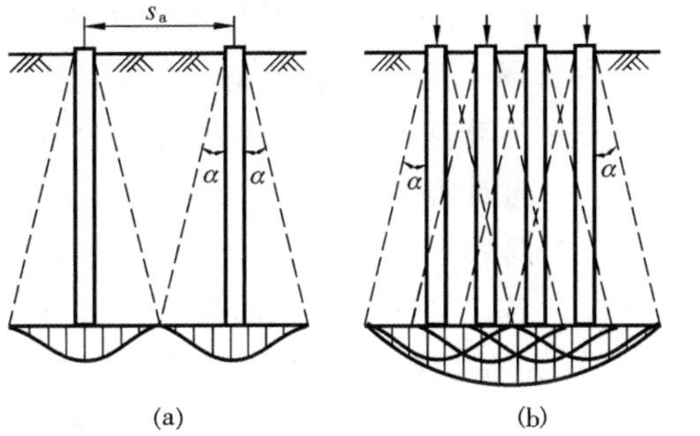

图 8.23　摩擦型群桩桩端平面上的压力分布

许值的要求，无需按单桩的沉降量控制；② 群桩基础中的一根桩与单桩的工作条件不同，其极限承载力也不一样。由于群桩基础成桩时桩侧土体受挤密的程度高，潜在的侧阻大，桩间土的竖向变形量比单桩时大，故桩与土的相对位移减小，影响侧阻力的发挥。通常，砂土和粉土中的桩基，群桩效应使桩的侧阻力提高；而黏性土中的桩基，在常见桩距下，群桩效应往往使侧阻力降低。考虑群桩效应后，桩端平面处压应力增加较多，极限桩端阻力相应提高。因此，群桩基础中桩的极限承载力确定极为复杂，与桩的间距、土质、桩数、桩径、入土深度以及桩的类型和排列方式等因素有关。

8.6.2　承台下土对荷载的分担作用

桩基在荷载作用下，由桩和承台底地基土共同承担荷载，构成复合桩基(图 8.24)。复合桩基中基桩的承载力含有承台底的土阻力，故称为复合基桩。承台底分担荷载的作用随桩群相对于地基土向下位移幅度的加大而增强。为了保证台底与土保持接触而不脱开，并提供足够的土阻力，则桩端必须贯入持力层促使群桩整体下沉。此外，桩身受荷压缩，产生桩-土相对滑移，也使土反力增加。

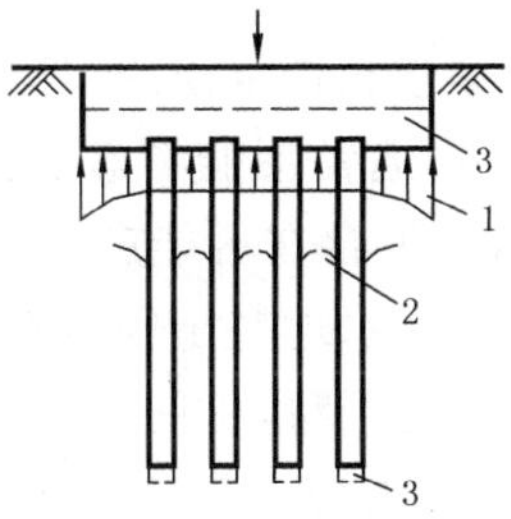

图 8.24　复合桩基

1—台底土反力；2—上层土位移；3—桩端贯入、桩基整体下沉

研究表明，承台底土反力比平板基础底面下的土反力要低(由于桩侧土因桩的竖向位移而发生剪切变形所致)，其大小及分布形式，随桩顶荷载水平、桩径桩长比、台底和桩端土质、承台刚度以及桩群的几何特征等因素而变化。通常，台底分担荷载的比例可从百分之十几直至百分之五十以上。

刚性承台底面土反力呈马鞍形分布。若以桩群外围包络线为界，将台底面积分为内外两区，则内区反力比外区小而且比较均匀，桩距增大时内外区反力差明显降低。台底分担的荷载总值增加时，反力的塑性重分布不显著而保持反力图基本不变。利用台底反力分布的上述特征，可以通过加大外区与内区的面积比来提高承台分担荷载的比例。

8.6.3　复合基桩的竖向承载力特征值

《桩基规范》规定：对于端承型桩基、桩数少于 4 根的摩擦型桩基，和由于地层土性、使用条件等因素不宜考虑承台效应时，基桩竖向承载力特征值取单桩竖向承载力特征值，即 $R=R_a$；对于符合下列条件之一的摩擦型桩基，宜考虑承台效应确定其复合基桩的竖向承载力特征值：

① 上部结构整体刚度较好、体型简单的建(构)筑物；

② 对差异沉降适应性较强的排架结构和柔性构筑物。

考虑承台效应的复合基桩竖向承载力特征值 R 可按下式确定：

不考虑地震作用时：

$$R=R_a+\eta_c f_{ak}A_c \tag{8.32}$$

考虑地震作用时：

$$R=R_a+\frac{\zeta_a}{1.25}\eta_c f_{ak}A_c \tag{8.33}$$

式中 η_c——承台效应系数，可按表 8.16 取值。

f_{ak}——承台底 1/2 承台宽度深度范围(≤5 m)内各层土地基承载力特征值按厚度加权的平均值。

A_c——计算基桩所对应的承台底地基土净面积，$A_c=(A-nA_{ps})/n$，A_{ps}为桩身截面面积，A 为承台计算域面积：对于柱下独立桩基，A 为承台总面积；对于桩筏基础，A 为柱、墙筏板的 1/2 跨距和悬臂边 2.5 倍筏板厚度所围成的面积；桩集中布置于单片墙下的桩筏基础，取墙两边各 1/2 跨距围成的面积，按条形承台计算 η_c。

ζ_a——地基抗震承载力调整系数，应按《建筑抗震设计标准》(GB/T 50011—2010)采用。

表 8.16 承台效应系数 η_c

B_c/l	s_a/d				
	3	4	5	6	>6
≤0.4	0.06～0.08	0.14～0.17	0.22～0.26	0.32～0.38	0.50～0.80
0.4～0.8	0.08～0.10	0.17～0.20	0.26～0.30	0.38～0.44	
>0.8	0.10～0.12	0.20～0.22	0.30～0.34	0.44～0.50	
单排桩条形承台	0.15～0.18	0.25～0.30	0.38～0.45	0.50～0.60	

注：① 表中 s_a 为桩中心距，对非正方形排列基桩，$s_a=\sqrt{A/n}$，A 为承台计算域面积，n 为总桩数，B_c 为承台宽度。

② 对桩布置于墙下的箱、筏承台，η_c 可按单排桩条基取值；对单排桩条形承台，若 $B_c<1.5d$，η_c按非条形承台取值。

③ 对采用后注浆灌注桩的承台，η_c 宜取低值；对饱和黏性土中的挤土桩基、软土地基上的桩基承台，η_c 宜取低值的 0.8 倍。

设计复合桩基时应注意：承台分担荷载是以桩基的整体下沉为前提，故只有在桩基沉降不会危及建筑物的安全和正常使用，且台底不与软土直接接触时，才宜于开发利用承台底土反力的潜力。因此，在下列情况下，通常不能考虑承台的荷载分担效应，即取 $\eta_c=0$：① 承受经常出现的动力作用，如铁路桥梁桩基；② 承台下存在可能产生负摩擦力的土层，如湿陷性黄土、欠固结土、新填土、高灵敏度软土以及可液化土，或由于降水地基土固结而与承台脱开；③ 在饱和软土中沉入密集桩群，引起超静孔隙水压力和土体隆起，随着时间推移，桩间土逐渐固结下沉而与承台脱离等。

【例 8.1】 某预制桩桩径为 400 mm，桩长 10 m，穿越厚度 $l_1=3$ m、液性指数 $I_L=0.75$ 的黏土层；进入密实的中砂层，长度 $l_2=7$ m。桩基同一承台中采用 3 根桩，桩顶离地面 1.5 m。试确定该预制桩的竖向极限承载力标准值和基桩竖向承载力特征值。

【解】 由表 8.6 查得桩的极限侧阻力标准值 q_{sik} 为：

黏土层：$I_L=0.75$，$q_{s1k}=60$ kPa；

中砂层：密实，可取 $q_{s2k}=80$ kPa。

再由表 8.7 查得桩的极限端阻力标准值 q_{pk} 为：

密实中砂，$l=10$ m，查得 $q_{pk}=5500\sim7000$ kPa，可取 $q_{pk}=6000$ kPa。

故单桩竖向极限承载力标准值为：

$$\begin{aligned}Q_{uk}&=Q_{sk}+Q_{pk}=u_p\sum q_{sik}l_i+q_{pk}A_p\\&=\pi\times0.4\times(60\times3+80\times7)+6000\times\pi\times0.4^2/4\\&=929.91+753.98=1683.89\ \text{kN}\end{aligned}$$

因该桩基属桩数不超过 3 根的非端承桩基，可不考虑承台效应，由式(8.23)可求得基桩竖向承载力特征值为：

$$R=\frac{Q_{uk}}{2}=\frac{1683.89}{2}=842\ \text{kN}$$

8.6.4 桩顶作用效应简化计算

桩顶作用效应分为荷载效应和地震作用效应，相应的作用效应组合分为荷载效应标准组合、地震作用效应和荷载效应标准组合。

8.6.4.1 基桩桩顶荷载效应计算

对于一般建筑物和受水平力较小的高大建筑物，当桩基中桩径相同时，通常可假定：① 承台是刚性的；② 各桩刚度相同；③ x、y 是桩基平面的惯性主轴。按下列公式计算基桩的桩顶作用效应（图 8.25）：

轴心竖向力作用下

$$N_k=\frac{F_k+G_k}{n} \tag{8.34}$$

偏心竖向力作用下

$$N_{ik}=\frac{F_k+G_k}{n}+\frac{M_{xk}y_i}{\sum y_j^2}+\frac{M_{yk}x_i}{\sum x_j^2} \tag{8.35}$$

水平力

$$H_{ik}=H_k/n \tag{8.36}$$

式中 F_k——荷载效应标准组合下作用于承台顶面的竖向力；

G_k——承台及其上土的自重标准值，地下水位以下部分应扣除水的浮力；

M_{xk}, M_{yk}——荷载效应标准组合下作用于承台底面通过桩群形心的 x、y 轴的力矩；

N_k, H_{ik}——荷载效应标准组合轴心与偏心竖向力作用下第 i 根基桩或复合基桩的平均竖向力、竖向力；

H_k——荷载效应标准组合下作用于承台底面的水平力；

H_{ik}——荷载效应标准组合下作用于第 i 根基桩或复合基桩的水平力；

x_i, x_j, y_i, y_j——第 i、j 基桩或复合基桩至 y、x 轴的距离；

n——桩基中的基桩总数。

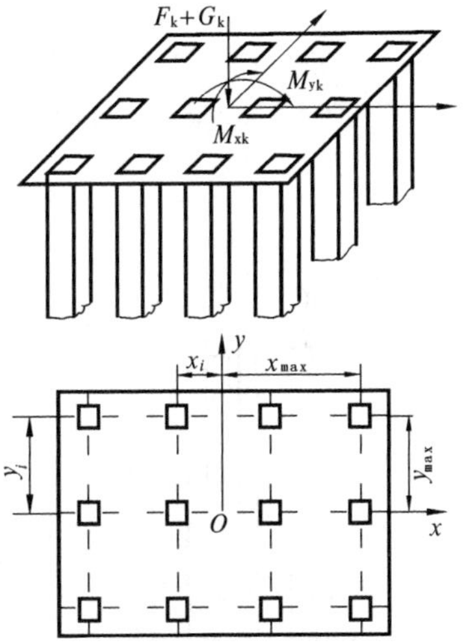

图 8.25 桩顶荷载的计算简图

对位于 8 度和 8 度以上抗震设防区和其他受较大水平力的高层建筑桩基，当其桩基承台刚度较大或由于上部结构与承台的协同作用能增强承台的刚度时；以及受较大水平力及 8 度和 8 度以上地震作用的高承台桩基，桩顶作用效应的计算应考虑承台与基桩协同工作和土的弹性抗力。对烟囱、水塔、电视塔等高耸结构物桩基则常采用圆形或环形刚性承台，当基桩布置在直径不等的同心圆圆周上，且同一圆周上的桩距相等时，仍可按式(8.35)计算。

8.6.4.2 地震作用效应

对于主要承受竖向荷载的抗震设防区低承台桩基，当同时满足下列条件时，计算桩顶作用效应时可不考虑地震作用：

(1) 按《建筑抗震设计标准》(GB/T 50011—2010)规定可不进行桩基抗震承载力计算的建筑物；

(2) 不位于斜坡地带和地震可能导致滑移、地裂地段的建筑物；

(3) 桩端及桩身周围无可液化土层；

(4) 承台周围无可液化土、淤泥、淤泥质土。

对位于 8 度和 8 度以上抗震设防区的高大建筑物低承台桩基，在计算各基桩的作用效应和桩身内力时，可考虑承台(包括地下墙体)与基桩的共同工作和土的弹性抗力作用。

8.6.5 基桩竖向承载力验算

8.6.5.1 荷载效应标准组合

轴心竖向力作用下应满足下式要求：

$$N_k \leqslant R \tag{8.37}$$

偏心竖向力作用下，除应满足上式要求外，尚应满足下式要求：

$$N_{k\max} \leqslant 1.2R \tag{8.38}$$

式中 $N_{k\max}$——荷载效应标准组合偏心竖向力作用下桩顶最大竖向力。

8.6.5.2 地震作用效应和荷载效应标准组合

地震震害调查表明，不论桩周土类别如何，基桩竖向承载力均可提高 25%，故：

轴心竖向力作用下

$$N_{Ek} \leqslant 1.25R \tag{8.39}$$

偏心竖向力作用下，除应满足式(8.39)的要求外，尚应满足：

$$N_{Ek\max} \leqslant 1.5R \tag{8.40}$$

式中 N_{Ek}——地震作用效应和荷载效应标准组合下，基桩或复合基桩的平均竖向力；

$N_{Ek\max}$——地震作用效应和荷载效应标准组合下，基桩或复合基桩的最大竖向力。

8.6.6 桩基软弱下卧层承载力验算

对桩距不超过 $6d$ 的群桩基础，当桩端持力层以下受力层范围内存在承载力低于桩端持力层 1/3 的软弱下卧层时，应进行下卧层的承载力验算。验算时要求(图 8.26)：

$$\sigma_z + \gamma_m z \leqslant f_{az} \tag{8.41}$$

$$\sigma_z = \frac{F_k + G_k - 3/2(a_0 + b_0)\sum q_{sik} l_i}{(a_0 + 2t\tan\theta)(b_0 + 2t\tan\theta)} \tag{8.42}$$

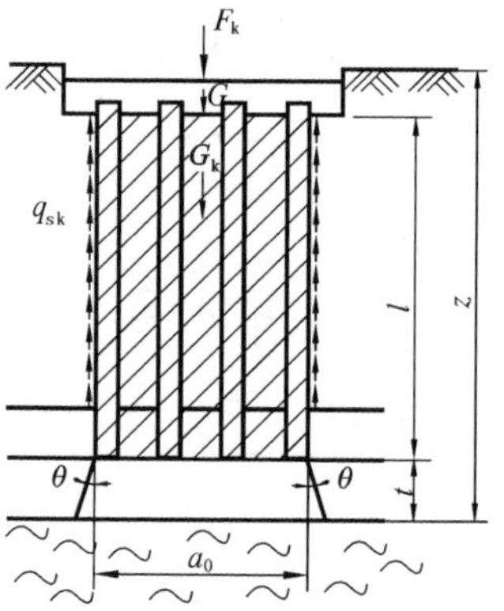

图 8.26 软弱下卧层承载力验算

式中 σ_z——作用于软弱下卧层顶面的附加应力；

γ_m——软弱层顶面以上各土层重度加权平均值(地下水位以下取浮重度)；

z——承台底面至软弱层顶面的深度；

f_{az}——软弱下卧层经深度修正(系数取 1.0)的地基承载力特征值；

a_0，b_0——桩群外围桩边包络线内矩形面积的长、短边长；

θ——桩端硬持力层压力扩散角，按表 7.19 取值；

t——桩端至软弱下卧层顶面的距离。

其余符号意义同前。

8.6.7 桩基竖向抗拔承载力及负摩阻力验算

8.6.7.1 桩基竖向抗拔承载力验算

承受拔力的桩，应同时验算群桩基础呈整体破坏和呈非整体破坏时基桩的抗拔承载力：

$$N_k \leqslant \frac{T_{gk}}{2} + G_{gp} \tag{8.43}$$

$$N_k \leqslant \frac{T_{uk}}{2} + G_p \tag{8.44}$$

式中 G_{gp}——群桩基础所包围体积的桩土总自重设计值除以总桩数，地下水位以下取有效重度；

G_p——基桩自重设计值，地下水位以下取有效重度，对于扩底桩应按规范确定桩、土柱体周长后计算桩土自重。

基桩的抗拔极限承载力及群桩呈整体破坏和呈非整体破坏时的基桩抗拔极限承载力标准值 T_{gk}、T_{uk} 的计算可参见 8.4.7 节中的规定与式(8.20)。此外，还应按《混凝土结构设计标准》(GB/T 50010—2010)验算桩身的抗拉承载力，并按规定进行裂缝宽度或抗裂性验算。

8.6.7.2　桩基负摩阻力验算

群桩中任一基桩的下拉荷载标准值 Q_g^n，可取单桩下拉荷载 Q_n 乘以负摩阻力群桩效应系数 η_n，即：

$$Q_g^n = \eta_n Q_n \tag{8.45}$$

其中

$$\eta_n = s_{ax} \cdot s_{ay} \Big/ \left[\pi d \left(\frac{q_n}{\gamma_n} \right) + \frac{d}{4} \right] \tag{8.46}$$

式中　s_{ax}，s_{ay}——纵横向桩的中心距；

q_n——中性点以上桩周土层厚度加权平均负摩阻力标准值；

γ_n——中性点以上桩周土层厚度加权平均重度(地下水位以下取有效重度)。

对于单桩基础，可取 $\eta_n = 1$；当按式(8.46)计算的群桩基础 $\eta_n > 1$ 时，取 $\eta_n = 1$。

当考虑桩侧负摩阻力，验算基桩竖向承载力特征值 R 时，对于摩擦型基桩取桩身计算中性点以上侧阻力为零，按下式验算基桩承载力：

$$N_k \leqslant R \tag{8.47}$$

对端承型基桩除应满足式(8.47)要求外，尚应计入下拉荷载 Q_g^n，按下式验算基桩承载力：

$$N_k + Q_g^n \leqslant R \tag{8.48}$$

式(8.47)、式(8.48)中基桩竖向承载力特征值 R 只计中性点以下部分侧阻值和端阻值。

当土层不均匀和建筑物对不均匀沉降较敏感时，尚应将负摩阻力引起的下拉荷载计入附加荷载验算桩基沉降。

8.6.8　桩基水平承载力验算

对于受水平力的竖直桩，在一般建筑桩基中，当外荷合力与竖直线的夹角小于或等于 5°时，竖直桩的水平承载力能满足设计要求，可不设斜桩，但要求单桩基础和群桩中基桩应满足：

$$H_{ik} \leqslant R_h \tag{8.49}$$

式中　H_{ik}——在荷载效应标准组合下，作用于基桩 i 桩顶处的水平力；

R_h——单桩基础或群桩中基桩的水平承载力特征值，单桩基础 $R_h = R_{ha}$(R_{ha} 为单桩水平承载力特征值，可按 8.5.2 节中的单桩水平静载荷试验等方法确定)，群桩基础(不含水平力垂直于单排桩基纵向轴线和力矩较大的情况)$R_h = \eta_h R_{ha}$，其中 η_h 为群桩效应综合系数，其值与桩径、桩距、桩数、土的水平抗力系数、桩顶位移等因素有关，具体可参见《桩基规范》取值。

当缺少单桩水平静载荷试验资料时，可按下式估算桩身配筋率小于 0.65%的灌注桩的单桩水平承载力特征值 R_{ha}：

$$R_{ha} = \frac{0.75 \alpha \gamma_m f_t W_0}{\upsilon_m} (1.25 + 22\rho_g) \left(1 \pm \frac{\zeta_N N_k}{\gamma_m f_t A_n} \right) \tag{8.50}$$

式中　γ_m——桩截面模量塑性系数，圆形截面 $\gamma_m = 2$，矩形截面 $\gamma_m = 1.75$。

f_t——桩身混凝土抗拉强度设计值。

υ_m——桩身最大弯矩系数，按表 8.17 取值，对于单桩基础和单排桩基纵向轴线与水平力方向相垂直的情况，按桩顶铰接考虑。

ρ_g——桩身配筋率。

ζ_N——桩顶竖向力影响系数，竖向压力取 $\zeta_N = 0.5$，竖向拉力取 $\zeta_N = 1.0$；±号根据桩顶竖向力性质确定，压力取"＋"，拉力取"－"。

N_k——荷载效应标准组合下桩顶的竖向力；

W_0——桩身换算截面受拉边缘的弹性抵抗矩，圆形截面 $W_0 = \frac{\pi d}{32} [d^2 + 2(\alpha_E - 1)\rho_g d_0^2]$，方形截面 $W_0 = \frac{b}{6} [b^2 + 2(\alpha_E - 1)\rho_g b_0^2]$。

A_n——桩身换算截面面积，圆形截面 $A_n=\frac{\pi d^2}{4}[1+(\alpha_E-1)\rho_g]$，方形截面 $A_n=b^2[1+(\alpha_E-1)\rho_g]$。

其中：d_0，b_0——扣除保护层的桩直径或边长；

α_E——钢筋弹性模量与混凝土弹性模量的比值。

当桩的水平承载力由水平位移控制，且缺少单桩水平静载试验资料时，对预制桩、钢桩、桩身配筋率大于0.65%的灌注桩，其 R_{ha} 可按下式估算；

$$R_{ha}=\frac{0.75\alpha^3 EI}{\upsilon_x}x_{oa} \tag{8.51}$$

式中 x_{oa}——桩顶容许水平位移；

υ_x——桩顶水平位移系数，按表8.17取值，取值方法同 υ_m。

当验算永久荷载控制的桩基水平承载力时，应将上述方法确定的单桩水平承载力特征值 R_{ha} 乘以调整系数0.80；验算地震作用桩基的水平承载力时，应将上述方法确定的 R_{ha} 乘以调整系数1.25。

计算水平荷载较大和水平地震作用、风荷载作用的带地下室的高大建筑物桩基的水平位移时，可考虑地下室侧墙、承台、桩群、土共同作用，按《桩基规范》方法计算。

表8.17 桩顶(身)最大弯矩系数(υ_m)和桩顶水平位移系数(υ_x)

桩顶约束情况	桩的换算埋深(αh)	υ_m	υ_x
铰接、自由	4.0	0.768	2.441
	3.5	0.750	2.502
	3.0	0.703	2.727
	2.8	0.675	2.905
	2.6	0.639	3.163
	2.4	0.601	3.526
固　接	4.0	0.926	0.940
	3.5	0.934	0.970
	3.0	0.967	1.028
	2.8	0.990	1.055
	2.6	1.018	1.079
	2.4	1.045	1.095

注：① 铰接(自由)的 υ_m 系桩身的最大弯矩系数，固接 υ_m 系桩顶的最大弯矩系数；

② 当 $\alpha h>4.0$ 时取 $\alpha h=4.0$，h 为桩的入土深度。

8.6.9 桩基沉降验算

当建筑物对桩基的沉降有特殊要求，或桩端存在有软弱下卧层，或为摩擦型群桩基础时，尚应考虑桩基的沉降验算，保证其沉降变形计算值不大于桩基沉降变形容许值。

桩基的容许变形值如无当地经验时，可按表7.20规定采用，对于表中未包括的建筑物桩基容许变形值，可根据上部结构对桩基变形的适应能力和使用上的要求确定。一般验算因地质条件不均匀、荷载差异很大、体型复杂等因素引起的地基变形时，对砌体承重结构应由局部倾斜控制；对于多层或高层建筑和高耸结构应由整体倾斜值控制，当其结构为框架、框架-剪力墙、框架-核心筒结构时，尚应控制柱(墙)之间的差异沉降。

对于桩中心距不大于 $6d$ 的群桩基础，可假定桩群为一假想的实体深基础，按与浅基础相同的计算方法和步骤计算桩端平面以下由附加应力引起的压缩层范围内地基的变形量，但计算过程中各土层的压缩模量，按实际的自重应力和附加应力由实验曲线确定；同时，基底边长取承台底面边长(a_c、b_c)；最后引入桩基等效沉降系数 ψ_e 对沉降计算结果加以修正，因此式(4.18)改为：

$$s=\psi\cdot\psi_e\cdot s' \tag{8.52}$$

式中 s——桩基最终沉降量；

s'——按分层总和法计算的桩基沉降量，但桩基沉降计算深度 z_n 应按应力比法确定；

ψ——桩基沉降计算经验系数，无当地可靠经验时可按《桩基规范》查取；

ψ_e——桩基等效沉降系数，可按《桩基规范》有关规定计算。

对于单桩、单排桩、桩中心距大于 $6d$ 的桩基，当承台底地基土分担荷载按复合桩基计算时，可采用Mindlin 解考虑桩径影响，计算基桩引起的附加应力，采用 Boussinesq 解计算承台引起的附加应力，取两者叠加，按单向压缩分层总和法计算该点的最终沉降量，并应计入桩身压缩量，详见《桩基规范》。

8.7 桩基础设计

桩基础的设计应力求选型恰当、经济合理、安全适用，对桩和承台有足够的强度、刚度和耐久性；对地基（主要是桩端持力层）有足够的承载力和不产生过量的变形，其设计内容和步骤如下或如图 8.27 所示。

① 进行调查研究、场地勘察，收集有关资料；

② 综合勘察报告、荷载情况、使用要求、上部结构条件等确定桩基持力层；

③ 选择桩材，确定桩的类型、外形尺寸和构造；

④ 确定单桩承载力特征值；

⑤ 根据上部结构荷载情况，初步拟订桩的数量和平面布置；

⑥ 根据桩的平面布置，初步拟订承台的轮廓尺寸及承台底标高；

⑦ 验算作用于单桩上的竖向和水平荷载；

⑧ 验算承台尺寸及结构强度；

⑨ 必要时验算桩基的整体承载力和沉降量，当桩端下有软弱下卧层时，验算软弱下卧层的地基承载力；

⑩ 单桩设计，绘制桩和承台的结构及施工详图。

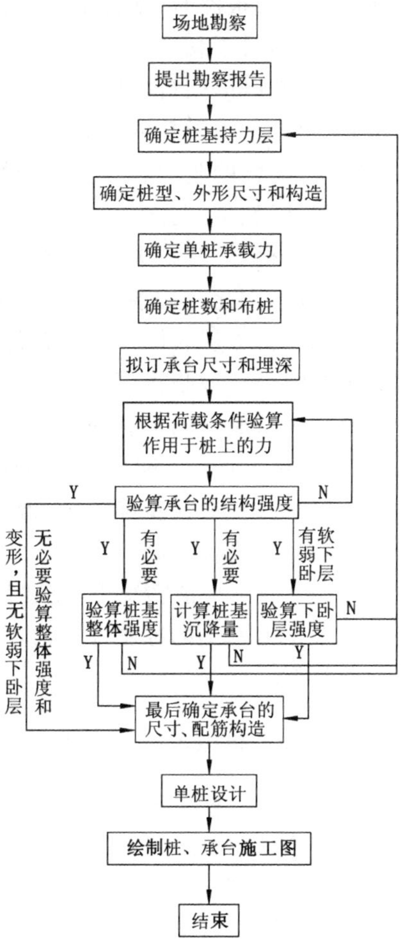

图 8.27　桩基础设计框图

8.7.1 收集设计资料

设计桩基之前必须充分掌握设计原始资料，包括建筑类型、荷载、工程地质勘察资料、材料来源及施工技术设备等情况，并尽量了解当地使用桩基的经验。

对桩基的详细勘察除满足现行勘察规范有关要求外尚应满足以下要求：

(1) 勘探点间距：端承型桩和嵌岩桩，主要由桩端持力层顶面坡度决定，点距一般为 12～24 m，若相邻两勘探点揭露出的层面坡度大于 10%，应视具体情况适当加密勘探点；摩擦型桩，点距一般为 20～30 m，若土层性质或状态在水平向分布变化较大，或存在可能对成桩不利的土层时，也应适当加密勘探点；在复杂地质条件下的柱下单桩基础应按桩列线布置勘探点，并宜逐桩设点。

(2) 勘探深度：布置 1/3～1/2 的勘探孔作为控制性孔，且一级建筑桩基场地至少应有 3 个，二级建筑桩基应不少于 2 个。控制性孔应穿透桩端平面以下压缩层厚度，一般性勘探孔应深入桩端平面以下 3～5 m；嵌岩桩钻孔应深入持力岩层不小于 3～5 倍桩径；当持力岩层较薄时，部分钻孔应钻穿持力岩层。岩溶地区，应查明溶洞、溶沟、溶槽、石笋等的分布情况。

在勘察深度地区范围内的每一地层，均应进行室内试验或原位测试，以提供设计所需参数。

8.7.2 桩型、桩长和截面尺寸选择

桩基设计时，首先应根据建筑物的结构类型、荷载情况、地层条件、施工能力及环境限制（噪声、振动）

等因素，选择预制桩或灌注桩的类别，桩的截面尺寸和长度以及桩端持力层等。

一般当土中存在大孤石、废金属以及花岗岩残积层中未风化的石英脉时，预制桩将难以穿越；当土层分布很不均匀时，混凝土预制桩的预制长度较难掌握；在场地土层分布比较均匀的条件下，采用质量易于保证的预应力高强混凝土管桩比较合理。

桩的长度主要取决于桩端持力层的选择。桩端最好进入坚硬土层或岩层，采用嵌岩桩或端承桩；当坚硬土层埋藏很深时，则宜采用摩擦型桩基，桩端应尽量到达低压缩性、中等强度的土层上。桩端进入持力层的深度，对于黏性土、粉土不宜小于 $2d$，砂类土不宜小于 $1.5d$，碎石类土不宜小于 $1d$。当存在软弱下卧层时，桩端以下硬持力层厚度不宜小于 $3d$，嵌岩灌注桩嵌入倾斜的完整和较完整岩的全断面深度不宜小于 $0.4d$ 且不小于 0.5 m；倾斜度大于 30%的中风化岩，宜根据倾斜度及岩石完整性适当加大嵌岩深度；嵌入平整、完整的坚硬和较坚硬岩的深度不宜小于 $0.2d$ 且不小于 0.2 m。此外，在桩底下 $3d$ 范围内应无软弱夹层、断裂带、洞穴和空隙分布，尤其是荷载很大的柱下单桩更为如此。一般岩层表面起伏不平，且常有隐伏的沟槽，尤其在碳酸盐类岩石地区，岩面石芽、溶槽密布，桩端可能落于岩面隆起或斜面处，有导致滑移的可能，因此在桩端应力扩散范围内应无岩体临空面存在，并确保基底岩体的滑动稳定。

当硬持力层较厚且施工条件允许时，桩端进入持力层的深度应尽可能达到桩端阻力的临界深度，以提高桩端阻力。该临界深度值对于砂、砾为 $(3\sim6)d$，对于粉土、黏性土为 $(5\sim10)d$。此外，同一建筑物还应避免同时采用不同类型的桩（如摩擦型桩和端承型桩，但用沉降缝分开者除外）。同一基础相邻桩的桩底标高差，对于非嵌岩端承型桩不宜超过相邻桩的中心距，对于摩擦型桩，在相同土层中不宜超过桩长的 1/10。

桩长及桩型初步确定后，即可根据 8.2 节内容或表 8.2 定出桩的截面尺寸，并初步确定承台底面标高。一般若建筑物楼层高、荷载大，宜采用大直径桩，尤其是大直径人工挖孔桩比较经济实用，目前国内最大桩径已达 5 m。一般情况下，主要从结构要求和方便施工的角度来选择承台埋深。季节性冻土上的承台埋深应根据地基土的冻胀性考虑，并应考虑是否需要采取相应的防冻害措施。膨胀土上的承台，其埋深选择与此类似。

8.7.3 桩数及桩位布置

8.7.3.1 桩的根数

初步估定桩数时，先不考虑群桩效应，根据单桩竖向承载力特征值 R ，当桩基为轴心受压时，桩数 n 可按下式估算：

$$n \geqslant \frac{F_k + G_k}{R_a} \tag{8.53}$$

式中 F_k——作用在承台上的轴向压力标准值；

G_k——承台及其上方填土的重力。

偏心受压时，若桩的布置使得群桩横截面的重心与荷载合力作用点重合，桩数仍可按上式确定。否则，应将上式确定的桩数增加 10%～20%。对桩数超过 3 根的非端承群桩基础，应按第 8.6 节求得基桩承载力特征值后重新估算桩数，如有必要，还要通过桩基软弱下卧层承载力和桩基沉降验算才能最终确定。

承受水平荷载的桩基，在确定桩数时还应满足桩水平承载力的要求。此时，可粗略地以各单桩水平承载力之和作为桩基的水平承载力，其偏于安全。

此外，在层厚较大的高灵敏度流塑黏土中，不宜采用桩距小而桩数多的打入式桩基，而应采用承载力高桩数少的桩基；否则，软黏土结构破坏严重，使土体强度明显降低，加之相邻各桩的相互影响，桩基的沉降和不均匀沉降都将显著增加。

8.7.3.2 桩的中心距

桩的间距过大，承台体积增加，造价提高；间距过小，桩的承载能力不能充分发挥，且给施工造成困难。一般桩的最小中心距应符合表 8.18 规定。对于大面积桩群，尤其是挤土桩，桩的最小中心距还应按表列数值适当加大。

表 8.18　桩的最小中心距

土类与成桩工艺		桩排数大于或等于 3 且桩数不少于 9 的摩擦型桩基	其他情况
非挤土灌注桩		3.0d	3.0d
部分挤土桩	非饱和土、饱和非黏性土	3.5d	3.0d
	饱和黏性土	4.0d	3.5d
挤土桩	非饱和土、饱和非黏性土	4.0d	3.5d
	饱和黏性土	4.5d	4.0d
沉管夯扩、钻孔挤扩桩	非饱和土、饱和非黏性土	2.2D 且 4.0d	2.0D 且 3.5d
	饱和黏性土	2.5D 且 4.5d	2.2D 且 4.0d
钻孔、挖孔扩底桩		2D 或 D+2.0 m(当 D>2 m)	1.5D 或 D+1.5 m(当 D>2 m)

注:① d 为圆桩设计直径或方桩设计边长,D 为扩大端设计直径。

② 当纵横向桩距不相等时,其最小中心距应满足“其他情况”一栏的规定。

③ 当为端承桩时,非挤土灌注桩的“其他情况”一栏可减小至 2.5d。

8.7.3.3　桩位的布置

桩在平面内可布置成方形(或矩形)、三角形和梅花形[图 8.28(a)],条形基础下的桩,可采用单排或双排布置[图 8.28(b)],也可采用不等距布置。

为了使桩基中各桩受力比较均匀,布桩时应尽可能使上部荷载的中心与桩群的横截面形心重合或接近。当作用在承台底面的弯矩较大时,应增加桩基横截面的惯性矩。对柱下单独桩基和整片式桩基,宜采用外密内疏的布置方式;对横墙下桩基,可在外纵墙之外布设一至两根“探头”桩(图 8.29)。此外,在有门洞的墙下布桩应将桩设置在门洞的两侧,梁式或板式基础下的群桩,布置时应注意使梁板中的弯矩尽量减小,即多在柱、墙下布桩,以减少梁和板跨中的桩数。

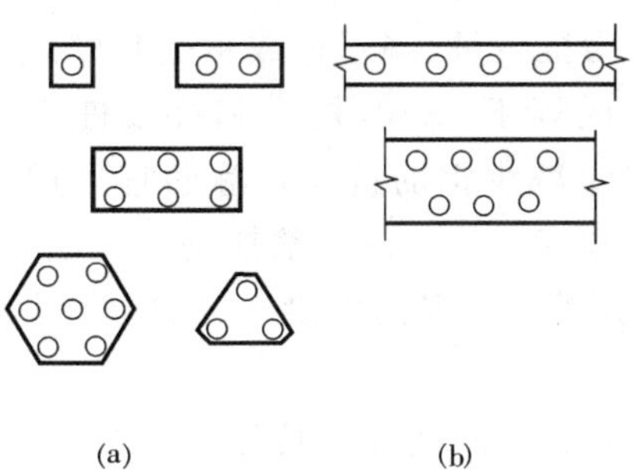

图 8.28　桩的平面布置示例

(a) 柱下桩基;(b) 墙下桩基

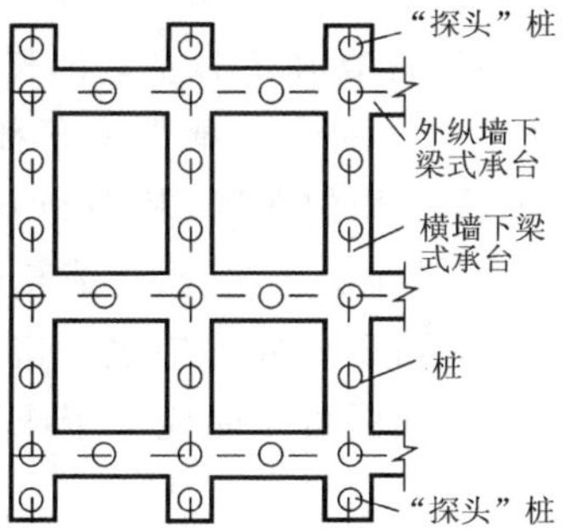

图 8.29　横墙下“探头”桩的布置

8.7.4　桩身截面强度计算

预制桩的混凝土强度等级宜大于或等于 C30,采用静压法沉桩时,可适当降低,但不宜小于 C20;预应力混凝土桩的混凝土强度等级宜大于或等于 C40。预制桩的主筋(纵向)应按计算确定并根据断面的大小及形状选用 4～8 根直径为 14～25 mm 的钢筋。最小配筋率 ρ_{min}宜大于或等于 0.8%,一般可为 1%左右,静压法沉桩时宜大于或等于 0.6%。箍筋直径可取 6～8 mm,间距小于或等于 200 mm,在桩顶和桩尖处应适当加密,如图 8.30 所示。用打入法沉桩时,直接受到锤击的桩顶应设置三层 ϕ6 @40～70 mm 的钢筋网,层距50 mm。桩尖所有主筋应焊接在一根圆钢上,或在桩尖处用钢板加强。主筋的混凝土保护层应大于或等于30 mm,桩上须埋设吊环,位置由计算确定。桩的混凝土强度必须达设计强度的 100%才可起吊和搬运。

灌注桩的混凝土强度等级一般应大于或等于 C25,混凝土预制桩尖应大于或等于 C30。当桩顶轴向压力和水平力满足《桩基规范》受力条件时,可按构造要求配置桩顶与承台的连接钢筋笼。对甲级建筑桩基,配置 6～10 根 ϕ12～14 主筋,$\rho_{min}\geqslant$0.2%,锚入承台 30d_g(主筋直径),伸入桩身长度大于或等于 10d,且不小于承台下软弱土层层底深度;对乙级建筑桩基,可配置 4～8 根 ϕ10～12 的主筋,锚入承台 30d_g,且伸入桩

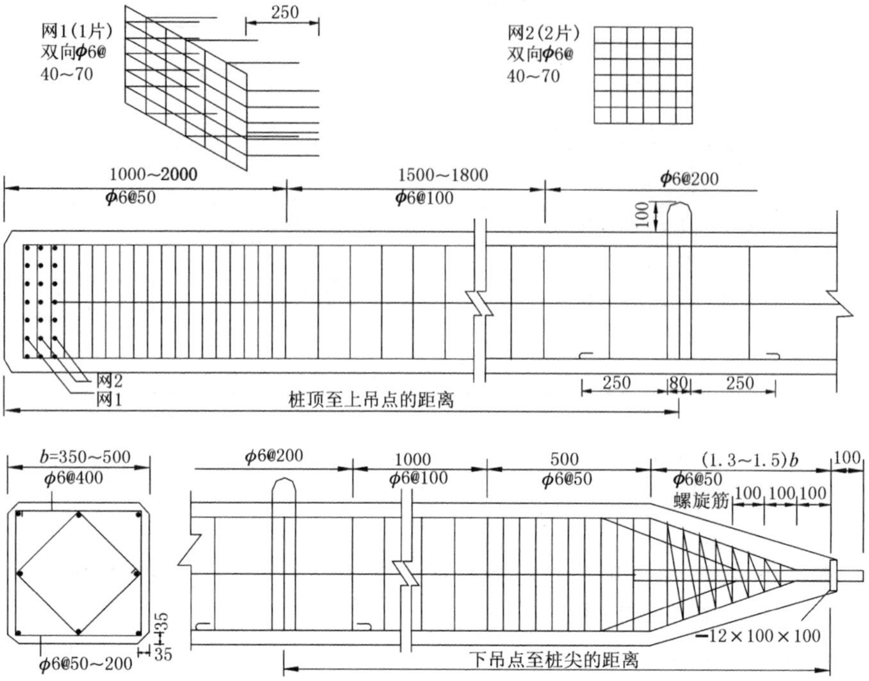

图 8.30　混凝土预制桩

身长度大于或等于 5d,对于沉管灌注桩,配筋长度不应小于承台软弱土层层底厚度;丙级建筑桩基可不配构造钢筋。

一般 ρ_g 可取 0.20%~0.65%(小桩径取高值,大桩径取低值),对于受水平荷载特别大的桩、抗拔桩和嵌岩端承桩应根据计算确定。主筋的长度一般可取 $4.0/\alpha$,当为抗拔桩、端承桩或承受负摩阻力和位于坡地岸边的基桩应通长配置。承受水平荷载的桩,主筋宜大于或等于 8ϕ10,抗压和抗拔桩应大于或等于 6ϕ10,且沿桩身周边均匀布置,其净距不应小于 60 mm,并尽量减少钢筋接头。箍筋宜采用 ϕ(6~8)@200~300 mm 的螺旋箍筋,受水平荷载较大和抗震的桩基,桩顶(3~5)d 内箍筋应适当加密;当钢筋笼长度超过 4 m 时,每隔 2 m 左右应设一道 ϕ12~18 的焊接加劲箍筋。主筋的混凝土保护层厚度应大于或等于 35 mm,水下浇灌混凝土时应大于或等于 50 mm。

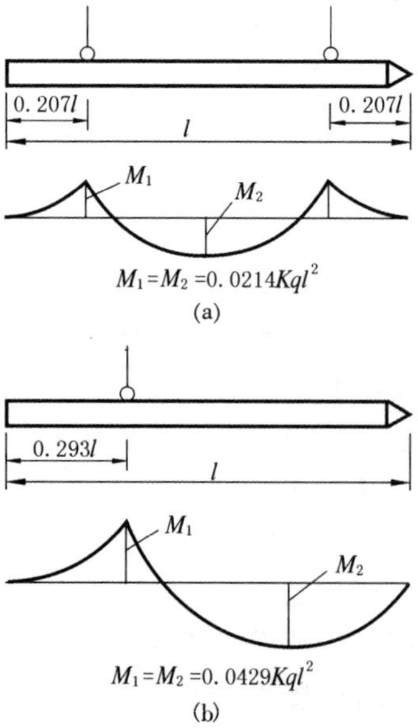

图 8.31　预制桩的吊点位置和弯矩图

(a) 双点起吊时;(b) 单点起吊时

轴心荷载作用下的桩身截面强度可按第 8.5 节的方法计算;偏心荷载(包括水平力和弯矩)作用时,可先按第 8.7 节的方法求出桩身最大弯矩及其相应位置,再根据《混凝土结构设计标准》的要求,按偏心受压确定出桩身截面所需的主筋面积,但尚须满足各类桩的最小配筋率。对于受长期或经常出现的水平荷载或上拔力的建筑物,还应验算桩身的裂缝宽度,其最大裂缝宽度不得超过 0.2 mm,对处于腐蚀介质中的桩基则不得出现裂缝;对于处于含有酸、氯等介质环境中的桩基,还应根据介质腐蚀性的强弱采取专门的防护措施,以保证桩基的耐久性。

预制桩除了满足上述计算之外,还应考虑运输、起吊和锤击过程中的各种强度验算。桩在自重作用下产生的弯曲应力与吊点的数量和位置有关。桩长在 20 m 以下者,起吊时一般采用双点吊;在打桩架龙门吊立时,采用单点吊。吊点位置应按吊点间的正弯矩和吊点处的负弯矩相等的条件确定,如图 8.31 所示。其中 q 为桩单位长度的重力,K 为考虑在吊运过程中桩可能受到的冲击和振动而取的动力系数,可取 1.3。桩在运输或堆放时的支点应放在起吊吊点处。通常，普通混凝土桩的配筋常由起吊和吊立的强度计算控制。

用锤击法沉桩时，冲击产生的应力以应力波的形式传到桩端，然后又反射回来。在周期性拉压应力作用下，桩身上端常出现环向裂缝。设计时，一般要求锤击过程中产生的压应力应小于桩身材料的抗压强度设计值；拉应力应小于桩身材料的抗拉强度设计值。

影响锤击拉压应力的因素主要有锤击能量和频率、锤垫及桩垫的刚度、桩长、桩材及土质条件等。当锤击能量小、频率低，采用软而厚的锤垫和桩垫，在不厚的软黏土或无密实砂夹层的黏性土中沉桩，以及桩长较小(<12 m)时，锤击拉压应力比较小，一般可不考虑。设计时常根据实测资料确定锤击拉压应力值。当无实测资料时，可按《桩基规范》建议的经验公式及表格取值。预应力混凝土桩的配筋常取决于锤击拉应力。

8.7.5 承台设计

桩基承台可分为柱下独立承台、柱下或墙下条形承台梁，以及筏板承台和箱形承台等。承台的作用是将桩联结成一个整体，并把建筑物的荷载传到桩上，因而承台应有足够的强度和刚度。

8.7.5.1 外形尺寸及构造要求

承台的平面尺寸一般由上部结构、桩数及布桩形式决定。通常，墙下桩基做成条形承台梁；柱下桩基宜采用板式承台（矩形或三角形），如图 8.32 所示。其剖面形状可做成锥形、台阶形或平板形。

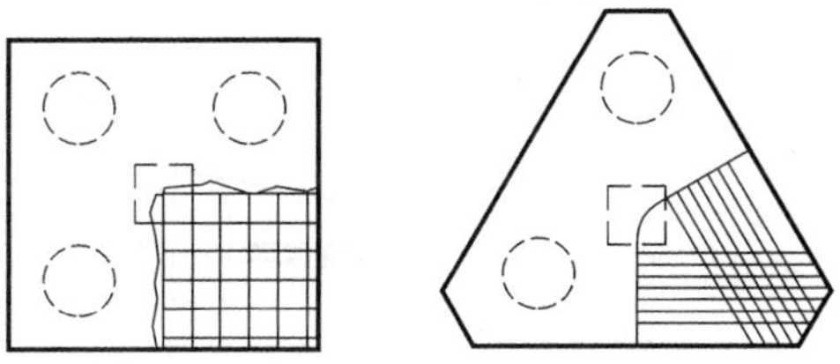
(a) (b)

图 8.32 柱下独立桩基承台配筋示意

(a) 矩形承台；(b) 三桩承台

承台厚度应大于或等于 400 mm，宽度大于或等于 500 mm，承台边缘至边桩中心距离不应小于桩的直径或边长，且边缘挑出部分应大于或等于 150 mm，对于条形承台梁应大于或等于 75 mm。为保证群桩与承台之间连接的整体性，桩顶应嵌入承台一定长度，对大直径桩宜大于或等于 100 mm；对中等直径桩宜大于或等于50 mm。混凝土桩的桩顶主筋应伸入承台内，其锚固长度宜大于或等于 $30d_g$，对于抗拔桩基应大于或等于 $40d_g$。承台混凝土材料及其强度等级应符合结构混凝土耐久性的要求和抗渗要求。承台的配筋按计算确定，对于矩形承台板，宜双向均匀配置，钢筋直径宜大于或等于 10 mm，间距应满足 100～200 mm；对于三桩承台，应按三向板带均匀配置，最里面 3 根钢筋相交围成的三角形，应位于柱截面范围以内[图 8.32(b)]；台底钢筋的混凝土保护层厚度宜大于或等于70 mm。当有混凝土垫层时不应小于 40 mm，承台梁的纵向主筋直径应大于或等于 12 mm。

筏形、箱形承台板的厚度应满足整体刚度、施工条件及防水要求。对于桩布置于墙下或基础梁下的情况，承台板厚度宜大于或等于 250 mm，且板厚与计算区段最小跨度之比不宜小于1/20。承台板的分布构造钢筋可用 ϕ(10～12)@150～200 mm，考虑到整体弯矩的影响，纵横两方向的支座钢筋尚应有 1/3～1/2，且配筋率大于或等于 0.15%，贯通全跨配置；跨中钢筋应按计算配筋率全部连通。

两桩桩基的承台，宜在其短向设置连系梁。连系梁顶面宜与承台顶位于同一标高，梁宽应大于或等于 200 mm，梁高可取承台中心距的 1/15～1/10，并配置不小于 $4\phi12$ 的钢筋。

承台埋深应大于或等于 600 mm，在季节性冻土、膨胀土地区宜埋设在冰冻线、大气影响线以下，但当冰冻线、大气影响线深度大于或等于 1 m 且承台高度较小时，则应视土的冻胀、膨胀性等级分别采取换填无黏性垫层、预留空隙等隔胀措施。

8.7.5.2 承台的内力计算

模型试验研究表明，柱下独立桩基承台（四桩及三桩承台）在配筋不足的情况下将产生弯曲破坏，其破坏特征呈梁式破坏。破坏时屈服线如图 8.33 所示，最大弯矩产生于屈服线处。根据极限平衡原理，承台正截面弯矩计算如下：

① 柱下多桩矩形承台　其计算截面应取在柱边和承台高度变化处（杯口外侧或台阶边缘），按下式计算：

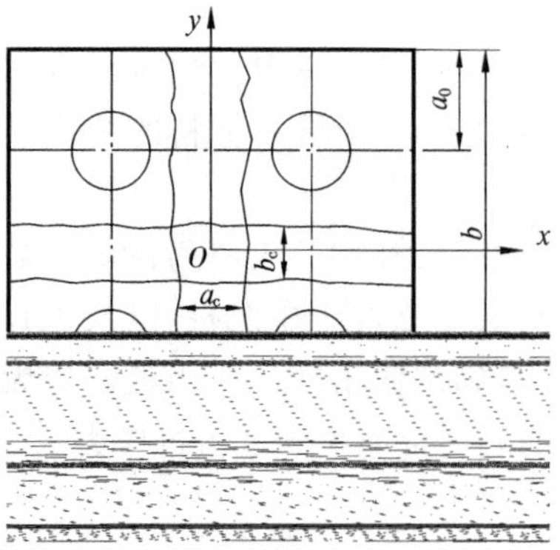

图 8.33 四桩承台弯曲破坏模式

$$\left.\begin{aligned} M_x &= \sum N_i y_i \\ M_y &= \sum N_i x_i \end{aligned}\right\} \tag{8.54}$$

式中 M_x, M_y——垂直 x、y 轴方向计算截面处弯矩设计值；

x_i, y_i——垂直 y 轴和 x 轴方向自桩轴线到相应计算截面的距离(图 8.34)；

N_i——扣除承台和承台上土自重设计值后 i 桩竖向净反力设计值，当不考虑承台效应时，则为 i 桩竖向总反力设计值。

② 柱下三桩三角形承台　计算截面应取在柱边(图 8.35)，并按下式计算：

$$\left.\begin{aligned} M_x &= N_x x \\ M_y &= N_y y \end{aligned}\right\} \tag{8.55}$$

当计算弯矩截面不与主筋方向正交时，须对主筋方向角进行换算。

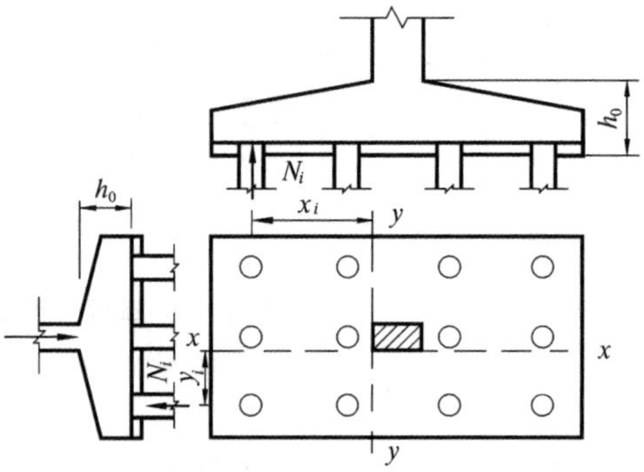

图 8.34 矩形承台

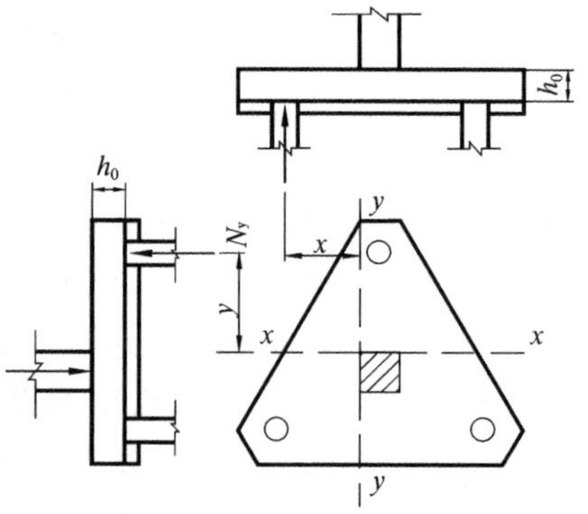

图 8.35 三桩三角形承台

③ 柱下或墙下条形承台梁　正截面弯矩设计值一般可按弹性地基梁进行分析，地基的计算模型应根据地基土层的特性选取。通常可采用文克尔假定，将基桩视为弹簧支承，其刚度系数可由静载荷试验的 Q-s 曲线确定，具体计算可参见有关文献。当桩端持力层较硬且桩轴线不重合时，可视桩为不动支座，按连续梁计算。

8.7.5.3　*承台厚度及强度计算*

承台厚度可按冲切及剪切条件确定，一般可先按冲切计算，再按剪切复核；其强度计算包括受冲切、受剪切、局部承压及受弯计算。

(1) 受冲切计算

若承台有效高度不足，将产生冲切破坏。其破坏方式可分为沿柱(墙)边的冲切和单一基桩对承台的冲切两类。柱边冲切破坏锥体斜面与承台底面的夹角大于或等于 45°，该斜面的上周边位于柱与承台交接处或承台变阶处，下周边位于相应的桩顶内边缘处(图 8.36)。

承台抗冲切承载力与冲切锥角有关，可以冲跨比 λ 表达。对于柱下矩形承台，验算时应满足：

$$F_l \leqslant \beta_{hp}\beta_0 u_m f_t h_0 \tag{8.56}$$

$$F_l = F - \sum N_i \tag{8.57}$$

$$\beta_0 = \frac{0.84}{\lambda + 0.2} \tag{8.58}$$

式中 F_l——作用于冲切破坏锥体上的冲切力设计值。

f_t——承台混凝土抗拉强度设计值。

u_m——冲切破坏锥体有效高度中线周长。

h_0——承台冲切破坏锥体的有效高度。

β_{hp}——受冲切剪力截面高度的影响系数，当 $h \leqslant 800$ mm 时 $\beta_{hp}=1.0$；$h \geqslant 2000$ mm 时 $\beta_{hp}=0.9$，其间按线性内插取值。

β_0——冲切系数。

λ——冲跨比，$\lambda = a_0/h_0$（a_0 为冲跨，即柱边或承台变阶处到桩边的水平距离），当 $\lambda < 0.25$ 时取 $\lambda = 0.25$，当 $\lambda > 1.0$ 时取 $\lambda = 1.0$。

F——作用于柱（墙）底的竖向荷载设计值。

$\sum N_i$——冲切破坏锥体范围内各基桩的净反力（不计承台和承台上土自重）设计值之和。

对于圆柱及圆桩，计算时应将截面换算成方柱或方桩，取换算柱或桩截面边宽 $b_p = 0.8d$。

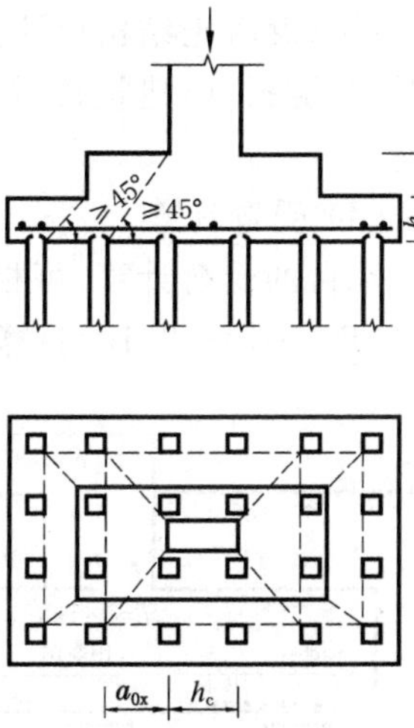

图 8.36 柱下承台的冲切

柱下矩形独立承台受柱冲切时可按下列公式计算（图 8.36）：

$$F_l = 2[\beta_{0x}(b_c + a_{0y}) + \beta_{0y}(h_c + a_{0x})]\beta_{hp} f_t h_0 \tag{8.59}$$

式中 β_{0x}，β_{0y}——由式(8.58)求得，$\lambda_{0x} = \dfrac{a_{0x}}{h_0}$，$\lambda_{0y} = \dfrac{a_{0y}}{h_0}$，$\lambda_{0x}$、$\lambda_{0y}$均应满足 0.25～1.0 的要求；

h_c，b_c——柱截面长边、短边尺寸；

a_{0x}，a_{0y}——自柱长边或短边到最近桩边的水平距离。

对位于柱（墙）冲切破坏锥体以外的基桩，尚应考虑单桩对承台的冲切作用，并按四桩承台、三桩承台等不同情况计算受冲切承载力。

对于柱下两桩承台，宜按深受弯构件（$l_0/h < 5.0$，$l_0 = 1.15 l_n$，l_n 为两桩净距）计算受弯、受剪承载力，不需进行冲切承载力计算。

(2) 受剪切计算

桩基承台的剪切破坏面为一通过柱（墙）边与桩边连线所形成的斜截面（图 8.37）。当柱（墙）外有多排桩形成多个剪切斜截面时，对每一个斜截面都应进行受剪承载力计算。

下面仅介绍柱下等厚度承台的计算。其斜截面受剪承载力可按下列公式计算：

$$V \leqslant \beta_{hs} \alpha f_t b_0 h_0 \tag{8.60}$$

$$\alpha = \frac{1.75}{\lambda + 1.0}$$

$$\beta_{hs} = \left(\frac{800}{h_0}\right)^{1/4}$$

式中 V——斜截面的最大剪力设计值。

b_0——承台计算截面处的计算宽度。

h_0——承台计算截面处的有效高度。

β_{hs}——受剪切承载力截面高度影响系数，当 $h_0 <$ 800 mm时取 $h_0 = 800$ mm；$h_0 > 2000$ mm 时取 $h_0 = 2000$ mm，其间按线性内插法取值。

α——剪切系数；

λ——计算截面的剪跨比，$\lambda_x = \dfrac{a_x}{h_0}$，$\lambda_y = \dfrac{a_y}{h_0}$，其中 a_x、a_y（图 8.37）为柱（墙）边或承台变阶处至 x、y 方向计算一排桩的桩边水平距离，当 $\lambda < 0.25$ 时，取 $\lambda = 0.25$；当 $\lambda > 3$ 时，取 $\lambda = 3$。

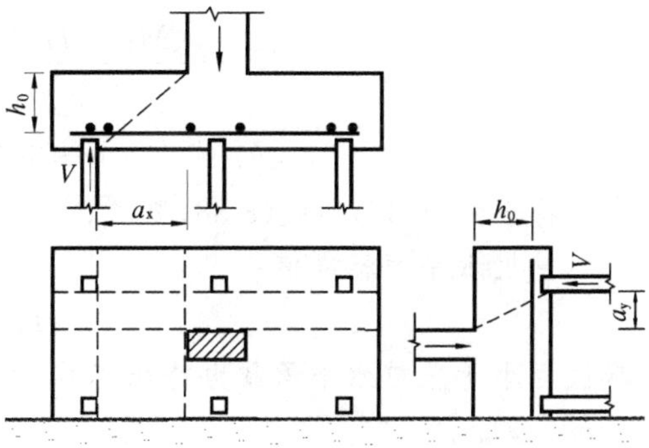

图 8.37 承台斜截面受剪计算

(3) 局部受压计算

对于柱下桩基承台，当混凝土强度等级低于柱的强度等级时，应按《混凝土结构设计标准》(GB/T 50010—2010)验算承台的局部受压承载力。当进行承台的抗震验算时，尚应根据《建筑抗震设计标准》(GB/T 50011—2010)规定对承台的受弯、受剪切承载力进行抗震调整。

(4) 受弯计算

承台的受弯计算，可根据承台类型分别按上述方法求得承台内力，然后按《混凝土结构设计标准》(GB/T 50010—2010)验算其正截面受弯承载力，计算方法同一般梁板，此不赘述。

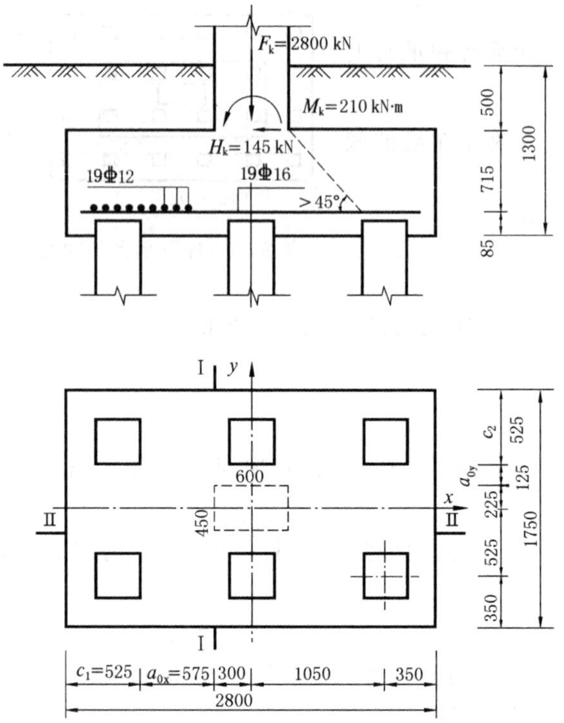

图 8.38　例 8.2 计算图示

【例 8.2】 某二级建筑桩基如图 8.38 所示，柱截面尺寸为 450 mm×600 mm，作用在基础顶面的荷载标准值为：$F_k=2800$ kN，$M_k=210$ kN·m(作用于长边方向)，$H_k=145$ kN，拟采用截面为 350 mm×350 mm 的预制混凝土方桩，桩长 12 m，已确定基桩竖向承载力特征值 $R_a=500.0$ kN，水平承载力特征值 $R_h=45$ kN，承台混凝土强度等级为 C25，配置 HRB400 级钢筋，试设计该桩基础(不考虑承台效应)。

【解】 C25 混凝土，$f_t=1270$ kPa，$f_c=11900$ kPa；HRB400 级钢筋，$f_y=360$ N/mm^2。

(1) 基桩持力层、桩材、桩型、外形尺寸及单桩承载力特征值均已选定，桩身结构设计从略。

(2) 确定桩数及布桩

初选桩数

$$n>\frac{F_k}{R_a}=\frac{2800}{500}=5.6$$

暂取 6 根，取桩距 $s=3d=3\times0.35=1.05$ m，按矩形布置如图 8.38 所示。

(3) 初选承台尺寸

取承台长边和短边为：

$$a=2\times(0.35+1.05)=2.8\ \text{m}$$
$$b=2\times0.35+1.05=1.75\ \text{m}$$

承台埋深 1.3 m，承台高 0.8 m，桩顶伸入承台50 mm，钢筋保护层取 35 mm，则承台有效高度为：

$$h_0=0.8-0.050-0.035=0.715\ \text{m}=715\ \text{mm}$$

(4) 计算桩顶荷载

取承台及其上土的平均重度 $\gamma_G=20$ kN/m^3，则桩顶平均竖向力为：

$$N_k=\frac{F_k+G_k}{n}=\frac{2800+20\times2.8\times1.75\times1.3}{6}=487.9\ \text{kN}<R_a=500\ \text{kN}$$

$$N_{k\max}=N_k+\frac{(M_k+H_k h)x_{\max}}{\sum x_i^2}=487.9+\frac{(210+145\times0.8)\times1.05}{4\times1.05^2}$$

$$=487.9+77.6=565.5\ \text{kN}<1.2R=600\ \text{kN}$$

符合式(8.37)和式(8.38)要求。

基桩水平力标准值：

$$H_{1k}=H_k/n=145/6=24.2\ \text{kN}$$

其值远小于单桩水平承载力特征值 $R_h=45$ kN，因此无须验算考虑群桩效应的基桩水平承载力(详见《桩基规范》)。

(5) 承台受冲切承载力验算

① 柱边冲切，按式(8.56)至式(8.58)可求得冲跨比 λ 与冲切系数 β_0：

$$\lambda_{0x}=\frac{a_{0x}}{h_0}=\frac{0.575}{0.715}=0.804(\text{满足 }0.25\sim 1.0)$$

$$\beta_{0x}=\frac{0.84}{\lambda_{0x}+0.2}=\frac{0.84}{0.804+0.2}=0.837$$

$$\lambda_{0y}=\frac{a_{0y}}{h_0}=\frac{0.125}{0.715}=0.175<0.25,\text{取 }\lambda_{0y}=0.25$$

$$\beta_{0y}=\frac{0.84}{\lambda_{0y}+0.2}=\frac{0.84}{0.25+0.2}=1.867$$

因 $h=800$ mm，故可取 $\beta_{hp}=1.0$。

$$2[\beta_{0x}(b_c+a_{0y})+\beta_{0y}(h_c+a_{0x})]\beta_{hp}f_t h_0$$
$$=2\times[0.837\times(0.450+0.125)+1.867\times(0.600+0.575)]\times 1.0\times 1270\times 0.715$$
$$=4858.1\text{ kN}>F_l=2800\times 1.35-0=3780\text{ kN(可以)}$$

② 角桩向上冲切，从角柱内边缘至承台外边缘距离 $c_1=c_2=0.525$ m，$a_{1x}=a_{0x}$，$\lambda_{1x}=\lambda_{0x}$，$a_{1y}=a_{0y}$，$\lambda_{1y}=\lambda_{0y}$。

$$\beta_{1x}=\frac{0.56}{\lambda_{1x}+0.2}=\frac{0.56}{0.804+0.2}=0.558$$

$$\beta_{1y}=\frac{0.56}{\lambda_{1y}+0.2}=\frac{0.56}{0.25+0.2}=1.244$$

$$[\beta_{1x}(c_2+a_{1y}/2)+\beta_{1y}(c_1+a_{1x}/2)]\beta_{hp}f_t h_0$$
$$=[0.558\times(0.525+0.125/2)+1.244\times(0.6+0.575/2)]\times 1.0\times 1270\times 0.715$$
$$=1300.7\text{ kN}>N_{k\max}\times 1.35=763.4\text{ kN(可以)}$$

(6) 承台受剪切承载力计算

根据式(8.60)，剪跨比与以上冲跨比相同，故对Ⅰ—Ⅰ斜截面：

$$\lambda_x=\lambda_{0x}=0.804(\text{介于 }0.25\sim 3.0\text{ 之间})$$

故剪切系数

$$\alpha=\frac{1.75}{\lambda+1.0}=\frac{1.75}{0.804+1.0}=0.970$$

因 $h_0=715$ mm<800 mm，故可取 $h_0=800$ mm 后求得 $\beta_{hs}=1.0$。

$$\beta_{hs}\alpha f_t b_0 h_0=1.0\times 0.970\times 1270\times 1.75\times 0.715=1541.4\text{ kN}$$
$$>2N_{k\max}\times 1.35=2\times 565.5\times 1.35=1526.9\text{ kN(可以)}$$

Ⅱ—Ⅱ斜截面 λ 按 0.3 计，其受剪切承载力更大，故验算从略。

(7) 承台受弯承载力计算

由式(8.54)可得：

$$M_x=\sum N_i y_i=3\times 487.9\times 0.325=475.7\text{ kN}\cdot\text{m}$$

$$A_s=\frac{M_x}{0.9f_y h_0}=\frac{475.7\times 10^6}{0.9\times 360\times 715}=2053.4\text{ mm}^2$$

选用 19Φ12，$A_s=2147$ mm^2，沿平行 y 轴方向均匀布置。

$$M_y=\sum N_i x_i=2\times 565.5\times 0.757=856.2\text{ kN}\cdot\text{m}$$

$$A_s=\frac{M_y}{0.9f_y h_0}=\frac{856.2\times 10^6}{0.9\times 360\times 715}=3695.9\text{ mm}^2$$

选用 19Φ16，$A_s=3819$ mm^2，沿平行 x 轴方向均匀布置。

思　考　题

8.1　试简述桩基础的适用场合及设计原则。

8.2　试分别根据桩的承载性状和桩的施工方法对桩进行分类。

8.3　简述单桩在竖向荷载下的工作性能及其破坏性状。

8.4　什么叫负摩阻力、中性点？如何确定中性点的位置及负摩阻力的大小？

8.5　何谓单桩竖向承载力特征值？

8.6　何谓群桩效应？如何验算桩基竖向承载力？

8.7　单桩水平承载力与哪些因素有关？设计时如何确定？

8.8　在工程实践中如何选择桩的直径、桩长以及桩的类型？

8.9　如何确定承台的平面尺寸及厚度？设计时应作哪些验算？

习　　题

8.1　某工程桩基采用预制混凝土桩，桩截面尺寸为 350 mm×350 mm，桩长 10 m，各土层分布情况如图 8.39 所示，试确定该基桩的竖向承载力标准值 Q_{uk} 和基桩的竖向承载力特征值 R（不考虑承台效应）。

（答案：$Q_{uk}=1375$ kN，$R=688$ kN）

8.2　某建筑物采用单桩基础，桩径 $d=0.5$ m，旋转钻施工，地质剖面如图8.40所示，试求该桩受到的下拉荷载值。

（答案：$Q_g^n=692.4$ kN）

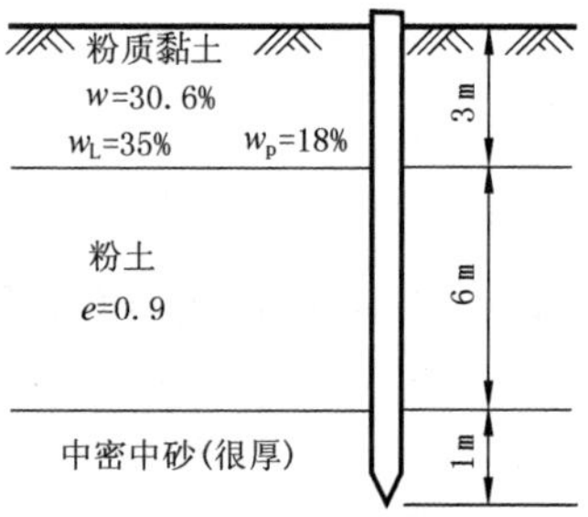

图 8.39　习题 8.1 附图

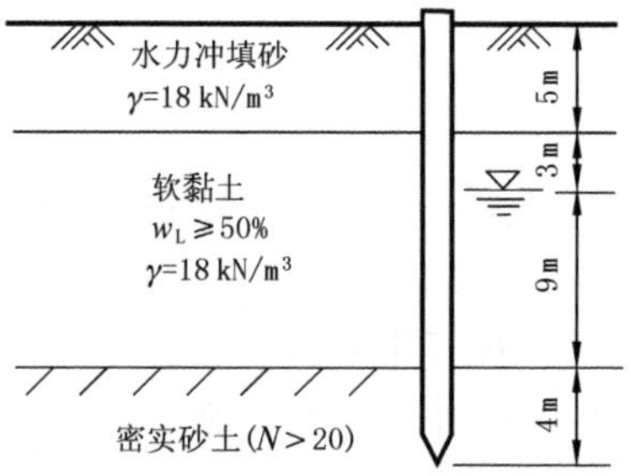

图 8.40　习题 8.2 附图

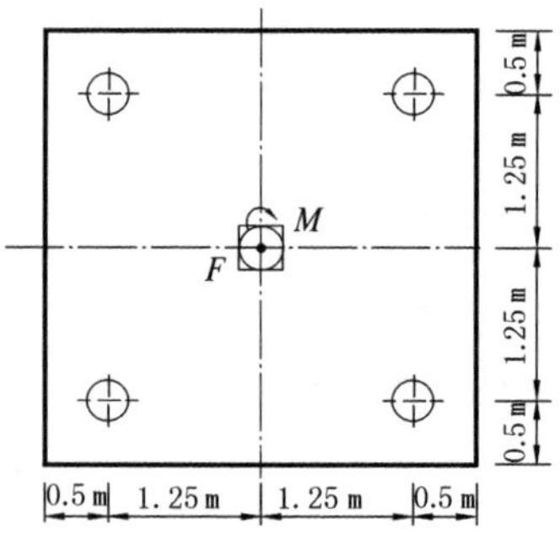

图 8.41　习题 8.3 附图

8.3　某工程一群桩基础中桩的布置及承台尺寸如图 8.41 所示，其中桩采用 $d=500$ mm的钢筋混凝土预制桩，桩长 12 m，承台埋深 1.2 m。土层分布第一层为 3 m 厚的杂填土，第二层为 4 m 厚的可塑状态黏土，其下为很厚的中密中砂层。上部结构传至承台的轴心荷载标准值为 $F_k=5400$ kN，弯矩 $M_k=1200$ kN·m，试验算该桩基础是否满足设计要求。

（答案：满足要求）

8.4　某场地土层分布情况为：第一层杂填土，厚 1.0 m；第二层为淤泥，软塑状态，厚 6.5 m；第三层为粉质黏土，$I_L=0.25$，厚度较大。现需设计一框架内柱的预制桩基础。柱底在地面处的竖向荷载为 $F_k=1700$ kN，弯矩为 $M_k=180$ kN·m，水平荷载 $H_k=100$ kN，初选预制桩截面尺寸 350 mm×350 mm。试设计该桩基础。

9 沉井基础及其他深基础

本章提要

沉井基础多用于水深较大的桥梁基础工程。本章以沉井基础的设计计算为主线，简要介绍了沉井基础的构造、类型及其适用条件，重点讨论了沉井基础的受力特点、井壁摩阻力计算、考虑井壁土体抗力时的整体深基础(刚性桩)计算，以及沉井设计中的各种验算，初步讨论了沉井施工过程中的各种结构计算，并对沉井的各种施工技术及下沉过程中存在的问题进行了简要讨论。最后，简要介绍了工程中常用的墩基础和地下连续墙。

要求掌握沉井作为整体深基础的计算及各种验算，熟悉沉井基础设计的各项内容和方法，初步了解沉井基础、墩基础和地下连续墙的施工工艺与方法。

9.1 概 述

9.1.1 沉井的作用及适用条件

沉井是一种利用人工或机械方法清除井内土石，并借助自重或添加压重等措施克服井壁摩阻力逐节下沉至设计标高，再浇筑混凝土封底并填塞井孔，成为建筑物基础的井筒状构造物(图 9.1)。

沉井的特点是埋深较大，整体性强，稳定性好，具有较大的承载面积，能承受较大的垂直荷载和水平荷载。此外，沉井既是基础，又是施工时的挡土和挡水围堰结构物，其施工工艺简便，技术稳妥可靠，无需特殊专业设备，并可做成补偿性基础，避免过大沉降，在深基础或地下结构中应用较为广泛，如桥梁墩台基础、地下泵房、水池、油库、矿用竖井以及大型设备基础、高层和超高层建筑物基础等。但沉井基础施工工期较长，对粉砂、细砂类土在井内抽水时易发生流砂现象，造成沉井倾斜；沉井下沉过程中遇到的大孤石、树干或井底岩层表面倾斜过大，也将给施工带来一定的困难。

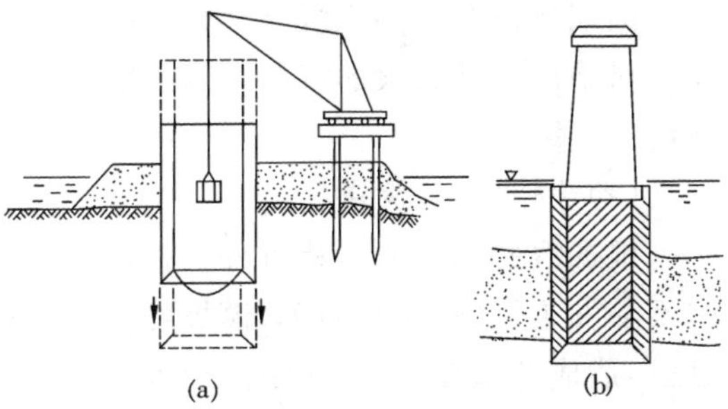

图 9.1 沉井基础示意

(a) 沉井下沉；(b) 沉井基础

沉井最适宜于不太透水的土层，易于控制下沉方向。发生下列情况时可考虑采用沉井基础：

① 上部结构荷载较大，表层地基土承载力不足，而在一定深度下有较好的持力层，且与其他基础方案相比较为经济合理；

② 虽然土质较好，但冲刷大的山区河流或河中有较大卵石不便于桩基础施工；

③ 岩层表面较平坦且覆盖层较薄，但河水较深，采用扩大基础施工围堰有困难。

9.1.2 沉井的分类

(1) 按施工方法分

根据不同的施工方法可将沉井分为一般沉井和浮运沉井。一般沉井指直接在基础设计的位置上制造，然后挖土，依靠井壁自重下沉。若基础位于水中，则先人工筑岛，再在岛上筑井下沉。浮运沉井指先在岸边预制，再浮运就位下沉的沉井。通常在深水地区（如水深大于 10 m），或水流流速大，有通航要求，人工筑岛困难或不经济时采用。

（2）按井壁材料分

根据不同的井壁材料可将沉井分为混凝土沉井、钢筋混凝土沉井、竹筋混凝土沉井和钢沉井。混凝土沉井因抗压强度高，抗拉强度低，多做成圆形，且仅适用于下沉深度不大（4～7 m）的松软土层。钢筋混凝土沉井抗压抗拉强度高，下沉深度大，可做成重型或薄壁就地制造下沉的沉井，也可做成薄壁浮运沉井及钢丝网水泥沉井等，在工程中应用最广。沉井主要在下沉阶段过程中承受拉力，因此，在盛产竹材的南方，也可采用耐久性差而抗拉力好的竹筋代替部分钢筋，做成竹筋混凝土沉井。钢沉井由钢材制作，强度高、质量轻、易于拼装、适于制造空心浮运沉井，但用钢量大，国内应用较少。此外，根据工程条件也可选用木沉井和砌石圬工沉井等。

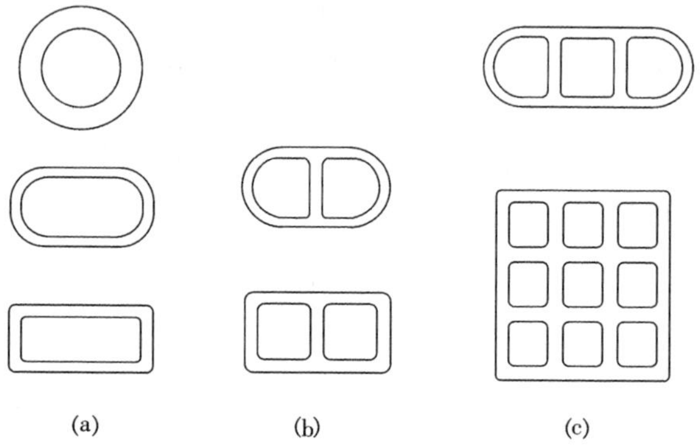

图 9.2　沉井的平面形状

（a）单孔沉井；（b）双孔沉井；（c）多孔沉井

（3）按平面形状分

根据沉井的平面形状可分为圆形、矩形和圆端形三种基本类型，按井孔的布置方式，又可分为单孔、双孔及多孔沉井（图 9.2）。

圆形沉井在下沉过程中易于控制方向，若采用抓泥斗挖土，可比其他沉井更能保证其刃脚均匀地支承在土层上；在侧压力作用下，井壁仅受轴向应力作用，即使侧压力分布不均匀，弯曲应力也不大，能充分利用混凝土抗压强度大的特点，多用于斜交桥或水流方向不定的桥墩基础。

矩形沉井制造方便，受力有利，能充分利用地基承载力。沉井四角一般为圆角，以减少井壁摩阻力和除土清孔的困难。但在侧压力作用下，井壁受较大的挠曲力矩，且流水中阻水系数较大，冲刷较严重。

圆端形沉井控制下沉、受力条件、阻水冲刷均较矩形者有利，但施工较为复杂。

对平面尺寸较大的沉井，可在沉井中设隔墙，构成双孔或多孔沉井，以改善井壁受力条件及均匀取土下沉。

（4）按剖面形状分

根据沉井的剖面形状可分为柱形、阶梯形和锥形沉井（图 9.3）。柱形沉井井壁受力较均衡，下沉过程中不易发生倾斜，接长简单，模板可重复利用，但井壁侧阻力较大，若土体密实、下沉深度较大时，容易下部悬空，造成井壁拉裂，一般多用于入土不深或土质较松软的情况。阶梯形沉井和锥形沉井井壁侧阻力较小，抵抗侧压力性能较合理，但施工较复杂，模板消耗多，沉井下沉过程中易发生倾斜，多用于土质较密实、沉井下沉深度大、自重较小的情况。通常锥形沉井井壁坡度为 1/40～1/20，阶梯形井壁的台阶宽为 100～200 mm。

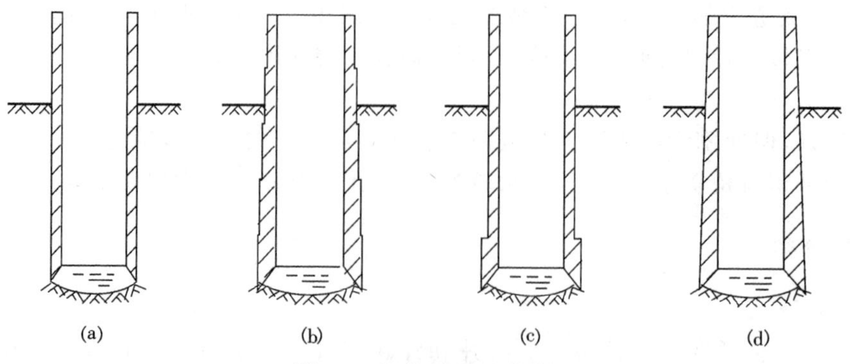

图 9.3　沉井的立面形状

（a）柱形；（b）、（c）阶梯形；（d）锥形

9.1.3 沉井基础的构造

(1) 沉井的轮廓尺寸

沉井的平面形状常取决于结构物底部的形状。为保证下沉的稳定性，沉井的截面长短边之比宜小于或等于 3。若结构物的长宽比较接近，可采用方形或圆形沉井。沉井顶面尺寸为结构物底部尺寸加襟边宽度。襟边宽度宜大于或等于 0.2 m，且大于或等于 $H/50$(H 为沉井全高)，浮运沉井大于或等于 0.4 m，如沉井顶面需设置围堰，其襟边宽度根据围堰构造还需加大。结构物边缘应尽可能支承于井壁或顶板支承面上，对井孔内不填充混凝土的空心沉井不允许结构物边缘全部置于井孔位置上。

沉井的入土深度应根据上部结构、水文地质条件及各土层的承载力等确定。若沉井入土深度较大应分节制造和下沉，每节高度宜小于或等于 5m；底节沉井在松软土层中下沉时，还应小于或等于 $0.8B$(B 为沉井宽度)；若底节沉井过高，沉井过重，将给制模、筑岛时岛面处理、抽除垫木下沉等带来困难。

(2) 沉井的一般构造

沉井一般由井壁、刃脚、隔墙、井孔、凹槽、封底和顶板等组成(图 9.4)。有时井壁中还预埋射水管等其他部分。各组成部分的作用如下：

① 井壁：沉井的外壁，是沉井的主体部分，其作用是在沉井下沉过程中挡土、挡水及利用本身自重克服土与井壁间摩阻力下沉，沉井施工完毕后，作为传递上部荷载的基础或基础的一部分。因此，井壁必须具有足够的强度和一定的厚度，并根据施工过程中的受力情况配置竖向及水平向钢筋。一般壁厚为 0.80～1.50 m。最薄不宜小于 0.4 m，混凝土强度等级大于或等于 C25。

② 刃脚：井壁下端形如楔状部分称为刃脚，其作用是利于沉井切土下沉。刃脚底面(踏面)宽度一般小于或等于 150 mm，软土可适当放宽。若下沉深度大，土质较硬，刃脚底面应以型钢(角钢或槽钢)加强(图 9.5)，以防刃脚损坏。刃脚内侧斜面与水平面夹角宜大于或等于 45°，其高度视井壁厚度、便于抽除垫木而定，一般大于 1.0 m，混凝土强度等级不应低于 C30。

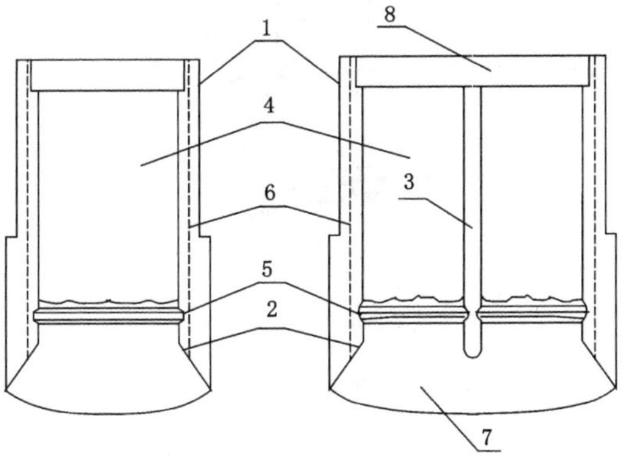

图 9.4 沉井的一般构造

1—井壁；2—刃脚；3—隔墙；4—井孔；
5—凹槽；6—射水管组；7—封底混凝土；8—顶板

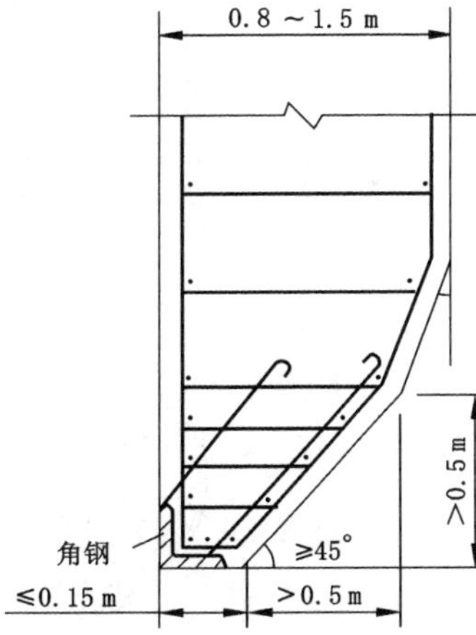

图 9.5 刃脚构造示意

③ 隔墙：沉井的内壁，其作用是将沉井空腔分隔成多个井孔，便于控制挖土下沉，防止或纠正倾斜和偏移，并加强沉井的刚度，减小井壁挠曲应力。隔墙厚度一般小于井壁，为 0.5～1.0 m。隔墙底面应高出刃脚底面 0.5 m 以上，避免被土搁住而妨碍下沉。当人工挖土时，在隔墙下应设置过人孔，以便工作人员井孔间往来。

④ 井孔：挖土排土的工作场所和通道。其尺寸应满足施工要求，最小边长宜大于或等于 3 m。井孔应对称布置，以便对称挖土，保证沉井下沉均匀。

⑤ 凹槽：位于刃脚内侧上方，沉井封底时利于井壁与封底混凝土的良好结合，使封底混凝土底面反力

更好地传给井壁。凹槽高约 1.0 m，深度一般为 150～300 mm。

⑥ 射水管：若沉井下沉较深，土阻力较大而下沉困难，可在井壁中预埋射水管组。射水管应均匀布置，以便控制水压和水量，调整下沉方向。一般水压大于或等于 600 kPa，若使用泥浆润滑套施工，应有预埋的压射泥浆管路。

⑦ 封底：沉井达设计标高进行清基后，应在刃脚踏面以上至凹槽处浇筑混凝土形成封底，以承受地基土和水的反力，防止地下水涌入井内。封底混凝土顶面应高出凹槽 0.5 m，其厚度可由应力验算决定，根据经验也可取不小于井孔最小边长的 1.5 倍。混凝土强度等级对非岩石地基和岩石地基分别不应低于 C25 和 C20，井孔内的填充混凝土强度等级大于或等于 C15。

⑧ 顶板：沉井封底后，若条件允许，为节省圬工量，减轻基础自重，可做成空心沉井基础，或仅填以砂石。此时，井顶须设置钢筋混凝土顶板，以承托上部结构的全部荷载。顶板厚度一般为 1.5～2.0 m，钢筋配置由计算确定。

(3) 浮运沉井的构造

浮运沉井可分为不带气筒和带气筒两种。不带气筒的浮运沉井多用钢、木、钢丝网水泥等材料制作，薄壁空心。其构造简单、施工方便、节省钢材，适用于水不太深、流速不大、河床较平、冲刷较小的自然条件。为增加水中自浮能力，还可做成带临时性井底的浮运沉井，当浮运就位后，灌水下沉，同时接筑井壁，达河床后，再打开临时性井底，按一般沉井施工。若水深流急、沉井较大时，可采用带气筒的浮运沉井(图 9.6)，它主要由双壁的沉井底节、单壁钢壳、钢气筒等组成。双壁钢沉井底节为一可自浮于水中的壳体结构，底节以上井壁为单壁钢壳，用于防水及兼作接高时灌注沉井外圈混凝土的模板，钢气筒为沉井提供浮力，并可通过充放气调节沉井的上浮、下沉或校正偏斜，沉井达河床后，切除气筒即为取土井孔。

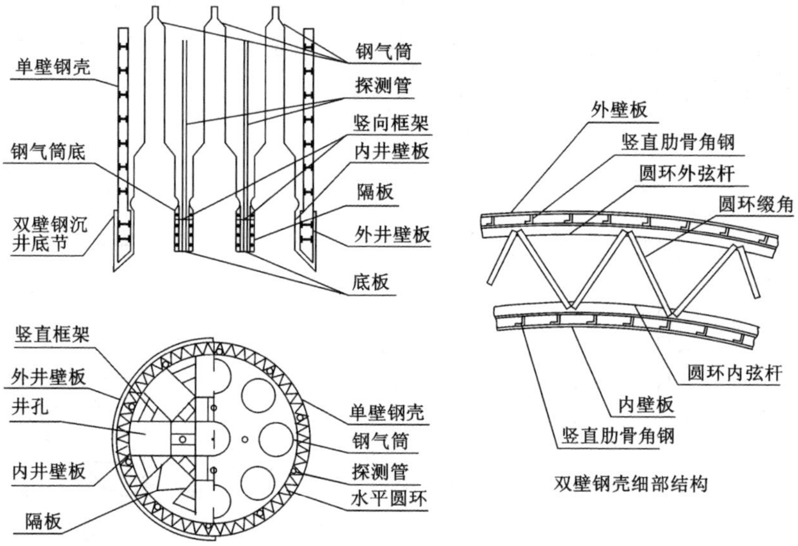

图 9.6　带钢气筒的浮运沉井

(4) 组合式沉井

当采用低承台桩基施工困难，而采用沉井基础则岩层倾斜较大或地基土软硬不均且水深较大时，可采用沉井-桩基的组合式沉井基础。施工时先将沉井下沉至预定标高，浇筑封底混凝土和承台，再在井内预留孔位钻孔灌注成桩。这种组合式沉井结构既可围水挡土，又可作为钻孔桩的护筒和桩基的承台。

9.2　沉井的施工

沉井基础施工通常有旱地施工、水中施工(筑岛及浮运)两种。施工前应详细了解场地的地质、水文和气象资料，做好河流汛期、河床冲刷、通航及漂流物等的调查研究，应充分利用枯水季节，制订出详细的施工计划及必要的措施，确保施工安全。

9.2.1 旱地沉井施工

旱地沉井施工顺序如图 9.7 所示，其一般工序如下：

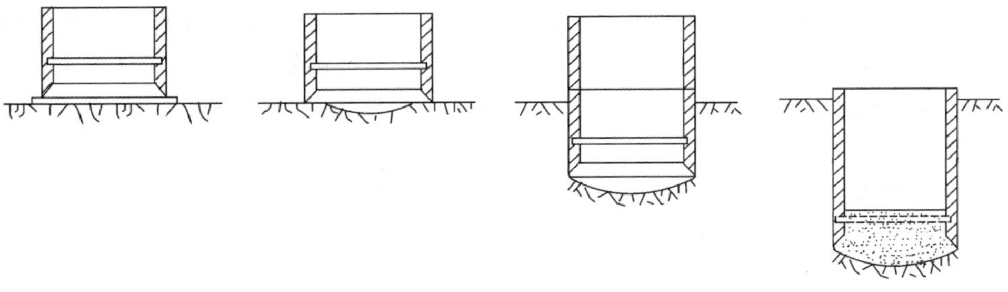

(a) (b) (c) (d)

图 9.7 旱地沉井施工顺序示意

(a) 制作第一节沉井；(b) 抽垫挖土下沉；(c) 沉井接高下沉；(d) 封底

(1) 清整场地

要求施工场地平整干净。一般只需将地表杂物清除干净并整平，但若天然地面土质较差，尚应换土或在基坑处铺填大于或等于 0.5 m 厚夯实的砂或砂砾垫层，以防沉井在混凝土浇筑之初因地面沉降不均产生裂缝。为减小下沉深度，也可挖一浅坑，在坑底制作沉井，但坑底应高出地下水面 0.5～1.0 m。

(2) 制作第一节沉井

在刃脚处应先对称铺满垫木(图 9.8)，以支承第一节沉井的重量，垫木一般为枕木或方木(200 mm×200 mm)，其数量可按垫木底面压力小于或等于 100 kPa 确定，考虑抽垫方便设置，并垫一层厚约 0.3 m 的砂，垫木间间隙用砂填实(填到半高即可)。然后在刃脚位置处设置刃脚角钢，竖立内模，绑扎钢筋，再立外模浇筑第一节沉井。模板应有较大刚度，以免挠曲变形。当场地土质较好时也可采用土模。

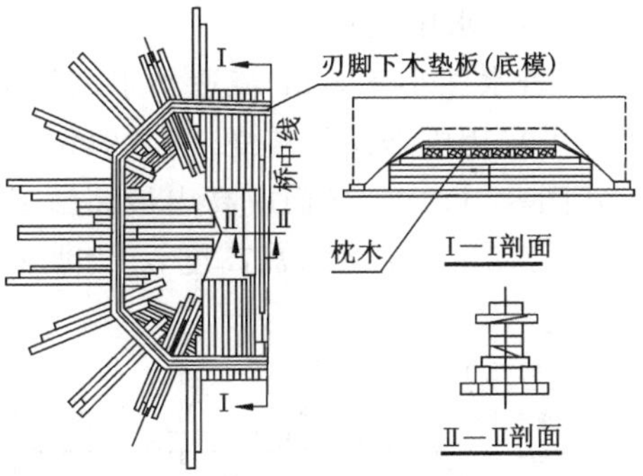

图 9.8 垫木布置实例

(3) 拆模及抽垫

当沉井混凝土强度达设计强度的 70%时可拆除模板，达设计强度后方可抽撤垫木。抽垫应分区、依次、对称、同步地向沉井外抽出。其顺序为：先内壁下，再短边，最后长边。长边下垫木隔一根抽一根，以固定垫木为中心，由远而近对称地抽，最后抽除固定垫木，并随抽随用砂土回填捣实，以免沉井开裂、移动或偏斜。

(4) 除土下沉

沉井宜采用不排水除土下沉，在稳定的土层中，也可采用排水除土下沉。排水下沉常用人工除土，可使沉井均匀下沉和易于清除井内障碍物，但需有安全措施；不排水下沉多用空气吸泥机、抓土斗、水力吸石筒、水力吸泥机等除土。若遇黏土、胶结层，可采用高压射水辅助下沉。此外，正常情况下应自沉井中间向刃脚处均匀对称除土，排水下沉时应严格控制设计支承点土的排除，并随时注意沉井正位，保持竖直下沉，无特殊情况不宜采用爆破施工。

(5) 接高沉井

当第一节沉井下沉至一定深度(井顶露出地面 0.5 m 以上或露出水面 1.5 m 以上)时，停止挖土，接筑下节沉井。接筑前刃脚不得掏空，并应尽量纠正上节沉井的倾斜，凿毛顶面，立模，然后对称均匀地浇筑混凝土，待强度达设计要求后再拆模继续下沉。

(6) 设置井顶防水围堰

沉井顶面低于地面或水面时，应在井顶接筑临时性防水围堰，围堰的平面尺寸略小于沉井，其下端与井顶上预埋锚杆相连。常见的围堰有土围堰、砖围堰和钢板桩围堰。若水深流急，围堰高度大于 5.0 m 时，宜采用钢板桩围堰。

(7) 基底检验和处理

沉井达到设计标高后，应对基底土质进行检验。若采用不排水下沉应进行水下检验，必要时可用钻机取样检验。当基底达到设计要求后，还应对地基进行必要的处理。砂性土或黏性土地基，一般可在井底铺砾石或碎石至刃脚底面以上 200 mm；未风化岩石地基，应凿除风化岩层，若岩层倾斜，还应凿成阶梯形。要确保井底浮土、软土清除干净，封底混凝土、沉井与地基结合紧密。

(8) 沉井封底

基底检验合格后应及时封底。若采用排水下沉，渗水量上升速度小于或等于 6 mm/min，可采用普通混凝土封底；否则宜用水下混凝土封底。若沉井面积大，可采用多导管先外后内、先低后高依次浇筑。一般用素混凝土封底，但其必须与地基紧密结合，不得存在有害的夹层、夹缝。

(9) 井孔填充和顶板浇筑

封底混凝土达到设计强度后，排干井孔中水，填充井内圬工。如果井孔中不填料或仅填砾石，则井顶应浇筑钢筋混凝土顶板，以支承上部结构，且应保持无水施工。然后砌筑井上构筑物，并随后拆除临时性的井顶围堰。井孔是否填充，应根据受力或稳定要求确定，在严寒地区，低于冻结线 0.25 m 以上部分，必须用混凝土或圬工填实。

9.2.2 水中沉井施工

(1) 水中筑岛

若水深小于 3 m，流速小于或等于 1.5 m/s，可采用砂或砾石在水中筑岛[图 9.9(a)]；若水深或流速加大，可采用围堰防护筑岛[图 9.9(b)]；当水深再加大(通常小于 15 m)或流速更大时，宜采用钢板桩围堰筑岛[图 9.9(c)]。岛面应高出最高施工水位 0.5 m 以上，围堰距井壁外缘距离 $b \geqslant H\tan(45° - \varphi/2)$，且大于或等于 2 m($H$ 为筑岛高度，φ 为水中砂的内摩擦角)。其余施工方法与旱地沉井施工相同。

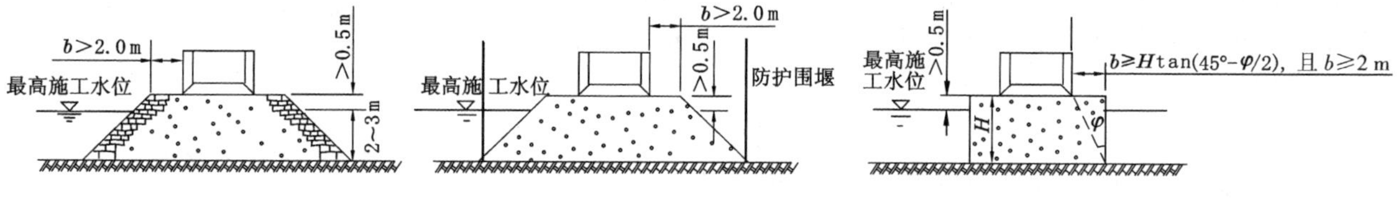

(a) (b) (c)

图 9.9 水中筑岛下沉沉井

(a) 无围堰防护土岛；(b) 有围堰防护土岛；(c) 围堰筑岛

(2) 浮运沉井

若因水深(如大于 10 m)人工筑岛困难或不经济，可采用浮运法施工。即先在岸边将沉井做成空体结构，或采用其他措施(如带钢气筒等)使其浮于水上，再利用在岸边铺成的滑道滑入水中(图 9.10)，然后用绳索牵引至设计位置。在悬浮状态下，逐步将水或混凝土注入空体中，使沉井徐徐下沉至河底。若沉井较高，则分段制造，在悬浮状态下逐节接长下沉至河底，但整个过程应保证沉井本身稳定。当刃脚切入河床一定深度后，即可按一般沉井下沉方法施工。

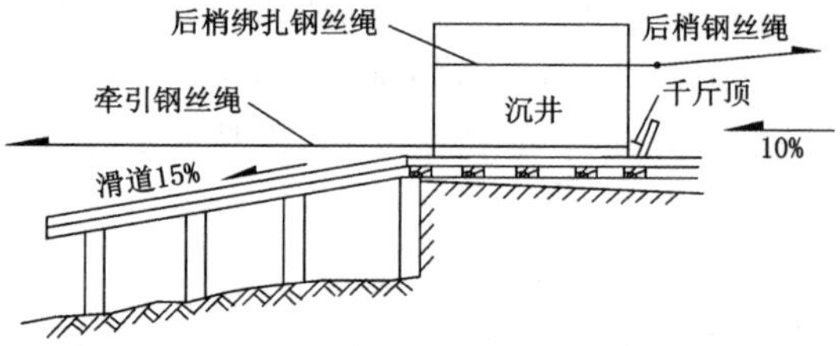

图 9.10 浮运沉井下水示意

9.2.3 泥浆套和空气幕下沉沉井施工简介

当沉井深度很大，井侧土质较好时，井壁侧阻很大，采用增加井壁厚度或压重等办法受限时，通常可设置泥浆润滑套和空气幕来减小井壁的侧阻。

(1) 泥浆套辅助下沉法

该法借助泥浆泵和输送管道将特制的泥浆压入沉井外壁与土层之间，在沉井外围形成一定厚度的泥浆层，将土与井壁隔开，并起润滑作用，从而大大降低沉井下沉中的侧阻力(可降至3～5 kPa，一般黏性土为25～50 kPa)，减少井壁圬工数量，加速沉井下沉，并具有良好的稳定性，但不宜用于卵石、砾石土层。

泥浆通常由膨润土、水和碳酸钠分散剂配置而成，具有良好的固壁性、触变性和胶体稳定性。泥浆润滑套的构造主要包括射口挡板、地表围圈及压浆管。

射口挡板可用角钢或钢板弯制，固定于泥浆射出口处的井壁台阶上[图9.11(a)]，其作用是防止压浆管射出的泥浆直冲土壁，防止局部坍落堵塞射浆口。地表围圈用木板或钢板制成，埋设于沉井周围，用于防止沉井下沉时土壁坍落，为沉井下沉过程中新造成的空隙补充泥浆，及调整各压浆管出浆的不均衡。其宽度与沉井台阶相同，高1.5～2.0 m，顶面高出地面或岛面0.5 m，圈顶面宜加盖。

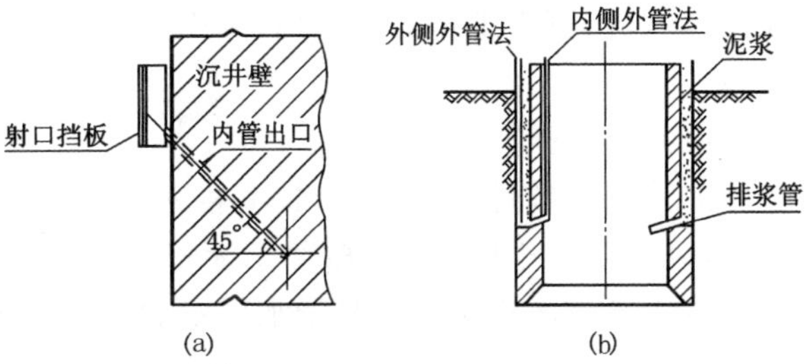

图9.11　射口挡板与压浆管构造

(a) 内管与射口挡板；(b) 外管法压浆管构造

压浆管可分为内管法[厚壁沉井，图9.11(a)]和外管法[薄壁沉井，图9.11(b)]两种，通常用ϕ38～ϕ50的钢管制成，沿井周边每3～4 m布置一根。

(2) 空气幕辅助下沉法

用空气幕辅助下沉是一种减少井壁侧阻的有效方法。它通过向沿井壁四周预埋的气管中压入高压气流，气流沿喷气孔射出再沿沉井外壁上升，在沉井周围形成一空气“帷幕”(即空气幕)，使井壁周围土松动或液化，摩阻力减小，促使沉井下沉。该方法适应于砂类土、粉质土及黏质土地层，对于卵石土、砾类土及风化岩等地层不宜使用。

如图9.12所示，空气幕沉井在构造上增加了一套压气系统，该系统由气斗、井壁中的气管、压缩空气机、贮气筒以及输气管等组成。

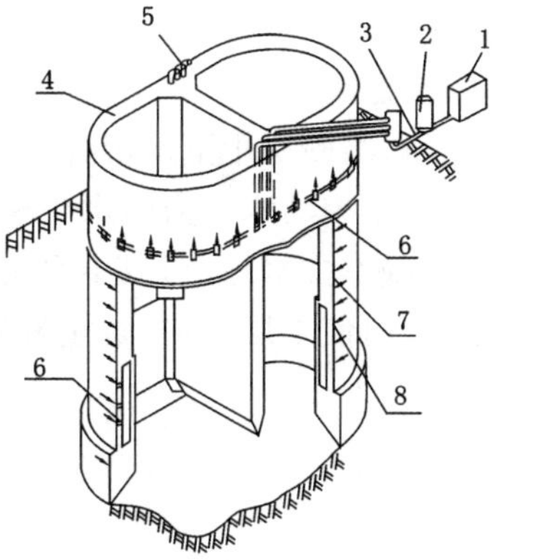

图9.12　空气幕沉井压气系统构造

1—压缩空气机；2—贮气筒；3—输气管路；4—沉井；5—竖管；6—水平喷气管；7—气斗；8—喷气孔

气斗是沉井外壁上凹槽及槽中的喷气孔，凹槽的作用是保护喷气孔，使喷出的高压气流有一扩散空间，然后较均匀地沿井壁上升，形成气幕。气斗应布设简单、不易堵塞、便于喷气，目前多用棱锥形(150 mm×150 mm)，其数量根据每个气斗所作用的有效面积确定。喷气孔直径1 mm，可按等距离分布，上下交错排列布置。

气管有水平喷气管和竖管两种，可采用内径25 mm的硬质聚氯乙烯管。水平管连接各层气斗，每1/4或1/2周设一根，以便纠偏；每根竖管连接两根水平管，并伸出井顶。

压缩空气机输出的压缩空气应先输入贮气筒，再由地面输气管送至沉井，以防止压气时压力骤然降低而影响压气效果。

沉井下沉时，应先在井内除土，消除刃脚下土的抗力后再压气(但不得过分除土而不压气)，一般除土面低于刃脚0.5～1.0 m时就应压气下沉，压气时间一般不超过5 min/次。压气顺序应先上后下，以形成沿沉井外壁上喷的气流。气压不应小于喷气孔最深处理论水压的1.4～1.6倍，并尽可能使用风压机的最大值。停气时应先停下部气斗，依次向上，并缓慢减压。不得将高压空气突然停止，造成瞬时负压，使喷气孔内吸入泥砂而被堵塞。

9.2.4　沉井下沉过程中遇到的问题及处理

(1) 偏斜

沉井偏斜大多发生在下沉不深时。导致偏斜的主要原因有：① 土岛表面松软，或制作场地、河底高低不平，软硬不均；② 刃脚制作质量差，井壁与刃脚中线不重合；③ 抽垫方法欠妥，回填不及时；④ 除土不均匀对称，下沉时有突沉和停沉现象；⑤ 刃脚遇障碍物顶住而未及时发现，排土堆放不合理，或单侧受水流冲击淘空等导致沉井受力不对称。

通常可采用除土、压重、顶部施加水平力或刃脚下支垫等方法纠正偏斜，空气幕下沉也可采用单侧压气纠偏：①若沉井倾斜，可在高侧集中除土、加重物，或用高压射水冲松土层，低侧回填砂石，必要时在井顶施加水平力扶正；②若中心偏移则先除土，使井底中心向设计中心倾斜，然后在对侧除土，使沉井恢复竖直，如此反复至沉井逐步移近设计中心；③当刃脚遇障碍物时，须先清除障碍物再下沉。如遇树根、大孤石或钢料铁件，可人工排除，必要时用少量炸药（少于 200 g）炸碎；不排水施工时可由潜水工进行水下切割或爆破。

（2）难沉

即沉井下沉过慢或停沉，其主要原因有：① 开挖面深度不够，正面阻力大；② 偏斜，或刃脚下遇障碍物、坚硬岩层和土层；③ 井壁侧阻大于沉井自重；④ 井壁无减阻措施，或泥浆套、空气幕等遭到破坏。

解决难沉的措施主要是增加压重和减少井壁侧阻。增加压重的方法有：① 提前接筑下节沉井，增加沉井自重；② 在井顶加压沙袋、钢轨等重物迫使沉井下沉；③ 不排水下沉时，可在井内抽水，减少浮力，迫使下沉，但需保证土体不产生流砂现象。减小井壁侧阻的方法有：① 将沉井设计成阶梯形、钟形，或使外壁光滑；② 井壁内埋设高压射水管组，射水辅助下沉；③ 利用泥浆套或空气幕辅助下沉；④ 增大开挖范围和深度。必要时还可采用 0.1～0.2 kg 炸药起爆助沉，但同一沉井每次只能起爆一次，且需适当控制炮振次数。

（3）突沉

突沉常发生于软土地区，容易使沉井产生较大的倾斜或超沉。引起突沉的主要原因是井壁侧阻较小，当刃脚下土被挖除时，沉井支承削弱，或排水过多、挖土太深、出现塑流等。防止突沉的措施一般是控制均匀挖土，在刃脚处挖土不宜过深，此外，在设计时可采用增大刃脚踏面宽度或增设底梁的措施提高刃脚阻力。

（4）流砂

在粉、细砂层中下沉沉井，易出现流砂现象，若不采取适当措施将造成沉井严重倾斜。产生流砂的主要原因是土中动水压力的水头梯度大于临界值。故防止流砂的措施有：① 排水下沉发生流砂时可向井内灌水，采取不排水除土，减小水头梯度；② 采用井点降水、深井降水和深井泵降水，降低井外水位，改变水头梯度方向使土层稳定，防止流砂发生。

9.3 沉井的设计与计算

沉井既是结构物的基础，又是施工过程中挡土、挡水的结构物，因此其设计计算需包括沉井作为整体深基础的计算和施工过程中的结构计算两大部分。

设计计算前必须掌握如下有关资料：① 上部或下部结构尺寸要求，基础设计荷载；② 水文和地质资料（如设计水位、施工水位、冲刷线或地下水位标高，土的物理力学性质，施工过程中是否会遇障碍物等）；③ 拟采用的施工方法（排水或不排水下沉，筑岛或防水围堰的标高等）。

9.3.1 沉井作为整体深基础的计算

沉井作为整体深基础设计，主要是根据上部结构特点、荷载大小及水文和地质情况，结合沉井的构造要求及施工方法，拟定出沉井埋深、高度和分节及平面形状和尺寸，井孔大小及布置，井壁厚度和尺寸，封底混凝土和顶板厚度等，然后进行沉井基础的计算。

当沉井埋深较浅时可不考虑井侧土体横向抗力的影响，按浅基础计算；当埋深较大时，井侧土体的约束作用不可忽视，此时在验算地基应力、变形及沉井的稳定性时，应考虑井侧土体弹性抗力的影响，按刚性桩($\alpha h<2.5$)计算内力和土抗力。但对泥浆套施工的沉井,只有采取了恢复侧面土约束能力措施后方可考虑。

一般要求沉井基础下沉到坚实的土层或岩层上,其作为地下结构物,荷载较小,地基的强度和变形通常不会存在问题。作为整体深基础,一般要求地基强度应满足:

$$F_V + G \leqslant R_j + R_f \tag{9.1}$$

式中 F_V——沉井顶面处作用的竖向荷载(kN);

G——沉井的自重(kN);

R_j——沉井底部地基土的总反力(kN);

R_f——沉井侧面的总摩阻力(kN)。

沉井底部地基土的总反力 R_j 等于该处土的承载力特征值 f_a 与支承面积 A 的乘积,即

$$R_j = f_a A \tag{9.2}$$

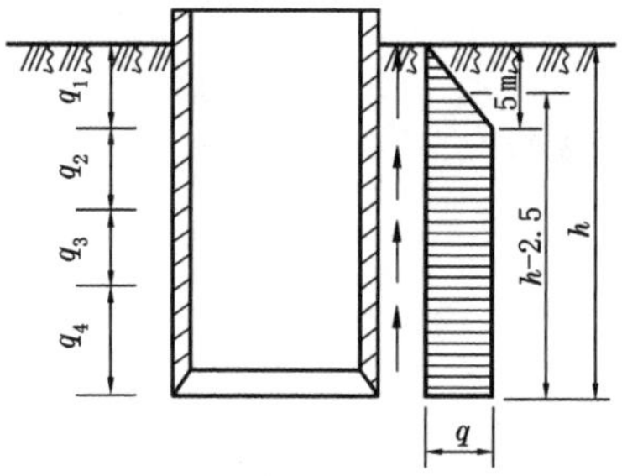

图 9.13 井侧摩阻力分布假定

可假定井壁侧阻沿深度呈梯形分布,距地面 5 m 范围内按三角形分布,5 m以下为常数(图 9.13),故总摩阻力为:

$$R_f = U(h-2.5)q \tag{9.3}$$

式中 U——沉井的周长(m);

h——沉井的入土深度(m);

q——单位面积摩阻力加权平均值 (kPa),$q=\sum q_i h_i / \sum h_i$;

h_i——各土层厚度(m);

q_i——i 土层井壁单位面积摩阻力,根据实际资料或查表 9.1 选用。

考虑井侧土体弹性抗力时,通常可作如下基本假定:

① 地基土为弹性变形介质,水平向地基系数随深度成正比例增加(即"m"法);

② 不考虑基础与土之间的黏着力和摩阻力;

③ 沉井刚度与土的刚度之比视为无限大,横向力作用下只能发生转动而无挠曲变形。

表 9.1 土与井壁摩阻力经验值

土 的 名 称	土与井壁的摩阻力 q/kPa
卵石	15～30
砾石	15～20
砂土	12～25
软土	10～12
黏性土	25～50
泥浆套	3～5

注:本表适用于深度不超过 30 m 的沉井。

根据基础底面的地质情况,可分为两种情况计算。

(1) 非岩石地基(包括沉井立于风化岩层内和岩面上)

当沉井基础受到水平力 F_H 和偏心竖向力 $F_V(=F+G)$共同作用[图 9.14(a)]时,可将其等效为距基底作用高度为 λ 的水平力 F_H[图 9.14(b)],即:

$$\lambda = \frac{F_V e + F_H l}{F_H} = \frac{\sum M}{F_H} \tag{9.4}$$

式中 $\sum M$ ——对井底各力矩之和。

在水平力作用下,沉井将围绕位于地面下深度 z_0 处点 A 转动一 ω 角[图 9.14(b)],地面下深度 z 处

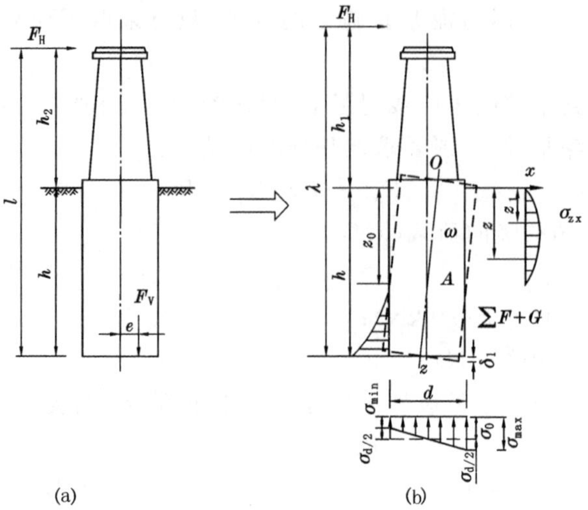

图 9.14　非岩石地基计算示意

沉井基础产生的水平位移 Δx 和土的横向抗力 σ_{zx} 分别为：

$$\Delta x = (z_0 - z) \cdot \tan\omega \tag{9.5}$$

$$\sigma_{zx} = \Delta x C_z = C_z (z_0 - z) \cdot \tan\omega \tag{9.6}$$

式中　z_0——转动中心 A 离地面的距离；

C_z——深度 z 处水平向的地基系数(kN/m^3)，$C_z = mz$，m 为地基土的比例系数(kN/m^4)。

将 C_z 值代入式(9.6)得：

$$\sigma_{zx} = mz(z_0 - z) \cdot \tan\omega \tag{9.7}$$

即井侧水平压应力沿深度为二次抛物线变化。若考虑到基础底面处竖向地基系数 C_0 不变，则基底压应力图形与基础竖向位移图相似。故

$$\sigma_{d/2} = C_0 \delta_1 = C_0 \frac{d}{2} \cdot \tan\omega \tag{9.8}$$

式中　C_0——地基系数，$C_0 = m_0 h$，且大于或等于 $10m_0$，对岩石地基，其地基系数 C_0 不随岩层增深而增长，可按岩石饱和单轴抗压强度 f_{rc} 取值；

d——基底宽度或直径；

m_0——基底处竖向地基比例系数(kN/m^4)，近似取 $m_0 = m$。

上述各式中 z_0 和 ω 为两个未知数，根据图 9.14 可建立两个平衡方程式，即

$$\sum X = 0,\quad F_H - \int_0^h \sigma_{zx} \cdot b_1 \mathrm{d}z = F_H - b_1 m \cdot \tan\omega \int_0^h z(z_0 - z) \cdot \mathrm{d}z = 0 \tag{9.9}$$

$$\sum M = 0,\quad F_H h_1 + \int_0^h \sigma_{zx} b_1 z \cdot \mathrm{d}z - \sigma_{d/2} W_0 = 0 \tag{9.10}$$

式中　b_1——沉井的计算宽度(见 8.5 节)；

W_0——基底的截面模量。

联立求解可得：

$$z_0 = \frac{\beta \cdot b_1 h^2 (4\lambda - h) + 6dW_0}{2\beta \cdot b_1 h (3\lambda - h)} \tag{9.11}$$

$$\tan\omega = \frac{6F_H}{Amh} \tag{9.12}$$

其中 $A = \dfrac{\beta \cdot b_1 h^3 + 18W_0 d}{2\beta \cdot (3\lambda - h)}$，$\beta = \dfrac{C_h}{C_0} = \dfrac{mh}{m_0 h}$，$\beta$ 为深度 h 处井侧水平地基系数与井底竖向地基系数的比值。

将此代入上述各式可得：

井侧水平应力：

$$\sigma_{zx}=\frac{6F_H}{Ah}z(z_0-z) \tag{9.13}$$

基底边缘处压应力：

$$\sigma_{\min}^{\max}=\frac{F_V}{A_0}\pm\frac{3F_Hd}{A\beta} \tag{9.14}$$

式中 A_0——基底面积。

离地面或最大冲刷线以下深度 z 处基础截面上的弯矩(图 9.14)为：

$$\begin{aligned}M_z&=F_H(\lambda-h+z)-\int_0^z\sigma_{zx}b_1(z-z_1)\cdot dz_1\\&=F_H(\lambda-h+z)-\frac{F_Hb_1z^3}{2hA}(2z_0-z)\end{aligned} \tag{9.15}$$

(2) 岩石地基(基底嵌入基岩内)

若基底嵌入基岩内，在水平力和竖直偏心荷载作用下，可假定基底不产生水平位移，其旋转中心 A 与基底中心重合，即 $z_0=h$(图 9.15)，但在基底嵌入处将存在一水平阻力 P，若该阻力对 A 点的力矩忽略不计，取弯矩平衡可导得转角 $\tan\omega$ 为：

$$\tan\omega=\frac{F_H}{mhD} \tag{9.16}$$

式中 $D=\dfrac{b_1\beta\cdot h^3+6Wd}{12\lambda\beta}$。

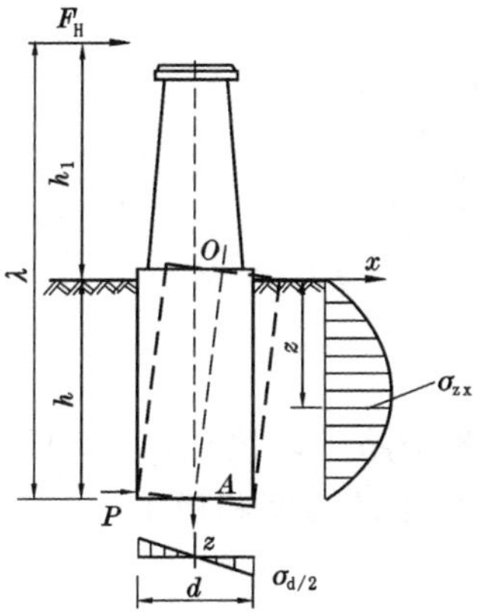

图 9.15 基底嵌入基岩内计算

横向抗力

$$\sigma_{zx}=(h-z)z\frac{F_H}{Dh} \tag{9.17}$$

基底边缘处压应力

$$\sigma_{\min}^{\max}=\frac{F_V}{A_0}\pm\frac{F_Hd}{2\beta\cdot D} \tag{9.18}$$

由 $\sum x=0$ 可得嵌入处未知水平阻力 F_R 为：

$$F_R=\int_0^h b_1\sigma_{zx}dz-F_H=F_H\left(\frac{b_1h^2}{6D}-1\right) \tag{9.19}$$

地面以下深度 z 处基础截面上的弯矩为：

$$M_z=F_H(\lambda-h+z)-\frac{b_1F_Hz^3}{12Dh}(2h-z) \tag{9.20}$$

尚须注意，当基础仅受偏心竖向力 F_V 作用时，$\lambda\to\infty$，上述公式均不能应用。此时，应以 $M=F_V\cdot e$ 代替式(9.10)等式中的 F_Hh_1，同理可导得上述两种情况下相应的计算公式，此不赘述，可详见《公路桥涵地基与基础设计规范》(JTG 3363—2019)。

(3) 验算

① 基底应力

要求基底最大压应力不应超过沉井底面处经修正后的地基承载力特征值 f_a。即

$$\sigma_{\max}\leqslant\gamma_Rf_a \tag{9.21}$$

式中 γ_R——抗力系数，对桥梁地基可参见《公路桥涵地基与基础设计规范》(JTG 3363—2019)。

② 井侧水平压应力验算

要求井侧水平压应力 σ_{zx} 应小于沉井周围土的极限抗力 $[\sigma_{zx}]$。计算时可认为沉井在外力作用下产生位移时，深度 z 处沉井一侧产生主动土压力 E_a，而另一侧受到被动土压力 E_p 作用，故井侧水平压应力应满足：

$$\sigma_{zx}\leqslant[\sigma_{zx}]=E_p-E_a \tag{9.22}$$

由朗金土压力理论可导得：

$$\sigma_{zx} \leqslant \frac{4}{\cos\varphi}(\gamma \cdot z\tan\varphi + c) \tag{9.23}$$

式中　γ——土的重度；

φ, c——土的内摩擦角和黏聚力。

考虑到桥梁结构性质和荷载情况，且经验表明最大的横向抗力大致在 $z=h/3$ 和 $z=h$ 处，以此代入式(9.23)可得：

$$\sigma_{\frac{h}{3}x} \leqslant \eta_1 \cdot \eta_2 \frac{4}{\cos\varphi}\left(\frac{\gamma \cdot h}{3}\tan\varphi + c\right) \tag{9.24}$$

$$\sigma_{hx} \leqslant \eta_1 \cdot \eta_2 \frac{4}{\cos\varphi}(\gamma \cdot h\tan\varphi + c) \tag{9.25}$$

式中　$\sigma_{\frac{h}{3}x}, \sigma_{hx}$——相应于 $z=\frac{h}{3}$ 和 $z=h$ 深度处土的水平压应力；

η_1——取决于上部结构形式的系数，一般取 1，对于超静定推力拱桥可取 0.7；

η_2——考虑恒荷载产生的弯矩 M_g 对总弯矩 M 的影响系数，$\eta_2 = 1 - 0.8\frac{M_g}{M}$。

此外，根据需要还须验算结构顶部的水平位移及施工容许偏差的影响。

9.3.2　沉井施工过程中的结构强度计算

沉井受力随整个施工及营运过程的不同而不同。因此，必须掌握沉井在各个施工阶段中各自的最不利受力状态，进行相应的设计计算及必要的配筋，以保证井体结构在施工各阶段中的强度和稳定。

沉井结构在施工过程中主要须进行下列验算：

(1) 沉井自重下沉验算

为保证沉井施工时能顺利下沉达设计标高，一般要求沉井下沉系数 K 满足：

$$K = \frac{G}{R_f} \geqslant 1.15 \sim 1.25 \tag{9.26}$$

式中　G——沉井自重，不排水下沉时应扣除浮力；

R_f——沉井侧面的总摩阻力。

若不满足上述要求，可加大井壁厚度或调整取土井尺寸；当不排水下沉达一定深度后改用排水下沉；增加附加荷载或射水助沉；或采取泥浆套或空气幕等措施。

(2) 底节沉井竖向挠曲验算

由于施工方法不同，底节沉井在抽垫及除土下沉过程中刃脚下支承亦不同，沉井自重将导致井壁产生较大的竖向挠曲应力，因此，应根据不同的支承情况进行井壁的强度验算。若挠曲应力大于沉井材料纵向抗拉强度，应增加底节沉井高度或在井壁内设置水平向钢筋，防止沉井竖向开裂。其支承情况根据施工方法不同可按如下考虑：

① 排水除土下沉：将沉井视为支承于四个固定支点上的梁，支点控制在最有利位置处，即支点和跨中所产生的弯矩大致相等。对矩形和圆端形沉井，若沉井长宽比大于 1.5，支点可设在长边[图 9.16(a)]；圆形沉井的四个支点可布置在两相互垂直线上的端点处。

② 不排水除土下沉：机械挖土时刃脚下支点很难控制，沉井下沉过程中可能出现最不利支承：矩形和圆端形沉井可能支承于四角[图 9.16(b)]，成为一简支梁，跨中弯矩最大，沉井下部竖向开裂；也可能因孤石等障碍物而支承于壁中[图 9.16(c)]形成悬臂梁，支点处沉井顶部产生竖向开裂；圆形沉井则可能出现支承于直径上的两个支点。

若底节沉井隔墙跨度较大，还须验算隔墙的抗拉强度。其最不利受力情况是下部土已挖空，上节沉井刚浇筑而未凝固，此时，隔墙成为两端支承于井壁上的梁，承受两节沉井隔墙和模板等重力。若底节隔墙强度不够，可布置水平向钢筋，或在隔墙下夯填粗砂以承受荷载。

(3) 沉井刃脚受力计算

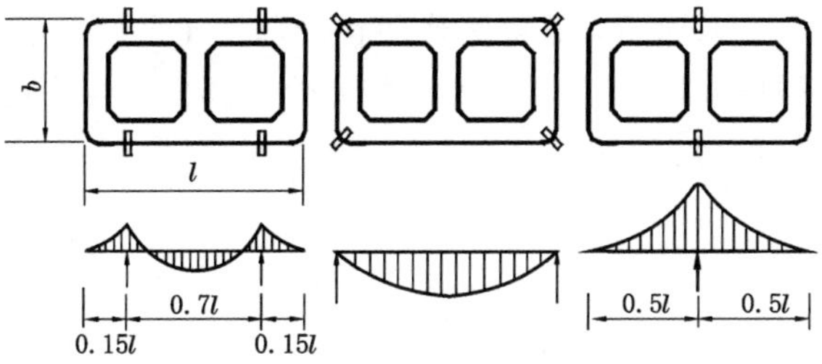

(a) (b) (c)

图 9.16　底节沉井支点布置示意

(a) 排水除土下沉；(b)、(c) 不排水除土下沉

沉井在下沉过程中刃脚受力较为复杂，为简化起见，一般可按竖向和水平向分别计算。竖向分析时，近似地将刃脚视为固定于刃脚根部井壁处的悬臂梁(图 9.17)，根据刃脚内外侧作用力的不同可能向外或向内挠曲；在水平面上则视为一封闭的框架，在水、土压力作用下在水平面内发生弯曲变形。根据悬臂及水平框架两者的变位关系及其相应的假定分别可导得刃脚悬臂分配系数 α 和水平框架分配系数 β 为：

$$\alpha=\frac{0.1L_1^4}{h_k^4+0.05L_1^4}\leqslant 1.0 \tag{9.27}$$

$$\beta=\frac{h_k^4}{h_k^4+0.05L_2^4} \tag{9.28}$$

式中　L_1, L_2——支承于隔墙间的井壁最大和最小计算跨度；

h_k——刃脚斜面部分的高度。

上述分配系数仅适用于内隔墙底面高出刃脚底不超过 0.5 m，或有垂直埂肋的情况。否则 $\alpha=1.0$，刃脚不起水平框架作用，但需按构造配置水平钢筋，以承受一定的正、负弯矩。

外力经上述分配后，即可将刃脚受力情况分别按竖、横两个方向计算。

① 刃脚竖向受力分析：一般可取单位宽度井壁，将刃脚视为固定在井壁上的悬臂梁，分别按刃脚向内和向外挠曲两种最不利情况分析。

当沉井下沉过程中刃脚内侧切入土中深约 1.0 m，并刚接筑完上节沉井，井顶露出地面或水面约一节沉井高度时处于最不利位置。此时，沉井因自重将导致刃脚斜面土体抵抗刃脚而向外挠曲(图 9.17)，作用在刃脚高度范围内的外力有：

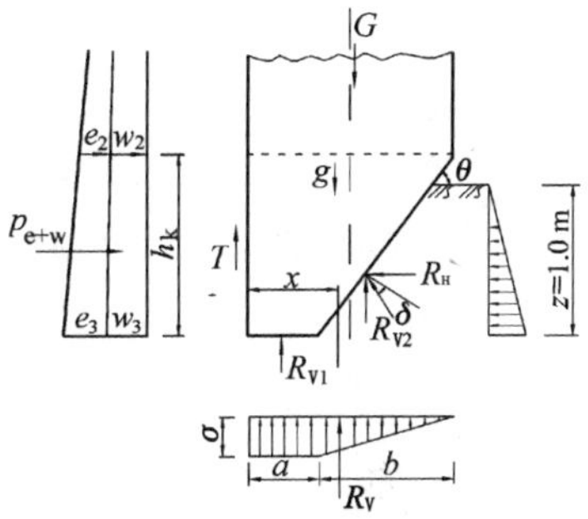

图 9.17　刃脚向外挠曲受力示意

外侧的土、水压力合力 p_{e+w}：

$$p_{e+w}=\frac{p_{e2+w2}+p_{e3+w3}}{2}h_k \tag{9.29}$$

式中　p_{e2+w2}——作用于刃脚根部处的土、水压力强度之和，$p_{e2+w2}=e_2+w_2$；

p_{e3+w3}——刃脚底面处土、水压力强度之和，$p_{e3+w3}=e_3+w_3$。

p_{e+w}的作用点位置(离刃脚根部距离 y)为：

$$y=\frac{h_k}{3}\cdot\frac{2p_{e3+w3}+p_{e2+w2}}{p_{e3+w3}+p_{e2+w2}}$$

地面下深度 h_y 处刃脚承受的土压力 e_y 可按朗金土压力公式计算，水压力应根据施工情况和土质条件计算，为安全起见，一般规定式(9.29)计算所得刃脚外侧土、水压力合力不得大于静水压力的 70%，否则按静水压力的 70%计算。

刃脚外侧阻力 T：

$$T=qh_k \tag{9.30}$$

$$T=0.5E \tag{9.31}$$

式中　E——刃脚外侧主动土压力合力，$E=(e_2+e_3)h_k/2$。

为保证安全，使刃脚下土反力最大，井壁侧阻应取上两式中较小值。

土的竖向反力 R_V：

$$R_V=G-T \tag{9.32}$$

式中　G——沿井壁周长单位宽度上沉井的自重，水下部分应考虑水的浮力。

若将 R_V 分解为作用在踏面下土的竖向反力 R_{V1} 和刃脚斜面下土的竖向反力 R_{V2}，且假定 R_{V1} 为均布强度 σ 的合力，R_{V2} 为三角形分布部分的合力(图 9.17)，水平反力 R_H 亦呈三角形分布，则根据力的平衡条件可得：

$$R_{V1}=\frac{2a}{2a+b}R_V \tag{9.33}$$

$$R_{V2}=\frac{b}{2a+b}R_V \tag{9.34}$$

$$R_H=R_{V2}\tan(\theta-\delta) \tag{9.35}$$

式中 a——刃脚踏面宽度；

b——切入土中部分刃脚斜面的水平投影长度；

θ——刃脚斜面的倾角；

δ——土与刃脚斜面间的外摩擦角，一般可取 $\delta=\varphi$。

刃脚单位宽度自重 g

$$g=\frac{t+a}{2}h_k\gamma_k \tag{9.36}$$

式中 t——井壁厚度；

γ_k——钢筋混凝土刃脚的重度，不排水施工时应扣除浮力。

求出上述各力的数值、方向及作用点后，根据图 9.17 所示几何关系可求得各力对刃脚根部中心轴的力臂，从而求得总弯矩 M_0、竖向力 N_0 及剪力 Q，即：

$$M_0=M_{e+w}+M_T+M_{RV}+M_{RH}+M_g \tag{9.37}$$

$$N_0=R_V+T+g \tag{9.38}$$

$$Q=p_{e+w}+R_H \tag{9.39}$$

其中 M_{e+w}、M_T、M_{RV}、M_{RH} 及 M_g 分别为土水压力合力 p_{e+w}、刃脚底部外侧阻力 T、反力 R_V、横向反力 R_H 及刃脚自重 g 等对刃脚根部中心轴的弯矩，且刃脚部分各水平力均应考虑分配系数 α。

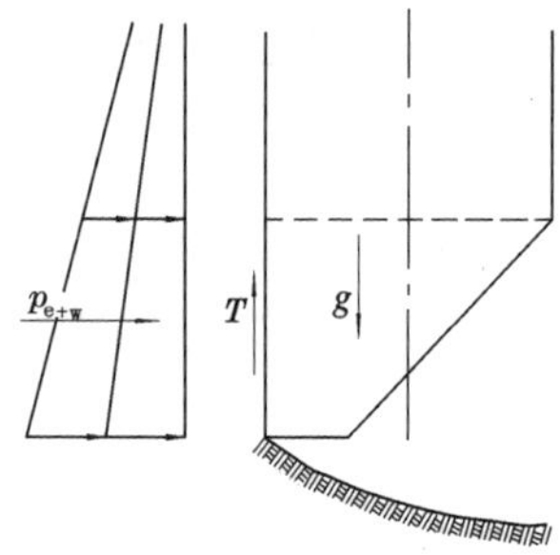

图 9.18 刃脚向内挠曲受力分析

求得 M_0、N_0 及 Q 后就可验算刃脚根部应力，并计算出刃脚内侧所需竖向钢筋用量。一般刃脚钢筋截面面积不宜少于刃脚根部截面面积的 0.1%，且竖向钢筋应伸入根部以上 $0.5L_1$。

刃脚向内挠曲时最不利位置是沉井已下沉至设计标高，刃脚下土体挖空而尚未浇筑封底混凝土(图 9.18)，此时刃脚可按根部固定在井壁上的悬臂梁计算。

此时作用在刃脚上的力有：刃脚外侧土压力、水压力、侧阻力以及刃脚本身的重力，其计算方法同前。但为保证安全，当不排水下沉时，井壁外侧水压力以 100%计算，井内取 50%，也可按施工中可能出现的水头差计算；若排水下沉，不透水土取静水压力的 70%，透水土按 100%计算。同样各水平外力应考虑分配系数 α。再由外力计算出对刃脚根部中心轴的弯矩、竖向力及剪力，并求出刃脚外壁钢筋用量，其配筋构造要求与向外挠曲相同。

② 刃脚水平受力计算

当沉井达到设计标高，刃脚下土已挖空但未浇筑封底混凝土时，刃脚所受水平压力最大，处于最不利状态。此时可将刃脚视为水平框架(图 9.19)，作用于刃脚上的外力与计算刃脚向内挠曲时一样，但所有水平力应乘以分配系数 β，以此求得水平框架的控制内力，再配置框架所需水平钢筋。

框架的内力可按一般结构力学方法计算，具体可根据不同沉井平面形式查阅有关文献。

(4) 井壁受力计算

① 井壁竖向拉应力验算：沉井下沉过程中，若上部井壁侧阻较大，当刃脚下土挖空时可能将沉井箍

住，使井壁产生因自重引起的竖向拉应力。若假定作用于井壁的侧阻呈倒三角形分布（图 9.20），沉井自重为 G，入土深度为 h，井壁为等截面，则距刃脚底面 x 深处断面上的拉力 S_x 为：

$$S_x = \frac{Gx}{h} - \frac{Gx^2}{h^2} \tag{9.40}$$

并可导得井壁内最大拉力 S_{max} 为：

$$S_{max} = \frac{G}{4} \tag{9.41}$$

其位置在 $x = h/2$ 的断面上。

若沉井很高，各节沉井接缝处混凝土的拉应力可由接缝钢筋承受，并按接缝钢筋所在位置发生的拉应力设置。钢筋的应力应小于钢筋强度标准值的 75%，并须验算钢筋的锚固长度。而采用泥浆套下沉的沉井则不会因自重而产生拉应力。

② 井壁横向受力计算：当沉井达到设计标高，刃脚下土已挖空而未封底时，井壁承受的水、土压力最大，此时应按水平框架分析内力，验算井壁材料强度，其计算方法与刃脚框架计算相同。

刃脚根部以上约井壁厚度高的一段井壁（图 9.21），除承受作用于该段的土、水压力外，还受有刃脚悬臂作用传来的水平剪力（即刃脚内挠时受到的水平外力乘以分配系数 α）。此外，还应验算每节沉井最下端处单位高度井壁作为水平框架的强度，并以此控制该节沉井的设计，但作用于井壁框架上的水平外力，仅土压力和水压力，且不需乘以分配系数 β。

采用泥浆套下沉的沉井，若台阶以上泥浆压力大于上述土、水压力之和，则井壁压力应按泥浆压力计算。

（5）混凝土封底及顶板计算

① 封底混凝土计算：封底混凝土厚度取决于基底承受的反力，该竖向反力由封底后封底混凝土需承受的基底水和地基土的向上反力组成。封底混凝土厚度一般比较大，可按受弯和受剪计算确定。

按受弯计算时将封底混凝土视为支承在凹槽或隔墙底面和刃脚上的底板，按周边支承的双向板（矩形或圆端形沉井）或圆板（圆形沉井）计算，底板与井壁的连接一般按简支考虑，当连接可靠（由井壁内预留钢筋连接等）时，也可按弹性固定考虑。要求计算所得的弯曲拉应力应小于混凝土的弯曲抗拉设计强度，具体计算可参考有关设计手册。

按受剪计算时须考虑封底混凝土承受基底反力后是否存在沿井孔周边剪断的可能性，若剪应力超过其抗剪强度则应加大封底混凝土的抗剪面积。

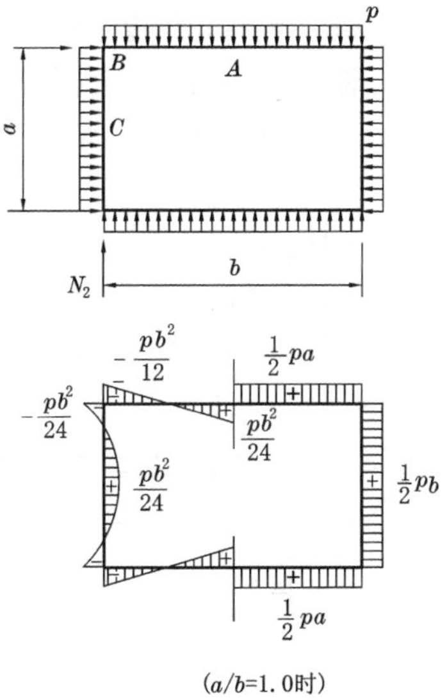

图 9.19　单孔矩形框架受力

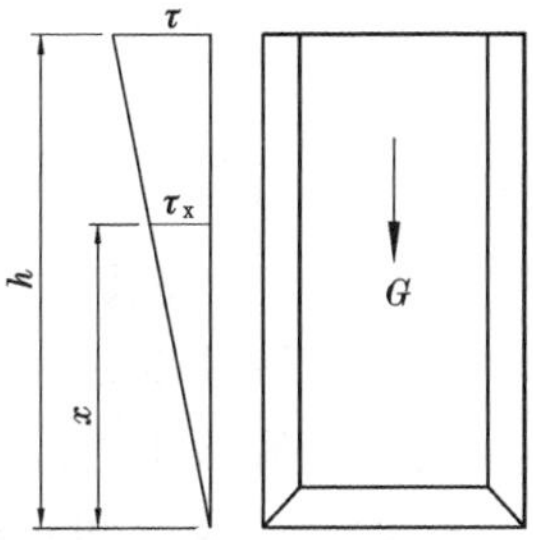

图 9.20　井壁摩阻力分布

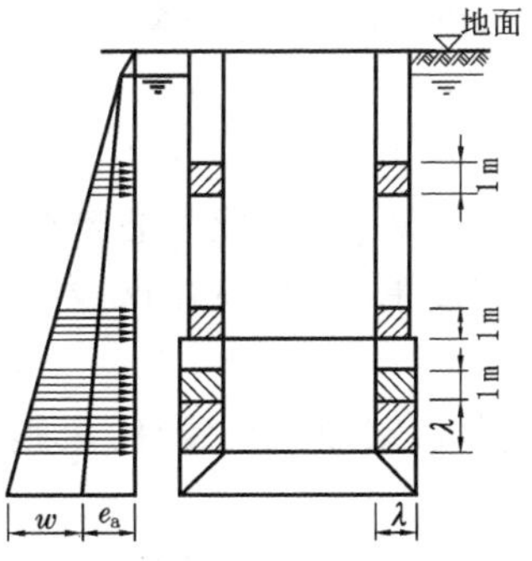

图 9.21　井壁框架受力示意

② 钢筋混凝土顶板计算：空心或井孔内填以砾砂石的沉井，井顶必须浇筑钢筋混凝土顶板，用以支承上部结构荷载。顶板厚度一般预先拟定再进行配筋计算，计算时按承受最不利均布荷载的双向板考虑。

当上部结构平面全部位于井孔内时，还应验算顶板的剪应力和井壁支承压力；若部分支承于井壁上则不须进行顶板的剪力验算，但须进行井壁的压应力验算。

9.3.3　浮运沉井计算要点

沉井在浮运过程中需有一定的吃水深度，使重心低而不易倾覆，保证浮运时稳定；同时还必须具有足够高的出水高度，使沉井不因风浪等而沉没。因此，除前述计算外，还应考虑沉井浮运过程中的受力情况，进行浮体稳定性和井壁露出水面高度等的验算。

(1) 浮运沉井稳定性验算

将沉井视为一悬浮于水中的浮体,控制计算其重心、浮心及定倾半径,现以带临时性底板的浮运沉井为例进行稳定性验算如下:

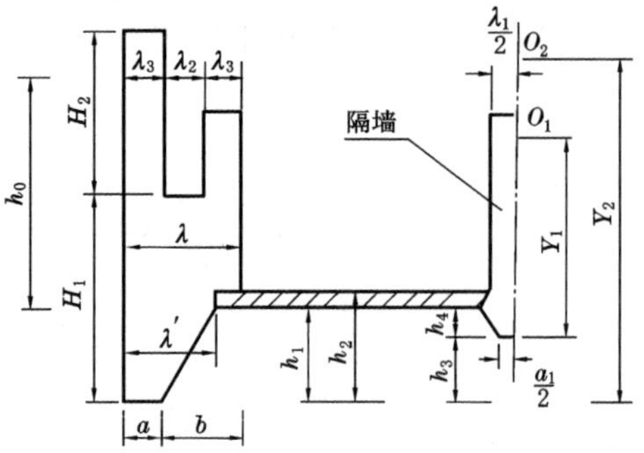

图 9.22 浮心位置计算示意

① 浮心位置计算:根据沉井质量等于沉井排开水的质量,则沉井吃水深 h_0(从底板算起,图 9.22)为:

$$h_0=\frac{V_0}{A_0} \tag{9.42}$$

式中 A_0——沉井吃水截面面积;

V_0——沉井底板以上部分的排水体积。

故浮心位置 O_1(以刃脚底面起算)为 h_3+Y_1,且

$$Y_1=\frac{M_{\text{I}}}{V}-h_3 \tag{9.43}$$

其中 M_{I} 为各排水体积(底板以上部分 V_0、刃脚 V_1、底板下隔墙 V_2)对刃脚底板的力矩(M_0、M_1、M_2)之和,即

$$M_{\text{I}}=M_0+M_1+M_2 \tag{9.44}$$

其中

$$M_0=V_0(h_1+h_0/2),\quad M_1=V_1\frac{h_1}{3}\cdot\frac{2t'+a}{t'+a},\quad M_2=V_2\left(\frac{h_4}{3}\cdot\frac{2t_1+a_1}{t_1+a_1}+h_3\right)$$

式中 h_1,h_2——底板底面和顶面至刃脚踏面的距离;

h_3——隔墙底距刃脚踏面的距离;

h_4——底板下的隔墙高度;

t_1,t'——隔墙和底板下井壁的厚度;

a_1,a——隔墙底面和刃脚踏面的宽度。

② 重心位置计算:设重心位置 O_2 离刃脚底面的距离为 Y_2,则

$$Y_2=\frac{M_{\text{II}}}{V} \tag{9.45}$$

式中 M_{II}——沉井各部分体积中心对刃脚底面距离的乘积,并假定沉井圬工单位重相同。

设重心与浮心的高差为 Y,则

$$Y=Y_2-(h_3+Y_1) \tag{9.46}$$

③ 定倾半径验算:定倾半径 ρ 为定倾中心至浮心的距离,可由下式计算

$$\rho=\frac{I_{\text{X-X}}}{V_0} \tag{9.47}$$

式中 $I_{\text{X-X}}$——吃水截面面积的惯性矩。

浮运沉井的稳定性应满足重心至浮心的距离小于定倾中心至浮心的距离,即

$$\rho>Y \tag{9.48}$$

(2) 浮运沉井最小出水高度

沉井在浮运过程中因牵引力、风力等作用,不免产生一定的倾斜,故一般要求沉井顶高出水面不小于 1.0 m 为宜,以保证沉井在拖运过程中的安全。

由牵引力及风力等对浮心产生弯矩 M 而引起的沉井旋转角度 θ 为:

$$\theta=\arctan\frac{M}{\gamma_{\text{w}}V(\rho-Y)}\leqslant 6^\circ \tag{9.49}$$

式中 γ_{w}——水的重度,可取 10 kN/m^3。

若假定由于弯矩作用使沉井没入水中的深度为计算值的两倍(考虑沉井倾斜边水面存在波浪,波峰高于无波水面),可得沉井浮运时最小出水高度 h 为:

$$h = H - h_0 - h_1 - d\tan\theta \geqslant f \tag{9.50}$$

式中 H——浮运时沉井的高度；

f——浮运沉井发生最大倾斜时顶面露出水面的安全距离，其值为 1.0 m。

9.4 沉井基础算例

某公路桥墩基础，上部构造为等跨等截面悬链线双曲拱桥，下部构造为重力式墩及圆端形沉井基础，平面及剖面尺寸如图 9.23 所示，浮运法施工（浮运方法及浮运稳定性等验算从略）。

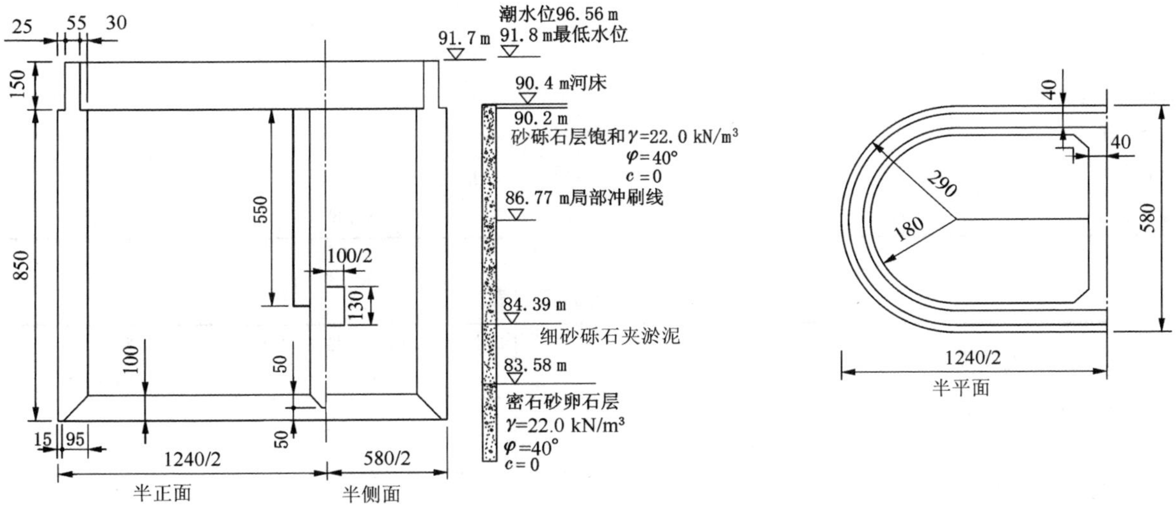

图 9.23 圆端形沉井计算实例

9.4.1 设计资料

土质及水位情况如图 9.23 所示，传给沉井的恒荷载及活荷载分别见表 9.2 及表 9.3。

沉井混凝土等级为 C25。参照《公路桥涵地基与基础设计规范》(JTG 3363—2019)设计计算如下：

9.4.2 沉井高度及各部分尺寸

(1) 沉井高度 H

按水文条件，最大冲刷深度 $h_m = 90.4 - 86.77 = 3.63$ m，大、中桥基础埋深应大于或等于 2.0 m，故

$$H = (91.7 - 90.4) + 3.63 + 2.0 = 6.93 \text{ m}$$

但井底接近细砂砾石夹淤泥层。

按土质条件，井底应进入密实的砂卵石层并考虑 2.0 m 的安全厚度，则：

$$H = 91.7 - 83.58 + 2.0 = 10.12 \text{ m}$$

按地基承载力，沉井底面位于密实的砂卵石层为宜。

据此，拟取沉井高度 $H = 10$ m，井顶标高 91.7 m，井底标高 81.7 m。因潮水位高，第一节沉井高度不宜太小，故取 8.5 m，第二节高 1.5 m，第一节井顶标高 90.2 m。

(2) 沉井平面尺寸

与桥墩一致，采用圆端形沉井。圆端外半径 2.9 m，矩形长边 6.6 m，宽 5.8 m，第一节井壁厚 $t = 1.1$ m，第二节厚 0.55 m，隔墙厚 $\delta = 0.8$ m。其他尺寸如图 9.23 所示。

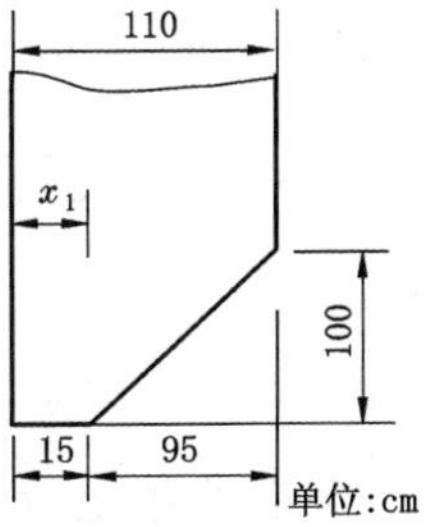

图 9.24 刃脚

刃脚踏面宽度 $a = 0.15$ m，刃脚高 $h_k = 1.0$ m（图 9.24），内侧倾角

$$\tan\theta = \frac{1.0}{1.1-0.15} = 1.0526,\quad \theta = 46°28' > 45°$$

9.4.3 荷载计算

沉井自重力计算见表 9.2,各力汇总于表 9.3。

表 9.2 沉井自重力计算汇总

沉井部位	重度 /(kN/m³)	体积 /m³	重力 /kN	形心至井壁外侧距离 /m
刃脚	25.00	18.18	454.50	0.372
第一节沉井井壁	24.50	230.72	5652.64	
底节沉井隔墙	24.50	24.22	593.39	
第二节沉井井壁	24.50	23.20	568.40	
钢筋混凝土盖板	24.50	62.36	1527.82	
井孔填砂卵石	20.00	150.62	3012.40	
封底混凝土	24.00	126.26	3030.24	
沉井总重力			14839.39	

表 9.3 各力汇总表

力的名称	力值 /kN	对沉井底面形心轴的力臂 /m	弯矩 /(kN·m)
二孔上部结构恒荷载及墩身	$P_1=25691.00$		
一孔活荷载(竖向力)	$P_g=650.00$	1.15	747.50
由制动力产生的竖向力	$P_T=32.40$	1.15	37.26
沉井自重力	$G=14839.39$		
沉井浮力	$G'=-6355.23$		
合计	$\sum P=34857.56$		784.76
一孔活荷载(水平力)	$F_{Hg}=815.10$	18.806	−15328.77
制动力	$F_{HT}=75.00$	18.806	−1410.45
合计	$\sum F_H=890.10$		−16739.22

注:① 低水位时沉井浮力 $G'=(549.96+3.1416\times2.65^2\times1.5+6.6\times5.3\times1.5)\times10.00=6355.23$ kN;

② 上表仅列了单孔荷载作用情况,双孔荷载时 $\sum M=-15954.46$ kN·m。

9.4.4 基底应力验算

沉井井底埋深 $h=86.77-81.70=5.07$ m,井宽 $d=5.8$ m,井底面积 $A_0=3.1416\times2.9^2+6.6\times5.8=64.7$ m²,井底抵抗矩 $W=\frac{3.1416\times5.8^3}{32}+\frac{1}{6}\times6.6\times5.8^2=56.16$ m³;竖向荷载 $F_V=\sum P=34857.56$ kN,水平荷载 $\sum F_H=890.10$ kN,弯矩 $\sum M=15954.46$ kN·m。又 $h<10$ m,故取 $C_0=10m_0$,即 $\beta=C_h/C_0=mh/10m_0=0.5$,$b_1=(1-0.1\times\frac{5.8}{12.4})(12.4+1)=12.77$ m,$\lambda=M/h=17.92$ m,故

$$A=\frac{b_1\beta h^3+18dW}{2\beta(3\lambda-h)}=\frac{12.77\times0.5\times5.07^3+18\times5.8\times56.12}{2\times0.5\times(3\times17.92-5.07)}=137.42\ \text{m}^2$$

$$\sigma_{\min}^{\max}=\frac{N}{A_0}\pm\frac{3\sum F_H d}{A\beta}=\frac{34857.56}{64.70}\pm\frac{3\times890.10\times5.8}{137.42\times0.5}=\begin{cases}764.71\\313.35\end{cases}\text{kPa}$$

井底地基土为中等密实砂、卵石类土层,可取 $f_{a0}=600$ kPa,$K_1=4$,$K_2=6$,土重度 $\gamma_1=\gamma_2=12.00$ kN/m³(考虑浮力后的近似值),并考虑附加组合,承载力提高 25%,故基底土容许承载力为:

$$f_a = 1.25 \times [f_{a0} + K_1\gamma_1(b-2) + K_2\gamma_2(h-3)]$$
$$= 1.25 \times [600 + 4 \times 12.0 \times (5.8-2) + 6 \times 12.0 \times (5.07-3)]$$
$$= 1164.30 \text{ kPa} > 764.7 \text{ kPa}$$

均满足要求。

9.4.5 横向抗力验算

将以上计算参数代入式(9.11)得井身转动中心 A 离地面的距离为：

$$z_0 = \frac{\beta b_1 h^2(4\lambda - h) + 6dW_0}{2\beta b_1 h(3\lambda - h)} = \frac{0.5 \times 12.77 \times 5.07^2 \times (4 \times 17.92 - 5.07) + 6 \times 5.8 \times 56.12}{2 \times 0.5 \times 12.77 \times 5.07 \times (3 \times 17.92 - 5.07)}$$
$$= 4.09 \text{ m}$$

根据式(9.13)可得基础侧向水平压应力为：

$$\sigma_{\frac{h}{3}x} = \frac{6 \times 890.10}{137.42 \times 5.07} \times \frac{5.07}{3} \times (4.09 - \frac{5.07}{3}) = 31.06 \text{ kPa}$$

$$\sigma_{hx} = \frac{6 \times 890.10 \times 5.07}{137.42 \times 5.07} \times (4.09 - 5.07) = -38.09 \text{ kPa}$$

若取土体抗剪强度指标 $\varphi = 40°$，$c = 0$；系数 $\eta_1 = 0.7$，$\eta_2 = 1.0$（因 $M_g = 0$），则根据式(9.24)及式(9.25)可得土体极限横向抗力为：

$z = \frac{h}{3}$ 时

$$[\sigma_{zx}] = 0.7 \times 1.0 \times \frac{4}{\cos 40°}(\frac{12.00 \times 5.07}{3} \times \tan 40°) = 62.21\text{kPa} > \sigma_{\frac{h}{3}x}(31.06 \text{ kPa})$$

$z = h$ 时

$$[\sigma_{zx}] = 0.7 \times 1.0 \times \frac{4}{\cos 40°}(12.00 \times 5.07 \times \tan 40°) = 186.64\text{kPa} > \sigma_{hx}(38.09 \text{ kPa})$$

均满足要求，因此计算时可以考虑井侧土体弹性抗力。

9.4.6 沉井自重下沉验算

沉井自重 G = 刃脚重 + 底节沉井重 + 底节隔墙重 + 顶节沉井重

$= 454.50 + 5652.64 + 593.39 + 568.40 = 7268.93$ kN

沉井浮力 $G' = (18.18 + 230.72 + 24.22 + 23.22) \times 10.00 = 2963.40$ kN

土与井壁间摩阻力加权平均值为

$$T_m = \frac{20.0 \times 1.9 + 12.0 \times 0.8 + 18.0 \times 6.0}{8.7} = 17.89 \text{ kN/m}^2$$

总摩阻力

$$T = [(\pi \times 5.3 + 2 \times 6.6) \times 0.2 + (\pi \times 5.8 + 2 \times 6.6) \times 8.5] \times 17.89 = 4883.26 \text{ kN}$$

排水下沉时 $G > T$；不排水下沉时，预估井底围堰重（高出潮水位）600 kN，则

$$\frac{7268.93 + 600 - 2963.40}{4883.26} = 1.01，即 \frac{G}{T} = 1.01$$

沉井自重稍大于井侧阻力，可采取部分排水方法，也可采取加压重或其他措施。

9.4.7 刃脚受力验算

(1) 刃脚向外挠曲

经试算分析，最不利位置为刃脚下沉到标高 90.4－8.7＋4.35＝86.05 m 处，刃脚切入土中 1 m，第二节沉井已接上，如图 9.25 所示，其悬臂作用分配系数为：

$$\alpha = \frac{0.1L^4}{h_k^4 + 0.05L_1^4} = \frac{0.1 \times 4.7^4}{1.0^4 + 0.05 \times 4.7^4} = 1.92 > 1.0$$

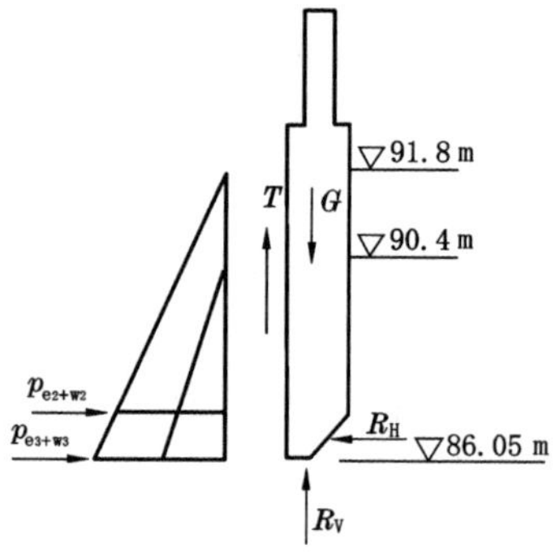

图 9.25　刃脚切入土中 1 m

取 $\alpha=1.0$。刃脚侧土为砂卵石层，$\tau=18.00$ kPa，$\varphi=40°$，则：

① 作用于刃脚的力(按低水位取单位宽度计算)：

$w_2=(91.8-87.05)\times 10=47.50$ kN/m

$w_3=(91.8-86.05)\times 10=57.50$ kN/m

$e_2=12.0\times(90.4-87.05)\times\tan^2(45°-40°/2)=8.70$ kN/m

$e_3=12.0\times(90.4-86.05)\times\tan^2(45°-40°/2)=11.30$ kN/m

若从安全考虑，刃脚外侧水压力取 50%，则

$$p_{e2+w2}=47.50\times 0.5+8.7=32.45 \text{ kN/m}$$

$$p_{e3+w3}=57.50\times 0.5+11.3=40.05 \text{ kN/m}$$

$$p_{e+w}=\frac{1}{2}\times(p_{e2+w2}+p_{e3+w3})h_k=\frac{1}{2}\times(32.45+40.05)\times 1.0$$

$$=36.25 \text{ kN}$$

若以静水压力的 70%计算，则

$$0.7\gamma_w h h_k=0.7\times 10.00\times 5.25\times 1=36.75 \text{ kN}>p_{e+w}$$

故取 $p_{e+w}=36.25$ kN。

刃脚侧阻力

$$T_1=0.5E=0.5\times\frac{e_2+e_3}{2}\times h_k=0.5\times\frac{8.7+11.3}{2}\times 1=5.00 \text{ kN}$$

或

$$T_1=\tau h_k\times 1=18.00\times 1.0\times 1=18.00 \text{ kN}$$

因此，取刃脚侧阻力为 5.00 kN(取小值)。

单位宽沉井自重(不计沉井浮力及隔墙自重)

$$G_1=\left(\frac{0.15+1.10}{2}\times 1.0\times 1.0\times 25.0+7.5\times 1.1\times 1.0\times 24.5+0.825\times 24.5\right)=237.96 \text{ kN}$$

刃脚踏面竖向反力为：

$$R_V=237.96-11.30\times\frac{1}{2}\times 4.35\times 0.5=225.67 \text{ kN}$$

刃脚斜面横向力(取 $\delta_2=\varphi=40°$)

$$R_H=\frac{bR_V}{2a+b}\tan(\theta-\delta_2)=\frac{225.67\times 0.95}{2\times 0.15+0.95}\tan(46°28'-40°)=19.38 \text{ kN}$$

井壁自重 q 的作用点至刃脚根部中心轴距离为：

$$x_1=\frac{\lambda^2+a\lambda-2a^2}{6(\lambda+a)}=\frac{1.1^2+0.15\times 1.1-2\times 0.15^2}{6\times(1.1+0.15)}=0.178 \text{ m}$$

刃脚踏面下反力合力

$$R_{V1}=\frac{2a}{2a+b}R_V=\frac{0.15\times 2}{0.15\times 2+0.95}R_V=0.24R_V$$

刃脚踏面上反力合力

$$R_{V2}=R_V-0.24R_V=0.76R_V$$

R_V 的作用点距井壁外侧为：

$$x=\frac{1}{R_V}\left[R_{V1}\frac{a}{2}+R_{V2}\left(a+\frac{b}{3}\right)\right]$$

$$=\frac{1}{R_V}\left[0.24R_V\frac{0.15}{2}+0.76R_V\left(0.15+\frac{0.95}{3}\right)\right]=0.38 \text{ m}$$

② 各力对刃脚根部界面中心的弯矩(图 9.26)：

水平水压力及土压力引起的弯矩

$$M_{e+w}=36.25\times\frac{1}{3}\times\frac{2\times40.05+32.45}{40.05+32.45}\times1.0=18.73\ \text{kN}\cdot\text{m}$$

刃脚侧面摩阻力引起的弯矩

$$M_T=5.00\times1.1/2=2.75\ \text{kN}\cdot\text{m}$$

反力 R_V 引起的弯矩

$$M_{RV}=225.67\times\left(\frac{1.1}{2}-0.38\right)=38.36\ \text{kN}\cdot\text{m}$$

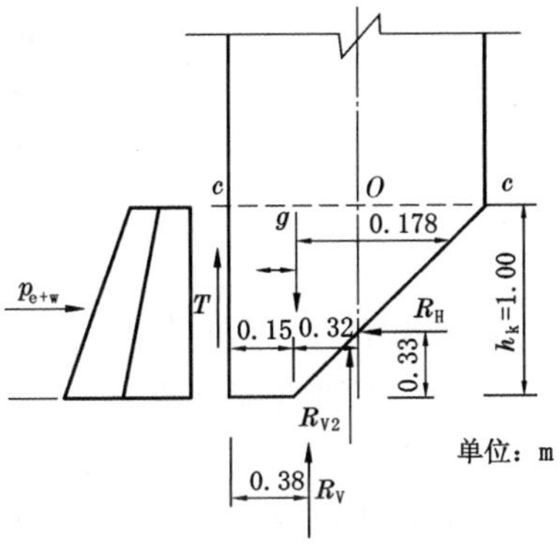

图 9.26　刃脚受力图

刃脚斜面水平反力引起的弯矩

$$M_{RH}=19.38\times(1-0.33)=12.98\ \text{kN}\cdot\text{m}$$

刃脚自重引起的弯矩

$$M_g=0.625\times1\times25.00\times0.178=2.78\text{kN}\cdot\text{m}$$

故总弯矩为：

$$M_0=\sum M=12.98+38.36+2.75-18.73-2.78=32.58\text{kN}\cdot\text{m}$$

③ 刃脚根部处的应力验算：

刃脚根部轴力 $N_0=225.67-0.625\times25.00=210.04$ kN，面积 $A=1.1\ \text{m}^2$，抵抗矩 $W=0.2\ \text{m}^3$，故

$$\sigma_h=\frac{N_0}{A}\pm\frac{M_0}{W}=\frac{210.04}{1.1}\pm\frac{32.58}{0.2}=\begin{cases}353.58\\28.05\end{cases}\text{kPa}$$

因水平剪力较小，验算时未予考虑。压应力远小于 $f_{cd}=9780$ kPa，由 C25 混凝土查《公路圬工桥涵设计规范》(JTG D61—2005)得到其轴心抗压强度 f_{cd}、弯曲抗拉强度 f_{tmd}及直接抗剪强度 f_{vd}，按受力条件不需设置钢筋，可按构造要求设置。

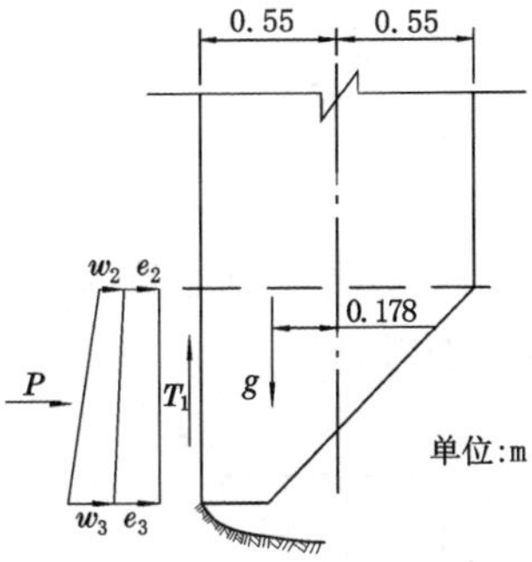

图 9.27　刃脚向内挠曲

(2) 刃脚向内挠曲(图 9.27)

① 作用于刃脚的力：

可求得作用于刃脚外侧的土、水压力(按潮水位计算)为：$w_2=138.60$ kN/m，$w_3=148.60$ kN/m，$e_2=20.10$ kN/m，$e_3=22.60$ kN/m，故总土、水压力为 $P=164.95$ kN。

p_{e+w}力对刃脚根部形心轴的弯矩为：

$$M_{e+w}=164.95\times\frac{1}{3}\times\frac{2\times(148.60+22.60)+138.60+20.10}{148.60+22.60+138.60+20.10}$$
$$=83.52\ \text{kN}\cdot\text{m}$$

此时刃脚侧阻 $T_1=10.68$ kN($\tau h_k=20.00$ kN>10.68 kN)，所产生的弯矩为：

$$M_T=-10.68\times0.55=-5.87\ \text{kN}\cdot\text{m}$$

刃脚自重 $g=0.625\times25.00=15.63$ kN，所产生的弯矩为：

$$M_g=15.63\times0.178=2.78\ \text{kN}\cdot\text{m}$$

所有各力对刃脚根部的弯矩 M、轴向力 N 及剪力 Q 为

$$M=M_{e+w}+M_T+M_g=83.52-5.87+2.78=80.43\ \text{kN}\cdot\text{m}$$
$$N=T_1-g=10.68-15.63=-4.95\ \text{kN}$$
$$Q=P=164.95\ \text{kN}$$

② 刃脚根部截面应力验算：

弯曲应力

$$\sigma = \frac{N}{A} \pm \frac{M}{W} = \frac{-4.95}{1.1} \pm \frac{80.43}{0.20} = \begin{cases} 397.65\text{kPa} < 9780 \text{ kPa} \\ -406.65 \text{ kPa} < f_{\text{tmd}} = 920 \text{ kPa} \end{cases}$$

剪应力

$$\sigma_j = \frac{164.95}{1.1} = 149.96 \text{ kPa} < f_{\text{vd}} = 1850 \text{ kPa}$$

计算结果表明，刃脚外侧也仅需按构造要求配筋。

(3) 刃脚框架计算

由于 $\alpha = 1.0$，刃脚作为水平框架承受的水平力很小，故不需验算，可按构造布置钢筋。如需验算，则与井壁水平框架计算方法相同，此略。

9.4.8 井壁受力验算

(1) 沉井井壁竖向拉力验算

$$S_{\max} = \frac{1}{4} \times (Q_1 + Q_2 + Q_3 + Q_4) = 1817.23 \text{ kN}(\text{未考虑浮力})$$

井壁受拉面积为：

$$A_1 = \frac{3.1416}{4} \times (5.8^2 - 3.6^2) + 6.6 \times 5.8 - 2.9 \times 3.6 \times 2 = 33.64 \text{ m}^2$$

混凝土所受到的拉应力为：

$$\sigma_{\text{h}} = \frac{S_{\max}}{A_1} = \frac{1817.23}{33.64} = 54.02 \text{ kPa} < f_{\text{td}} = 1230 \text{ kPa}$$

其中，f_{td}为混凝土轴心抗拉强度设计值，由《公路钢筋混凝土及预应力混凝土桥涵设计规范》(JTG 3362—2018)查表得到。

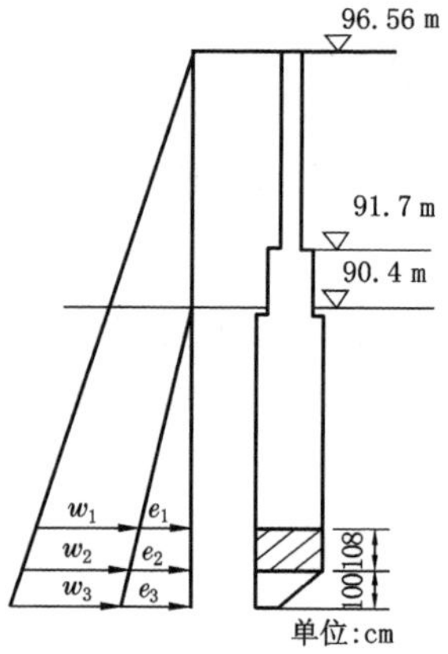

图 9.28 考虑潮水位时单位宽度井壁受力图

井壁内可按构造布置竖向钢筋。实际上根据土质情况井壁不可能产生大的拉应力。

(2) 井壁横向受力计算

沉井达设计标高时，刃脚根部以上一段井壁承受的外力最大，它承受有本身范围内的水平力和刃脚作为悬臂传来的剪力而处于最不利状态。

考虑潮水位时单位宽度井壁上的水压力(图 9.28)为：

$$\omega_1 = 127.60 \text{ kN/m}^2, \omega_2 = 138.60 \text{ kN/m}^2, \omega_3 = 148.60 \text{ kN/m}^2$$

单位宽度井壁上的土压力为：

$$e_1 = 17.19 \text{ kPa}, e_2 = 20.10 \text{ kPa}, e_3 = 22.60 \text{ kPa}$$

刃脚及刃脚根部以上 1.1 m 井壁范围的外力

$$\begin{aligned} P &= 0.5 \times (17.19 + 22.60 \times 1 + 127.60 + 148.6 \times 1) \times 2.1 \\ &= 331.79 \text{ kN/m}(\alpha = 1) \end{aligned}$$

沉井各部分所受内力、底节沉井竖向挠曲、封底混凝土及盖板等结构强度验算从略。

9.5 其他深基础简介

深基础种类很多，除桩基、沉井基础外，墩基、地下连续墙和沉箱等都属于深基础。其主要特点是需采用特殊的施工方法，解决基坑开挖、排水等问题，减小对邻近建筑物的影响。

9.5.1 墩基础

墩是一种利用机械或人工在地基中开挖成孔后灌注混凝土形成的长径比较小的大直径桩基础，由于其直径粗大如墩(一般直径 $d>1800$ mm),故称为墩基础。

墩基础功能与桩相似,工程中多用扩底墩,墩底直径最大已达 7.5 m,深度一般为 20~40 m,最大可达 60~80 m。支承在硬土层中的墩基础,竖向承载力可达 10~40 MN;而支承于基岩上的扩底墩,竖向承载力可达 60~70 MN,且沉降量极小。

墩基能较好地适应复杂的地质条件,常用于高层建筑中柱基础。墩身可穿越浅部不良地基达到深部基岩或坚实土层,并可通过扩底工艺获得很高的单墩承载力。但其混凝土用量大,施工时有一定难度,故不宜用于荷载较小、地下水位较高、水量较大的小型工程及相当深度内无坚硬持力层的地区。

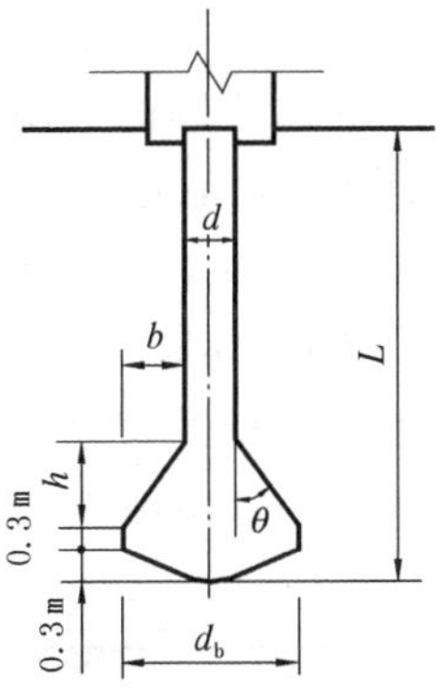

图 9.29 扩底墩的基本尺寸

墩基设计时要详细掌握工程地质和水文地质资料,根据施工设备及技术条件,论证其经济合理和技术可行性,并综合考虑如下因素:

(1) 墩基承载力高,原则上应采用一柱一墩。墩深一般不宜超过 30 m,扩底墩的中心距宜大于或等于 $1.5d_b$(图 9.29),d_b/d 宜小于或等于 3.0,扩大头斜面高宽比 h/b 不宜小于 1.5,具体数值应根据持力层土体稳定条件确定。

(2) 墩基持力层必须承载力较高且具有一定厚度,其厚度不得小于 $(1.5\sim2.0)d_b$,并保证土层在扩底施工时具有足够的稳定性。墩底一般可做成锅底状,进入持力层深度不宜小于 0.5 m。当持力层为基岩时,应嵌入岩层一定深度,当岩面倾斜时宜做成台阶形,并进行稳定性验算,以防止滑动失稳。

(3) 墩基的混凝土强度等级一般大于或等于 C20,钢筋不少于 ϕ10@200,最小配筋率当受压时应大于或等于 0.2%,受弯时大于或等于 0.4%。箍筋不少于 ϕ8@300,墩顶 1.5 m 范围内应加密至@100,并设置 ϕ14@200 加劲筋。主筋保护层厚度不小于 35 mm,水下浇筑混凝土时不小于50 mm。墩顶应嵌入承台不小于 100 mm,承台厚度大于或等于 300 mm,墩边至承台边的距离不小于 200 mm。此外,还宜在墩的双向设置拉梁,拉梁配筋可按所连柱子轴力值的 10%设置。

(4) 因墩基承载力高,多为一柱一墩,一旦发生质量问题,其后果严重且难以处理。故墩基的施工技术和质量对工程的成败起主要作用,设计时必须明确规定施工和质检方案,提出监控指标及安全、技术措施,并预计到可能出现的不利变化及人为因素等造成的影响,以确保墩基的施工质量。

(5) 墩基施工前应查明土层的渗透性,地下水的类型、流量及补给条件,地下土层中的有害气体等,进行周密的施工组织设计,并考虑施工过程中可能遇到的各种问题,如坍孔、缩颈、地下水条件的可能变化、施工对周围建筑物及环境的影响等。

墩基的竖向承载力宜通过静载荷试验确定。扩底墩承载机理分析表明,墩基变形是其承载力的主要控制因素,国内外各有关规定一般取墩顶沉降量 10~25 mm 所对应的压力作为墩基的竖向承载力。此外,也可根据地区经验,按类似于嵌岩桩的经验公式计算,但须考虑墩侧阻力及墩底面积的修正,具体计算方法可参见有关文献。

9.5.2 地下连续墙

地下连续墙是 20 世纪 50 年代由意大利米兰 ICOS 公司首先开发成功的一种新的支护形式。它是在泥浆护壁条件下,使用专门的成槽机械,在地面开挖一条狭长的深槽,然后在槽内设置钢筋笼,浇筑混凝土,逐步形成一道连续的地下钢筋混凝土连续墙。用以作为基坑开挖时防渗、截水、挡土、抗滑、防爆和对邻近建筑物基础的支护以及直接成为承受上部结构荷载基础的一部分。

地下连续墙的优点是无须放坡,土方量小;全盘机械化施工,工效高,速度快,施工期短;混凝土浇筑无须支模和养护,成本低;可在沉井作业、板桩支护等方法难以实施的环境中进行无噪声、无振动施工;可穿过各种土层进入基岩,无须采取降低地下水的措施,因此,可在密集建筑群中施工,尤其是用于两层以上地下室的建筑物,可配合“逆筑法”施工(从地面逐层而下修筑建筑物地下部分的一种施工技术),而更显出其独特的作用。目前,地下连续墙已发展有后张预应力、预制装配和现浇预制等多种形式,其使用日益广泛。

目前在泵房、桥台、地下室、箱基、地下车库、地铁车站、码头、高架道路基础、水处理设施，甚至深埋的下水道等，都有成功应用的实例。特别是近年来在公路行业得到推广应用，主要用作悬索桥重力式锚碇基坑的施工支护结构（如江苏润扬长江大桥北锚碇采用的矩形地下连续墙等），而完全用作桥梁基础结构在国外尤其是日本应用广泛，国内尚处于探索研究阶段，但发展潜力很大，故新的《公路桥涵地基与基础设计规范》（JTG 3363—2019）中便设有地下连接墙设计的内容。

地下连续墙的成墙深度由使用要求决定，大都在 50 m 以内，墙宽与墙体的深度以及受力情况有关，目前常用 600 mm 及 800 mm 两种，特殊情况下也有 400 mm 的薄型及 1200 mm 的厚型地下连续墙。地下连续墙的施工工序如下：

① 修筑导墙。沿设计轴线两侧开挖导沟，修筑钢筋混凝土（钢、木）导墙，以供成槽机械钻进导向、维护表土和保持泥浆稳定液面。导墙内壁面之间的净空应比地下连续墙设计厚度加宽 40～60 mm，埋深一般为 1～2 m，墙厚 0.1～0.2 m。

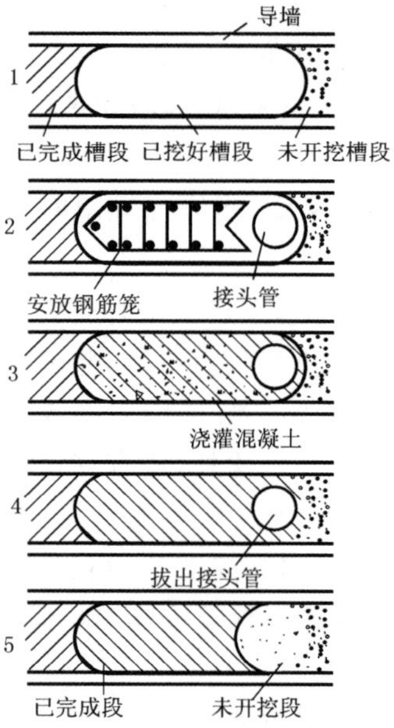

图 9.30　槽段的连接

② 制备泥浆。泥浆以膨润土或细粒土在现场加水搅拌制成，用以平衡侧向地下水压力和土压力，泥浆压力使泥浆渗入土体孔隙，在墙壁表面形成一层组织致密、透水性很小的泥皮，保护槽壁稳定而不致坍塌，并起到携渣、防渗等作用。泥浆液面应保持高出地下水位 0.5～1.0 m，相对密实度（1.05～1.10）应大于地下水的相对密实度。其浓度、黏度、pH 值、含水率、泥皮厚度以及胶体率等多项指标应严格控制并随时测定、调整，以保证其稳定性。

③ 成槽。成槽是地下连续墙施工中最主要的工序，对于不同土质条件和槽壁深度应采用不同的成槽机具开挖槽段。例如，大卵石或孤石等复杂地层可用冲击钻；切削一般土层，特别是软弱土，常用导板抓斗、铲斗或回转钻头抓铲。采用多头钻机开槽，每段槽孔长度可取 6～8 m，采用抓斗或冲击钻机成槽，每段长度可更大。墙体深度可达几十米。

④ 槽段的连接。地下连续墙各单元槽段之间靠接头连接。接头通常要满足受力和防渗要求，并施工简单。国内目前使用最多的接头形式是用接头管连接的非刚性接头。在单元槽段内土体被挖除后，在槽段的一端先吊放接头管，再吊入钢筋笼，浇筑混凝土，然后逐渐将接头管拔出，形成半圆形接头，如图 9.30 所示。

地下连续墙既是地下工程施工时的围护结构，又是永久性建筑物的地下部分。因此，设计时应针对墙体施工和使用阶段的不同受力和支承条件下的内力进行简化计算；或采用能考虑土的非线性力学性状以及墙与土的相互作用的计算模型以有限单元法进行分析。

思　考　题

9.1　何谓沉井基础？它适用于哪些场合？与桩基础相比，其荷载传递有何异同？

9.2　沉井基础的主要构成有哪几部分？工程中如何选择沉井的类型？

9.3　沉井在施工中会遇到哪些问题，应如何处理？

9.4　沉井作为整体深基础，其设计计算应考虑哪些内容？

9.5　沉井在施工过程中应进行哪些验算？

9.6　浮运沉井的计算有何特殊性？

9.7　何谓墩基础？与桩基础相比，它有何特点？

9.8　何谓地下连续墙？其主要施工工序有哪些？适用于哪些场合？

习　　题

9.1　某水下圆形沉井基础直径 7 m，作用于基础上的竖向荷载 18503 kN（已扣除浮力 3848 kN），水平力 503 kN，弯矩 7360 kN · m（均为考虑附加组合荷载），$\eta_1=\eta_2=1.0$，沉井埋深 10 m，土质为中等密实的砂砾层，重度 21.0 kN/m^3，内摩擦角 35°，黏聚力 $c=0$，试验算该沉井基础的地基承载力及横向土抗力。

9.2 某旱桥桥墩为钢筋混凝土圆形沉井基础，各地基土层物理力学性质资料及沉井初拟尺寸如图 9.31 所示。沉井及盖板混凝土等级为 C25，井孔中空。作用于井顶中心处竖向荷载 7075 kN，水平力 350 kN，弯矩2455 kN·m，试验算该沉井基础的基底应力是否满足要求。

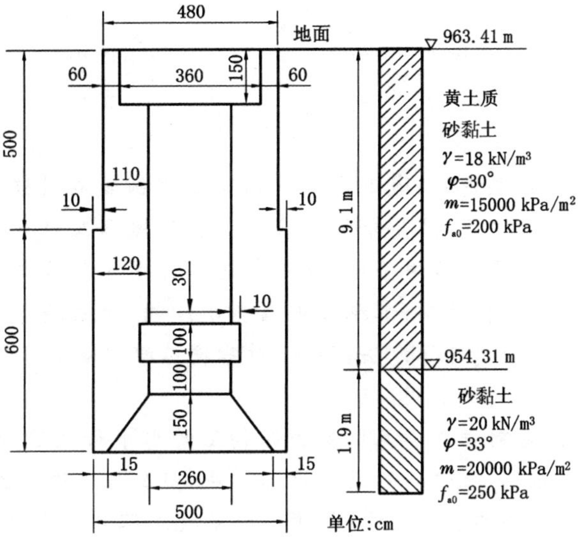

图 9.31 习题 9.2 沉井立面图

10 基坑工程

本章提要

基坑支护技术在高层建筑、城市地下结构等工程领域应用极为广泛。本章以基坑支护结构设计计算为主线，简要介绍了基坑工程的概念及特点、设计原则及内容，以及基坑支护结构的类型及适用条件；重点介绍了作用于基坑支护结构上的水平荷载，排桩与地下连续墙支挡结构、水泥土桩墙支护结构、土钉墙支护结构的设计计算方法，以及基坑稳定性分析计算方法；同时，对基坑工程中地下水控制、现场监测和信息化施工等问题进行了简要说明。

本章要求能熟练地对作用于基坑支护结构上的水平荷载进行计算；掌握排桩与地下连续墙、水泥土桩墙、土钉墙的设计计算方法，以及基坑稳定性验算方法；熟悉基坑支护结构的特点、选型与设计要求；初步了解基坑工程施工中地下水控制方法与现场监测内容。

10.1 概　　述

10.1.1 基坑工程的概念及特点

基坑是指为进行建(构)筑物基础或地下室的施工所开挖的地面以下空间。而为保护基础和地下室施工以及基坑周边环境的安全，对基坑采用的临时性支挡、加固、保护与地下水控制的措施称为基坑支护。其中基坑周边环境是与基坑开挖相互影响的周边建(构)筑物、地下管线、道路、岩土体与地下水体的统称。

为保证基坑施工以及主体地下结构的安全和周围环境不受损害，需对场地及基坑(包括开挖和降水等)进行一系列勘察、设计、施工和监测等工作。这项综合性的工程就称为基坑工程。

基坑工程是一项综合性很强的岩土工程，既涉及土力学中典型的强度、稳定与变形问题，又涉及土与支护结构共同作用以及场地的工程水文地质等问题，同时还与计算技术、测试技术、施工技术等密切相关。因此，基坑工程具有以下特点：

① 支护结构通常都是临时性结构，一般情况下安全储备相对较小，风险性较大。

② 由于场地的工程水文地质条件、岩土的工程性质以及周边环境条件的差异性，基坑工程往往具有很强的地域性特征，因此，它的设计和施工必须因地制宜，切忌生搬硬套。

③ 基坑工程是一项综合性很强的系统工程。它不仅涉及结构、岩土、工程地质及环境等多门学科，而且勘察、设计、施工、检测等工作环环相扣，紧密相连。

④ 具有较强的时空效应。支护结构所受荷载(如土压力)及其产生的应力和变形在时间上和空间上具有较强的变异性，在软黏土和复杂体型基坑工程中尤为突出。

⑤ 对周边环境影响较大。基坑开挖、降水势必将引起周边场地土的应力和地下水位发生改变，使土体产生变形，对相邻建(构)筑物和地下管线等产生影响，严重者将危及它们的安全和正常使用。大量土方运输也将对交通和环境卫生产生影响。

10.1.2 基坑支护结构的类型及适用条件

基坑支护结构是指支挡和加固基坑侧壁的结构。其中以挡土构件(桩、地下连续墙)和锚杆或支撑为主的,或者仅以挡土构件为主的支护结构,称为支挡式结构,包括悬臂式、内撑式和锚拉式支挡结构等;而坑壁加固式结构主要有土钉墙和重力式水泥土墙。

基坑支护结构的基本类型及其适用条件如下:

(1) 放坡开挖及简易支护

放坡开挖是指选择合理的坡度进行开挖,适用于地基土质较好、开挖深度不大以及施工现场有足够放坡场所的工程。放坡开挖施工简便、费用低,但挖土及回填土方量大。有时为了增加边坡稳定性和减少土方量,常采用简易支护(图 10.1)。

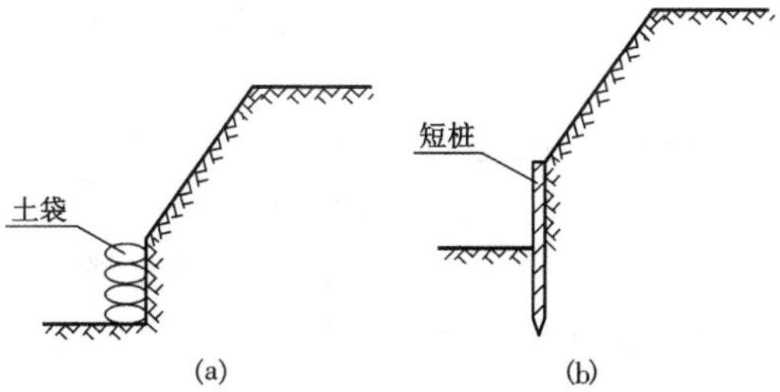

图 10.1 基坑简易支护

(a) 土袋或块石堆砌支护;(b) 短桩支护

(2) 悬臂式支挡结构

悬臂式支挡结构是指仅设有板桩、排桩或地下连续墙的支护结构(图 10.2)。悬臂式支挡结构依靠足够的入土深度和结构的抗弯能力来维持基坑壁的稳定和结构的安全。由于悬臂式支挡结构上端的水平位移是开挖深度的五次方函数,所以,它对开挖深度很敏感,容易产生较大的变形,只适用于土质较好、开挖深度较浅的基坑工程。

(3) 水泥土桩墙支护结构

利用水泥作为固化剂,通过特制的深层搅拌机械在地层深部将水泥和软土强制拌和,让水泥和软土之间产生一系列的物理-化学反应,硬结成具有整体性、水稳定性和一定强度的水泥土桩。水泥土桩墙中的桩与桩或排与排之间可相互咬合紧密排列,也可按网格式排列(图 10.3)。水泥土桩墙适用于淤泥、淤泥质土等软土地区的基坑支护。

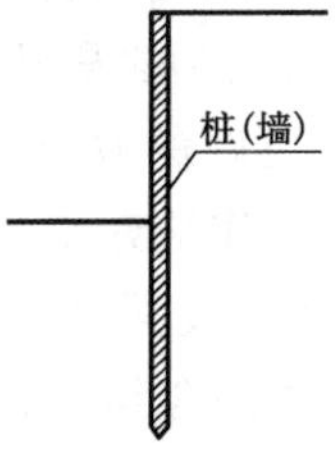

图 10.2 悬臂式支挡结构

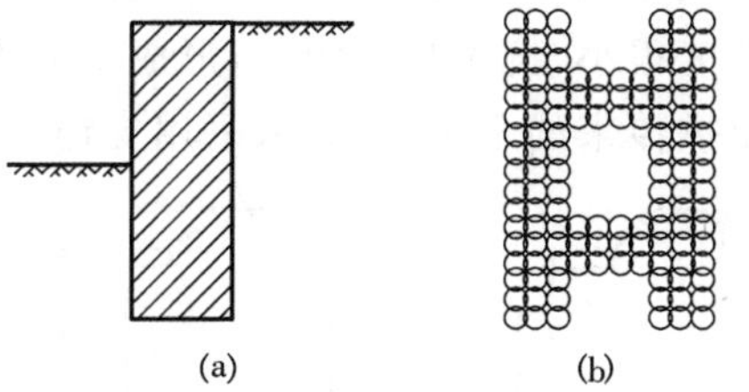

图 10.3 隔栅式水泥土桩墙

(a) 水泥土桩墙剖面;(b) 水泥土桩墙平面布置

(4) 内撑式支挡结构

内撑式支挡结构主要由支护桩或墙和内支撑组成(图 10.4)。支护桩常采用钢筋混凝土桩或钢板桩,支护墙通常采用地下连续墙。内支撑常采用木方、钢筋混凝土或钢管(或型钢)做成。内撑式支挡结构适合各种地基土层,但设置的内支撑会占用一定的施工空间。

(5) 锚拉式支挡结构

锚拉式支挡结构主要由支护桩或墙和锚杆组成。支护桩和墙同样采用钢筋混凝土桩和地下连续墙。锚杆通常有地面拉锚[图 10.5(a)]和土层锚杆[图 10.5(b)]两种。地面拉锚需要有足够的场地设置锚桩和其他锚固装置。土层锚杆因需要土层提供较大的锚固力,适用于深部有较好土层的情况,不宜用于软黏土地层。

(6) 土钉墙支护结构

土钉墙支护结构是由被加固的原位土体、布置较密的土钉和喷射于坡面上的混凝土面板组成(图 10.6)。土钉一般是通过钻孔、插筋、注浆来设置的,但也可通过直接打入较粗的钢筋或型钢形成。土钉墙支护结构适用于地下水位以上的黏性土、砂土和碎石土等地层,不宜用于淤泥或淤泥质土等软土地层,一般

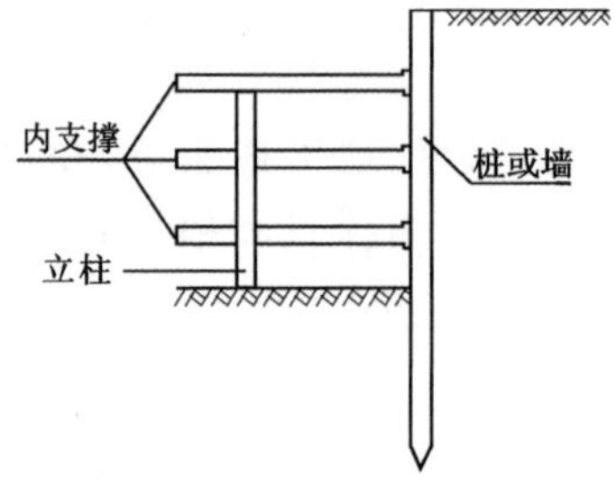

图 10.4　内撑式支挡结构

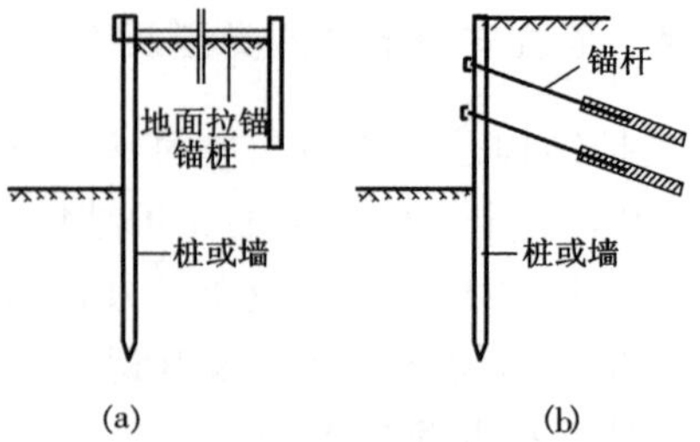

图 10.5　锚拉式支挡结构示意图

(a) 地面锚拉式；(b) 土层锚杆式

支护深度不超过 12 m。

(7) 其他支护结构

其他支护结构形式有双排桩支挡结构(图 10.7)、连拱式支挡结构(图 10.8)、逆作拱墙支挡结构(图 10.9)、加筋水泥土挡墙以及各种组合式支护结构。

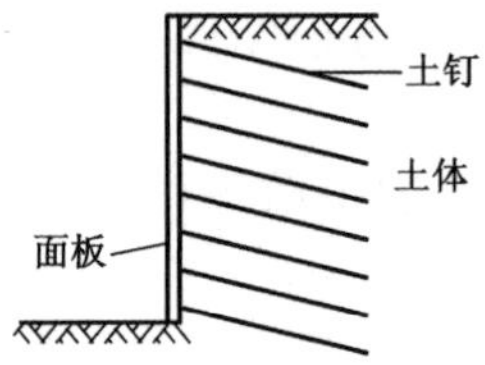

图 10.6　土钉墙支护结构示意图

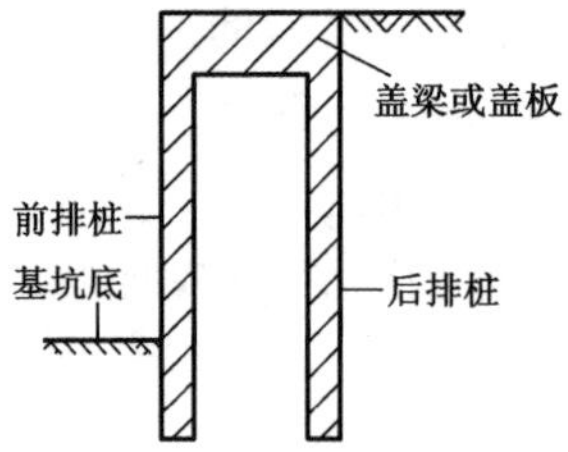

图 10.7　双排桩支挡结构

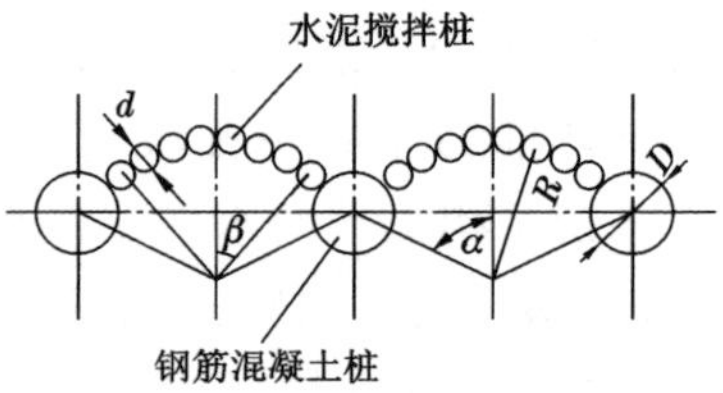

图 10.8　连拱式支挡结构平面图

双排桩支挡结构通常由钢筋混凝土前排桩和后排桩以及盖梁或盖板组成(图 10.7),其支护深度比单排悬臂式结构要大,且变形相对较小。

连拱式支挡结构通常采用钢筋混凝土桩与深层搅拌水泥土拱以及支锚结构组合而成(图 10.8)。水泥土抗拉强度很小,抗压强度较大,形成水泥土拱可有效利用材料抗压强度。拱脚采用钢筋混凝土桩,承受由水泥土拱传来的土压力,如果采用支锚结构承担一定的荷载,则可取得更好的效果。

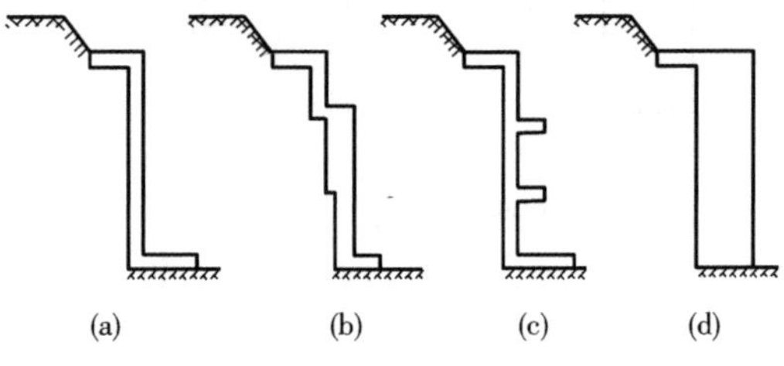

图 10.9　逆作拱墙支挡结构

逆作拱墙支挡结构采用逆作法建造而成。拱墙截面常采用 Z 字形[图 10.9(a)]。当基坑较深且一道“Z”字形拱墙的支护强度不够时,可由数道拱墙叠合组成[图 10.9(b)、图 10.9(c)],但沿拱墙高度应设置数道肋梁,其竖向间距不宜大于 2.5 m。当基坑边坡场地较窄时,可不加肋梁但应加厚拱壁[图 10.9(d)]。拱墙平面形状常采用圆形或椭圆形封闭拱圈,但也有采用局部曲线形拱墙的。为保证拱墙在平面上主要承受压力的条件,逆作拱墙轴线的长跨比不宜小于 1/8。

10.1.3 基坑支护工程设计原则和设计内容

基坑支护工程设计的基本原则是:

① 在满足支护结构本身强度、稳定性和变形要求的同时,确保基坑周边环境的安全;

② 在保证安全可靠的前提下,设计方案应具有较好的技术经济和环境效应;

③ 为基坑支护工程施工和基础施工提供最大限度的施工方便,并保证施工安全。

根据《建筑基坑支护技术规程》(JGJ 120—2012),基坑支护结构极限状态可分为承载力极限状态和正常使用极限状态。承载力极限状态对应于支护结构达到最大承载能力或土体失稳、过大变形导致支护结构或基坑周边环境破坏,正常使用极限状态对应于支护结构的变形已妨碍地下施工或影响基坑周边环境的正常使用功能。

基坑支护结构的安全等级按破坏后果分为三级，见表 10.1。

表 10.1 基坑支护结构的安全等级及重要性系数

安全等级	破坏后果	重要性系数 γ_0
一级	支护结构失效、土体失稳或过大变形对基坑周边环境或主体结构施工安全的影响很严重	1.10
二级	支护结构失效、土体失稳或过大变形对基坑周边环境或主体结构施工安全的影响严重	1.00
三级	支护结构失效、土体失稳或过大变形对基坑周边环境或主体结构施工安全的影响不严重	0.90

基坑工程从规划、设计到施工检测全过程应包括如下内容：

(1) 基坑内建筑场地勘察和基坑周边环境勘察。基坑内建筑场地勘察可利用建(构)筑物设计提供的勘察报告，必要时进行补勘。基坑周边环境勘察须查明：① 基坑周边地面建(构)筑物的结构类型、层数、基础类型、埋深、基础荷载大小及上部结构现状；② 基坑周边地下建(构)筑物及各种管线等设施的分布和状况；③ 基坑周边地层分布及岩土工程性质；④场地周围和邻近地区地表及地下水分布情况及对基坑开挖的影响程度。

(2) 基坑支护方案技术经济比较和选型。基坑支护工程应根据工程和环境条件提出几种可行的支护方案，通过比较，选出技术经济指标最佳的方案。

(3) 支护结构的强度、稳定和变形以及基坑内外土体的稳定性验算。基坑支护结构均应进行极限承载力状态的计算，计算内容包括支护结构和构件的受压、受弯、受剪承载力计算和土体稳定性计算。对于重要基坑工程还应验算支护结构和周围土体的变形。

(4) 基坑降水和止水帷幕设计以及支护墙的抗渗设计。同时还包括基坑开挖与地下水变化引起的基坑内外土体的变形验算(如抗渗稳定性验算，坑底突涌稳定性验算等)及其对基础桩、邻近建筑物和周边环境的影响评价。

(5) 基坑开挖施工方案和施工监测设计。

10.1.4 作用于支护结构上的水平荷载及土压力

作用于支护结构上的水平荷载通常有：土压力、水压力以及由影响区范围内建(构)筑物荷载、施工荷载、地震荷载和其他附加荷载引起的侧压力。其中最重要的荷载是土压力和水压力，其计算方法有水土分算法和水土合算法两种。对于砂土和砂质粉土，可按水土分算法，即分别计算土压力、水压力，然后叠加；对黏性土和黏质粉土可按水土合算法，即采用土的饱和重度计算总的水土压力。

作用于支护结构的土压力可采用朗金土压力理论或库仑土压力理论计算，当对支护结构水平位移有严格限制时，应采用静止土压力计算。同一土层的土压力可采用沿深度线性分布形式。

实际上，在基坑开挖过程中，作用在支挡结构上的土压力、水压力等是随着开挖的进程逐步形成的，其分布形式除与土性和地下水等因素有关外，更重要的是还与墙体的位移量及位移形式有关。而位移性状随着支撑和锚杆的设置及每步开挖施工方式的不同而不同，因此，土压力并不完全处于静止和主动状态。有关实测资料证明：当支护墙上有支锚时，土压力分布一般呈上下小、中间大的抛物线或更复杂的形状；只有当支护墙无支锚时，墙体上端绕下端外倾，才会产生呈直线分布的主动土压力。太沙基(Terzaghi)和佩克(Peck)根据实测和模型试验结果，提出了作用于板桩墙上的土压力分布经验图(图 10.10)。因此，当按变形控制原则设计支护结构时，作用在支护结构的计算土压力可按支护结构与土体的相互作用原理确定，也可按地区经验确定。

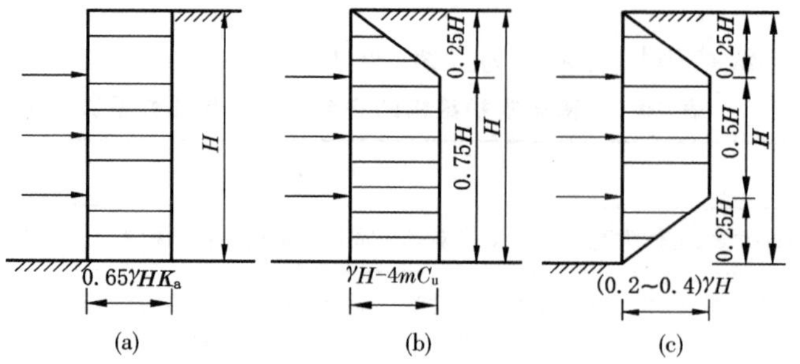

图 10.10　太沙基和佩克提出的侧向土压力图

(a) 砂土；(b) 软至中硬黏土；(c) 硬黏土

γ—土的重度(kN/m^3)；H—开挖深度(m)；C_u—土的不排水抗剪强度(kPa)；

K_a—主动土压力系数；m—修正系数，一般情况取 1，当基底下为软土层时，取 0.4

10.2　排桩、地下连续墙支挡式结构

若施工场地狭窄、地质条件较差、基坑较深，或对开挖引起的变形控制较严，则可采用排桩或地下连续墙支挡式结构。

排桩可采用钻孔灌注桩、人工挖孔桩、预制钢筋混凝土板桩或钢板桩。桩的排列方式通常有柱列式[图 10.11(a)]、连续式[图 10.11(b)至图 10.11(d)]和组合式[图 10.11(e)、图 10.11(f)]。排桩支护结构除受力桩外，有时还包括冠梁、腰梁和桩间护壁构造件等，必要时还可设置一道或多道支撑或锚杆。

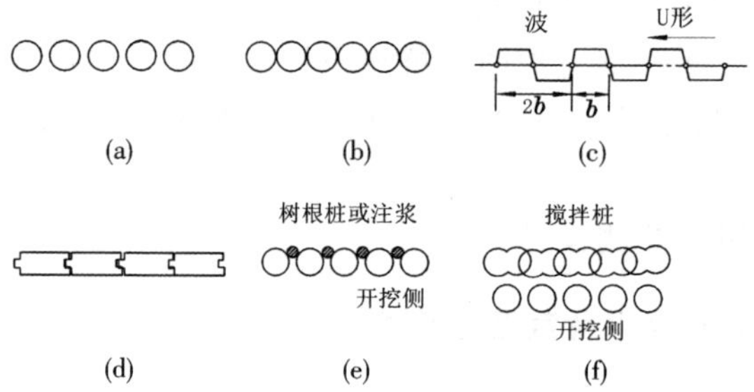

图 10.11　排桩支护结构桩的排列形式

地下连续墙是采用特制的成槽机械在泥浆护壁下，逐段开挖出沟槽并浇筑钢筋混凝土板而形成的。地下连续墙不仅能够挡土、止水，还可用作地下结构的外墙，同时具有刚度大、整体性好、振动噪声小、可逆作法施工以及适用各种地质条件等优点，但若废泥浆处理不好会影响城市环境，而且造价也较高。

10.2.1　悬臂式桩(墙)计算

悬臂式排桩(地下连续墙)的设计计算可采用极限平衡法和布鲁姆(H.Blum)法进行简化计算。

(1) 极限平衡法

对于悬臂式支护结构，可采用沿深度线性分布土压力模式，计算简图如图 10.12 所示。当单位计算宽度桩(墙)两侧所受的净土压力相平衡时，桩(墙)则处于稳定状态，相应的桩(墙)入土深度即为其保证稳定所需的最小入土深度，可根据静力平衡条件求出。具体计算步骤如下：

① 分别计算桩(墙)底端 C 处和基坑底 B 处后侧主动土压力强度 e_{a2}、e_{a1} 及前侧被动土压力强度 e_{p2}、e_{p1}，然后叠加得净土压力线 b_1d，并依此求出第一个土压力为零的 O 点距基坑底面的距离 u，而 O 点距 C 点的距离 t 待求；

② 计算 O 点以上土压力合力 $\sum E$，求出 $\sum E$ 作用点至 O 点的距离 y；

③ 计算桩(墙)底端 C 处前侧主动土压力强度 e_{a3} 和后侧被动土压力强度 e_{p3}，然后叠加得净土压力线

dc_2，此时 d 点距 C 点的垂直距离 z 待求；

④ 根据作用在桩(墙)上的全部水平作用力平衡条件($\sum F_x=0$)和绕桩(墙)底端力矩平衡条件($\sum M_C=0$)可得：

$$\sum E+[(e_{p3}-e_{a3})+(e_{p2}-e_{a2})]\frac{z}{2}-(e_{p3}-e_{a3})\frac{t}{2}=0 \tag{10.1}$$

$$\sum E(t+y)+[(e_{p3}-e_{a3})+(e_{p2}-e_{a2})]\frac{z}{2}\cdot\frac{z}{3}-(e_{p2}-e_{a2})\frac{t}{2}\cdot\frac{t}{3}=0 \tag{10.2}$$

上两式中，只有 z 和 t 两个未知数，将 e_{a2}、e_{p2}、e_{a3}、e_{p3} 计算公式代入并消去 z，可得一个关于 t 的方程式，求解该方程，即可求出 O 点以下桩(墙)的入土深度(即有效嵌固深度)t。

为安全起见，实际嵌入基坑底面以下的入土深度可为

$$t_c=u+1.1t \tag{10.3}$$

⑤ 计算桩(墙)最大弯矩 M_{max}。根据最大弯矩点剪力为零，求出最大弯矩点 D 离基坑底的距离 d_0，再根据 D 点以上所有力对 D 点取矩，可求得最大弯矩 M_{max}。

(2) 布鲁姆简化计算法

布鲁姆法将悬臂式桩(墙)的受力简化成如图 10.13 所示。桩(墙)底部后侧出现的被动土压力以一个集中力 E_p'代替。由桩(墙)底部 C 点的力矩平衡条件 $\sum M_C=0$，有

$$(h+u+t-h_a)\sum E-\frac{t}{3}\sum E_p=0 \tag{10.4}$$

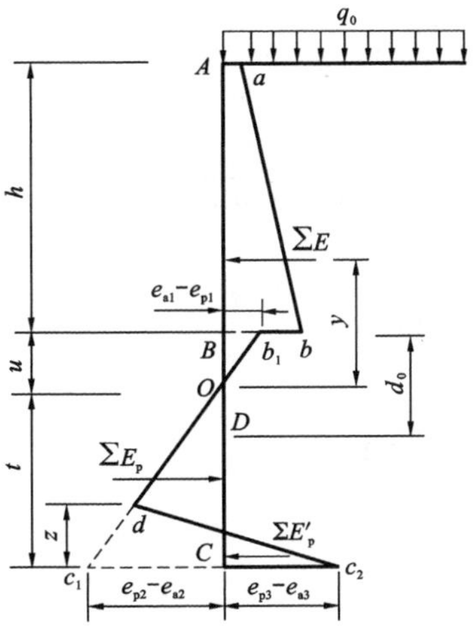

图 10.12 悬臂式桩(墙)计算静力平衡法

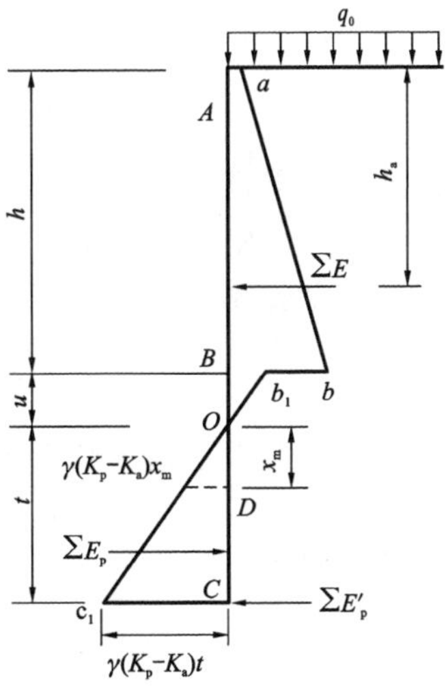

图 10.13 悬臂式桩(墙)计算布鲁姆法

因 $\sum E_p=\frac{1}{2}\gamma(K_p-K_a)t^2$，代入上式可得

$$t^3-\frac{6\sum E}{\gamma(K_p-K_a)}t-\frac{6(h+u-h_a)\sum E}{\gamma(K_p-K_a)}=0 \tag{10.5}$$

式中 t——桩(墙)的有效嵌固深度(m)；

$\sum E$——桩(墙)后侧 AO 段作用于桩(墙)上净土压力、水压力(kN/m)；

K_a——主动土压力系数；

K_p——被动土压力系数；

γ——土体重度(kN/m^3)；

h——基坑开挖深度(m)；

h_a——$\sum E$ 作用点距地面距离(m)；

u——土压力零点 O 距基坑底面的距离(m)。

由式(10.5)，经试算可求出桩(墙)的有效嵌固深度 t。悬臂式桩(墙)受力图简化后，计算出的 t 会有一定误差，布鲁姆建议增加20%，因此，为了保证桩(墙)的稳定，基坑底面以下的最小插入深度 t_c 应为：

$$t_c = u + 1.2t \tag{10.6}$$

最大弯矩应在剪力为零(即 $\sum Q = 0$)处，于是有：

$$\sum E - \frac{1}{2}\gamma(K_p - K_a)x_m^2 = 0 \tag{10.7}$$

由此可求得最大弯矩点距土压力为零点 O 的距离 x_m 为

$$x_m = \sqrt{\frac{2\sum E}{\gamma(K_p - K_a)}} \tag{10.8}$$

而此处的最大弯矩为：

$$M_{max} = (h + u + x_m - h_a)\sum E - \frac{\gamma(K_p - K_a)x_m^3}{6} \tag{10.9}$$

【例 10.1】 某基坑位于中密～密实中粗砂地层，开挖深度 $h=5.0$ m，土层重度为 20 kN/m³，内摩擦角 $\varphi=30°$，地面超载 $q_0=10$ kPa。现拟采用悬臂式排桩支护，试确定桩的最小长度和最大弯矩。

【解】 沿支护桩墙长度方向取1延米进行计算，则有：

主动土压力系数

$$K_a = \tan^2\left(45° - \frac{\varphi}{2}\right) = \tan^2\left(45° - \frac{30°}{2}\right) = 0.33$$

被动土压力系数

$$K_p = \tan^2\left(45° + \frac{\varphi}{2}\right) = \tan^2\left(45° + \frac{30°}{2}\right) = 3.00$$

基坑开挖底面处土压力强度

$$e_a = (q_0 + \gamma h)K_a - 2c\sqrt{K_a} = (10 + 20 \times 5) \times 0.33 - 2 \times 0 \times \sqrt{0.33} = 36.3 \text{ kN/m}^2$$

土压力零点距开挖面的距离

$$u = \frac{(q_0 + \gamma h)K_a}{\gamma(K_p - K_a)} = \frac{36.3}{53.4} = 0.68 \text{ m}$$

开挖面以上桩后侧地面超载引起的侧压力 E_{a1} 为

$$E_{a1} = q_0 K_a h = 10 \times 0.33 \times 5 = 16.5 \text{ kN/m}$$

其作用点距地面的距离 h_{a1} 为

$$h_{a1} = \frac{1}{2}h = \frac{1}{2} \times 5 = 2.5 \text{ m}$$

开挖面以上桩后侧主动土压力 E_{a2} 为

$$E_{a2} = \frac{1}{2}\gamma h^2 K_a = \frac{1}{2} \times 20 \times 5^2 \times 0.33 = 82.5 \text{ kN/m}$$

其作用点距地面的距离 h_{a2} 为

$$h_{a2} = \frac{2}{3}h = \frac{2}{3} \times 5 = 3.33 \text{ m}$$

桩后侧开挖面至土压力零点净土压力 E_{a3} 为

$$E_{a3} = \frac{1}{2}e_a u = \frac{1}{2} \times 36.3 \times 0.68 = 12.34 \text{ kN/m}$$

其作用点距地面的距离 h_{a3} 为

$$h_{a3} = h + \frac{1}{3}u = 5 + \frac{1}{3} \times 0.68 = 5.23 \text{ m}$$

作用于桩后的土压力合力 $\sum E$ 为

$$\sum E = E_{a1} + E_{a2} + E_{a3} = 16.5 + 82.5 + 12.34 = 111.34 \text{ kN/m}$$

$\sum E$ 的作用点距地面的距离

$$h_a=\frac{E_{a1}h_{a1}+E_{a2}h_{a2}+E_{a3}h_{a3}}{\sum E}=\frac{16.5\times2.5+82.5\times3.33+12.34\times5.23}{111.34}=3.42\ \mathrm{m}$$

将上述计算得到的 K_a、K_p、u、$\sum E$、h_a 值代入式(10.5)得

$$t^3-\frac{6\times111.34}{20\times(3.00-0.33)}t-\frac{6\times111.34\times(5+0.68-3.42)}{20\times(3.00-0.33)}=0$$

即

$$t^3-12.51t-28.27=0$$

由此可解得 $t=4.36$ m。

桩的最小长度为

$$l_{\min}=h+u+1.2\times t=5+0.68+1.2\times4.36=10.91\ \mathrm{m}$$

最大弯矩点距土压力零点的距离 x_m 为

$$x_m=\sqrt{\frac{2\sum E}{(K_p-K_a)\gamma}}=\sqrt{\frac{2\times111.34}{(3.00-0.33)\times20}}=2.04\ \mathrm{m}$$

最大弯矩

$$M_{\max}=111.34\times(5+0.68+2.04-3.42)-\frac{20\times(3.00-0.33)\times2.04^3}{6}=403.20\ \mathrm{kN\cdot m}$$

10.2.2 单层支锚桩(墙)计算

单层支锚桩(墙)支挡结构因在顶端附近设有一支撑或拉锚,可认为在支锚点处无水平移动而简化成一简支支撑,但桩(墙)下端的支承情况则与其入土深度有关,因此,单支锚式支挡结构的计算与桩(墙)的入土深度有关。

(1) 入土较浅时单支点桩(墙)支挡结构计算

当支护桩(墙)入土深度较浅时,桩(墙)前侧的被动土压力全部发挥,桩(墙)的底端可能有少许向前移动的现象发生。此时桩(墙)前后的被动土压力和主动土压力对支锚点的力矩相等,桩(墙)体处于极限平衡状态,桩(墙)可看作在支锚点铰支而下端自由的结构(图10.14)。

对图10.14所示支挡结构取单位计算宽度分析,先假设桩(墙)的有效嵌固深度为 t,根据对支点 A 的力矩平衡条件($\sum M_A=0$)求得:

$$\sum E(h_a-h_0)-\sum E_p\left(h-h_0+u+\frac{2}{3}t\right)=0 \qquad (10.10)$$

由上式经试算可求出 t。桩(墙)在基坑底以下的最小插入深度 t_c 仍可按式(10.6)确定。

支点 A 处的水平力 R_a 根据水平力平衡条件求出:

$$R_a=\sum E-\sum E_p \qquad (10.11)$$

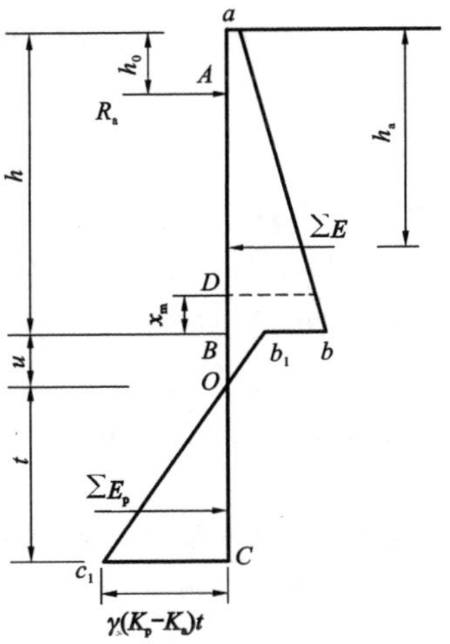

图10.14 单支点桩墙计算简图

根据最大弯矩截面的剪力等于零,可求得最大弯矩截面距土压力零点的距离 x_m:

$$x_m=h-\sqrt{\frac{2R_a}{\gamma K_a}} \qquad (10.12)$$

由此可求出最大弯矩

$$M_{\max}=R_a(h-h_0-x_m)-\frac{\gamma K_a(h-x_m)^3}{b} \qquad (10.13)$$

(2) 入土较深时单支点桩(墙)支挡结构计算

当支护桩(墙)入土深度较深时,桩(墙)的底端向后倾斜,桩(墙)的前侧、后侧均出现被动土压力,支护

桩(墙)在土中处于弹性嵌固状态，相当于上端简支而下端嵌固的超静定梁。工程上常采用等值梁法计算。

等值梁法的基本原理如图 10.15 所示。一根一端固定另一端简支的梁[图 10.15(a)]，弯矩的反弯点在 b 点，该点弯矩为零[图 10.15(b)]。如果在 b 点切开，并规定 b 点为左端梁的简支点，这样在 ab 段内的弯矩保持不变，由此，简支梁 ab 被称为图 10.15(a)中 ac 梁 ab 段的等值梁。

等值梁法应用于单支点桩(墙)计算的，计算简图如图 10.16 所示，其计算步骤如下：

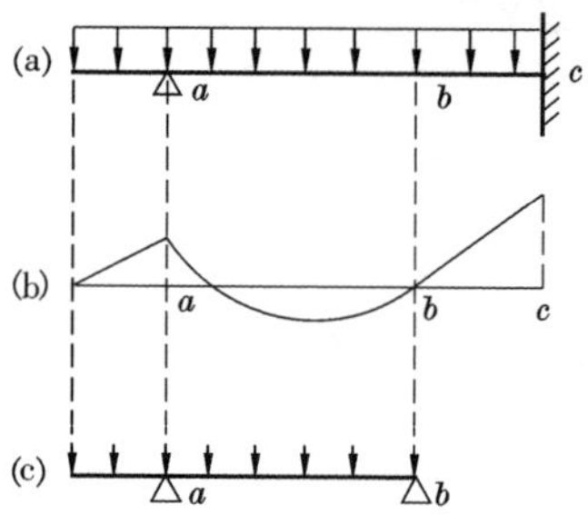

图 10.15　等值梁法基本原理

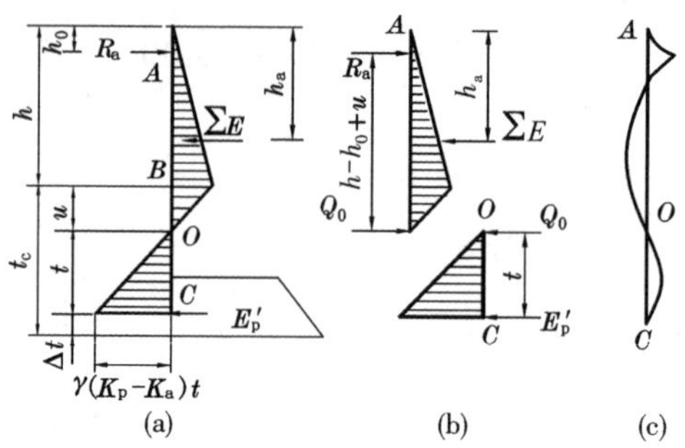

图 10.16　等值梁法简化计算

① 确定正负弯矩反弯点的位置。实测结果表明净土压力为零点的位置与弯矩零点位置很接近，因此，可假定反弯点就在净土压力为零点处，即为图 10.16 中的 O 点。它距基坑底面的距离 u 根据作用于墙前后侧土压力为零的条件求出。

② 由等值梁 AO 根据力矩平衡条件计算支点反力 R_a 和 O 点剪力 Q_0：

$$R_a=\frac{\sum E(h-h_a+u)}{h-h_0+u} \tag{10.14}$$

$$Q_0=\frac{\sum E(h_a-h_0)}{h-h_0+u} \tag{10.15}$$

③ 取桩(墙)下段 OC 为隔离体，并取 $\sum M_C=0$，可求出有效嵌固深度 t

$$t=\sqrt{\frac{6Q_0}{\gamma(K_p-K_a)}} \tag{10.16}$$

而桩(墙)在基坑底以下的最小插入深度 t_c 仍按式(10.6)确定。

④ 由等值梁求算最大弯矩 M_{max}。由于作用于桩(墙)上的力均已求得，可以很方便地求出 M_{max}。

【例 10.2】 某基坑工程开挖深度 $h=8.0$ m，采用单支点桩锚支挡结构，支点离地面距离 $h_0=1$ m，支点水平间距为 $S_h=2.0$ m。地基土层参数加权平均值为：黏聚力 $c=0$，内摩擦角 $\varphi=28°$，重度 $\gamma=18.0\ \text{kN/m}^3$。地面超载 $q_0=20$ kPa。试用等值梁法计算桩墙的最小长度 l_{min}、水平支锚力 R_a 和最大弯矩 M_{max}。

【解】 取支锚点水平间距 S_h 作为计算宽度。

主动和被动土压力系数分别为

$$K_a=0.36,\quad K_p=2.77$$

墙后地面处主动土压力强度

$$e_{a1}=q_0K_a-2c\sqrt{K_a}=20\times0.36-2\times0\times\sqrt{0.36}=7.20\ \text{kPa/m}^2$$

墙后基坑底面处主动土压力强度

$$e_{a2}=(20+18\times8)\times0.36-2\times0\times\sqrt{0.36}=59.04\ \text{kPa/m}^2$$

净土压力零点离基坑底距离

$$u=\frac{e_{a2}}{\gamma(K_p-K_a)}=\frac{59.04}{18\times(2.77-0.36)}=1.36\ \text{m}$$

墙后净土压力

$$\sum E=\frac{1}{2}\times(7.20+59.04)\times8\times2+\frac{1}{2}\times59.04\times1.36\times2=610.21\text{kN}$$

$\sum E$ 作用点离地面的距离

$$h_a=\frac{\frac{1}{2}\times 7.2\times 8^2\times 2+\frac{1}{3}\times(59.04-7.2)\times 8^2\times 2+\frac{1}{2}\times 59.04\times 1.36\times(8+\frac{1}{3}\times 1.36)\times 2}{610.21}$$

$$=5.49\ \text{m}$$

支点水平锚固拉力

$$R_a=\frac{\sum E(h+u-h_a)}{h+u-h_0}=\frac{610.21\times(8+1.36-5.49)}{8+1.36-1}=282.48\ \text{kN}$$

土压力零点(即弯矩为零点)剪力

$$Q_0=\frac{\sum E(h_a-h_0)}{h+u-h_0}=\frac{610.21\times(5.49-1)}{8+1.36-1}=327.73\ \text{kN}$$

桩的有效嵌固深度

$$t=\sqrt{\frac{6Q_0}{\gamma(K_p-K_a)S_h}}=\sqrt{\frac{6\times 327.73}{18\times(2.77-0.36)\times 2.0}}=4.76\ \text{m}$$

桩的最小长度

$$l_{\min}=h+u+1.2t=8+1.36+1.2\times 4.76=15.07\ \text{m}$$

求剪力为零点离地面距离 h_q,由 $R_a-\frac{1}{2}\gamma h_q^2K_aS_h-q_0K_ah_qS_h=0$ 得:

$$h_q=\frac{-q_0K_aS_h+\sqrt{q_0^2K_a^2S_h^2+2\gamma K_aS_hR_a}}{\gamma K_aS_h}=\frac{1}{\gamma}\left[-q_0+\sqrt{q_0^2+2\gamma R_a/(K_aS_h)}\right]$$

$$=\frac{1}{18}\times\left[-20+\sqrt{20^2+2\times 18\times 282.48/(0.36\times 2.0)}\right]=5.58\ \text{m}$$

最大弯矩

$$M_{\max}=282.48\times(5.58-1.0)-\frac{1}{6}\times 18\times 5.58^3\times 0.36\times 2.0-\frac{1}{2}\times 20\times 5.58^2\times 0.36\times 2$$

$$=694.30\ \text{kN}\cdot\text{m}$$

10.2.3 多支点桩(墙)计算

当土质较差、基坑又较深时,通常采用多层支锚结构,支锚层数及位置则根据土层分布及性质、基坑深度、支护结构刚度和材料强度以及施工要求等因素确定。

目前对多支点支护结构的计算方法通常采用等值梁法、连续梁法、支撑荷载 1/2 分担法、弹性支点法以及有限单元法等。以下对其中主要的几种方法予以简单介绍。

(1) 连续梁法

多支撑支护结构可当作刚性支承(支座无位移)的连续梁,如图 10.17 所示,应按以下各施工阶段的情况分别计算。下面以设置三道支撑基坑为例说明其设计计算步骤:

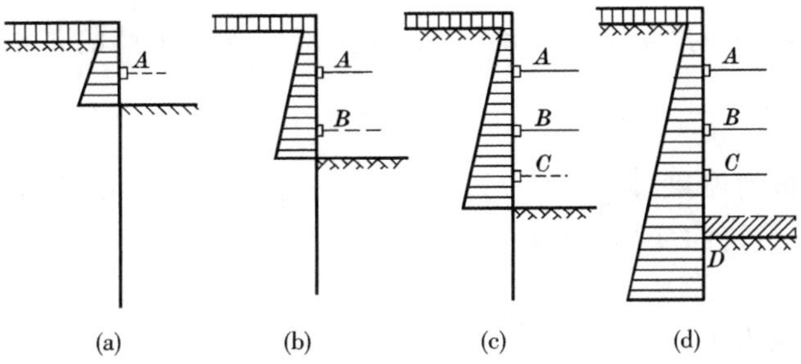

图 10.17 各施工阶段的计算简图

① 在设置支撑 A 以前的开挖阶段[图 10.17(a)]，可将桩(墙)作为一端嵌固在土中的悬臂桩(墙)。

② 在设置支撑 B 以前的开挖阶段[图 10.17(b)]，桩(墙)是两个支点的静定梁，两个支点分别是 A 点和净土压力为零点。

③ 在设置支撑 C 以前的开挖阶段[图 10.17(c)]，桩(墙)是具有三个支点的连续梁，三个支点分别为 A、B 及净土压力零点。

④ 在浇筑底板以前的开挖阶段[图 10.17(d)]，桩(墙)是具有四个支点的三跨连续梁，四个支点分别为 A、B、C 和净土压力零点。

(2) 支撑荷载 1/2 分担法

对多支点的支护结构，若支护桩(墙)后的主动土压力分布采用太沙基-佩克假定的图式，则支撑或拉锚的内力及其支护桩(墙)的弯矩，可按以下经验法计算(如图 10.18 所示)：

① 每道支撑或拉锚所受的力是相应于相邻两个半跨的土压力荷载值，如图 10.18(b)所示；

② 假设土压力强度用 q 表示，对于按连续梁计算，最大支座弯矩 (三跨以上)为 $M=\dfrac{ql^2}{10}$，最大跨中弯矩为 $M=\dfrac{ql^2}{20}$。

(3) 弹性支点法

弹性支点法，工程界又称为弹性抗力法、地基反力法。其计算方法如下：

① 桩墙后的荷载既可直接按朗金主动土压力理论计算(即三角形分布土压力模式，如图 10.19 所示)；也可按梯形分布的经验土压力模式计算。

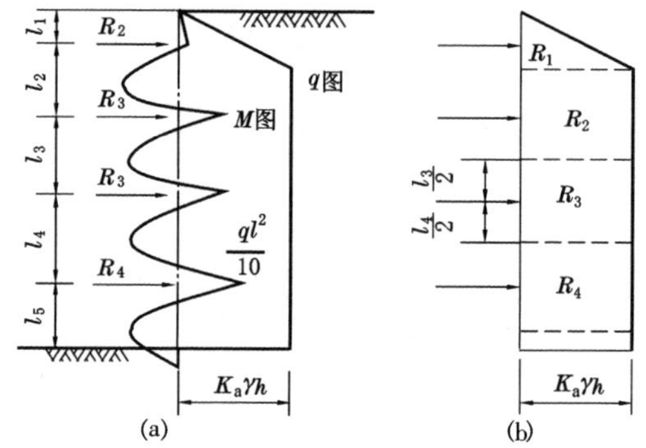

图 10.18　支撑荷载的 1/2 分担法

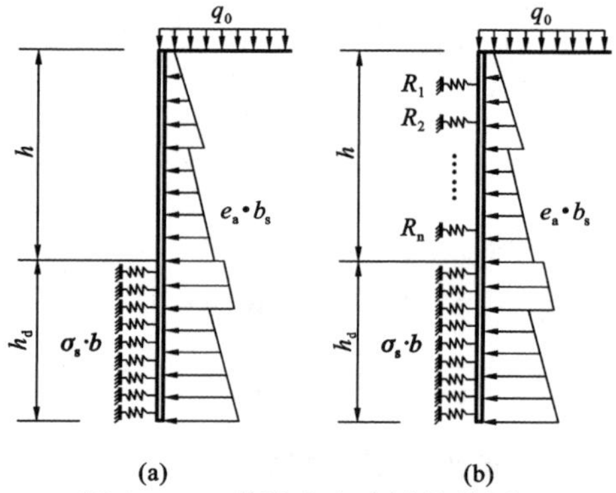

图 10.19　弹性支点法计算简图

(a) 悬臂式支挡结构；(b) 支锚式支挡结构

② 基坑开挖面以下的支护桩墙受到的土体反力用弹簧模拟：

$$\sigma_s = k_s y + \sigma_{s0} \tag{10.17}$$

式中　k_s——地基土的水平反力系数(kN/m^3)；

σ_{s0}——初始分布土反力(kPa)；

y——土体的水平变形(m)。

③ 支锚点按刚度系数为 k_z 的弹簧进行模拟。

以悬臂式支挡结构为例，采用“m”法(见 8.5.3 节)时，基坑支护桩墙的基本挠曲微分方程为：

$$EI\frac{d^4y}{dz^4} + m\cdot(z-h)\cdot b\cdot y + \sigma_{s0}b - e_a\cdot b_s = 0 \tag{10.18}$$

式中　EI——支护桩墙的抗弯刚度($kN\cdot m^2$)；

y——支护桩墙的水平挠曲变形(m)；

z——竖向坐标(m)；

b——支护桩墙计算宽度(m)；

e_a——主动侧土压力强度(kPa)；

m——地基土的水平反力系数 k_s 的比例系数(kN/m^4)；

b_s——主动侧荷载作用宽度(m)。

求解式(10.18)即可得到支护桩墙的内力和变形，通常可用杆系有限元法求解。该方法将支护桩墙进行离散，支护桩墙采用梁单元，支撑或锚杆用弹性支撑单元，外荷载为支护桩墙后侧的主动土压力和水压力，其中水压力既可单独计算，即采用水土分算模式，也可与土压力合并计算，即水土合算模式。但须注意的是水土分算和水土合算时所采用的土体抗剪强度指标不同。

10.3 水泥土桩墙支护结构

10.3.1 概述

水泥土桩，又称水泥土搅拌桩，是通过深层搅拌机将水泥固化剂和原状土就地强制搅拌而成。由水泥土桩形成的支护墙具有造价低、无振动、无噪声、无污染、施工简便和工期短等优点，适合于对环境污染要求较严，对隔水要求较高且施工场地较宽敞的软弱土地层。

水泥土桩墙的破坏模式通常有整体滑动破坏、墙体向外倾覆破坏、墙体水平滑移破坏、地基承载力不足导致变形过大而失稳、挡土墙墙身强度不够导致墙体断裂破坏等五种形式。

10.3.2 水泥土桩墙计算

水泥土是一种具有一定强度的材料，其抗压强度比抗拉强度大得多，因此，水泥土桩墙的很多性能类似重力式挡土墙，设计时一般按重力式挡土墙考虑。但由于水泥土桩墙与一般重力式挡土墙相比，埋置深度相对较大，而桩体本身刚性不大，所以实际工程中变形也较大，其变形规律介于刚性挡土墙和柔性支挡结构之间。因此，为安全起见，可沿用重力式挡土墙的方法验算其抗倾覆、抗滑移稳定性，用圆弧滑动法验算整体稳定性。

(1) 土压力计算

对于水泥土桩墙支护结构，作用在其上的土压力通常按朗金土压力理论计算，但也有按梯形土压力分布形式计算的(如图10.20中虚线)。

(2) 抗倾覆稳定性验算

水泥土桩墙绕墙趾O的抗倾覆稳定安全系数(图10.20)：

$$K_q=\frac{抗倾覆力矩}{倾覆力矩}=\frac{\dfrac{b}{2}(W-u_mB)+z_pE_{pk}}{z_aE_{ak}} \tag{10.19}$$

式中 W——墙体自重(kN/m)；

E_{ak}——墙后主动土压力标准值(kN/m)；

E_{pk}——墙前被动土压力标准值(kN/m)；

z_a——主动土压力作用线离墙趾距离(m)；

z_p——被动土压力作用线离墙趾距离(m)；

B——水泥土桩墙厚度(m)；

u_m——墙底面上平均水压力(kPa)；

K_q——抗倾覆安全系数，$K_q\geqslant1.3$。

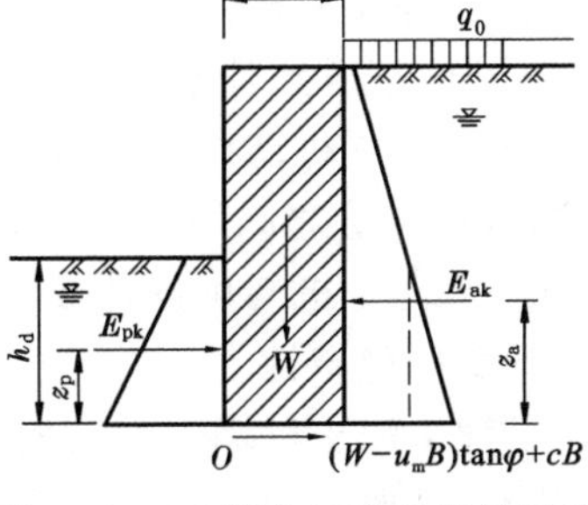

图10.20 水泥土桩墙稳定性验算

(3) 抗滑移稳定性验算

水泥土桩墙沿墙底抗滑移安全系数由下式确定

$$K_h=\frac{墙体抗滑力}{墙体滑动力}=\frac{(W-u_mB)\tan\varphi_0+c_0B+E_{pk}}{E_{ak}} \tag{10.20}$$

式中 c_0——墙底与土层的黏结力(kPa)，可取墙底处土层黏聚力；

φ_0——墙底与土层的内摩擦角(°)，可取墙底处土层内摩擦角；

K_h——墙底抗滑移安全系数，一般取 $K_h \geqslant 1.2$。

(4) 墙体应力计算

水泥土桩墙的墙体应力验算包括正应力验算与剪应力验算两个方面，正应力验算又包含拉应力验算和压应力验算。

① 拉应力验算：

$$\frac{6M_i}{B^2} - \gamma_{cs} z \leqslant 0.15 f_{cs} \tag{10.21}$$

式中 M_i——水泥土墙验算截面的弯矩设计值(kN·m/m)；

B——验算截面处水泥土墙的宽度(m)；

γ_{cs}——水泥土墙的重度(kN/m³)；

z——验算截面至水泥土墙顶的垂直距离(m)；

f_{cs}——水泥土开挖龄期时的轴心抗压强度设计值(kPa)，应根据现场试验或工程经验确定。

② 压应力验算：

$$\gamma_0 \gamma_F \gamma_{cs} z + \frac{6M_i}{B^2} \leqslant f_{cs} \tag{10.22}$$

式中 γ_0——支护结构重要性系数，按表 10.1 取值；

γ_F——荷载综合分项系数，不应小于 1.25。

③ 剪应力验算：

$$\frac{E_{ak,j} - \mu \cdot W_i - E_{pk,j}}{B} \leqslant \frac{1}{6} f_{cs} \tag{10.23}$$

式中 $E_{ak,j}$，$E_{pk,j}$——验算截面以上的主动、被动土压力标准值(kN/m)；

W_i——验算截面以上的墙体自重(kN/m)；

μ——墙体材料的抗剪断系数，取 0.4～0.5。

(5) 基底地基承载力验算

水泥土桩墙是由加固土形成的重力式挡墙，加固后的墙重比原状土增加得不多，一般仅增加 3%左右。因此，基底承载力一般可满足要求，不必验算。若基底土质确实很差，比如为较厚的软弱土层时，则应对地基承载力进行验算，验算方法按有关规范进行，验算截面选取基底截面。

10.3.3 水泥土桩墙构造要求及设计特性

在进行水泥土桩墙设计时，尚应满足如下构造要求：

① 水泥土桩墙采用格栅式布置时，水泥土桩的置换率对于淤泥不得小于 0.8，对于淤泥质土不得小于 0.7，对其他土质条件不得小于 0.6。

② 水泥土桩墙中桩与桩之间的搭接应视挡土及抗渗的不同要求而定。对同时具有挡土和抗渗作用要求者，桩与桩之间的搭接长度不小于 150 mm；当不考虑截水作用时，不宜小于 100 mm。

③ 水泥土桩墙可设计成不同埋置深度，使墙底桩头参差不齐，以提高墙底与土体之间的摩擦力，从而提高抗滑移稳定性。

尽管水泥土桩墙支护结构的工作原理类似于传统的重力式挡土墙，但有关设计方面的特性，却有很大的不同。主要表现在以下几个方面：

① 由于水泥土桩墙具有一定的嵌固深度，其稳定性主要受抗倾覆条件控制，而无嵌固深度的传统重力式挡土墙的稳定性同时受抗滑移和抗倾覆条件控制。

② 仅靠增加嵌固深度来提高水泥土桩墙的抗倾覆安全系数难以达到满意的效果。因为在某些情况下，随着嵌固深度的增加，水泥土桩墙的抗倾覆安全系数不但不会提高，反而还会有一定的降低。

③ 对于水泥土桩墙和传统重力式挡土墙，在某一确定的嵌固深度条件下，无论是为满足抗倾覆稳定性还是抗滑移稳定性，增加墙宽都是最有效而经济的措施。

10.4　土钉墙支护结构

10.4.1　概述

土体的抗剪强度较低，抗拉强度几乎为零，但原位土体一般具有一定的结构整体性。假如在土体中放置土钉，使之与土共同作用，形成复合土体，则可有效地提高土体的整体强度，弥补土体抗拉、抗剪强度的不足。这是因为置于土体中的土钉具有箍束骨架、分担荷载、传递和扩散应力、约束坡面变形等作用。实验研究表明：① 土钉在使用阶段主要承受拉力，土钉的弯剪作用对支护结构承载能力的提高作用甚小；② 土钉的拉力沿其长度呈中间大两头小的形式分布，并且土钉靠近面层的端部拉力与钉中最大拉力的比值随着往下开挖而降低；③ 极限平衡分析法能较好地估计土钉支护破坏时的承载能力。

土钉支护设计应满足规定的强度、稳定性、变形和耐久性等要求。设计必须自始至终与施工及现场检测相结合，施工中出现的情况以及检测数据，应及时反馈给设计者，以修改设计，并指导下一步施工。土钉支护设计内容包括：土钉墙支护结构参数确定、土钉拉力设计以及土钉墙内、外部稳定性分析等内容。

10.4.2　土钉墙支护结构参数的确定

土钉墙支护结构参数包括土钉的长度、直径、间距、倾角以及支护面层厚度等。

（1）土钉长度

沿支护高度不同土钉的内力相差较大，一般为中部大、上部和底部小。因此，中部土钉起的作用大。但顶部土钉对限制支护结构水平位移非常重要，而底部土钉对抵抗基底滑移、墙体倾覆或整体失稳有重要作用，另外，当支护结构临近极限状态时，底部土钉的作用会明显加强。如此将上下土钉取成等长，或顶部土钉稍长，底部土钉稍短是合适的。

一般对非饱和土，土钉长度 L 与开挖深度 H 之比取 $L/H=0.5\sim1.2$；密实砂土及干硬性黏土取小值。为减小变形，顶部土钉长度宜适当增加。非饱和土底部土钉长度可适当减小，但不宜小于 $0.5H$。对于饱和软土，由于土体抗剪能力很低，设计时取 L/H 值大于 1 为宜。

（2）土钉间距

土钉间距的大小影响土体的整体作用效果，目前尚不能给出有足够理论依据的定量指标。土钉的水平间距和垂直间距一般宜为 1.0～2.0 m。上下插筋交错排列，遇局部软弱土层间距可小于 1.0 m。

（3）土钉筋材尺寸

土钉中采用的筋材有钢筋、角钢、钢管等。当采用钢筋时，一般直径为 16～32 mm，HRB400 级以上螺纹钢筋；当采用角钢时，一般为 L5×50×50 角钢；当采用钢管时，外径不宜小于 48mm。钻孔直径宜为 70～120 mm。

（4）土钉倾角

土钉与水平线的倾角称为土钉倾角，一般在 0°～20°之间，其值取决于注浆钻孔工艺与土体分层特点等多种因素。研究表明，倾角越小，支护的变形越小，但注浆质量较难控制；倾角越大，支护的变形越大，但有利于土钉插入下层较好土层，注浆质量也易于保证。

（5）注浆材料

采用水泥砂浆或素水泥浆，其强度等级不宜低于 M10。

（6）支护面层

临时性土钉支护的面层通常用 80～100 mm 厚的钢筋网喷射混凝土，混凝土强度等级不低于 C20。钢筋网常用 $\phi6\sim\phi10$ mm 的钢筋焊成 150～250 mm 方格网片。

永久性土钉墙支护面层厚度宜为 100～200 mm，可设两层钢筋网，分两层喷成。

10.4.3 土钉承载力计算

假定土钉为受拉工作，不考虑其抗弯刚度，只需进行单根土钉的极限抗拔承载力和土钉杆体的受拉承载力验算。

（1）土钉所受土压力

$$e_k = \zeta \cdot e_{ak} \tag{10.24}$$

式中 e_k——土钉所受实际土压力标准值(kPa)；

e_{ak}——主动土压力强度标准值(kPa)；

ζ——墙面倾斜时(图 10.21)主动土压力折减系数，可按下式计算：

$$\zeta = \tan\frac{\beta - \varphi_m}{2}\left(\frac{1}{\tan\frac{\beta + \varphi_m}{2}} - \frac{1}{\tan\beta}\right) \Bigg/ \tan^2\left(45° - \frac{\varphi_m}{2}\right) \tag{10.25}$$

其中 β——土钉墙坡面与水平面的夹角(°)；

φ_m——基坑底面以上各土层按厚度加权的等效内摩擦角平均值(°)。

(2)土钉轴向拉力

单根土钉轴向拉力标准值可按下式计算：

$$N_{k,j} = \eta_j \cdot e_{k,j} \cdot s_{x,j} \cdot s_{z,j} / \cos\alpha_j \tag{10.26}$$

式中 $N_{k,j}$——第 j 层土钉轴向拉力标准值(kN)；

$e_{k,j}$——第 j 层土钉处所受实际土压力标准值(kPa)，按式(10.24)确定；

$s_{x,j}$——土钉的水平间距(m)；

$s_{z,j}$——土钉的垂直间距(m)；

α_j——第 j 层土钉倾角(°)；

η_j——第 j 层土钉轴向拉力调整系数，可按下式计算：

$$\left.\begin{aligned} \eta_j &= \eta_a - (\eta_a - \eta_b) z_j / h \\ \eta_a &= \frac{\sum (h - \eta_b z_j)\Delta E_{aj}}{\sum (h - z_j)\Delta E_{aj}} \end{aligned}\right\} \tag{10.27}$$

其中 z_j——第 j 层土钉至基坑顶面的垂直距离(m)；

h——基坑深度(m)；

ΔE_{aj}——作用在以 $s_{x,j}$、$s_{z,j}$ 为边长的面积内的主动土压力标准值(kN)；

η_a——计算系数；

η_b——经验系数，可取 0.6～1.0；

n——土钉层数。

(3)土钉抗拔承载力

单根土钉的极限抗拔承载力应通过抗拔试验确定，但对于安全等级为三级的土钉墙或进行初步设计时也可按下式估算：

$$R_{k,j} = \min\{\pi d_j \sum q_{sk,i} l_i, f_{yk} A_s\} \tag{10.28}$$

式中 d_j——第 j 层土钉的锚固体直径(m)；对成孔注浆土钉，按成孔直径计算，对打入钢管土钉，按钢管直径计算。

$q_{sk,i}$——第 j 层土钉在第 i 层土层的极限黏结强度标准值(kPa)，应根据工程经验并结合表 10.2 取值。

l_i——第 j 层土钉滑动面以外部分在第 i 层土层中长度(m)，直线滑动面与水平面夹角取 $\frac{\beta + \varphi_m}{2}$

(图 10-21)。

f_{yk}——土钉杆体抗拉强度标准值(kPa)。

A_s——土钉杆体的截面面积(m^2)。

表 10.2　土钉的极限黏结强度标准值

土的名称	土的状态	q_{sk}/kPa	
		成孔注浆土钉	打入钢管土钉
素填土		15～30	20～35
淤泥质土		10～20	15～25
黏性土	$0.75<I_L\leqslant 1$	20～30	20～40
	$0.25<I_L\leqslant 0.75$	30～45	40～55
	$0<I_L\leqslant 0.25$	45～60	55～70
	$I_L\leqslant 0$	60～70	70～80
粉土		40～80	50～90
砂土	松散	35～50	50～65
	稍密	50～65	65～80
	中密	65～80	80～100
	密实	80～100	100～120

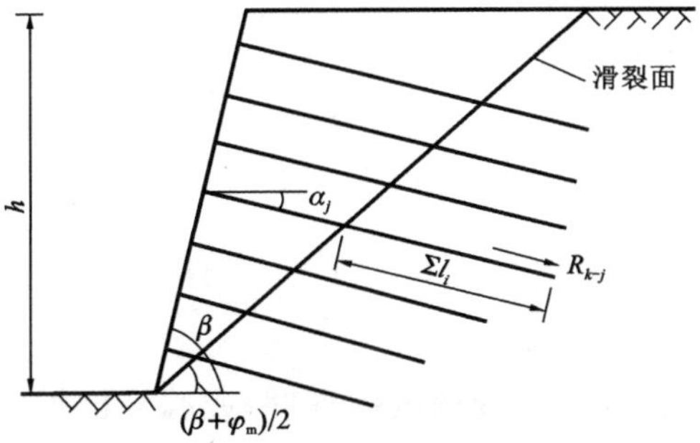

图 10.21　土钉墙抗拔承载力计算

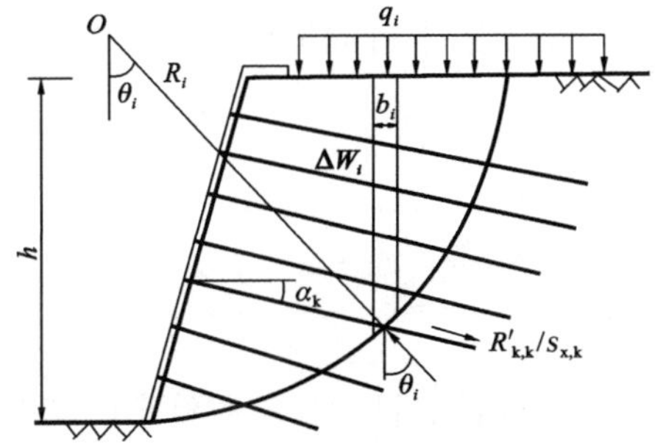

图 10.22　土钉墙整体滑动稳定性验算

(4)土钉承载力验算

① 单根土钉的极限抗拔承载力应满足如下要求:

$$\frac{R_{k,j}}{N_{k,j}} \geqslant K_t \tag{10.29}$$

式中　K_t——土钉抗拔安全系数;安全等级为二级、三级的土钉墙,K_t 分别不应小于 1.6、1.4;

$N_{k,j}$——第 j 层土钉的轴向拉力标准值(kN),按式(10.26)计算;

$R_{k,j}$——第 j 层土钉的极限抗拔承载力标准值(kN),按式(10.28)计算确定。

② 土钉杆体的受拉承载力应满足如下要求:

$$N_j \leqslant f_y \cdot A_s \tag{10.30}$$

式中　N_j——第 j 层土钉的轴向拉力设计值(kN),$N_j=\gamma_0\gamma_F \cdot N_{k,j}$(其中 γ_0 为土钉墙重要性系数,γ_F 为荷载综合分项系数,$N_{k,j}$ 为第 j 层土钉的轴向拉力标准值);

f_y——土钉杆体的抗拉强度设计值(kPa);

A_s——土钉杆体的截面面积(m^2)。

10.4.4　土钉墙稳定性验算

应对基坑开挖各个工况条件下的土钉墙整体滑动稳定性进行验算,其验算方法可采用圆弧滑动条分法(如图 10.22):

$$K_{s,\min}=\frac{\sum[c_il_i+(q_ib_i+\Delta W_i)\cos\theta_i\tan\varphi_i]+\sum R'_{k,k}[\cos(\theta_k+\alpha_k)+0.5\sin(\theta_k+\alpha_k)\tan\varphi_k]/s_{x,k}}{\sum(q_ib_i+\Delta W_i)\sin\theta_i}\geqslant K_s$$

(10.31)

式中 K_s——圆滑滑动稳定安全系数；安全等级为二级、三级的土钉墙，K_s 分别不应小于 1.3、1.25；

$K_{s,\min}$——所有可能圆弧滑动体的抗滑力矩与滑动力矩比值中的最小值，应通过搜索不同滑弧得到；

c_i，φ_i——第 i 土条滑弧面处土的黏聚力(kPa)、内摩擦角(°)；

b_i——第 i 土条的宽度(m)；

θ_i——第 i 土条滑弧面中点处的法线与垂直面的夹角(°)；

l_i——第 i 土条滑弧长度(m)，取 $l_i=b_i/\cos\theta_i$；

q_i——第 i 土条上的附加分布荷载标准值(kPa)；

ΔW_i——第 i 土条的自重(kN)，按天然重度计算；

$R'_{k,k}$——第 k 层土钉或锚杆在滑动面以外的锚固段的极限抗拔承载力标准值与杆体受拉承载力标准值的较小值(kN)；

α_k——第 k 层土钉或锚杆的倾角(°)；

θ_k——滑弧面在第 k 层土钉或锚杆处的法线与垂直面的夹角(°)；

$s_{x,k}$——第 k 层土钉或锚杆的水平间距(m)；

φ_k——第 k 层土钉或锚杆与滑弧面交点处土的内摩擦角(°)。

10.5 基坑稳定性分析

10.5.1 概述

基坑稳定性分析的目的在于对给定的支护结构形式设计出合理的嵌固深度，或验算已拟定支挡结构的设计是否稳定和合理。分析的内容包括验算支护结构整体稳定性、踢脚稳定性、基坑底抗隆起稳定性和基坑抗渗流稳定性等。分析方法主要有工程地质对比法和力学分析法，两种方法相互补充和验证。对具体问题，应通过综合分析以得出最后的结论。工程地质对比法是通过大量已有工程的调查研究，结合拟设计项目的地质条件来确定支护结构的嵌固深度。一般来说，这种方法比较可行，但必须在工程和地质条件基本一致的情况下才能使用。力学分析法是以土力学理论为基础，但由于实际地质因素很复杂，不能简单地用力学分析加以概括，因此，有其局限性，有时不能正确判断基坑稳定性的安全程度；但在一定条件下，它仍不失为一个解决基坑稳定性问题的得力工具。

10.5.2 基坑整体稳定性分析

基坑整体稳定性分析实际上是对支护结构的直立土坡进行稳定性分析，通过分析确定支护结构的嵌固深度，如水泥土桩墙、多层支点排桩和地下连续墙的嵌固深度。

基坑整体稳定性计算方法，采用圆弧滑动面简单条分法，按总应力法计算。取单位墙宽分析(图 10.23)，基坑支护结构整体稳定性安全系数应满足：

$$K_{SF}=\frac{\sum c_iL_i+\sum[(q_0b_i+W_i)\cos\theta_i-u_iL_i]\tan\varphi_i}{\sum(q_0b_i+W_i)\sin\theta_i}\geqslant 1.25\sim 1.35 \qquad (10.32)$$

式中 c_i——第 i 土条底面上的黏聚力(kPa)；

φ_i——第 i 土条底面上的内摩擦角(°)；

L_i——第 i 土条底面面积(m^2);

b_i——第 i 土条的宽度(m);

W_i——第 i 土条重力,按上覆土层的饱和容积密度计算;

θ_i——第 i 土条底面倾角(°);

u_i——作用于第 i 土条底面上的水压力(kPa)。

式(10.32)中安全系数 K_{SF} 应通过若干滑动面试算后取最小者。可通过计算机编程计算求得。

当有软弱土夹层、倾斜基岩面等情况时,宜用非圆弧滑动面进行计算。当嵌固深度下部存在软弱土层时,尚应继续验算软弱下卧层的整体稳定性。当滑动面外伸出有锚杆的锚固段时,应计其抗拔力对支护结构整体稳定性的贡献。

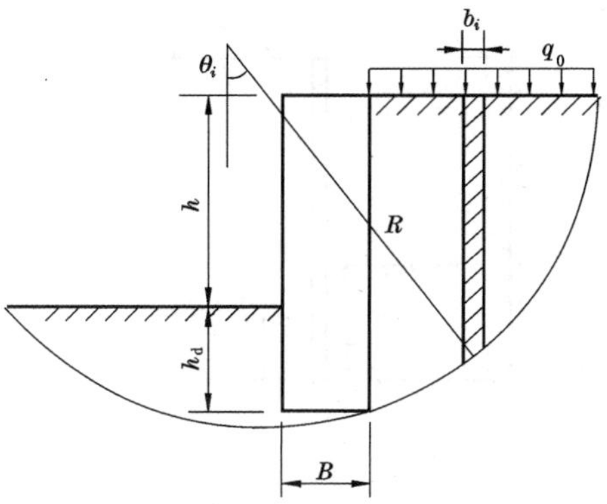

图 10.23 基坑整体稳定性分析

10.5.3 支护结构绕最下层支锚点转动稳定性分析

对于内撑式或锚拉式支挡结构,当坑底以下为软土时,在水平荷载作用下,单支点结构可能产生以支点处为转动点的失稳,而多层支点结构则可能产生绕最下层支点转动的失稳。计算模型如图 10.24 所示。

锚拉式或支撑式支挡结构绕最下层支点 O(图 10.24)转动稳定性应满足:

$$K_T = \frac{\sum[c_i l_i + (q_i b_i + \Delta W_i)\cos\theta_i \tan\varphi_i]}{\sum(q_i b_i + \Delta W_i)\sin\theta_i} \geqslant 1.7 \sim 2.2 \qquad (10.33)$$

式中 K_T——绕最下层支点转动稳定安全系数;安全等级为一级、二级、三级的支挡结构,K_T 分别不应小于 2.2、1.9、1.7;

c_i、φ_i——第 i 土条在滑弧面处的黏聚力(kPa)、内摩擦角(°);

b_i——第 i 土条的宽度(m);

l_i——第 i 土条的滑弧段长度(m),取 $l_i = b_i/\cos\theta_i$;

q_i——第 i 土条顶面上的竖向压力标准值(kPa);

θ_i——第 i 条土条滑弧面中点处法线与垂直面的夹角(°);

ΔW_i——第 i 土条的自重(kN)。

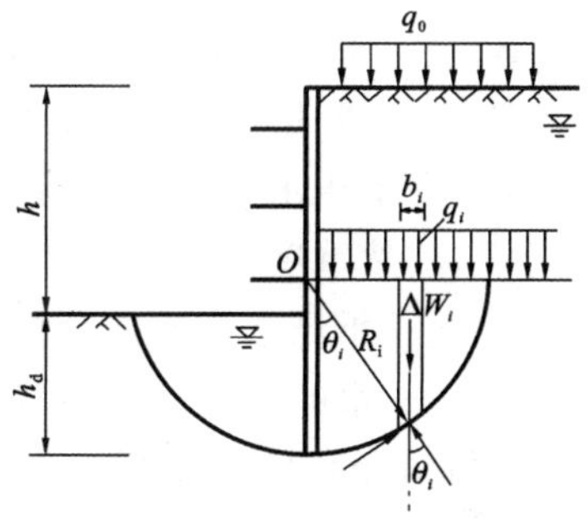

图 10.24 绕最下层支点转动稳定性验算

10.5.4 基坑底抗隆起稳定性分析

将桩墙底面的平面作为求极限承载力的基准面,参照普朗特尔和太沙基的地基承载力公式,其滑移面形状如图 10.25 所示。

《建筑地基基础设计规范》(GB 50007—2011)采用下式进行抗隆起安全系数验算,以求得支护结构的嵌固深度:

$$K_L = \frac{\gamma h_d + \tau_0 N_c}{\gamma(h + h_d) + q_0} \geqslant 1.6 \qquad (10.34)$$

式中 N_c——地基承载力系数,条形基础时取 $N_c = 5.14$;

τ_0——抗剪强度,由十字板试验或三轴不固结不排水试验确定。

《建筑基坑支护技术规程》(JGJ 120—2012)规定基坑支护结构底端平面下土层的隆起稳定性应满足:

$$K_L = \frac{\overline{\gamma}_2 \cdot h_d \cdot N_q + c \cdot N_c}{\overline{\gamma}_1 (h + h_d) + q_0} \geqslant 1.4 \sim 1.8 \qquad (10.35)$$

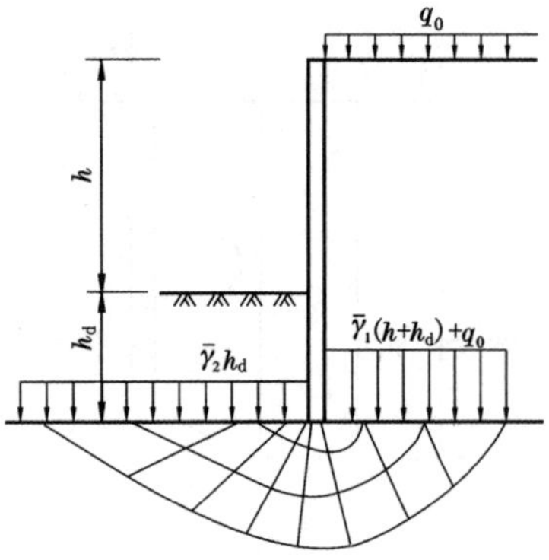

图 10.25 基坑抗隆起计算

$$N_q = \tan^2\left(45° + \frac{\varphi}{2}\right) e^{\pi\tan\varphi} \tag{10.36}$$

$$N_c = \frac{(N_q - 1)}{\tan\varphi} \tag{10.37}$$

式中 K_L——抗隆起安全系数，对于安全等级分别为一级、二级和三级的支护结构，K_L 分别不应小于1.8、1.6 和 1.4；

$\overline{\gamma}_1$，$\overline{\gamma}_2$——基坑外、基坑内支护结构底端平面以上土层按厚度加权的平均重度（kN/m³）；

h，h_d——基坑深度（m）、支护桩（墙）的嵌固深度（m）；

c，φ——支护结构底端平面下土的黏聚力（kPa）、内摩擦角（°）；

N_q，N_c——承载力系数。

10.5.5 基坑抗渗流稳定性分析

基坑抗渗流稳定性验算包括基坑底抗流土稳定性验算和抗突涌稳定性验算。

（1）抗突涌稳定性验算

当坑底上部为不透水土层，下部存在有水头高于坑底的承压水含水层，且未用截水帷幕隔断基坑内外水力联系时（图 10.26），承压水作用下的坑底抗突涌稳定性应满足如下要求：

$$\frac{D_1\gamma}{h_w\gamma_w} \geqslant K_h \tag{10.38}$$

式中 K_h——突涌稳定安全系数，不应小于 1.1；

D_1——承压水含水层顶面至坑底的土层厚度（m）；

γ——承压水含水层顶面至坑底土层的天然重度（kN/m³），对多层土，取按土层厚度加权的平均天然重度；

h_w——承压水含水层顶面的压力水头高度（m）；

γ_w——水的重度（kN/m³）。

（2）抗流土稳定性验算

当地下水位较高，采用悬挂式截水帷幕，且帷幕底端位于碎石土、砂土或粉土含水层时（图 10.27），对均质含水层，坑底土体的流土稳定性应满足如下要求：

$$\frac{(2l_d + 0.8D_2)\gamma'}{\Delta h \cdot \gamma_w} \geqslant K_f \tag{10.39}$$

式中 K_f——流土稳定安全系数，安全等级为一级、二级、三级的支挡结构，K_f 分别不应小于 1.6、1.5、1.4；

l_d——截水帷幕在坑底以下的插入深度（m）；

D_2——潜水面或承压水含水层顶面至基坑底面的土层厚度（m）；

γ'——土的浮重度（kN/m³）；

Δh——基坑内外的水头差（m）；

γ_w——水的重度（kN/m³）。

对渗透系数不同的非均质含水层，宜采用数值方法进行渗流稳定性分析。

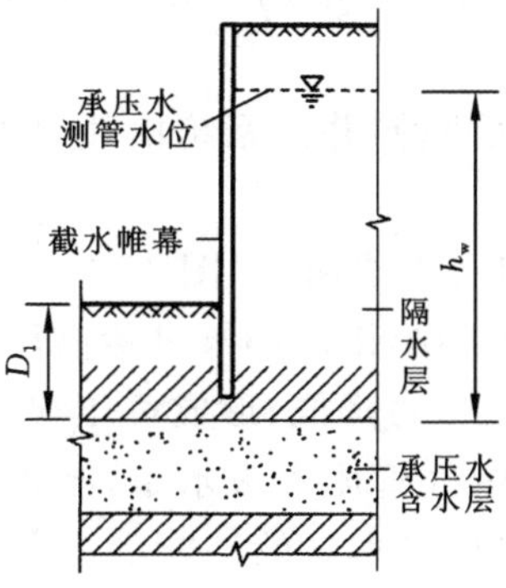

图 10.26　抗突涌稳定性验算

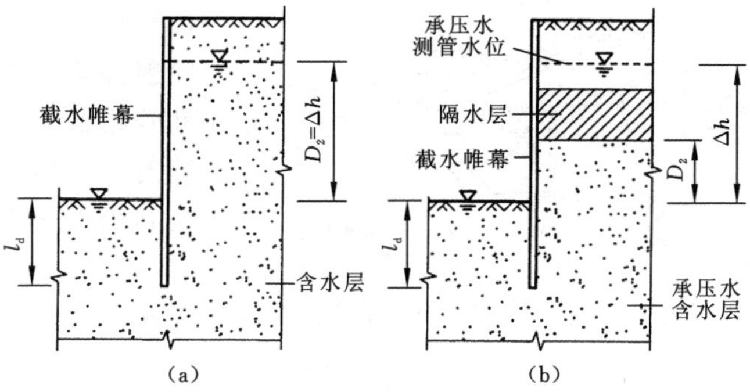

图 10.27　抗流土稳定性验算

(a)潜水;(b)承压水

10.6　地下水控制

10.6.1　概述

合理控制地下水是保证工程质量、加快工程进度、取得良好社会和经济效益的关键。通常应考虑地质、环境和施工条件以及支护结构设计等因素来综合确定地下水控制方案。

地下水控制方法有集水明排法、降水法、截水和回灌技术。降水的方法通常有轻型井点法、喷射井点法、管井井点法和深井泵井点法。当因降水危及基坑及周边环境安全时,宜采用截水或回灌方法。截水后,基坑中的水量或水压较大时,宜采用基坑内降水。

当基坑底为隔水层且层底作用有承压水时,应进行坑底土层抗突涌验算,必要时可采取水平封底隔渗或钻孔减压措施,以保证坑底土层稳定。

10.6.2　集水明排法

集水明排法又称表面排水法,它是在基坑开挖过程中以及基础施工和养护期间,在基坑四周开挖集水沟汇集坑壁及坑底渗水,并引向集水井。

集水明排法可单独采用,亦可与其他方法结合使用。单独使用时,降水深度不宜大于 5 m,否则在坑底容易产生软化、泥化,坡角出现流砂、管涌,边坡塌陷,地面沉降等问题。与其他方法结合使用时,其主要功能是收集基坑中和坑壁局部渗出的地下水和地面水。

集水明排法设备简单,费用低,一般土质条件均可采用。但当地基土为饱和粉细砂土等黏聚力较小的细粒土层时,由于抽水会引起流砂现象,造成基坑破坏和坍塌,因此,应避免采用集水明排法。

10.6.3　降水法

降水法主要是将带有滤管的降水工具沉没到基坑四周的土中,利用各种抽水工具,在不扰动土的结构条件下,将地下水抽出,以利于基坑开挖。一般有轻型井点法、喷射井点法、管井井点法、深井泵井点法等方法。

(1) 轻型井点法

当在井内抽水时,井中的水位开始下降,周围含水层的地下水流向井中,经一段时间后达到稳定,水位形成向井弯曲的“下降漏斗”,地下水位逐渐降低到坑底设计标高以下,使施工能在干燥无水的环境下进行。

轻型井点系统包括过滤管、井点管、集水总管、连接管和抽水设备(图 10.28)。用连接管将井点管与集水总管和水泵连接,形成完整系统。抽水时,先打开真空泵抽出管路中的空气,使之形成真空,这时地下水和土中空气在真空吸力作用下被吸入集水箱,空气经真空泵排出,当集水管存水较多,再开动离心泵抽水。

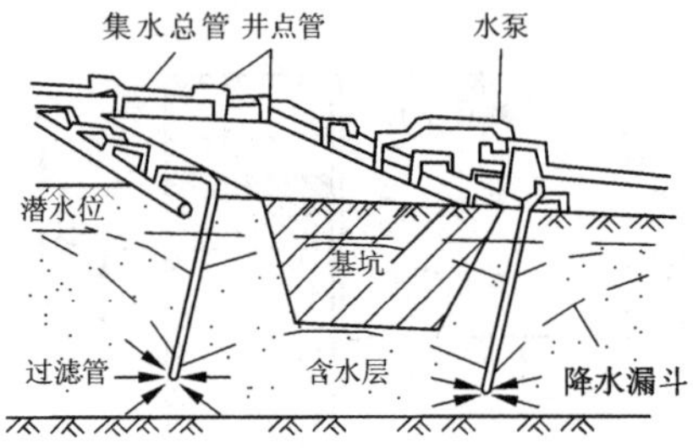

图 10.28　单排轻型井点布置示意图

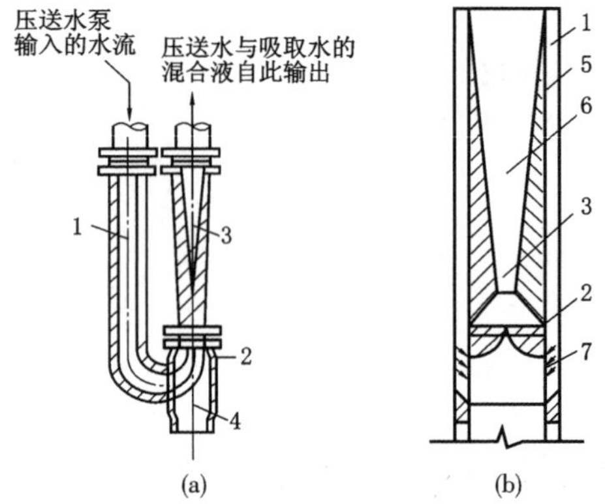

图 10.29　喷射井点构造原理图

(a) 外接式；(b) 同心式(喷嘴 ϕ6.5 mm)

1—输水导管(亦可为同心式)；2—喷嘴；

3—混合室(喉管)；4—吸入管；5—内管；

6—扩散室；7—工作水流

若要求降水深度较深(如大于 6 m)，可采用两级或多级井点降水。

(2) 喷射井点法

喷射井点一般有喷水和喷气两种，井点系统由喷射器、高压水泵和管路组成。

喷射器结构形式有外接式和同心式两种(图 10.29)，其工作原理是利用高速喷射液体的动能工作，由离心泵供给高压水流入喷嘴高速喷出，经混合室造成此处压力降低，形成负压和真空，则井内的水在大气压力作用下，由吸气管压入吸水室，吸入水和高速射流在混合室中相互混合，射流将本身的动能的一部分传给被吸入的水，使吸入水流的动能增加，混合水流入扩散室，由于扩散室截面扩大，流速下降，大部分动能转为压力，将水由扩散室送至高处。

喷射井点法管路系统布置和井点管的埋设与轻型井点基本相同。

(3) 管井井点法

管井井点的确定先根据总涌水量验算单根井管极限涌水量，再确定井的数量。井管由两部分组成，即井壁管和滤水管。井壁管可用直径为 200～300 mm 的铸铁管、无砂混凝土管、塑料管。滤水管可用钢筋焊接骨架，外包滤网(孔眼为 1～2 mm)，长 2～3 m，也可用实管打花孔，外缠铅丝做成，或者用无砂混凝土管。

根据已确定的管井数量沿基坑外围均匀设置管井。钻孔可用泥浆护壁套管法，也可用螺旋钻，但孔径应大于管井外径 150～250 mm。将钻孔底部泥浆掏净，下沉管井，用集水总管将管井连接起来，并在孔壁与管井之间填 3～15 mm 砾石作为过滤层。吸水管采用直径 50～100 mm 胶皮管或钢管，其底端应在设计降水位的最低水位以下。

(4) 深井泵井点法

深井泵井点由深井泵(或深井潜水泵)和井管滤网组成。

井孔钻孔可用钻孔机或水冲法。孔的直径应大于井管直径 200 mm。孔深应考虑到抽水期内沉淀物可能的厚度而适当加深。

井管放置应垂直，井管滤网应放置在含水层适当的范围内。井管内径应大于水泵外径 50 mm，孔壁与井管之间填大于滤网孔径的填充料。

应注意潜水泵的电缆要可靠，深井泵的电机宜有阻逆装置，在换泵时应清洗滤井。

10.6.4　截水与回灌

如果地下降水对基坑周围建(构)筑物和地下设施会带来不良影响时，可采用竖向截水帷幕或回灌的方法避免或减小该影响。

竖向截水帷幕通常用水泥搅拌桩、旋喷桩等做成。其结构形式有两种：一种是当含水层较薄时，穿过含水层，插入隔水层中；另一种是当含水层相对较厚时，帷幕悬吊在透水层中。前者作为防渗计算时，只需计算通过防渗帷幕的水量，后者尚须考虑绕过帷幕涌入基坑的水量。

截水帷幕的厚度应满足基坑防渗要求，截水帷幕的渗透系数宜小于 1.0×10^{-6} cm/s。

落底式竖向截水帷幕应插入下卧不透水层一定深度。

当地下含水层渗透性较强、厚度较大时，可采用悬挂式竖向截水与坑内井点降水相结合或采用悬挂式竖向截水与水平封底相结合的方案。

截水帷幕施工方法和机具的选择应根据场地工程水文地质及施工条件等综合确定。

在基坑开挖与降水过程中，可采用回灌技术防止因周边建筑物基础局部下沉而影响建筑物的安全。回灌方式有两种：一种采用回灌沟回灌（图 10.30），另一种采用回灌井回灌（图 10.31）。其基本原理是：在基坑降水的同时，向回灌井或沟中注入一定水量，形成一道阻渗水幕，使基坑降水的影响范围不超过回灌点的范围，阻止地下水向降水区流失，保持已有建筑物所在地原有的地下水位，使土压力仍处于原有平衡状态，从而有效地防止降水的影响，使建筑物的沉降达到最低限度。

如果建筑物离基坑稍远，且为较均匀的透水层，中间无隔水层，则采用最简单的回灌沟方法进行回灌较好，其经济易行，如图 10.30 所示。但如果建筑物离基坑近，且为弱透水层或透水层中间夹有弱透水层和隔水层时，则须用回灌井点进行回灌，如图 10.31 所示。

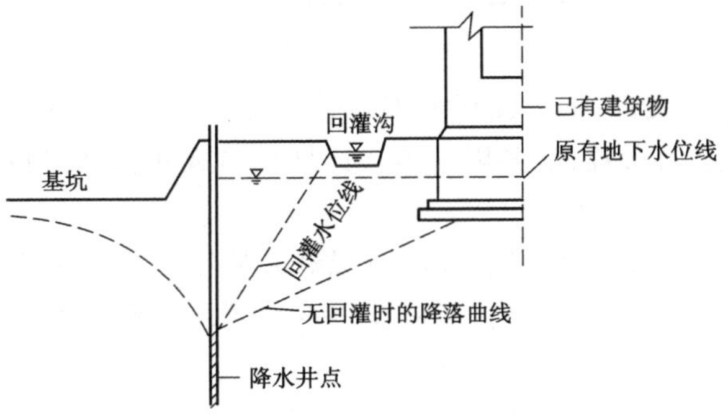

图 10.30　井点降水与回灌沟回灌示意图

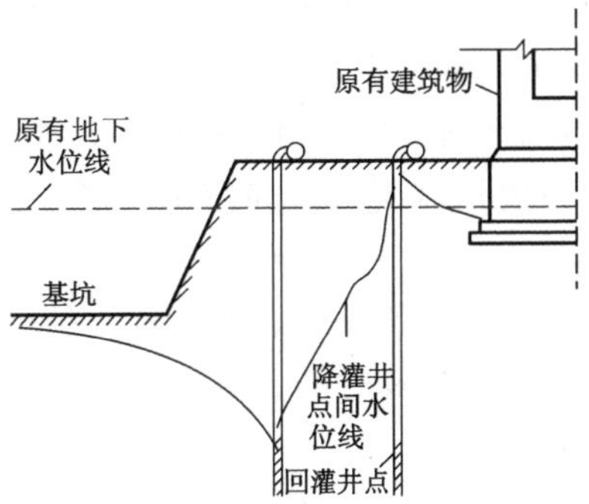

图 10.31　井点降水与井点回灌示意图

10.7　基坑现场监测与信息化施工

10.7.1　基坑现场监测

在深基坑开挖的施工过程中，基坑内外的土体将由原来的静止土压力状态向被动和主动土压力状态转变，应力状态的改变引起土体的变形，即使采取了支护措施，一定数量的变形总是难以避免的。因此，在深基坑施工过程中，只有对基坑支护结构、基坑周围的土体和相邻的建(构)筑物进行综合、系统的监测，才能对工程情况有全面的了解，确保工程顺利进行。

对深基坑施工过程进行综合监测的目的主要有：

① 根据监测结果，发现安全隐患，防止工程和环境破坏事故的发生；

② 利用监测结果指导现场施工，进行信息化反馈优化设计，使设计达到优质安全、经济合理、施工简捷；

③ 将监测结果与理论预测值对比，用反分析法求得更准确的设计计算参数，修正理论公式，以指导下阶段的施工或其他工程的设计和施工。

基坑监测项目根据基坑侧壁安全等级按表 10.3 执行。

表 10.3　基坑监测项目表(JGJ 120—2012)

监测项目	基坑结构的安全等级		
	一级	二级	三级
支护结构顶部水平位移	应测	应测	应测
基坑周边建(构)筑物、地下管线、道路沉降	应测	应测	应测
坑边地面沉降	应测	应测	宜测
支护结构深部水平位移	应测	应测	选测
锚杆拉力	应测	应测	选测
支撑轴力	应测	应测	选测

续表10.3

监测项目	基坑结构的安全等级		
	一级	二级	三级
挡土构件内力	应测	宜测	选测
支撑立柱沉降	应测	宜测	选测
挡土构件、水泥土墙沉降	应测	宜测	选测
地下水位	应测	应测	选测
土压力	宜测	选测	选测
孔隙水压力	宜测	选测	选测

基坑现场监测应满足下列技术要求：

① 观测工作必须是有计划的，应严格按照有关的技术文件（如监测任务书）执行。这类技术文件的内容，至少应该包括监测方法和使用的仪器、监测精度、测点的布置、观测周期等。计划性是观测数据完整性的保证。

② 监测数据必须是可靠的。数据的可靠性由监测仪器的精度、可靠性以及观测人员的素质来保证。

③ 观测必须是及时的。因为基坑开挖是一个动态的施工过程，只有保证及时观测才能有利于发现隐患，及时采取措施。

④ 对于观测的项目，应按照工程具体情况预先设定预警值，预警值应包括变形值、内力值及其变化速率。当观测发现超过预警值的异常情况，要立即考虑采取应急补救措施。

⑤ 每个工程的基坑支护监测，应该有完整的观测记录，形象的图表、曲线和观测报告。

10.7.2 基坑信息化施工

基坑工程是一个涉及地质、水文、气象等条件及土力学、结构、施工组织和管理等学科各个方面的系统工程。在基坑开挖过程中，土体性状和支护结构的受力状态都在不断变化，恰当地模拟这种变化是工程实践所需要的。但用传统的固定不变的计算模型和参数来描述不断变化的土体性状是不合适的。因此，必须根据现场监测信息，不断修改、优化设计，以便达到安全施工的目的。

信息化施工是应用系统工程于施工的一种现代施工管理办法，包括信息采集（监测）、反分析（即分析模型和计算参数反演）、正分析（预测）以及根据预测结果进行决策与控制等方面的内容，其原理如图 10.32所示。

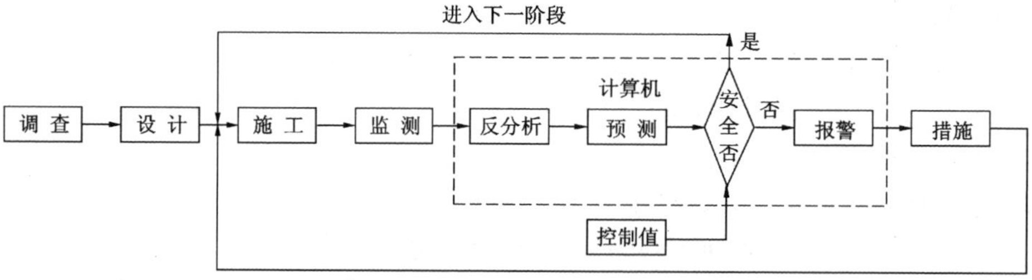

图 10.32　信息化施工原理框图

思 考 题

10.1　基坑支护结构中土压力的计算模式有哪些？适用条件是什么？

10.2　排桩和地下连续墙支护结构计算中的静力平衡法和等值梁法有何区别？各有什么局限性？

10.3　水泥土桩墙支护结构的抗倾覆稳定和抗滑移稳定，哪个更容易满足？条件是什么？

10.4　土钉墙支护结构与传统的重力式挡土墙及加筋挡土墙有何异同？

10.5　目前基坑工程设计与施工中尚存在哪些问题？

10.6　常用的地下水控制方法有哪些？各有什么特点？

10.7　基坑工程施工为什么要进行现场监测和信息化施工？

习　题

10.1　在某黏土地层中开挖深 5 m 的基坑，采用悬臂式灌注桩支护，$\gamma=19.5\ kN/m^3$，黏聚力 $c=10$ kPa，内摩擦角 $\varphi=18°$。地面施工荷载 $q_0=20$ kPa，不计地下水影响，试计算支护桩入土深度 t、桩身最大弯矩 M_{max} 及最大弯矩点位置 x_m。

10.2　一基坑开挖深度 8 m，采用下端自由支撑、上部有锚拉支点的板桩支护结构，锚拉支点距地表 1.5 m，水平间距 2.0 m。基坑周围土层厚度为 19 kN/m³，内摩擦角为 28°，黏聚力为 10 kPa。试按静力平衡法计算板桩的插入深度、板桩的最大弯矩和锚拉力。

10.3　有一开挖深度 $h=6$ m 的基坑，采用一道锚杆的板桩支护，锚杆支点距地表 1.5 m，水平间距 2.0 m，基坑周围土层重度 $\gamma=20.0\ kN/m^3$，内摩擦角 $\varphi=24°$，黏聚力 $c=0$。地面施工荷载 $q_0=20$ kPa。试按等值梁法计算板桩的入土深度、锚杆拉力和最大弯矩。

10.4　有一开挖深度 $h=5$ m 的基坑，采用水泥土桩墙支护，墙体宽度 3.2 m，墙体入土深度（基坑开挖面以下）5.5 m，墙体重度 $\gamma=20.0\ kN/m^3$，墙体与土体摩擦系数 $\mu=0.3$。基坑周围土层重度为 $\gamma=18.0\ kN/m^3$，内摩擦角 $\varphi=12°$，黏聚力 $c=10$ kPa。试计算水泥土墙抗倾覆稳定和抗滑移稳定性安全系数。

10.5　有一开挖深度 $h=9$ m 的基坑，采用土钉支护结构支护，其计算参数和结构简图如图 10.33 所示。基坑边坡土层为砂质黏土，土层重度为 $\gamma=18.0\ kN/m^3$，内摩擦角 $\varphi=35°$，黏聚力 $c=12$ kPa。边坡坡度为 80°。土钉采用注浆型土钉，其长度为 5 m，钻孔直径 100 mm，土钉钢筋为 ϕ 25 mm，土钉竖横向间距均为 1.25 m。地面超载为 12 kPa。试验算该土钉墙内、外部稳定性和单个土钉抗拔稳定性。

10.6　有一开挖深度 $h=8$ m 的基坑，采用排桩加一水平支撑支护结构，支护桩入土深度 $t=7.0$ m，土层重度为 $\gamma=19.0\ kN/m^3$，内摩擦角 $\varphi=15°$，黏聚力 $c=10$ kPa，地面施工荷载 $q_0=20$ kPa。桩长范围内无地下水，试验算该基坑抗隆起稳定性。

10.7　某基坑开挖深度为 18 m，采用多支点支护结构，其土层参数及地面超载如图 10.34 所示。试计算板桩长度以及作用于板桩上的支撑力和最大弯矩。

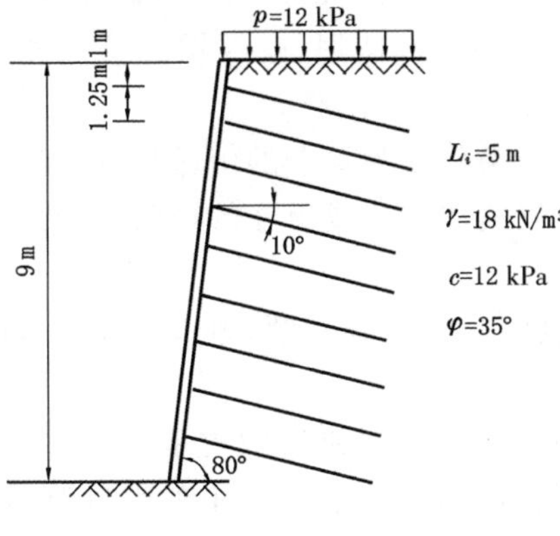

图 10.33　习题 10.5 图

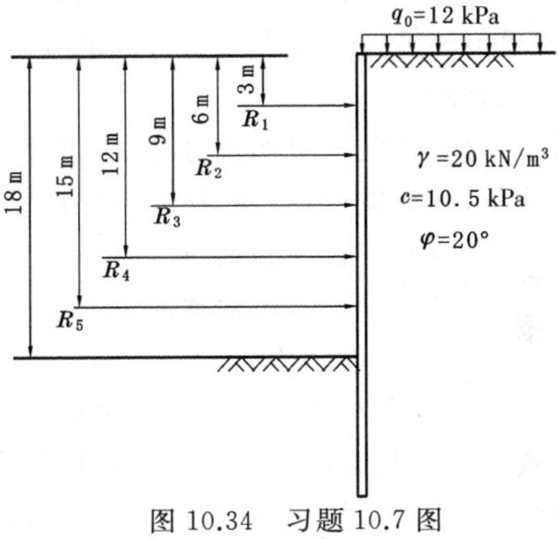

图 10.34　习题 10.7 图

11 区域性地基及其他

本章提要

本章介绍了几种在我国分布较广的区域性地基及其他类型地基与基础问题，包括湿陷性黄土地基、膨胀土地基、山区地基、冻土地基、盐渍土地基及地震区地基等。这类地基土由于所处地理环境、气候条件和地质成因、物质成分等不同，而与一般土的工程性质有显著区别，通常带有一定的区域性。本章先分别介绍这类地基土的特征和分布；然后讲述其特殊的工程性质和产生原因以及它们给工程建设带来的影响和危害；最后介绍这几类地基土各自的工程评价方法和处理措施。

11.1 概　　述

区域性地基是指特殊土地基、山区地基以及地震区地基等。我国不少地区，分布着区域性特殊土，种类很多，主要包括湿陷性黄土、膨胀土、红黏土、冻土和盐渍土等。它们各自具有一些特殊的成分、结构和性质，如黄土的湿陷性、膨胀土的胀缩性、冻土的冻胀融沉性、盐渍土的融陷和腐蚀性等。当其作为建筑物地基时，如果不注意这些特点就会造成事故。为保证建筑物安全和正常使用，应根据其特点和工程要求，因地制宜，综合治理。

我国广大的山区、丘陵地带，广泛分布着工程地质、水文地质条件更为复杂的山区地基，经常出现多种不良地质现象，如滑坡、泥石流、崩塌、岩溶和土洞等，给工程建设造成直接或潜在的威胁。因此，必须正确认识山区建设的特性，合理利用，正确处理山区地基。

在地基及基础问题中，还常常涉及其他一些特殊类型，如动力机器基础问题，地震区地基基础问题等，我们也放在本章作简单介绍。

一般的动力机器在运行时都将产生振动，而振动引起的动荷载又将对机器的支承结构（基础或构架）带来动力效应。若基础动力效应超过一定限度将产生一系列的危害，如造成地基土的强度降低并增加基础的沉降量，机器零件易于磨损乃至影响正常运行，对相邻设备、建筑物产生危害，对附近人员的生活与身体产生不利影响等。因此，动力机器基础应按照考虑动力作用的条件进行设计与施工。

我国是一个多地震的国家，地震时，在岩土中传播的地震波引起地基土体的振动，当地基土强度经受不住地基振动变形所产生的内力时，就会失去支撑建筑物的能力，导致地基失效，严重时可产生像地裂、坍塌、液化、震陷等灾害。地震中地基的稳定性和变形以及抗震、防震措施是地震区地基基础设计必须主要考虑的问题。

11.2 湿陷性黄土地基

11.2.1 黄土的特征和分布

黄土是一种产生于第四纪地质历史时期干旱条件下的沉积物，它的内部物质成分和外部形态特征都不同于同时期的其他沉积物。一般认为不具层理的风成黄土为原生黄土，原生黄土经过流水冲刷、搬运和重新沉积而形成的黄土称为次生黄土，它常具有层理和砾石夹层。

黄土外观颜色较杂乱，主要呈黄色或褐黄色。颗粒组成以粉粒为主，同时含有砂粒和黏粒。黄土还含有大量可溶盐类。往往具有肉眼可见的大孔隙，孔隙比变化大多在1.0～1.1之间。

在一定压力下受水浸湿，土结构迅速破坏，并发生显著附加下沉的黄土称湿陷性黄土，它主要为属于晚更新世（Q_3）的马兰黄土以及属于全新世（Q_4）的黄土状土。这类土为形成年代较晚的新黄土，土质均匀或较为均匀，结构疏松，大孔发育，有较强烈的湿陷性。在一定压力下受水浸湿，土结构不破坏，并无显著附加下沉的黄土称非湿陷性黄土，一般属于中更新世（Q_2）的离石黄土和属于早更新世（Q_1）的午城黄土。这类形成年代久远的老黄土土质密实，颗粒均匀，无大孔或略具大孔结构，一般不具有湿陷性或轻微湿陷性。非湿陷性黄土地基的设计和施工与一般黏性土地基无甚差异。后面讨论的均指与工程建设关系密切的湿陷性黄土。

湿陷性黄土又分为自重湿陷性黄土和非自重湿陷性黄土两种。在上覆土的自重压力下受水浸湿发生显著附加下沉的湿陷性黄土称自重湿陷性黄土；在上覆土的自重压力下受水浸湿不发生显著附加下沉的湿陷性黄土称非自重湿陷性黄土。

黄土在全世界分布面积达1300万 km^2，约占陆地总面积的9.3%。主要分布于中纬度干旱、半干旱地区。我国黄土分布非常广泛，面积约为64万 km^2，其中湿陷性黄土约占3/4。以黄河中游地区最为发育，多分布于甘肃、陕西、山西地区，青海、宁夏、河南也有部分分布，其他如河北、山东、辽宁、黑龙江、内蒙古和新疆等省（区）也有零星分布。

我国《湿陷性黄土地区建筑标准》（GB 50025—2018，简称《黄土标准》），给出了我国湿陷性黄土工程地质分区略图。

11.2.2 黄土湿陷发生原因及影响因素

11.2.2.1 黄土湿陷原因

黄土的湿陷现象是一个复杂的地质、物理、化学过程，对其湿陷的原因和机理，可以归纳为内因和外因两个方面。内因主要是由于土本身的物质成分（颗粒组成、矿物成分和化学成分）和其结构，外因则是水和压力的作用。国内外学者有种种假说，如毛细管假说、溶盐假说、胶体不足假说、水膜楔入假说、欠压密理论和结构学说等。但至今尚未获得一种大家公认的理论能够充分地解释所有的湿陷现象和本质。本章简单介绍一下被公认为能比较合理解释湿陷现象的欠压密理论、溶盐假说和结构学说。

（1）黄土的欠压密理论认为，在干旱、少雨气候下，黄土沉积过程中水分不断蒸发，土粒间的盐类析出，胶体凝固，形成固化黏聚力，从而阻止了上面的土对下面土的压密作用而成为欠压密状态，时间长了，堆积的欠压密土层越来越厚，因而形成这种高孔隙比、低湿度的湿陷性黄土。一旦水浸入较深，固化黏聚力消失，就产生了湿陷。欠压密理论易于解释我国黄土为什么西北部湿陷性强，东南部弱这一规律。

（2）溶盐假说认为，黄土湿陷是由于黄土中存在大量的易溶盐。当黄土中含水率较低时，易溶盐处于微晶状态，附在颗粒表面，起着胶结作用。当受水浸湿后，易溶盐溶解，胶结作用丧失，产生湿陷。但溶盐假说并不能解释所有的湿陷现象，例如我国湿陷性黄土中易溶盐含量就较少。

（3）结构学说认为，黄土湿陷的根本原因是湿陷性黄土所具有的特殊结构体系。这种结构体系是由集粒和碎屑组成的骨架颗粒相互连接形成的一种粒状架空结构体系，见图11.1，它含有大量架空孔隙。颗粒间的连接强度是在干旱、半干旱条件下形成的，来源于上覆土重的压密，少量的水在粒间接触处形成的毛管压力，粒间电分子引力，粒间摩擦及少量胶凝物质的固化黏聚等。该结构体系在水和外荷载共同作用下，必然导致连接强度降低、连接点破坏，使整个结构体系失去稳定。

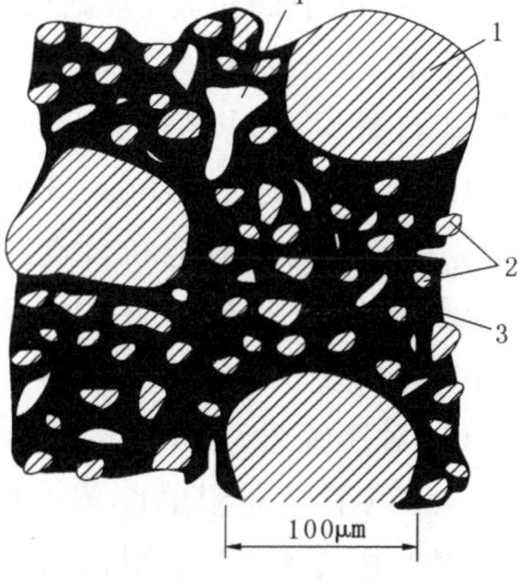

图11.1 黄土结构示意图

1—砂粒；2—粗粉粒；3—胶结物；4—大孔隙

尽管解释黄土湿陷原因的观点各异，但从上面归纳起来可以分为外因和内因两方面。黄土受水浸湿和荷载作用是湿陷发生的外因，黄土的结构特征及物质成分是产生湿陷性的内在原因。

11.2.2.2　影响黄土湿陷性的因素

影响黄土湿陷性的因素来自组成黄土的物质成分和其特殊结构。在组成黄土的物质成分中，黏粒含量对湿陷性有一定影响，一般黏粒含量越多湿陷性越小，我国黄土湿陷性存在着由西北向东南递减的趋势，这与自西北向东南方向砂粒含量减少而黏粒含量增多情况是一致的。另外黄土中盐类及其存在状态对湿陷性有直接影响，如以较难溶解的碳酸钙含量为主，则湿陷性减弱，而其他碳酸盐、硫酸盐和氯化物等易溶盐含量越多，则湿陷性越强。

黄土的湿陷性与孔隙比和含水率大小有关。天然孔隙比 e 越大，或天然含水率 w 越小则湿陷性越强。饱和度 $S_r \geqslant 80\%$ 的黄土，称为饱和黄土，其湿陷性已退化。在天然含水率相同时，黄土的湿陷变形随湿度的增加而增大。

黄土的湿陷性还与外加压力有关，外加压力越大，湿陷量也显著增加，但当压力超过某一数值时，再增加压力，湿陷量反而减少。黄土的湿陷性一般自地表向下逐渐减弱，埋深 7 m、8 m 以上的黄土湿陷性较强。

11.2.3　黄土地基的湿陷性评价及勘察要求

11.2.3.1　湿陷性评价

正确评价黄土地基的湿陷性具有很重要的工程意义，它主要包括三方面的内容：首先，查明黄土在一定压力下浸水后是否具有湿陷性；其次，判别场地的湿陷类型，属于自重湿陷性黄土还是非自重湿陷性黄土；最后，判定湿陷黄土地基的湿陷等级，即强弱程度。

关于黄土地基湿陷性的评价标准，各国不尽相同。这里介绍我国《黄土标准》的规定。

(1) 湿陷系数、湿陷起始压力及黄土湿陷性的判别

黄土的湿陷量与所受的压力大小有关，黄土的湿陷性应利用现场采集的不扰动土试样，按室内压缩试验在一定压力下测定的湿陷系数 δ_s 来判定，其计算式为：

$$\delta_s = \frac{h_p - h_p'}{h_0} \tag{11.1}$$

式中　h_p——保持天然的湿度和结构的土样，加压至一定压力时，下沉稳定后的高度(mm)；

h_p'——上述加压稳定后的土样，在浸水(饱和)作用下，附加下沉稳定后的高度(mm)；

h_0——土样的原始高度(mm)。

工程中主要利用 δ_s 来判别黄土的湿陷性，当 $\delta_s < 0.015$ 时，应定为非湿陷性黄土；当 $\delta_s \geqslant 0.015$ 时，应定为湿陷性黄土。试验中，测定湿陷系数的压力 p，用地基中黄土的实际压力虽然比较合理，但在初勘阶段，建筑物的平面位置、基础尺寸和埋深等尚未确定，故实际压力大小难以预估。鉴于一般工业与民用建筑基底下 10 m 内的附加应力与土的自重应力之和接近 200 kPa，10 m 以下附加应力很小，主要是上覆土的饱和自重应力，故《黄土标准》规定，试验压力应按下列条件取值：

① 基底压力小于 300 kPa 时，基底下 10 m 以内的土层应用 200 kPa，10 m 以下至非湿陷性黄土层顶面，应用其上覆土的饱和自重压力；

② 基底压力不小于 300 kPa 时，宜用实际基底压力，当上覆土的饱和自重压力大于实际基底压力时，应用其上覆土的饱和自重压力；

③ 对压缩性较高的新近堆积黄土，基底下 5 m 以内的土层，其试验压力宜用 100～150 kPa，5～10 m 和 10 m 以下至非湿陷性黄土层顶面，应分别用 200 kPa 和上覆土的饱和自重压力。

用上述方法只能测出在某一个规定压力下的湿陷系数。有时工程上需要确定湿陷起始压力 p_{sh}(kPa)。它是一个压力界限值，当黄土受的压力低于这个数值，即使浸了水也只产生压缩变形，而不会出现湿陷现象。因此 p_{sh} 是一个很有实用价值的指标。《黄土标准》中给出下列方法确定：

按现场载荷试验确定时，应在 p-s_s（压力与浸水下沉量）曲线上，取其转折点所对应的压力作为湿陷起始压力值。当曲线上的转折点不明显时，可取浸水下沉量 s_s 与承压板宽度 b 之比小于 0.015 所对应的压力作为湿陷起始压力值。

按室内压缩试验即单、双线法确定时，在 p-δ_s 曲线上宜取 $\delta_s=0.015$ 所对应的压力作为湿陷起始压力值。其中采用单线法时，应在同一个取土点的同一深度处，至少以环刀取 5 个试样，各试样均在天然湿度下分级加载，分别加至不同的规定压力，下沉稳定后测 h_p，再浸水，至湿陷稳定为止，测试样高度 h_p'。按公式(11.1)，绘制 p-δ_s 曲线，定 p_{sh}。

采用双线法时，应在同一个取土点的同一深度处，以环刀取 2 个试样，一个在天然湿度下分级加载，另一个在天然湿度下加第一级荷载，下沉稳定后浸水，至湿陷稳定，再分级加载。分别测定这两个试样在各级压力下，下沉稳定后的试样高度 h_p 和浸水下沉稳定后的试样高度 h_p'，就可以绘制出不浸水试样的 p-h_p 曲线和浸水试样的 p-h_p' 曲线，如图 11.2 所示，然后按公式(11.1)绘制 p-δ_s 曲线，确定 p_{sh}。

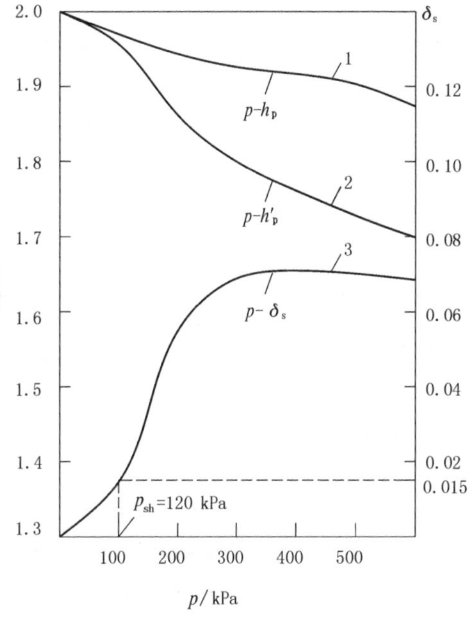

图 11.2　双线法压缩试验曲线

1—不浸水试样的 p-h_p 曲线；

2—浸水试样的 p-h_p' 曲线；3—p-δ_s 曲线

(2) 湿陷类型的划分

工程实践表明，自重湿陷性黄土在没有外荷载的作用下，浸水后也会迅速发生剧烈的湿陷，产生的湿陷事故比非自重湿陷性黄土场地多，对两种类型的湿陷性黄土地基，所采取的设计和施工措施有所区别。因此，必须正确划分场地的湿陷类型。

建筑场地的湿陷类型，应按实测自重湿陷量 Δ_{ZS}' 或按室内压缩试验累计的计算自重湿陷量 Δ_{ZS} 判定。实测自重湿陷量 Δ_{ZS}' 应根据现场试坑浸水试验确定，该试验方法比较可靠，但费水费时，有时受各种条件限制，往往不易做到。因此，规范规定，除在新建区，对甲、乙类建筑物宜采用现场试坑浸水试验外，对一般建筑物可按计算自重湿陷量划分场地类型。

计算自重湿陷量按下式进行：

$$\Delta_{ZS}=\beta_0\sum_{i=1}^{n}\delta_{ZSi}h_i \tag{11.2}$$

式中　δ_{ZSi}——第 i 层土在上覆土的饱和自重压力作用下的湿陷系数，其测定和计算方法同 δ_s，即 $\delta_{ZS}=(h_Z-h_Z')/h$，其中 h_Z 是加压至土的饱和自重应力时下沉稳定后的高度，h_Z' 是上述加压稳定后，在浸水作用下，下沉稳定后的高度；

h_i——第 i 层土的厚度(mm)；

n——总计算土层内湿陷土层的数目，总计算厚度应从天然地面算起（当挖、填方厚度及面积较大时，自设计地面算起）至其下全部湿陷性黄土层的底面为止（$\delta_s<0.015$ 的土层不计）；

β_0——因土质地区而异的修正系数，对陇西地区可取 1.5，对陇东、陕北、晋西地区可取 1.2，对关中地区可取 0.9，对其他地区可取 0.5。

Δ_{ZS} 应自天然地面（当挖、填方的厚度和面积较大时，应自设计地面）算起，至其下非湿陷性黄土层的顶面上，其中 $\delta_{ZS}<0.015$ 的土层不累计。

当实测自重湿陷量 Δ_{ZS}' 或计算自重湿陷量 Δ_{ZS} 小于或等于 70 mm 时，应定为非自重湿陷性黄土地区；大于70 mm时，定为自重湿陷性黄土地区。

(3) 黄土地基的湿陷等级

湿陷性黄土地基的湿陷等级，应根据自重湿陷量计算值或实测值和湿陷量计算值，按表 11.1 判定。

表 11.1　湿陷性黄土地基的湿陷等级

湿陷量 Δ_S	非自重湿陷性场地	自重湿陷性场地	
	$\Delta_{ZS}\leqslant 70$ mm	70 mm$<\Delta_{ZS}\leqslant$350 mm	$\Delta_{ZS}>$350 mm
50 mm$<\Delta_S\leqslant$100 mm	Ⅰ(轻微)	Ⅰ(轻微)	Ⅱ(中等)
100 mm$<\Delta_S\leqslant$300 mm	Ⅰ(轻微)	Ⅱ(中等)	Ⅱ(中等)
300 mm$<\Delta_S\leqslant$700 mm	Ⅱ(中等)	Ⅱ(中等)或Ⅲ(严重)	Ⅲ(严重)
$\Delta_S>$700 mm	Ⅱ(中等)	Ⅲ(严重)	Ⅳ(很严重)

注:① Δ_{ZS}为自重湿陷量(mm);

② 对 70 mm$<\Delta_S<$350 mm,300 mm$<\Delta_S\leqslant$700 mm 一档的划分,当湿陷量的计算值 $\Delta_S>$600 mm、自重湿陷量的计算值 $\Delta_S>$300 mm 时,可判为Ⅲ级,其他情况可判为Ⅱ级。

总湿陷量可按下式计算

$$\Delta_S=\sum_{i=1}^{n}\alpha\beta\delta_{si}h_i \tag{11.3}$$

式中　α——不同深度地基土浸水概率系数,按地区经验取值。无地区经验时,基底下 0～10 m 取 1.0;10～20 m 取 0.9;20～25 m 取 0.6;大于 25m 取 0.5。

δ_{si}——第 i 层土的湿陷系数。

h_i——第 i 层土的厚度(cm)。

β——考虑地基土的受水浸湿可能性和侧向挤出等因素的修正系数,基底下 0～5 m 取 1.5;基底下 5～10 m:对于非自重湿陷性黄土场地取 1.0,对于自重湿陷性黄土场地,取所在地区的 β_0 值且不小于 1.0;基底下 10 m 以下至非湿陷性黄土层顶面或控制性勘探孔深度:对于非自重湿陷性黄土场地,Ⅰ区、Ⅱ区取 1.0,其余地区取工程所在地区的 β_0 值,对于自重湿陷性黄土场地取工程所在地区的 β_0 值。

Δ_S 是湿陷性黄土地基在规定压力作用下充分浸水后可能发生的湿陷变形值。设计时应根据黄土地基的湿陷等级考虑相应的设计措施。在同样情况下,湿陷程度愈高,设计措施要求也愈高。

【例 11.1】 陇西地区某湿陷性黄土场地的地层情况为:0～12.5 m 为湿陷性黄土,12.5 m 以下为非湿陷性黄土。探井资料见表 11.2,假设场地地层水平、均匀,地面标高为±0.000,根据《黄土标准》的规定,湿陷性黄土地基的湿陷等级为哪类?

表 11.2　探井资料　(单位:m)

取样深度	1	2	3	4	5	6	7	8	9	10	11	12
δ_{ZSi}	0.011	0.013	0.016	0.017	0.018	0.019	0.02	0.022	0.01	0.025	0.027	0.016
δ_{si}	0.076	0.07	0.065	0.055	0.05	0.045	0.043	0.037	0.011	0.036	0.018	0.014

注:δ_{ZS}或 $\delta_{si}<$0.015,属非湿陷性土层。

【解】 (1) 场地湿陷类型判别

首先计算自重湿陷量 Δ_{ZS},自天然地面算起至其下全部湿陷性黄土层面为止,根据规范,在陇西地区 β_0 可取 1.5,按式(11.2)可得:

$$\Delta_{ZS}=\beta_0\sum_{i=1}^{n}\delta_{ZSi}h_i=1.5\times(16+17+18+19+20+22+25+27+16)=270\text{ mm}$$

为自重湿陷性场地。

(2) 黄土地基湿陷等级判别

由式(11.3)可知

$$\Delta_S=\sum_{i=1}^{n}\beta\delta_{si}h_i\quad(\text{取 }\beta=\beta_0)$$

$$=1.0\times1.5\times(70+65+55+50+45)+1.0\times1.5\times(43+37+36+18)=628.5\text{ mm}$$

由 70 mm<Δ_{ZS}<350 mm，300 mm<Δ_S<700 mm，且 Δ_{ZS}<300 mm，查表 11.1 可知此地基湿陷等级为Ⅱ级。

11.2.3.2　黄土地基勘察要求

应依照《黄土标准》和《岩土工程勘察规范》对湿陷性黄土地区进行岩土工程勘察。勘察前应查明或通过试验确定下列岩土参数：①建筑类别为甲类、乙类时，场地湿陷性黄土层的厚度、下限深度；②自重湿陷系数、湿陷系数及湿陷起始压力随深度的变化；③不同湿陷类型场地、不同湿陷等级地基的平面分布。此外，还应对场地、地基作出岩土工程评价，并应对地基处理措施提出建议：

(1) 查明工程场地及其周边的地形地貌等工程地质条件。

(2) 查明地下水及河、沟、湖、库、雨水等地面水的汇聚与排泄。

(3) 查明黄土地层的时代、成因。

(4) 查明地基土垂直向和水平向的渗透性。

(5) 场地存在大面积挖填方时，应查清挖填方的范围、厚度、原始地面高程和初始的地形地貌等，评估填挖方对水环境的影响、湿陷性的变化和形成的边坡及隐形边坡等。

(6) 评估地下水上升、侧向水渗入和地面水汇聚、排泄、下渗对建筑物的影响，并应提出工程建议。

(7) 评价湿陷性用的不扰动土样应为Ⅰ级土样，且必须保持其天然结构、密度和湿度。土样采取应满足以下要求：①取土勘探点中，应有足够数量的探井，其数量应为取土勘探点总数的 1/3～1/2，且不宜少于 3 个；②探井的深度，宜穿透湿陷性黄土层；③探井中取样时，竖向间距宜为 1 m，土样直径不宜小于 120 mm；④钻孔取样的土工试验数据宜在与探井取样对比分析的基础上使用，土层的密度、湿陷性和力学指标宜以探井取样土工试验为准。

11.2.4　湿陷性黄土地基的工程措施

在湿陷性黄土地区进行建设，地基应满足承载力、湿陷变形、压缩变形和稳定性的要求。针对黄土地基湿陷性这个特点和工程要求，采取以地基处理为主的综合措施，以防止地基湿陷，保证建筑物安全和正常使用，这些措施有：

(1) 地基处理措施

其目的在于破坏湿陷黄土的大孔结构，以便全部或部分消除地基的湿陷性。《黄土标准》根据建筑物的重要性及地基受水浸湿可能性的大小和在使用上对不均匀沉降限制的严格程度规定甲类建筑地基应采取地基处理措施或将基础设置在非湿陷性土层或岩层上，或采用桩基础穿透全部湿陷性黄土层；乙类、丙类建筑应采取地基处理措施消除地基的部分湿陷量，并满足最小处理厚度要求。

常用处理方法列于表 11.3 中。

表 11.3　湿陷性黄土地基常用的处理方法

方法名称	适用范围	可处理的湿陷性黄土层厚度/m
垫层法	地下水位以上	1～3
强夯	S_r≤60%的湿陷性黄土	3～12
挤密法	S_r≤60%、w≤22%的湿陷性黄土	5～25
预浸水法	湿陷程度中等至强烈的自重湿陷性黄土场地	地表下 6 m 以下的湿陷性土层
注浆法	可灌性较好的湿陷性黄土(需经试验验证注浆效果)	根据现场试验确定
其他方法	经试验研究或工程实践证明行之有效	根据现场试验确定

除表 11.3 中列出的处理方法外，针对湿陷性黄土地区的工程建设(比如筑路难题)，我国已成功研发出一系列具有自主知识产权的新型固化材料、施工设备和工艺。湿陷性黄土固化技术也可以秉持“旨在利

用，而非改性”原则，根据不同结构功能需求，通过工业废料实现对工程不良土的资源化利用，研制出的固化成型快、抗压强度高、耐水能力强的新型黄土复合固化材料，相较于用传统的水泥、二灰土来处理成本更低、水稳定性更好。

(2) 防水措施

采取防水措施的目的是消除黄土发生湿陷变形的外在条件。基本防水措施要求在建筑布置、场地排水、地面排水、散水等方面，防止雨水或生产生活用水渗入浸湿地基。对重要建筑物场地和高级别湿陷地基严格防水措施要求，在检漏防水措施基础上，对防水地面、排水沟、检漏管沟和井等设施提高设计标准。

(3) 结构措施

结构措施是前两项措施的补充手段，它包括建筑平面布置力求简单，加强建筑上部结构整体刚度，墙体选用轻质材料，预留沉降净空等来减小建筑物不均匀沉降或使结构物能适应地基的湿陷变形。

11.3 膨胀土地基

11.3.1 膨胀土的特征及对建筑物的破坏

11.3.1.1 膨胀土的一般特征

膨胀土是土中黏粒成分主要由亲水性矿物组成，同时具有显著的吸水膨胀软化和失水收缩开裂两种变形特性的黏性土。

膨胀土在我国分布很广。我国膨胀土形成的地质年代大多数为第四纪晚更新世(Q_3)及其以前，少量为全新世(Q_4)。其颜色呈黄色、黄褐色、红褐色、灰白色或花斑色等。膨胀土多呈坚硬—硬塑状态，$I_L \leqslant 0$，孔隙比一般在0.7及以上，结构致密，压缩性较低。

膨胀土多出现于二级或二级以上阶地、山前和盆地边缘丘陵地带。所处地形平缓，无明显自然陡坎。在流水冲刷作用下的膨胀土地区，水沟、水渠呈鸡爪冲沟形式，易发生崩塌、滑动而淤塞；常见的浅层滑坡、地裂，新开挖的坑(槽)壁易发生坍塌。

裂隙发育是膨胀土的一个重要特征。裂隙有竖向、斜交和水平三种，裂隙间常充填有灰绿色或灰白色黏土。竖向裂隙常出露地表，裂隙宽度随深度增加而逐渐尖灭；斜交剪切裂隙越发育，胀缩性越严重。膨胀土分布地区还有一个特点，即在旱季常出现地裂，长可达数十米至百米，深数米，雨季则闭合。

我国是世界上膨胀土分布广、面积大的国家之一，在广西、云南、河南、湖北、四川、陕西、河北、安徽、山东、江苏等地区均有不同范围的分布。亚热带气候区的云南、广西等地的膨胀土与全国其他温带地区的相比较，其胀缩性更强烈。以往的研究主要以上述这些地区的膨胀土为对象，随着工程建设的发展，在东北、内蒙古、北疆等中温带/寒温带的季节性冰冻区(简称“季冻区”)，也遇到了大量膨胀土和膨胀性软岩带来的工程问题。季冻区膨胀土边坡除了受到气候周期性变化所引起的减湿(干)、增湿(湿)的循环作用外，还受到冻结(冻)、融化(融)的循环作用。由于膨胀土对湿度、温度变化十分敏感，特别是受大气急剧影响的边坡表层土体，临空面大，湿度、温度变化频繁，因此受干湿、冻融循环作用的影响更为强烈。

11.3.1.2 膨胀土的危害

一般黏性土都具有胀缩性，但其量不大，对工程没有太大的影响。而膨胀土的膨胀—收缩—再膨胀的往复变形特性非常显著，对建在其上的建筑物、道路、桥梁、渠道等造成很多破坏。

建造在膨胀土地基上的建筑物，随季节气候变化会反复产生不均匀的抬升和下沉，而使建筑物破坏，其破坏具有下列规律：

(1) 建筑物的开裂破坏具有地区性成群出现的特点，建筑物裂缝随气候变化不停地张开和闭合。而且以低层轻型、砖混结构损坏最为严重，因为这类房屋重量轻、整体性较差。再者其基础埋置浅，地基土易受外界环境变化的影响而产生胀缩变形。

(2) 房屋在垂直和水平方向都受弯和受扭，故在房屋转角处首先开裂，墙上出现对称或不对称的八字形缝、X形缝。外纵墙基础由于受到地基在膨胀过程中产生的竖向切力和侧向水平推力的作用，造成基础移动而产生水平裂缝和位移。室内地坪和楼板发生纵向隆起开裂。各种裂缝总体特点是上宽下窄、水平裂缝外宽内窄。

(3) 膨胀土边坡不稳定，地基会产生水平向和垂直向的变形，坡地上的建筑物损坏要比平地上更严重。

另外，膨胀土的胀缩特性除使房屋发生开裂、倾斜外，还会使公路路基发生破坏，堤岸、路堑产生滑坡，涵洞、桥梁等刚性结构物产生不均匀沉降，导致开裂等。

膨胀土作为一种典型的灾害性土，对气候变化和人类活动极为敏感，对工程的不利影响具有长期性、隐蔽性和渐进性，引发的地质灾害十分频繁，是地质灾害防治工作的难题。除我国外，美国、加拿大、以色列、南非、约旦、印度、澳大利亚等40多个国家都发现了膨胀土造成的危害。膨胀土的工程问题引起各国学术界和工程界的高度重视。探明膨胀土地区土工结构的长期工作性能及细观机理，为构建工程安全与稳定的防控理论与技术体系提供科技支持，是膨胀土研究的重点。

11.3.2 影响膨胀土胀缩变形的主要因素

膨胀是指在一定条件下土的体积因不断吸水而增大的过程，收缩是由于日照蒸发、树根吸水等使土中水分减少，体积变小。膨胀土具有胀缩变形特性，可归因于膨胀土的内在机制和外部因素两个方面。

影响膨胀土胀缩性的内在机制，主要是指矿物成分及微观结构两方面：膨胀土含有大量的蒙脱石、伊利石等亲水性黏土矿物，它们比表面积大，有强烈的活动性，既易吸水又易失水，胀缩变形也大。这些矿物成分在空间上的联结状态也影响其胀缩特性。经过大量不同地点的膨胀土扫描电镜试验分析得知，黏土矿物颗粒集聚体之间面-面接触的分散结构是膨胀土的一种普遍结构形式，这种结构比团粒结构具有更大的吸水膨胀和失水收缩的能力。土中黏粒含量越多，则土的胀缩性越强。

影响膨胀土胀缩性的外部因素是水对膨胀土的作用。土中水分的变化与各种环境因素，如气候条件、地形地貌、地面覆盖以及地下水位等条件有关。比如，雨季土中水分增加，土体产生膨胀，旱季水分减少，土体产生收缩；同类膨胀土地基，地势低处胀缩变形比高处小，因为高地带临空面大，土中水分蒸发条件好，土中水分变化大；在炎热干旱地区，地面上的覆盖阔叶树木也会对建筑物胀缩变形造成不利影响，因为树根吸水作用，加剧地基干缩变形。

11.3.3 膨胀土地基勘察和评价

11.3.3.1 膨胀土地基的勘察

膨胀土地基的勘察除满足一般勘察要求外，应着重于下列内容：

(1) 选址勘察阶段，应以工程地质调查为主。收集当地多年气象资料，了解气候变化特点；查明膨胀土的成因，划分地貌单元，了解地形形态以及有无不良地质现象；调查水文地质情况，调查地表水排泄、积聚情况，地下水类型、水位及其变化幅度等；分析当地建筑物损坏原因。

(2) 初步勘察阶段应确定膨胀土的胀缩性；查明场地内不良地质现象的成因、分布和危害程度；采取原状土样进行室内基本物理性质试验、收缩试验、膨胀力试验和膨胀率试验，初步查明场地内膨胀土的物理力学性质。

(3) 详勘阶段应确定地基土层胀缩等级以作为设计的依据。

11.3.3.2 膨胀土的工程特性指标

为判别膨胀土以及评价膨胀土的胀缩性，常用下述一系列胀缩性指标：

(1) 自由膨胀率 δ_{ef}

人工制备的烘干土，经充分吸水膨胀稳定后，在水中增加的体积与原体积之比，称为自由膨胀率 δ_{ef}。按下式计算：

$$\delta_{ef}=\frac{V_w-V_0}{V_0}\times 100\% \tag{11.4}$$

式中 V_w——土样在水中膨胀稳定后的体积(mL)；

V_0——干土样原有体积(mL)。

自由膨胀率 δ_{ef} 表示膨胀土在无结构力影响下和无压力作用下的膨胀特性，可反映土的矿物成分及含量，可用来初步判定是否是膨胀土。

(2) 膨胀率 δ_{ep}

原状土在侧限压缩仪中，在一定的压力下，浸水膨胀稳定后，土样增加的高度与原高度之比，称为膨胀率 δ_{ep}。表示为：

$$\delta_{ep}=\frac{h_w-h_0}{h_0}\times 100\% \tag{11.5}$$

式中 h_w——土样浸水膨胀稳定后的高度(mm)；

h_0——土样的原始高度(mm)。

膨胀率 δ_{ep} 可用来评价地基的胀缩等级，计算膨胀土地基的变形量以及测定膨胀力。

(3)线缩率 δ_s 和收缩系数 λ_s

膨胀土失水收缩，其收缩性可用线缩率和收缩系数表示。它们是地基变形计算中的两项主要指标。

线缩率指土的竖向收缩变形与原状土样高度之比，表示为：

$$\delta_s=\frac{h_0-h_i}{h_0}\times 100\% \tag{11.6}$$

式中 h_i——某土样含水率为 w_i 时的土样高度(mm)；

h_0——土样的原始高度(mm)。

绘制线缩率与含水率关系曲线如图 11.3 所示，可见随含水率减小，δ_s 增大。图中 ab 直线段为收缩阶段，bc 曲线段为收缩过渡阶段，cd 直线段为土的微缩阶段，至 d 点后，含水率虽然继续减小，但体积收缩已基本停止。利用直线收缩段可求得收缩系数 λ_s，它表示原状土样在直线收缩阶段，含水率减少 1%时的竖向线缩率，按下式计算：

$$\lambda_s=\frac{\Delta\delta_s}{\Delta w} \tag{11.7}$$

式中 λ_s——膨胀土的收缩系数；

Δw——收缩过程中直线变化阶段两点含水率之差；

$\Delta\delta_s$——收缩过程中直线变化阶段与两点含水率之差对应的竖向线缩率之差。

(4) 膨胀力 p_e

原状土样在体积不变时，由于浸水膨胀产生的最大内应力，称为膨胀力 p_e。以各级压力下的膨胀率 δ_{ep} 为纵坐标，压力 p 为横坐标，将试验结果绘制成 p-δ_{ep} 关系曲线，该曲线与横坐标轴的交点即为膨胀力 p_e，见图 11.4。

膨胀力 p_e 在选择基础形式及基底压力时，是个很有用的指标，在设计上如果希望减小膨胀变形，应使基底压力接近 p_e。

11.3.3.3 膨胀土地基的评价

(1) 膨胀土的判别

根据我国大多数膨胀土地区工程经验，判别膨胀土的主要依据是工程地质特征与自由膨胀率 δ_{ef}。《膨胀土地区建筑技术规范》(GB 50112—2013，以下简称《膨胀土规范》)判定，凡 $\delta_{ef}\geqslant 40\%$，且具有 11.3.3.2 节所述工程地质特征的场地应判定为膨胀土。

(2) 膨胀土的膨胀潜势

判定为膨胀土以后，要进一步确定膨胀土的胀缩性能，也就是胀缩强弱。我国《膨胀土规范》按自由膨

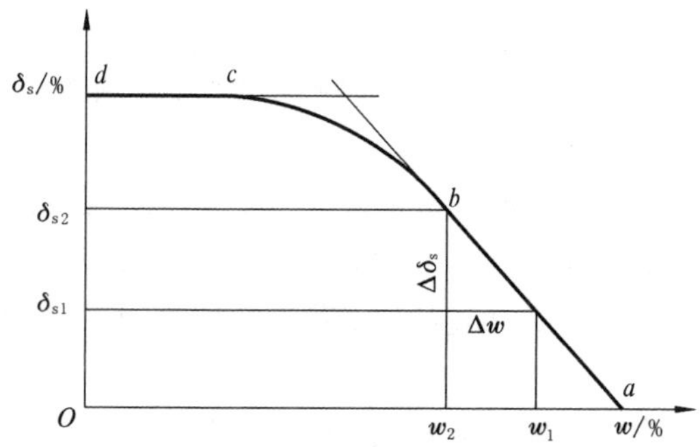

图 11.3　线缩率与含水率关系曲线

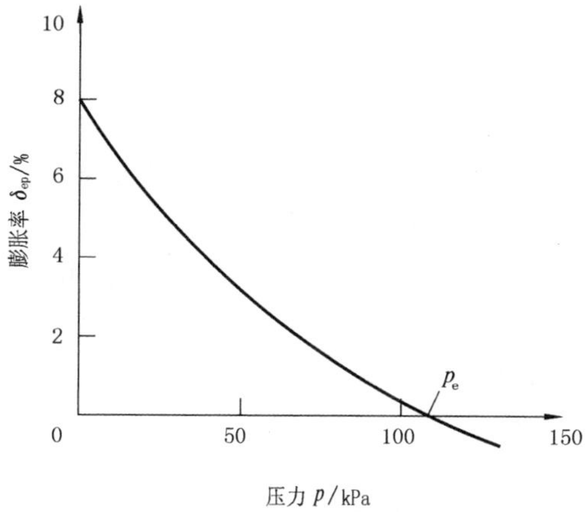

图 11.4　膨胀率与压力关系曲线图

胀率 δ_{ef} 大小划分膨胀潜势强弱，即反映土体内部积储的膨胀势能大小，来判别土的胀缩性高低。膨胀土的膨胀潜势按 δ_{ef} 分为三类，见表 11.4。

调查表明：δ_{ef} 较小的膨胀土，膨胀潜势较弱，建筑物损坏轻微；δ_{ef} 较大的膨胀土，膨胀潜势较强，建筑物损坏严重。

(3) 膨胀土地基的胀缩等级

膨胀土地基评价，应根据地基的膨胀、收缩变形对低层砖混房屋的影响程度进行。地基的胀缩等级我国规范规定以 50 kPa 压力下(相当于一层砖石结构的基底压力)测定土的膨胀率 δ_{ep}，计算地基分级变形量 s_c，作为划分胀缩等级的标准，见表 11.5。地基分级变形量应按下面式(11.8)计算。

表 11.4　膨胀土的膨胀潜势分类

δ_{ef}	膨胀潜势
$40\% \leqslant \delta_{ef} < 65\%$	弱
$65\% \leqslant \delta_{ef} < 90\%$	中
$\delta_{ef} \geqslant 90\%$	强

表 11.5　膨胀土地基的胀缩等级

s_c	等级
15 mm $\leqslant s_c <$ 35 mm	Ⅰ
35 mm $\leqslant s_c <$ 70 mm	Ⅱ
$s_c \geqslant$ 70 mm	Ⅲ

11.3.4　膨胀土地基计算和工程措施

11.3.4.1　膨胀土地基变形量计算

按场地的地形条件，可将膨胀土建筑场地分为：① 平坦场地，指地形坡度小于 5°，或大于 5°、小于 14° 且距坡肩水平距离大于 10 m 的坡顶地带；② 坡地场地，地形坡度等于或大于 5°，或地形坡度小于 5°，但同一座建筑物范围内局部地形高差大于 1 m。

场地天然地表下 1 m 处土的含水率等于或接近最小值或地面有覆盖且无蒸发可能，以及建筑物在使用期间经常有水浸湿的地基，可按膨胀变形量计算；场地天然地表下 1 m 处土的含水率大于 1.2 倍塑限含水率或直接受高温作用的地基，可按收缩变形量计算；其他情况下可按胀缩变形量计算。

膨胀土地基的胀缩变形量可按下式计算：

$$s_{es} = \psi_{es} \sum_{i=1}^{n} (\delta_{epi} + \lambda_{si} \Delta w_i) h_i \tag{11.8}$$

式中　s_{es}——地基土的胀缩变形量(mm)；

ψ_{es}——计算胀缩变形量的经验系数，宜根据当地经验确定，无可依据的经验时，三层及三层以下可取 0.7；

δ_{epi}——基础底面下第 i 层土在压力作用下的膨胀率，由室内试验确定；

λ_{si}——第 i 层土的垂直线缩系数；

Δw_i——第 i 层土在收缩过程中可能发生的含水率变化的平均值(小数表示),按《膨胀土规范》公式计算;

h_i——第 i 层土的计算厚度(cm),一般为基底宽度的 0.4 倍;

n——自基础底面至计算深度内所划分的土层数,计算深度可取大气影响深度,当有热源影响时,应按热源影响深度确定。

膨胀土地基变形量应符合 $s_j \leqslant [s_j]$ 要求。s_j 为天然地基或人工地基及采用其他处理措施后的地基变形量计算值(mm),可取胀缩变形量 s_{es} 或其中的膨胀变形量 $\psi_e \delta_{epi} h_i$ 或其中的收缩变形量 $\psi_s \lambda_{si} \Delta w_i h_i$,$\psi_e$、$\psi_s$ 分别为计算膨胀变形量和收缩变形量的经验系数,分别可取 0.6、0.8;$[s_j]$ 为建筑物的地基容许变形值(mm)。可按《膨胀土规范》查得。

膨胀土地基承载力可按载荷试验法、计算法和经验法确定,具体可参见《膨胀土规范》。

位于膨胀土坡地场地上的建筑物还需进行地基稳定性验算。

11.3.4.2　工程措施

在膨胀土地基上进行工程建设,应根据当地的气候条件、地基胀缩等级、场地工程地质和水文地质条件,结合当地建筑施工经验,因地制宜采取综合措施,一般可从下面几个方面考虑:

(1) 设计措施

① 进行场址选择时,应避开地质条件不良地段,如浅层滑坡、地裂和冲沟发育、地下水位变化剧烈地段等。尽量布置在地形条件比较简单、土质较均匀、胀缩性较弱的场地。

② 膨胀土地区的民用建筑层数宜多于两层,以加大基底压力,防止膨胀变形。

③ 建筑体型力求简单,在地基土显著不均匀处、建筑平面转折处和高差较大处以及建筑结构类型不同部位,应设置沉降缝。

④ 承重砌体结构可采用拉结较好的实心砖墙,不得采用空斗墙、砌块墙或无砂混凝土砌体,不宜采用砖拱结构、无砂大孔混凝土和无筋中型砌块等对变形敏感的结构。

⑤ 使用要求特别严格的房屋地坪可采用地面配筋或地面架空等措施,尽量与墙体脱开。对于一般要求的房屋地坪可采用预制块铺砌,块体间嵌柔性材料。大面积地面应做分格变形缝。

⑥ 加强建筑物的整体刚度。基础顶部和房屋顶层宜设置圈梁,其他层隔层设置或层层设置。

⑦ 较均匀的膨胀土地基,可采用条形基础;基础埋深较大或条形基础基底压力较小时,宜采用墩基。

⑧ 基础埋深应增大,且不应小于 1 m。当以基础埋深为主要防治措施时,基础埋深宜超过大气影响深度或通过变形验算确定。

⑨ 加强隔水、排水措施。采用宽散水为主要防治措施,其宽度根据地基胀缩等级Ⅰ、Ⅱ、Ⅲ级,分别不小于 1.2 m、1.5 m 和 2.0 m。

⑩ 合理确立建筑物与周围树木间的距离,绿化带避免选用吸水量大、蒸发量大的树种。

⑪ 坡地建筑应避免大开挖,依山就势建筑,同时应利用和保护天然排水系统。

(2) 施工措施

在施工中应尽量减少地基中含水率的变化。进行开挖工程时,应快速作业,避免基坑岩土体受曝晒或泡水。雨季施工应采取防水措施。基坑施工完毕后,应回填土夯实。施工用水妥善管理,防止管网漏水。

由于膨胀土坡地具有多向失水性及不稳定性,坡地上的建筑破坏比平坦场地上严重,应尽量避免在坡坎上建筑。如无法避开,则应首先通过采取排水措施,设置支挡和设置护坡来治坡,整治环境,再开始兴建。

(3) 地基处理措施

膨胀土地基可采用地基处理方法减小或消除地基胀缩对建筑物的危害,常用的方法有换土垫层、土性改良、深基础等。换土可采用非膨胀性的黏土、砂石或灰土等材料,换土厚度应通过变形计算确定,垫层宽度应大于基础宽度。土性改良可通过在膨胀土中掺入一定量的石灰来提高土的强度。工程中可采用压力灌浆的办法将石灰浆液灌注入膨胀土的裂隙中起加固作用。我国将改良的原料慢慢地转向了煤矸石、粉煤灰等大型工业废料，取得了显著的成效，这不仅改善了土体结构的性质，还为我国工业废料的二次利用提供了一个不错的解决方案。当大气影响深度较深，膨胀土层较厚，选用地基加固或墩式基础施工有困难时，可选用桩基础穿越。

11.4　山区地基和红黏土地基

山区地基覆盖层厚薄不均，下卧基岩面起伏较大。土岩组合地基在山区较为普遍。当地基下卧岩层为可溶性岩层时，易出现岩溶发育。而土洞又是岩溶作用的产物。凡具备土洞发育条件的岩溶地区，一般均有土洞发育。红黏土也常分布在岩溶地区，成为基岩的覆盖层。由于地表水和地下水的运动引起冲蚀和潜蚀作用，红黏土中常有土洞存在。因此，红黏土与岩溶、土洞关系密切。

11.4.1　土岩组合地基

在建筑地基的主要受力层范围内，遇到下列情况之一者，属于土岩组合地基：

① 下卧基岩表面坡度较大；

② 石芽密布并有出露的地基；

③ 大块孤石地基。

11.4.1.1　土岩组合地基的工程特性

土岩组合地基的工程特性，可以按上述三种情况来分别描述。

(1) 下卧基岩表面坡度较大

由于基岩表面倾斜，使基底下土层厚薄不均，如图 11.5 所示，以致使地基的承载力和压缩性相差很大而引起建筑物不均匀沉降，上覆土层也有可能沿倾斜基岩表面滑动造成失稳。

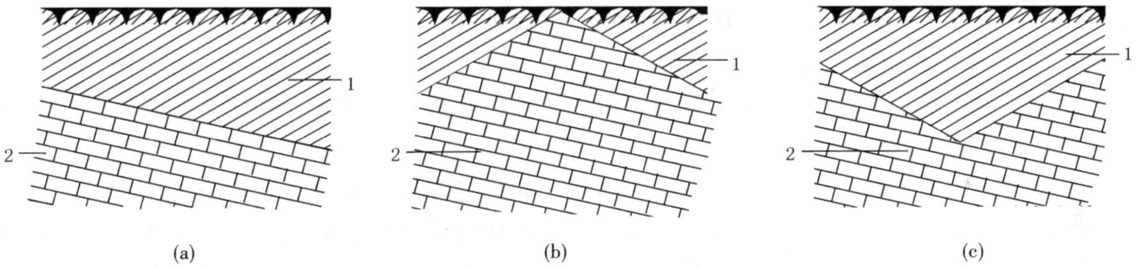

图 11.5　基岩面与倾斜情况

(a) 基岩表面倾斜；(b) 基岩表面相背倾斜；(c) 基岩表面相向倾斜

1—土层；2—岩层

(2) 石芽密布并有出露的地基

这类地基一般是在岩溶地区出现，如我国贵州、广西和云南等省。其特点是基岩表面起伏较大，石芽间多被红黏土所填充，如图 11.6 所示。即使采用很密集的勘探点，也不易查清岩面起伏变化的全貌。

(3) 大块孤石地基

地基中夹杂着大块孤石(图 11.7)，多出现在山前洪积层中或冰碛层中。这类地基类似于岩层表面相背倾斜和个别石芽出露地基，其变形条件最为不利，建筑物极易开裂。

11.4.1.2　土岩组合地基的处理

对于土岩组合地基的处理，可分为结构措施和地基处理两方面，两者相互协调与互补：

(1) 结构措施

对建造在软、硬相差比较大的土岩组合地基上的长度较大或造型复杂的建筑物，为减小不均匀沉降所造成的危害，宜用沉降缝将建筑物分开，缝宽 30～50 mm。必要时应加强上部结构的刚度，如加密隔墙，增设圈梁等。

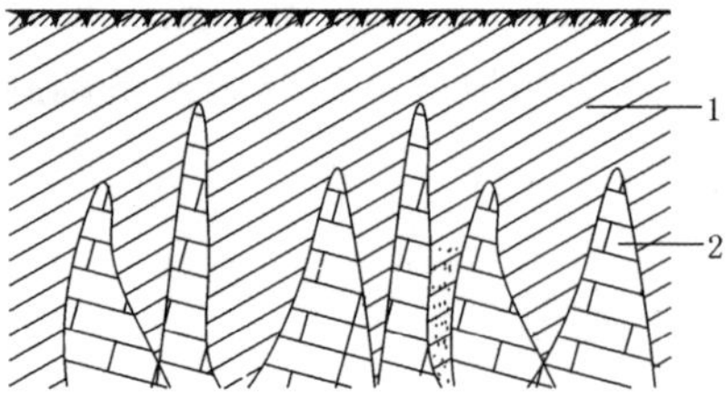

图 11.6 石芽密布地基

1—土层;2—岩石

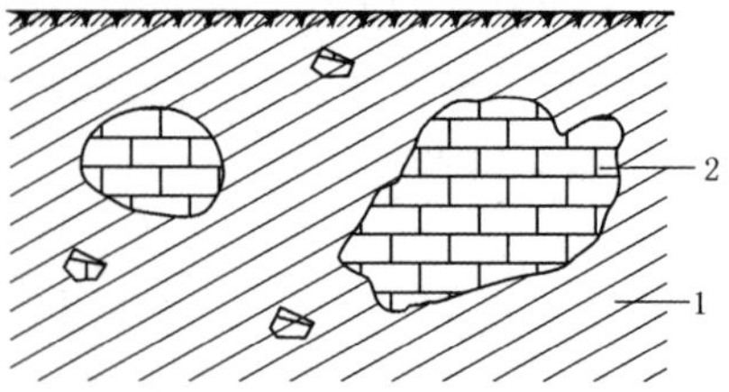

图 11.7 夹大块孤石地基

1—土层;2—岩石

(2) 地基处理

地基处理措施可分为两大类。一类是处理压缩性较高部分的地基,使之适应压缩性较低的地基。如采用桩基础、局部深挖、换填或用梁、板、拱跨越等方法。这类处理方法效果较好,费用也较高。另一类是处理压缩性较低部分的地基,使之适应压缩性较高的地基。如采用褥垫法,在石芽出露部位做褥垫,也能取得良好的效果。褥垫可采用炉渣、中砂、土夹石或黏性土等,厚度宜取 300～500 mm。

11.4.2 岩溶

11.4.2.1 概述

岩溶(又称喀斯特)是指可溶性岩层,如石灰岩、白云岩、石膏、岩盐等受水的长期溶蚀作用,在岩层中形成沟槽、裂隙、石芽、石林和空洞,以及由于空洞顶板塌落使地表产生陷穴、洼地等现象和作用的总称。

我国岩溶分布较广,尤其是碳酸盐类岩溶,西南地区、东南地区都有分布,贵州、云南、广西等地最为集中。

11.4.2.2 岩溶发育条件和规律

岩溶发育的条件是:具有可溶性岩层;具有足够溶解能力和足够流量的水;地表水有下渗,地下水有流动的途径。岩溶的发育主要与岩性、地质构造、地形、气候等有关。

11.4.2.3 岩溶地基稳定性评价和处理措施

对岩溶地基的评价与处理,是山区工业与民用建筑中经常遇到的问题。在这类地区进行建筑时,首先是查明与评价,其次是预防与处理。

在岩溶地区首先要了解岩溶的发育规律、分布情况和稳定程度。岩溶对地基稳定性的影响,主要表现在:① 在地基主要受力层范围内,如有溶洞、暗河等,在附加荷载或振动作用下,溶洞顶板塌陷,使地基突然下沉;② 溶洞、溶槽、石芽、漏斗等岩溶形态造成基岩面起伏较大,或者有软土分布,使地基不均匀沉降;③ 基础埋置在基岩上,其附近有溶沟、竖向岩溶裂隙、落水洞等,有可能使基础下岩层沿倾向上述临空面的软弱结构面产生滑动;④ 基岩和上覆土层内,由于岩溶地区较复杂的水文地质条件,易产生新的工程地质问题,造成地基恶化。

在不稳定的岩溶地区进行建设,重要建筑物应避开岩溶强烈发育区,对一般岩溶地基,也必须结合岩溶的形态、工程要求、施工条件和经济安全原则,考虑进行处理。具体处理措施归纳起来有:

(1) 清爆换填

适用于处理顶板不稳定的潜埋溶洞地基。即清除覆土,爆开顶板,挖去松软填充物,分层回填上粗下细碎石滤水层,然后建造基础。

(2) 梁、板跨越

对于洞壁完整、强度较高而顶板破碎的岩溶地基,宜采用钢筋混凝土梁、板跨越,但支承点必须落在较完整的岩面上。

(3) 洞底支撑

适用于处理跨度较大,顶板完整,但厚度较薄的溶洞地基。采用石砌柱或钢筋混凝土柱支撑洞顶。应注意查明洞底的稳定性。

(4) 水流排导

岩溶水的处理应采取疏导的原则，一般采用排水隧洞、排水管道等进行疏导，以防止水流通道堵塞，造成动水压力对基坑底板、地坪及道路等的不良影响。

11.4.3 土洞地基

11.4.3.1 概述

土洞是岩溶地区可溶性岩层的上覆土层在地表水冲蚀或地下水潜蚀作用下所形成的洞穴。土洞继续发展，逐渐扩大，即引起地表塌陷。

土洞多位于黏性土层中，砂土和碎石土中少见。在黏性土中，土洞的形成取决于黏土颗粒成分、黏聚力、水理性稳定情况等条件。凡颗粒细、黏性大、胶结好、水理性稳定的土层，不易形成土洞；反之，则易形成土洞。在溶槽处，经常有软黏土分布，其抗冲蚀能力弱，且处于地下水流首先作用的场所，是土洞发育的有利部位。

11.4.3.2 土洞地基的处理

土洞和地表塌陷密集的地段属于工程地质条件不良或不稳定地段。实践表明：因为土洞埋藏浅，分布密，发育快，顶板强度低，其危害非常大。有时在勘察、建筑和施工阶段未发现土洞，却由于建筑后地表水和地下水条件的改变而产生新的土洞。

当建筑场地处于具备土洞发育条件的地区时，应查明土洞发育程度和分布规律，查明土洞和塌陷的位置、埋深、大小及形成条件，认真进行处理。常用的措施如下：

(1) 采用桩基或沉井等深基础

对重要建筑物，当土洞较深时，可用桩或沉井穿越覆盖土层，将建筑荷载传至稳定岩层上。

(2) 处理地表水和地下水

在土洞及塌陷发育的建造场地，做好地表水的截流、防渗、堵漏工作，使之停止发育。不得设置人工改变地下水位的设施，否则应采取预防塌陷的措施。

(3) 挖填夯实

对于浅层土洞，可先挖除土洞，然后用块石或毛石混凝土回填。近年来，还用强夯法破坏土洞，加固地基，效果良好。

(4) 灌填处理

适用于埋藏深、洞径大的土洞。施工时，在洞体范围内的顶板上打两个或多个孔，用水冲法将砂、砾石灌进洞内。

(5) 梁、板跨越

对直径较小、危害较小的土洞，当土层稳定性较好时，可不处理洞体，只在洞顶上部用钢筋混凝土梁板跨越。

11.4.4 红黏土地基

11.4.4.1 红黏土的形成和分布

碳酸盐系出露区的岩石在气候变化大和潮湿的环境下经红土化作用，形成棕红、褐黄等色的高塑性黏土称红黏土。其液限等于或大于50%，一般具有表面收缩、上硬下软、裂隙发育的特征。

红黏土的分布在我国以贵州、云南、广西等地最为广泛和典型。通常堆积在山坡、山麓、盆地或洼地中，主要为残积、坡积类型。常为岩溶地区的覆盖层，因受基岩起伏影响，厚度变化较大。当红黏土经搬运、沉积后仍保留其基本特征，且液限大于45%的土，称为次生红黏土。

11.4.4.2 红黏土的工程地质特征

(1) 矿物化学成分

红黏土的矿物成分主要为高岭石、伊利石和绿泥石，化学成分以 SiO_2、Fe_2O_3、Al_2O_3 为主。黏土矿物具有稳定的结晶格架，细粒组结成稳固的团粒结构，土体近于两相体且土中又多为结合水，这三者是构成红黏土具有良好力学性能的基本因素。

（2）物理力学性质的基本特点

红黏土具有两大特点：一是土的天然含水率、孔隙比、饱和度以及液性指数、塑性指数都很高，例如其含水率几乎与液限相等，孔隙比在1.1～1.7之间，饱和度大于85%，但是却具有较高的力学强度和较低的压缩性；二是各种指标变化幅度很大，具有高分散性。

（3）上硬下软现象

红黏土地层从地表向下由硬变软。上部坚硬、硬塑状态的土占红黏土层的75%以上，厚度一般都大于5 m，可塑状态的占10%～20%，接近基岩处，软塑、流塑状态的土小于10%，位于基岩凹部溶槽内。相应地，土的强度逐渐降低，压缩性逐渐增大。

11.4.4.3　红黏土地基评价与地基处理

（1）工程建设中，应充分利用红黏土上硬下软分布的特征，基础尽量浅埋。对三级建筑物，当满足持力层承载力时，即可认为已满足下卧层承载力的要求。

（2）地基处理

红黏土的厚度随下卧基岩面起伏而变化，常引起不均匀沉降。对不均匀地基宜作地基处理。宜采用改变基宽，调整相邻地段基底压力，增减基础埋深，使基底下可压缩土层厚相对均匀。对外露石芽，用可压缩材料做褥垫进行处理，对土层厚度、状态不均匀的地段可用低压缩材料做置换处理。

基坑开挖时宜采取保温保湿措施，防止失水干缩。

对基岩面起伏大、岩质坚硬的地基，可采用大直径嵌岩桩或墩基。

11.5　冻土地基及盐渍土地基

11.5.1　冻土地基概述

在寒冷季节，当温度低于0 ℃时土中水冻结成冰，此时具有负温或零温度并含有冰的土称为冻土。冻土根据其冻融情况分为季节冻土、隔年冻土和多年冻土。季节冻土是指寒季冻结、暖季全部融化的冻土；若寒季冻结，翌年暖季未融化的土称为隔年冻土；凡冻结状态持续两年或两年以上的土称为多年冻土。多年冻土的表土层，有时暖季融化，寒季再结冰，则也属于季节冻土。

根据形成和存在的自然条件，多年冻土分为高纬度多年冻土和高海拔多年冻土。多年冻土从高纬度向低纬度延伸，厚度变薄，且由连续的冻土带向不连续的冻土带过渡。根据多年冻土分布的连续程度，多年冻土又分为大片多年冻土、岛状多年冻土和岛状融区多年冻土。岛状多年冻土是指地表被充分冻结的区域呈岛状分布，即岛状多年冻土呈岛状分布在不冻土区域。岛状融区多年冻土则在冻土层中有岛状的不冻土层分布。

在我国，多年冻土主要分布在青藏高原、祁连山、天山、阿尔泰山地区和东北大小兴安岭等海拔或纬度较高的严寒地区。东部和西部的一些高山顶部也有分布。我国多年冻土占领土的20%以上，占世界多年冻土面积的10%，全球多年冻土分布面积占全球陆地面积的25%。

在这些冻土地区有很多基础设施建设，如道路、机场、输油管道、输电线塔、矿山等。随着土中水的冻结，土体产生体积膨胀，即冻胀现象。由于冻土地区气候寒冷，路基路面各种低温病害严重，使得路面鼓包、开裂、错缝或折断等。它会使地基土隆起，使建造在其上的建（构）筑物被抬起，引起开裂、倾斜甚至倒塌。对工程危害最大的是季节冻土地区，当土层解冻融化后，土层软化，强度大大降低。这种冻融现象又使得房屋、桥梁和涵管等发生大量沉降和不均匀沉降，道路出现翻浆冒泥等危害。因此，冻土的冻融必须引起注意，并采取必要防治措施。

11.5.2 冻土的物理和力学性能

11.5.2.1 冻土的物理性质

(1) 冻土总含水率

冻土的总含水率 w 是冻土中所含冰和未冻水的总质量与干土质量之比，也指冻土中所有的冰的质量与土骨架质量之比 w_i，加上未冻水的质量与土骨架质量之比 w_u的和。可由天然温度的冻土试样在 105～110 ℃下烘干至恒重时，计算出失去的水的质量与干土质量之比而得出。

$$w = w_i + w_u \tag{11.9}$$

冻土在负温条件下，仍有一部分水不冻结，这部分水称为未冻水。未冻水的含量与土的性质和负温度有关，按冻土中未冻水含量不同，冻土可分为坚硬冻土、塑性冻土和松散冻土。冻土中的未冻含水率宜通过试验确定，无试验条件时，无外荷状态下，可用下列公式估算：

黏性土
$$w_u = w_p k(T) \tag{11.10a}$$

砂土
$$w_u = w[1 - i_g(T)] \tag{11.10b}$$

式中 w_p——塑限，以小数计；

k——温度修正系数，以小数计，见表 11.6；

i_g——相对含冰率(冰质量与总水质量之比)，以小数计，见表 11.6；

T——温度(℃)。

表 11.6 不同温度下的修正系数和相对含冰率数值表

土名	塑性指数	i_g,k	温度 T						
			−0.2 ℃	−0.5 ℃	−1.0 ℃	−2.0 ℃	−3.0 ℃	−5.0 ℃	−10 ℃
砂土		i_g	0.65	0.78	0.85	0.92	0.93	0.95	0.98
粉土	$I_p \leqslant 10$	k	0.7	0.50	0.30	0.20	0.15	0.15	0.10
粉质黏土	$10 < I_p \leqslant 13$	k	0.9	0.65	0.50	0.40	0.35	0.30	0.25
	$13 < I_p \leqslant 17$	k	1.0	0.80	0.70	0.60	0.50	0.45	0.40
黏土	$17 < I_p$	k	1.1	0.90	0.80	0.70	0.60	0.55	0.50
泥炭粉质黏土	$15 < I_p \leqslant 17$	k	0.5	0.40	0.35	0.30	0.25	0.25	0.20

注：表中粉质黏土 $I_p > 13$ 及黏土 $I_p > 17$ 两档数据仅供参考。

(2) 冻土的含冰率

因为冻土中含有未冻水，所以冻土的含冰率不等于融化时的含水率，衡量冻土中含冰率的指标有相对含冰率、质量含冰率和体积含冰率三种：

① 相对含冰率(i_o)

冻土中冰的质量 g_i 与全部水的质量 g_w(包括冰和未冻水)之比

$$i_o = \frac{g_i}{g_w} \times 100\% = \frac{g_i}{g_i + g_w'} \times 100\% \tag{11.11}$$

② 质量含冰率(i_g)

冻土中冰的质量 g_i 与冻土中骨架质量 g_s 之比，$i_g = w_i$，即

$$i_g = \frac{g_i}{g_s} \times 100\% \tag{11.12}$$

③ 体积含冰率(i_v)

冻土中冰的体积 V_i 与冻土总体积 V 之比

$$i_v = \frac{V_i}{V} \times 100\% \tag{11.13}$$

11.5.2.2　冻土的力学性质

土的冻胀作用常以冻胀量、冻胀强度、冻胀力和冻结力等指标来衡量。

（1）冻胀量

天然地基的冻胀量指土体在冻结过程中的冻胀变形增量。冻结前后地表变形量的差值（冻后土柱高度减去冻前土柱高度）为地表冻胀量。对于无地下水源补给的，冻胀量等于在冻结深度 H 范围内的自由水（$w-w_p$）在冻结时的体积，冻胀量 h_n 可按下式计算：

$$h_n = 1.09 \frac{\rho_s}{\rho_w}(w - w_p)H \tag{11.14}$$

式中　w, w_p——土的含水率和土的塑限（%）；

ρ_s, ρ_w——土粒和水的密度（g/cm^3）。

对于有地下水源补给的情况，冻胀量与冻胀时间有关，应该根据现场测试确定。

（2）冻胀率

单位冻结深度的冻胀量称为冻胀率，常用平均冻胀率 η 表示，有：

$$\eta = \frac{\Delta z}{h' - \Delta z} \times 100\% \tag{11.15}$$

式中　Δz——地表冻胀量（mm）；

h'——冻结层厚度（mm）。

季节冻土和季节融化层土的冻胀性分级，应根据土层的平均冻胀率 η 的大小划分为不冻胀、弱冻胀、冻胀、强冻胀和特强冻胀 5 个等级。具体划分见表 11.7。

表 11.7　季节冻土与季节融化层土的冻胀性分级

<table>
<tr><th>土的名称及代号</th><th>冻前天然含水率 w /%</th><th>冻前地下水位距设计冻深的最小距离 h_w/m</th><th>平均冻胀率 η/%</th><th>冻胀等级</th><th>冻胀类别</th></tr>
<tr><td rowspan="3">碎（卵）石，砾砂、粗砂、中砂（粒径小于 0.075 mm 颗粒含量均不大于 15%），细砂（粒径小于 0.075 mm 颗粒含量不大于 10%）</td><td>不饱和</td><td>不考虑</td><td>$\eta \leq 1$</td><td>Ⅰ</td><td>不冻胀</td></tr>
<tr><td>饱和含水</td><td>无隔水层时</td><td>$1 < \eta \leq 3.5$</td><td>Ⅱ</td><td>弱冻胀</td></tr>
<tr><td>饱和含水</td><td>有隔水层时</td><td>$\eta > 3.5$</td><td>Ⅲ</td><td>冻胀</td></tr>
<tr><td rowspan="6">碎（卵）石，砾砂、粗砂、中砂（粒径小于 0.075 mm 颗粒含量均大于 15%），细砂（粒径小于 0.075 mm 颗粒含量大于 10%）</td><td rowspan="2">$w \leq 12$</td><td>>1.0</td><td>$\eta \leq 1$</td><td>Ⅰ</td><td>不冻胀</td></tr>
<tr><td>≤1.0</td><td rowspan="2">$1 < \eta \leq 3.5$</td><td rowspan="2">Ⅱ</td><td rowspan="2">弱冻胀</td></tr>
<tr><td rowspan="2">$12 < w \leq 18$</td><td>>1.0</td></tr>
<tr><td>≤1.0</td><td rowspan="2">$3.5 < \eta \leq 6$</td><td rowspan="2">Ⅲ</td><td rowspan="2">冻胀</td></tr>
<tr><td rowspan="2">$w > 18$</td><td>>0.5</td></tr>
<tr><td>≤0.5</td><td>$6 < \eta \leq 12$</td><td>Ⅳ</td><td>强冻胀</td></tr>
<tr><td rowspan="7">粉砂</td><td rowspan="2">$w \leq 14$</td><td>>1.0</td><td>$\eta \leq 1$</td><td>Ⅰ</td><td>不冻胀</td></tr>
<tr><td>≤1.0</td><td rowspan="2">$1 < \eta \leq 3.5$</td><td rowspan="2">Ⅱ</td><td rowspan="2">弱冻胀</td></tr>
<tr><td rowspan="2">$14 < w \leq 19$</td><td>>1.0</td></tr>
<tr><td>≤1.0</td><td rowspan="2">$3.5 < \eta \leq 6$</td><td rowspan="2">Ⅲ</td><td rowspan="2">冻胀</td></tr>
<tr><td rowspan="2">$19 < w \leq 23$</td><td>>1.0</td></tr>
<tr><td>≤1.0</td><td>$6 < \eta \leq 12$</td><td>Ⅳ</td><td>强冻胀</td></tr>
<tr><td>$w > 23$</td><td>不考虑</td><td>$\eta > 12$</td><td>Ⅴ</td><td>特强冻胀</td></tr>
</table>

续表11.7

土的名称及代号	冻前天然含水率 w /%	冻前地下水位距设计冻深的最小距离 h_w/m	平均冻胀率 η/%	冻胀等级	冻胀类别
粉土	$w\leqslant19$	>1.5	$\eta\leqslant1$	Ⅰ	不冻胀
		$\leqslant1.5$	$1<\eta\leqslant3.5$	Ⅱ	弱冻胀
	$19<w\leqslant22$	>1.5			
		$\leqslant1.5$	$3.5<\eta\leqslant6$	Ⅲ	冻胀
	$22<w\leqslant26$	>1.5			
		$\leqslant1.5$	$6<\eta\leqslant12$	Ⅳ	强冻胀
	$26<w\leqslant30$	>1.5			
		$\leqslant1.5$	$\eta>12$	Ⅴ	特强冻胀
	$w>30$	不考虑			
黏性土	$w\leqslant w_p+2$	>2.0	$\eta\leqslant1$	Ⅰ	不冻胀
		$\leqslant2.0$	$1<\eta\leqslant3.5$	Ⅱ	弱冻胀
	$w_p+2<w\leqslant w_p+5$	>2.0			
		$\leqslant2.0$	$3.5<\eta\leqslant6$	Ⅲ	冻胀
	$w_p+5<w\leqslant w_p+9$	>2.0			
		$\leqslant2.0$	$6<\eta\leqslant12$	Ⅳ	强冻胀
	$w_p+9<w\leqslant w_p+15$	>2.0			
		$\leqslant2.0$	$\eta>12$	Ⅴ	特强冻胀
	$w>w_p+15$	不考虑			

注:① w_p 为塑限,w 为冻前天然含水率在冻层内的平均值(%)。

② 盐渍化冻土不在表列。

③ 塑性指数大于 22 时,冻胀性降低一级。

④ 小于 0.005 mm 粒径含量大于 60%时,为不冻胀土。

⑤ 当碎石类土的填充物大于全部质量的 40%时,其冻胀性按填充物土的类别判定。

⑥ 隔水层指季节冻结、季节融化活动层内的隔水层。

(3) 冻胀力

土在冻结时由于体积膨胀对基础产生的作用力即为土的冻胀力,冻胀力按其作用方向可分为法向冻胀力、切向冻胀力以及水平向冻胀力。法向冻胀力是土体在冻结过程中,由于冰晶的形成和体积膨胀,作用于基础底面垂直向上的力;切向冻胀力是指土体在冻结过程中,平行于基础侧表面的力,即对周围土体产生的切向推力;水平向冻胀力则是指土体在冻结过程中,对基础侧表面或结构物侧表面产生的水平方向的推力。

冻胀力的大小除了与土质、土温、水文地质条件和冻结速度有密切关系外,还与基础埋深、材料和侧面的粗糙程度有关。在无水源补给的封闭系统,冻胀力一般不大;在有水源补给的敞开的系统,冻胀力就可能成倍地增加。

法向冻胀力一般都很大,非建筑物自重能克服的,所以一般要求基础埋置在冻结深度以下,或采取消除的措施。

冻胀力值应由试验确定。在无条件时,切向冻胀力和水平向冻胀力标准值可按表格 11.8、表 11.9 选用。

表 11.8 切向冻胀力标准值 τ_d (单位:kPa)

冻胀类别	弱冻胀	冻胀	强冻胀	特强冻胀
单位切向冻胀力	$30 \leqslant \tau_d \leqslant 60$	$60 < \tau_d \leqslant 80$	$80 < \tau_d \leqslant 120$	$120 < \tau_d \leqslant 150$

表 11.9 水平向冻胀力标准值 σ_h (单位:kPa)

冻胀等级	不冻胀	弱冻胀	冻胀	强冻胀	特强冻胀
冻胀率 η	$\eta \leqslant 1\%$	$1\% < \eta \leqslant 3.5\%$	$3.5\% < \eta \leqslant 6\%$	$6\% < \eta \leqslant 12\%$	$\eta > 12\%$
水平冻胀力	$\sigma_h < 15$	$15 \leqslant \sigma_h < 70$	$70 \leqslant \sigma_h < 120$	$120 \leqslant \sigma_h < 200$	$\sigma_h \geqslant 200$

(4) 冻结力及冻结强度

冻土与基础表面通过冰晶胶结在一起,这种胶结力称为冻结力。冻结力的作用方向总是与外荷的总作用方向相反。在冻土的融化层回冻期间,冻结力起着抗冻胀的锚固作用;当季节融化层融化时,位于多年冻土中的基础侧面则产生相应方向向上的冻结力,它又起到了抗基础下沉的承载作用。

影响冻结力的因素很多,除温度与含水率外,还与基础材料表面的粗糙度有关。基础表面粗糙度越高,冻结力也越高,单位面积冻结强度也高。所以在多年冻土地基设计中,应考虑冻结强度的作用。冻土和基础间的冻结强度应在现场进行原位测定,或在专门试验设备条件下进行试验测定。若无试验资料时,可根据冻结地基土的土质、冻土含水率、地温和基础不同材质等指标由规范表格提供的数据确认。具体可查《冻土工程地质勘察规范》(GB 50324—2014)以及《冻土地区建筑地基基础设计规范》(JGJ 118—2011)。

11.5.2.3 冻土的融陷下沉与融化压缩

(1) 融陷下沉

冻土在融化过程中,在无外荷条件下产生的沉降,称为融陷或融化下沉。融陷的大小常用平均融化下沉系数 δ_0 表示:

$$\delta_0 = \frac{\Delta h}{h} \times 100\% \tag{11.16}$$

式中 Δh——融陷量或冻土试样融化下沉量(mm);

h——融化层厚度或冻土试样高度(mm)。

(2) 冻土融化压缩系数 a_0 与融化后体积压缩系数 m_v

冻土融化后,在外荷作用下产生的压缩变形称为融化压缩,其压缩特性采用冻土融化压缩系数 a_0 或融化后体积压缩系数 m_v 表示:

$$a_0 = \frac{\dfrac{s_2 - s_1}{h}}{p_2 - p_1} \tag{11.17}$$

$$m_v = \frac{a_0}{1 + e_0} \tag{11.18}$$

式中 p_2, p_1——分级荷载(MPa);

s_1, s_2——相应于 p_1、p_2 荷载下的稳定下沉量(mm);

h——试样高度(mm);

e_0——试样融化后初始孔隙比。

(3) 冻结深度或融化层厚度

冻结深度或融化层厚度,一般应通过勘探和实测地温方法进行直接判定。在均质土层中,可先在 5～8 月份期间实测至少两个不同时间的融化深度,然后再根据融化界面随时间的变化,用直线外推到 8 月底,并加 0.3 m,即为冻结深度或融化层厚度。

由于土的冻胀和冻融将危害建筑物的正常和安全使用，因此一般设计中，均要求将基础底面置于当地冻结深度以下，以防止冻害的影响。土的冻结深度不仅和当地气候有关，而且也和土的类别、温度以及地面覆盖情况（如植被、积雪、覆盖土层等）有关，在工程实践中，把地表无积雪和草坡等装置条件件下，多年实测量最大冻结深度的平均值称为标准冻结深度 Z_0。（见浅基础设计章节）

（4）融陷性评价

我国多年冻土地区，建筑物基底融化深度为 3 m 左右，所以将多年冻土融陷性分级评价也按 3 m 考虑。根据计算融陷量及融陷系数 A_0 对冻土的融陷性可分成 5 级，见表 11.10，表中Ⅰ～Ⅴ级地基土的工程特性如下：

Ⅰ——少冰冻土（不融陷土）：为基岩以外最好的地基土，一般建筑物可不考虑冻融问题。

Ⅱ——多冰冻土（弱融陷土）：为多年冻土中较良好的地基土，一般可直接作为建筑物的地基，当最大融化深度控制在 3 m 以内时，建筑物均未遭受明显破坏。

Ⅲ——富冰冻土（中融陷土）：这类土不但有较大的融陷量和压缩量，而且在冬天回冻时有较大的冻胀性，作为地基，一般应采取专门措施，如深基、保温、防止基底融化等。

Ⅳ——饱冰冻土（强融陷土）：作为天然地基，由于融陷量大，常造成建筑物的严重破坏。这类土作为建筑地基，原则上不允许发生融化，宜采用保持冻结原则设计，或采用桩基、架空基础等。

Ⅴ——含土冰层（极融陷土）：这类土含有大量的冰，当直接作为地基时，若发生融化，将产生严重融陷，造成建筑物极大破坏。这类土如受长期荷载将产生流变作用，所以作为地基应专门处理。

表 11.10　多年冻土的融沉性分级

土的名称	总含水率 w/%	平均融化下沉系数 δ_0/%	融沉等级	融沉类别
碎(卵)石，砾砂、粗砂、中砂(粒径小于 0.075 mm 颗粒含量均不大于 15%)	$w<10$	$\delta_0\leqslant1$	Ⅰ	不融沉
	$w\geqslant10$	$1<\delta_0\leqslant3$	Ⅱ	弱融沉
碎(卵)石，砾砂、粗砂、中砂(粒径小于 0.075 mm 颗粒含量均大于 15%)	$w<12$	$\delta_0\leqslant1$	Ⅰ	不融沉
	$12\leqslant w<15$	$1<\delta_0\leqslant3$	Ⅱ	弱融沉
	$15\leqslant w<25$	$3<\delta_0\leqslant10$	Ⅲ	融沉
	$w\geqslant25$	$10<\delta_0\leqslant25$	Ⅳ	强融沉
粉、细砂	$w<14$	$\delta_0\leqslant1$	Ⅰ	不融沉
	$14\leqslant w<18$	$1<\delta_0\leqslant3$	Ⅱ	弱融沉
	$18\leqslant w<28$	$3<\delta_0\leqslant10$	Ⅲ	融沉
	$w\geqslant28$	$10<\delta_0\leqslant25$	Ⅳ	强融沉
粉土	$w<17$	$\delta_0\leqslant1$	Ⅰ	不融沉
	$17\leqslant w<21$	$1<\delta_0\leqslant3$	Ⅱ	弱融沉
	$21\leqslant w<32$	$3\leqslant\delta_0\leqslant10$	Ⅲ	融沉
	$w\geqslant32$	$10<\delta_0\leqslant25$	Ⅳ	强融沉
黏性土	$w<w_p$	$\delta_0\leqslant1$	Ⅰ	不融沉
	$w_p\leqslant w<w_p+4$	$1<\delta_0\leqslant3$	Ⅱ	弱融沉
	$w_p+4\leqslant w<w_p+15$	$3<\delta_0\leqslant10$	Ⅲ	融沉
	$w_p+15\leqslant w<w_p+35$	$10<\delta_0\leqslant25$	Ⅳ	强融沉
含土冰层	$w\geqslant w_p+35$	$\delta_0>25$	Ⅴ	融陷

注：① w 为总含水率(%)，包括冰和未冻水；w_p 为塑限。

② 盐渍化冻土、泥炭化冻土、腐殖土、高塑性黏土不在表列。

③ 粗颗粒土用起始融化下沉含水率代替塑限 w_p。

11.5.3 冻土地基基础设计与处理

冻土地基基础设计应满足《冻土地区建筑地基基础设计规范》有关规定。

季节性冻土地基对不冻胀土的基础可不考虑冻深的影响;对冻胀土,基础面可放在有效冻深之内的任一位置,但其埋深必须按规范规定进行冻胀力作用下基础的稳定性计算。若不满足应重新调整基础尺寸和埋置深度,或采取减小或消除冻胀力的措施。

采用强夯法处理可消除土的部分冻胀性。多年冻土地基基础最小埋置深度应比季节设计融深大 1～2 m,视建筑物等级而定。季节性冻土地基常采用浅基础、桩基础。多年冻土地基常采用通风基础、热泵基础,也可采用桩基础,视具体情况而定。关于这些基础的设计可参阅有关规范和文献。

我国围绕冻土物理力学性能、寒冷地区基础设施与环境相互作用、寒冷地区工程绿色低碳材料、冻土生态环境效应与碳循环等领域开展多项研究,为寒冷地区工程安全保障与区域绿色可持续发展提供科技支撑,服务国家"一带一路"高质量建设,助力实现我国"双碳"目标。我国大力推动共建"一带一路"高质量发展、加快推进出疆入藏大通道重大工程项目以及努力打造青藏高原生态文明高地,这些国家战略需求必将推动冻土科学研究的深入发展和冻土工程技术的更新换代。

11.6 盐渍土地基

11.6.1 盐渍土地基概述

易溶盐含量大于或等于 0.3%且小于 20%,并具有溶陷或盐胀等工程特性的土,称为盐渍土。含盐量指土中所含盐的质量与土颗粒质量之比。盐渍土是当地下水沿土层的毛细管升高至地表,经蒸发作用水中盐分被析出并聚集于地表或地下土层中形成的。

盐渍土中盐的来源主要有三种:

① 岩石在风化过程中分离出少量的盐;

② 海水侵入、倒灌等将盐渗入土中;

③ 工业废水或含盐废弃物,使土体中含盐量增高。

盐的迁移和积聚主要靠风力或水流完成。在沙漠干旱地区,大风常将含盐的土粒或盐的晶体吹落到远处,积聚起来,使盐重新分布。水流是盐类迁移和重新分布的主要因素。地表水和地下水在流动过程中把所溶解的盐分带到低洼处,有时形成大的盐湖。在含盐量(矿化度)很高的水流经过的地区,如遇到干旱的气候环境,由于强烈蒸发,盐类析出并积聚在土体中形成盐渍土。在滨海地区,地下水中的盐分,通过毛细作用,将下部的盐输送到地表,由于地表的蒸发作用,将盐分析出,形成盐渍土。有些地区长期大量开采地下水,农田灌溉不当,也会造成盐分积聚。

盐渍土在世界各地均有分布。在我国分布面积较广,按地理区域划分,可分为沿海盐渍土和内陆盐渍土两个大区。它们主要分布在西北干旱地区的新疆、青海、西藏北部、甘肃、宁夏、内蒙古等地势低洼的盆地和平原中,其次分布在华北平原、松辽平原等地。另外在滨海地区的辽东湾、渤海湾、莱州湾、杭州湾以及包括台湾在内的诸岛屿沿岸,也有相当面积的盐渍土存在。

有些盐渍土中以含碳酸钠或碳酸氢钠为主,碱性较大,pH 值一般为 8～10.5,这种土称为碱土或碱性盐渍土,农业上称为苏打土。这种土零星分布于我国东北的松辽平原以及华北的黄、淮、海河平原。

11.6.2 盐渍土的分类

盐渍土按其所含盐的化学成分和含盐量进行分类,可分为:

(1) 按所含盐化学成分分类

盐渍土中含盐主要分为三种(表 11.11),①易溶盐:主要指氯盐、碳酸钠、碳酸氢钠、硫酸钠和硫酸镁;

②中溶盐：主要指硫酸钙；③难溶盐：主要指碳酸钙。按这种分类方法只对土中含盐成分作出了定性的间接说明，而没有对工程的危害作出评价。

表 11.11　盐渍土按盐的化学成分分类

盐渍土名称	$\dfrac{c(Cl^-)}{2c(SO_4^{2-})}$	$\dfrac{2c(CO_3^{2-})+c(HCO_3^-)}{c(Cl^-)+2c(SO_4^{2-})}$
氯盐渍土	>2.0	—
亚氯盐渍土	>1.0，≤2.0	—
亚硫酸盐渍土	>0.3，≤1.0	—
硫酸盐渍土	≤0.3	—
碱性盐渍土	—	>0.3

注：$c(Cl^-)$、$c(SO_4^{2-})$、$c(CO_3^{2-})$、$c(HCO_3^-)$分别表示氯离子、硫酸根离子、碳酸根离子、碳酸氢根离子在 0.1 kg 土中所含毫摩尔数，单位为 mmol/0.1 kg。

(2) 按盐渍土含盐量分类

根据盐渍化程度可分为四类，见表 11.12。

表 11.12　盐渍土按含盐量分类

盐渍土名称	盐渍土层的平均含盐量/%		
	氯盐渍土及亚氯盐渍土	硫酸盐渍土及亚硫酸盐渍土	碱性盐渍土
弱盐渍土	≥0.3，<1.0	—	—
中盐渍土	≥1.0，<5.0	≥0.3，<2.0	≥0.3，<1.0
强盐渍土	≥5.0，<8.0	≥2.0，<5.0	≥1.0，<2.0
超盐渍土	≥8.0	≥5.0	≥2.0

11.6.3　盐渍土地基的评价

对盐渍土地基的评价，主要考虑盐渍土地基的溶陷性、盐胀性和腐蚀性三个方面。

(1) 溶陷性

天然状态下盐渍土在自重应力或附加应力下，受水浸湿时所产生的附加变形称作盐渍土的溶陷变形。根据大量研究表明，只有干燥和稍湿的盐渍土才具有溶陷性，且大多为自重溶陷。盐渍土的溶陷性可以用单一的有荷载作用时的溶陷系数 δ_{rx}来衡量，δ_{rx}的测定与黄土的湿陷系数相似，由室内压缩试验确定：

$$\delta_{rx}=\frac{h_p-h_p'}{h_0} \tag{11.19}$$

式中　h_p——原状土样在压力 P 作用下沉降稳定后的高度(mm)；

h_p'——在同一压力下，浸水溶滤下沉降稳定后的高度(mm)；

h_0——土样的原始高度(mm)。

溶陷系数也可以通过现场试验确定：

$$\delta_{rx}=\frac{\Delta_s}{h} \tag{11.20}$$

式中　Δ_s——载荷板压力为 P 时，盐渍土浸水后的溶陷量(mm)；

h——载荷板下盐渍土的湿润深度(mm)。

根据溶陷系数计算地基的溶陷量 s_{rx}：

$$s_{rx}=\sum_{i=1}^{n}\delta_{rxi}h_i \tag{11.21}$$

式中　δ_{rxi}，h_i——第 i 层土的溶陷系数及其厚度(mm)；

n——基础底面上地基溶陷范围内土层数目。

根据溶陷量可把盐渍土地基分为三个等级，见表 11.13。

表 11.13　盐渍土地基的溶陷等级

溶陷等级	Ⅰ弱溶陷	Ⅱ中溶陷	Ⅲ强溶陷
溶陷量 s/mm	$70<s\leqslant150$	$150<s\leqslant400$	$s>400$

(2) 盐胀性

盐渍土因温度或含水率变化而产生的土体体积增大的性质，称为土体的盐胀性。盐渍土地基的盐胀性一般可分为两类，即结晶膨胀和非结晶膨胀。结晶膨胀是盐渍土因温度降低或失去水分后，溶于孔隙水中的盐浓缩并析出结晶所产生的体积膨胀。当土中的硫酸钠含量超过某一定值(约 2%)时，在低温或含水率下降时，硫酸钠发生结晶膨胀，对于无上覆压力的地面或路基，膨胀高度可达数十毫米至几百毫米，这成了盐渍土地区的一个严重的工程问题。

非结晶膨胀是指由于盐渍土中存在着大量吸附性阳离子，特别是低价的水化阳离子与黏土胶粒相互作用，使扩散层水膜厚度增大而引起土体膨胀。最具代表性的是碳酸盐渍土，含水率增加时，土质泥泞不堪。

对于在盐渍土地基上的室内外地坪、路面、路沿石、台阶、花坛、室外球场、机场跑道等，在进行建设时，如果未采取有效的防膨胀措施，日后的危害是相当严重的。

盐渍土的盐胀性可根据盐胀系数的大小和硫酸钠含量判断。当盐渍土中硫酸钠含量不超过 1%时，可不考虑其盐胀性。通过现场单点法或多点法试验，可以测定不同条件下盐渍土的盐胀系数，也可通过室内试验测定分层盐胀系数。

盐胀系数 δ_{yz} 按下式计算：

$$\delta_{yz}=\Delta h/h_{yz} \tag{11.22}$$

式中　δ_{yz}——盐胀系数或平均盐胀系数；

Δh——总盐胀量(或年度盐胀量，mm)；

h_{yz}——有效盐胀区厚度(或盐胀深度，mm)，无可靠资料时可取 1600～2000 mm。

根据盐胀系数判断土的盐胀性，见表 11.14。

表 11.14　盐渍土的盐胀性分类

盐胀性指标	非盐胀性	弱盐胀性	中盐胀性	强盐胀性
盐胀系数 δ_{yz}	$\delta_{yz}\leqslant0.01$	$0.01<\delta_{yz}\leqslant0.02$	$0.02<\delta_{yz}\leqslant0.04$	$\delta_{yz}>0.04$
硫酸钠含量 C_{ssn}/%	$C_{ssn}\leqslant0.5$	$0.5<C_{ssn}<1.2$	$1.2<C_{ssn}\leqslant2.0$	$C_{ssn}>2.0$

注：当盐胀系数和硫酸钠含量两个指标判断的盐胀性不一致时，应以硫酸钠含量为主。

(3) 腐蚀性

盐渍土的腐蚀性是一个十分复杂的问题。盐渍土中含有大量的无机盐，它使土具有明显的腐蚀性，从而对建筑物基础和地下设施构成一种严重的腐蚀环境，影响其耐久性和安全使用。分析盐渍土腐蚀性时应对地下水和土中的盐含量按表 11.15 进行评价。

盐渍土的腐蚀主要表现在对混凝土和金属材料的腐蚀。盐渍土中的氯盐是易溶盐，在水溶液中全部离解为阴、阳离子，属于电解质，具有很强的腐蚀作用，对于金属类的管线、设备以及混凝土中的钢筋等都会造成严重损坏。

盐渍土中的硫酸盐主要是指钠盐、镁盐和钙盐，这些都属于易溶盐和中溶盐。硫酸盐对水泥、黏土制品等腐蚀性非常大。

表 11.15　盐渍土腐蚀性评价

地基介质	离子种类	埋设条件	对砖、水泥、石灰的腐蚀			
			微	弱	中	强
地下水中盐离子含量/(mg/L)	NH_4^+	全浸	≤500	501～1000	>1000	—
	Mg^{2+}	全浸	≤1000	1001～2000	2001～4000	>4000
	SO_4^{2-}	全浸	≤250	251～1000	1001～4000	>4000
	Cl^-	全浸	≤5000	>5000	—	—
		干湿交替	≤500	501～5000	>5000	—
	pH	全浸	>6.5	6.5～5.1	5.0～4.1	≤4.0
	侵蚀性 CO_2	全浸	—	≤30	31～60	>60
	总矿化度	全浸	—	10001～20000	20001～50000	>50000
土中盐离子含量/(mg/kg)	SO_4^{2-}	干燥	≤2000	2001～4000	4001～6000	>6000
		潮湿	≤400	401～2000	2001～4000	>4000
	Cl^-	干燥	≤5000	5001～20000	>20000	—
		潮湿	≤1000	1001～7500	>7500	—
	总盐量	有蒸发面	≤3000	3001～5000	5001～10000	>10000
		无蒸发面	≤5000	5001～20000	20001～50000	>50000
	pH		>6.5	6.5～5.1	5.0～4.1	≤4.0

11.6.4　盐渍土地区的工程防护和地基处理

在盐渍土地区进行工程建设，要注意提高建筑材料本身的防腐能力，如选用优质水泥，提高密实性，增大保护层厚度，提高钢筋的防腐能力等，同时还可采取在混凝土或砖石砌体表面做防水层和防腐涂层等方法。此外，对搅拌混凝土或砂浆的用水和砂石料的含盐量也必须严格控制，应满足有关规定。

防盐类侵蚀的重点部位是在接近地面或地下水干湿交替区段，应防止大气降水、地表水、工业和生活用水淹没或浸湿地基及附近场地，应设计完整的排水系统，设置防渗层等。具体见表 11.16。

对具有溶陷性、盐胀性或腐蚀性的盐渍土地基应采取地基处理措施。当采用桩基础时，桩的埋置深度应大于盐胀性盐渍土的盐胀临界深度。所采用的地基处理方法包括换填法、预压法、强夯和强夯置换法、浸水预溶法、隔断层法等。

表 11.16　防腐蚀措施

项　目		环 境 等 级		
		弱	中	强
内部防腐措施	水泥品种	普通硅酸盐水泥、矿渣水泥	普通硅酸盐水泥、矿渣水泥、抗硫酸盐水泥	普通硅酸盐水泥、矿渣水泥、抗硫酸盐水泥
	混凝土最低强度等级	C30	C35	C40
	最小水泥用量/(kg/m^3)	300	320	340
	最大水胶比	0.5	0.45	0.4
	保护层厚度/mm	≥50	≥50	≥50
	外加剂	—	阻锈剂、减水剂、密实剂等	阻锈剂、减水剂、密实剂等

续表11.16

项目		环境等级		
		弱	中	强
外部防腐措施	干湿交替	—	沥青类、渗透类涂层	沥青类、渗透类、树脂类涂层、玻璃钢、耐腐蚀板砖层等
	湿	—	防水层	防水层
	干	—	—	沥青类涂层

此外，对搅拌混凝土或砂浆的用水和砂石料的含盐量也必须严格控制，应满足有关规定。

水对盐渍土地基的稳定性影响最大，应设计完整的排水系统，避免基础附近积水。

我国西部地区分布着一千多个大大小小的盐湖，盐渍土分布广泛，出现了土体盐渍化、荒漠化等一系列的环境问题。随着西部地区交通、水利等工程建设的快速发展，为了控制盐渍土的工程病害，提升盐渍土的强度和稳定性，相关部门开展了土壤低碳固化剂制备方法及应用的研究，提供了一种有效而经济合理的固化剂及处理方法。固化剂作为一种新型材料，可将总量丰富、成本低廉但工程特性不佳的自然土壤进行固化改性之后，用作各类地基、路基以及工程填筑用料，就地取材，减少砂石用量和运输成本。"变废为宝"，解决了环境污染问题，达到节能减排循环利用的目的，又能降低盐渍土的固化生产成本。

11.7 动力机器基础及地震区地基

11.7.1 概述

机器基础设计是工业建筑设计的一个组成部分，也是建筑工程中一项复杂的课题，其特点首先取决于机器对基础的作用特征。动力机器指运转时会产生较大不平衡惯性力的一类机器，包括旋转式机器、往复式机器、冲击式机器、振动试验台、金属切削机床等。动力作用较小或只有静力作用的机器，可按常规基础设计计算。

动力机器的动力和振动是很不相同的，根据其对基础的动力作用形式可按表 11.17 分为四类。

表 11.17 动力机器的分类

类别	机器类别	运动特点	代表性的机器名称
甲	周期性作用的机器（有规律运动的）	匀速旋转运动	电机（电动机、电动机发电机组），涡轮机（涡轮发电机、涡轮鼓风机、涡轮压缩机、涡轮泵）
乙		匀速旋转和往复直线运动	曲柄连杆式机器（活塞压缩机、活塞式泵、内燃机），颚式破碎机
丙	非周期性作用的机器（运动规律是非周期性的）	非匀速旋转和非往复直线运动	拖动电动机、遮断容量的电动机
丁		冲击式运动	自由锻锤、模锻锤、碎铁架

动力机器基础的结构形式主要有三种：① 实体式（块式）；② 墙式；③ 框架式。如图 11.8 所示。

实体式基础应用最广泛，适合多种类型的机器，通常做成刚度很大的钢筋混凝土块体，其振动主要由地基的弹性变形引起，因而在动力计算中可按地基上的刚体进行振动计算。墙式基础则由顶板、纵横墙和底板连接而构成。以上两种基础中均预留有安装和操作机器所必需的沟槽和孔洞。框架式基础一般用于平衡性较好的高频机器，其上部结构是由固定在一块连续底板或可靠基岩上的立柱上端刚性连接的纵横梁组成的弹性体系，因而可按框架结构计算。

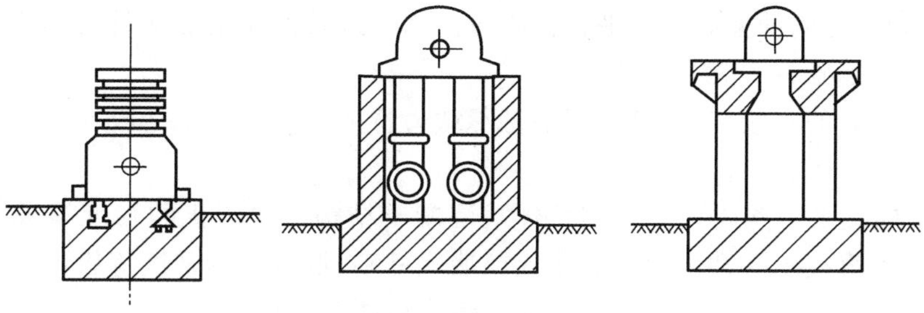

图 11.8 机器基础的常用结构形式

(a) 实体式;(b) 墙式;(c) 框架式

动力机器的动力荷载作用必然会引起地基及基础的振动，如设计不当，可能产生一系列不良影响。如降低地基土的强度并增加基础的沉降量，影响机器的正常运转；使工作人员操作条件恶化，严重者将影响健康；同时，振动将通过地基土传到附近的房屋、设备、机器或精密仪表，可能影响其正常使用。

自从 1964 年日本新潟大地震引起土体大面积液化并给结构物带来严重破坏以后，地震力引起的地基土破坏引起了各国的注意和深入研究。我国近代各次大地震中都引起很强的破坏，尤其唐山地震时更为显著。因此，地震区的基础工程研究，对预估地震区可能发生的地震灾害以及工程抗震有重要意义。

以下将介绍动力机器基础设计原理和地基基础抗震设计。

11.7.2 动力机器基础设计原理

一般的动力机器在运行时都将产生振动，而振动引起的动荷载又将对机器的支承结构（基础或构架）带来动力效应。也就是说动力机器基础除了承受机器设备自重等形成的静力荷载外，还将要承受其工作时的运动质量所形成的动荷载。当机器的动力作用不大时（如一般的金属切削机床），其基础可按一般静荷载下的基础进行设计并作适当的构造处理。当动力作用较大时，应根据荷载特点进行动力基础设计，即按照考虑动力作用的条件进行设计与施工，而对于一些要求高精度的加工机床，还应考虑基础的隔振问题。动力机器基础的设计与施工是一项专门而复杂的课题，它涉及土建与机械两个专业，设计前需要了解各种动力机器的荷载形式、常用动力机器基础的结构特点及其设计基本要求。

11.7.2.1 *动力机器基础的设计基本要求*

动力机器基础的设计应满足强度、变形和使用功能各方面的要求，主要包括：

(1) 基础的外形、尺寸及预留坑、洞和螺栓孔等应按照厂商提供的安装图布置，以保证机器的准确安装、使用和维修；

(2) 地基应满足承载能力并控制基础的沉降和倾斜，保证地基承载安全，并不出现影响机器正常使用的变形；

(3) 基础振动应限制在容许的范围内，保证机器的正常使用和操作人员的正常工作条件，并保证不对附近的精密设备、仪表以及相邻建筑物和管线等产生有害影响；

(4) 基础结构应具有足够的强度、刚度和耐久性等。因此，在进行动力机器基础设计时，主要应从满足工艺与建筑构造要求、验算地基承载力与基础变形、计算与控制基础动力响应等方面着手。

11.7.2.2 *一般构造要求*

动力机器基础应满足下列一般构造要求：

(1) 动力机器基础不宜与建筑物或混凝土地坪连接。与机器相连接的管道也不宜直接固定在建筑物上。

(2) 动力机器底座的边缘至基础边缘的净距不宜小于 100 mm。除锻锤基础外，在机器底座下应预留厚度不小于 50 mm 的二次灌浆层。

(3) 基组（包括机器、基础和基础上的回填土）的总重心与基础底面的形心宜位于同一铅垂线上，当不在同一铅垂线上时，两者之间的偏心距和平行偏心方向基底边长的比值 η 应符合如下要求：

对汽轮机组和电机基础，$\eta \leqslant 3\%$。

对金属切削机床以外的一般机器基础，当地基承载力特征值 $f_{ak} \leqslant 150$ kPa 时，$\eta \leqslant 3\%$；当地基承载力特征值 $f_{ak} > 150$ kPa 时，$\eta \leqslant 5\%$。

(4) 动力机器基础宜采用整体式或装配整体式混凝土结构。混凝土的强度等级一般不低于 C30，对按构造要求设计的或不直接承受冲击力的大块式或墙式基础，混凝土的强度等级可采用 C25。

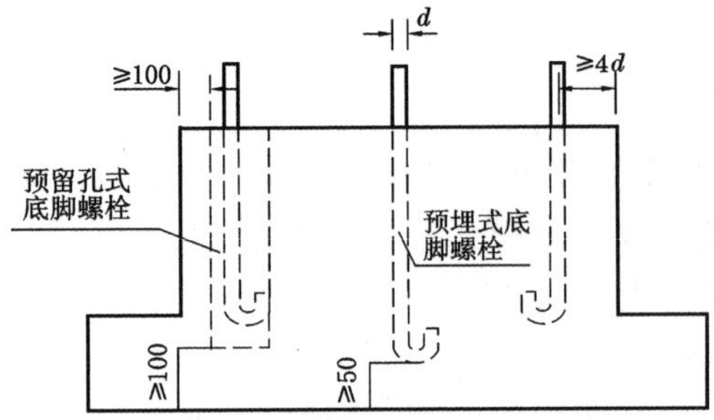

图 11.9　底脚螺栓布置的构造图

(5) 动力机器基础的钢筋不宜采用冷轧钢筋。受冲击力较大的部位应尽量采用热轧变形钢筋，并避免焊接接头。框架式基础和墙式基础的部分构件须作静荷载与动荷载作用下的强度计算，并作为配筋依据。一般块体基础和墙式基础的大部分构件均可按构造要求配筋。

(6) 动力机器基础的底脚螺栓除了应严格按照机器安装图布置以外，还应符合以下要求：混凝土强度等级不小于 C15 时，带弯钩底脚螺栓埋置深度不小于 $20d$（d 为螺栓直径）；锚板底脚螺栓埋置深度不小于 $25d$。螺栓或承留螺栓孔离基础侧面边缘和基础底面的最小距离应符合图 11.9 的规定，当无法满足要求时，应采取加强措施。

11.7.2.3　一般计算规定

(1) 地基承载力验算

基础底面地基的静压力由基础自重、基础上回填土重、机器自重以及传至基础上的其他荷载产生，基础底面地基的平均静压力值 p(kPa)应符合下式要求：

$$p \leqslant \alpha_v f_a \tag{11.23}$$

式中　f_a——修正后地基承载力特征值(kPa)，其值可按天然地基承载力计算方法确定。

α_v——地基承载力的动力折减系数，其值与基础形式有关：对旋转式机器基础，$a_f = 0.8$；对锻锤基础，$\alpha_v = \dfrac{1}{1+\beta_v \dfrac{a}{g}}$；其余基础，$\alpha_v = 1.0$。这里，$a$ 为基础的振动加速度(m/s^2)；g 为重力加速度，一般取 9.8 m/s^2；β_v 为地基土的动沉陷影响系数，其值与地基土类别有关，见表 11.18。表中的地基土是指天然地基，对桩基可按桩尖土层的类别选用。动力机器基础的地基土类别见表 11.19。

表 11.18　地基土的动沉陷影响系数 β_v 值

地基土类别	一类土	二类土	三类土	四类土
β_v 值	1.0	1.3	2.0	3.0

表 11.19　动力机器基础的地基土类别

土的名称	地基土承载力特征值 f_{ak}/kPa	地基土类别
碎石土	$f_{ak}>500$	一类土
黏性土	$f_{ak}>250$	
碎石土	$300<f_{ak}\leqslant 500$	二类土
粉土、砂土	$250<f_{ak}\leqslant 400$	
黏性土	$180<f_{ak}\leqslant 250$	

续表11.19

土的名称	地基土承载力特征值 f_{ak}/kPa	地基土类别
碎石土	$180<f_{ak}\leqslant 300$	三类土
粉土、砂土	$160<f_{ak}\leqslant 250$	
黏性土	$130<f_{ak}\leqslant 180$	
粉土、砂土	$120<f_{ak}\leqslant 160$	四类土
黏性土	$80<f_{ak}\leqslant 130$	

(2) 动力验算

动力机器的基础的振动响应通常用基础上控制点的振动位移、振动速度和振动加速度来计量，其值可以通过动力计算确定。在进行动力计算时，荷载均采用标准值。

动力机器基础的振动位移 u(m)、振动速度 ν(m/s)和振动加速度 a(m/s^2)应满足下列要求：

$$u\leqslant[u]$$
$$\nu\leqslant[\nu]$$
$$a\leqslant[a]$$

(11.24)

式中 $[u]$,$[\nu]$,$[a]$——基础的容许振动位移(m)、容许振动速度(m/s)和容许振动加速度(m/s^2)。

上述容许值与机器的动荷载及基础的形式等有关，其值可在各动力基础设计资料中了解。

11.7.2.4 动力机器基础设计的基本步骤

动力机器基础一般可按如下步骤进行设计：

(1) 收集设计资料，主要包括：机器的型号、转速、功率、轮廓尺寸图；机器底座外轮廓图、安装辅助设备与管道的预留孔洞尺寸和位置、灌浆层厚度、底脚螺栓和预埋件的位置；机器自重与重心位置，机器的扰力、扰力矩及其方向；机器本身及周围环境对振动的要求；工程地质勘察资料与动力试验资料等。

(2) 根据机器的振动特点确定基础的结构形式。

(3) 按机器布置要求和地基承载力要求等确定基础的外形尺寸与埋深，必要时，提出合理的地基处理方案。

(4) 验算地基承载力并进行地基沉降计算。

(5) 根据地基动力试验资料或规范提供的方法确定地基土的动力特性参数并进行基础的动力计算与动力验算。

(6) 根据基础的结构形式进行结构强度验算与配筋。

11.7.3 地基基础抗震设计

11.7.3.1 概述

(1) 地震是一种自然现象，是地壳运动的一种特殊形式。

地震按其成因可分为：① 火山地震：由于火山突然爆发而引起；② 陷落地震：由于地表或地下岩层突然大规模陷落和崩塌而造成；③ 构造地震：由于地壳运动，推挤地壳岩层使其薄弱部位产生断裂错动而引起。其中构造地震最为常见，约占地震总数的90%。已经发生的灾难性地震多为构造地震，它是我们研究的主要对象。

地震活动频繁而猛烈的地区称地震区。地层构造运动中，在断层形成的地方，大量释放能量，产生剧烈振动的地震发源地叫作震源，震源正上方的地面位置叫震中。按震源的深浅，分浅源地震(深度小于70 km)、中源地震(70～300 km)和深源地震(大于300 km)。一年中全世界所有地震释放能量的约85%来自浅源地震。

(2) 地震波及地震反应

地震引起的振动以波的形式从震源向各个方向传播并释放能量，这就是地震波，它包含在地球内部传播的体波和只限于在地面附近传播的面波。

体波又包括两种形式的波，即纵波和横波。纵波是由震源向外传播的压缩波，它在传递过程中，其介质质点的振动方向与波的前进方向一致，周期短，振幅小。横波是由震源向外传播的剪切波，其介质质点的振动方向与波的前进方向垂直，周期较长，振幅较大。

面波是体波经地层界面多次反射形成的次生波，它包括两种形式的波，即瑞利波和洛甫波。面波振幅大，周期长。弹性理论公式计算以及实测表明：纵波传播速度最快，衰减也快，横波次之，面波最慢，但能传播到很远的地方。一般情况是，当横波或面波到达时，地面振动最猛烈，造成的危害也大。

当地震波在土层中传播时，经过不同土层的界面多次反射，将出现不同周期的地震波。若某一周期的地震波与地表土层的固有周期相近时，由于共振作用该地震波的振幅将显著增大，其周期称为卓越周期。若建筑物的基本周期与场地土层的卓越周期相近时，也将由于共振作用而增大振幅，导致建筑物破坏。

(3) 地震的震级和烈度

震级和烈度是两个不同的概念。震级是表示地震本身大小的尺度。目前，国际上比较通用的是里氏震级，即地震震级 M 为

$$M = \lg A \tag{11.25}$$

A 是标准地震仪(指周期 0.8 s，阻尼系数 0.8，放大倍数 2800 倍的地震仪)在距震中 100 km 处记录的以微米为单位的最大水平地动位移。例如，在距震中 100 km 处地震仪记录的振幅是 1 mm，即1000 μm，其对数为 3，根据定义，这次地震就是 3 级。一般认为，小于 2 级的地震，人们感觉不到，只有仪器才能记录下来，叫微震；2～4 级，人们就感觉到了，叫有感地震；5 级以上地震能引起不同程度的破坏，称为破坏性地震；7 级以上的地震，则称为强烈地震。

地震烈度是指某一地区的地面和各类建筑物遭受一次地震影响的强弱程度。对于一次地震，表示地震大小的震级只有一个，但它对不同地点的影响是不一样的。一般来说，距震中越远，地震影响越小，烈度就越低。此外，地震烈度还与地震大小、震源深度、地震传播介质、表土性质、建筑物动力特性、施工质量等许多因素有关。

为了评定地震烈度，就需要建立一个标准，这个标准称为地震烈度表。它是根据地震时地震最大加速度、建筑物损坏程度、地貌变化特征、地震时人的感觉、家具动作反应等方面进行区分。绝大多数国家包括我国的地震烈度表均按 12 度划分。

各地区的实际烈度受到各种复杂因素的影响，我国制定的抗震规范中进一步提出了“基本烈度”和“设防烈度”的概念。基本烈度是指一个地区今后一定时期(100 年)内，一般场地条件下可能遭遇的最大地震烈度，由国家地震局编制的《中国地震烈度区划图》确定；设防烈度是指一个地区作为抗震设防依据的地震烈度，按国家规定权限审批或颁发的文件执行，一般情况下采用基本烈度，取 50 年内超越概率为 10％的地震烈度，即在未来的 50 年内，有 10％的可能性会发生这样强度的地震。我国制定的《建筑抗震设计标准》(GB/T 50011—2010)(简称《抗震标准》)给出了我国主要城镇抗震设防烈度、设计地震加速度值、城镇的设计地震分组，可供查用。

我国《抗震标准》适用于抗震设防烈度为 6 度、7 度、8 度和 9 度地区建筑工程的抗震设计及隔震、消能减震设计，地震设防区面积约占国土面积的 60％。抗震设防烈度大于 9 度地区的建筑和行业有特殊要求的工业建筑，其抗震设计应按有关专门规定执行。

11.7.3.2 地震灾害

地球上发生的强烈地震常造成大量人员伤亡、大量建筑物破坏，交通、生产中断，水、火和疾病等次生灾害发生。我国处于世界上两大地震带——环太平洋地震带和欧亚地震带之间，是一个地震多发国家。约有 2/3 的省区发生过破坏性地震，其中大中城市数量居多，一半位于基本烈度 7 度或 7 度以上地区，而且地震震源浅，强度大，对建筑物破坏严重。以 2008 年 5 月 12 日的汶川地震为例，死亡人数众多，经济损失巨大。

地震所带来的破坏活动主要表现在：

（1）地基震害

地震造成地基的破坏有地基振动液化、震陷和山石崩裂、滑坡、地裂等现象。

在地下水位较高地区，地震时的强烈振动会使饱和粉、细砂和粉土层液化，地下水夹着砂子往往经裂缝或其他通道喷出地面，形成喷砂冒水现象。产生液化的原因是由于地震短暂的时间里，孔隙水压力骤然上升来不及消散，有效应力降至零，土体呈现出近乎液体的状态，强度完全丧失，即所谓液化。

地震时，地面产生巨大的附加下沉称为震陷。此种现象多发生在松砂和软黏土中，还有岩溶地区等。它不仅使建筑物产生过大沉降，而且产生较大的差异沉降和倾斜，影响建筑物的安全和使用。

地震造成的山石崩裂的塌方量可达近百万方，崩塌的石块可阻塞公路，中断交通。在陡坡附近还会发生滑坡。地震时往往出现地裂缝，地裂缝的数量、长短、深浅等与地震强度、地表情况、受力特征等有关，有规模较大的构造裂缝和较小的非构造裂缝。

（2）建筑物破坏

建筑物破坏情况与结构类型、抗震措施有关。主要有承重结构强度不足而造成破坏，如墙体裂缝、钢筋混凝土柱剪断或混凝土被压碎、房屋倒塌、砖烟囱错位折断等；由于节点强度不足、延性不够、锚固不够等使结构丧失整体性而造成破坏。

（3）引发次生灾害

地震往往伴随次生灾害，如水灾、火灾、毒气污染、滑坡、泥石流、海啸等，由此引起的破坏也非常严重。

11.7.3.3　*场地因素*

建筑物场地的地形条件、地质构造、地下水位及场地土覆盖层厚度、场地类别等对地震灾害的程度有显著影响。

我国多次地震震害调查表明，局部地形条件对地震作用下建筑物的破坏有较大影响，孤突的山梁、山包、条状山嘴、落差较大的台地、陡坡及故河道岸边等，均对建筑抗震不利。场地地质构造中具有断层这种薄弱环节时，不宜将建筑物横跨其上，以免可能发生的错位或不均匀沉降带来危害。地震对建筑物的危害程度与地下水位有明显关系，水位越高震害越重。

场地土质条件不同，建筑物的破坏程度也有很大差异，一般规律是：软弱地基与坚硬地基相比，容易产生不稳定状态和不均匀下陷，甚至发生液化、滑动、开裂等现象。震害随覆盖层厚度增加而加重。

通过总结国内外对场地划分的经验、现有实际勘察资料得知，影响建筑物震害的因素主要是场地土的刚度和场地覆盖层的厚度。因此，《抗震标准》提出，将场地的类别按土层等效剪切波速和场地覆盖层厚度划分为四类，见表 11.20。

表 11.20　建筑场地类别划分

岩石的剪切波速或土层等效剪切波速/(m/s)	场地类别				
	I_0	I_1	Ⅱ	Ⅲ	Ⅳ
$V_s>800$	0				
$800\geqslant V_s>500$		0			
$500\geqslant V_{se}>250$		<5	≥5		
$250\geqslant V_{se}>150$		<3	3～50	>50	
$V_{se}\leqslant150$		<3	3～15	15～80	>80

注：V_s 指岩石的剪切波速；V_{se} 指土层等效剪切波速。

硬质岩石、坚硬场地土和Ⅰ类场地是抗震最理想的地基；中密、稍密碎石土，密实、中密砾石和粗、中砂，硬黄土等中硬场地土和Ⅱ类场地，为较好的抗震地基；稍密砾石和粗、中砂，除松散外的细、粉砂，部分承载力低的黏性土和粉土，可塑新黄土等中软土场地和Ⅲ类场地，震害较严重；淤泥、淤泥质土，松散的砂、新近沉积黏性土和粉土，软弱场地土和Ⅳ类场地，震害最严重。

11.7.3.4　*地基基础抗震设计*

(1) 基本原则

抗震设防的基本原则是“小震不坏，大震不倒”。在地震活动区，要使工程有一定的抗震能力，以减少一旦发生地震时造成的损失和人员伤亡，同时又要避免过高的设防标准造成浪费。

根据地震区域的地震活动性质和概率，将地震区域划分为不同的抗震设防烈度，从小到大包括Ⅰ、Ⅱ、Ⅲ、Ⅳ、Ⅴ五个等级。根据建筑物所处地理位置、用途和地震影响程度，将建筑物划分为不同的抗震设防级别，包括一般抗震设防、中等抗震设防和重要抗震设防建筑物。一般抗震设防建筑物适用于地震烈度为Ⅰ、Ⅱ级的地区，且建筑物用途为住宅、一般办公楼、商业综合楼等；中等抗震设防建筑物适用于地震烈度为Ⅲ、Ⅳ级的地区，且建筑物用途为医院、学校、机关大楼、超高层建筑等；重要抗震设防建筑物适用于地震烈度为Ⅴ级的地区，且建筑物用途为核电站、大坝、重要交通枢纽等。

建筑应根据其使用功能的重要性分为甲类、乙类、丙类、丁类四个抗震设防类别。不同用途建筑物的抗震设防，根据破坏后果区别对待。甲类建筑应属于重大建筑工程和地震时可能发生严重次生灾害的建筑；乙类建筑应属于地震时使用功能不能中断或需尽快恢复的建筑；丙类建筑应属于除甲、乙、丁类以外的一般建筑；丁类建筑应属于抗震次要建筑。抗震设防烈度为 6 度时，除《抗震标准》有具体规定外，对乙、丙、丁类建筑可不进行地震作用计算。

对地基及基础，抗震设防应遵循下列原则：

① 选择建筑场地时，应根据工程需要和地震活动情况、工程地质和地震地质的有关资料，对抗震有利、一般、不利和危险地段做出综合评价。宜选择对建筑抗震有利地段，如稳定基岩、开阔平坦的坚硬场地土或密实均匀的中硬场地土等地段。宜避开对建筑物不利地段，如软弱场地土、易液化土、条状突出山嘴、河岸和边坡边缘等，如无法避开时，应采取适当的抗震措施。对于危险地段，如地震时可能发生滑坡、崩塌、地陷、泥石流等部位，不应建筑。场地内存在发震断裂，应就断裂对工程影响进行评价，避开主断裂带，其避让距离不宜小于对发震断裂最小避让距离的规定。为保证建筑物安全，还应考虑建筑物基本周期，避开地层卓越周期，防止共振危害。

② 同一结构单元不宜设置在性质截然不同的地基土上，也不宜部分采用天然地基，部分采用桩基。地基有软弱土时，宜加强基础和上部结构的整体性和刚性。

③ 合理加大基础埋置深度，正确选择基础类型来加强基础防震性能以减轻上部结构的震害。

(2) 天然地基抗震验算

考虑地震荷载属于特殊荷载，作用时间短，天然地基的抗震承载力应按下式调整：

$$f_{aE}=\zeta_a f_a \tag{11.26}$$

式中　f_{aE}——调整后的地基抗震承载力(kPa)；

ζ_a——地基抗震承载力调整系数，按场地土质状况分别取 1.5、1.3、1.1、1.0，具体可参见《抗震标准》；

f_a——修正后的地基承载力特征值(kPa)，按现行国家标准《建筑地基基础设计规范》采用。

验算天然地基地震作用下的竖向承载力时，基础底面平均压力和边缘最大压力应符合下式要求，且基础底面与地基之间零应力区面积不应超过基础底面面积的 15%，高宽比大于 4 的高层建筑，不宜出现脱离区(零应力区)。

$$p\leqslant f_{aE} \tag{11.27}$$

$$p_{max}\leqslant 1.2f_{aE} \tag{11.28}$$

式中　p——地震作用效应标准组合的基础底面平均压力(kPa)；

p_{max}——地震作用效应标准组合的基础边缘的最大压力(kPa)。

(3) 液化土地基抗震设计

主要介绍由于饱和砂土、饱和粉土(不含黄土)的震害而产生的液化现象。

① 液化判别

初步判断认为需要进一步液化判别时，可采用标准贯入试验来确定。

采用标准贯入试验来确定其是否液化。当饱和土标准贯入锤击数 $N_{63.5}$ 实测值小于式(11.29)和式(11.30)确定的临界值时，应判为液化土。

在地面下 20 m 深度范围内，按下式计算：

$$N_{cr}=N_0\beta[\ln(0.6d_s+1.5)-0.1d_w]\sqrt{3/\rho_c} \tag{11.29}$$

式中 N_{cr}——液化判别标准贯入锤击数临界值；

N_0——液化判别标准贯入锤击数基准值，按表 11.21 采用；

d_s——饱和土标准贯入点深度(m)；

d_w——地下水位深度(m)；

ρ_c——黏粒含量百分率，当小于 3 或为砂土时，应采用 3；

β——调整系数，设计地震第一组取 0.80，第二组取 0.95，第三组取 1.05。

表 11.21　液化判别标准贯入锤击数基准值 N_0

设计基本地震加速度(g)	0.10	0.15	0.20	0.30	0.40
液化判别标准贯入锤击数基准值	7	10	12	16	19

② 液化等级评定

存在液化土层的地基，还应进一步探明各液化土层的深度和厚度，并按式(11.30)计算液化指数 I_{lE}，以便将地基划分为表 11.22 所示的三个液化等级，结合建筑抗震设防类别选择抗液化措施。

$$I_{lE}=\sum_{i=1}^{n}\left[1-\frac{N_i}{N_{cri}}\right]d_iW_i \tag{11.30}$$

式中 I_{lE}——液化指数。

n——在判别深度范围内每一个钻孔标准贯入试验点的总数。

N_i，N_{cri}——i 点标准贯入锤击数的实测值和临界值，当实测值大于临界值时应取临界值；当只需要判别 15 m 范围以内的液化时，15 m 以下的实测值可按临界值采用。

d_i——i 点所代表的土层厚度(m)，可采用与该标准贯入试验点相邻的上、下两标准贯入试验点深度差的一半，但上界不高于地下水位深度，下界不深于液化深度。

W_i——i 土层单位土层厚度的层位影响权函数值(m^{-1})。当该层中点深度不大于 5 m 时应采用 10 m^{-1}，等于 20 m 时应采用零值，5～20 m 时应按线性内插法取值。

表 11.22　液化等级与液化指数的对应关系

液化等级	轻　微	中　等	严　重
液化指数 I_{lE}	$0<I_{lE}\leqslant 6$	$6<I_{lE}\leqslant 18$	$I_{lE}>18$

(4) 地基基础抗震措施

地基为软弱黏性土、液化土、新近填土或严重不均匀土时，应根据地震时地基不均匀沉降和其他不利影响，采取相应措施。比如可以考虑采取减轻荷载，增强结构整体性和均衡对称性。合理设置沉降缝，当设置伸缩缝和沉降缝时，其宽度应符合防震缝的要求。

正确选择基础类型，合理加大基础埋置深度，扩大基础底面面积，加强基础的整体性和刚度，来加强基础防震性能以减轻上部结构的震害。选择桩基等深基础，避开可能失效的地基对上部建筑物的不利影响。

同一结构单元不宜设置在性质截然不同的地基土上，也不宜部分采用天然地基，部分采用桩基。

采取地基处理措施，具体方法有置换、加密、强夯、振冲等，以消除土的动力不稳定性，有效地消除地基液化。

思　考　题

11.1　如何根据湿陷系数判定黄土的湿陷性？怎样区分自重湿陷性黄土和非自重湿陷性黄土？如何划分地基的湿陷

等级？

11.2　膨胀土对建筑物有哪些危害？什么叫自由膨胀率？膨胀土地基胀缩等级分为多少级？

11.3　什么是土岩组合地基、岩溶、土洞和红黏土地基？

11.4　什么是冻土？多年冻土的融陷性等级是如何划分的？

11.5　如何设计动力机器基础？

11.6　什么是震级、地震烈度、基本烈度和设防烈度？

习　题

11.1　山东地区某电厂灰坝工地，强夯施工前，钻孔每隔 1 m 取土样，测得各土样 δ_{Si} 和 δ_{ZSi} 见表 11.23，试确定该场地的湿陷类型和地基的湿陷等级。

表 11.23　习题 11.1 中的 δ_{Si} 和 δ_{ZSi} 值

取土深度/m	1	2	3	4	5	6	7	8	9	10
δ_{ZSi}	0.017	0.022	0.022	0.022	0.026	0.039	0.043	0.029	0.014	0.012
δ_{Si}	0.086	0.074	0.077	0.078	0.087	0.094	0.076	0.049	0.012	0.002
备　注	δ_{ZS}或δ_{S}<0.015，属非湿陷性土层									

11.2　鄂北岗地某膨胀土样室内土工实验，测得土样原始体积为 10 mL，膨胀稳定后体积增大为 16.1 mL。试求此土样的自由膨胀率，并确定该膨胀土的膨胀潜势。

12 地 基 处 理

本 章 提 要

软弱地基系指由具有强度较低、压缩性较高及其他不良性质的软弱土组成的地基。

地基处理的目的是采取切实有效的处理方法，改善地基土的工程性质，使其满足工程建设的要求。

地基处理方法按其原理和作用可分为碾压及夯实、换填垫层、排水固结、振密挤密、置换及拌入、加筋及其他方法等七类。本章主要介绍前五类中的几种常用地基处理方法，要求掌握这几种常用地基处理方法的特点及适用范围、作用原理、设计要点和施工质量要求。简要介绍复合地基理论、土工合成材料、三种桩式托换技术和三种灌浆托换法。

12.1 概　　述

12.1.1 软弱地基的特征

软弱地基系指主要由淤泥、淤泥质土、冲填土、杂填土或其他高压缩性土构成的地基。

天然孔隙比大于或等于1.0，且天然含水率大于液限的细粒土称之为软土。它包括淤泥、淤泥质土、泥炭、泥炭质土。软土具有如下工程特性：

(1) 具有显著的结构性。特别是滨海相的软土，一旦受到扰动(振动、搅拌或搓揉等)，其絮状结构受到破坏，土的强度显著降低，甚至呈流动状态。软土受到扰动后强度降低的特性可用灵敏度表示。软土的灵敏度在3～16之间。

(2) 具有较明显的流变性。软土在不变的剪应力的作用下，将连续产生缓慢的剪切变形，并可能导致抗剪强度的衰减。在固结沉降完成之后，软土还可能继续产生可观的次固结沉降。

(3) 压缩性较高。软土的压缩系数 $a_{1\text{-}2} > 0.5\ \mathrm{MPa}^{-1}$，大部分压缩变形发生在垂直压力为100 kPa左右。

(4) 抗剪强度很低。软土的天然不排水抗剪强度一般小于30 kPa。

(5) 软土的透水性较差，其渗透系数一般在 $i \times 10^{-6}$ 至 $i \times 10^{-8}$ cm/s($i=1,2,\cdots,9$)之间。因此，土层在自重或荷载作用下达到完全固结所需的时间很长。

(6) 具有不均匀性，软土中常夹有厚薄不等的粉土、粉砂、细砂等。

由于软土具有强度低、压缩性较高和透水性较差等特性，因此，在软土地基上修建建筑物，必须重视地基的变形和稳定问题。软土地基的承载力常为50～80 kPa，如果不作任何处理，一般不能承受较大的建筑物荷载，否则软土地基就有可能出现局部剪切乃至整体滑动的危险。此外，软土地基上建筑物的沉降和不均匀沉降也是比较大的。沉降稳定的历时亦较长，在比较深厚的软土层上，建筑物基础的沉降往往持续数年乃至数十年以上。沉降量过大和持续的时间过长，都会给建筑物设计标高的确定和建筑物内设备的安装带来麻烦，而不均匀沉降则可能会造成建筑物开裂或严重影响建筑物的使用。

冲填土(吹填土)是在整治和疏通江河时,用挖泥船或泥浆泵把江河或港湾底部的泥砂用水力冲填(吹填)形成的沉积土。冲填土的物质成分比较复杂,如以粉土、黏土为主,则属于欠固结的软弱土,而主要由中砂粒以上的粗颗粒组成的,则不属于软弱土。

杂填土一般是覆盖在城市地表的人工杂物,包括瓦片砖块等建筑垃圾、工业废料和生活垃圾等。其主要特性是强度低、压缩性高和均匀性差。

12.1.2 地基处理方法确定

地基处理的目的主要是改善地基土的工程性质,包括改善地基土的变形特性和渗透性,提高其抗剪强度和抗液化能力,使其满足工程建设的要求。根据地基处理方法的原理,目前常用的软弱地基处理方法基本上分为如表 12.1 所示的几类。

表 12.1 软弱土地基处理方法分类表

编号	分类	处理方法	原理及作用	适用范围
1	碾压及夯实	重锤夯实,机械碾压,振动压实,强夯法(动力固结)	利用压实原理,通过机械碾压夯击,把表层地基土压实,强夯则利用强大的夯击能,在地基中产生强烈的冲击波和动应力,迫使土动力固结密实	适用于碎石、砂土、粉土、低饱和度的黏性土、杂填土等
2	换填垫层	砂石垫层,素土垫层,灰土垫层,矿渣垫层	以砂石、素土、灰土和矿渣等强度较高的材料,置换地基表层软弱土,提高持力层的承载力,扩散应力,减少沉降量	适用于处理暗沟、暗塘等软弱土地基
3	排水固结	天然地基预压,砂井预压,塑料排水带预压,真空预压,降水预压	在地基中增设竖向排水体,加速地基的固结和强度增长,提高地基的稳定性;加速沉降发展,使地基沉降提前完成	适用于处理饱和软弱土层;对于渗透性极低的泥炭土,必须慎重对待
4	振密挤密	振冲挤密,灰土挤密桩,砂石桩,石灰桩,爆破挤密	采用一定的技术措施,通过振动或挤密,使土体的孔隙减少,强度提高;必要时,在振动挤密的过程中,回填砂、砾石、灰土、素土等,与地基土组成复合地基,从而提高地基的承载力,减少沉降量	适用于处理松砂、粉土、杂填土及湿陷性黄土
5	置换及拌入	振冲置换,深层搅拌,高压喷射注浆,石灰桩等	采用专门的技术措施,以砂、碎石等置换软弱土地基中部分软弱土,或在部分软弱土地基中掺入水泥、石灰或砂浆等形成增强体,与未处理部分土组成复合地基,从而提高地基的承载力,减少沉降量	黏性土、冲填土、粉砂、细砂等。振冲置换法对于排水剪强度 $c_u < 20$ kPa 时慎用
6	加筋	土工合成材料加筋,锚固,树根桩,加筋土	在地基土中埋设强度较大的土工合成材料、钢片等加筋材料,使地基土能够承受一定拉力,防止断裂,保持整体性,提高刚度,改变地基土体的应力场和应变场,从而提高地基的承载力,改善地基的变形特性	软弱土地基、填土及高填土、砂土
7	其他	灌浆,冻结,托换技术,纠偏技术	通过独特的技术措施处理软弱土地基	根据实际情况确定

地基处理方法很多,各种处理方法都有其适用范围、局限性和优缺点,没有一种方法是万能的。具体工程情况很复杂,工程地质条件千变万化,各个工程间地基条件差别很大,具体工程对地基的要求也不同。而且机具材料等条件也会因工作部门不同、地区不同而有较大的差别。因此,在选择地基处理方法前,应完成下列工作:

(1) 搜集详细的岩土工程勘察资料、上部结构及基础设计资料等;

(2) 根据工程的要求和采用天然地基存在的主要问题,确定地基处理的目的、处理范围和处理后要求达到的各项技术经济指标等;

(3) 结合工程情况,了解当地地基处理经验和施工条件,对于有特殊要求的工程,尚应了解其他地区相似场地上同类工程的地基处理经验和使用情况;

(4) 调查邻近建筑、地下工程和有关管线等情况;

(5) 了解建筑场地的环境情况。

确定地基处理方法宜按下列步骤进行：

(1) 根据结构类型、荷载大小及使用要求，结合地形地貌、地层结构、土质条件、地下水特征、环境情况和相邻近建筑的影响等因素进行综合分析，初步选出几种可供考虑的地基处理方案。

(2) 对初步选出的各种地基处理方案，分别从加固原理、适用范围、预期处理效果、耗用材料、施工机械、工期要求和对环境的影响等方面进行技术经济分析和对比，选择最佳的地基处理方法。

(3) 对已选定的地基处理方法，宜按建筑物地基基础设计等级和场地复杂程度，在有代表性的场地上进行相应的现场试验或试验性施工，并进行必要的测试，以检验设计参数和处理效果。如果达不到设计要求时，应查明原因，修改设计参数或调整地基处理方法。

12.2 复合地基理论

12.2.1 复合地基的概念与分类

复合地基是指天然地基和部分杂(素)填土地基在地基处理过程中部分土体得到增强或被置换，或在这些地基中设置加筋材料而形成增强体，由增强体和其周围地基土共同承担上部荷载并协调变形的人工地基。复合地基有两个基本特点：

① 加固区是由增强体和其周围地基土两部分组成，是非均质和各向异性的；

② 增强体和其周围地基土体共同承担荷载并协调变形。

前一特征使它区别于均质地基(包括天然的和人工均质地基)，后一特征使它区别于桩基础。

根据地基中增强体的方向和性质，可将复合地基作如下分类：

(1) 按增强体的方向分类

① 竖向增强体复合地基：包括柔性桩、半刚性桩和刚性桩复合地基；

② 横向增强体复合地基：包括土工合成材料、金属材料格栅等形成的复合地基。

(2) 按成桩材料分类

① 散体材料桩——如砂(砂石)桩、碎石桩、矿渣桩等；

② 水泥土类桩——如水泥土搅拌桩、旋喷桩等；

③ 混凝土类桩——CFG 桩、树根桩、锚杆静压桩等。

(3) 按成桩后桩体的强度(或刚度)分类

① 柔性桩——散体材料桩；

② 半刚性桩——水泥土类桩；

③ 刚性桩——混凝土类桩。

半刚性桩中水泥掺入量的大小将直接影响桩体的强度。当掺入量较小时，桩体的特性类似柔性桩；而当掺入量较大时，又类似刚性桩。

12.2.2 复合地基作用机理及设计参数

12.2.2.1 作用机理

复合地基按其作用机理可体现以下几方面的作用：

① 桩体作用。复合地基是桩体与桩周土共同作用，由于桩体的刚度比周围土体大，在刚性基础下等量变形时，地基中应力将重新分配，桩体产生应力集中而桩周土应力降低，于是复合地基承载力和整体刚度高于原地基，沉降量有所减小。

② 加速固结作用。砂(砂石)桩、碎石桩具有良好的透水性，可加速地基的固结；另外，水泥土类桩和混凝土类桩在某种程度上也可加速地基固结。

③ 挤密作用。砂(砂石)桩、碎石桩等在施工过程中由于振动、挤压等原因，可对桩间土起到一定的密

实作用。

④ 加筋作用。各种复合地基除了可提高地基的承载力和整体刚度外，还可用来提高土体的抗剪强度，增加土坡的抗滑能力。

12.2.2.2　设计参数

(1) 面积置换率

在复合地基中，取一根桩及其所影响的桩周土所组成的单元体作为研究对象。桩体的横截面面积与该桩体所承担的复合地基面积之比称为复合地基面积置换率。

复合地基桩体的平面布置形式通常有两种，即正方形布置和等边三角形布置。其面积置换率(m)为：

正方形布置时

$$m=\frac{\pi d^2}{4l^2} \tag{12.1}$$

等边三角形布置时

$$m=\frac{\pi d^2}{2\sqrt{3}\,l^2} \tag{12.2}$$

式中　d——桩体直径(mm)；

l——桩间距(mm)。

(2) 桩土应力比

桩土应力比是指复合地基中桩体的竖向平均应力与桩间土的竖向平均应力之比。桩土应力比是复合地基的一个重要设计参数，它关系到复合地基承载力和变形的计算。影响桩土应力比的因素有荷载水平、桩土模量比、复合地基面积置换率、原地基土强度、桩长、固结时间和垫层情况等。桩土应力比的计算公式有多种，这里介绍以下两种：

① 模量比公式

假定在刚性基础下，桩体和桩间土的竖向应变相等，于是可得桩土应力比 n 的计算式为：

$$n=\frac{\sigma_p}{\sigma_s}=\frac{E_p}{E_s} \tag{12.3}$$

式中　σ_p，σ_s——桩和桩间土的竖向应力(kPa)；

E_p，E_s——桩身和桩间土的压缩模量(kPa)。

② Baumann 公式

Baumann 根据桩体和桩周土的侧向应力及径向鼓胀量间关系，并假定桩体总体积保持不变，提出砂石桩复合地基桩土应力比 n 的计算公式：

$$n=\frac{E_p}{2k_pE_s\ln\dfrac{R_0}{r_0}}+\frac{k_s}{k_p} \tag{12.4}$$

式中　r_0，R_0——桩半径和每根桩所分担的加固面积的折算半径(m)；

k_p，k_s——桩和桩间土的侧压力系数，其值均介于被动土压力系数和静止土压力系数之间。

(3) 复合模量

复合地基加固区是由桩体和桩间土两部分组成的，呈非均质。在复合地基计算中，为了简化计算，将加固区视作一均质的复合土体，那么与原非均质复合土体等价的均质复合土的模量称为复合地基的复合模量。一般复合压缩模量 E_{sp} 可按下式计算：

$$E_{sp}=mE_p+(1-m)E_s \tag{12.5}$$

或

$$E_{sp}=[1+m(n-1)]E_s \tag{12.6}$$

12.2.3　复合地基承载力确定

复合地基承载力一般应通过现场复合地基载荷试验确定，初步设计时也可按复合求和法估算。关于复合地基载荷试验确定复合地基承载力应按现行国家标准《建筑地基处理技术规范》(JGJ 79—2012)的附录 A 进行。这里仅介绍计算复合地基承载力的复合求和法。复合求和法是先分别确定桩体的承载力和桩间土的承载力，再根据一定的原则叠加这两部分承载力得到复合地基的承载力。复合求和法的计算公式根据桩的类型不同而有所不同。

(1) 散体材料桩复合地基可采用以下三种公式计算：

$$f_{spk}=mf_{pk}+(1-m)f_{sk} \tag{12.7}$$

当 $n<f_{pk}/f_{sk}$ 时

$$f_{spk}=[1+m(n-1)]f_{sk} \tag{12.8}$$

当 $n\geqslant f_{pk}/f_{sk}$ 时

$$f_{spk}=f_{sk}[1+m(n-1)]/n \tag{12.9}$$

式中 f_{spk}，f_{pk}，f_{sk}——复合地基、桩体和桩间土承载力特征值(kPa)。

(2) 对水泥土类桩复合地基可按下式计算：

$$f_{spk}=mR_a/A_p+\beta(1-m)f_{sk} \tag{12.10}$$

式中 R_a——单桩竖向承载力特征值(kN)；

A_p——桩的截面面积(m^2)；

β——桩间土承载力折减系数，宜按地区经验取值。

12.2.4 复合地基变形计算

在各类计算复合地基压缩变形的方法中，通常把复合地基的压缩变形分为加固区土层压缩变形量和加固区下卧层压缩变形量两部分。

12.2.4.1 加固区土层压缩变形量计算

加固区土层压缩变形量计算方法有三种，即复合模量法、应力修正法和桩身压缩量法。

(1) 复合模量法

将复合地基加固区中桩体和桩周土两部分视为一复合土体，用复合压缩模量来评价复合土体的压缩性。采用分层总和法计算复合地基加固区压缩变形量 S_1，其计算式为：

$$S_1=\sum_{i=1}^{n}\frac{\Delta p_{spi}}{E_{spi}}H_i \tag{12.11}$$

式中 Δp_{spi}——第 i 层复合土体上附加应力增量(kPa)；

H_i——第 i 层复合土层的厚度(mm)；

E_{spi}——第 i 层复合土体的压缩模量(kPa)，可通过式(12.5)或式(12.6)计算，也可通过室内试验测定。

(2) 应力修正法

在复合地基中，由于桩体的模量比桩间土模量大，使作用在桩间土上的应力小于作用在复合地基上的平均应力。采用应力修正法计算变形量时，根据桩间土分担的荷载(忽略桩体的存在)，用分层总和法计算加固区土层的压缩变形量 S_1。

$$S_1=\sum_{i=1}^{n}\frac{\Delta p_{si}}{E_{si}}H_i=\mu_s\sum_{i=1}^{n}\frac{\Delta p_i}{E_{si}}H_i \tag{12.12}$$

式中 μ_s——应力修正系数，$\mu_s=\dfrac{1}{1+m(n-1)}$；

Δp_i——天然地基在荷载作用下第 i 层土上的附加应力增量(kPa)；

Δp_{si}——复合地基中第 i 层桩间土中的附加应力增量(kPa)。

(3) 桩身压缩量法

桩身压缩量法是将计算的桩身压缩量 S_p 与桩端在其下卧层的刺入量 Δ 之和作为加固区土层的压缩变形量 S_l，即

$$S_l = \frac{(\mu_p p + p_{pl})}{2E_p} l + \Delta \tag{12.13}$$

式中 μ_p——应力集中系数，$\mu_p = \frac{n}{1+m(n-1)}$；

l——桩身长度，即加固区厚度 h(mm)；

p_{pl}——桩端的端承力(kPa)；

p——桩土顶面荷载(kPa)。

12.2.4.2 加固区下卧层的变形计算

加固区下卧层的压缩变形量通常采用分层总和法计算。因为复合地基加固区的存在，作用于下卧层顶面上的荷载及其下面土体中的附加应力难以精确计算。目前在工程应用上，常采用下述两种方法计算附加应力。

(1) 应力扩散法

该法假定复合地基顶面的荷载 p 在复合地基加固区内按压力扩散角 θ 传递。对于宽度为 b、长度为 L 的矩形荷载，加固区厚度为 h，则作用在下卧层顶面上的附加应力 p_h 为：

$$p_h = \frac{L \cdot b \cdot p}{(b + 2h\tan\theta)(L + 2h\tan\theta)} \tag{12.14}$$

对宽度为 b 的条形荷载，仅考虑宽度方向的扩散，则

$$p_h = \frac{bp}{b + 2h\tan\theta} \tag{12.15}$$

(2) 等效实体法

等效实体法假定加固区为一实体，利用实体底面(下卧层顶面)的应力及实体周围与土的摩擦力 f 与实体顶面荷载 p 的平衡条件来求下卧层顶面上附加应力 p_h。

当荷载面积为 $L \times b$，加固区厚度为 h 时，则下卧层顶面上的附加应力 p_h 为：

$$p_h = \frac{L \cdot b \cdot p - (2L + 2b)h \cdot f}{Lb} \tag{12.16}$$

对宽度为 b 的条形荷载

$$p_h = p - \frac{2hf}{b} \tag{12.17}$$

此外，计算加固区下卧层压缩变形量的方法还有 Geddes 法以及不考虑桩体存在的分层总和法等。

12.3 换填垫层法

换填垫层法是指挖去地表浅层软弱土层或不均匀土层，回填坚硬、较粗粒径的材料，并夯压密实，形成垫层的地基处理方法。当建筑物荷载不大，软弱土层厚度较小时，采用换填垫层法能取得较好的效果。

12.3.1 换填垫层法的原理

目前，常用的垫层有：砂垫层、砂卵石垫层、碎石垫层、灰土或素土垫层、煤渣垫层、矿渣垫层以及用其他性能稳定、无侵蚀性的材料做的垫层等。换填垫层法按其原理可体现以下五个方面的作用：

① 提高浅层地基承载力。因地基中的剪切破坏从基础底面开始，随应力的增大而向纵深发展。故以抗剪强度较高的砂或其他填筑材料置换基础下较弱的土层，可避免地基的破坏。同时，垫层能更好地扩散附加应力而使其底面处软弱土层能承受相应荷载。

② 减少沉降量。一般浅层地基的沉降量占总沉降量比例较大。如以密实砂或其他填筑材料代替上层软弱土层，就可以减少这部分的沉降量。由于砂层或其他垫层对应力的扩散作用，使作用在下卧层土上的压力较小，这样也会相应减少下卧层土的沉降量。

③ 加速软弱土层的排水固结。砂垫层和砂石垫层等垫层材料透水性强，软弱土层受压后，垫层可作为良好的排水层，使基础下面的孔隙水压力迅速消散，加速垫层下软弱土层的固结和提高其强度，避免地基发生塑性破坏。

④ 防止冻胀。因为粗颗粒的垫层材料孔隙大，不易产生毛细管现象，因此可以防止寒冷地区土中结冰所造成的冻胀。

⑤ 消除膨胀土的胀缩作用。

上述作用中以前三种为主要作用。并且在各类工程中，垫层所起的主要作用有时也是不同的，如房屋建筑物基础下的砂垫层主要起换土的作用，而在路堤及土坝等工程中，往往以排水固结为主要作用。

12.3.2 垫层的设计要点

垫层的设计不但要满足建筑物对地基变形及稳定的要求，而且应符合经济合理的原则。其设计内容主要是确定断面的合理厚度和宽度。对于垫层，既要求有足够的厚度来置换可能被剪切破坏的软弱土层，又要有足够的宽度以防止垫层向两侧挤出。对于有排水要求的垫层来说，除要求有一定的厚度和宽度满足上述要求外，还需形成一个排水面，促进软弱土层的固结，提高其强度，以满足上部荷载的要求。垫层的设计方法有多种，现仅介绍一种常用的方法：

（1）垫层厚度的确定

垫层厚度一般根据垫层底部下卧土层的承载力确定，如图 12.1 所示，并符合下式要求：

$$p_z + p_{cz} \leqslant f_{az} \tag{12.18}$$

式中 p_z——垫层底面处土的附加压力值(kPa)；

p_{cz}——垫层底面处土的自重应力值(kPa)；

f_{az}——垫层底面处软弱土层经深度修正后的地基承载力特征值(kN)。（参见 7.5 节）

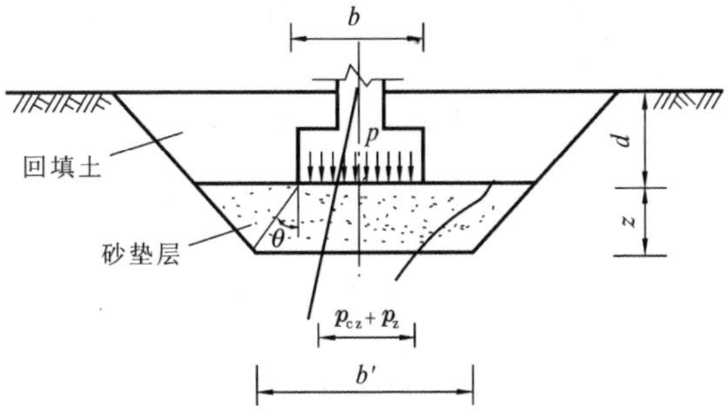

图 12.1 垫层内应力分布

垫层底面处的附加压力值 p_z，可按图 12.1 压力扩散图示计算，即：

条形基础时

$$p_z = [(p_k - p_c)b]/(b + 2z \cdot \tan\theta) \tag{12.19a}$$

矩形基础时

$$p_z = [(p_k - p_c)l \cdot b]/[(l + 2z \cdot \tan\theta)(b + 2z \cdot \tan\theta)] \tag{12.19b}$$

式中 b——矩形基础或条形基础底面的宽度(m)；

l——矩形基础底面的长度(m)；

p_k——基础底面处的平均压力值(kPa)；

p_c——基础底面处土的自重应力值(kPa)；

z——基础底面下垫层的厚度(m)；

θ——垫层的压力扩散角，按表 12.2 选取。

表 12.2 垫层压力扩散角 θ

z/b	换填材料		
	中砂、粗砂、砾砂、圆砾、角砾、石屑、卵石、碎石、矿渣	粉质黏土、粉煤灰	灰土
0.25	20°	6°	28°
≥0.50	30°	23°	

注：① 当 $z/b<0.25$ 时，除灰土仍取 $\theta=28°$ 外，其余材料均取 $\theta=0°$，必要时，宜由试验确定；

② 当 $0.25<z/b<0.50$ 时，θ 值可内插求得。

计算时，一般先初步拟定一个垫层厚度，再用式(12.18)验算。如果不合要求，则改变厚度，重新验算，直至满足要求为止。垫层厚度不宜大于 3 m，太厚施工较困难，而太薄(<0.5 m)则换填垫层的作用不显著。

(2) 垫层宽度的确定

垫层的宽度除应满足应力扩散的要求外，还应防止垫层向两边挤动。如果垫层宽度不足，四周侧面土质又较软弱时，垫层就有可能部分挤入侧面软弱土中，使基础沉降增大。关于宽度计算，通常可按扩散角法，如条形基础，垫层底宽 b' 应为：

$$b' \geqslant b + 2z \cdot \tan\theta \tag{12.20}$$

扩散角 θ 仍按表 12.2 选取。底宽确定后，再根据开挖基坑所要求的坡度延伸至地面，即得垫层的设计断面。

垫层断面确定后，对于比较重要的建筑物还要求按分层总和法计算基础的沉降量，以使建筑物基础的最终沉降量小于相应的允许值。

【例 12.1】 某砖混结构办公楼，承重墙下为条形基础，宽 1.2 m，埋深 1.0 m，承重墙传至基础荷载 $F_k=180$ kN/m，地表为 1.5 m 厚的杂填土，$\gamma=17.0$ kN/m^3，下面为淤泥质土，其承载力特征值 $f_{ak}=72.0$ kPa。试设计基础的垫层。

【解】 ① 垫层材料选粗砂，$\gamma=20.0$ kN/m^3，并设垫层厚度 $z=1.5$ m，$z/b=1.5/1.2>0.5$，则垫层的压力扩散角 $\theta=30°$。

② 垫层厚度的验算，据题意，基础底面处的平均压力值为：

$$p_k = \frac{F_k + G_k}{b} = \frac{180 + 1.2 \times 1 \times 20}{1.2} = 170 \text{ kPa}$$

基础底面处土的自重应力

$$p_c = 17.0 \times 1.0 = 17.0 \text{ kPa}$$

垫层底面处的附加压力值由式(12.19a)得：

$$p_z = \frac{(p_k - p_c)b}{b + 2 \times z\tan\theta} = \frac{(170.0 - 17.0) \times 1.2}{1.2 + 2 \times 1.5\tan 30°} = 62.4 \text{ kPa}$$

垫层底面处土的自重应力 $\quad p_{cz}=17.0\times1.0+20.0\times1.5=47.0$ kPa

查表 7.10 得 $\eta_d=1.0$，则经深度修正后淤泥质土的承载力特征值

$$\begin{aligned} f_{az} &= f_{ak} + \eta_d \gamma_{mz}(d - 0.5) \\ &= 72.0 + 1.0 \times (2.5 - 0.5) \times 47.0/2.5 \\ &= 109.6 \text{ kPa} \end{aligned}$$

则 $$p_z + p_{cz} = 62.4 + 47.0 = 109.4 \text{ kPa} < f_{az} = 109.6 \text{ kPa}$$

说明满足强度要求，垫层厚度选定为 1.5 m 合适。

③ 确定垫层底宽 b'

$$b' = b + 2z \cdot \tan\theta = 1.2 + 2 \times 1.5 \times \tan 30° = 2.93 \text{ m}$$

取 b' 为 3 m，按 1∶1.5 边坡开挖。

12.3.3 施工要点

(1) 垫层施工必须保证达到设计要求的密实度。密实方法常用的有振动法、水撼法、碾压法等。这些方法都要求控制一定的含水率，分层铺砂厚为 200～300 mm，逐层振密或压实，并应将下层的密实度检验合格后，方可进行上层施工。

(2) 垫层的砂料必须具有良好的压实性。砂料的不均匀系数不能小于 5，以中粗砂为好，容许在砂中掺入一定数量的碎石，但要分布均匀。

(3) 开挖基坑铺设垫层时，必须避免对软弱土层的扰动和破坏坑底土的结构。基坑开挖后应及时回

填，不应暴露过久或浸水，并防止践踏坑底。当采用碎石垫层时，应在坑底先铺一层砂垫底，以免碎石挤入土中。

12.4 重锤夯实法与强夯法

12.4.1 重锤夯实法

重锤夯实法是利用起重机械将夯锤提到一定高度（2.5～4.5 m），然后使锤自由落下并重复夯击以加固地基。锤重一般不小于 15 kN，经夯击以后，地基表层土体的相对密实度或干密度将增加，从而提高表层地基的承载力。对于湿陷性黄土，重锤夯实可减弱表层土的湿陷性；对于杂填土，则可减弱其不均匀性。

该法适用于处理离地下水位 0.8 m 以上稍湿的杂填土、黏性土、湿陷性黄土和分层填土等地基，但在有效夯实深度内存在软黏土层时不宜采用。

夯实的影响深度与锤重、锤底直径、落距以及土质条件等因素有关。对于湿和稍湿、密度为稍密-中密状态的建筑垃圾杂填土，夯实时如采用 15 kN 重锤，底面直径 1.15 m，落距 3～4 m，其有效夯实深度为 1.1～1.2 m（相当于锤径）。其地基承载力基本值一般可达 100～150 kPa。

停夯标准：随着夯击遍数增加，每遍土的夯沉量逐渐减小，一般要求最后两遍平均夯沉量对于黏性土及湿陷性黄土不大于 1.0～2.0 cm；对于砂性土不大于 0.5～1.0 cm。

12.4.2 强夯法

强夯法，又称动力固结法，是用起重机械（起重机或起重机配三脚架、龙门架）将质量为 10～40 t 的夯锤起吊到 6～30 m 高度后，自由落下，产生强大的冲击能量，对地基进行强力夯实，从而提高地基承载力，降低其压缩性的地基处理方法。如果在夯坑内回填砂石、钢渣等材料并夯实成墩体，则称为强夯置换法，它是强夯法的新发展。

12.4.2.1 强夯法的加固机理

土的类型不同，其强夯加固机理亦不相同。饱和土的强夯加固机理，可以分为三个阶段：

① 加载阶段，即夯击的一瞬间，夯锤的冲击使地基土体产生强烈的振动和动应力，在波动的影响带内，动应力和孔隙水压力急剧上升，而动应力往往大于孔隙水压力，动的有效应力使土体产生塑性变形，破坏土的结构。对于砂土，迫使土的颗粒重新排列而密实。对于黏性土，土骨架被迫压缩，同时由于土体中的水和土颗粒两种介质引起不同的振动效应，两者的动应力差大于土颗粒的吸附能时，土中部分结合水和毛细水从颗粒间析出，产生动力水聚结，形成排水通道，制造动力排水条件。

② 卸载阶段，即夯击动能卸去的一瞬间，动的总应力瞬息即逝，然而土中孔隙水压力仍然保持较高的水平，此时孔隙水压力大于有效应力，故土体中存在较大的负有效应力，引起砂土液化。在黏性土地基中，当最大孔隙水压力大于最小主应力、静止侧压力及土的抗拉强度之和时，土体开裂，渗透性迅速增大，孔隙水压力迅速下降。

③ 动力固结阶段，在卸载之后，土体中仍然保持一定的孔隙水压力，土体就在此压力作用下排水固结。在砂土中，孔隙水压力消散甚快，使砂土进一步密实；在黏性土中，孔隙水压力消散较慢，可能要延续 2～4 周。如果有条件排水固结，土颗粒进一步靠近，重新形成新的水膜和结构连接，土的强度逐渐恢复和提高，达到加固地基的目的。

关于非饱和土的强夯机理，可以认为：夯击能量产生的波和动应力的反复作用，迫使土骨架产生塑性变形，由夯击能转化为土骨架的变形能，使土密实，提高土的抗剪强度，降低土的压缩性。

动力置换是利用夯击时产生的冲击力，强行将砂、碎石等挤填到饱和软土层中，置换原饱和软土，形成“桩柱”或密实砂石层。与此同时，未被置换的下卧饱和软土，在动力作用下排水固结，变得更加密实。从而使地基承载力提高，沉降减小。

12.4.2.2 强夯法的特点与适用范围

强夯法的特点：施工工艺、设备简单；适用土质范围广；加固效果显著，可取得较高的承载力，一般地基土强度可提高2～5倍，压缩性可降低2～10倍，有效加固深度可达6～10 m；土粒结合紧密，有较高的结构强度；工效高，施工速度快（一套设备每月可加固5000～10000 m^2 地基）；节省加固原材料；施工费用低，节省投资，同时耗用劳力少等。

强夯法适用于处理碎石土、砂土、低饱和度的粉土与黏性土、湿陷性黄土、素填土和杂填土地基。强夯置换法适用于高饱和度的粉土与软塑-流塑的黏性土等地基上对变形控制要求不严的工程。但是强夯法不得用于不允许对工程周围建筑物和设备有振动影响的场地地基加固，必须使用时，应采取防振、隔振措施。强夯置换法在设计前必须通过现场试验确定其适用性和处理效果。

12.4.2.3 施工技术参数

(1) 单位夯击能

锤重与落距的乘积称为夯击能。强夯的单位夯击能（指单位面积上所施加的总夯击能）应根据地基土类别、结构类型、荷载大小和需处理深度等综合考虑，并通过现场试夯确定。一般，粗颗粒土可取1000～3000 kN·m/m^2；细颗粒土取1500～4000 kN·m/m^2。

(2) 夯击点布置及间距

夯击点布置根据基础的形式和加固要求而定，对大面积地基一般采用等边三角形、等腰三角形或正方形；对条形基础夯点可成行布置；对独立柱基础可按柱网设置采取单点或成组布置，在基础下面必须布置夯点。

第一遍夯击点间距可取夯锤直径的2.5～3.5倍，以后各遍可适当减小。对处理深度较大或单击夯击能较大的工程，第一遍夯击点间距宜适当增大。

(3) 单点夯击击数与夯击遍数

单点夯击击数指单个夯点一次连续夯击的次数，对整个场地完成全部夯击点称为一遍，单点的夯击遍数加满夯的夯击遍数为整个场地的夯击遍数。

单点夯击数应按现场试夯得到的夯击击数和夯沉量关系曲线确定，且应同时满足：

① 最后两击的平均夯沉量，当单击夯击能小于4000 kN·m时为50 mm，当单击夯击能为4000～6000 kN·m时为100 mm，当单击夯击能大于6000 kN·m时为200 mm；

② 夯坑周围地面不应发生过大的隆起；

③ 不因夯坑过深而发生起锤困难。

各夯击点之夯击数一般为3～10击。

夯击遍数应根据地基土的性质确定，一般可取2～3遍，最后再以低能量（如前几遍能量的1/5～1/4）满夯2遍，以夯实前几遍之间的松土和被振松的表层土。

(4) 两遍间隔时间

两遍夯击之间应有一定的时间间隔，以利于土中超静孔隙水压力的消散，待地基稳定后再夯下一遍，一般两遍之间间隔1～4周。对渗透性较差的黏性土不少于3～4周；对于渗透性好的地基可连续夯击。

(5) 处理范围

强夯处理范围应大于建筑物基础范围，每边超出基础外缘的宽度宜为基底下设计处理深度的1/2～2/3，并不宜小于3 m。

(6) 有效加固深度

强夯法的有效加固深度可按下式估算，即

$$H=\alpha\sqrt{Wh/10} \tag{12.21}$$

式中 H——有效加固深度(m)；

W——夯锤重(kN)；

h——落距(m)；

α——折减系数，黏性土取 0.5，砂性土取 0.7，黄土取 0.34～0.5。

12.4.2.4 质量控制

夯击前后应对地基土进行检测，包括室内土工试验、野外标准贯入、静力(轻便)触探、旁压试验(或野外载荷试验)等，检验地基的实际加固深度。有条件时应尽量选用上述两项以上的测试项目，以作比较。检验点数，每个建筑物的地基不少于 3 点，检测深度和位置按设计要求确定，同时现场测定每夯击点夯击后的地基平均变形值，以检验强夯效果。因强夯后的土体强度随夯击后间歇时间的增加而增加，故检测工作应在强夯施工结束后间隔一定时间方能进行，对于碎石土和砂土地基，其间隔时间可取 1～2 周；粉土和黏性土地基可取 2～4 周。强夯置换地基间隔时间可取 4 周。

12.5 排水固结法

排水固结法(预压法)是在建筑物建造前，对天然地基或对已设各种排水体(如砂井和排水垫层等)的地基施加预压荷载(如堆载、真空预压或联合预压)，使土体固结沉降基本完成或完成大部分，从而提高地基土强度的一种地基处理方法。根据所施加的预压荷载不同，排水固结法可分为：堆载预压法、真空预压法和联合预压法。

12.5.1 加固原理与应用条件

饱和软黏土地基在荷载作用下，孔隙中的水被慢慢地排出，孔隙体积慢慢减小，地基发生固结变形，同时，随着超静孔隙水压力逐渐消散，有效应力逐渐提高，地基土的强度逐渐增长。现以图 12.2 为例作一说明。当土样的天然固结压力为 σ'_0 时，其孔隙比为 e_0，在 e-σ_c' 坐标上其相应的点为 a 点，当压力增加 $\Delta\sigma'$，固结终了时，变为 c 点，孔隙比减小 Δe，曲线 abc 称为压缩曲线。与此同时，抗剪强度与固结压力成比例地由 a 点提高到 c 点。所以，土体在受压固结时，一方面孔隙比减小产生压缩，一方面抗剪强度也得到提高。如从 c 点卸除压力 $\Delta\sigma'$，则土样回弹，图中 cef 为回弹曲线，如从 f 点再加压 $\Delta\sigma'$，土样发生再压缩，沿虚线变化到 c' 点。从再压缩曲线 fgc' 可清楚地看出，固结压力同样从 σ_0' 增加 $\Delta\sigma'$，而孔隙比减小值为 $\Delta e'$，比 Δe 小得多。这说明，如果在建筑场地先加一个和上部建筑物相同的压力进行预压，使土层固结(相当于压缩曲线上从 a 点变化到 c 点)，然后卸除荷载(相当于在回弹曲线上由 c 点变化到 f 点)，再建造建筑物(相当于在压缩曲线上从 f 点变化到 c' 点)，这样，建筑物所引起的沉降即可大大减小。如果预压荷载大于建筑物荷载，即所谓超载预压，则效果更好，因当土层的固结压力大于使用荷载下的固结压力时，原来的正常固结黏土层将处于超固结状态，而使土层在使用荷载下的变形大为减小。

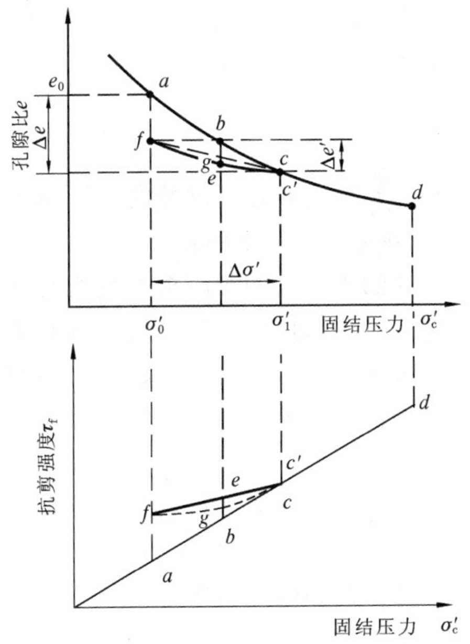

图 12.2 排水固结法增大地基土密度的原理

土层的排水固结效果和它的排水边界条件有关。当土层厚度相对荷载宽度(或直径)比较小时，土层中孔隙水向上下面透水层排出而使土层发生固结[图 12.3(a)]，称为竖向排水固结。根据固结理论，黏性土固结所需时间与排水距离的平方成正比。因此，为了加速土层的固结，最有效的方法是增加土层的排水途径，缩短排水距离。砂井、塑料排水板等竖向排水体就是为此目的而设置的，如图 12.3(b)所示。

排水固结法主要适用于处理淤泥、淤泥质土及其他饱和软黏土。对于砂类土和粉土，因透水性良好，无须用此法处理。对于含水平砂夹层的黏性土，因其具有较好的横向排水性能，所以不用竖向排水体(砂井等)处理，也能获得良好的固结效果。

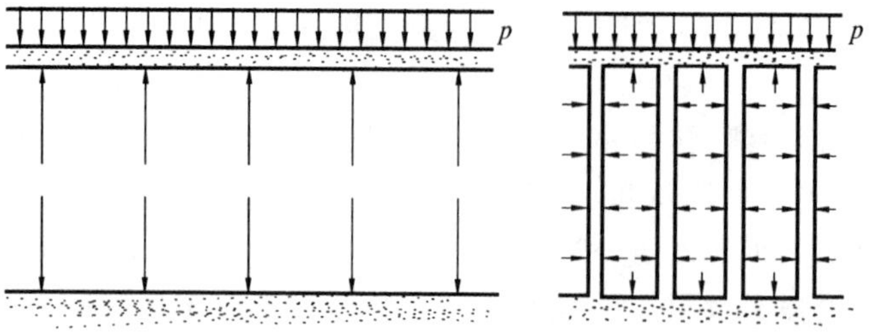

图 12.3 排水法的原理

(a) 竖向排水情况；(b) 砂井地基排水情况

12.5.2 堆载预压法设计计算

堆载预压法处理地基的设计应包括以下内容：

① 选择竖向排水体，确定其断面尺寸、间距、排列方式和深度；

② 确定预压区范围、预压荷载大小、荷载分级、加载速率和预压时间；

③ 计算地基土的固结度、强度增长、抗滑稳定性和变形。

12.5.2.1 *砂井排水固结的设计计算*

常用的竖向排水体有普通砂井、袋装砂井和塑料排水板，三者的作用机理相同，均可采用普通砂井的设计方法。

(1) 砂井设计

砂井设计内容包括砂井的直径、间距、长度、布置方式和范围等。

① 砂井的直径和间距

砂井的直径和间距应根据地基土的固结特性和预定时间内所要求达到的固结度确定。砂井的直径不宜过大或过小，过大不经济，过小施工易造成灌砂率不足、缩颈或砂井不连续等质量问题。常用的普通砂井直径可取 300～500 mm，袋装砂井直径可取 70～120 mm。塑料排水板已标准化，一般相当于直径为 60～70 mm。砂井的间距可按井径比选用，井径比(n)按下式确定：

$$n = d_e / d_w \tag{12.22}$$

式中 d_e——砂井有效排水范围等效圆直径(mm)；

d_w——砂井直径(mm)。

普通砂井的间距可按 $n=6$～8 选用，塑料排水板和袋装砂井的间距可按 $n=15$～22 选用。

② 砂井长度

砂井的长度应根据建筑物对地基的稳定性、变形要求和工期确定。当压缩土层不厚、底部有透水层时，砂井应尽可能贯穿压缩土层；当压缩土层较厚，但间有砂层或砂透镜体时，砂井应尽可能打至砂层或透镜体；当压缩土层很厚，其中又无透水层时，可按地基的稳定性及建筑物变形要求处理的深度来决定。按稳定性控制的工程，如路堤、土坝、岸坡、堆料场等，砂井深度应通过稳定分析确定，砂井长度应超过最危险滑弧面的深度 2.0 m。从沉降考虑，砂井长度宜穿透主要的压缩土层。

③ 砂井的布置和范围

砂井常按梅花形和正方形布置(图 12.4)。假设每个砂井的有效影响面积为圆面积，如砂井间距为 l，则等效圆(有效排水范围)的直径 d_e 与 l 关系为：梅花形时，$d_e=1.05l$；正方形时，$d_e=1.13l$。由于梅花形排列较正方形紧凑和有效，应用较多。砂井的布置范围应稍大于建筑物基础范围，扩大的范围可由基础轮廓线向外增大 2～4 m。

④ 砂垫层

在砂井顶面应铺设排水砂垫层，以连通各个砂井形成通畅的排水面，将水排到场地以外。砂垫层厚度不应小于 0.5 m；水下施工时，砂垫层厚度一般为 1.0 m 左右。为节省砂料，也可采用连通砂井的纵横砂沟代替整片砂垫层，砂沟的高度一般为 0.5～1.0 m，砂沟宽度取砂井直径的 2 倍。

(2) 地基固结度计算

① 竖向平均固结度 U_z 可按下式计算

$$U_z = 1 - \frac{8}{\pi^2}\exp\left(\frac{-\pi^2}{4}T_v\right) \tag{12.23}$$

如果考虑逐级加荷，则时间 t 从加荷历时的一半起算，如为双面排水，H 取土层厚度的一半。

② 根据 Barron 的解法计算径向平均固结度 U_r

$$U_r = 1 - \exp\left(-\frac{8}{F}T_H\right) \tag{12.24}$$

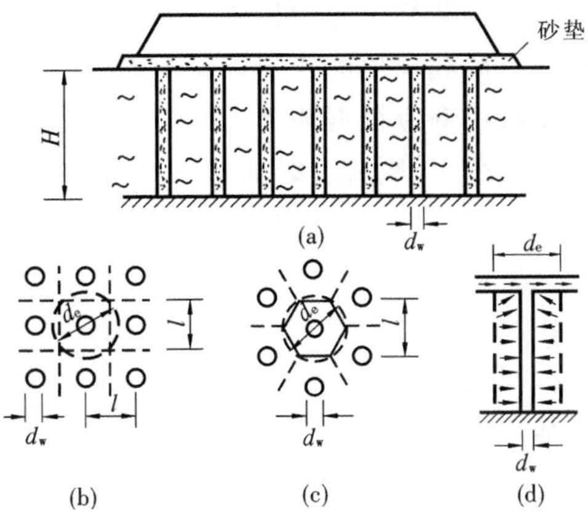

图 12.4 砂井布置图

(a) 剖面图；(b) 正方形布置；

(c) 梅花形布置；(d) 砂井的排水途径

式中 T_H——水平向固结时间因素，$T_H = \frac{C_H t}{d_e^2}$；

C_H——水平固结系数(cm²/s)，$C_H = \frac{K_H(1+e)}{\gamma_w a}$；

K_H——水平渗透系数(cm/s)；

F——与 n 有关的系数，$F = \frac{n^2}{n^2-1}\ln n - \frac{3n^2-1}{4n^2}$；

n——井径比，$n = d_e/d_w$，一般取 n 为 4～12。

③ 砂井的平均固结度为

$$U_{rz} = 1 - (1-U_r)(1-U_z) \tag{12.25}$$

【例 12.2】 某工程建在饱和软黏土地基上，砂井长 $H=12$ m，间距 $l=1.5$ m，梅花形布置，$d_w = 30$ cm，$C_v = C_H = 1.0\times10^{-3}$ cm²/s，求一次加荷 3 个月时砂井地基的平均固结度。

【解】

竖向平均固结度

$$T_v = \frac{C_v t}{H^2} = \frac{10\times10^{-3}\times90\times86400}{(12\times100)^2} = 5.4\times10^{-3}$$

$$U_z = 1 - \frac{8}{\pi^2}\cdot\exp\left(-\frac{\pi^2}{4}T_v\right) = 1 - \frac{8}{\pi^2}\cdot\exp\left(-\frac{\pi^2}{4}\times5.4\times10^{-3}\right) = \left(1-\frac{8}{\pi^2}\times0.987\right) \approx 0.2 = 20\%$$

水平向平均固结度

$$d_e = 1.05l = 1.05\times150 = 157.5\ (\text{cm})$$

$$n = \frac{d_e}{d_w} = \frac{157.5}{30} = 5.25$$

$$F = \frac{n^2}{n^2-1}\ln n - \frac{3n^2-1}{4n^2} = \frac{5.25^2}{5.25^2-1}\ln5.25 - \frac{3\times5.25^2-1}{4\times5.25^2} = 0.979$$

$$T_H = \frac{C_H t}{d_e^2} = \frac{1.0\times10^{-3}\times90\times86400}{157.5^2} = 0.313$$

$$U_r = 1 - \exp\left(-\frac{8}{F}T_H\right) = 1 - \exp\left(-\frac{8}{0.979}\times0.313\right) = (1-0.0775) \approx 0.923 = 92.3\%$$

地基的平均固结度

$$U_{rz} = 1-(1-U_r)(1-U_z) = 1-(1-0.923)(1-0.2) = 0.938 = 93.8\%$$

(3) 预压荷载

预压荷载的大小应根据设计要求确定。对于沉降有严格限制的建筑，应采用超载预压处理，超载量大小应根据预压时间内要求完成的变形量通过计算确定，并宜使预压荷载下受压土层各点的有效竖向应力大于建筑物荷载引起的相应点的附加应力。

预压荷载顶面的范围应大于或等于建筑物基础外缘所包围的范围。

加载速率应根据地基土的强度确定。当天然地基土的强度满足预压荷载下地基的稳定性要求时，可一次性加载，否则应分级加载，待前期预压荷载下地基土的强度增长满足下一级荷载下地基的稳定性要求时方可加载。

12.5.2.2 地基土强度增长计算

在预压荷载作用下，地基土产生排水固结，抗剪强度逐渐增长。但荷载的施加必须与地基土抗剪强度的增长相适应，若加荷过大过急，则地基土得不到充分固结，并可能导致地基破坏。对正常固结饱和黏性土地基，某点 t 时刻的抗剪强度 τ_{ft} 可按下式计算：

$$\tau_{ft}=\tau_{f0}+\Delta\sigma_z U_t \tan\varphi_{cu} \tag{12.26}$$

式中 τ_{f0}——地基土的天然抗剪强度(kPa)；

$\Delta\sigma_z$——预压荷载引起的该点的附加竖向应力(kPa)；

U_t——该点土的固结度；

φ_{cu}——三轴固结不排水压缩试验求得的土的内摩擦角。

12.5.2.3 沉降计算

预压荷载作用下地基的最终沉降量 s_f 可按下式计算：

$$s_f=\xi\sum_{i=1}^{n}\frac{e_{0i}-e_{1i}}{1+e_{0i}}h_i \tag{12.27}$$

式中 e_{0i}——第 i 层中点土自重应力所对应的孔隙比，由室内固结试验 e-p 曲线查得；

e_{1i}——第 i 层中点土自重应力与附加应力之和所对应的孔隙比，由室内固结试验 e-p 曲线查得；

h_i——第 i 层土层厚度(m)；

ξ——经验系数，对正常固结饱和黏性土地基可取 $\xi=1.1\sim1.4$，荷载较大、地基土较软弱时取较大值，否则取较小值。

12.5.3 真空预压法及其设计要点

真空预压法是指通过对覆盖于竖井地基表面的不透气薄膜内抽真空，而使地基土固结的地基处理方法。

(1) 真空预压法的特点

① 不需要大量堆载，可省去加载和卸载工序，节省大量原材料、能源和运输能力，缩短预压时间。

② 真空法所产生的负压使地基土的孔隙水加速排出，可缩短固结时间；同时由于孔隙水排出，渗流速度增大，地下水位降低，由渗流力和降低水位引起的附加应力也随之增大，提高了加固效果；且负压可通过管路送到任何场地，适应性强。

③ 孔隙渗流水的流向及渗流力引起的附加应力均指向被加固土体，土体在加固过程中的侧向变形很小，真空预压可一次加足，地基不会发生剪切破坏而引起地基失稳，可有效缩短总的排水固结时间。

④ 适用于超软黏性土以及边坡、码头等地基稳定性要求较高的工程地基加固，土愈软，加固效果愈明显。

⑤ 所用设备和施工工艺比较简单，无需大量的大型设备，便于大面积使用。

⑥ 无噪声、无振动、无污染，可做到文明施工。

(2) 加固机理

真空预压在抽气前，薄膜内外均承受一个大气压 P_a 的作用，抽气后薄膜内外形成一个压力差(称为真空度)，首先使砂垫层，其次是砂井中的气压降至 P_v，使薄膜紧贴砂垫层，由于土体与砂垫层和砂井间的压差，从而发生渗流，使孔隙水沿着砂井或塑料排水板上升而流入砂垫层内，被排出塑料薄膜外；地下水在上升的同时，形成塑料板附近的真空负压，使土体内的孔隙水压形成压差，促使土中的孔隙水压力不断下降，地基有效应力不断增加，从而使土体固结。土体和砂井间的压差，开始时为 P_a-P_v，随着抽气时间的增长，压差逐渐变小，最终趋向于零，此时渗流停止，土体固结完成。所以真空预压过程的实质为利用大气压差作为预压荷载(当膜内外真空度达到 600 mmHg，相当于预压荷载 80 kPa)，使土体逐渐排水固结的过程。

(3) 真空预压法的设计要点

①竖井一般采用袋装砂井或塑料排水板，其尺寸、排列方式、间距和深度等参照本节“砂井设计”确定。砂井的砂料应选用中砂，其渗透系数应大于 1×10^{-2} cm/s。

② 膜内真空度应稳定地保持在 650 mmHg 以上，且应均匀分布；竖井深度范围内土层的平均固结度应大于 90%。

③ 真空预压区边缘应大于建筑物基础轮廓线，每边增加量不得小于 3.0 m。每块预压面积宜尽可能大且呈方形。

④ 沉降计算，先计算加固前建筑物荷载下天然地基的沉降量，后计算真空预压期间所完成的沉降量，两者之差即为预压后在建筑物使用荷载下可能发生的沉降。

12.6 砂 石 桩 法

砂石桩法是指采用振动、冲击或水冲等方式在地基中成孔后，再将碎石、砂或砂石挤压入已成的孔中形成由砂石所构成的密实桩体，并和桩周土组成复合地基的地基处理方法。

砂石桩法适用于挤密松散砂土、粉土、黏性土、素填土和杂填土等地基。对饱和黏性土上对变形控制要求不严的工程也可采用砂石桩置换处理。该法亦可用于可液化地基。

12.6.1 砂石桩的作用原理

(1) 松散砂土中的作用

由于成桩方法不同，在松散砂土中成桩时对周围砂层产生挤密作用或同时也产生振密作用。采用冲击法或振动法往砂土中下沉桩管和一次拔管成桩时，由于桩管下沉对周围砂土产生很大的横向挤压力，桩管就将地基中同体积的砂挤向周围的砂层，使其孔隙比减小，密度增大，这就是挤密作用。有效挤密范围可达 3～4 倍桩直径。当采用振动法往砂土中下沉桩管和逐步拔出桩管成桩时，下沉桩管对周围砂层产生挤密作用，拔起桩管对周围砂层产生振密作用，有效振密范围可达 6 倍桩直径左右。振密作用比挤密作用更显著，其主要特点是砂桩周围一定距离内地面发生较大的下沉。

(2) 软弱黏性土中的作用

密实的砂桩在软弱黏性土中取代了同体积的软弱黏性土，即起置换作用并形成“复合地基”，使承载力有所提高，地基沉降减小。此外，砂桩在软弱黏性土地基中可以像砂井一样起排水作用，从而加快地基的固结沉降速率。

12.6.2 砂石桩的设计要点

(1) 处理范围

砂石桩处理范围应大于基底范围，处理宽度宜在基础外缘扩大 1～3 排桩。对可液化地基，在基础外缘扩大宽度不应小于可液化土层厚度的 1/2，并不应小于 5 m。

(2) 桩直径及桩位布置

砂石桩直径可采用 300～800 mm，可根据地基土质情况和成桩设备等因素确定。对饱和黏性土地基宜选用较大直径。

砂石桩孔位宜采用等边三角形布置或正方形布置。

(3) 砂石桩间距

由于砂石桩在松散砂土和软弱黏性土中作用原理有所不同，因此，桩间距计算方法也有所不同。在砂土地基中，基本假定是挤密后土体中土颗粒增多而体积不变，借以控制加固后的孔隙比，从而计算桩间距，即根据要求的孔隙比计算：

按等边三角形布置时

$$s=0.95\xi d[(1+e_0)/(e_0-e_1)]^{1/2} \tag{12.28}$$

按正方形布置时

$$s=0.89\xi d[(1+e_0)/(e_0-e_1)]^{1/2} \tag{12.29}$$

$$e_1=e_{\max}-D_{r1}(e_{\max}-e_{\min}) \tag{12.30}$$

式中 s——砂石桩间距(m)。

d——砂石桩直径(m)。

ξ——修正系数，当考虑振动下沉密实作用时，可取 1.1～1.2；不考虑振动下沉密实作用时，可取 1.0。

e_0——天然孔隙比。

e_1——要求达到的孔隙比。

$e_{\max}$——最松散状态下孔隙比。

$e_{\min}$——最密实状态下孔隙比。

D_{r1}——要求砂土达到的相对密实度，一般取 0.70～0.85。

在黏性土地基中，桩距可按置换率要求计算，如对正方形布置的桩距 s 可按下式计算：

$$s=(A_p/m)^{1/2} \tag{12.31}$$

式中 A_p——砂石桩的截面面积(m^2)；

m——面积置换率。

(4) 砂石桩桩长

砂石桩桩长可根据工程要求和工程地质条件通过计算确定，一般不宜小于 4 m。当松软土层厚度不大时，砂石桩桩长宜穿过松软土层；当松软土层厚度较大时，砂石桩桩长应不小于最危险滑动面以下 2 m 的深度；对按变形控制的工程，砂石桩桩长应满足处理后地基变形不超过建筑物的地基变形容许值并满足软弱下卧层承载力的要求。

12.7 水泥土搅拌桩法

水泥土搅拌桩法是以水泥作为固化剂的主剂，通过特制的深层搅拌机械，将固化剂(浆体或粉体)和地基土强制搅拌，使软土硬结成具有整体性、水稳定性和一定强度的桩体的地基处理方法。

12.7.1 加固机理

水泥与土拌和后要产生一系列的物理化学反应。这些物理化学反应与混凝土的硬化机理不同，混凝土的硬化主要是在粗填充料中进行水解和水化作用，凝结速度较快；而在水泥土中，由于水泥掺量少，且水泥的水解和水化反应完全是在土的围绕下进行的，所以硬化速度缓慢而且复杂。目前一般认为水泥加固软土的机理如下：

① 水泥的水解和水化反应。当水泥掺入软土中时，水泥颗粒表面的矿物很快与软土中的水发生强烈的水解和水化反应，生成氢氧化钙、含水硅酸钙、含水铝酸钙及含水铁酸钙等水泥水化物。

② 离子交换和团粒化作用。黏土中的二氧化硅遇水后形成硅酸胶体微粒，其表面带有的钾离子或钠离子与水泥水化生成的氢氧化钙中的钙离子进行当量离子交换，使土颗粒分散度降低，产生聚结，形成较大的团粒，提高了土体的强度；另外，水泥水化后生成的凝胶粒子的比表面积比水泥颗粒的比表面积约大1000 倍，具有很大的表面能，吸附力很强，能使团粒进一步结合起来，形成水泥土的团粒结构，进一步提高

水泥土的强度。

③ 硬凝反应。随着水泥水化反应的进行，溶液中析出大量的钙离子，当钙离子的数量超过离子交换的需要量后，在碱性环境中，组成黏粒矿物的二氧化硅与三氧化铝的一部分或大部分与钙离子产生化学反应，并逐渐生成不溶于水的稳定的铝酸钙、硅酸钙及钙黄长石的结晶水化物，这些化合物在水中和空气中逐渐硬化，提高了水泥强度，且其结构比较致密，水分不易侵入，从而使水泥土具有足够的水稳定性。

④ 碳酸化作用。水泥水化物中游离的氢氧化钙能吸收水中和空气中的二氧化碳，反应生成不溶于水的碳酸钙，这种反应也能增加水泥土的强度，不过增长较慢，幅度也较小。

12.7.2 水泥土搅拌桩法的特点及适用范围

水泥土搅拌桩法的特点是：在地基加固过程中无振动、无噪声、对周围环境无污染；对软土无侧向挤压，对邻近建筑物影响很小；可根据上部结构需要灵活采用柱状、壁状、格栅状和块状等多种加固形状；可有效提高地基强度（当水泥掺量为 8%和 10%时，加固体强度分别为 0.24 MPa 和 0.65 MPa，而天然软土地基强度仅为 0.006 MPa）；施工机具比较简单，施工期较短，造价低廉，效益显著。

本法适用于处理正常固结的淤泥与淤泥质土、粉土、饱和黄土、素填土及无流动地下水的饱和松散砂土地基和含水率较高且地基承载力不大于 120 kPa 的黏性土地基。多用于墙下条形基础、大面积堆料厂房、高等级公路、铁路、机场的地基处理；用于深基坑开挖时防止坑壁及边坡塌滑及坑底隆起的支护工程以及粉土、夹砂层、砂土地基的防渗工程中。

12.7.3 水泥土搅拌桩法的设计要点

（1）桩长和桩径

竖向承载搅拌桩的长度应根据上部结构对承载力和变形的要求确定，并宜穿透软弱土层到达承载力相对较高的土层；为提高抗滑稳定性而设置的搅拌桩，其桩长应超过危险滑弧以下 2 m。水泥土搅拌桩的桩径不应小于 500 mm。

（2）布桩形式

布桩形式可根据上部结构特点以及对地基承载力和变形的要求，采用柱状、壁状、格栅状或块状等不同形式。桩可只在基础平面范围内布置，独立基础下的桩数不宜少于 3 根。柱状加固可采用正方形、等边三角形等布桩形式。

（3）单桩竖向承载力特征值

水泥土搅拌桩的单桩竖向承载力取决于桩身强度和地基土的情况，一般应使土对桩的支承力与桩身强度所确定的承载力相近。水泥土搅拌桩单桩竖向承载力特征值应通过现场载荷试验确定，如果无试验资料，也可按下列两式计算，并取其中较小值。

$$R_{\mathrm{a}} = u_{\mathrm{p}} \sum_{i=1}^{n} q_{\mathrm{s}i} l_i + \alpha q_{\mathrm{p}} A_{\mathrm{p}} \tag{12.32}$$

$$R_{\mathrm{a}} = \eta f_{\mathrm{cu}} A_{\mathrm{p}} \tag{12.33}$$

式中 R_{a}——单桩竖向承载力特征值(kN)；

f_{cu}——与搅拌桩桩身水泥土配比相同的室内加固土试块在标准养护条件下 90 d 龄期的立方体抗压强度平均值(kPa)；

η——桩身强度折减系数，干法可取 0.20～0.30，湿法可取 0.25～0.33；

u_{p}——桩的周长(m)；

A_{p}——桩的截面面积(m^2)；

n——桩长范围内所划分的土层数；

$q_{\mathrm{s}i}$——桩周第 i 层土的侧阻力特征值，对淤泥可取 4～7 kPa，对淤泥质土可取 6～12 kPa，对软塑状态的黏性土可取 10～15 kPa，对可塑状态的黏性土可取 12～18 kPa；

l_i——桩长范围内第 i 层土的厚度(m)；

q_p——桩端地基土未经修正的承载力特征值(kPa)；

α——桩端天然地基土的承载力折减系数，可取 0.4～0.6，承载力高时取低值。

(4) 水泥土搅拌桩复合地基承载力特征值

竖向承载水泥土搅拌桩复合地基的承载力特征值应通过现场单桩或多桩复合地基载荷试验确定。初步设计时也可按式(12.10)估算，式中的 β 为桩间土承载力折减系数，当桩端土未经修正的承载力特征值大于桩周土的承载力特征值的平均值时，可取 0.1～0.4，差值大时取低值；当桩端土未经修正的承载力特征值小于或等于桩周土的承载力特征值的平均值时，可取 0.5～0.9，差值大时取高值。

在设计时，可根据要求达到的复合地基承载力特征值，按式(12.10)求得面积置换率。

12.8 高压喷射注浆法与深层搅拌法

高压喷射注浆法又称旋喷法，它是利用钻机把带有特殊喷嘴的注浆管钻进至土层的预定位置后，用高压脉冲泵(工作压力在 20 MPa 以上)，将水泥浆液通过钻杆下端的喷射装置，向四周以高速水平喷入土体，借助液体的冲击力切削土层，使喷流射程内土体遭受破坏，与此同时钻杆一面以一定的速度(20 r/min)旋转，一面低速(15～30 cm/min)徐徐提升，使土体与水泥浆充分搅拌混合，胶结硬化后即在地基中形成直径比较均匀、具有一定强度(0.5～8.0 MPa)的圆柱体，从而使地基得到加固。其施工工艺流程如图 12.5 所示。

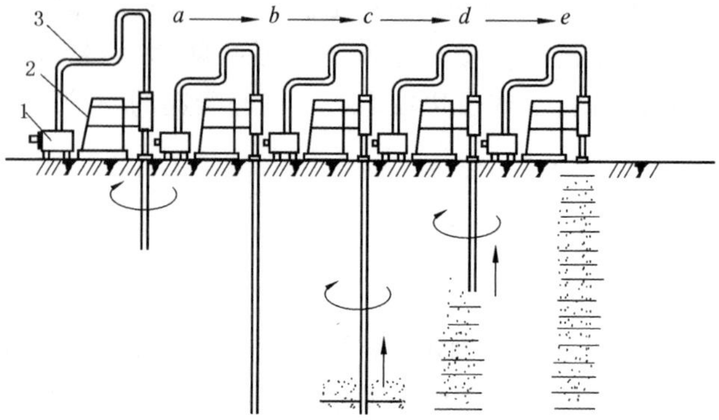

图 12.5　高压喷射注浆施工工艺流程

a—钻机就位钻孔；b—钻孔至设计标高；c—旋喷开始；

d—边旋喷边提升；e—旋喷结束成柱

1—钻孔机械；2—超高压脉冲泵；3—高压胶管

12.8.1 分类及形式

高压喷射注浆法根据使用机具设备的不同又分为：

(1) 单管法。用一根单管喷射高压水泥浆液作为喷射流，由于高压浆液射流在土中衰减大，破碎土的射程较短，成桩直径较小，一般为 0.3～0.8 m。

(2) 二重管法。用同轴双通道二重注浆管复合喷射流。成桩直径为 1.0 m 左右。

(3) 三重管法。用同轴三重注浆管复合喷射高压水流和压缩空气，并注入水泥浆液。由于高压水射流的作用，使地基中一部分土粒随着水、气排出地面，高压浆流随之填充空隙。成桩直径较大，一般有 1.0～2.0 m，但成桩强度较低(0.9～1.2 MPa)。

成桩形式分旋喷注浆、定喷注浆和摆喷注浆三种类别。加固形状可分为立柱、壁状和块状等。

12.8.2 特点及适用范围

高压喷射注浆法具有以下特点：

① 提高地基的抗剪强度，改善土的变形性质，使地基在上部结构荷载作用下，不产生破坏和较大沉降。

② 利用小直径钻孔旋喷成比孔大 8～10 倍的大直径固结体；可通过调节喷嘴的旋喷速度、提升速度、喷射压力和喷浆量旋喷成各种形状桩体；可制成垂直桩、斜桩或连续墙，并获得需要的强度。

③ 用于已有建筑物地基加固而不扰动附近土体，施工噪声低，振动小。

④ 用于任何软弱土层，可控制加固范围。

⑤ 设备较简单、轻便，机械化程度高，全套设备紧凑，体积小，机动性强，占地少，能在狭窄场地施工。

⑥ 施工简便,操作容易,管理方便,速度快,效率高,用途广泛,成本低。

高压喷射注浆适用于淤泥、淤泥质土、黏性土、粉土、砂土、湿陷性黄土、人工填土及碎石土等的地基加固;可用于既有建筑和新建筑的地基处理,深基坑侧壁挡土或挡水,基坑底部加固防止管涌与隆起,坝的加固与防水帷幕等工程。但对含有较多大粒块石、坚硬黏性土、大量植物根茎或含过多有机质的土及地下水流过大、喷射浆液无法在注浆管周围凝聚的情况下,不宜采用。

12.8.3 设计要点

(1) 加固体强度和范围

高压喷射注浆形成的加固体强度和范围,应通过现场试验确定。当无现场试验资料时,可参照相似土质条件的工程经验估计。

(2) 旋喷桩复合地基承载力

竖向承载旋喷桩复合地基承载力特征值应通过现场复合地基载荷试验确定。初步设计时,也可按式(12.10)估算,式中 β 可根据试验或类似土质条件的工程经验确定,当无试验资料或经验时,可取 0～0.5,承载力较低时取低值。其单桩竖向承载力特征值 R_a 可通过现场单桩载荷试验确定。

(3) 桩的平面布置

竖向承载旋喷桩的平面布置可根据上部结构和基础特点确定。独立基础下的桩数一般不应少于4根。

(4) 褥垫层设置

竖向承载旋喷桩复合地基宜在基础和桩顶之间设置褥垫层,褥垫层厚度可取 200～300 mm,其材料可选用中砂、粗砂、级配砂石等,最大粒径不宜大于 30 mm。

12.9 土工合成材料

土工合成材料是一种新型的岩土工程材料。它是以人工合成的聚合物为原料的具有渗透性的材料的总称。目前将其分为四大类,即土工织物、土工膜、特种土工合成材料和复合型土工合成材料。特种土工合成材料包括土工垫、土工网、土工格栅、土工格室、土工泡沫塑料等。复合型土工合成材料是由上述有关材料复合而成。土工合成材料加筋法就是将土工合成材料置于地基土中而形成加筋增强体,使地基承载力和地基稳定性提高、地基沉降减少的地基处理方法。

12.9.1 特点和适用范围

土工合成材料的特点是:质地柔软,质量轻,整体连续性好;施工方便,抗拉强度高,没有显著的方向性,各向强度基本一致;弹性、耐磨性、耐腐蚀性、耐久性和抗微生物侵蚀性好,不易霉烂和虫蚀。土工纤维具有毛细作用,内部具有大小不等的网眼,有较好的渗透性(水平向 $1\times10^{-3}\sim1\times10^{-1}$ cm/s)和良好的疏导作用,水可竖向、横向排出。材料为工厂制品,材质易保证,施工简捷,造价较低,与砂垫层相比可节省大量砂石材料,节省费用 1/3 左右。用于加固软弱土地基或边坡,可提高土体强度,承载力增大 3～4 倍,显著地减少沉降,提高地基稳定性。但土工合成材料存在抗紫外线(老化)能力较低的问题,如果埋在土中,不受紫外线照射,则不受其影响,可使用 40 年以上。

土工合成材料适用于加固软弱土地基,以加速土的固结,提高土体强度;用于公路、铁路路基作加强层,防止路基翻浆、下沉;用于堤岸边坡,可使结构坡角加大,又能充分压实;用于挡土墙后的加固,可代替砂井,此外还可用于河道和海港岸坡的防冲,水库、渠道的防渗以及土石坝、灰坝、尾矿坝与闸基的反滤层和排水层,可取代砂石级配良好的反滤层,达到节约投资、缩短工期的目的,保证安全使用。

12.9.2 作用原理

土工合成材料在岩土工程中应用的主要作用有排水、反滤、隔离和加筋等。

(1) 排水作用

土工合成材料具有良好的三维透水特性，这种透水特性可使水经过它的平面迅速沿水平方向排走，构成水平排水层。它还可与其他材料(如粗粒料、排水管、塑料排水板等)共同构成排水系统或深层排水井。土工合成材料所形成的排水层，其排水作用的效果取决于在相应的受力条件下的导水性的大小(导水性为水平向渗透系数和厚度的乘积)，及其所需排水量和所接触土层的土质条件。

(2) 反滤作用

多数渗水性土工合成材料在单向渗流的情况下，发生细粒逐渐向渗滤层移动，自然形成一个反滤带和一层骨架网阻止细的颗粒被滤过，防止土粒的继续流失，最后趋向平衡，使土工合成材料与其相接触的部分土层共同形成一个完整的反滤体系，有效地起到反滤作用，防止土粒流失，使土体保持稳定。

(3) 隔离作用

土工合成材料可设置在两种不同土或材料或者土与其他材料之间，将它们相互隔离，避免混杂产生不良效果，并可依靠其优良特性以适应受力、变形和各种环境变化的影响而不破损。当用于受力的结构体中，则有助于保证结构的状态和设计功能。当用于材料的储存堆放场地，可以避免材料损失和劣化，对于废料还有助于防止污染。但用作隔离的土工合成材料，其渗透性应大于所隔离土的渗透性；当承受动荷载作用时，土工纤维应有足够的耐磨性和抗拉强度。土工合成材料可用于路基工程，以防止软弱土层侵入路基引起翻浆冒泥，同时有利于排水，加速土体固结，增强地基承载能力。

(4) 加筋作用

利用土工合成材料的高强度和韧性等力学性能，与其上填土间有较大的摩擦力，可分散荷载、扩散应力，将作用于土层上的力均匀地分布传递于地基，从而起到加筋(加强)作用，有利于阻止填土的侧向位移和沉降，减少地基的不均匀变形和沉陷，防止浅层地基的极限破坏，并避免局部基础的破损，同时增大土体的刚度模量，提高地基的承载力和稳定性，或作为筋材构成加筋土以及各种土工结构。

12.10 托换技术

托换技术一般包括：补救性托换、预防性托换、侧向托换和维持性托换。

对已有建筑物的原有基础不符合要求，而需要增加该基础的深度或原基础加宽的托换，称为补救性托换。

由于邻近要修筑较深的新建筑物基础，因而需将已有建筑物的基础加深或扩大者，称为预防性托换；或在平行于已有建筑物基础旁，修筑比较深的板桩墙、树根桩或地下连续墙等，称为侧向托换。

有时在建筑物基础下，设计时预先设置好顶升的措施，以适应预估地基沉降的需要，称为维持性托换。目前国内在软黏土地基上建造油罐时，常在环形基础中预留有今后可埋设千斤顶的净空，即属于这种托换型式。

12.10.1 桩式托换

桩式托换为采用桩进行基础托换方法的总称。它是在基础结构的下部或两侧设置各类桩(包括静压桩、锚杆静压桩、预试桩、打入桩、灌注桩、灰土桩和树根桩等)，在桩上搁置托梁或承台系统，或直接与基础锚固，来支承被托换的墙或柱基。本节仅介绍前三种桩式托换。

(1) 静压桩托换

静压桩托换是在墙基或柱基下开挖竖坑和横坑，在基础底部放开口钢管短桩，其上安放钢垫板，在其上设置行程较大的 15～30 t 油压千斤顶，千斤顶上接测力计及数字显示器的传感器，上垫钢板顶住基础底板作为反力支点，分节将开口短钢管压入(图 12.6)。钢管一般截成 1.0 m 长的短段，直径 300～450 mm(亦可采用截面为 200 mm×200 mm 的预制混凝土桩)，壁厚 10 mm，接头用钢套箍或焊接。当钢管顶入土中时，每隔一定时间可根据土质情况，用取土工具将管内土取出。如遇个别孤石，可用锤击破碎，不应使用爆破方法。如为松软土地基，亦可用封闭的钢管桩尖，端部做成60°圆锥角。桩经交替顶进、清孔和接高后，直至桩尖达到设计要求持力层深度为止。当清孔后即可在桩管中灌注混凝土；如管中有水，可在管中填入一个砂浆塞加以封闭，待硬化后将管中积水抽干，再向管内灌注混凝土并捣固密实。最后将桩与基础底板或梁浇筑成整体，以承受建(构)筑物荷载。

本法施工设备简单，操作方便，质量可靠，费用较低。适于松软土地基、上部基础能提供反力支点条件情况下应用。

(2) 锚杆静压桩托换

锚杆静压桩托换是先在被托换的基础上按要求位置凿桩位孔和锚杆孔，桩孔应凿成下大上小，以利基础承受冲剪。在压桩部位埋设锚杆，用环氧浆锚固10倍锚杆直径，安设型钢制锚杆静压桩机。桩截面一般为200 mm×200 mm，桩长1.5～2.0 m，用手动或电动千斤顶将桩逐段压入土中，桩接头采用硫黄砂浆锚接，千斤顶与桩顶间设置硬木垫块，压桩施工采取对称进行，当达到要求深度，在不卸载情况下，灌注微膨胀混凝土将桩与基础锚固，当强度达到C15后方可卸载(图12.7)。

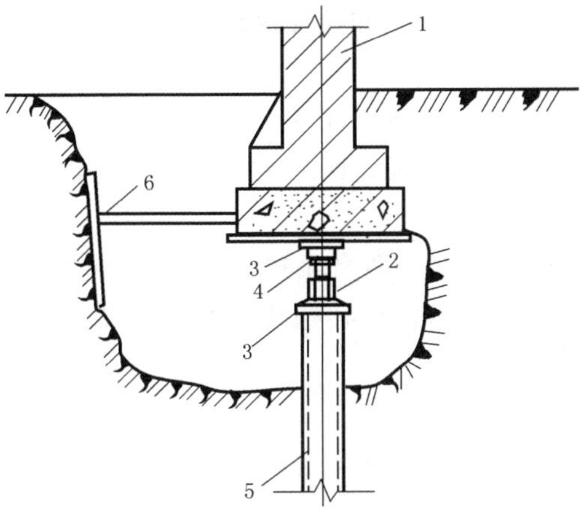

图12.6 静压桩托换

1—被托换基础；2—油压千斤顶；3—钢垫板；4—传感器；5—短钢管；6—支撑和挡板

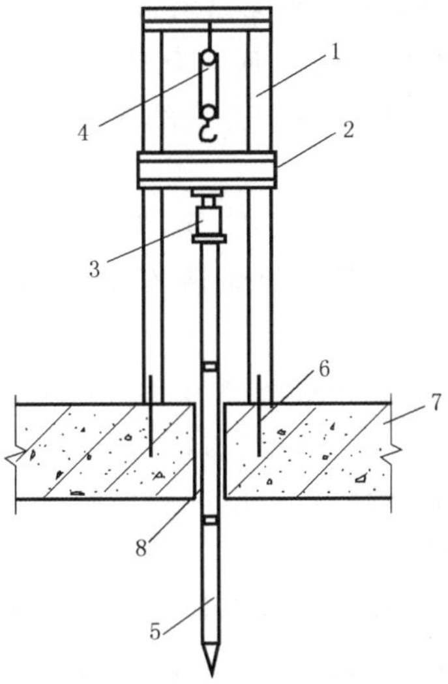

图12.7 锚杆静压桩托换

1—反力架；2—反力梁；3—油压千斤顶；4—倒链；5—分节混凝土预制桩；6—锚杆；7—基础承台；8—压桩孔

本法具有施工时无振动、无噪声，设备简单，操作方便，移动灵活，可在场地和空间狭窄条件下施工等优点，但需一定的机具设备。适于新旧建筑物的地基加固和基础托换，并可在不停产和不搬迁的条件下进行基础托换。

(3) 预试桩托换

当地下水位较高，特别是在细颗粒的饱和土层中进行托换，常易出现流砂、流泥现象，采用一般坑式托换易导致被托换的建筑物基础大量下沉，产生不均匀沉降，甚至倾斜，此时，可采用预试桩托换。

该桩系将底端开口、长1.2 m、直径300～450 mm、壁厚10 mm的短钢管，以原有基础和上部结构恒荷载作为反力装置，用液压千斤顶将其逐节压入土中成桩。其施工步骤是：

① 先在基础下开挖地坑，用以提供1.8 m的工作净空，然后使用液压千斤顶将钢管顶进土层；

② 用钻孔工具或分瓣式抓斗清除管内土块，然后再套上另一节管子，接头用钢套箍或焊接，再用液压千斤顶将其压入土层，接着清土，经交替压进和清孔，直至桩端到达持力层深度为止；

③ 向管内灌注混凝土，待混凝土结硬后，即可开始预试工作；

④ 预试工作一般用两个并排设置的液压千斤顶放在基础底和钢管顶之间，液压千斤顶由液压泵或手动泵驱动使荷载施加至顶撑设计荷载的150%为止；

⑤ 在两千斤顶之间竖放一节短工字梁，再用铁锤打入钢楔，根据实践，只需转移10%～15%的荷载，

就可有效地对桩进行预试，并阻止其回弹；

⑥ 取出千斤顶，采用干填法或在不大的压力下将混凝土注入基础底面，并将桩顶和工字钢梁包裹。

本法可以对重型受荷基础进行托换，也可采用钢筋混凝土预制桩，如截面为 300 mm×300 mm 的方桩，每节长 760 mm，桩节两头带有 5 mm 的中心孔，其施工方法同上。不同之处是在纵向中心孔中插入短钢筋，并用硫黄胶泥或焊接连接成整体。适用于一般匀质土层，但不适于含有孤石、冰渍土或障碍物的土层，或当托换的建筑物较轻及上部结构条件较差而不能提供相当的千斤顶反力的情况下使用。

12.10.2 灌浆托换

灌浆托换是利用气压或液压将各种无机或有机化学浆液注入土中，使地基土固化，起到提高地基土的强度、消除湿陷性或防渗堵漏作用的一种加固方法。在各类土木工程中进行灌浆处理已有百余年历史。

灌浆材料有粒状浆材如水泥浆、黏土浆等，以及化学浆材如硅酸钠、氢氧化钠、环氧树脂、丙烯酰胺等。灌浆托换属于原位处理，施工较为简便，能快速硬化，加固体强度高，一般情况下可以实现不停产加固。但是，灌浆托换因浆材价格多数较高，通常仅限于浅层加固处理，加固深度常为 3～5 m。当加固深度超过 5 m时，往往是不经济的，应与其他托换方法进行技术经济比较后，再决定是否采用。

建筑工程中用于基础托换的灌浆法主要有硅化加固法、水泥硅化法、碱液加固法。

(1) 硅化加固法

硅化加固法始于 1887 年，是一种比较古老的灌浆工艺。它是利用带有孔眼的注浆管将硅酸钠（$Na_2O \cdot nSiO_2$）溶液与氯化钙（$CaCl_2$）溶液分别轮换注入土中，使土体固化的一种化学加固方法。

(2) 水泥硅化法

水泥硅化法是将水玻璃与水泥分别配成两种浆液，按照一定比例用两台泵或一台双缸独立分开的泵将两种浆液同时注入土中。这种浆液不仅具备水泥浆的优点，而且还兼有某些化学浆液的优点。例如凝结时间快、可灌性高等，可以准确控制凝结时间。

(3) 碱液加固法

已有的化学加固方法都是将化学溶液灌入土中后，由溶液本身析出胶凝物质将分散的土颗粒胶结而使土得到加固，例如上述硅化加固法及其他高分子有机溶液加固都是这种原理。但是，碱液（即氢氧化钠溶液）加固的原理不同于上述方法，它本身并不能析出任何胶凝物质，而只是使土颗粒表面活化，然后在接触处彼此胶结成整体，从而提高土的强度。

以上主要介绍了几种常用地基处理方法的特点及适用范围、作用原理、设计施工要点。由于篇幅所限，并未全面深入，如需对其深入了解，可参阅有关专著。并且，近年来许多重要的工程和复杂的工业厂房在软弱地基上兴建，工程实践的要求推动了软弱地基处理技术的迅速发展，地基处理的途径愈来愈多，老的方法不断改进完善，新的方法不断涌现。这些尚需我们在今后的理论研究和工程实践中不断总结和发展，以使地基处理技术更好地为国民经济建设服务。

思考题

12.1 何谓软弱地基？试简述软土的工程特性。

12.2 何谓复合地基？试简述其特点和作用原理。

12.3 换填垫层法的原理是什么？如何确定垫层的厚度和宽度？为什么厚度太薄（<0.5 m）和太厚（>3.0 m）都不合适？宽度太小可能会出现什么问题？

12.4 何谓强夯法？试述其加固机理。

12.5 试述排水固结法的加固原理与应用条件。

12.6 试述真空预压法的加固机理。

12.7 砂石桩的作用原理是什么？

12.8 试述水泥土搅拌法的加固机理。

12.9 何谓高压喷射注浆法？试说明其特点和适用范围。

12.10　土工合成材料用于加固地基有哪些作用？

12.11　何谓静压桩托换？

12.12　试说明锚杆静压桩托换的特点及适用条件。

习　题

12.1　某单独基础底面边长为 1.8 m，埋深 0.5 m，所受轴心荷载标准值 $F_k = 500$ kN。基底以上为填土，重度 $\gamma = 18.0$ kN/m^3；其下为淤泥质土，其承载力特征值 $f_{ak} = 80$ kPa。若在基础下用重度为 $\gamma = 20.0$ kN/m^3 的粗砂做厚度为1.0 m的砂垫层，试验算砂垫层厚度是否满足要求，并确定砂垫层的底面尺寸。

12.2　某海港工程为软黏土地基，$C_v = C_H = 1.5 \times 10^{-3}$ cm^2/s，采用砂井堆载预压法加固，砂井长 $L = 16$ m，$d_w = 30$ cm，间距 $l = 1.5$ m，梅花形布置，求一次加荷 2 个月时砂井地基的平均固结度。

12.3　某松砂地基，地下水与地面平，采用砂桩加固，砂桩直径 $d = 0.6$ m，该地基土的 $d_s = 2.7$，$\gamma_{sat} = 19.0$ kN/m^3，$e_{max} = 0.95$，$e_{min} = 0.6$，要求处理后的相对密实度 $D_r = 0.8$，求砂桩的间距。

参考文献

[1] 中华人民共和国住房和城乡建设部.湿陷性黄土地区建筑标准:GB 50025—2018[S].北京:中国建筑工业出版社,2018.
[2] 中华人民共和国住房和城乡建设部.膨胀土地区建筑技术规范:GB 50112—2013[S].北京:中国计划出版社,2013.
[3] 中华人民共和国建设部.岩土工程勘察规范:GB 50021—2001[S].北京:中国标准出版社,2001.
[4] 中华人民共和国住房和城乡建设部.建筑抗震设计标准:GB/T 50011—2010[S].北京:中国建筑工业出版社,2024.
[5] 中华人民共和国住房和城乡建设部.冻土工程地质勘察标准:GB 50324—2014[S].北京:中国计划出版社,2014.
[6] 工程地质手册编写委员会.工程地质手册[M].5版.北京:中国建筑工业出版社,2018.
[7] 中华人民共和国交通运输部.公路路基设计规范:JTJ D30—2015[S].北京:人民交通出版社,2015.
[8] 周景星,王洪瑾等.基础工程[M].北京:清华大学出版社,1996.
[9] 华南理工大学,东南大学,浙江大学,等.地基及基础[M].3版.北京:中国建筑工业出版社,1997.
[10] 袁聚云,李镜培,楼晓明,等.基础工程设计原理[M].上海:同济大学出版社,2001.
[11] 张明义,等.基础工程[M].北京:中国建材工业出版社,2002.
[12] 钱家欢,殷宗泽.土工原理与计算[M].2版.北京:中国水利水电出版社,2000.
[13] 高大钊,袁聚云.土质学与土力学[M].2版.北京:人民交通出版社,2002.
[14] 陈希哲.土力学地基基础[M].4版.北京:清华大学出版社,2004.
[15] 中华人民共和国住房和城乡建设部.建筑地基基础设计规范:GB 50007—2011[S].北京:中国建筑工业出版社,2012.
[16] 中华人民共和国住房和城乡建设部.建筑基坑支护技术规范:JGJ 120—2012[S].北京:中国建筑工业出版社,2012.
[17] 龚晓南,侯伟生.深基坑工程设计施工手册[M].2版.北京:中国建筑工业出版社,2018.
[18] 中华人民共和国住房和城乡建设部.建筑工程抗震设防分类标准:GB 50223—2008[S].北京:中国建筑工业出版社,2008.
[19] 中华人民共和国住房和城乡建设部.盐渍土地区建筑技术规范:GB/T 50942—2014[S].北京:中国计划出版社,2014.
[20] 中华人民共和国住房和城乡建设部.动力机器基础设计标准:GB 50040—2020[S].北京:中国计划出版社,2020.